科学出版社"十四五"普通高等教育本科规划教材

经 典 力 学

高　显　编著

科 学 出 版 社

北 京

内 容 简 介

本书是以分析力学为主要内容的经典力学入门教材,是作者在中山大学讲授"理论力学"课程自编讲义的基础上,进一步梳理、凝练而成的.

全书共分 17 章. 其中第 1~7 章为拉格朗日力学,包括变分法、位形空间、相对论时空观、最小作用量原理、对称性与守恒律、辅助变量和微分变分原理;第 8~12 章讨论了经典力学的一些重要应用,包括两体问题、微扰展开、小振动、转动理论和刚体;第 13~17 章为哈密顿力学,包括哈密顿正则方程、泊松括号、正则变换、哈密顿-雅可比理论和可积系统. 书中包含丰富的例题和图表,每章后配有习题. 本书内容新颖,主线清晰,坚持从基本原理出发构建经典力学理论体系,并努力突出物理图像. 书中还引入了初步的相对论和张量语言,同时尽可能地展示经典力学与后续课程和现代物理的联系.

本书可作为综合性大学、师范院校物理学及相关专业理论力学课程的教材,也可供物理工作者参考.

图书在版编目(CIP)数据

经典力学/高显编著. —北京:科学出版社,2023.9
科学出版社"十四五"普通高等教育本科规划教材
ISBN 978-7-03-076315-0

I. ①经⋯ II. ①高⋯ III. ①牛顿力学-高等学校-教材 IV. ①O3

中国国家版本馆 CIP 数据核字(2023) 第 170732 号

责任编辑:窦京涛 杨 探 / 责任校对:杨聪敏
责任印制:赵 博 / 封面设计:有道文化

科 学 出 版 社 出版
北京东黄城根北街 16 号
邮政编码:100717
http://www.sciencep.com
固安县铭成印刷有限公司印刷
科学出版社发行 各地新华书店经销
*
2023 年 9 月第 一 版   开本:720 × 1000 1/16
2025 年 2 月第七次印刷   印张:26 1/2
字数:534 000
定价:89.00 元
(如有印装质量问题,我社负责调换)

前　　言

　　经典力学是理论物理基础课 (所谓四大力学) 中的第一门, 也是物理学三大 "美" ——经典力学、统计力学、广义相对论之一. 这里的 "美" 首先指的是简洁, 即在极少数基本原理的基础上, 靠逻辑演绎而建立整个理论体系. 其次, 这也决定了理论体系的优美, 即体系的非此不可和独一无二, 这是更高层次的 "美". 本书则尽可能突出这种美, 即强调第一原理.

　　将经典力学特别是分析力学, 仅局限于作为小球、弹簧、滑块、刚体等 "机械" 系统求解的 "奇技淫巧", 无疑是远远不够的. 这不仅会使学生对 "又学了一遍力学" 感到困惑, 进而对以分析力学为主体的经典力学的重要性体会不足, 还会在后续的学习中, 面对运用经典力学的概念、方法处理大量非机械系统时感到割裂和跳跃. 某种程度上, 机械系统之于经典力学, 正如热机之于热力学, 基本粒子之于场论, 是从中孕育和发展所借助的对象, 而远非理论体系本身. 时至今日, 经典力学早已不是物理学研究某一类具体对象的分支, 而是作为一种观念和框架, 融入了物理学的方方面面. 站在现代物理学的角度, 本书努力贯彻的精神是: 经典力学是经典物理系统 (拉格朗日量和哈密顿量所描述的系统) 一套通用且普适的描述和分析方法. 正是在这个意义上, 经典力学才担当得起现代物理学的基础.

　　整个经典力学的第一原理是最小作用量原理. 因此, 本书从一开始即引入变分法, 并直接从最小作用量原理导出拉格朗日方程. 较为传统的方式是从牛顿力学出发, 通过达朗贝尔原理将牛顿第二定律改造成拉格朗日方程的形式. 这或许更接近历史发展的顺序, 但是对于整个理论体系的理解, 则显得得不偿失. 而且这也完全不是经典力学在实际应用中的真实场景. 实际上, 最小作用量原理才是关键, 而拉格朗日方程的数学形式只是一个必然的技术性结论而已. 这也是我在课堂上强调的, 推导运动方程必须对作用量变分, 而不允许直接套用拉格朗日方程的原因. 实际上, 即便从技术角度, 套用拉格朗日方程恐怕也只有对简单的点粒子系统才具有可操作性. 另一方面, 熟练掌握变分法, 将有助于对对称变换以及微扰展开的理解.

　　相对性原理是整个物理学的最高原理之一, 经典力学没有理由置身于外. 本书直接从相对性原理出发, 讨论了相对论性粒子的作用量, 并由此解释了非相对论极限下粒子系统的拉格朗日量 "动能减去势能" 形式的来源. 这一点如果只是通过将拉格朗日方程和牛顿第二定律比较, 则只能归结为 "凑", 并且也无法体现分析力学的独立地位. 而站在最小作用量原理和相对性原理的高度, 则一目了然. 同时, 本书也引入了度规的概念, 以及指标升降、收缩等基本的矢量、张量运算规则, 这不仅因为本书经常使用这些符号和运算, 也为后续课程的学习做了铺垫.

不变性 (对称性) 是经典力学的一个基本主题. 从更统一的观点上, 经典力学的第一原理可以认为是 "变分不变性", 即作用量/拉格朗日量/哈密顿量在变分下的形式不变性. 实际上, 最小作用量原理 (运动方程) 和对称性 (对称变换) 正是作用量的 "变分不变性" 的一体两面. 本书即由拉格朗日量和哈密顿量的变分不变性出发, 详细讨论了对称变换和诺特定理. 此外, 本书还从拉格朗日乘子法出发, 对一般的辅助变量方法做了讨论.

经典力学的大成是哈密顿力学. 哈密顿力学将拉格朗日力学所基于的位形空间提升至相空间. 在位形空间中, 基本的几何对象是度规. 而在相空间中, 度规的地位则被辛矩阵所取代. 如果说哈密顿力学自身有一个第一原理的话, 那就是相空间的辛几何结构. 可以说, 哈密顿力学就是相空间中的几何学. 本书即抓住辛矩阵这一主线, 从一开始就将泊松括号定义为辛矩阵下的相空间 "辛内积", 将正则变换定义成保辛矩阵不变的相空间 "流动". 通过和欧氏空间、闵氏时空中内积和转动的类比, 将泊松括号、正则变换、刘维尔定理、哈密顿–雅可比方程等经常显得零散的知识点串联起来, 并得以站在更高的高度理解哈密顿力学中的诸多美妙结论.

小振动和刚体是理论力学教学的传统内容. 但因其本身不是分析力学体系的一部分, 所以在教学中经常显得较为突兀. 本书尝试将其分别纳入两个一般性的理论中, 即小振动作为微扰展开的应用, 刚体作为转动理论的应用. 在讲授传统内容的同时, 尽力突出其 "分析味". 传统对于刚体的讲述, 几乎回到了牛顿力学. 本书则基于转动理论和刚体的拉格朗日量, 导出角动量的一般定义, 并由变分原理得到刚体转动的欧拉方程.

从 2017 年开始, 我在中山大学一直为本科生讲授理论力学, 本书即是在课程讲义的基础上修改完成的. 作为物理专业学生学习经典力学的入门教材, 本书努力突出物理图像, 恰恰经典力学又是最具有物理图像的. 书中绘制了很多定性或定量的图, 以帮助学生建立对诸多看似抽象概念的直观图像. 本书在对基本概念、原理、方法不吝笔墨的同时, 也尽可能地展示经典力学与后续课程和现代物理的联系. 书中还将重点公式标注方框, 以方便学生整理、复习. 由于学时的限制, 经典力学更多精彩的内容目前只能忍痛割爱, 包括 (但不限于) 正则微扰论、非线性力学、混沌、约束系统、规范理论等, 希望未来有机会加入.

经典力学既深且广. 其不仅是物理学的基础, 也是变分、流形、张量、李群、变换等数学概念最自然的实例. 其高度公理化, 从这个意义上甚至成了纯数学的一个分支. 物理与数学在这里完美交融. 能将这一优美理论与初进物理专业的本科同学一同分享, 是我喜爱理论力学的教学并乐此不疲的原因之一.

本书在编写和出版的过程中, 得到了中山大学物理与天文学院领导的关心和支持, 以及中山大学教务部的资助. 同时, 也要感谢科学出版社窦京涛编辑的认真工作和宝贵意见. 最后, 要感谢我的家人, 特别是妻子和女儿的鼓励与陪伴. 相较于传统的理论力学教材, 本书在内容和讲述上都是一次新的尝试. 限于笔者的学识和时间的仓促, 本书一定有不足之处, 恳请广大读者和同仁批评指正.

高　显

2022 年 10 月

目　　录

前言

绪论 ……………………………………………………………………………………… 1

第 1 章　变分法 ………………………………………………………………………… 3

　1.1　泛函 …………………………………………………………………………… 3

　　1.1.1　泛函的概念 ………………………………………………………………… 3

　　1.1.2　泛函的具体形式 …………………………………………………………… 5

　1.2　变分 …………………………………………………………………………… 5

　　1.2.1　变分的概念 ………………………………………………………………… 5

　　1.2.2　变分的运算规则 …………………………………………………………… 6

　1.3　泛函导数 ……………………………………………………………………… 8

　　1.3.1　泛函导数的概念 …………………………………………………………… 8

　　1.3.2　泛函导数的操作定义 ……………………………………………………… 9

　　1.3.3　计算一阶泛函导数的标准手续 …………………………………………… 12

　1.4　泛函极值 ……………………………………………………………………… 13

　　1.4.1　泛函极值的必要条件 ……………………………………………………… 13

　　1.4.2　欧拉–拉格朗日方程 ……………………………………………………… 14

　　1.4.3　多个变量与多元函数 ……………………………………………………… 17

　习题 ………………………………………………………………………………… 19

第 2 章　位形空间 ……………………………………………………………………… 21

　2.1　位形与时间演化 ……………………………………………………………… 21

　　2.1.1　位形 ………………………………………………………………………… 21

　　2.1.2　位形空间与流形 …………………………………………………………… 21

　　2.1.3　世界线 ……………………………………………………………………… 22

　2.2　广义坐标 ……………………………………………………………………… 22

　　2.2.1　广义坐标的概念 …………………………………………………………… 22

　　2.2.2　广义坐标的变换 …………………………………………………………… 25

2.3　速度、速度相空间 ·· 26

　　2.3.1　速度相空间 ·· 26

　　2.3.2　广义坐标的变换所诱导的广义速度的变换 ················ 29

2.4　约束 ··· 29

　　2.4.1　约束的概念 ·· 29

　　2.4.2　约束的分类 ·· 30

2.5　自由度 ·· 35

习题 ··· 37

第 3 章　相对论时空观 ··· 40

3.1　时空的基本概念 ·· 40

　　3.1.1　时空 ··· 40

　　3.1.2　粒子与场 ·· 40

　　3.1.3　世界线 ·· 41

3.2　度规 ··· 42

　　3.2.1　从勾股定理谈起 ··· 42

　　3.2.2　一些典型空间的度规 ··· 43

　　3.2.3　度规的一般定义 ··· 45

　　3.2.4　时空的度规 ·· 46

　　3.2.5　逆变与协变 ·· 47

3.3　参考系 ·· 49

　　3.3.1　观测者 ·· 49

　　3.3.2　惯性参考系 ·· 50

3.4　相对性原理 ··· 50

　　3.4.1　伽利略相对性原理 ··· 51

　　3.4.2　爱因斯坦狭义相对性原理 ····································· 52

习题 ··· 52

第 4 章　最小作用量原理 ·· 55

4.1　新的力学原理 ·· 55

　　4.1.1　“力”是一个不必要的概念 ··································· 55

　　4.1.2　从牛顿到哈密顿 ··· 56

4.2　作用量 ·· 57

　　　　4.2.1　最小作用量原理的表述 ··· 57

　　　　4.2.2　广义动量 ··· 60

　　4.3　自由粒子 ·· 61

　　　　4.3.1　4 维形式 ··· 61

　　　　4.3.2　3 维形式 ··· 64

　　　　4.3.3　非相对论极限 ·· 65

　　4.4　外场中的粒子 ··· 66

　　　　4.4.1　标量场 ··· 67

　　　　4.4.2　电磁场 ··· 68

　　　　4.4.3　引力场 ··· 69

　　4.5　非相对论极限下作用量的基本形式 ·· 71

　　习题 ··· 76

第 5 章　对称性与守恒律 ·· 80

　　5.1　运动常数 ··· 80

　　5.2　广义动量、能量守恒 ·· 82

　　　　5.2.1　广义动量守恒 ·· 82

　　　　5.2.2　广义能量守恒 ·· 84

　　5.3　时空对称性与守恒量 ·· 87

　　　　5.3.1　空间的均匀性与各向同性 ··· 87

　　　　5.3.2　时间的均匀性 ·· 90

　　5.4　作用量的形式变换 ··· 91

　　　　5.4.1　拉格朗日量与全导数 ··· 91

　　　　5.4.2　广义坐标的变换 ·· 93

　　5.5　对称性 ·· 95

　　　　5.5.1　普通函数的对称性 ··· 95

　　　　5.5.2　时间与广义坐标的变换 ·· 97

　　　　5.5.3　作用量的对称性 ·· 99

　　5.6　诺特定理 ··· 102

　　　　5.6.1　诺特定理的证明 ·· 102

　　　　5.6.2　时空对称性 ··· 104

　　　　5.6.3　标度对称性 ··· 107

习题 ·· 111

第 6 章　辅助变量 ··· 114

6.1　拉格朗日乘子法 ·· 114

6.1.1　函数的条件极值 ··· 114

6.1.2　完整约束 ·· 116

6.1.3　非完整约束 ··· 118

6.2　辅助变量与有效作用量 ·· 122

6.3　拉格朗日乘子与辅助变量的其他技巧 ···················· 125

6.3.1　广义速度的线性化 ·· 125

6.3.2　高阶导数的降阶 ··· 126

习题 ·· 127

第 7 章　微分变分原理 ·· 129

7.1　达朗贝尔原理 ·· 129

7.1.1　虚位移与虚功 ·· 129

7.1.2　达朗贝尔原理的表述 ·· 130

7.2　由达朗贝尔原理导出拉格朗日方程 ······················· 131

7.2.1　保守系统 ·· 133

7.2.2　非保守系统 ··· 133

7.3　约尔当原理和高斯最小约束原理 ·························· 134

7.3.1　约尔当原理 ··· 134

7.3.2　高斯最小约束原理 ··· 135

习题 ·· 135

第 8 章　两体问题 ·· 137

8.1　两体系统 ·· 137

8.1.1　两体系统的拉格朗日量 ····································· 137

8.1.2　两体系统的退耦 ··· 138

8.2　中心势场 ·· 140

8.2.1　中心势场中的运动 ·· 140

8.2.2　定性讨论 ·· 143

8.2.3　贝特朗定理 ··· 143

8.3　开普勒问题 ·· 145

8.3.1 开普勒问题的求解 ························· 146

8.3.2 拉普拉斯–龙格–楞次矢量 ··················· 147

8.3.3 开普勒问题的对称性 ······················ 150

8.4 弹性碰撞 ·································· 152

8.5 散射 ····································· 154

8.5.1 散射角 ······························· 154

8.5.2 散射截面 ····························· 155

习题 ·· 156

第 9 章 微扰展开 ······························ 158

9.1 线性化与微扰论 ···························· 158

9.2 函数的微扰展开 ···························· 158

9.3 作用量的微扰展开 ·························· 160

9.3.1 单自由度 ····························· 160

9.3.2 多自由度 ····························· 162

9.4 稳定平衡位形附近的微扰展开 ·················· 164

9.4.1 单自由度 ····························· 164

9.4.2 多自由度 ····························· 168

9.5 一般位形附近的微扰展开 ····················· 171

习题 ·· 174

第 10 章 小振动 ······························ 177

10.1 自由振动 ································ 177

10.1.1 单自由度 ···························· 177

10.1.2 简正模式 ···························· 179

10.1.3 简正坐标 ···························· 185

10.2 阻尼振动 ································ 191

10.2.1 耗散函数 ···························· 191

10.2.2 阻尼振动的求解 ························· 193

10.2.3 阻尼振动的有效拉格朗日量 ················· 194

10.3 受迫振动 ································ 195

10.4 参数共振 ································ 197

10.5 非线性振动 ······························ 199

习题 ·· 201

第 11 章　转动理论 ································· 204

11.1　欧氏空间中的转动 ························ 204

11.1.1　转动是保度规的坐标变换 ············· 204

11.1.2　转动是线性空间中的基变换 ············ 206

11.1.3　转动的主动与被动观点 ················ 207

11.1.4　无穷小转动 ·························· 208

11.2　闵氏时空中的转动 ······················ 209

11.3　转动群及其李代数 ······················ 210

11.3.1　转动群 ···························· 210

11.3.2　生成元 ···························· 212

11.3.3　李代数 ···························· 213

11.4　有限转动与指数映射 ··················· 215

11.4.1　$D = 2$ ··························· 215

11.4.2　$D = 3$ ··························· 216

11.4.3　指数映射 ·························· 219

11.5　角速度 ·································· 219

11.5.1　角速度矩阵 ························· 219

11.5.2　速度和加速度 ······················ 222

11.5.3　$D = 3$ ··························· 224

11.5.4　有限转动与角速度 ·················· 227

习题 ·· 228

第 12 章　刚体 ···································· 230

12.1　刚体的描述 ····························· 230

12.2　欧拉角 ·································· 232

12.3　惯量张量 ································ 235

12.3.1　惯量张量的定义 ···················· 235

12.3.2　平行轴定理 ························· 240

12.3.3　刚体的角动量 ······················ 240

12.4　欧拉方程 ································ 241

12.4.1　刚体的拉格朗日量 ·················· 242

　　　12.4.2　定点转动的欧拉方程 ····················· 244

　　12.5　自由陀螺 ····································· 246

　　12.6　刚体的进动与章动 ····························· 249

　　习题 ··· 251

第 13 章　哈密顿正则方程 ····························· 253

　　13.1　哈密顿量 ···································· 253

　　13.2　勒让德变换 ·································· 254

　　　　13.2.1　勒让德变换的定义 ····················· 254

　　　　13.2.2　勒让德变换的几何意义 ··················· 258

　　13.3　相空间中的运动方程 ·························· 259

　　　　13.3.1　"正则"是什么意思 ····················· 259

　　　　13.3.2　从拉格朗日方程到哈密顿正则方程 ············· 260

　　13.4　相空间的变分原理 ···························· 265

　　13.5　相空间中的演化 ······························ 268

　　13.6　劳斯方法 ···································· 273

　　　　13.6.1　劳斯函数 ·························· 273

　　　　13.6.2　劳斯函数在循环坐标问题中的应用 ············· 275

　　13.7　双重勒让德变换 ······························ 278

　　习题 ··· 279

第 14 章　泊松括号 ······························· 281

　　14.1　相空间的辛结构 ······························ 281

　　　　14.1.1　辛形式 ···························· 281

　　　　14.1.2　哈密顿矢量场 ······················· 284

　　14.2　辛内积与泊松括号 ···························· 284

　　　　14.2.1　相空间中的"辛内积" ··················· 284

　　　　14.2.2　泊松括号的定义 ······················ 285

　　　　14.2.3　泊松括号的性质 ······················ 287

　　　　14.2.4　基本泊松括号 ······················· 289

　　14.3　力学量的演化 ································ 291

　　　　14.3.1　用泊松括号表达的动力学方程 ··············· 291

　　　　14.3.2　运动常数 ·························· 292

14.3.3　泊松定理 ·· 292

14.4　角动量的泊松括号 ·· 295

14.4.1　角动量泊松括号的计算 ····································· 295

14.4.2　开普勒问题 ·· 297

14.5　时空变换算符 ·· 299

14.5.1　时间演化算符 ·· 299

14.5.2　空间平移算符 ·· 301

14.5.3　空间转动算符 ·· 302

14.6　南部括号 ·· 303

习题 ··· 305

第 15 章　正则变换 ·· 308

15.1　相空间坐标变换 ·· 308

15.1.1　运动方程的考虑 ·· 308

15.1.2　几何的考虑 ·· 308

15.1.3　内积与转动 ·· 309

15.2　保辛与正则变换 ·· 310

15.2.1　正则变换是相空间的流动 ····································· 310

15.2.2　点变换是正则变换 ·· 316

15.3　生成函数 ·· 317

15.3.1　正则变换的生成函数 ·· 317

15.3.2　生成函数的 4 种基本类型 ···································· 320

15.4　单参数正则变换 ·· 325

15.4.1　无穷小正则变换 ·· 325

15.4.2　演化即是正则变换 ·· 329

15.4.3　对称性与生成元 ·· 330

15.5　刘维尔定理 ·· 332

15.5.1　相空间体元与刘维尔定理 ····································· 332

15.5.2　相空间密度 ·· 334

15.6　三种空间：对比与总结 ·· 336

习题 ··· 336

第 16 章　哈密顿–雅可比理论 ······················· 340

　16.1　哈密顿–雅可比方程 ······························· 340

　　16.1.1　把哈密顿量变为零 ························· 340

　　16.1.2　哈密顿–雅可比方程的导出 ··············· 342

　16.2　分离变量 ···································· 344

　16.3　经典作用量 ·································· 352

　　16.3.1　作为经典路径端点函数的作用量 ········· 352

　　16.3.2　哈密顿主函数即经典作用量 ············· 354

　16.4　从经典力学到量子力学 ····················· 358

　　16.4.1　泊松括号与正则量子化 ················· 358

　　16.4.2　哈密顿–雅可比方程与薛定谔方程 ········ 361

　习题 ··· 363

第 17 章　可积系统 ································ 366

　17.1　寻找最简单的正则变量 ····················· 366

　　17.1.1　将相流"拉直" ························ 366

　　17.1.2　可积系统 ···························· 367

　　17.1.3　周期运动 ···························· 369

　17.2　作用–角变量 ································ 371

　　17.2.1　单自由度 ···························· 371

　　17.2.2　多自由度 ···························· 379

　17.3　绝热不变量 ································· 384

　　17.3.1　绝热变化中的近似不变量 ··············· 384

　　17.3.2　绝热不变量的一般证明 ················· 390

　　17.3.3　哈内角 ······························ 392

　习题 ··· 396

附录 A　数学附录 ································· 398

　A.1　ϵ-符号 ······························· 398

　　A.1.1　ϵ-符号的定义 ··················· 398

　　A.1.2　叉乘 ································· 399

　　A.1.3　对偶 ································· 400

　A.2　矢量与矩阵的求导 ·························· 401

A.3　δ-函数作为泛函 ·· 402

A.4　空间与流形 ··· 403

A.5　角速度矩阵与联络 ··· 405

A.6　雅可比恒等式的代数意义 ··· 405

绪　　论

1687 年牛顿发表了《自然哲学的数学原理》，一手创立了作为物理学基础的力学. 一百年后的 1788 年, 拉格朗日发表了《分析力学》，采用分析方法重构了整个力学体系. 半个世纪后的 1834—1835 年, 哈密顿、雅可比等又创立了哈密顿力学, 将经典力学在 19 世纪的发展推向了顶峰, 并孕育了 20 世纪物理学的萌芽.

拉格朗日力学和哈密顿力学也被合称为"分析力学". 一个问题是, 为什么在牛顿力学之后还要发展分析力学?

以牛顿第二定律"$F = ma$"为标志的牛顿力学, 关注的是位移、速度、加速度、力、力矩、角位移、角速度、角动量等"矢量"之间的关系, 这在处理点粒子、刚体等简单的机械系统时是有效的. 但是, 当系统变得复杂, 特别是存在"约束"时, 牛顿力学需要将约束力、约束方程和牛顿运动方程联合求解, 使得问题的处理变得棘手. 更重要地, 在 19 世纪随着热学、电磁学的建立, "机械"运动的中心地位被打破. 当面对更一般的"非机械"系统时, 以"力"为代表的"矢量"式的对象和处理方式显得捉襟见肘, 甚至变得无从下手. 此时, 以"能量"为代表的"标量"就登上舞台, 其不仅比矢量更简单, 而且更加普适. 拉格朗日力学和哈密顿力学中处于核心地位的, 正是两个"标量", 分别是拉格朗日量和哈密顿量. 现代物理学的出发点, 通常就是系统的拉格朗日量和哈密顿量, 而不是"力".

从牛顿力学到分析力学的发展, 也是物理系统"空间"的进化. 牛顿力学所关注的主要是粒子、刚体等在普通的三维空间中的位置, 所采用的也是普通的空间坐标. 在拉格朗日力学中, 通过引入广义坐标和"位形空间", 得以描述更复杂、更一般的物理系统. 哈密顿力学则进一步采用广义坐标和广义动量共同构成的、描述系统状态的"相空间", 其不仅是"空间"概念的质的飞跃, 而且得以在前所未有的深度描述系统的演化规律.

在分析力学中, 物理系统的演化规律有多种表述形式. 在拉格朗日力学中, 牛顿定律被更一般的拉格朗日方程所取代. 在哈密顿力学中, 运动规律体现为哈密顿正则方程、泊松括号和哈密顿–雅可比方程这三种等价的表述形式. 后两者则在 20 世纪量子力学的建立过程中起到了关键作用.

以上关于牛顿力学和分析力学的对比可以总结如下:

体系	对象	空间	规律
牛顿力学	力 (矢量)	三维空间	牛顿定律
拉格朗日力学	拉格朗日量 (标量)	位形空间	拉格朗日方程
哈密顿力学	哈密顿量 (标量)	相空间	哈密顿正则方程、泊松括号、哈密顿–雅可比方程

　　分析力学体系还得以从新的角度看待物理规律. 伴随分析力学的发展而建立起来的"最小作用量原理", 不仅在分析力学框架中处于核心地位, 而且实际上也成了整个物理学的"第一原理". 基于拉格朗日量和哈密顿量的分析力学体系, 揭示了物理系统的对称性和守恒律之间的深刻联系. 由此建立的诺特定理, 更被誉为经典物理中最优美的结论之一. 在哈密顿力学和相空间中, 物理系统的动力学体现为相空间的几何性质. 在这里, 物理与数学融为一体, 浑然天成.

　　接下来, 就让我们开始这激动人心的经典力学探索之旅.

第 1 章 变 分 法

1.1 泛 函

物理学的发展常伴随着新的数学形式的产生. 对于经典力学来说, 新的数学工具之一即变分法. 为此, 先来回顾一下函数的概念. 什么是函数? 形象点说, 函数就像图 1.1(a) 所示的机器, 输入一个数, 输出另一个数. 当然, 这里的 "数" 未必就是指实数, 也可以是复数、数组、矢量、矩阵, 等等. 例如, 线性代数中的行列式, 就是方阵的函数.

图 1.1　函数与泛函

换成稍微数学点的说法, 函数就是具体的映射关系. 给两个集合 X 和 Y, 在两个集合的元素 $t \in X$ 和 $y \in Y$ 之间建立一个对应关系即映射,

$$f: \quad t \mapsto y = f(t), \tag{1.1}$$

而这个映射关系的具体形式就是函数. 集合和映射可以说是整个数学中最基本的概念. 随着后续的学习, 我们会发现大量的概念——无论它们看上去多么千差万别, 其实都是某种映射.

1.1.1 泛函的概念

从映射 (或者说 "输入/输出") 的角度, 很多时候普通函数的概念显得不太够用. 例如, 空间 (平面、球面等) 中两点用任一曲线连接, 给定曲线的形状 (输入), 就可以计算出曲线的长度 (输出). 又比如, 平面上的封闭曲线和空间中的封闭曲面, 给定曲线和曲面的形状 (输入), 就可以计算出所包围的面积和体积 (输出). 如图 1.2所示, 热力学中的准静态循环过程 (输入), p-V 图 (压强-体积图) 上所围的面积是系统/外界做的功 (输出), T-S 图 (温度-熵图) 上所围的面积是系统吸收/放出的热量 (输出). 如图 1.3所示, 小球从两端固定的光滑轨道滚下, 不同的轨道形状 (输入), 所需的下落时间 (输出) 不同. 而这产生了一个自然的问题, 什么形状的轨道, 小球下落的时间最短? 历史上, 变分法的提出就是为了解决**最速下降曲线** (brachistochrone curve) 问题[①]. 我们将在例 1.4 中详细讨论这个问题.

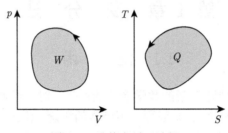

图 1.2　准静态循环过程

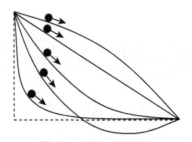

图 1.3　最速下降曲线

上面的例子有个共同的特点, "输出" 是 "数", 但是 "输入"——曲线、曲面、轨道的形状、准静态过程等, 并不是普通意义上的 "数". 由此可见, 为了描述并解决这些问题, 普通函数的概念需要被推广, 需要引入新的数学概念来描述这种 "不是数的输入". 这些例子还有个共同点, 输入虽然不是 "数", 但都可以用 "函数" 描述. 至此, **泛函** (functional) 的概念已经呼之欲出. 形象点说, 泛函也像一台机器, 输入一个函数, 输出一个数, 如图 1.1(b) 所示. 用数学语言来说, 所谓泛函, 即函数到数的映射. 两个集合 X 和 Y 之间的映射可以有很多种, 换句话说, 可以有很多种函数 $y = f_1(t), y = f_2(t), y = f_3(t), \cdots$, 所有这些函数自然也构成一个集合 $\mathcal{F} = \{f_1, f_2, f_3, \cdots\}$, 其中的元素就是某个具体的函数 $f \in \mathcal{F}$. 因此, 函数 f 的泛函记作 $S[f]$, 即

$$f \mapsto S = S[f], \quad \mathcal{F} \to \mathbf{C}, \tag{1.2}$$

---

① 这一问题最早是由伽利略在其 1638 年出版的划时代巨著《关于两门新科学的对话》一书中提出的. 伽利略本人当时错误地认为是圆弧. 直到 1696 年, 瑞士数学家、物理学家约翰·伯努利 (Johann Bernoulli, 1667—1748) 再次就这个问题公开征解, 随后很快牛顿、莱布尼茨、洛必达、伯努利等都得到了正确的结果.

这里 **C** 代表复数集合 (自然也包括实数). 泛函既然也是一种映射, 那么如果把泛函所 "输入" 的函数也当成某种 "广义的数", 则泛函也可被视为一种函数. 只不过普通函数是 "数的函数", 而泛函则是 "函数的函数". 这也解释了 "泛函" 这个名词的由来[①].

1.1.2　泛函的具体形式

根据泛函的定义——输入函数, 输出数, 就可以写出很多泛函的具体例子来. 例如, 平面上曲线方程记为 $y = f(x)$, 则两点之间的曲线长度 S 为曲线方程 $f(x)$ 的泛函

$$S = S[f] = \int_{曲线} \mathrm{d}x \sqrt{1 + (f'(x))^2}.$$

理想气体准静态过程对外做功 W 即是过程方程 $p = p(V)$ 的泛函

$$W = W[p] = \int_{过程} p(V)\, \mathrm{d}V.$$

三维空间中曲面方程记为 $z = \phi(x,y)$, 则曲面面积 A 为二元函数 $\phi(x,y)$ 的泛函

$$A = A[\phi] = \iint_{区域} \mathrm{d}x\mathrm{d}y \sqrt{1 + \left(\frac{\partial \phi}{\partial x}\right)^2 + \left(\frac{\partial \phi}{\partial y}\right)^2}.$$

由这些简单的例子可见, "泛函" 的概念并不抽象, 实际上我们已经在不知不觉中接触了大量的泛函. 有趣的是, 根据泛函的定义, 函数 $f(t)$ 在某一点 t_0 的值 $f(t_0)$, 当然也是函数自身的泛函, 这就是所谓的 "δ-函数" (见附录 A.3).

经典力学中所遇到的泛函通常可以写成积分形式:

$$\boxed{S[f] = \int_{t_1}^{t_2} \mathrm{d}t\, L(t, f(t), f'(t), f''(t), \cdots)}, \tag{1.3}$$

这里被积函数 $L = L(t, f(t), f'(t), f''(t), \cdots)$ 是函数 $f(t)$ 及其导数的一般函数.

1.2　变　　分

1.2.1　变分的概念

函数和泛函同为映射, "输入/输出" 的无穷小变化, 对函数而言即微分, 对泛函而言即**变分** (variation). 简言之, 泛函为函数到数的映射, 函数本身的无穷

[①] 从这个意义上, 中文将英文的 "functional" 翻译成 "泛函" 可谓精辟.

小变化, 以及由之引起的泛函的变化即变分. 若函数 $f(t)$ 变成了另外一个函数 $f(t) \to \tilde{f}(t)$, 且假设两者相差无穷小, 则函数 $f(t)$ 的变分 δf 定义为

$$\boxed{\delta f(t) := \tilde{f}(t) - f(t)}. \tag{1.4}$$

式 (1.4) 中的符号 "δ" 代表变分运算 (一种操作), 即对函数本身进行无穷小的变化. 变分运算的结果, 亦即式 (1.4) 的右边, 也是一个函数 (只不过是无穷小的)①. 变分 $\delta f(t)$ 作为另一个函数, 和 $f(t)$ 并没有什么关系.

函数的变分 $\delta f(t)$ 和微分 $\mathrm{d}f(t)$ 同为无穷小变化, 但有本质的区别, 如图 1.4所示.

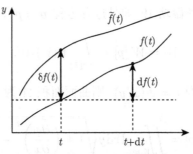

图 1.4　函数的变分与微分的区别

函数的微分 $\mathrm{d}f(t)$ 是由自变量 t 的变化引起的, 函数本身固定不变,

$$f(t) \xrightarrow{\,t \to \tilde{t} = t + \mathrm{d}t\,} f(t + \mathrm{d}t) = f(t) + \mathrm{d}f(t) + \cdots. \tag{1.5}$$

而函数的变分 $\delta f(t)$ 是因为函数本身发生了变化, 而与自变量 t 无关,

$$f(t) \to \tilde{f}(t) \equiv (f + \delta f)(t) = f(t) + \delta f(t). \tag{1.6}$$

1.2.2　变分的运算规则

函数的变分和微分同为无穷小变化, 形式上的运算规则基本相同. 例如, $\delta(f^n) = nf^{n-1}\delta f$, 对于函数 f_1 及 f_2 及常数 a, b, 有

$$\delta(af_1 + bf_2) = a\delta f_1 + b\delta f_2, \quad \delta(f_1 f_2) = (\delta f_1) f_2 + f_1(\delta f_2), \tag{1.7}$$

等等.

---

① 尽管如此, 最好不要将 $\delta f(t)$ 中的 δf 视为这个无穷小的函数的名字, 虽然这样做大部分时候问题不大.

另一个重要且非常有用的性质是, 变分和微分可以交换顺序, 即 "微分的变分 = 变分的微分",

$$\delta\left(\mathrm{d}f\right) = \mathrm{d}\left(\delta f\right).\tag{1.8}$$

式 (1.8) 可做直观证明, 如图 1.5所示, 考察 f 的值在 A 点和 B' 点的差, 即 $\tilde{f}\left(t + \mathrm{d}t\right) - f\left(t\right)$.

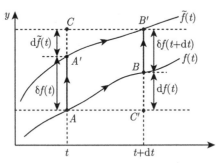

图 1.5　变分与微分运算可交换顺序

若先微分后变分 (路径 $A \to B \to B'$), 精确到一阶小量, 有

$C'B$长度 $\equiv f\left(t + \mathrm{d}t\right) - f\left(t\right) = \mathrm{d}f\left(t\right),$

BB'长度 $\equiv \tilde{f}\left(t + \mathrm{d}t\right) - f\left(t + \mathrm{d}t\right)$

$$= \delta\left(f\left(t + \mathrm{d}t\right)\right) = \delta\left(f\left(t\right) + \mathrm{d}f\left(t\right)\right) = \delta f\left(t\right) + \delta\left(\mathrm{d}f\left(t\right)\right),$$

于是

$$\tilde{f}\left(t + \mathrm{d}t\right) - f\left(t\right) = \mathrm{d}f\left(t\right) + \delta f\left(t\right) + \delta\left(\mathrm{d}f\left(t\right)\right).\tag{1.9}$$

若先变分后微分 (路径 $A \to A' \to B'$), 精确到一阶小量, 有

AA'长度 $\equiv \tilde{f}\left(t\right) - f\left(t\right) = \delta f\left(t\right),$

$A'C$长度 $\equiv \tilde{f}\left(t + \mathrm{d}t\right) - \tilde{f}\left(t\right) = \mathrm{d}\tilde{f}\left(t\right) = \mathrm{d}\left(\left(f + \delta f\right)\left(t\right)\right) = \mathrm{d}f\left(t\right) + \mathrm{d}\left(\delta f\left(t\right)\right),$

于是

$$\tilde{f}\left(t + \mathrm{d}t\right) - f\left(t\right) = \delta f\left(t\right) + \mathrm{d}f\left(t\right) + \mathrm{d}\left(\delta f\left(t\right)\right).\tag{1.10}$$

比较式 (1.9) 和 (1.10), 即得到式 (1.8). 式 (1.8) 的直接推论即变分和求导运算也可以交换顺序, 即 "导数的变分 = 变分的导数",

$$\delta\left(\frac{\mathrm{d}}{\mathrm{d}t}f\left(t\right)\right) = \frac{\mathrm{d}}{\mathrm{d}t}\left(\delta f\left(t\right)\right),\tag{1.11}$$

这里的关键在于, 变分所变化的是函数 f 本身, 和函数的自变量 t 无关. 式 (1.8) 和 (1.11) 在变分法的运算中经常用到.

1.3 泛 函 导 数

1.3.1 泛函导数的概念

首先回顾一下普通函数的导数. 函数 $f(t)$ 的微分是由自变量 t 的微分引起的:

$$f(t) \xrightarrow{\ t \to \tilde{t}\ } f(\tilde{t}) = f(t + \epsilon \mathrm{d}t)$$

$$= f(t) + \epsilon \mathrm{d}f(t) + \frac{\epsilon^2}{2}\mathrm{d}^2 f(t) + \frac{\epsilon^3}{3!}\mathrm{d}^3 f(t) + \cdots,$$

其中 ϵ 是无穷小参数, ϵ^n 项即函数的 n 阶微分. 函数的 n 阶导数则由函数的 n 阶微分与 $\mathrm{d}t$ 之间的关系给出, 对于一阶导数,

$$\mathrm{d}f(t) = \frac{\mathrm{d}f(t)}{\mathrm{d}t}\mathrm{d}t, \tag{1.12}$$

高阶导数即 $\mathrm{d}^n f(t) = \dfrac{\mathrm{d}^n f(t)}{\mathrm{d}t^n}(\mathrm{d}t)^n$. 只要计算出函数的各阶微分, 即可以读出相应的各阶导数.

泛函导数从形式上完全是对普通函数导数的类比. 对于泛函 $S[f]$, 其变分是由函数的变分引起的:

$$S[f] \xrightarrow{\ f \to \tilde{f}\ } S[\tilde{f}] = S[f + \epsilon \delta f]$$

$$= S[f] + \epsilon \delta S[f] + \frac{\epsilon^2}{2}\delta^2 S[f] + \frac{\epsilon^3}{3!}\delta^3 S[f] + \cdots, \tag{1.13}$$

这里 ϵ^n 项即被称为泛函的 n 阶变分 $\delta^n S[f]$. 仿照函数的 n 阶导数即可定义 n 阶泛函导数. 例如仿照式 (1.12), 定义

$$\boxed{\delta S[f] := \int \mathrm{d}t \frac{\delta S}{\delta f(t)}\delta f(t)}. \tag{1.14}$$

这里 δS 是泛函的一阶变分, $\dfrac{\delta S}{\delta f(t)}$ 即**一阶泛函导数** (the first order functional derivative). 可以看出, 一阶泛函导数的作用, 是将函数的变分 $\delta f(t)$(无穷小的函

数) 映射到泛函的一阶变分 δS(无穷小的数). 这也解释了式 (1.14) 中对 t 积分的必要性. 为了更好地理解式 (1.14) 的形式, 可将泛函与多元函数类比. 例如, 式 (1.14) 可以和多元函数 $F = F(x_1, \cdots, x_N)$ 的一阶微分 $\mathrm{d}F = \sum_n \frac{\partial F}{\partial x_n} \mathrm{d}x_n$ 相类比, 如图 1.6所示.

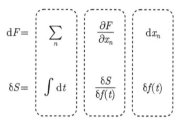

图 1.6　泛函一阶变分与多元函数一阶微分的类比

类比函数的高阶导数, 高阶泛函导数定义为

$$\delta^2 S[f] := \int \mathrm{d}t_1 \int \mathrm{d}t_2 \frac{\delta^2 S}{\delta f(t_1)\,\delta f(t_2)} \delta f(t_1)\,\delta f(t_2), \tag{1.15}$$

$$\delta^3 S[f] := \int \mathrm{d}t_1 \int \mathrm{d}t_2 \int \mathrm{d}t_3 \frac{\delta^3 S}{\delta f(t_1)\,\delta f(t_2)\,\delta f(t_3)} \delta f(t_1)\,\delta f(t_2)\,\delta f(t_3), \tag{1.16}$$

$$\cdots\cdots$$

这里 $\dfrac{\delta^2 S}{\delta f(t_1)\,\delta f(t_2)}$ 和 $\dfrac{\delta^3 S}{\delta f(t_1)\,\delta f(t_2)\,\delta f(t_3)}$ 即分别表示 $S[f]$ 对 f 的二阶和三阶泛函导数. 例如, 其中二阶泛函导数的作用是, 将函数的变分 $\delta f(t)$ 映射为泛函的二阶变分 $\delta^2 S$(二阶无穷小的数). 更高阶的情形依此类推. 在经典力学中, 大多数情况下我们只关心一阶泛函导数.

1.3.2　泛函导数的操作定义

根据上面的讨论, 泛函导数归结于计算泛函的变分, 而困难也在于此. 换一个角度, 在泛函 $S[f + \epsilon \delta f]$ 中, ϵ 是个参数, 而泛函 S 是一个数, 其值依赖于 ϵ. 所以, $S[f + \epsilon \delta f]$ 可视为 ϵ 的普通函数. 于是式 (1.13) 可以视为 $S[f + \epsilon \delta f]$ 相对于 ϵ 的普通泰勒展开:

$$S[f + \epsilon \delta f] = S[f] + \epsilon \left.\frac{\mathrm{d}}{\mathrm{d}\epsilon} S[f + \epsilon \delta f]\right|_{\epsilon=0} + \frac{\epsilon^2}{2!} \left.\frac{\mathrm{d}^2}{\mathrm{d}\epsilon^2} S[f + \epsilon \delta f]\right|_{\epsilon=0} + \cdots. \tag{1.17}$$

而泰勒展开和普通导数我们再熟悉不过. 比较式 (1.13) 和 (1.17), 对于一阶泛函

导数①, 即有

$$\boxed{\delta S \equiv \left.\frac{\mathrm{d}}{\mathrm{d}\epsilon} S\left[f + \epsilon\delta f\right]\right|_{\epsilon=0} = \int \mathrm{d}t \frac{\delta S}{\delta f\left(t\right)} \delta f\left(t\right).} \tag{1.18}$$

高阶泛函导数可以类似写出.

对于式 (1.3) 形式的泛函,

$$S\left[f + \epsilon\delta f\right] = \int_{t_1}^{t_2} \mathrm{d}t L\left(t, f + \epsilon\delta f, f' + \epsilon\delta f', f'' + \epsilon\delta f'', \cdots\right),$$

于是由式 (1.18) 得到

$$\begin{aligned}
\delta S &= \int_{t_1}^{t_2} \mathrm{d}t \left.\frac{\mathrm{d}}{\mathrm{d}\epsilon} L\left(t, f + \epsilon\delta f, f' + \epsilon\delta f', f'' + \epsilon\delta f'', \cdots\right)\right|_{\epsilon=0} \\
&= \int_{t_1}^{t_2} \mathrm{d}t \underbrace{\left(\frac{\partial L}{\partial f}\delta f + \frac{\partial L}{\partial f'}\delta f' + \frac{\partial L}{\partial f''}\delta f'' + \cdots\right)}_{\equiv \delta L}.
\end{aligned} \tag{1.19}$$

上式中的被积函数不是别的, 正是 L 的一阶变分 δL, 其与微分 $\mathrm{d}L$ 的形式全同, 只是微分被换成了变分. 这意味着,

$$\delta S \equiv \delta \left(\int_{t_1}^{t_2} \mathrm{d}t L\right) = \int_{t_1}^{t_2} \mathrm{d}t \delta L, \tag{1.20}$$

即变分符号可以移到积分号内.

观察式 (1.14) 的形式, 右边只出现函数的变分 δf. 但是式 (1.19) 中出现了函数导数的变分 $\delta f', \delta f'', \cdots$, 这时该如何处理? 这就需要用到变分法中非常重要的技巧——**分部积分** (integration by parts). 其基本思路是, 利用变分与求导可以交换顺序的性质, 将作用于 δf 的导数移除, 代价是产生额外的 "全导数" 项. 例如, 对于正比于 $\delta f'$ 的项,

$$\frac{\partial L}{\partial f'}\delta f' \xrightarrow{\text{变分与求导交换顺序}} \frac{\partial L}{\partial f'}\frac{\mathrm{d}}{\mathrm{d}t}\delta f = \underbrace{\frac{\mathrm{d}}{\mathrm{d}t}\left(\frac{\partial L}{\partial f'}\delta f\right)}_{\text{全导数}} - \frac{\mathrm{d}}{\mathrm{d}t}\left(\frac{\partial L}{\partial f'}\right)\delta f. \tag{1.21}$$

类似地,

$$\frac{\partial L}{\partial f''}\delta f'' = \frac{\partial L}{\partial f''}\frac{\mathrm{d}^2}{\mathrm{d}t^2}\delta f = \frac{\mathrm{d}}{\mathrm{d}t}\left(\frac{\partial L}{\partial f''}\frac{\mathrm{d}}{\mathrm{d}t}\delta f\right) - \frac{\mathrm{d}}{\mathrm{d}t}\left(\frac{\partial L}{\partial f''}\right)\frac{\mathrm{d}}{\mathrm{d}t}\delta f$$

---

① 式 (1.18) 意味着我们默认由等式的左边所得到的表达式总是能写成右边积分的形式. 能做到这一点的泛函被称作 "可微" (differentiable). 数学上并不是所有的泛函都是可微的.

$$= \frac{\mathrm{d}}{\mathrm{d}t} \underbrace{\left[\frac{\partial L}{\partial f''} \delta f' - \frac{\mathrm{d}}{\mathrm{d}t} \left(\frac{\partial L}{\partial f''} \right) \delta f \right]}_{\text{全导数}} + \frac{\mathrm{d}^2}{\mathrm{d}t^2} \left(\frac{\partial L}{\partial f''} \right) \delta f. \qquad (1.22)$$

依此类推. 因此

$$\delta S = \int_{t_1}^{t_2} \mathrm{d}t \left[\frac{\partial L}{\partial f} \delta f - \frac{\mathrm{d}}{\mathrm{d}t} \left(\frac{\partial L}{\partial f'} \right) \delta f + \frac{\mathrm{d}^2}{\mathrm{d}t^2} \left(\frac{\partial L}{\partial f''} \right) \delta f + \cdots + \frac{\mathrm{d}\mathcal{B}}{\mathrm{d}t} \right]$$

$$= \int_{t_1}^{t_2} \mathrm{d}t \left[\frac{\partial L}{\partial f} - \frac{\mathrm{d}}{\mathrm{d}t} \left(\frac{\partial L}{\partial f'} \right) + \frac{\mathrm{d}^2}{\mathrm{d}t^2} \left(\frac{\partial L}{\partial f''} \right) + \cdots \right] \delta f + \mathcal{B}\big|_{t_1}^{t_2}, \qquad (1.23)$$

这里 $\dfrac{\mathrm{d}\mathcal{B}}{\mathrm{d}t}$ 代表全导数项, 积分后得到的 $\mathcal{B}\big|_{t_1}^{t_2}$ 被称作**边界项** (boundary term), 其在积分的端点 (边界) 处取值. 对比式 (1.14), 式 (1.23) 中的积分已经具有式 (1.14) 的形式, 障碍来自边界项. 由上面的推导知, 若泛函的被积函数 L 包含 $f(t)$ 的最高 n 阶导数, 则边界项 $\mathcal{B}$ 包含 $\delta f(t)$ 的最高 $n-1$ 阶导数. 因此, 变分法中的一个基本假设是, 如果泛函的被积函数包含函数的最高 n 阶导数, 则在积分边界处, 函数及其直至 $n-1$ 阶导数的变分为零, 即

$$\delta f\big|_{t_1} = \delta f\big|_{t_2} = 0, \qquad (1.24)$$

$$\delta f'\big|_{t_1} = \delta f'\big|_{t_2} = 0, \qquad (1.25)$$

$$\vdots$$

$$\delta f^{(n-1)}\big|_{t_1} = \delta f^{(n-1)}\big|_{t_2} = 0. \qquad (1.26)$$

在这样的假设下, 边界项恒为零 $\mathcal{B}\big|_{t_1} = \mathcal{B}\big|_{t_2} = 0$. 这也意味着, 被积函数可以加上函数 $f(t)$ 及其直至 $n-1$ 阶导数的任意函数 $F = F\left(t, f, f', \cdots, f^{(n-1)}\right)$ 的全导数, 而不影响泛函导数.

两个被积函数 "相差全导数", 或者两个积分 "相差边界项", 这件事在变分法中非常重要, 因此通常用一个专门的符号 "$\simeq$" 来表示, 即

$$\boxed{L_1 \simeq L_2 \quad \Leftrightarrow \quad L_1 = L_2 + \frac{\mathrm{d}F(t, f, f', \cdots)}{\mathrm{d}t}}, \qquad (1.27)$$

以及

$$\boxed{S_1 \simeq S_2 \quad \Leftrightarrow \quad S_1 = S_2 + F\big|_{t_1}^{t_2}}. \qquad (1.28)$$

基于上面的假设, 对于泛函导数的计算来说, 边界项无关紧要. 在实际计算中, 都是默认直接丢掉边界项, 而不用写出其具体形式. 例如, 式 (1.21) 和 (1.22) 可以

直接写成

$$\frac{\partial L}{\partial f'}\delta f' \simeq -\frac{\mathrm{d}}{\mathrm{d}t}\left(\frac{\partial L}{\partial f'}\right)\delta f, \quad \frac{\partial L}{\partial f''}\delta f'' \simeq \frac{\mathrm{d}^2}{\mathrm{d}t^2}\left(\frac{\partial L}{\partial f''}\right)\delta f. \tag{1.29}$$

基于同样的理由, 泛函的积分上下限也经常被省略, 即写成 $S = \int \mathrm{d}t L$.

1.3.3 计算一阶泛函导数的标准手续

变分原理是整个分析力学 (甚至整个物理学) 的第一原理, 而变分法的核心就是计算一阶泛函导数, 或者说, 如何计算泛函的一阶变分, 并将其写成式 (1.14) 的形式. 根据以上的讨论, 对于式 (1.3) 形式的泛函, 可以总结一下计算一阶泛函导数的手续.

(1) 将变分符号 "δ" 移到积分号内:

$$\delta S[f] = \int \mathrm{d}t \delta L\left(t, f\left(t\right), f'\left(t\right), f''\left(t\right), \cdots\right). \tag{1.30}$$

(2) 按照类似复合函数求导的规则, 计算 δL:

$$\delta S[f] = \int \mathrm{d}t \left(\frac{\partial L}{\partial f}\delta f + \frac{\partial L}{\partial f'}\delta f' + \frac{\partial L}{\partial f''}\delta f'' + \cdots\right). \tag{1.31}$$

这里变分 δL 和微分 $\mathrm{d}L$ 的形式全同, 只是微分被换成了变分.

(3) 做分部积分, 将 δf 的导数移除. 这是计算一阶泛函导数最关键的一步. 在实际操作中, 只需要不断地将 δf 的导数移除, 并不需要关注全导数项的具体形式.

(4) 提取 δf 前的系数, 即一阶泛函导数.

根据以上手续, 经过分部积分, 式 (1.31) 成为

$$\delta S \simeq \int \mathrm{d}t \left[\frac{\partial L}{\partial f} - \frac{\mathrm{d}}{\mathrm{d}t}\left(\frac{\partial L}{\partial f'}\right) + \frac{\mathrm{d}^2}{\mathrm{d}t^2}\left(\frac{\partial L}{\partial f''}\right) + \cdots\right]\delta f, \tag{1.32}$$

从中读出一阶泛函导数, 即

$$\boxed{\frac{\delta S}{\delta f} = \frac{\partial L}{\partial f} - \frac{\mathrm{d}}{\mathrm{d}t}\left(\frac{\partial L}{\partial f'}\right) + \frac{\mathrm{d}^2}{\mathrm{d}t^2}\left(\frac{\partial L}{\partial f''}\right) + \cdots} \tag{1.33}$$

需要强调的是, 式 (1.33) 虽然形式绝对正确, 但是最好不要把偏导数 $\dfrac{\partial L}{\partial f}, \dfrac{\partial L}{\partial f'}$, $\dfrac{\partial L}{\partial f''}, \cdots$ 先计算出来再套入式 (1.33), 而应该按照上面的 "变分–分部积分" 操作步骤, 这也是实际工作中计算泛函导数的方法.

例 1.1 一阶泛函导数

考虑泛函 $S[f] = \int dt\left[\left(f'(t)\right)^2 - \left(f(t)\right)^2\right]$, 有

$$\delta S[f] = \int dt\delta\left(f'^2 - f^2\right) = \int dt\left(2f'\delta f' - 2f\delta f\right)$$

$$\simeq \int dt\left(-2f''\delta f - 2f\delta f\right) = \int dt\left(-2f'' - 2f\right)\delta f(t),$$

因此一阶泛函导数为

$$\frac{\delta S}{\delta f(t)} = -2f''(t) - 2f(t).$$

例 1.2 一阶泛函导数与全导数

考虑泛函 $S[f] = \int dt\left[f(t)f'(t) + f'(t)f''(t)\right]$, 有

$$\delta S[f] = \int dt\delta\left(ff' + f'f''\right) = \int dt\left(\delta ff' + f\delta f' + \delta f'f'' + f'\delta f''\right)$$

$$\simeq \int dt\left(f'\delta f - f'\delta f - f'''\delta f + f'''\delta f\right) = 0.$$

因此一阶泛函导数为零. 在这个例子中, 出现了泛函导数为零的情况. 实际上, 观察泛函中的被积函数, $ff' + f'f'' = \frac{d}{dt}\left(\frac{1}{2}f^2 + \frac{1}{2}f'^2\right) \equiv \frac{dF}{dt}$, 其自身就是个全导数. 而根据上面的讨论, 被积函数中的全导数可以自然舍去, 所以 $ff' + f'f'' \simeq 0$, 难怪其对应的泛函导数为零了.

1.4 泛函极值

1.4.1 泛函极值的必要条件

现在我们可以尝试回答 1.1 节中泛函例子中的问题: 为何两点之间直线距离最短? 如何使得平面上固定长度曲线所围区域面积最大? 什么循环过程效率最高? 轨道形状如何小球下落时间最短? 等等. 有了泛函的概念, 这些问题可以归结为当函数 (输入) 取什么形式时, 泛函的值 (输出) 取极值. 在变分法中, 这被称作泛函极值问题. 实际问题中, 我们关心的并不是泛函的全部信息, 而往往是泛函的极值.

假设泛函 $S[f]$ 在 $f = \bar{f}(t)$ 时取极小 (大) 值, 意味着任何对 $\bar{f}$ 的小偏离 $\bar{f} + \epsilon\delta f$, 都会使得 $S[\bar{f} + \epsilon\delta f]$ 的值比 $S[\bar{f}]$ 大 (小), 只有当不发生偏离, 即 $\delta f = 0$ 时取极值. 从另一角度, 这等价于 $S[\bar{f} + \epsilon\delta f]$ 作为参数 ϵ 的普通函数, 在 $\epsilon = 0$

处取极值. 这样就将泛函极值问题转化为普通函数的极值问题. 而我们已经知道, 普通函数的极值即要求其一阶导数为零. 结合泛函导数的定义, 即有

$$\delta S\left[\bar{f}\right]=\int \mathrm{d}t\left.\frac{\delta S\left[f\right]}{\delta f}\right|_{\bar{f}}\delta f\left(t\right)=\left.\frac{\mathrm{d}S\left[\bar{f}+\epsilon\delta f\right]}{\mathrm{d}\epsilon}\right|_{\epsilon=0}=0. \tag{1.34}$$

由此得到泛函在 $f=\bar{f}\left(t\right)$ 时取极值, 即要求泛函的一阶变分为零：

$$\boxed{\delta S\left[\bar{f}\right]=0}, \tag{1.35}$$

其意义是在函数 (输入) 发生小变化时, 泛函的值 (输出) 不变. 等价地, 这意味着泛函在 $\bar{f}\left(t\right)$ 处的一阶泛函导数为零：

$$\boxed{\left.\frac{\delta S\left[f\right]}{\delta f}\right|_{\bar{f}}=0}. \tag{1.36}$$

需要说明的是, 正如一阶导数为零只是函数取极值的必要而非充分条件, 同样, 一阶泛函导数为零只是泛函取极值的必要而非充分条件. 严格来说, $\delta S=0$ 未必对应泛函一定取极值, 但是一定是**稳恒** (stationary) 的.

作为变分法到目前的小结, 可将多元函数与泛函做一对比, 如表 1.1 所示.

表 1.1　多元函数与泛函的对比

	输入	输出	极值
函数	x_n	$F\left(x_n\right)$	$\mathrm{d}F=0\ \Leftrightarrow\ \left.\frac{\partial F}{\partial x_n}\right|_{\bar{x}_n}=0$
泛函	$f\left(t\right)$	$S\left[f\right]$	$\delta S=0\ \Leftrightarrow\ \left.\frac{\delta S}{\delta f}\right|_{\bar{f}}=0$

1.4.2　欧拉–拉格朗日方程

一类常见的泛函具有如下形式 (即式 (1.3) 的特殊情况)

$$S\left[f\right]=\int \mathrm{d}tL\left(t,f\left(t\right),f'\left(t\right)\right). \tag{1.37}$$

其特点是, 泛函的被积函数 L 最高包含 f 的一阶导数. 物理中大部分感兴趣的系统都是这种情形. 根据式 (1.33), 泛函取极值的必要条件是

$$-\frac{\delta S}{\delta f}\equiv\boxed{\frac{\mathrm{d}}{\mathrm{d}t}\left(\frac{\partial L}{\partial f'}\right)-\frac{\partial L}{\partial f}=0}. \tag{1.38}$$

式 (1.38) 是关于 $f(t)$ 的二阶微分方程, 被称为变分问题的**欧拉–拉格朗日方程**
(Euler-Lagrange equation)[①]. 其意义是, 泛函式 (1.37) 在 $f = f(t)$ 处取得极值的
必要条件是 $f(t)$ 满足二阶微分方程 (1.38). 值得一提的是, 并不是所有的微分方
程都是欧拉–拉格朗日方程, 即都对应某个泛函的极值 (见习题 1.9).

对 L 直接求全导数,

$$\frac{\mathrm{d}L}{\mathrm{d}t} = \frac{\partial L}{\partial t} + \frac{\partial L}{\partial f}f' + \frac{\partial L}{\partial f'}f'' = \frac{\partial L}{\partial t} + \frac{\partial L}{\partial f}f' + \frac{\mathrm{d}}{\mathrm{d}t}\left(\frac{\partial L}{\partial f'}f'\right) - \frac{\mathrm{d}}{\mathrm{d}t}\left(\frac{\partial L}{\partial f'}\right)f'$$

$$= \frac{\partial L}{\partial t} - \underbrace{\left[\frac{\mathrm{d}}{\mathrm{d}t}\left(\frac{\partial L}{\partial f'}\right) - \frac{\partial L}{\partial f}\right]}_{=0}f' + \frac{\mathrm{d}}{\mathrm{d}t}\left(\frac{\partial L}{\partial f'}f'\right),$$

因此当欧拉-拉格朗日方程 (1.38) 满足时, 下式也成立:

$$\boxed{\frac{\mathrm{d}}{\mathrm{d}t}\left(\frac{\partial L}{\partial f'}f' - L\right) + \frac{\partial L}{\partial t} = 0}. \tag{1.39}$$

一个立即的推论是, 若 L 不显含积分变量 t,

$$\frac{\partial L}{\partial t} = 0 \quad \Rightarrow \quad \frac{\partial L}{\partial f'}f' - L = 常数. \tag{1.40}$$

对于更一般的泛函式 (1.3), 取极值的必要条件是

$$\frac{\delta S}{\delta f} \equiv \sum_{n=0}(-1)^n\frac{\mathrm{d}^n}{\mathrm{d}t^n}\left(\frac{\partial L}{\partial f^{(n)}}\right) = 0. \tag{1.41}$$

如果泛函式 (1.3) 中被积函数 L 包含 $f(t)$ 的最高到 N 阶导数, 即 $L = L(t, f, f', \cdots, f^{(N)})$, 则上面的求和展开为

$$\frac{\delta S}{\delta f} = \frac{\partial L}{\partial f} - \frac{\mathrm{d}}{\mathrm{d}x}\left(\frac{\partial L}{\partial f'}\right) + \cdots + (-1)^N\frac{\mathrm{d}^N}{\mathrm{d}t^N}\left(\frac{\partial L}{\partial f^{(N)}}\right),$$

$\frac{\delta S}{\delta f}$ 中 $f(t)$ 的最高阶导数来自最后一项, 如果 $\frac{\partial L}{\partial f^{(N)}}$ 仍然包含 $f^{(N)}$, 即

① 欧拉–拉格朗日方程是欧拉 (Leonhard Euler, 1707—1783) 于 1744 年得到的. 欧拉是瑞士数学家、物理学家, 18 世纪数学界的中心人物之一, 对分析学、几何学、力学都有大量基础性贡献. 拉格朗日 (Joseph-Louis Lagrange, 1736—1813) 是法国数学家、物理学家, 也是欧拉在分析学领域最重要的继承者和开拓者, 对分析、力学和天体力学都有重要贡献.

$$\frac{\partial}{\partial f^{(N)}}\left(\frac{\partial L}{\partial f^{(N)}}\right) \equiv \frac{\partial^2 L}{\partial f^{(N)}\partial f^{(N)}} \neq 0, \tag{1.42}$$

则 $\dfrac{\mathrm{d}^N}{\mathrm{d}t^N}\left(\dfrac{\partial L}{\partial f^{(N)}}\right)$ 包含最高至 $f(t)$ 的 $2N$ 阶导数. 满足式 (1.42) 的 L 也被称作是**非退化** (non-degenerate) 的. 总之, 如果泛函 $S[f]$ 的被积函数 L 含有最高至 $f(t)$ 的 N 阶导数且非退化, 则泛函导数 $\dfrac{\delta S}{\delta f}$ 包含最高至 $f(t)$ 的 $2N$ 阶导数, 相应泛函极值的欧拉-拉格朗日方程为 $2N$ 阶微分方程.

例 1.3 平面上两点之间直线距离最短

平面上两固定点之间由任意光滑曲线连接, 曲线方程记作 $y = f(x)$, 曲线长度为 $S = \int \mathrm{d}x\sqrt{1+(f'(x))^2}$. 变分得到

$$\delta S = \int \mathrm{d}x\,\delta\sqrt{1+f'^2} = \int \mathrm{d}x\,\frac{f'}{\sqrt{1+f'^2}}\delta f' \simeq -\int \mathrm{d}x\,\frac{f''}{(1+f'^2)^{3/2}}\delta f.$$

于是曲线长度取极值的必要条件即 $f(x)$ 满足 $\dfrac{f''}{(1+f'^2)^{3/2}} = 0$, 其等价于 $f'' = 0$, 通解为 $y = f(x) = ax + b$, 其中 a, b 为常数, 即是直线方程. 利用变分法, 我们就证明了平面上两点之间直线距离最短.

例 1.4 最速下降曲线

回到本章一开始提到的最速下降曲线问题. 如图 1.7 所示, 两端固定的光滑轨道处于有重力场的竖直平面内. 一个质量为 m 的小球限制在轨道上运动. 初始时刻, 小球从轨道顶端由静止开始滑落. 我们的问题是当轨道为何种形状时, 小球从轨道顶端下降到底端用时最短.

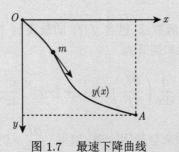

图 1.7   最速下降曲线

取水平方向坐标为 x, 竖直向下为 y, 顶端为坐标原点. 设重力加速度为 g. 根据能量守恒定律, 当小球下降至 y 处时, 满足 $\frac{1}{2}mv^2 = mgy$, 因此速度大小 $v \equiv |\boldsymbol{v}| = \sqrt{2gy}$.

又 $v \equiv \dfrac{\mathrm{d}s}{\mathrm{d}t} = \dfrac{\sqrt{(\mathrm{d}x)^2 + (\mathrm{d}y)^2}}{\mathrm{d}t} = \mathrm{d}x\dfrac{\sqrt{1 + y'^2\,(x)}}{\mathrm{d}t}$, 得到下落到 A 点用时

$$T\,[y] = \int_0^{x_A} \mathrm{d}x\dfrac{\sqrt{1 + y'^2}}{\sqrt{2gy}}, \tag{1.43}$$

其是轨道形状 $y\,(x)$ 的泛函. 接下来当然可以直接变分得到对应的欧拉-拉格朗日方程. 不过更方便的方法是观察式 (1.43) 的被积函数 $L = \dfrac{\sqrt{1 + (y'\,(x))^2}}{\sqrt{2gy}}$, 其与积分变量 x 无关, 这正是式 (1.40) 的情况. 因此得到

$$\dfrac{\partial L}{\partial y'}y' - L = -\dfrac{1}{\sqrt{2gy}\sqrt{1 + y'^2}} = 常数,$$

即 $y\,(x)$ 满足

$$y\left(1 + y'^2\right) = 常数. \tag{1.44}$$

可以验证式 (1.44) 有参数方程解 (有 $y'\,(x) \equiv y'\,(\theta)/x'\,(\theta)$), $y\,(\theta) = a\,(1 - \cos\theta)$ 和 $x\,(\theta) = a\,(\theta - \sin\theta)$, 其所描述的曲线即**摆线** (cycloid). 这里常数 a 的值由底端 (A 点) 的位置决定. 因此, 最速下降曲线是摆线的一部分, 如图 1.8所示. 有趣的是, 最速下降曲线与小球质量和重力加速度都没有关系.

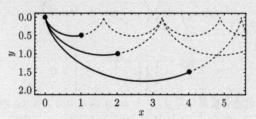

图 1.8　最速下降曲线 (实线部分) 与摆线
从上到下 3 条曲线分别对应底端坐标 $\{x_A, y_A\} = \{1, 0.5\}$, $\{2, 1\}$ 和 $\{4, 1.5\}$

1.4.3　多个变量与多元函数

到目前为止, 我们只讨论了只依赖单个函数 $f\,(t)$ 的泛函, 即 $S = S\,[f]$. 以上所有讨论对于多个独立函数 $f_1\,(t), f_2\,(t), \cdots$ 的泛函的推广是直接的. 考虑泛函

$$S = S\,[f_1, f_2, \cdots] = \int \mathrm{d}x L\,(t, f_1, f_2, \cdots, f_1', f_2', \cdots). \tag{1.45}$$

其极值同样要求

$$\delta S \simeq \int \mathrm{d}x \left(\dfrac{\delta S}{\delta f_1}\delta f_1 + \dfrac{\delta S}{\delta f_2}\delta f_2 + \cdots\right) = 0. \tag{1.46}$$

因为函数 $f_1, f_2, \cdots$ 是独立的, 其变分 $\delta f_1, \delta f_2, \cdots$ 也是互相独立的, 因此上式成立必然要求每一项的系数都为零, 于是泛函取极值即要求

$$\frac{\delta S}{\delta f_1} = 0, \quad \frac{\delta S}{\delta f_2} = 0, \quad \cdots . \tag{1.47}$$

例 1.5 多个函数的泛函

考虑依赖于两个函数 $f(t)$ 和 $n(t)$ 的泛函

$$S[f, n] = \int \mathrm{d}t \frac{1}{2} \left[\frac{1}{n(t)} \left(f'(t) \right)^2 - n(t) \left(f(t) \right)^2 \right].$$

因为 $f(t)$ 和 $n(t)$ 是两个独立的函数, 我们可以对其分别做变分. 首先对 $f(t)$ 做变分, 得到

$$\delta S = \int \mathrm{d}t \frac{1}{2} \left(\frac{1}{n} 2f' \delta f' - n2f \delta f \right) \simeq \int \mathrm{d}t \left[-\frac{\mathrm{d}}{\mathrm{d}t} \left(\frac{f'}{n} \right) - nf \right] \delta f,$$

因此 $\delta S = 0$, 要求

$$-\frac{\delta S}{\delta f} = \frac{\mathrm{d}}{\mathrm{d}t} \left(\frac{f'}{n} \right) + nf = 0. \tag{1.48}$$

对 $n(t)$ 做变分, 得到

$$\delta S = \int \mathrm{d}t \frac{1}{2} \left(-\frac{1}{n^2} \delta n f'^2 - \delta n f^2 \right),$$

因此 $\delta S = 0$, 要求

$$-\frac{\delta S}{\delta n} = \frac{1}{2} \left[\left(\frac{f'}{n} \right)^2 + f^2 \right] = 0. \tag{1.49}$$

泛函 $S[f, n]$ 取极值的必要条件即 $f(t)$ 和 $n(t)$ 满足微分方程 (1.48) 和 (1.49).

泛函中的函数也可以是多元函数. 以单个函数 f 的泛函 $S[f]$ 为例, 设 f 是 t 和 x 的二元函数 $f = f(t, x)$. 简单起见, 我们只考虑 L 含有 f 的一阶导数, 泛函具有形式

$$S[f] = \iint \mathrm{d}t\mathrm{d}x L \left(t, x, f, \frac{\partial f}{\partial t}, \frac{\partial f}{\partial x} \right). \tag{1.50}$$

同样按照 1.3.3 节中的步骤, 泛函的一阶变分为

$$\delta S = \iint \mathrm{d}t\mathrm{d}x \delta L \left(t, x, f, \frac{\partial f}{\partial t}, \frac{\partial f}{\partial x} \right)$$

$$= \iint \mathrm{d}t\mathrm{d}x \left[\frac{\partial L}{\partial f} \delta f + \frac{\partial L}{\partial \left(\dfrac{\partial f}{\partial t} \right)} \delta \left(\frac{\partial f}{\partial t} \right) + \frac{\partial L}{\partial \left(\dfrac{\partial f}{\partial x} \right)} \delta \left(\frac{\partial f}{\partial x} \right) \right]$$

$$\simeq \iint \mathrm{d}t\mathrm{d}x \left[\frac{\partial L}{\partial f} - \frac{\partial}{\partial t}\left(\frac{\partial L}{\partial\left(\frac{\partial f}{\partial t}\right)} \right) - \frac{\partial}{\partial x}\left(\frac{\partial L}{\partial\left(\frac{\partial f}{\partial x}\right)} \right) \right] \delta f,$$

所以泛函取极值的必要条件即

$$\frac{\delta S}{\delta f} = \frac{\partial L}{\partial f} - \frac{\partial}{\partial t}\left(\frac{\partial L}{\partial\left(\frac{\partial f}{\partial t}\right)} \right) - \frac{\partial}{\partial x}\left(\frac{\partial L}{\partial\left(\frac{\partial f}{\partial x}\right)} \right) = 0, \qquad (1.51)$$

其是 $f(t,x)$ 的偏微分方程. 以上讨论对多个多元函数的泛函的推广是直接的.

习　　题

1.1　给定 $f(t)$ 的泛函 $S[f] = -\int \mathrm{d}t \mathrm{e}^{-\Phi(f)}\sqrt{1-f'^2}$, 其中 Φ 是 f 的任意函数. 求 $S[f]$ 取极值时, $f(t)$ 的欧拉–拉格朗日方程.

1.2　给定 $f(t)$ 的泛函 $S[f] = \int \mathrm{d}t L$, 其中 $L = f'^2 + f^2 f'' + f f'^2 f''$.

(1) 求一阶泛函导数 $\dfrac{\delta S}{\delta f}$;

(2) 将 L 改写成 $L = \tilde{L} + \dfrac{\mathrm{d}F}{\mathrm{d}t}$ 的形式, 其中 F 是 f 和 f' 的函数, 使得 $\tilde{L}$ 中不包含 f'', 求 $\tilde{L}$ 和 F;

(3) 求泛函 $\tilde{S}[f] = \int \mathrm{d}t \tilde{L}$ 的一阶泛函导数 $\dfrac{\delta \tilde{S}}{\delta f}$, 并比较其和 $\dfrac{\delta S}{\delta f}$ 的异同.

1.3　给定两个函数 $n(t)$ 和 $a(t)$ 的泛函 $S[n,a] = \int \mathrm{d}t n a^3 \left(A(n) + 3B(n)\dfrac{a'^2}{n^2 a^2} \right)$, 其中 A, B 是 $n(t)$ 的任意函数. 求泛函 $S[n,a]$ 取极值时, $n(t)$ 和 $a(t)$ 的欧拉–拉格朗日方程.

1.4　给定二元函数 $f(t,x)$ 的泛函 $S[f] = \iint \mathrm{d}t\mathrm{d}x \dfrac{1}{2}\left[\left(\dfrac{\partial f(t,x)}{\partial t} \right)^2 - \left(\dfrac{\partial f(t,x)}{\partial x} \right)^2 \right.$ $\left. - m^2 f^2(t,x) \right]$, 其中 m 是常数. 求泛函 $S[f]$ 取极值时 $f(t,x)$ 的欧拉-拉格朗日方程.

1.5　考虑一条不可拉伸、质量均匀的柔软细绳, 长为 l, 质量为 m. 细绳两端点悬挂于相同高度, 水平距离为 $a(a < l)$.

(1) 选择合适的坐标, 求细绳总的重力势能 V 作为细绳形状的泛函;

(2) 求细绳重力势能取极值时, 细绳形状所满足的欧拉–拉格朗日方程.

1.6　考虑 3 维空间中的任意 2 维曲面, 取直角坐标, 曲面方程为 $z = z(x,y)$. 曲面上任意两固定点, 由曲面上的任一曲线连接. 曲线方程为 $x = x(\lambda)$, $y = y(\lambda)$, 这里 λ 是曲线的参数.

(1) 求曲线的长度 S 作为 $x(\lambda)$ 和 $y(\lambda)$ 的泛函 $S[x,y]$;

(2) 求曲线长度 S 取极值时, $x(\lambda)$ 和 $y(\lambda)$ 的欧拉–拉格朗日方程;

(3) 当曲面为以下情况时, 求解 $x(\lambda)$ 和 $y(\lambda)$: ① 平面 $z = ax + by + c(a,b,c$ 为常数); ② 球面 $z = \sqrt{R^2 - x^2 - y^2}(R$ 为常数); ③ 锥面 $z = H\left(1 - \dfrac{1}{R}\sqrt{x^2 + y^2}\right)(H, R$ 为常数).

1.7 假设地球质量均匀分布, 密度为 ρ, 半径为 R. 如图 1.9所示, 在地球内部钻一个光滑隧道, 隧道处于过球心的平面内. 一个物体从 A 点静止滑入, 最终将由 B 点滑出. 在轨道平面取极坐标 $\{r, \phi\}$, 求轨道形状 $r(\phi)$ 满足什么方程时物体穿过隧道的时间最短. (提示: 地球内部距离中心 r 处, 质量为 m 的粒子的牛顿引力势能为 $V(r) = \dfrac{2}{3}\pi Gm\rho r^2$, 其中 G 为牛顿引力常量.)

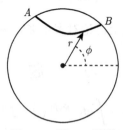

图 1.9   题 1.7 用图

1.8 数学上将面积取极值的曲面称作极小曲面. 如图 1.10所示, $\{x, y\}$-平面上给定的 A 点和 B 点之间有曲线 $y(x)$, 此曲线绕 x 轴旋转而成旋转曲面.

(1) 求此旋转曲面面积取极小值时 $y(x)$ 满足的微分方程;

(2) 求 $y(x)$ 的解.

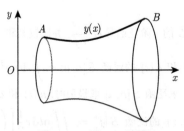

图 1.10   题 1.8 用图

1.9 并不是所有的微分方程都是欧拉–拉格朗日方程.

(1) 证明 $f''(t) + 2\lambda f'(t) + \omega^2 f(t) = 0(\lambda, \omega$ 为常数) 在 $\lambda \neq 0$ 时不是欧拉–拉格朗日方程, 即不存在泛函 $S[f]$, 使得 $\dfrac{\delta S}{\delta f}$ 等于方程左边;

(2) 引入新变量 $q = e^{\lambda t} f$, 求 q 所满足的方程;

(3) 求 q 的方程作为欧拉-拉格朗日方程所对应的泛函 $\tilde{S}[q]$.

第 2 章　位 形 空 间

2.1　位形与时间演化

2.1.1　位形

力学研究的基本问题是物理系统的时间演化. 具体而言, 即是要研究物理系统的 "位形" 随时间的演化. 位形是粒子在空间中的位置这一概念的推广. 简言之, **位形** (configuration) 即粒子系统中各个粒子的空间位置, 或者更一般的物理系统在空间中的形状、分布. 例如, 考虑 N 个粒子构成的粒子系, 给出 N 个粒子的空间坐标 $\{x_1, x_2, \cdots, x_N\}$ 即给出粒子系的一个位形. 又例如, 琴弦振动的形状, 即是琴弦的位形; 鼓面弯曲的形状, 即是鼓面的位形.

位形的概念可以推广至连续系统和非机械系统. 例如, 描述气体扩散, 给出空间中每一点气体分子数密度 $\rho(x)$, 即给出气体的位形. 描述热传导, 给出空间中每一点的局域温度 $T(x)$, 即给出温度的位形. 描述电磁场, 给出空间中每一点的矢量 $E(x)$, 即给出电场的位形.

2.1.2　位形空间与流形

系统所有可能位形的集合, 就构成**位形空间** (configuration space). 位形空间中的一点, 即代表系统的一种可能的位形.

例如, 在水平面上运动的粒子, 其位形即水平面上的点, 其位形空间即水平面; 限制在圆环上运动的粒子, 其位形即圆环上的点, 其位形空间即整个圆环; 限制在球面上运动的粒子, 其位形即球面上的点, 其位形空间就是整个球面. 一般来说, 物理系统的位形空间一般都不是平坦的线性空间 (矢量空间). 例如, 球面是一个二维空间, 但显然不是平坦的. 但是, 球面局部的一小块, 看上去又和二维平面很像. 数学上对于这种一般的空间的描述, 即所谓**流形** (manifold) 理论①. 简言之, 流形即局部看起来像是平坦空间的东西, 但是其一般是弯曲的, 往往还具有很复杂的结构. 数学上 "空间" 一词经常特指线性空间, 因此**位形流形** (configuration manifold) 是更确切的称呼, 不过本书一般仍然用物理上习惯的 "位形空间" 一词.

---

① 中文中 "流形" 一词起源很早. 《周易·象传》有 "云行雨施, 品物流形." 文天祥的《正气歌》中开篇即有 "天地有正气, 杂然赋流形. 下则为河岳, 上则为日星. "

2.1.3　世界线

现在考虑时间演化. 随着时间参数 t 的变化, 系统在位形空间中连续地由一点 (某个位形) 移动到另一点, 所"扫出"的曲线即位形空间中的轨迹. 把"时间"这一维加进来, 可以认为"位形空间"和"时间轴"合在一起构成更大的空间. 随着时间的演化, 位形空间中的点在这个空间中也扫出一条连续的曲线, 有时被称作**世界线** (world line), 如图 2.1所示. 因为某一时刻的位形本身不能唯一决定此前或此后的位形, 所以世界线是可以相交的, 如图 2.1中 A 点和 B 点.

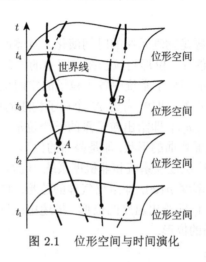

图 2.1　位形空间与时间演化

2.2　广　义　坐　标

2.2.1　广义坐标的概念

坐标无非是某种空间的参数化, 即只要给定一组数, 能够唯一确定空间中的一点, 就可以称这组数为"坐标". 例如, 通常的 3 维空间中的点粒子, 我们可以采用直角坐标 $\{x, y, z\}$、柱坐标 $\{r, \phi, z\}$、球坐标 $\{r, \theta, \phi\}$ 等来参数化其位置. 点粒子在空间中位置的参数化是普通坐标, 而位形是点粒子位置概念的推广, 自然而然, 对位形空间的参数化即**广义坐标** (generalized coordinates), 其是任何一组能够唯一确定系统某个位形的独立参数. 这些概念的推广可以总结如下:

$$
\begin{array}{ccc}
\text{位置} & \rightarrow & \text{位形} \\
\text{普通空间} & \rightarrow & \text{位形空间} \\
\text{普通坐标} & \rightarrow & \text{广义坐标}
\end{array}
$$

例 2.1 圆环上粒子的位形

如图 2.2所示, 粒子在固定圆环上无摩擦自由滑动. 粒子在圆环上的角度唯一决定了粒子的位置, 所以系统具有一个独立的广义坐标即 θ. 这个系统的位形空间就是圆周, 通常记作 $\mathbf{S}^1$.

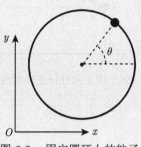

图 2.2 固定圆环上的粒子

例 2.2 单摆的位形

如图 2.3(a) 所示的单摆, 上端固定, 假定单摆只在竖直平面内运动. 单摆的摆角 θ 唯一决定了系统的位形, 所以系统具有一个独立的广义坐标即 θ. 这个系统的位形空间即一维圆周 $\mathbf{S}^1$. 如果单摆的顶端不固定, 而是如图 2.3(b) 所示在一个光滑水平杆上运动, 则可以用顶端 (A 点) 的水平坐标 x 和单摆摆角 θ 来唯一决定系统的位形. 此时系统的位形空间即二维柱面, 记作 $\mathbf{R}^1 \times \mathbf{S}^1$. 如果单摆不限制在竖直平面内运动, 成为如图 2.3(c) 所示的球面摆, 则可以用球面角坐标 $\{\theta, \phi\}$ 来唯一决定系统的位形. 球面摆的位形空间即二维球面, 记作 $\mathbf{S}^2$.

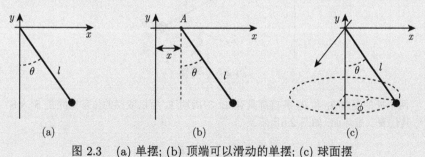

(a) (b) (c)

图 2.3 (a) 单摆; (b) 顶端可以滑动的单摆; (c) 球面摆

例 2.3 刚性杆连接两个粒子的位形

如图 2.4所示, 水平面上刚性杆连接的两个粒子. 其中一个粒子的直角坐标, 例如 $\{x_1, y_1\}$, 以及杆的转角 θ 唯一决定了系统的位形, 所以系统具有 3 个独立的广义坐标 $\{x_1, y_1, \theta\}$. 这个系统的位形空间即 $\mathbf{R}^2 \times \mathbf{S}^1$.

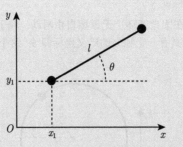

图 2.4　水平面上刚性杆连接的两个粒子

例 2.4 双摆的位形

　　如图 2.5所示的双摆, 两个杆的摆角唯一决定了双摆的位形. 所以, 双摆有两个独立的广义坐标, 可取为两个杆的摆角 θ_1 和 θ_2.

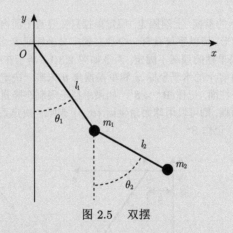

图 2.5　双摆

　　两个杆的摆角 θ_1 和 θ_2 各自都具有 2π 的周期性, 所以双摆的位形空间是 $\mathbf{S}^1 \times \mathbf{S}^1 \equiv \mathbf{T}^2$, 其代表二维环面, 如图 2.6所示.

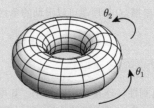

图 2.6　双摆的位形空间是二维环面

物理系统 s 个独立的广义坐标[①]

$$\boxed{\{q^1, \cdots, q^s\} \equiv \{q^a\}, \quad a = 1, 2, \cdots, s}, \tag{2.1}$$

代表位形空间中的一点, 即代表系统某个唯一确定的位形. 因此,

$$位形空间的维数 = 独立广义坐标的个数. \tag{2.2}$$

广义坐标只是位形空间的参数化, 所以选择非常任意. 原则上, 广义坐标的选取有无限多种. 广义坐标的量纲不一定是长度量纲, 一般也不能三个 (或者多个) 一组合成一个矢量, 这也正是位形空间一般不是线性空间的反映. 例如, 球面不是平坦的线性空间, 球面坐标 $\{\theta, \phi\}$ 也不是任何矢量的分量.

2.2.2 广义坐标的变换

从概念上来说, 广义坐标是对位形空间的参数化, 我们当然有选取不同参数化的自由. 从技术上来说, 一组广义坐标下复杂的运动方程, 换成另一组广义坐标经常就变得容易求解. 例如, 球对称引力场中粒子的运动, 运动方程在球坐标下就比在直角坐标下要简单得多.

现在假设有两组广义坐标 $\{q\}$ 和 $\{\tilde{q}\}$, 描述同一个位形空间[②]. 考虑此位形空间中的任意某点 P(给定的位形), 对应 $\{q\}$ 坐标的数值记作 $q|_P$, $\{\tilde{q}\}$ 坐标的数值记作 $\tilde{q}|_P$. 两组坐标的数值满足函数关系

$$\tilde{q}^a|_P = f^a(t, q|_P), \quad a = 1, \cdots, s. \tag{2.3}$$

因为 P 是任意一点, 所以即有坐标之间的关系 $\tilde{q}^a = f^a(t, q)$. 一般来说, 变换可以显含时间参数 t, 即在不同时刻有不同的变换关系. 习惯上用 $\tilde{q}^a$ 本身作为变换的函数名, 即写成

$$\boxed{q^a \to \tilde{q}^a = \tilde{q}^a(t, q)}, \quad a = 1, \cdots, s. \tag{2.4}$$

这种广义坐标之间的变换也被称作**点变换** (point transformation), 因为其将 $\{q\}$ 坐标描述的点, 变换到用 $\{\tilde{q}\}$ 描述的点. 我们要求变换式 (2.4) 是可逆的, 换句话说存在

$$\tilde{q}^a \to q^a = q^a(t, \tilde{q}), \quad a = 1, \cdots, s. \tag{2.5}$$

也就是说 $\{q\}$ 和 $\{\tilde{q}\}$ 是一一对应的[③]. 可逆性要求坐标变换的雅可比行列式非零, 即

[①] 注意这里我们把广义坐标的指标写在了右上角. 在本书中, 广义坐标都是用上指标.

[②] 简洁起见, 本书中经常用黑体字母代表一组多个变量, 例如 $\{q\} \equiv \{q^a\} = \{q^1, \cdots, q^s\}$, 等等.

[③] 数学上管这种一一对应且可微的关系叫 "微分同胚" (diffeomorphism).

$$\det\left(\frac{\partial \tilde{q}^a}{\partial q^b}\right) \neq 0. \tag{2.6}$$

注意 $\dfrac{\partial \tilde{q}^b}{\partial q^c}$ 的逆即 $\dfrac{\partial q^a}{\partial \tilde{q}^b}$, 满足

$$\sum_{b=1}^{s}\frac{\partial q^a}{\partial \tilde{q}^b}\frac{\partial \tilde{q}^b}{\partial q^c} = \frac{\partial q^a}{\partial q^c} \equiv \delta_c^a, \tag{2.7}$$

这里 δ_c^a 为克罗内克符号 (见附录 A.1), 取值当 $a=c$ 时为 1, $a \neq c$ 时为 0.

坐标变换有两种等价的观点, 或者说对 $\{q\} \rightarrow \{\tilde{q}\}$ 有两种等价的解释. 一种是认为用不同的坐标描述同一点, 如图 2.7(a) 所示. 这种观点被称作**被动观点** (passive point of view), 即 "对象不变, 坐标在变". 上面我们即采用这种观点, 这时 $\{q\}$ 和 $\{\tilde{q}\}$ 是同一位形空间的不同参数化. 但是换一个角度, 我们总可以将变换后 $\tilde{q}|_P$ 的坐标数值对应到同一空间上的另外一点 P', 使得 $q|_{P'} \equiv \tilde{q}|_P$. 也就是说我们总是可以将坐标变换重新解释为将同一空间上一点变换到另外一点, 如图 2.7(b) 所示. 这种观点被称作**主动观点** (active point of view), 即 "坐标不变, 对象在变". 坐标变换的被动观点和主动观点是等价且相对的, 其各有便利, 需要根据具体问题选择使用.

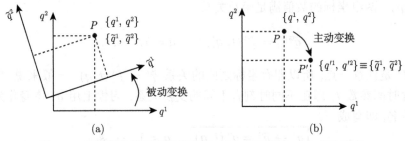

图 2.7   坐标变换的两种等价观点: (a) 被动观点; (b) 主动观点

2.3   速度、速度相空间

2.3.1   速度相空间

力学研究物理系统随时间的演化. "预测演化" 是一个非常伟大的想法. 苏轼在《赤壁赋》中写道: "寄蜉蝣于天地, 渺沧海之一粟. 哀吾生之须臾, 羡长江之无穷." 人类只能了解一时一地的信息, 却要预测无穷无限的世界. 一个问题是, 我们需要知道多少信息, 才能完全预测系统的演化? 这个问题可以进一步在数学上

表述为, 我们需要知道一个函数在某一点的多少信息, 才能完全决定其函数形式? 答案已经由泰勒公式告诉我们了:

$$f(t) = f(t_0) + f'(t_0)(t - t_0) + \frac{1}{2}f''(t_0)(t - t_0)^2 + \frac{1}{3!}f'''(t_0)(t - t_0)^3 + \cdots.$$

亦即, 完全决定一个函数的形式 (至少在某点附近), 需要知道函数在某点的无穷阶导数. 换句话说, 如果我们要预测一个粒子未来的运动, 我们需要测量 "此时此刻" 粒子的位置、速度、加速度、加加速度、加加加速度 …… 即无穷多的信息! 幸运的是, 对于自然界中绝大部分物理系统, 我们只需要测量 "位置" 和 "速度" 就可以了. 要做到这一点, 唯一的可能就是二阶及以上的导数都由函数在某点的值及其一阶导数完全决定, 亦即存在如下的关系

$$f''(t) = F(f(t), f'(t)). \tag{2.8}$$

可以验证, 对式 (2.8) 再求导, 即有

$$f''' = \frac{\partial F}{\partial f}f' + \frac{\partial F}{\partial f'}f'' = \frac{\partial F}{\partial f}f' + \frac{\partial F}{\partial f'}F(f, f'),$$

可见三阶导数也可以由函数及其一阶导数决定. 更高阶的导数, 依此类推. 式 (2.8) 不是别的, 正是 $f(t)$ 所满足的二阶微分方程. 而数学家早已告诉我们, 确定二阶微分方程的一个定解需要两个初始条件——位置和速度. 于是, 虽然 "觉宇宙之无穷", 也可以做到 "识盈虚之有数" 了.

对于一般的物理系统, 从广义坐标 $\{q\}$ 出发, **广义速度** (generalized velocity) 定义为广义坐标的时间导数

$$\boxed{v^a := \frac{\mathrm{d}q^a(t)}{\mathrm{d}t} \equiv \dot{q}^a}, \quad a = 1, \cdots, s. \tag{2.9}$$

所以, 只要系统位形的演化满足二阶微分方程, 那么知道此时此刻的广义坐标及其一阶导数——广义速度, 就可以完全确定此后任意时刻系统的演化. 从这个意义上说, "坐标" 与 "速度" 即包含系统演化的全部信息. "坐标" 与 "速度" 合在一起, 构成系统的**状态** (state). 知道某一时刻的状态, 原则上就知道了此前或此后任一时刻的状态.

物理系统所有可能状态的集合, 即状态空间, 也被称作**相空间** (phase space). 相空间的概念在现代物理学中几乎无处不在, 被誉为 "现代科学中最强大的发明

之一"[①]. 这里的 "相" 指的就是系统的状态. 具体到 "坐标" 和 "速度" 构成的状态空间, 被称为**速度相空间** (velocity phase space)[②]. 速度相空间中的一点 $\{q, \dot{q}\}$, 代表系统的一种可能的状态. 因此,

$$\text{相空间的维数} = \text{唯一确定系统演化的独立参数的个数.} \tag{2.10}$$

对于点粒子系统, 相空间的维数总是偶数维的. 这是因为点粒子系统的运动方程总是需要偶数个初始条件.

　　将时间轴加入进来, 相空间中的点也随时间演化扫出一条条的曲线, 如图 2.8 所示. 但是因为给定一个时刻的状态, 就唯一决定了此前和此后所有时刻的状态. 所以, 相空间中的点随时间扫出的曲线是永不相交的.

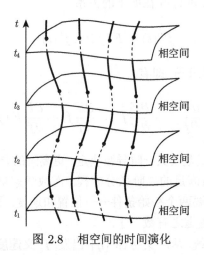

图 2.8　相空间的时间演化

　　给定系统状态的初始值, 就可以得到唯一一条相流曲线. 因此, 系统运动方程的通解就是一族曲线. 这族曲线在相空间的投影即所谓 "相轨迹" 或者 "相流", 相应的图被称作 "相图", 我们将在第 13 章对此进行讨论.

---

　　① 相空间概念的历史发展相当漫长而曲折. 1838 年法国数学家刘维尔 (Joseph Liouville, 1809—1882) 在其刘维尔定理 (即相空间体元守恒, 见 15.5 节) 的论文里已经涉及相空间的概念, 只是刘维尔定理当时是作为解一阶常微分方程组的性质提出的, 还没有被视为物理定理. 后来, 雅可比 (Carl Jacobi, 1804—1851) 与玻尔兹曼 (Ludwig Eduard Boltzmann, 1844—1906) 分别在力学与气体运动论的发展中用到相空间的概念, 并且引述了刘维尔定理的论文. 玻尔兹曼用德文的 "bewegungsart" 和 "bewegungsphase" 来分别表示运动的 "类型" 和 "相"——坐标和动量的改变, 这也是 "相" 这个词第一次进入物理学. 随后庞加莱 (Henri Poincaré, 1854—1912) 发表了其关于天体力学的专著, 对事实上是相空间的概念做了大量分析, 但是完全没有提到玻尔兹曼的工作. 直至 1911 年, 玻尔兹曼的学生埃伦菲斯特 (Paul Ehrenfest, 1880—1933) 在为玻尔兹曼的研究撰写综述时, 才用德文的 "phasenraum" 正式提出 "相空间" 这一术语.

　　② "相空间" 一词通常用来指 "坐标" 和 "动量" 描述的状态空间, 所以 "坐标" 和 "速度" 描述的状态空间就只好称作速度相空间了.

2.3.2　广义坐标的变换所诱导的广义速度的变换

在式 (2.4) 的坐标变换下, 广义速度的变换为

$$\dot{\tilde{q}}^a \equiv \frac{\mathrm{d}\tilde{q}^a}{\mathrm{d}t} = \sum_{b=1}^{s} \frac{\partial \tilde{q}^a}{\partial q^b} \dot{q}^b + \frac{\partial \tilde{q}^a}{\partial t}, \tag{2.11}$$

其中 $\dfrac{\partial \tilde{q}^a}{\partial q^b}$ 即坐标变换的雅可比矩阵, 逆变换即

$$\dot{q}^a \equiv \frac{\mathrm{d}q^a}{\mathrm{d}t} = \sum_{b=1}^{s} \frac{\partial q^a}{\partial \tilde{q}^b} \dot{\tilde{q}}^b + \frac{\partial q^a}{\partial t}, \tag{2.12}$$

其中 $\dfrac{\partial q^a}{\partial \tilde{q}^b}$ 即 $\dfrac{\partial \tilde{q}^a}{\partial q^b}$ 的逆 (见式 (2.7)). 雅可比矩阵 $\dfrac{\partial \tilde{q}^a}{\partial q^b}$ 和 $\dfrac{\partial q^a}{\partial \tilde{q}^b}$ 都只是广义坐标的函数, 因此还可得到

$$\frac{\partial \dot{\tilde{q}}^a}{\partial \dot{q}^b} = \frac{\partial \tilde{q}^a}{\partial q^b}, \quad \frac{\partial \dot{q}^a}{\partial \dot{\tilde{q}}^b} = \frac{\partial q^a}{\partial \tilde{q}^b}, \tag{2.13}$$

即广义速度之间的偏导数关系等于广义坐标之间的偏导数关系. 数学上, 这正是广义速度作为逆变矢量 (见 3.2.5节) 在广义坐标变换下的变换关系.

2.4　约　　　束

2.4.1　约束的概念

经常遇到的情形是, 物理系统的状态空间中有些地方是无法到达的. 实际能够到达的, 只是状态空间的一部分, 或者说子空间. 这种对系统所能达到的状态 (即广义坐标和广义速度) 所强加的运动学限制条件即**约束** (constraint). 这里 "运动学" 表明约束和相互作用, 即和动力学 (加速度) 没有关系.

例 2.5 圆环上粒子的约束

如图 2.2所示, 如果没有圆环的存在, 小球可以在二维平面上自由运动, 广义坐标可以取为 $\{x, y\}$. 但是, 圆环的存在给这 2 个广义坐标之间强加了 1 个约束:

$$\phi(x, y) \equiv (x - x_0)^2 + (y - y_0)^2 - R^2 = 0, \tag{2.14}$$

其中 (x_0, y_0) 是圆环圆心的坐标. 所以系统只有 1 个独立的广义坐标, 可取为粒子在圆环上的角度.

例 2.6 刚性杆连接两个粒子的约束

如图 2.4所示, 如果没有刚性杆连接, 两个小球可以各自自由运动, 组成的系统的广义坐标可以取为 $\{x_1, y_1, x_2, y_2\}$. 但是, 刚性杆的存在, 给这 4 个广义坐标之间强加了 1

个约束:
$$\phi\left(x_1, y_1, x_2, y_2\right) \equiv \left(x_2 - x_1\right)^2 + \left(y_2 - y_1\right)^2 - L^2 = 0. \tag{2.15}$$
这意味着, 4 个广义坐标中只有 3 个是独立的.

例 2.7 双摆的约束

如图 2.5所示, 如果没有连接两个摆球的刚性杆, 两个摆球可以在竖直平面内自由运动, 即广义坐标可取为 $\{x_1, x_2, y_1, y_2\}$. 而刚性杆的存在, 给这 4 个广义坐标强加了 2 个约束, 约束方程为
$$\phi_1\left(x_1, x_2, y_1, y_2\right) \equiv x_1^2 + y_1^2 - l_1^2 = 0, \tag{2.16}$$
$$\phi_2\left(x_1, x_2, y_1, y_2\right) \equiv \left(x_2 - x_1\right)^2 + \left(y_2 - y_1\right)^2 - l_2^2 = 0. \tag{2.17}$$
所以双摆有 2 个独立的广义坐标. 如前所述, 取 2 个杆的摆角 θ_1 和 θ_2 为独立广义坐标最为方便.

约束是对系统状态的限制, 也就是对"坐标"和"速度"的限制. 当不存在约束时, 系统的广义坐标记为 $\{q^1, \cdots, q^m\}$, 则约束的一般数学表达式为
$$\phi\left(t, q^1, \cdots, q^m, \dot{q}^1, \cdots, \dot{q}^m\right) = 0. \tag{2.18}$$

2.4.2 约束的分类

根据不同的目的, 可以对约束做出各种分类. 比如, 根据约束方程 (2.18) 是否显含时间, 可以将约束分为**定常约束** (scleronomous constraint, 又叫稳定约束) 和**非定常约束** (rheonomous constraint, 又叫不稳定约束). 约束方程不显含时间, 即
$$\phi\left(q^1, \cdots, q^m, \dot{q}^1, \cdots, \dot{q}^m\right) = 0, \tag{2.19}$$
为定常约束. 反之, 则是非定常约束. 上面的例子中, 式 (2.14) 和 (2.15) 以及式 (2.16) 和 (2.17) 都是定常约束. 需要强调的是, 定常约束在另一个有相对运动的参考系中看, 则表现为一个非定常约束. 但反过来, 不是所有非定常约束都可通过参考系变换成为定常约束的.

例 2.8 旋转细杆上的小球

如图 2.9所示, 一个小球穿在光滑细杆上, 细杆绕一端以角速度 ω 旋转. 如果取直角坐标, 则约束方程为
$$\phi\left(t, x, y\right) \equiv y - \tan\left(\omega t\right) x = 0,$$

即是非定常约束. 更方便的是取极坐标 $\{r, \phi\}$, 约束方程为

$$\phi(t, r, \phi) \equiv \phi - \omega t = 0.$$

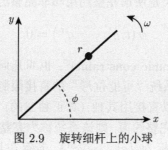

图 2.9　旋转细杆上的小球

例 2.9 旋转圆环上的小球

如图 2.10所示, 小球穿在光滑圆环上滑动, 而圆环在绕着中心轴转动, 在静止的参考系中, 约束方程为

$$\phi_1(x, y, z) \equiv x^2 + y^2 + z^2 - R^2 = 0, \quad \phi_2(t, x, y, z) \equiv y - \tan(\omega t) x = 0.$$

其中第二个约束方程即为非定常约束. 更方便的是取球坐标, 约束方程为

$$\phi_1(r, \theta, \phi) \equiv r - R = 0, \quad \phi_2(t, r, \theta, \phi) \equiv \phi - \omega t = 0.$$

我们将在例 5.6中进一步讨论这个例子.

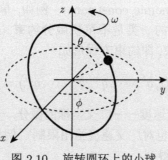

图 2.10　旋转圆环上的小球

根据约束方程是 "等式" 还是 "不等式", 又可以将约束分为**双侧约束** (bilateral constraint) 和**单侧约束** (unilateral constraint). 粒子始终不能脱离约束, 即约束是 "等式", 则是双侧约束. 而如果粒子可以在某一方面脱离约束, 即约束是

"不等式"

$$\phi\left(t, q^1, \cdots, q^m, \dot{q}^1, \cdots, \dot{q}^m\right) \leqslant 0, \tag{2.20}$$

则是单侧约束. 例如, 小球被限制在球壳内运动, 即是单侧约束.

约束最重要的一种分类是所谓完整约束和非完整约束. 约束方程具有形式

$$\phi\left(t, q^1, \cdots, q^m\right) = 0, \tag{2.21}$$

则被称作**完整约束** (holonomic constraint)[①], 也叫几何约束. 完整约束是广义坐标之间的约束关系, 是对系统 "可能位形" 的直接限制. 完整约束表明有些广义坐标其实不是独立的, 可以直接用其他 (真正独立的) 广义坐标表示出来. 如果一个系统的所有约束皆为完整约束, 则该系统称为**完整系统** (holonomic system). 记无约束时系统的广义坐标为 $\{q^1, \cdots, q^m\}$, 若存在且只存在 k 个独立的完整约束

$$\phi_\alpha\left(t, q^1, \cdots, q^m\right) = 0, \quad \alpha = 1, \cdots, k, \tag{2.22}$$

则系统独立的广义坐标数为

$$s = m - k. \tag{2.23}$$

广义坐标的优势在存在约束时更加凸显. 例如, 考虑 N 个粒子构成的系统, 存在 k 个完整约束, 基于牛顿力学的求解方法需要求解 N 个粒子的运动方程外加 k 个约束方程, 亦即总共 $3N + k$ 个方程. 而如果从一开始就选取合适的广义坐标, $\{q^1, q^2, \cdots, q^{3N-k}\}$, 则只需要求解这 $3N - k$ 个独立的广义坐标的方程, 从而大大简化了计算.

所有不是完整约束的约束——亦即约束方程无法写成式 (2.21) 形式的约束, 即是**非完整约束** (nonholonomic constraint). 例如, 单侧约束就是一种非完整约束. 非完整约束中最重要的一类是**不可积微分约束** (non-integrable differential constraints). 所谓微分约束, 即约束方程形如

$$\phi\left(t, q^1, \cdots, q^m, \dot{q}^1, \cdots, \dot{q}^m\right) = 0, \tag{2.24}$$

简言之, 就是约束包含广义速度——广义坐标的微分. 一个 "完整约束" 必然诱导出对应的 "微分约束" (即也对广义速度给出限制). 例如, 圆环上的小球所受的约束方程 (2.14) 对时间求导得到

$$\phi(x, y, \dot{x}, \dot{y}) \equiv 2\left(x - x_0\right)\dot{x} + 2\left(y - y_0\right)\dot{y} = 0,$$

---

① 术语 "完整" 以及 "非完整" 是由德国物理学家赫兹 (Heinrich Hertz, 1857—1894) 于 1894 年引入的. "完整" (holonomic) 一词由两部分构成, 其中 "holo" 来源于希腊语 "holos", 和英语的 "whole" 同源, 意为 "完整"; "nomic" 来源于希腊语 "nomos", 和英文的 "normal" 同源, 意为 "规则、规律". 赫兹是第一个试图严格区分完整约束和非完整约束的人.

其对小球的速度做出了约束, 其意义是要求小球的速度必须切于圆环. 但是这个约束方程显然可以直接积分回到式 (2.14). 所以, 微分约束并不必然是非完整的, 只要 "微分约束" 可以积分, 就等价于一个完整约束. 但是, 一般的微分约束并不能通过积分写成完整约束的形式. 以下如无特别说明, 我们提到非完整约束时, 指的都是不可积微分约束. 如果一个系统含有非完整约束, 则称为**非完整系统** (non-holonomic system). 需要强调的是, 完整系统要求系统的所有约束都是完整的, 而只要存在一个非完整约束, 系统就是非完整系统.

例 2.10 非完整约束: 独轮车

　　独轮车 (unicycle) 是最简单的非完整约束的例子. 如图 2.11所示, 半径为 R 的轮子, 在水平面上做纯滚动 (即轮子不打滑). 简单起见, 假定轮面和水平面垂直. 可用 4 个参数描述此系统的位形: 轮心的水平坐标 x, y, 轮面与 x 轴方向的夹角 θ, 以及轮子的自转角 ϕ. 但是在时间演化的意义上, 这 4 个广义坐标彼此不完全独立, 因为 "纯滚动" 的条件给出了它们之间的联系. 轮子转动的角速度为 $\dot{\phi}$, 纯滚动的条件意味着轮心的运动速率 v 满足 $v = R\dot{\phi}$, 轮心水平位置的速度则满足 $\dot{x} = v\cos\theta$ 和 $\dot{y} = v\sin\theta$. 于是得到 2 个约束方程

$$\phi_1 \equiv \dot{x} - R\dot{\phi}\cos\theta = 0, \quad \phi_2 \equiv \dot{y} - R\dot{\phi}\sin\theta = 0. \tag{2.25}$$

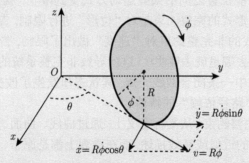

图 2.11　非完整约束: 水平面上纯滚动的轮子

这是关于 $\{x, y, \theta, \phi\}$ 这 4 个广义坐标的 2 个微分约束. 但是, 我们却无法将约束积分, 得到 4 个广义坐标之间的代数关系, 从而直接消除广义坐标的独立性. 直观上, 从任一点开始, 轮子转一圈回到原点, 这时 x, y, θ 都回到初始值, 但是 ϕ 却取决于转圈半径. 这正反映了 ϕ 和 x, y, θ 之间并没有直接的代数关系, 或者说其关系取决于具体的路径. 现在证明, 式 (2.25) 中的两个微分约束是不可积的. 首先, 式 (2.25) 可以写成

$$\mathrm{d}x - R\cos\theta\mathrm{d}\phi = 0, \quad \mathrm{d}y - R\sin\theta\mathrm{d}\phi = 0. \tag{2.26}$$

数学上可以证明, 微分式 $F_1\mathrm{d}x^1 + F_2\mathrm{d}x^2 + F_3\mathrm{d}x^3$ 乘以某积分因子 λ 后是全微分, 亦即

存在 Φ 使得 $d\Phi = \lambda \left(F_1 dx^1 + F_2 dx^2 + F_3 dx^3 \right)$ 的充分必要条件是

$$F_1 \left(\frac{\partial F_2}{\partial x^3} - \frac{\partial F_3}{\partial x^2} \right) + F_2 \left(\frac{\partial F_3}{\partial x^1} - \frac{\partial F_1}{\partial x^3} \right) + F_3 \left(\frac{\partial F_1}{\partial x^2} - \frac{\partial F_2}{\partial x^1} \right) = 0, \tag{2.27}$$

式 (2.26) 中的两个微分式都不满足, 即左边不是全微分, 因此不可积. 当然, 有一个特殊情况, 即 $\theta = \theta_0$ 为常数. 这时轮子沿着一条直线滚动, 问题转化为一个 1 维问题. 这时式 (2.25) 可以直接积出得到

$$x - R\phi \cos\theta_0 + c_1 = 0, \quad y - R\phi \sin\theta_0 + c_2 = 0,$$

即等价于 2 个完整约束. 这时系统只有 1 个独立的广义坐标, 可以取为 ϕ. 我们将在例 6.4 中进一步求解独轮车的运动.

前面已经提到, 完整约束是直接对系统的位形做出限制, 从而直接减少了独立的广义坐标个数. 非完整约束并不直接限制系统可能的位形, 而只限制系统从一个位形演化到另一个位形的方式. 换句话说, 非完整约束的存在并没有 "完完整整地" 减少描述系统位形所需的独立广义坐标的个数, 所谓 "非完整" 的意义也正在于此. 实际上, 这也正是赫兹最初引入完整和非完整约束分类的动机. 赫兹将完整系统定义为 "在所有可能的位置之间, 所有的连续运动也都是可能的". 反过来, 如果连接两个可能位置之间的某些运动方式受到限制, 就被称作非完整系统. 形象点说, 式 (2.21) 形式的完整约束是对 "位形" 进行限制, 告诉你哪些地方不能去. 而式 (2.24) 形式的非完整约束对 "速度" 做出了限制, 告诉你哪些方向走不了, 但是最终仍然想去哪里就去哪里[①]. 这就导致非完整系统的一个非常有趣的结果, 即沿着位形空间中一条闭合曲线一周, 其状态却发生了改变. 换句话说, 非完整系统的演化具有 "路径依赖" 的特性.

本书主要关注完整约束. 从某种意义上, 通过曲线、曲面、容器壁强加的非完整约束, 只是宏观上的近似或有效描述, 而在微观上都是原子、分子的电磁力的相互作用.

例 2.11 非完整约束：两轮车

非完整约束更有趣的例子是两轮车 (例如自行车) 及四轮车 (例如小汽车). 两轮车的简化模型如图 2.12所示. 轮子半径为 R, 两轮心距离为 l. 轮子在水平面上做纯滚动, 后轮方向固定, 通过前轮转向. 简单起见, 假设轮面与水平面垂直. 为了描述此系统的位形, 首先可以确定后轮的水平位置 $\{x, y\}$, 以及后轮的偏向角 ϕ 和后轮的自转角 α_B. 这时, 前轮的水平位置也随之确定了, 由几何关系得到

---

① 最直观的例子即汽车. 你总是可以通过一系列操作把汽车从一个位置开到另一个位置, 但是却只能通过某些特定的路线 (这正是停车入库难倒无数新手的原因).

$$x_A = x - l\sin\phi, \quad y_A = y + l\cos\phi. \tag{2.28}$$

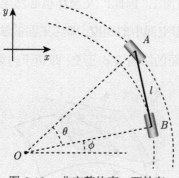

图 2.12 非完整约束: 两轮车

能够调节的还有前轮的转向角 θ, 以及前轮的自转角 α_A. 所以, 系统的位形需要用 6 个参数 $\{x, y, \theta, \phi, \alpha_A, \alpha_B\}$ 来确定. 注意当前轮的转向角 θ 固定时, 前后轮的运动轨迹是同心圆, 圆心 O 则是前后轮面垂直线的交点. 由于轮子做纯滚动, 因此这 6 个广义坐标之间在微分层次上存在约束. 和独轮车的情形一样, 轮子转动的角速度和轮心的水平速率成正比, 对于后轮即有

$$\dot{x} = -R\dot{\alpha}_B \sin\phi, \quad \dot{y} = R\dot{\alpha}_B \cos\phi, \tag{2.29}$$

对于前轮即有

$$\dot{x} - l\dot{\phi}\cos\phi = -R\dot{\alpha}_A \sin(\theta + \phi), \quad \dot{y} - l\dot{\phi}\sin\phi = R\dot{\alpha}_A \cos(\theta + \phi). \tag{2.30}$$

由上式重新组合, 也可以得到等价的、几何意义更明显的约束方程

$$R\dot{\alpha}_A \cos\theta = R\dot{\alpha}_B, \quad R\dot{\alpha}_B = l\cot\theta\dot{\phi}. \tag{2.31}$$

总之, 对于两轮车, 6 个广义坐标满足 4 个非完整约束.

2.5 自 由 度

完整约束直接消除了广义坐标之间的独立性, 表明广义坐标之间有约束关系. 这种关系既体现在广义坐标之间, 也体现在广义坐标的 "变分" 之间. 由约束方程 $\phi(t, \mathbf{q}) = 0$ 变分得到

$$\delta\phi = \sum_{a=1}^{m} \frac{\partial\phi}{\partial q^a} \delta q^a = 0. \tag{2.32}$$

其表明广义坐标变分之间也不是独立的, 满足上面的线性关系. 式 (2.32) 具有非常直观的几何意义, 如图 2.13所示. 一个完整约束可视为位形空间中的一张曲面, 系统的位形限制在这张曲面上, 因此广义坐标也必然限制在约束面上. 式 (2.32) 中的 $\dfrac{\partial \phi}{\partial q^a}$ 即约束面在位形空间中的梯度, 即约束面的法向 $\nabla\phi$. 式 (2.32) 正表明广义坐标变分 δq 与约束面的法向 $\nabla\phi$ 正交, 即切于约束面.

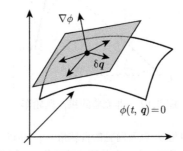

图 2.13　完整约束作为位形空间中的曲面

对于非完整系统, 无法用代数方法消除广义坐标之间的独立性, 但是因为广义速度之间存在约束关系, 这就同样导致广义坐标的 "变分" 之间存在关系. 例如, 例 2.10中的独轮车, 独立广义坐标数是 4, 但是约束式 (2.26) 意味着

$$\delta x - R\cos\theta\delta\phi = 0, \quad \delta y - R\sin\theta\delta\phi = 0, \tag{2.33}$$

即 4 个广义坐标的变分满足 2 个约束关系.

对于完整系统, 一个重要的特征量即独立广义坐标的数目, 且每一个完整约束降低一个独立广义坐标变分的数目. 而对于非完整约束, 约束本身并不能降低独立广义坐标的数目, 而只能降低独立广义坐标 "变分" 的数目. 可见, 相较于独立广义坐标数目本身, 独立广义坐标 "变分" 的数目更能反映出系统的性质. 这就导致了**自由度** (degrees of freedom) 的概念. 简言之, 自由度即独立广义坐标变分的数目. 例如对于独轮车, 4 个独立的广义坐标, 在变分的意义上只有 2 个是独立的, 因此自由度是 $4-2=2$. 同样, 对于例 2.11中的两轮车, 6 个独立的广义坐标满足 4 个非完整约束, 因此也只有 2 个自由度[①]. 需要强调的是, 自由度是系统的内禀属性, 与具体广义坐标的选取无关.

一个完整约束同时减少一个独立坐标与一个独立速度分量. 一个非完整约束只减少一个独立速度分量. 对于非完整约束, 广义坐标的个数通常大于真正的自由度. 亦即, 我们需要额外的变量来参数化其位形, 这正体现了非完整系统路径依赖的特性. 总之,

---

① 直观上, 只要操纵 "方向盘" 和 "油门/刹车" 这 2 个变量, 就可以把车开到任何你想去的地方.

完整系统：　自由度 = 广义坐标个数

非完整系统：　自由度 < 广义坐标个数

物理系统的时间演化由微分方程描述, 从微分方程定解的角度, 问题可以归结为我们需要知道多少个独立的初始条件, 才能确定一组定解. 或者说, 我们有多少个独立参数, 可以用以调节从而得到系统不同的演化. 这一问题也被称作**柯西初值问题** (Cauchy initial value problem). 对于自然界常见的系统, 约定每 1 个自由度的演化由其广义坐标和广义速度 (即状态) 的初值, 即 2 个参数决定. 在这个意义上, 自由度可以等价地定义为

$$
\begin{aligned}
自由度 &= \frac{1}{2} \cdot 唯一确定系统状态的独立参数的个数 \\
&= \frac{1}{2} \cdot 唯一确定系统演化的初始条件的个数 \\
&= \frac{1}{2} \cdot 相空间的维数.
\end{aligned}
\tag{2.34}
$$

对于点粒子系统, 相空间的维数总是偶数, 于是保证了自由度都是整数.

对于具体的物理系统, 有的自由度一望即知, 有的则需要经过一些分析和计算. 此外, 以上的讨论都是基于已知约束的假设. 而更常见的情形, 尤其当推广至力学系统之外时 (例如电磁场、引力场), 经常是由一些基本原理 (例如对称性) 出发建立系统的模型, 之后再分析了解约束的存在及性质.

习　　题

2.1　定性画出沿着操场跑道跑步时你的世界线, 并分析其与跑道的关系.

2.2　如图 2.14所示, 两个粒子由一条无质量、不可拉伸的软绳连接, 绳长为 l. 粒子 m_2 放在固定的水平面上, 绳子穿过水平面上的小孔, 另一端悬挂粒子 m_1. 不考虑摩擦, 假设 m_2 可以在整个水平面上运动, m_1 只在竖直方向运动.

(1) 分析这两个粒子和绳子构成的系统的位形和约束, 给出约束方程, 并分析约束是否完整、定常约束;

(2) 求系统的自由度.

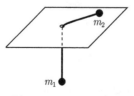

图 2.14　题 2.2 用图

2.3   如图 2.15所示, 质量为 M 的楔块放在水平面上, 斜角分别为 θ_1 和 θ_2, 底边长 L. 两个质量分别为 m_1 和 m_2 的粒子, 由一根无质量、不可拉伸的软绳连接, 绳长为 l, 两个粒子分别放在楔块的两个斜面上. 不考虑摩擦.

(1) 分析楔块、两个粒子以及绳子组成的系统的位形和约束, 给出约束方程, 并分析约束是否是完整、定常约束;

(2) 求系统的自由度.

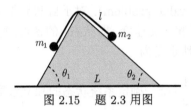

图 2.15   题 2.3 用图

2.4   如图 2.16所示, $\{z, x\}$-平面内的一条光滑轨道, 轨道形状为曲线 $z = z(x)$(设 $z'(x) > 0$), 轨道不可变形. 轨道绕着 z 轴以恒定角速度 ω 旋转. 粒子 m 限制在轨道上运动.

(1) 分析小球的位形和约束, 给出约束方程, 并分析约束是否是完整、定常约束;

(2) 求小球的自由度.

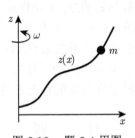

图 2.16   题 2.4 用图

2.5   三原子分子可简化为三个粒子两两之间由弹簧连接, 如图 2.17所示.

(1) 该系统的自由度是多少?

(2) 如果在低温, 振动自由度被冻结 (弹簧变成刚性杆), 分析此时系统的约束及自由度.

图 2.17   题 2.5 用图

2.6   考虑半径为 R 的固定圆环上的小球, 取平面直角坐标, 求坐标变分 δx 和 δy 之间的关系, 并解释其几何意义.

2.7   冰刀在冰面上运动的简化模型如图 2.18所示, 冰刀质心的速度方向始终平行于冰刀的方向.

(1) 分析冰刀的位形与约束, 并分析约束是否是非完整约束;

(2) 求冰刀的自由度.

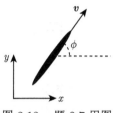

图 2.18　题 2.7 用图

2.8　半径为 R 的小球在水平面上做无滑动的滚动.

(1) 分析小球的位形和约束, 并分析约束是否是非完整约束;

(2) 求小球的自由度.

2.9　四轮车的简化模型如图 2.19所示, 前后轮距为 b、左右轮距为 w, 轮子半径为 R. 假设轮子做无滑动的滚动. 为了能运动, 任意瞬时四个轮面的垂线必须交于一点, 即轨迹切于四个同心圆 (这种几何关系即所谓阿克曼几何). 因为后轮固定, 所以圆心 (图中 O 点) 位于后轴的延长线上. 仿照例 2.11, 分析四轮车的位形、约束与自由度.

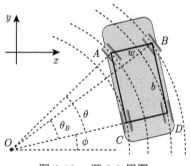

图 2.19　题 2.9 用图

第 3 章　相对论时空观

力学研究物理系统的时间演化. 物理系统的运动规律总是在某个时空背景上加以描述, 所以力学的首要问题即是**时空观** (view on space and time), 即对于时间和空间的基本观念. 牛顿力学即建立在伽利略时空观的基础上, 而现代物理学对时空的认识则是爱因斯坦的相对论时空观.

3.1　时空的基本概念

3.1.1　时空

所谓演化, 是由一个个事件组成. 生活中的"事件"是个非常直观的概念. 物理学中的事件则是个模型化的概念, 即认为每一个事件都发生在时间的某一瞬和空间的某一点. 换句话说, 时间的一瞬和空间的一点的联合就给定了一个"时空点", 记作 p. 对于任何一个时空点 p, 我们都可以用 4 个实数 (c 为光速)

$$\{ct, x, y, z\} \equiv \{x^0, x^1, x^2, x^3\} \equiv \{x^\mu\}, \quad \mu = 0, 1, 2, 3 \tag{3.1}$$

来对其参数化, 通常其中一个为时间参数 t, 三个为空间坐标 x, y, z. 全体时空点的集合即**时空** (spacetime). 当然, 这只是一个直观的图像. 数学上对时空严格的表述是所谓 4 维流形.

时空是第一性的、是绝对的, 时间和空间只是一种导出概念, 是依赖于具体的观测者的、对时空人为的分解, 是相对的. 这也是相对论时空观中"相对性"的含义.

3.1.2　粒子与场

时空就像是舞台, 而演员就是时空中的物质, 即粒子与场. 粒子 (或者质点) 是力学中一个最重要也是最基本的模型化概念. 简言之, **粒子** (particle) 是在运动中忽略其自身内部结构的对象, 即在空间中不延展的对象. 还有一类对象, 在空间中是延展的、连续的, 自由度是不可数的, 这类系统可统称为**场** (field). 其中, 对于空间延展维度为 1 维的对象, 被称为**弦** (string); 空间延展维度为 2 维的对象, 被称作**膜** (brane).

经典力学的研究对象是点粒子和点粒子系统. 研究场的一般理论被称作**场论** (field theory). 设场在空间中延的维度为 d 维, 可将其称为 "$d+1$ 维场论".

例如, 电磁场在整个空间中延展, 于是通常的电磁场理论就是 $3+1$ 维场论. 从这个意义上, 粒子可以视为空间延展维度为 0 维的特殊的场, 所以研究点粒子的经典力学也可以被视为 $0+1$ 维经典场论. 著名的**弦论** (string theory) 则可被视为 $1+1$ 维场论.

3.1.3 世界线

粒子在空间中不延展, 是一个点. 但是既然说时空是第一性的, 那么一个问题是: 粒子在时空中是什么样的? 答案是显而易见的: 粒子的位形空间就是空间本身, 粒子在时空中运动, 划出的轨迹即该粒子的世界线. 粒子在空间中不延展, 但是经历时间演化, 即在时空中是延展的. 换句话说, 从时空的角度, 粒子是一条 1 维的世界线. 世界线是第一性的概念, 通常所谈论的 3 维空间中的点粒子, 其实是粒子的 1 维世界线和 3 维空间的交点 (如图 3.1所示), 是个导出概念. 相应地, 粒子在空间中的轨迹是世界线在 3 维空间的投影. 因为时间和空间的概念都是相对的, 所以 3 维空间点粒子的概念也是依赖于观测者的、是相对的[①].

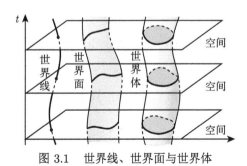

图 3.1   世界线、世界面与世界体

世界线的概念可以推广至空间延展的对象. 例如, 1 维弦在时空中对应的就是 2 维的**世界面** (world sheet), 2 维膜在时空中对应的是 3 维的**世界体** (world volume), 如图 3.1所示. 在 3+1 维时空中, 根据空间延展维度对各个对象的分类可以总结如表 3.1 所示.

表 **3.1**   不同空间维度的对象及相应的理论

空间延展维度	0	1	2	3
空间中的对象	粒子	弦	膜	场
时空中的对象	世界线	世界面	世界体	场
理论	经典力学	弦理论	膜理论	场论

---

① 需要强调的是, 世界线是 4 维时空中的曲线, 粒子在空间中的轨迹是前者在 3 维空间的投影.

3.2   度　　规

3.2.1　从勾股定理谈起

有了位形空间和时空的几何概念, 一个最基本的问题是: 如何在其中测量距离? 例如, 如何计算粒子的空间轨迹或者世界线的长度?

我们最熟悉也是最简单的空间是**欧几里得空间** (Euclidean space), 简称欧氏空间. 在 2 维欧氏空间即 2 维平面上, 若两点的直角坐标分别为 $\{x_1, y_1\}$ 和 $\{x_2, y_2\}$, 则勾股定理 "弦^2 = 勾^2 + 股^2" 意味着两点之间的距离为 $s^2 = (x_2 - x_1)^2 + (y_2 - y_1)^2$. 但是在更一般的空间 (流形), "有限" 距离的勾股定理并不成立. 例如, 若球面上两点坐标分别为 $\{\theta_1, \phi_1\}$ 和 $\{\theta_2, \phi_2\}$, 显然两点之间的距离 (例如过两点劣弧的长度) 并不正比于 $(\theta_2 - \theta_1)^2 + (\phi_2 - \phi_1)^2$. 不过勾股定理的优良性质对于 "无穷小" 距离却得以保留. 如图 3.2所示, 对于球面上相邻的两点, 坐标分别为 $\{\theta, \phi\}$ 和 $\{\theta + \mathrm{d}\theta, \phi + \mathrm{d}\phi\}$, 无穷小距离 $\mathrm{d}s$ 的平方为

$$
(\mathrm{d}s)^2 = R^2 (\mathrm{d}\theta)^2 + R^2 \sin^2\theta \,(\mathrm{d}\phi)^2 = \begin{pmatrix} \mathrm{d}\theta & \mathrm{d}\phi \end{pmatrix} \begin{pmatrix} R^2 & 0 \\ 0 & R^2 \sin^2\theta \end{pmatrix} \begin{pmatrix} \mathrm{d}\theta \\ \mathrm{d}\phi \end{pmatrix},
\tag{3.2}
$$

其是坐标微分 $\mathrm{d}\theta$ 和 $\mathrm{d}\phi$ 的平方和 (二次型), 只不过系数不再是 1.

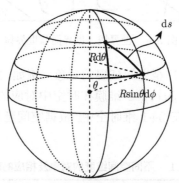

图 3.2　2 维球面上的无穷小距离

无穷小距离的这一特点并不是偶然的. 对于一般的空间, 在某点附近可以用平坦的线性空间 (即切空间) 来近似, 而线性空间中勾股定理总是成立的. 记空间坐标为 $\{q^a\}$, 则无穷小距离的平方总可以表示成坐标微分 $\{\mathrm{d}q^a\}$ 的二次型. 这个 "无穷小距离的平方" 有一个专门的名字, 被称作**线元** (line element), 通常记作

$\mathrm{d}s^2$, 写成矩阵形式即

$$\mathrm{d}s^2 = \begin{pmatrix} \mathrm{d}q^1 & \cdots & \mathrm{d}q^s \end{pmatrix} \begin{pmatrix} g_{11} & \cdots & g_{1s} \\ \vdots & \ddots & \vdots \\ g_{s1} & \cdots & g_{ss} \end{pmatrix} \begin{pmatrix} \mathrm{d}q^1 \\ \vdots \\ \mathrm{d}q^s \end{pmatrix}, \tag{3.3}$$

这里由二次型的系数构成的对称矩阵 g_{ab} 被称作**度规** (metric)[①].

3.2.2　一些典型空间的度规

下面介绍一些简单且典型空间的度规. 为了求得某个空间的度规, 一个常用的技巧是将该空间的坐标与直角坐标联系起来, 因为欧氏空间在直角坐标的度规已知, 所以就很容易得到相应空间中的度规.

对于 2 维欧氏空间, 取直角坐标 $\{x, y\}$, 线元 $\mathrm{d}s^2$ 为

$$\mathrm{d}s^2 = (\mathrm{d}x)^2 + (\mathrm{d}y)^2 \equiv \begin{pmatrix} \mathrm{d}x & \mathrm{d}y \end{pmatrix} \begin{pmatrix} 1 & 0 \\ 0 & 1 \end{pmatrix} \begin{pmatrix} \mathrm{d}x \\ \mathrm{d}y \end{pmatrix}. \tag{3.4}$$

于是 2 维欧氏空间的线元可以写成[②]

$$\mathrm{d}s^2 = \sum_{i=1}^{2}\sum_{j=1}^{2} \delta_{ij}\mathrm{d}x^i\mathrm{d}x^j, \quad \boxed{\delta_{ij} \equiv \begin{pmatrix} 1 & 0 \\ 0 & 1 \end{pmatrix}}, \quad i,j = 1,2, \tag{3.5}$$

其中 δ_{ij} 即 2 维欧氏空间的度规在直角坐标 $\{x^1, x^2\} \equiv \{x, y\}$ 下的形式, 是一个 2×2 的单位矩阵. 若取极坐标 $\{r, \phi\}$, 与直角坐标关系为 $x = r\cos\phi$ 和 $y = r\sin\phi$, 代入线元在直角坐标下的表达式 (3.5),

$$\mathrm{d}s^2 = (\mathrm{d}x)^2 + (\mathrm{d}y)^2 = (\mathrm{d}r\cos\phi - r\sin\phi\mathrm{d}\phi)^2 + (\mathrm{d}r\sin\phi + r\cos\phi\mathrm{d}\phi)^2,$$

化简得到

$$\mathrm{d}s^2 = (\mathrm{d}r)^2 + r^2(\mathrm{d}\phi)^2 = \begin{pmatrix} \mathrm{d}r & \mathrm{d}\phi \end{pmatrix} \begin{pmatrix} 1 & 0 \\ 0 & r^2 \end{pmatrix} \begin{pmatrix} \mathrm{d}r \\ \mathrm{d}\phi \end{pmatrix}. \tag{3.6}$$

仿照式 (3.5) 的形式, 2 维欧氏空间的线元即可写成

$$\mathrm{d}s^2 = \sum_{i=1}^{2}\sum_{j=1}^{2} g_{ij}\mathrm{d}x^i\mathrm{d}x^j, \quad \boxed{g_{ij} = \begin{pmatrix} 1 & 0 \\ 0 & r^2 \end{pmatrix}}, \quad i,j = r,\phi, \tag{3.7}$$

---

① 度规的英文 "metric" 一词本意即是 "测量", 和 "metre" (米) 同源. 此外, "几何" 的英文 "geometry" 即由 "geo" (大地) 和 "metry" (测量) 组成.

② 本书中, 一般的位形空间的广义坐标用 $\{q^a\}$ 表示, 欧氏空间坐标用 $\{x^i\}$ 表示.

其中 g_{ij} 即 2 维欧氏空间的度规在极坐标 $\{x^1, x^2\} \equiv \{r, \phi\}$ 下的形式.

考虑 3 维欧氏空间, 取直角坐标 $\{x, y, z\}$, 线元 ds^2 为

$$ds^2 = \left(dx^1\right)^2 + \left(dx^2\right)^2 + \left(dx^3\right)^2 \equiv \begin{pmatrix} dx^1 & dx^2 & dx^3 \end{pmatrix} \begin{pmatrix} 1 & 0 & 0 \\ 0 & 1 & 0 \\ 0 & 0 & 1 \end{pmatrix} \begin{pmatrix} dx^1 \\ dx^2 \\ dx^3 \end{pmatrix}.$$
(3.8)

于是 3 维欧氏空间的线元在直角坐标下即写成

$$ds^2 = \sum_{i=1}^{3} \sum_{j=1}^{3} \delta_{ij} dx^i dx^j, \quad \boxed{\delta_{ij} \equiv \begin{pmatrix} 1 & 0 & 0 \\ 0 & 1 & 0 \\ 0 & 0 & 1 \end{pmatrix}}, \quad i, j = 1, 2, 3,$$
(3.9)

这里 δ_{ij} 即 3 维欧氏空间的度规在直角坐标 $\{x^1, x^2, x^3\} \equiv \{x, y, z\}$ 下的形式, 是一个 3×3 的单位矩阵. 若取球坐标 $\{x^1, x^2, x^3\} \equiv \{r, \theta, \phi\}$, 则利用坐标变换关系,

$$x = r\sin\theta\cos\phi, \quad y = r\sin\theta\sin\phi, \quad z = r\cos\theta,$$
(3.10)

可以验证 (见习题 3.2), 3 维欧氏空间的线元在球坐标下可写成

$$ds^2 = (dr)^2 + r^2(d\theta)^2 + r^2\sin^2\theta(d\phi)^2$$
$$= \begin{pmatrix} dr & d\theta & d\phi \end{pmatrix} \begin{pmatrix} 1 & 0 & 0 \\ 0 & r^2 & 0 \\ 0 & 0 & r^2\sin^2\theta \end{pmatrix} \begin{pmatrix} dr \\ d\theta \\ d\phi \end{pmatrix},$$
(3.11)

即

$$ds^2 = \sum_{i=1}^{3} \sum_{j=1}^{3} g_{ij} dx^i dx^j, \quad g_{ij} = \begin{pmatrix} 1 & 0 & 0 \\ 0 & r^2 & 0 \\ 0 & 0 & r^2\sin^2\theta \end{pmatrix}, \quad i, j = r, \theta, \phi, \quad (3.12)$$

这里 g_{ij} 即 3 维欧氏空间的度规在球坐标下的形式.

考虑 3 维欧氏空间中的 2 维球面, 半径为 R. 取球坐标, 将线元式 (3.12) 限制在球面 $(r = R)$ 上, 即有

$$ds^2 = \left[(dr)^2 + r^2(d\theta)^2 + r^2\sin^2\theta(d\phi)^2\right]\Big|_{r=R} = R^2(d\theta)^2 + R^2\sin^2\theta(d\phi)^2$$
$$= \begin{pmatrix} d\theta & d\phi \end{pmatrix} \begin{pmatrix} R^2 & 0 \\ 0 & R^2\sin^2\theta \end{pmatrix} \begin{pmatrix} d\theta \\ d\phi \end{pmatrix},$$
(3.13)

所以 2 维球面上的线元为

$$\mathrm{d}s^2 = \sum_{i=1}^{2}\sum_{j=1}^{2} g_{ij}\mathrm{d}x^i\mathrm{d}x^j, \quad g_{ij} = \begin{pmatrix} R^2 & 0 \\ 0 & R^2\sin^2\theta \end{pmatrix}, \quad i,j = \theta,\phi, \quad (3.14)$$

这里的 g_{ij} 即 2 维球面度规在角坐标 $\{x^1, x^2\} \equiv \{\theta, \phi\}$ 下的形式.

3.2.3 度规的一般定义

通过以上的例子可知, 度规其实就是勾股定理在无穷小距离上的推广. 当选择某个坐标 $\{q^a\}$ 时, 空间中的线元总是可以表达成坐标微分 $\{\mathrm{d}q^a\}$ 的二次型:

$$\mathrm{d}s^2 = \sum_{a=1}^{D}\sum_{b=1}^{D} g_{ab}\mathrm{d}q^a\mathrm{d}q^b, \quad (3.15)$$

这里 D 代表空间的维数; g_{ab} 即度规, 是非退化的即 $\det g_{ab} \neq 0$, 且是对称的即 $g_{ab} = g_{ba}$[①]. 物理学中习惯采用所谓**爱因斯坦求和约定** (Einstein summation convention): 一对重复的上下指标默认求和, 从而略去对重复指标的求和号. 于是线元通常写成

$$\boxed{\mathrm{d}s^2 = g_{ab}\mathrm{d}q^a\mathrm{d}q^b}, \quad (3.16)$$

给定了如式 (3.16) 形式的线元, 即给定了度规. 由以上的例子, 度规一般可以是坐标的函数, 即 $g_{ab} = g_{ab}(\boldsymbol{q})$. 在指标运算中, 使用爱因斯坦求和约定会简洁很多. 因此从现在开始, 我们默认采用爱因斯坦求和约定.

给定度规 g_{ab}(一个非退化的对称矩阵), 可以求其矩阵的逆, 被称作**逆度规** (inverse metric), 其也是一个对称矩阵. 原则上, 度规和逆度规是不同的矩阵, 应该用不同的符号. 例如, 度规用 $\boldsymbol{g}$, 逆度规用 $\boldsymbol{g}^{-1}$. 用矩阵符号来写, 即有

$$\boldsymbol{g}^{-1}\boldsymbol{g} = \boldsymbol{1}, \quad \text{即} \quad \sum_c \left(\boldsymbol{g}^{-1}\right)_{ac} \boldsymbol{g}_{cb} = \delta_{ab}.$$

这里 δ_{ab} 即代表单位矩阵. 但是因为度规在物理学 (和数学) 中实在是太重要、太常用了, 所以习惯将度规和逆度规都用同一个符号 g 来表示, 而用指标的 "上下" 来代表度规和逆度规. 亦即定义上指标的 g^{ab} 为

$$\boxed{g^{ab} := \left(\boldsymbol{g}^{-1}\right)_{ab}}. \quad (3.17)$$

---

① 数学上度规定义为流形上非退化的二阶对称张量场, g_{ab} 则是度规张量在局部坐标系 $\{q^a\}$ 中的分量. 当然, 本书没有对 "张量" 的概念做严肃讨论, 因此我们暂时将度规理解为行列式非零的对称矩阵即可.

这时逆度规即满足

$$\boxed{g^{ac}g_{cb} \equiv \delta^a{}_b}, \quad \text{等价地} \quad \boxed{g_{ac}g^{cb} \equiv \delta_a{}^b}. \tag{3.18}$$

注意, 度规 g_{ab} 的两个指标都是在下方, 而逆度规 g^{ab} 的两个指标都在上方. 在式 (3.18) 中, 我们可以体会到爱因斯坦求和约定的好处.

例 3.1 逆度规

2 维欧氏空间的度规式 (3.5) 的逆也是单位矩阵, 记作 $\delta^{ij} = \begin{pmatrix} 1 & 0 \\ 0 & 1 \end{pmatrix}$, 其满足逆度规的定义式 (3.18), 即有

$$\delta^{ik}\delta_{kj} = \begin{pmatrix} 1 & 0 \\ 0 & 1 \end{pmatrix}\begin{pmatrix} 1 & 0 \\ 0 & 1 \end{pmatrix} = \begin{pmatrix} 1 & 0 \\ 0 & 1 \end{pmatrix} \equiv \delta^i{}_j. \tag{3.19}$$

2 维球面的度规式 (3.14) 的逆为 $g^{ij} = \begin{pmatrix} \frac{1}{R^2} & 0 \\ 0 & \frac{1}{R^2\sin^2\theta} \end{pmatrix}$. 可以验证其满足逆度规的定义式 (3.18), 即有

$$g^{ik}g_{kj} = \begin{pmatrix} \frac{1}{R^2} & 0 \\ 0 & \frac{1}{R^2\sin^2\theta} \end{pmatrix}\begin{pmatrix} R^2 & 0 \\ 0 & R^2\sin^2\theta \end{pmatrix} = \begin{pmatrix} 1 & 0 \\ 0 & 1 \end{pmatrix} \equiv \delta^i{}_j. \tag{3.20}$$

3.2.4 时空的度规

爱因斯坦狭义相对论的时空背景是所谓**闵可夫斯基时空** (Minkowski space-time), 简称闵氏时空[①]. 取直角坐标

$$\{x^\mu\} = \{x^0, x^1, x^2, x^3\} = \{ct, x, y, z\}, \tag{3.21}$$

闵氏时空的线元为

$$\mathrm{d}s^2 = -c^2\left(\mathrm{d}t\right)^2 + \left(\mathrm{d}x\right)^2 + \left(\mathrm{d}y\right)^2 + \left(\mathrm{d}z\right)^2 \equiv \eta_{\mu\nu}\mathrm{d}x^\mu\mathrm{d}x^\nu, \tag{3.22}$$

因此闵氏时空的度规及逆度规分别为

$$\eta_{\mu\nu} = \begin{pmatrix} -1 & 0 & 0 & 0 \\ 0 & 1 & 0 & 0 \\ 0 & 0 & 1 & 0 \\ 0 & 0 & 0 & 1 \end{pmatrix}, \quad \eta^{\mu\nu} = \begin{pmatrix} -1 & 0 & 0 & 0 \\ 0 & 1 & 0 & 0 \\ 0 & 0 & 1 & 0 \\ 0 & 0 & 0 & 1 \end{pmatrix}, \tag{3.23}$$

[①] 4 维时空理论是闵可夫斯基 (Hermann Minkowski, 1864—1909, 德国数学家) 于 1907 年提出的.

两者形式上全等. 对比上面欧氏空间度规的例子, 可见在直角坐标下, 闵氏时空的度规区别在于时间分量的符号从 +1 变成了 −1.

对于一个一般的时空背景, 度规可以写成

$$\mathrm{d}s^2 = g_{\mu\nu}\left(\boldsymbol{x}\right)\mathrm{d}x^\mu\mathrm{d}x^\nu,\tag{3.24}$$

这里 $g_{\mu\nu}\left(\boldsymbol{x}\right)$ 本身也是时空坐标的函数 (例如球对称引力场的施瓦西 (Schwarzschild) 度规式 (4.54)). 需要强调的是, 度规 $g_{\mu\nu}\left(\boldsymbol{x}\right)$ 是坐标 $\{x^\mu\}$ 的函数, 不代表空间一定是 "弯曲" 的 (有曲率). 例如, 3 维欧氏空间度规在球坐标下的分量式 (3.12) 是球坐标 $\{r,\theta,\phi\}$ 的函数, 但是其仍然是一个平坦的 3 维欧氏空间.

3.2.5　逆变与协变

以上我们将度规 g_{ab} 的指标写在下方, 逆度规 g^{ab} 的指标写在上方. 这种 "上/下" 指标的区分即所谓**逆变** (contravariant) 和**协变** (covariant) 的概念. 例如, 我们总是将广义速度 $\dot{q}^a$ 的指标写在上方, 而标量 f 的梯度 $\nabla_a f \equiv \dfrac{\partial f}{\partial q^a}$ 作为一个矢量, 指标则被写在下方. 做这种区分的原因是, 它们虽然同为矢量, 但是在坐标变换下, 变换性质正好相反 (见习题 3.4). 在矢量或张量上方的指标被称为**上标** (upper index) 或**逆变指标** (contravariant index), 在下方的指标被称为**下标** (lower index) 或**协变指标** (covariant index). 相应地, 带上标的矢量 (例如广义速度) 被称作**逆变矢量** (contravariant vector), 而带下标的矢量 (例如梯度) 则被称作**协变矢量** (covariant vector). 第 4 章所引入的广义动量 p_a 也是协变矢量. 对于带 2 个指标的二阶张量, 则有 4 种情况. 以 2 维为例, 可以两个指标都是逆变或都是协变, 例如逆度规和度规

$$g^{ab} = \begin{pmatrix} g^{11} & g^{12} \\ g^{21} & g^{22} \end{pmatrix},\quad g_{ab} = \begin{pmatrix} g_{11} & g_{12} \\ g_{21} & g_{22} \end{pmatrix},\tag{3.25}$$

还可能有一个指标逆变、一个指标协变的混合情况

$$X^a{}_b = \begin{pmatrix} X^1{}_1 & X^1{}_2 \\ X^2{}_1 & X^2{}_2 \end{pmatrix},\quad Y_a{}^b = \begin{pmatrix} Y_1{}^1 & Y_1{}^2 \\ Y_2{}^1 & Y_2{}^2 \end{pmatrix}.\tag{3.26}$$

对于带有更多指标的张量, 依此类推. 随着后续的学习, 也可以慢慢体会到区分上下指标的意义和好处.

有了逆变和协变的概念之后, 我们将爱因斯坦求和约定进一步明确为: 一对重复的上下指标, 默认求和. 这样的操作被称为指标**缩并** (contraction). 需要强调, 在引入了逆变和协变的概念后, 所有的缩并 (即求和) 一定是在一个上标和一

个下标之间进行, 而绝不会有两个上标或两个下标之间的缩并, 也不会有多于两个的指标之间的缩并. 被缩并的一对指标由于已经被默认求和掉了, 因此它们实际上已经不再具有指标的含义了. 这种被缩并掉的指标也被称为**哑指标** (dummy index). 例如, 在 3 维将求和具体写出即

$$g_{ab}A^b \equiv \sum_{b=1}^{3} g_{ab}A^b = g_{a1}A^1 + g_{a2}A^2 + g_{a3}A^3, \quad a = 1,2,3,$$

其中的 b 指标其实已经被求和, 即是哑指标. 一对哑指标原则上可以随意换成任意的字母, 只要仍然是重复的指标 (即保证被求和) 就可以了. 例如, $g_{ab}A^b \equiv g_{ac}A^c \equiv g_{ad}A^d \equiv \cdots$.

逆变矢量 A^a 与度规收缩后得到的 $g_{ab}A^b$ 作为一个 "整体", 只有一个下指标 a, 或者说相当于一个协变矢量. 习惯上, 将这个协变矢量用同一个字母表示, 记作

$$A_a := g_{ab}A^b. \tag{3.27}$$

类似地,

$$T^{ab} := g^{ac}g^{bd}T_{cd}, \quad T^a{}_b := g^{ac}T_{cb}, \quad T_a{}^b := T_{ac}g^{cb}, \tag{3.28}$$

等等. 这种用度规将上下指标互换的操作也被称作指标升降. 对于二阶张量, 会遇到 4 种指标摆放: $T^a{}_b, T_{ab}, T_a{}^b, T^{ab}$, 这里 "左、右" 指标相当于矩阵的行、列指标, 可以调换, 调换等同于矩阵转置; "上、下" 指标为协变、逆变指标, 不可调换, 只能用度规升降.

一个问题是, 两个矢量的**内积** (inner product) 该如何定义? 既然缩并必须发生在一对上下指标之间, 那么对于两个相同指标的矢量, 这时 A^aB^a 或 A_aB_a 都不是正确的表达式. 对于逆变矢量 A^a, 既然与度规的收缩 $A^a g_{ab}$ 整体相当于一个协变矢量, 那么就可以与另一个逆变矢量 B^a 收缩, 因此内积的合理定义是 $g_{ab}A^aB^b$. 因此, 两个矢量的内积可等价地写成

$$\boldsymbol{A} \cdot \boldsymbol{B} := g_{ab}A^aB^b = g^{ab}A_aB_b = A_aB^a = A^aB_a, \tag{3.29}$$

其中必然涉及度规. 度规的重要性再次体现出来.

例 3.2 闵氏时空矢量的内积

考虑 2 维闵氏时空, 度规为 $\eta_{\mu\nu} = \begin{pmatrix} -1 & 0 \\ 0 & 1 \end{pmatrix}$. 给定逆变矢量 $A^\mu = \begin{pmatrix} a \\ b \end{pmatrix}$ 和

$$B^\mu = \begin{pmatrix} c \\ d \end{pmatrix}, \text{有}$$

$$A_\mu = \eta_{\mu\nu} A^\nu = \begin{pmatrix} -1 & 0 \\ 0 & 1 \end{pmatrix} \begin{pmatrix} a \\ b \end{pmatrix} = \begin{pmatrix} -a \\ b \end{pmatrix},$$

$$B_\mu = \eta_{\mu\nu} B^\nu = \begin{pmatrix} -1 & 0 \\ 0 & 1 \end{pmatrix} \begin{pmatrix} c \\ d \end{pmatrix} = \begin{pmatrix} -c \\ d \end{pmatrix}.$$

两矢量的内积为

$$\boldsymbol{A} \cdot \boldsymbol{B} = \eta_{\mu\nu} A^\mu B^\nu = \begin{pmatrix} a & b \end{pmatrix} \begin{pmatrix} -1 & 0 \\ 0 & 1 \end{pmatrix} \begin{pmatrix} c \\ d \end{pmatrix} = -ac + bd.$$

对于平坦的闵氏时空, 即 $g_{\mu\nu} \equiv \eta_{\mu\nu}$. 任意一个协变矢量 A_μ 和逆变矢量 B^μ 的内积 $A_\mu B^\mu \equiv \eta_{\mu\rho} A^\rho B^\mu \equiv \eta^{\mu\rho} A_\mu B_\rho \equiv A^\rho B_\rho$, 是洛伦兹变换 (见习题 3.6) 下的不变量, 即所谓洛伦兹标量. 再来看度规的定义式 (3.16), 可以写成

$$\mathrm{d}s^2 = \eta_{\mu\nu} \mathrm{d}x^\mu \mathrm{d}x^\nu = \eta^{\mu\nu} \mathrm{d}x_\mu \mathrm{d}x_\nu = \mathrm{d}x_\mu \mathrm{d}x^\mu, \tag{3.30}$$

即 (无穷小) 矢量 $\mathrm{d}x^\mu$ 和自己的内积. 所以, 闵氏时空的线元 $\mathrm{d}s^2 = \eta_{\mu\nu} \mathrm{d}x^\mu \mathrm{d}x^\nu$ 即是洛伦兹标量. 更一般地, 一些矢量/张量的乘积, 只要所有的指标全部 "两两" 缩并掉, 就得到一个洛伦兹标量. 例如, $A_\mu T^{\mu\nu} M_{\nu\rho\sigma} U^\rho V^\sigma$ 就是一个洛伦兹标量.

3.3 参 考 系

3.3.1 观测者

要进行物理观测 (例如确定粒子处于哪个时空点) 就需要**观测者** (observer). 观测者也是一种模型化的概念. 特别是, 观测者也是不考虑自身内部结构的, 也是在空间上不延展的. 换句话说, 观测者也是一个粒子. 前面已经强调过, 粒子只是世界线的导出概念. 所以确切的说法是, 一个观测者即是一条世界线.

每个观测者自身时钟的读数被称为该观测者的**固有时** (proper time), 其数值用 τ 表示. 从数学上来说, 固有时 τ 是用来对该观测者世界线做参数化的一个参数, 即

$$\tau \to x^\mu = x^\mu(\tau). \tag{3.31}$$

但是固有时是一种特殊的参数化, 其衡量的是观测者世界线的长度 (除以光速), 即

$$|\mathrm{d}s| = c\mathrm{d}\tau. \tag{3.32}$$

4 维的概念——时空、世界线都是绝对的. 因此, 世界线的长度——固有时也是绝对的, 与具体的坐标无关.

3.3.2　惯性参考系

单独一个观测者只能对自己世界线上的粒子做直接观测. 为了对整个时空进行观测, 需要在时空中处处设置观测者. 同时又有一个约定, 即不同观测者之间的世界线不相交, 即时空中任一时空点有且仅有一条观测者的世界线通过. 通俗点说, 即一个事件 (时空点) 只能被一个观测者看到. 于是这种时空中处处存在的、世界线不相交的观测者的集合就构成一个**参考系** (reference frame). 也可以等价地认为参考系就是时空某区域内, 不相交的世界线的集合.

需要强调的是, 参考系和坐标系是不同的概念. 参考系是观测者世界线的集合, 和坐标系 (怎么参数化时空点) 无关. 当然, 给定一个参考系, 总可以由之构造出一个坐标系, 即所谓的与这个参考系相适配的坐标系. 但是反过来, 并不是所有的坐标系都可以认为是某个参考系适配的坐标系.

不同的参考系可能对应不同的时空背景. 基于参考系中时空的性质, 可以将参考系分成两类: **惯性参考系** (inertial reference frame) 和**非惯性参考系** (non-inertial reference frame). 惯性参考系的定义从不同的角度可以有多种表述. 经典力学中惯性参考系经常被定义为牛顿第一定律成立的参考系, 或者不受其他力作用的自由粒子相对于其做匀速直线运动的参考系.

惯性参考系更本质的定义则应从时空性质出发: 惯性参考系即空间均匀且各向同性、时间均匀流逝的参考系. 换言之, 惯性参考系是这样一类参考系, 在其中无法通过任何物理规律、现象来区分时空中的绝对时刻、绝对位置和方向. 在纯力学范畴内, 以上这些表述都是等价的, 都能得到完全相同的结论. 但是从时空性质出发的表述, 可以适用于力学范畴之外更广泛的物理系统, 所以是一个更本质的定义. 实际上, 即便在力学范畴内, 我们也将看到, 从时空性质出发的定义也是更加优越的.

不是惯性参考系的参考系即非惯性参考系. 例如, 相对于惯性参考系做加速运动的参考系, 即非惯性参考系.

3.4　相对性原理

相对性原理是物理学最基本的原理之一, 可以说是物理定律的定律. 实际上, 所有物理定律的背后都有着某种相对性原理. 例如, 自然定律不应该随时间变化, 就是一种相对性原理——其意味着没有什么时刻是特殊的, 所有的时刻都是 "相对" 的. 又比如, 自然定律不依赖于任何具体的观测者, 也是一种相对性原理.

可以给相对性原理做一个稍微严格的表述, 即物理定律在所有允许的参考系中具有相同形式. 换句话说, 不存在特殊的、"绝对"的参考系. 在一个参考系中建立起来的物理定律, 通过适当的坐标变换, 可以适用于任何参考系. 任何一种相对性原理都是自然定律中某种对称性的体现.

3.4.1 伽利略相对性原理

牛顿力学的时空观即所谓的**绝对时空** (absolute space and time) 观. 其认为时间与空间是完全独立和分离的. 时间是一维的、均匀的、无限的, 与空间和物质运动都没有关系. 时间是绝对的, 不同的惯性参考系共享同一个绝对的时钟. 时间的同时性也是绝对的, 即在一个惯性参考系中同时发生的两件事, 在另一个惯性参考系看来也是同时发生的. 空间是三维的、均匀且各向同性的、无限的, 与时间和物质运动没有关系. 特别是长度也是绝对的, 与参考系无关. 牛顿力学中的惯性参考系即相对于绝对空间做匀速直线运动的参考系.

实际上, 牛顿力学中已经隐含着相对性原理, 即所谓的伽利略相对性原理. 在牛顿提出运动三定律之前, 伽利略就已经提出: 物理定律在一切惯性参考系中具有相同的形式, 任何力学实验都不能区分静止和匀速运动的惯性参考系. 这就是伽利略相对性原理, 是牛顿力学或者说非相对论力学的一条基本原理. 关于惯性参考系的相对性原理被称为狭义相对性原理. 因为伽利略相对性原理是关于惯性系的, 所以也是一个狭义相对性原理.

相对性原理认为所有的惯性系都是平等的, 即物理规律在所有惯性系中表现相同. 但是具体到物理量本身, 常常依赖于具体的坐标, 所以不同惯性系中物理量的"值"一般不同. 于是我们需要知道这些"值"是怎么从一个惯性系变到另一个惯性系的. 对牛顿力学的伽利略相对性原理来说, 这个变换就是所谓的**伽利略变换** (Galilean transformation):

$$t \to \tilde{t} = t, \quad \boldsymbol{x} \to \tilde{\boldsymbol{x}} = \boldsymbol{x} + \boldsymbol{v}t. \tag{3.33}$$

其中 $\boldsymbol{v}$ 是一个常矢量, 代表两个惯性系之间的相对速度.

可以将伽利略变换写成 4 维形式:

$$x^\mu \to \tilde{x}^\mu = \Gamma^\mu{}_\nu x^\nu, \tag{3.34}$$

这里变换矩阵为

$$\Gamma^\mu{}_\nu = \begin{pmatrix} 1 & 0 & 0 & 0 \\ v^1 & 1 & 0 & 0 \\ v^2 & 0 & 1 & 0 \\ v^3 & 0 & 0 & 1 \end{pmatrix}. \tag{3.35}$$

可见伽利略变换有 3 个参数 v^1, v^2, v^3. 在伽利略变换下, 时空的线元 $\mathrm{d}s^2 = -c^2\mathrm{d}t^2 + \delta_{ij}\mathrm{d}x^i\mathrm{d}x^j$ 变换为

$$\mathrm{d}\tilde{s}^2 = -c^2\mathrm{d}\tilde{t}^2 + \delta_{ij}\mathrm{d}\tilde{x}^i\mathrm{d}\tilde{x}^j = -c^2\mathrm{d}t^2 + \delta_{ij}\left(\mathrm{d}x^i + v^i\mathrm{d}t\right)\left(\mathrm{d}x^j + v^j\mathrm{d}t\right)$$

$$= -c^2\left(1 - \frac{\boldsymbol{v}^2}{c^2}\right)\mathrm{d}t^2 + 2\delta_{ij}v^i\mathrm{d}t\mathrm{d}x^j + \delta_{ij}\mathrm{d}x^i\mathrm{d}x^j. \tag{3.36}$$

可见在伽利略变换下, 时空线元是变化的, $\mathrm{d}\tilde{s}^2 \neq \mathrm{d}s^2$. 当然, 空间长度是不变的, 即 $\mathrm{d}\tilde{s}^2|_{\mathrm{d}\tilde{t}=0} = \mathrm{d}s^2|_{\mathrm{d}t=0} = \delta_{ij}\mathrm{d}x^i\mathrm{d}x^j$.

3.4.2   爱因斯坦狭义相对性原理

伽利略变换体现的是牛顿力学的绝对时空观. 而现在我们已经知道, 这种绝对时空观只是在低速和引力很弱的时候的一种近似. 正确的时空观是爱因斯坦的相对论时空观. 具体而言, 时间和空间是相互联系的一个整体, 即时空. 时空是一个基本概念, 本身是绝对的. 而时间和空间则是导出概念, 且依赖于具体观测者, 不同观测者看到不同的时间和空间, 是相对的. 于是时间和长度也就没有绝对的概念和数值, 同时性也只有相对的意义.

爱因斯坦把伽利略相对性原理从牛顿力学领域推广到包括电磁学在内的整个物理学领域, 指出任何力学和电磁学实验现象都不能区分惯性参考系的绝对运动, 包括静止或者匀速运动. 简言之: 物理定律在一切惯性参考系中具有相同形式, 这就是著名的爱因斯坦狭义相对性原理. 爱因斯坦狭义相对性原理与光速不变原理是狭义相对论的两个基本公设. 体现爱因斯坦相对论时空观的是**洛伦兹变换** (Lorentz transformation)①. 数学上, 洛伦兹变换是保证闵氏时空中的 "距离" 即线元不变的线性坐标变换. 我们将在第 11 章中对洛伦兹变换做进一步讨论 (见 11.2 节).

将相对性原理从惯性系推广至非惯性系, 就得到广义相对性原理: 物理定律在一切参考系中具有相同形式. 广义相对性原理是爱因斯坦的伟大贡献.

习   题

3.1 考虑 2 维欧氏空间, 取一般坐标 $\{u, v\}$, 与直角坐标的关系为 $x = x(u, v)$, $y = y(u, v)$. 求 2 维欧氏空间度规在 $\{u, v\}$ 坐标下的形式.

3.2 考虑 3 维欧氏空间, 已知球坐标与直角坐标的关系为 $x = r\sin\theta\cos\phi$, $y = r\sin\theta\sin\phi$, $z = r\cos\theta$. 求 3 维欧氏空间度规在球坐标下的形式.

---

① 洛伦兹 (Hendrik Lorentz, 1853—1928) 是荷兰理论物理学家, 经典电子论的创立者, 并因此与塞曼分享了 1902 年诺贝尔物理学奖. 值得一提的是, 电磁场理论中有所谓 "洛伦茨规范" (Lorenz gauge), 其得名于丹麦物理学家洛伦茨 (Ludvig Lorenz, 1829—1891).

3.3　如图 3.3所示, 2 维环面参数方程为 $x = (R + r\cos\theta)\cos\phi$, $y = (R + r\cos\theta)\sin\phi$, $z = r\sin\theta$, 其中 R 和 r 是常数, $\{\theta, \phi\}$ 为环面的坐标, 取值为 0 到 2π. 求 2 维环面的度规.

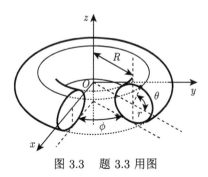

图 3.3　题 3.3 用图

3.4　已知在广义坐标的变换下, 广义速度的变换由式 (2.11) 和式 (2.12) 给出. 定义标量的梯度为 $\nabla_a f \equiv \dfrac{\partial f}{\partial q^a}$, $\tilde{\nabla}_a f \equiv \dfrac{\partial f}{\partial \tilde{q}^a}$.

(1) 证明梯度的变换关系为 $\tilde{\nabla}_a f = \dfrac{\partial q^b}{\partial \tilde{q}^a} \nabla_b f$ 和 $\nabla_a f = \dfrac{\partial \tilde{q}^b}{\partial q^a} \tilde{\nabla}_b f$, 因此与广义速度的变换关系正相反;

(2) 以 2 维平面直角坐标和极坐标为例, 具体验证广义速度和梯度的变换关系.

3.5　某 2 维空间度规为 g_{ab}, 考虑函数 f 和 g、(协变) 矢量 V_a、(逆变) 矢量 A^a、2 阶张量 T_{ab}. 默认爱因斯坦求和约定, 则下列表达式中, 哪些是有意义的, 哪些是无意义的? 对于有意义的表达式, 写出求和的具体展开式 (例如: $V_a A^a = V_1 A^1 + V_2 A^2$).

(1) $V_a T_{ab}$;

(2) $g^{ab} V_a$;

(3) g^{aa};

(4) $A^a T_{ab}$;

(5) $g^{ab} V_a T_{ab}$;

(6) $g^{ab} V_b A^c T_{ac}$;

(7) $\dfrac{\partial f}{\partial q^a} A_a$;

(8) $g^{ab} \dfrac{\partial f}{\partial q^a} \dfrac{\partial g}{\partial q^b}$.

3.6　已知闵氏时空中的洛伦兹变换为线性坐标变换 $x^\mu \to \tilde{x}^\mu = \Lambda^\mu{}_\nu x^\nu$, 其中 $\Lambda^\mu{}_\nu$ 为常矩阵.

(1) 验证若在洛伦兹变换下度规形式不变, 则 $\Lambda^\mu{}_\nu$ 满足 $\eta_{\mu\nu} \Lambda^\mu{}_\rho \Lambda^\nu{}_\sigma = \eta_{\rho\sigma}$;

(2) 考虑 2 维情形, 验证 $\Lambda^\mu{}_\nu = \begin{pmatrix} \cosh\beta & \sinh\beta \\ \sinh\beta & \cosh\beta \end{pmatrix}$ (β 为常数) 满足 (1) 的条件.

3.7　考虑 4 维闵氏时空, 默认爱因斯坦求和约定.

(1) 求 $\eta^\mu{}_\mu$ 和 $\eta_{\mu\nu} \eta^{\mu\nu}$;

(2) 给定某矢量 A_μ, 求 $\dfrac{\partial A^\mu}{\partial A^\nu}$、$\dfrac{\partial A^\mu}{\partial A_\nu}$、$\dfrac{\partial A_\mu}{\partial A^\nu}$ 和 $\dfrac{\partial A_\mu}{\partial A_\nu}$, 用度规或单位矩阵表示出来 (约定 μ 为行指标, ν 为列指标);

(3) 定义 $\boldsymbol{A}^2 \equiv A_\mu A^\mu$, 求 $\dfrac{\partial \boldsymbol{A}^2}{\partial A^\mu}$.

(4) 记 $A = \sqrt{\boldsymbol{A}^2}$(设 $\boldsymbol{A}^2 > 0$), 求变分 δA, 用 δA_μ 表示.

3.8 考虑某 2 维空间, 度规为 $g_{ab} = \begin{pmatrix} g & 0 \\ 0 & h \end{pmatrix}$, 给定某矢量 $V_a = \begin{pmatrix} u \\ v \end{pmatrix}$ 和某二阶张量 $T_{ab} \equiv \begin{pmatrix} a & b \\ c & d \end{pmatrix}$.

(1) 求逆度规 g^{ab};

(2) 求 V^a, T^{ab}, $T^a_{\ b}$ 和 $T_a^{\ b}$ 的矩阵形式;

(3) 利用上面的结果, 写出 $T_{ab}V^aV^b$、$T^{ab}V_aV_b$、$T^a_{\ b}V_aV^b$ 和 $T_a^{\ b}V^aV_b$ 的具体矩阵表达式, 并证明它们都相等.

第 4 章　最小作用量原理

4.1　新的力学原理

作为牛顿力学的继承和超越, 分析力学首先要回答两个问题. 第一, 为什么我们要舍弃牛顿力学, 特别是牛顿第二定律? 或者说, 为什么需要一个新的力学原理? 第二, 这个新的力学原理应该是什么样子?

4.1.1　"力"是一个不必要的概念

为了回答第一个问题, 我们来重新思考, 所谓 "力学规律" 到底是什么? 牛顿第二定律 $m\ddot{x} = F$, 或者

$$\frac{\mathrm{d}\boldsymbol{p}}{\mathrm{d}t} = \boldsymbol{F}, \tag{4.1}$$

将系统运动状态的改变归结为 "力". 我们真正关心的是系统的 "状态", 以及决定状态演化的规律. "力" 只是我们为了解释系统运动状态的改变而引入的概念. 例如, 对于重力场中的粒子, 牛顿第二定律说 $m\ddot{z} = F$, 但是力 F 是什么, 牛顿第二定律本身却没有告诉我们, 而是由物体在重力场中的受力 $F = -mg$ 给出. 换句话说, 牛顿第二定律最多只算是半个物理定律. 其和 "重力规律" 的结合 $m\ddot{z} = F = -mg$, 才是完整的描述粒子自由落体的运动规律. 又比如, 粒子连接在弹簧上的振动, 牛顿第二定律加上 "胡克定律" $m\ddot{x} = F = -kx$, 才是一条完整的决定粒子运动的规律. 从这里可以看出, "力" 在完整的物理规律中起了什么作用呢? 其实只是一个媒介概念. 真正的、完整的物理规律是

$$m\ddot{z} = -mg \quad 和 \quad m\ddot{x} = -kx, \tag{4.2}$$

这其中完全没有 "力" 的位置. 所谓牛顿第二定律只是把方程 (4.1) 右边的东西称为 "力" 而已. 在这个意义上, 牛顿第二定律与其说是一条物理定律, 不如说只是 "力" 这个概念的定义[①].

对于一般的物理系统, 其运动方程无法简单地写成牛顿第二定律的形式. 这时候有两种选择, 一种是 "削足适履", 固守牛顿第二定律的形式, 把所有非加速

---

① 关于 "力" 的概念及 $\boldsymbol{F} = m\boldsymbol{a}$ 这一公式, 2004 年度诺贝尔物理学奖得主 Frank Wilczek 有过一番论述, 参见: Wilczek F. 公式 $F=ma$ 中的力从哪来? [J]. 黄娆, 译, 曹则贤, 校. 物理, 2005, 34(2): 93-95;

Wilczek F. 公式 $F=ma$ 中的力从哪来? (之二)[J]. 黄娆, 译, 曹则贤, 校. 物理, 2005, 34(11): 784-786;

Wilczek F. 公式 $F=ma$ 中的力从哪来? (之三)[J]. 黄娆, 译, 曹则贤, 校. 物理, 2005, 34(12): 861-863.

度的项一股脑放到方程右边, 称为 "某某力"[①]. 另一种更明智的选择, 就是放弃牛顿第二定律的形式, 承认牛顿第二定律的局限性, 转而寻找新的、更一般的原理. 沿着这个思路, 如果我们从某些新的原理出发, 直接得到力学规律 (例如运动方程 (4.2)), 那么 "力" 的媒介地位也完全不必要了. 幸运的是, 确实存在更加基本的原理, 使得我们以一种更为统一的方式得到力学规律, 而不引入任何 "力" 的概念.

4.1.2 从牛顿到哈密顿

现在来看第二个问题: 如果放弃了牛顿力学, 那么新的力学原理可能是什么样子?

考虑一个简单的例子, 从某个固定高度、每次以不同的速度竖直向上或向下抛小球. 我们的问题是确定小球的运动, 即小球高度 z 随时间 t 的关系. 在牛顿力学的框架下, 由牛顿第二定律及重力场中粒子的受力, 设坐标 z 向下, 写出微分方程 $m\ddot{z} = F = mg$, 给定初始条件 $z(0) = 0$ 和 $z'(0) = v_0$, 求解微分方程得到 $z(t) = \dfrac{1}{2}gt^2 + v_0 t$. 给定某一时刻的位置和速度, 微分方程就决定了下一时刻、下下时刻的位置和速度, 等等. 因此, 牛顿力学的思维方式是局域、微分的.

现在换一种思维方式. 假设有一个叫哈密顿的人, 对牛顿力学一无所知. 但是哈密顿做了很多次竖直抛小球的实验, 并将小球的高度 z 与时间 t 的关系画在如图 4.1(a) 所示的图上. 哈密顿发现了一个基本事实: 若 t_1 时刻从高度 $z = 0$ 抛出, 在 t_2 时刻小球到达某个高度 (图中 z_1, z_2 等), 则小球的运动轨迹是 "唯一" 确定的. 换句话说, 只要小球是在 t_2 时刻到达某个高度, 那么它一定是沿着图 4.1(a) 中的实线轨迹运动的. 而虚线轨迹, 虽然也满足同样的端点条件, 却从来没被观测到, 即并没有真实发生. 虽然哈密顿还不知道这些真实轨迹是什么曲线, 但是关键在于——其是唯一的.

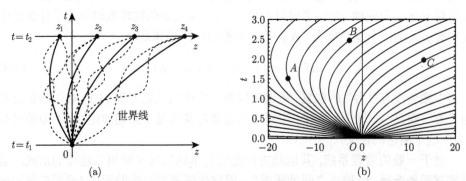

图 4.1   (a) 连接给定初始位置和落地位置, 有唯一一条真实轨迹; (b) 通过给定初始位置 (O 点) 的所有真实轨迹

[①] 例如, 离心力、科里奥利力等惯性力. 这些力并不对应真实的相互作用, 只是因为把运动方程写成牛顿第二定律的形式, 所以只好用 "某某力" 以代表方程右边无法解释的部分.

这个事实意味着什么呢? 如果哈密顿继续做足够多的抛小球实验, 最终将得到如图 4.1(b) 所示的图, 从 $\{z,t\}$ 平面的某点 (例如图中 O 点) 出发, 其与周围任一点 (例如图中 A 点、B 点和 C 点) 之间有且仅有"唯一"的一条真实轨迹相连. 这些轨迹充满了 $\{z,t\}$-平面 (至少在 O 点附近), 且除了共同的起始点 O 点外, 永不相交. 因为起始点 O 点是任意选取的, 这意味着 $\{z,t\}$-平面上任意两点之间有一条"唯一"的真实轨迹连接. 物理上, 这意味着给定初、末时刻小球的位置, 小球的时空轨迹——世界线就唯一确定了. 于是哈密顿就奇怪, 为什么满足同样的端点条件, 只有唯一一条真实的世界线? 这条世界线为何如此特殊? 哈密顿就猜测, 或许存在一个原理, 给每条世界线一个"指标"(一个数), 用以比较不同的世界线, 从而判断众多的"世界线"中, 哪一条是被自然所选择的.

从另外一个角度, 这种观念的转变还涉及对"什么是物理规律"的理解. 如果我们认为物理规律是牛顿第二定律式的微分方程, 那么一个问题是, 小球真的会去解微分方程吗? 很难想象小球如同随身携带一个计算器, 根据此时此刻的位置和速度计算出下一时刻的位置和速度, 然后按照计算的结果准时出现在那里. 所以, 看上去更正确的观念是: 大自然并不会做计算. 小球选择某个轨迹, 并不是小球解微分方程的结果, 而是这个轨迹相比其他轨迹更"特殊"[①].

4.2 作 用 量

4.2.1 最小作用量原理的表述

现在我们沿着哈密顿的思路, 以全新的观点看待系统的运动. 给定一个完整系统, 自由度为 s, 广义坐标为

$$\{q^a\}, \quad a=1,\cdots,s. \tag{4.3}$$

我们的问题是确定系统的演化轨迹 $\{q(t)\}$. 我们给每条轨迹都赋予一个"数", 用以比较不同的轨迹, 进而判断哪条轨迹是真实发生的演化过程. 这种"输入轨迹、输出数"的操作, 正是"泛函"的概念.

如图 4.2所示, 如果物理系统在给定时刻 t_1 和 t_2 的位形 $\{q(t_1)\}$ 和 $\{q(t_2)\}$ 确定, 则联结这两个时刻位形之间的每条"可能"的轨迹 $\{q(t)\}$ 都对应一个数, 通常记作 S, 被称为该系统的**作用量** (action). 数学上, 这意味着作用量 S 是轨迹 $\{q(t)\}$ 的泛函

$$S[q]=\int_{t_1}^{t_2}\mathrm{d}t\,L(t,q,\dot{q}), \tag{4.4}$$

① 当然按照更基本的量子力学的观点, 或许应该说小球什么轨迹也没有选择, 甚至根本不存在什么轨迹, 所谓"最优"的轨迹也只是宏观观测的有效概念.

在经典力学中, 这里的被积函数 $L(t, \boldsymbol{q}, \dot{\boldsymbol{q}})$ 称为系统的**拉格朗日量** (Lagrangian). 我们关心的是所有这些可能的轨迹中, 哪一条是真实发生的? 答案是使得作用量 S 取极值的那一条轨迹. 这一结论就是著名的**最小作用量原理** (principle of least action)[①]: 经典力学系统在两个时刻之间的真实运动轨迹使得该系统的作用量取极值, 即 $\delta S = 0$. 因为实际往往只要求作用量取驻值, 而不一定是极值, 因此最小作用量原理也称作 "稳恒作用量原理" (principle of stationary action).

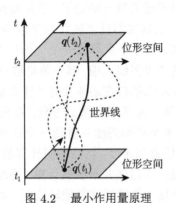

图 4.2　最小作用量原理

关于最小作用量原理, 需要注意以下几点.

(1) 最小作用量原理中的 "轨迹", 指的是位形空间和时间参数共同构成的 $s+1$ 维空间中随时间演化所形成的轨迹, 而不是 s 维位形空间中的轨迹. 例如, 对于点粒子系统, 就是世界线, 而不是空间轨迹. 对于空间延展的对象, 则是世界面、世界体等.

(2) 最小作用量原理在所有 "可能" 的轨迹之间进行比较. 这里 "可能" 指的是运动学上满足约束, 并满足端点条件的所有连续轨迹.

(3) 在式 (4.4) 中, 我们假设拉格朗日量 L 只依赖于广义坐标和广义速度, 而不依赖于广义坐标的更高阶的时间导数. 这一点仅仅是为了和最简单的牛顿力学系统自洽, 即给定物理系统的初始坐标、初始速度就足以唯一确定物理系统的状态. 一般来说, 拉格朗日量中也可以包含广义坐标更高阶的时间导数, 相应的理论被称作 "高阶导数理论".

(4) 关于最小作用量原理的讨论只适用于 "完整" 系统. 除了某些特殊情形 (见 6.1.3 节的讨论), 非完整系统一般不能直接纳入最小作用量原理的框架内.

---

① 最小作用量原理最初指的是 "莫佩尔蒂原理" (见 16.3 节), 后来欧拉和拉格朗日将其推广, 并赋予了 "最小作用量原理" 的名字. 今天所称的最小作用量原理历史上被称作 "哈密顿原理" (Hamilton's principle), 是由哈密顿 (William Hamilton, 1805—1865) 在欧拉和拉格朗日关于变分法工作的基础上于 1834 年提出的. 时至今日, "最小作用量原理" 与 "哈密顿原理" 几乎总被视作同义词. 哈密顿是英国数学家、天文学家和物理学家, 是经典力学的哈密顿理论的奠基人之一, 也是 "四元数" 的发明人.

对于式 (4.4) 形式的泛函极值问题, 我们已经很熟悉. 对作用量 S 做变分, 得到

$$\delta S \simeq -\int_{t_1}^{t_2} \mathrm{d}t \left[\frac{\mathrm{d}}{\mathrm{d}t} \left(\frac{\partial L}{\partial \dot{q}^a} \right) - \frac{\partial L}{\partial q^a} \right] \delta q^a, \tag{4.5}$$

因此作用量 S 取极值要求广义坐标 $\{q(t)\}$ 满足欧拉-拉格朗日方程

$$\boxed{\frac{\mathrm{d}}{\mathrm{d}t} \left(\frac{\partial L}{\partial \dot{q}^a} \right) - \frac{\partial L}{\partial q^a} = 0}, \quad a = 1, \cdots, s, \tag{4.6}$$

物理上也称作**运动方程** (equations of motion). 系统的真实运动必须满足运动方程. 任何一个完整系统都可以写出其作用量. 最小作用量原理和变分法告诉我们, 一旦给定了一个物理系统的作用量, 就可以得到其经典运动方程, 而且是唯一确定的[①]. 正是在此意义下, 我们说经典力学系统的作用量包含了该系统的所有时间演化信息, 或者说经典力学系统的运动规律由其作用量完全描述.

对于经典力学系统, 真实的运动是唯一的——即所谓**决定论** (determinism). 这种真实性和唯一性是先于观测者的. 一个观测者看到的真实运动轨迹, 在另一个观测者看来也必须是真实的. 而广义坐标以及时间参数的选取则依赖于观测者, 是人为的. 不同的观测者可能会选择不同的广义坐标和不同的时间参数. 这意味着, 在一套广义坐标和时间参数下得到的真实运动轨迹 (使得作用量取极值), 在另一套广义坐标和时间参数下必须仍然是真实的 (同样使得作用量取极值). 体现在数学上, 作用量必须是不依赖于具体的广义坐标和时间参数选取的, 即作用量必须是广义坐标和时间参数变换下的不变量[②]. 作用量的这个性质有时也被称作是在广义坐标和时间参数变换下的**标量** (scalar). 我们将在 5.4.2节中进一步讨论.

最小作用量原理改变了经典力学系统的研究"范式", 即不再如牛顿力学中那样做受力分析, 而是第一步就是写出或者构造系统的作用量. 其不仅重新表述了机械运动的规律, 而且对非机械运动的物理系统同样适用. 这个原理如此简单, 却包含了几乎所有的基本物理规律, 从经典力学, 到电磁场、广义相对论、量子力学、粒子物理、宇宙演化⋯⋯可以说, 在现代理论物理的研究中, 作用量是几乎所有分析的出发点. 从这个意义上, 最小作用量原理甚至可视为整个物理学的**第一原理** (first principle). 大自然总是倾向于让某些基本的物理量 (往往是标量) 取得极值. 例如, 重力场中平衡位形重力势能最小, 热平衡态对应的热力学势取极值,

---

① 值得一提的是, 反过来并不是所有的运动方程都有对应的作用量, 因为并不是所有的微分方程 (例如阻尼振动的运动方程) 都是欧拉-拉格朗日方程. 尽管如此, 最小作用量原理在物理学中如此重要的原因是, 自然界中重要且基本的物理系统, 其运动确实都使得某个作用量取极值.

② 当然, 根据第 1章关于变分法的讨论, 这种不变性只需要在相差边界项的意义下成立.

静电平衡时系统静电势能最小, 水滴的形状保证重力势能和表面张力势能总和最小, 等等. 最小作用量原理背后所隐藏的自然奥秘值得深思.

4.2.2　广义动量

牛顿力学中, 点粒子的动量定义为 $\boldsymbol{p} = m\boldsymbol{v}$. 我们将看到, 这一定义其实只是在非相对论极限下的近似表达式. 动量的一般定义是在拉格朗日力学框架下得到的. 物理系统某个广义坐标 q^a 对应的**广义动量** (generalized momentum) 定义为

$$p_a := \frac{\partial L}{\partial \dot{q}^a} \equiv \frac{\partial L}{\partial v^a}, \quad a = 1, \cdots, s, \tag{4.7}$$

这里 $v^a \equiv \dot{q}^a$ 是广义速度. 我们约定将广义速度 $\dot{q}^a$ 的指标摆在上方, 而广义动量 p_a 的指标摆在下方①. 只要给定了拉格朗日量, 则每个广义坐标总是有对应的广义动量. 这种 "如影随形" 的伴随关系在数学上被称为**共轭** (conjugate)②. 广义坐标 q^a 及其对应的广义动量 p_a 构成一对共轭变量 $\{q^a, p_a\}$. 因此式 (4.7) 定义的广义动量又被称为**共轭动量** (conjugate momentum) 或**正则动量** (canonical momentum).

利用广义动量, 运动方程 (4.6) 可以写为

$$\frac{\mathrm{d}p_a}{\mathrm{d}t} = \frac{\partial L}{\partial q^a}, \quad a = 1, \cdots, s. \tag{4.8}$$

这个式子可以与牛顿第二定律式 (4.1) 对照. 方程左边即动量的时间变化率, 右边 $\frac{\partial L}{\partial q^a}$ 则可以称为 "广义力".

在第 2 章曾经提到, 广义坐标未必是长度的量纲, 因此广义动量也未必是牛顿力学中动量的量纲 (质量乘以速度). 但是由定义式 (4.7), 用 $[Q]$ 表示物理量 Q 的量纲, 则必有 $[\dot{q}^a] \cdot [p_a] = [L]$, 因此 $[q^a] \cdot [p_a] = [t][L] = [S]$, 即一对共轭变量量纲的乘积, 一定是系统作用量的量纲. 如前所述, 作用量是不依赖于具体的广义坐标和时间参数选取的 "标量". 对于拉格朗日量来说, 其本身应该是广义坐标的变换下的标量. 最自然且普适的 "标量" 即能量. 因此, "约定" 所有系统的拉格朗日量都具有 "能量" 的量纲, 作用量 S 的量纲即为

$$[作用量] = [时间] \cdot [能量]$$

---

① 在数学上, 这反映了广义速度是逆变矢量, 广义动量是协变矢量的事实. 一个小技巧是 $\dot{q}^a$ 带上标, 但是 $\dot{q}^a$ 在分母上, 于是 $\frac{\partial L}{\partial \dot{q}^a}$ 作为一个整体, 就带有一个下标.

② 英文 "conjugate" 来自拉丁文 "conjugare" 的过去分词 "conjugatus". "conjugare" 中 "con" 意为 "共同", "jugare" 意为 "连接", 所以合在一起本意即共同连接. 而 "jugare" 也是英文中 "yoke" 的词源, "yoke" 即牛车上放在并行的牛脖颈上的曲木, 对应中文正是 "轭" 字.

$$= [\text{空间}] \cdot [\text{动量}]$$
$$= [\text{角度}] \cdot [\text{角动量}]$$
$$= [\text{普朗克常量}h] . \tag{4.9}$$

4.3 自由粒子

4.3.1 4 维形式

现在来考虑一个最简单的问题, 一个自由粒子的作用量是什么? 对于不受约束的点粒子, 位形空间即普通空间本身, 于是广义坐标即空间坐标. 广义坐标和时间参数合在一起即时空坐标

$$\{x^\mu\} = \{x^0, x^1, x^2, x^3\} \equiv \{ct, x, y, z\}, \quad \mu = 0, 1, 2, 3. \tag{4.10}$$

作用量必须是广义坐标和时间参数变换下的标量, 因此必须要求作用量在一般的时空坐标变换

$$x^\mu \to \tilde{x}^\mu = \tilde{x}^\mu (x) \tag{4.11}$$

下不变①. 这种一般的时空坐标的变换通常被称作**广义坐标变换** (general coordinate transformation). 值得一提的是, 这里的 "广义坐标变换", 指的是 "广义的 (时空) 坐标变换" 即 "一般的 (时空) 坐标变换", 在物理学中通常特指时空坐标的一般变换式 (4.11). 其与 2.2.2节所讨论的 "广义坐标的变换" (transformation of generalized coordinates) 是完全不同的概念:

(1) 点变换或者广义坐标的变换是变量的 "变量代换", 是用来描写物理系统位形的变量的代换, 是位形空间的坐标变换.

(2) 广义坐标变换只是作用量的积分参数的 "重参数化". 在场论 (包括广义相对论) 中的作用量是对整个时空区域积分, 所以积分参数的重参数化即时空的坐标变换.

只是在点粒子情形, 其位形空间即普通的空间本身, 所以空间坐标就成了描述位形的广义坐标, 对于点粒子 "广义坐标的变换" (加上时间重参数化) 和 "广义的 (时空) 坐标变换" 式 (4.11) 碰巧形式上一样. 对于点粒子, 因为演化的背景只有一维时间 (作用量只是对时间的积分), 所以真正的广义坐标变换其实对应于时间的重参数化: $t \to \tilde{t} = \tilde{t}(t)$.

在本节中, 我们暂时不考虑引力, 时空背景为闵氏时空. 这时一个基本要求即作用量必须是洛伦兹标量, 即在洛伦兹变换 $x^\mu \to \tilde{x}^\mu = \Lambda^\mu{}_\nu x^\nu$ 下不变的量. 观察作用量的数学定义式 (4.4), 是拉格朗日量 L 对时间参数 t 的积分. 但是由于时间

---

① 注意这里和引力存在, 或者时空弯曲与否没有关系.

参数 t 不是洛伦兹标量, 所以拉格朗日量 L 本身并不是洛伦兹标量 ($L\mathrm{d}t$ 作为一个整体必须是洛伦兹标量). 在非相对论极限下, 时间与空间分离, 这时系统的作用量 S 和拉格朗日量 L 都是 3 维空间坐标变换下的标量.

粒子的作用量为可能轨迹的泛函. 换句话说, 给定一条世界线, 我们需要给一个数. 而且这个数, 必须是不依赖于观测者的. 对于自由粒子, 我们能够找到的唯一的满足这个条件的数就是世界线的长度. 闵氏时空中世界线上的线元 (洛伦兹标量) 为

$$\mathrm{d}s^2 = \eta_{\mu\nu}\mathrm{d}x^\mu \mathrm{d}x^\nu. \tag{4.12}$$

这里 $\eta_{\mu\nu}$ 为闵氏度规. 欧氏时空中的线元总是正的, 但是闵氏时空中的线元可以是正的, 也可以是负的, 甚至可以为零. 考虑一个做惯性运动的有质量的粒子, 在固定在自身的惯性系看来是静止不动的, 即空间坐标不变 $\mathrm{d}x^1 = \mathrm{d}x^2 = \mathrm{d}x^3 = 0$, 因此线元 $\mathrm{d}s^2 = -c^2\mathrm{d}t^2 < 0$, 即有质量粒子世界线上的线元恒为负. 因此, 线元的长度就只能写成 $|\mathrm{d}s| \equiv \sqrt{-\mathrm{d}s^2}$. 所以, 自由粒子的作用量最简单的取法即

$$S = -mc \int |\mathrm{d}s| = -mc \int \sqrt{-\eta_{\mu\nu}\mathrm{d}x^\mu \mathrm{d}x^\nu}, \tag{4.13}$$

这里 m 为粒子的质量, c 为光速. 在式 (4.13) 中, 因子 mc 是为了让作用量具有"正确"的量纲 (即 [空间] · [动量]), 负号是为了在非相对论极限下和牛顿力学的结果自洽 (见 4.3.3节). 式 (4.13) 就是闵氏时空中一个自由粒子的作用量, 简言之, 自由粒子的作用量正比于其世界线的长度. 这里我们看到, 从时空的洛伦兹不变性出发, 我们几乎可以唯一地确定出一个自由粒子的作用量.

原则上可以用任一单调变化的参数来参数化世界线. 最简单和自然的参数化即取固有时 τ(见 3.3.1节),

$$\mathrm{d}s^2 = \eta_{\mu\nu}\mathrm{d}x^\mu \mathrm{d}x^\nu \equiv -c^2\mathrm{d}\tau^2. \tag{4.14}$$

这里 c 是光速. 因此自由粒子的作用量式 (4.13) 还可以写成

$$S = -mc \int \mathrm{d}\tau \sqrt{-\eta_{\mu\nu}\frac{\mathrm{d}x^\mu}{\mathrm{d}\tau}\frac{\mathrm{d}x^\nu}{\mathrm{d}\tau}}. \tag{4.15}$$

粒子的时空坐标 x^μ 随着固有时 τ 的变化率被称作 **4-速度** (4-velocity),

$$u^\mu := \frac{\mathrm{d}x^\mu(\tau)}{\mathrm{d}\tau}, \tag{4.16}$$

其是 4 维时空中的矢量. 由式 (4.14),

$$u_\mu u^\mu \equiv \eta_{\mu\nu} \frac{\mathrm{d}x^\mu}{\mathrm{d}\tau} \frac{\mathrm{d}x^\nu}{\mathrm{d}\tau} = -c^2, \qquad (4.17)$$

即粒子的 4-速度 u^μ 的模方是常数 $-c^2$.

将式 (4.15) 对 x^μ 变分, 并利用式 (4.17), 得到

$$\delta S = -mc \int \mathrm{d}\tau \delta \sqrt{-\eta_{\mu\nu} \frac{\mathrm{d}x^\mu}{\mathrm{d}\tau} \frac{\mathrm{d}x^\nu}{\mathrm{d}\tau}} = m \int \mathrm{d}\tau \eta_{\mu\nu} \delta \left(\frac{\mathrm{d}x^\mu}{\mathrm{d}\tau} \right) \frac{\mathrm{d}x^\nu}{\mathrm{d}\tau}$$

$$\simeq -m \int \mathrm{d}\tau \eta_{\mu\nu} \frac{\mathrm{d}^2 x^\nu}{\mathrm{d}\tau^2} \delta x^\mu, \qquad (4.18)$$

所以自由粒子的运动方程即

$$\boxed{\frac{\mathrm{d}^2 x^\mu}{\mathrm{d}\tau^2} = 0}. \qquad (4.19)$$

方程 (4.19) 的解为 $x^\mu = a^\mu \tau + b$(其中 a^μ 和 b 都是常数), 是时空中的直线, 因此自由粒子的世界线是时空中的直线. 这是 "自由粒子 (在空间中) 做匀速直线运动" 的更加严格的、相对论性的表述, 如图 4.3所示.

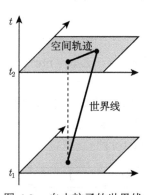

图 4.3 自由粒子的世界线

引入 4-速度后, 自由粒子的作用量式 (4.15) 可以写成 $S = \int \mathrm{d}\tau L$, 这里 $L = -mc\sqrt{-\eta_{\mu\nu} u^\mu u^\nu}$. 由动量的定义式 (4.7) 并利用式 (4.17), 粒子的 4-动量为

$$p_\mu := \frac{\partial L}{\partial u^\mu} = \frac{\partial}{\partial u^\mu} \left(-mc\sqrt{-\eta_{\rho\sigma} u^\rho u^\sigma} \right) = m u_\mu. \qquad (4.20)$$

自由粒子的 4-动量式 (4.20) 与 4-速度的关系形式上与牛顿力学中动量 $\boldsymbol{p} = m\boldsymbol{v}$

一样. 运动方程 (4.19) 用 4-动量表示即

$$\frac{\mathrm{d}p_\mu}{\mathrm{d}\tau} = 0, \tag{4.21}$$

因此闵氏时空中自由粒子的 4-动量守恒.

4.3.2 3 维形式

我们希望将作用量式 (4.13) 写成 $S = \int \mathrm{d}t L$ 的形式. 为此, 需要将作用量中时间和空间部分写成明显分离的形式. 首先注意到闵氏度规的空间部分 $\eta_{ij} \equiv \delta_{ij}$, 这是因为对于闵氏时空来说, 其空间部分就是普通的 3 维欧氏空间. 式 (4.13) 可写成

$$S = -mc \int \sqrt{c^2 \left(\mathrm{d}t\right)^2 - \delta_{ij}\mathrm{d}x^i \mathrm{d}x^j} = -mc^2 \int \mathrm{d}t \sqrt{1 - \frac{1}{c^2}\delta_{ij}\frac{\mathrm{d}x^i}{\mathrm{d}t}\frac{\mathrm{d}x^j}{\mathrm{d}t}}. \tag{4.22}$$

其中出现了粒子的空间坐标 $\{x^i\}$ 随着时间参数 t 的变化率

$$v^i := \frac{\mathrm{d}x^i}{\mathrm{d}t}, \quad i = 1, 2, 3, \tag{4.23}$$

即通常所说的 "速度", 也被称作 **3-速度** (3-velocity), 为 3 维空间中的矢量. 于是作用量式 (4.13) 成为

$$S = \int \mathrm{d}t L, \quad \boxed{L = -mc^2 \sqrt{1 - \frac{v^2}{c^2}}}, \tag{4.24}$$

其中 $v^2 \equiv \delta_{ij}v^i v^j$. 式 (4.24) 就是闵氏时空中自由粒子作用量的 3 维形式, 其中拉格朗日量 $L = L(v^2)$ 只与粒子 3-速度的大小 $v \equiv \sqrt{v^2}$ 有关. 这里自然地出现了著名的**洛伦兹因子** (Lorentz factor)[①]

$$\boxed{\frac{\mathrm{d}t}{\mathrm{d}\tau} = \frac{1}{\sqrt{1 - \dfrac{v^2}{c^2}}} \equiv \gamma}. \tag{4.25}$$

根据动量的定义式 (4.7) 和作用量的 3 维形式 (4.24), 粒子的 3-动量定义为

$$p_i \equiv \frac{\partial L}{\partial v^i} = \frac{\partial}{\partial v^i}\left(-mc^2 \sqrt{1 - \frac{v^2}{c^2}}\right). \tag{4.26}$$

---

① 洛伦兹因子得名于荷兰物理学家洛伦兹. 但是洛伦兹因子第一次出现, 是在英国物理学家赫维赛德 (Oliver Heaviside, 1850—1925) 发表于 1889 年的一篇论文中.

化简得到

$$p_i = \frac{mv_i}{\sqrt{1 - \dfrac{\boldsymbol{v}^2}{c^2}}}, \quad i = 1, 2, 3, \tag{4.27}$$

这里 $v_i \equiv \delta_{ij}v^j$. 和 3-速度一样, 粒子的 3-动量是 3 维空间中的矢量. 利用式 (4.25) 及 3-速度的定义, 3-动量还可以写成

$$p_i = m\frac{\mathrm{d}x_i}{\mathrm{d}t}\frac{\mathrm{d}t}{\mathrm{d}\tau} = m\frac{\mathrm{d}x_i}{\mathrm{d}\tau} \equiv mu_i, \quad i = 1, 2, 3. \tag{4.28}$$

可见 3-动量对应空间坐标对于固有时 τ 的变化率 (4-速度的空间分量), 而不是对于坐标时 t 的变化率 (3-速度). 从这里已经看出, 牛顿力学中的动量 mv_i 只是严格的 3-动量在非相对极限下的近似.

粒子 4-动量 p_μ 的空间分量 p_i 即 3-动量式 (4.28). 对于时间分量, 定义

$$E := cp^0 = mcu^0 = mc^2\frac{\mathrm{d}t}{\mathrm{d}\tau} = \frac{mc^2}{\sqrt{1 - \dfrac{\boldsymbol{v}^2}{c^2}}}, \tag{4.29}$$

为粒子的能量. 我们将会看到, 在非相对论极限下 E 确实会给出牛顿力学的动能 $\frac{1}{2}m\boldsymbol{v}^2$. 于是 4-动量的模方可以分解为

$$p_\mu p^\mu = -\left(p^0\right)^2 + \delta_{ij}p^ip^j \equiv -\frac{E^2}{c^2} + \boldsymbol{p}^2,$$

这里 $\boldsymbol{p}^2 \equiv \delta_{ij}p^ip^j$. 而由式 (4.17) 得, 4-动量的模方是常数

$$p_\mu p^\mu = m^2 u_\mu u^\mu = -m^2c^2, \tag{4.30}$$

上两式即给出

$$E^2 = \boldsymbol{p}^2c^2 + m^2c^4. \tag{4.31}$$

这就是著名的爱因斯坦**能量−动量关系** (energy-momentum relation).

4.3.3 非相对论极限

以上的讨论——无论是 4 维还是 3 维形式都是完全相对论性的. 对于大部分宏观物体, 其运动速度 (3-速度) 远远低于光速, 因此可以考虑**非相对论极限** (non-relativistic limit), 即

$$\frac{|\boldsymbol{v}|}{c} \ll 1. \tag{4.32}$$

在非相对论极限下, 闵氏时空变为牛顿力学的伽利略时空. 在伽利略时空中, 时间与空间发生了绝对的 (即不依赖于观测者的) 分离, 特别是时间具有了绝对的意义.

在非相对论极限下, 能量式 (4.29) 可以展开为

$$E = \frac{mc^2}{\sqrt{1 - \dfrac{\boldsymbol{v}^2}{c^2}}} = mc^2 + \frac{1}{2}m\boldsymbol{v}^2 + \frac{3}{8}m\frac{\boldsymbol{v}^4}{c^2} + \cdots. \tag{4.33}$$

其中第一项[①]

$$E_0 = mc^2, \tag{4.34}$$

即著名的爱因斯坦**质能等价关系** (mass-energy equivalence), 常数 mc^2 即粒子在空间中静止时具有的能量. 与速度相关的领头项为

$$T \equiv \frac{1}{2}m\boldsymbol{v}^2, \tag{4.35}$$

即再熟悉不过的牛顿力学下粒子的动能. 速度更高阶的项则是相对论修正.

类似地, 在非相对论极限下, 作用量的 3 维形式 (4.24) 可以展开得到

$$S = -mc^2 \int \mathrm{d}t + \int \mathrm{d}t \left(\frac{1}{2}m\boldsymbol{v}^2 + \frac{1}{8}m\frac{\boldsymbol{v}^4}{c^2} + \cdots \right). \tag{4.36}$$

除去常数项, 与速度相关的领头项为

$$\boxed{S = \int \mathrm{d}t \frac{1}{2}m\boldsymbol{v}^2 \equiv \int \mathrm{d}t T,} \tag{4.37}$$

这里再次出现了牛顿力学的动能 $\frac{1}{2}m\boldsymbol{v}^2$. 式 (4.37) 就是非相对论性自由粒子的作用量. 与速度相关更高阶的项则是相对论修正. 前面提到, 在非相对论极限下, 拉格朗日量是 3 维空间中的标量. 这一点从式 (4.37) 可以得到明显验证, 因为牛顿力学的动能 $\frac{1}{2}m\boldsymbol{v}^2$ 就是 3 维空间的标量.

4.4　外场中的粒子

自由粒子与周围的环境没有任何相互作用, 一个自然的问题是, 如何考虑环境对粒子的影响? 此外, 在非相对论极限下出现了牛顿力学的动能, 如何体现势能的作用?

---

① 可见 "$E = mc^2$" 虽然被当作相对论的象征, 但其恰恰是非相对论极限的结果.

4.4.1 标量场

考虑闵氏时空标量场中的粒子. 标量场对粒子的影响可以有各种方式, 我们考虑最简单的情形, 即使得线元长度发生变化 $|\mathrm{d}s| \to \mathrm{e}^{\Phi}|\mathrm{d}s|$, 因此作用量为

$$S = -mc \int \mathrm{e}^{\Phi}|\mathrm{d}s| = -mc \int \mathrm{d}\tau \mathrm{e}^{\Phi}\sqrt{-u_{\mu}u^{\mu}}, \tag{4.38}$$

其中 $\Phi = \Phi(t, \boldsymbol{x}) \equiv \Phi(x)$ 是无量纲的标量场[①], u^{μ} 为 4-速度式 (4.16). 仿照自由粒子情形, 将作用量式 (4.38) 对时空坐标 x^{μ} 变分得到运动方程 (见习题 4.11)

$$\frac{\mathrm{d}^2 x_{\mu}}{\mathrm{d}\tau^2} + \frac{\partial \Phi}{\partial x^{\nu}}\frac{\partial x^{\nu}}{\partial \tau}\frac{\mathrm{d}x_{\mu}}{\mathrm{d}\tau} + c^2 \frac{\partial \Phi}{\partial x^{\mu}} = 0, \quad \mu = 0, 1, 2, 3. \tag{4.39}$$

自由粒子的运动方程 (4.19) 即式 (4.39) 中 $\Phi = 0$ 的特殊情况. 类似地, 作用量式 (4.38) 的 3 维形式为

$$S = -mc^2 \int \mathrm{d}t \mathrm{e}^{\Phi}\sqrt{1 - \frac{\boldsymbol{v}^2}{c^2}}, \tag{4.40}$$

将其对空间坐标 x^i 变分即得到运动方程的 3 维形式 (见习题 4.11)

$$\dot{p}_i + \dot{\Phi}p_i + mc^2 \sqrt{1 - \frac{\boldsymbol{v}^2}{c^2}}\frac{\partial \Phi}{\partial x^i} = 0, \quad i = 1, 2, 3, \tag{4.41}$$

其中 p_i 是粒子的 3-动量式 (4.27).

在有外场存在的情况下, 我们同时考虑 "低速" 和 "弱场" 的极限, 即

$$\frac{|\boldsymbol{v}|}{c} \ll 1, \quad |\Phi| \equiv \frac{|V|}{mc^2} \ll 1, \tag{4.42}$$

其中 V 具有能量量纲. 因为 $|V| \ll mc^2$ 的意义是与外场相互作用的能量远远小于粒子的静止能量 mc^2, 因此上面的极限也可统称为非相对论极限. 在非相对论极限下, 运动方程 (4.41) 展开并保留至速度 $\boldsymbol{v}$ 和 V 的领头阶为

$$m\ddot{x}_i = -\frac{\partial V}{\partial x^i}. \tag{4.43}$$

这不是别的, 正是牛顿第二定律的形式. 其中右边 $-\dfrac{\partial V}{\partial x^i}$ 是 V 的空间梯度, 正是牛顿力学中保守力的形式. 这表明在非相对论极限下, V 具有牛顿力学中势能的意义. 另一方面, 作用量的 3 维形式 (4.40) 也可展开并保留至领头阶, 得到

$$S = -mc^2 \int \mathrm{d}t \mathrm{e}^{\frac{V}{mc^2}}\sqrt{1 - \frac{\boldsymbol{v}^2}{c^2}} = -mc^2 \int \mathrm{d}t \left(1 + \frac{V}{mc^2} + \cdots\right)\left(1 - \frac{1}{2}\frac{\boldsymbol{v}^2}{c^2} + \cdots\right)$$

[①] 指数函数的宗量一定是无量纲的.

$$= -\int \mathrm{d}t mc^2 + \int \mathrm{d}t \left(\frac{1}{2}m\boldsymbol{v}^2 - V\right) + \cdots.$$

除去常数项, 在非相对论极限下, 拉格朗日量在与速度和外场有关的领头阶具有
"动能减去势能" 的形式:

$$L = \frac{1}{2}m\boldsymbol{v}^2 - V \equiv T - V, \tag{4.44}$$

其中 $T \equiv \frac{1}{2}m\boldsymbol{v}^2$ 即牛顿力学的动能, V 在非相对论极限下对应牛顿力学的势能.
从展开的过程可以看出, 这里 "减号" 的来源正是闵氏时空度规中时间和空间部
分的符号差异.

4.4.2 电磁场

接下来考虑粒子与 4 维矢量场 A^μ 的相互作用. 最熟悉的矢量场即电磁场.
考虑闵氏时空, 作用量必须是洛伦兹标量. 因此, 问题转化为如何用矢量场和粒子
的世界线来构造一个标量. 最简单的方式就是矢量场与粒子 4-速度的内积 $A_\mu u^\mu$.
将这个标量沿着粒子的世界线积分, 自然仍然是一个标量. 于是, 矢量场对粒子的
作用量的贡献为

$$\int \mathrm{d}\tau A_\mu u^\mu \equiv \int \mathrm{d}\tau A_\mu \frac{\mathrm{d}x^\mu}{\mathrm{d}\tau} = \int A_\mu \mathrm{d}x^\mu. \tag{4.45}$$

矢量场中粒子的完整作用量即

$$S = \int \mathrm{d}\tau L, \quad L = -mc\sqrt{-u_\mu u^\mu} + \frac{e}{c}A_\mu u^\mu. \tag{4.46}$$

这里常数 e 代表了粒子与矢量场 A_μ 的耦合强度. 对于电磁场, e 即粒子的电荷[①].
作用量式 (4.46) 为两项之和, 其中第一项与自由粒子作用量完全一样, 因此
电磁场对于粒子运动方程的贡献来源于对第二项的变分. 有

$$\delta \int \mathrm{d}\tau A_\mu u^\mu = \int \mathrm{d}\tau \left(\frac{\partial A_\mu}{\partial x^\nu}\delta x^\nu u^\mu + A_\mu \delta\left(\frac{\mathrm{d}x^\mu}{\mathrm{d}\tau}\right)\right)$$

$$\simeq \int \mathrm{d}\tau \left(\frac{\partial A_\mu}{\partial x^\nu}u^\mu \delta x^\nu - \frac{\partial A_\mu}{\partial x^\nu}u^\nu \delta x^\mu\right) \equiv \int \mathrm{d}\tau F_{\mu\nu}u^\nu \delta x^\mu,$$

其中

$$F_{\mu\nu} := \frac{\partial A_\nu}{\partial x^\mu} - \frac{\partial A_\mu}{\partial x^\nu}, \tag{4.47}$$

---

① 这里采用的是高斯单位制.

被称为**电磁张量** (electromagnetic tensor) 或电磁场强. 由定义可知 $F_{\mu\nu}$ 是一个反对称的张量, 即 $F_{\mu\nu} = -F_{\nu\mu}$. 结合自由粒子作用量的变分式 (4.18), 最终得到电磁场中粒子的运动方程为 (见习题 4.12)

$$\frac{\mathrm{d}p_\mu}{\mathrm{d}\tau} = \frac{e}{c}F_{\mu\nu}u^\nu, \tag{4.48}$$

这里 p_μ 为粒子的 4-动量式 (4.20).

4-矢量 A^μ 可以分解为

$$A^\mu = \left(A^0, A^i\right) \equiv (\Phi, \boldsymbol{A}), \tag{4.49}$$

其中 Φ 被称为**标量势** (scalar potential), $\boldsymbol{A}$ 被称为**矢量势** (vector potential). 这里的所谓 "标量" 和 "矢量" 都是指 3 维空间中的标量和矢量. 式 (4.45) 分解为

$$\int A_\mu \mathrm{d}x^\mu = \int \left(-A^0 \mathrm{d}x^0 + \delta_{ij}A^i \mathrm{d}x^j\right) = \int \left(-c\Phi \mathrm{d}t + A_i \mathrm{d}x^i\right)$$

$$= \int \mathrm{d}t \left(-c\Phi + A_i v^i\right),$$

结合式 (4.24), 电磁场中相对论性带电粒子作用量的 3 维形式即

$$\boxed{S = \int \mathrm{d}t L, \quad L = -mc^2\sqrt{1 - \frac{\boldsymbol{v}^2}{c^2}} - e\Phi + \frac{e}{c}\boldsymbol{v} \cdot \boldsymbol{A}.} \tag{4.50}$$

将式 (4.50) 对 x^i 变分可得到运动方程的 3 维形式 (见习题 4.12),

$$\frac{\mathrm{d}\boldsymbol{p}}{\mathrm{d}t} = e\boldsymbol{E} + \frac{e}{c}\boldsymbol{v} \times \boldsymbol{B}, \tag{4.51}$$

其中 $\boldsymbol{p}$ 为 3-动量式 (4.27),

$$\boldsymbol{E} = -\nabla\Phi - \frac{1}{c}\frac{\partial \boldsymbol{A}}{\partial t}, \quad \boldsymbol{B} = \nabla \times \boldsymbol{A}, \tag{4.52}$$

分别为电场强度 $\boldsymbol{E}$ 和磁感应强度 $\boldsymbol{B}$(都是 3 维矢量). 式 (4.51) 的右边正是带电粒子在电磁场中所受的洛伦兹力.

4.4.3 引力场

当有引力存在时, 时空不再是闵氏时空, 相应的度规不再是闵氏度规 $\eta_{\mu\nu}$, 而是时空坐标的一般函数 $g_{\mu\nu}(x)$. 和闵氏时空中的自由粒子一样, 引力场中粒子的

作用量也正比于其世界线的长度. 此时粒子世界线的线元形式和式 (4.12) 一样, 唯一的不同是闵氏度规 $\eta_{\mu\nu}$ 被一般的度规 $g_{\mu\nu}$ 所替代. 因此, 引力场中粒子的作用量即为

$$S = -mc \int |\mathrm{d}s| = -mc \int \sqrt{-g_{\mu\nu}\mathrm{d}x^\mu \mathrm{d}x^\nu}. \tag{4.53}$$

式 (4.53) 所对应 x^μ 的运动方程被称为**测地线** (geodesic) 方程 (见习题 4.13).

根据爱因斯坦的广义相对论, 在质量为 M 的天体周围, 以天体为中心取球坐标 $\{r, \theta, \phi\}$, 时空的度规具有形式[①]

$$\mathrm{d}s^2 = -c^2\left(1 - \frac{2GM}{c^2 r}\right)\mathrm{d}t^2 + \left(1 - \frac{2GM}{c^2 r}\right)^{-1}\mathrm{d}r^2 + r^2\mathrm{d}\theta^2 + r^2\sin^2\theta\mathrm{d}\phi^2, \tag{4.54}$$

其中 G 为牛顿引力常量. 在 $M \to 0$ 或 $G \to 0$ 的极限下, 式 (4.54) 就变回平坦的闵氏时空度规在球坐标下的形式. 将度规式 (4.54) 的形式代入式 (4.53), 即得到质量为 m 的粒子在球对称引力场中的作用量

$$S = -mc^2 \int \mathrm{d}t \sqrt{1 - \frac{2GM}{c^2 r} - \left(1 - \frac{2GM}{c^2 r}\right)^{-1}\frac{\dot{r}^2}{c^2} - \frac{r^2\dot{\theta}^2}{c^2} - \frac{r^2\sin^2\theta\dot{\phi}^2}{c^2}}, \tag{4.55}$$

考虑 "低速" 和 "弱场" 的非相对论极限,

$$\frac{|\dot{r}|}{c}, \frac{r\left|\dot{\theta}\right|}{c}, \frac{r\left|\dot{\phi}\right|}{c} \ll 1, \quad \frac{GM}{c^2 r} \ll 1, \tag{4.56}$$

将式 (4.55) 展开并保留到领头阶, 得到

$$S = -mc^2 \int \mathrm{d}t\left(1 - \frac{GM}{c^2 r} - \frac{\dot{r}^2}{2c^2} - \frac{r^2\dot{\theta}^2}{2c^2} - \frac{r^2\sin^2\theta\dot{\phi}^2}{2c^2} + \cdots\right)$$

$$= -mc^2 \int \mathrm{d}t + \int \mathrm{d}t\left[\frac{1}{2}m\left(\dot{r}^2 + r^2\dot{\theta}^2 + r^2\sin^2\theta\dot{\phi}^2\right) + \frac{GMm}{r}\right] + \cdots.$$

除去常数项, 非相对论极限下, 球对称引力场中粒子的作用量即

$$S = \int \mathrm{d}t\,(T - V), \tag{4.57}$$

[①] 式 (4.54) 即著名的 "施瓦西度规" (Schwarzschild metric), 由德国物理学家、天文学家施瓦西 (Karl Schwarzschild, 1873—1916) 于 1915 年得到, 也是爱因斯坦广义相对论场方程的第一个精确解.

其中

$$T = \frac{1}{2}m\left(\dot{r}^2 + r^2\dot{\theta}^2 + r^2\sin^2\theta\dot{\phi}^2\right) \equiv \frac{1}{2}m\boldsymbol{v}^2, \tag{4.58}$$

是粒子的牛顿力学动能在球坐标下的形式, 而

$$V(r) = -G\frac{Mm}{r}, \tag{4.59}$$

正是质量为 m 的粒子的牛顿万有引力势能. 作用量式 (4.57) 对应运动方程 $m\ddot{\boldsymbol{r}} = -\nabla V$, 方程的右边正是牛顿万有引力. 由此可见, 牛顿万有引力定律只是在引力场很弱、运动速度很低情况下的近似. 此外, 在非相对论极限下, 引力场中粒子的拉格朗日量同样具有 "动能减去势能" 的形式, 而由非相对论极限的推导知, 这同样来自度规中时间和空间部分的符号差别.

4.5 非相对论极限下作用量的基本形式

以上我们从第一原理——相对论时空观和最小作用量原理出发, 讨论了闵氏时空中自由粒子和外场中粒子的作用量, 并得到了其在非相对论极限下的形式. 我们得到一个重要的结论: 在非相对论极限 (即低速、弱场) 下, 粒子的拉格朗日量就是动能减去势能. 这里的 "减号" 正来源于闵氏度规中时间和空间部分符号的差异. 类似的讨论可以推广到其他保守系统和多粒子系统, 并得到同样的结论.

于是我们得到以下论断: 在非相对论极限下, 作用量具有形式

$$\boxed{S = \int \mathrm{d}t\, L = \int \mathrm{d}t\,(T - V)}, \tag{4.60}$$

其中 T 被称作**动能** (kinetic energy), V 被称作**势能** (potential energy). 因为是在非相对论极限下, 所以这里的动能即牛顿力学的动能, 势能则一般只依赖于系统的位形. 需要强调的是, "拉格朗日量等于动能减去势能" 只适用于非相对论极限下的粒子系统 (包括刚体). 实际上, "动能" 和 "势能" 的概念, 本身只在非相对论极限下才有意义, 或者说, 它们本来就是非相对论极限下的概念[①]. 在相对论情形, 拉格朗日量具有更一般的函数形式, 往往不能分解成明显的动能和势能部分. 在连续系统情形, 例如 1 维弦、2 维膜、3 维场的情形, 拉格朗日量也可能具有不同的、更复杂的数学形式. 接下来除非特别声明, 我们讨论的都是非相对论性的物理系统, 因此 $L = T - V$ 的形式是适用的.

---

① 形象地说, 动能对应系统在空间中的运动 (空间坐标发生变化), 势能则对应在时间中的运动 (空间坐标不变, 时间参数变化).

对于 N 个粒子组成的粒子系统, 记第 α 个粒子的直角坐标为 $\boldsymbol{x}_{(\alpha)}$, 则系统的总动能为

$$T = \sum_{\alpha=1}^{N} \frac{1}{2} m_{(\alpha)} \dot{\boldsymbol{x}}_{(\alpha)}^{2}. \tag{4.61}$$

若换为广义坐标 $\{q^a\}$, $a = 1, \cdots, 3N$, 则有

$$\boldsymbol{x}_{(\alpha)} = \boldsymbol{x}_{(\alpha)}(t, \boldsymbol{q}), \quad \alpha = 1, \cdots, N. \tag{4.62}$$

速度的变换关系为

$$\dot{\boldsymbol{x}}_{(\alpha)} \equiv \frac{\partial \boldsymbol{x}_{(\alpha)}}{\partial q^a} \dot{q}^a + \frac{\partial \boldsymbol{x}_{(\alpha)}}{\partial t}. \tag{4.63}$$

于是动能用广义坐标 $\{\boldsymbol{q}\}$ 及广义速度 $\{\dot{\boldsymbol{q}}\}$ 表示为

$$T = \sum_{\alpha=1}^{N} \frac{1}{2} m_{(\alpha)} \left(\frac{\partial \boldsymbol{x}_{(\alpha)}}{\partial q^a} \dot{q}^a + \frac{\partial \boldsymbol{x}_{(\alpha)}}{\partial t} \right) \cdot \left(\frac{\partial \boldsymbol{x}_{(\alpha)}}{\partial q^b} \dot{q}^b + \frac{\partial \boldsymbol{x}_{(\alpha)}}{\partial t} \right),$$

整理得到

$$\boxed{T = \frac{1}{2} G_{ab} \dot{q}^a \dot{q}^b + X_a \dot{q}^a + Y}, \tag{4.64}$$

即动能为广义速度的二次多项式, 其中

$$G_{ab}(t, \boldsymbol{q}) = \sum_{\alpha=1}^{N} m_{(\alpha)} \frac{\partial \boldsymbol{x}_{(\alpha)}}{\partial q^a} \cdot \frac{\partial \boldsymbol{x}_{(\alpha)}}{\partial q^b}, \tag{4.65}$$

$$X_a(t, \boldsymbol{q}) = \sum_{\alpha=1}^{N} m_{(\alpha)} \frac{\partial \boldsymbol{x}_{(\alpha)}}{\partial q^a} \cdot \frac{\partial \boldsymbol{x}_{(\alpha)}}{\partial t}, \tag{4.66}$$

$$Y(t, \boldsymbol{q}) = \frac{1}{2} \sum_{\alpha=1}^{N} m_{(\alpha)} \frac{\partial \boldsymbol{x}_{(\alpha)}}{\partial t} \cdot \frac{\partial \boldsymbol{x}_{(\alpha)}}{\partial t}, \tag{4.67}$$

都只是广义坐标和 t 的函数, 与广义速度无关.

若约束非定常, 则从直角坐标到广义坐标的变换 $\boldsymbol{x}_{(\alpha)}(t, \boldsymbol{q})$ 显含时间, 因此 X_a 和 Y 一般不为零. 对于定常系统, $\boldsymbol{x}_{(\alpha)}(\boldsymbol{q})$ 不显含时间, 因此

$$\frac{\partial \boldsymbol{x}_{(\alpha)}}{\partial t} = 0 \quad \Rightarrow \quad X_a = 0, \quad Y = 0. \tag{4.68}$$

这意味着对于定常系统, 动能总是广义速度的二次型:

$$T = \frac{1}{2} G_{ab}(\boldsymbol{q}) \dot{q}^a \dot{q}^b. \tag{4.69}$$

这里 $G_{ab}(\boldsymbol{q})$ 一般依赖于广义坐标, 是一个对称、正定的矩阵. 势能 V 则只是广义坐标的函数

$$V = V(\boldsymbol{q}). \tag{4.70}$$

总之, 非相对论性定常系统的拉格朗日量的一般形式即

$$L = T - V = \frac{1}{2} G_{ab}(\boldsymbol{q}) \dot{q}^a \dot{q}^b - V(\boldsymbol{q}). \tag{4.71}$$

例 4.1 单摆的拉格朗日量

如图 2.3(a) 所示, 假设单摆在竖直平面内摆动. 选取广义坐标 θ, 由直角坐标和 θ 的关系得, 拉格朗日量即

$$L = T - V = \frac{1}{2} m \left(\dot{x}^2 + \dot{y}^2 \right) - mgy = \frac{1}{2} m l^2 \dot{\theta}^2 + mgl \cos\theta. \tag{4.72}$$

θ 的共轭动量为 $p_\theta \equiv \frac{\partial L}{\partial \dot{\theta}} = ml^2 \dot{\theta}$, 其意义正是单摆相对于顶点的角动量. 对作用量变分得到

$$\delta S = \int \mathrm{d}t \left(ml^2 \dot{\theta} \delta \dot{\theta} - mgl \sin\theta \delta\theta \right) \simeq - \int \mathrm{d}t ml^2 \left(\ddot{\theta} + \frac{g}{l} \sin\theta \right) \delta\theta,$$

于是单摆的欧拉-拉格朗日方程即等价于

$$\ddot{\theta} + \frac{g}{l} \sin\theta = 0. \tag{4.73}$$

例 4.2 一维谐振子的拉格朗日量

一维谐振子势能为 $V = \frac{1}{2} kx^2$, 因此拉格朗日量即

$$L = T - V = \frac{1}{2} m \dot{x}^2 - \frac{1}{2} kx^2. \tag{4.74}$$

x 的共轭动量为 $p \equiv \frac{\partial L}{\partial \dot{x}} = m\dot{x}$. 对作用量变分得到

$$\delta S = \int \mathrm{d}t \left(m\dot{x}\delta\dot{x} - kx\delta x \right) \simeq \int \mathrm{d}t \left(-m\ddot{x}\delta x - kx\delta x \right),$$

于是其欧拉-拉格朗日方程即等价于

$$\ddot{x} + \frac{k}{m} x = 0. \tag{4.75}$$

式 (4.75) 即是著名的一维谐振子的运动方程.

例 4.3 竖直平面内轨道上粒子的拉格朗日量

质量为 m 的粒子约束在光滑轨道上运动, 轨道处于竖直平面内, 形状为抛物线 $y = ax^2$, 其中 a 为常数. 取 x 为广义坐标, 粒子的拉格朗日量为

$$L = T - V = \frac{1}{2}m\left(\dot{x}^2 + \dot{y}^2\right) - mgy = \frac{1}{2}m\left(1 + 4a^2x^2\right)\dot{x}^2 - mgax^2.$$

对比式 (4.71), 可见 $G\left(x\right) = m\left(1 + 4a^2x^2\right)$ 是广义坐标 x 的函数. x 的共轭动量为 $p = \dfrac{\partial L}{\partial \dot{x}} = m\left(1 + 4a^2x^2\right)\dot{x}.$

例 4.4 双摆的拉格朗日量

如图 2.5所示, 竖直平面内摆动的双摆有 2 个自由度, 选取广义坐标 θ_1 和 θ_2. 双摆的动能为

$$\begin{aligned}
T &= \frac{1}{2}m_1\left(\dot{x}_1^2 + \dot{y}_1^2\right) + \frac{1}{2}m_2\left(\dot{x}_2^2 + \dot{y}_2^2\right) \\
&= \frac{1}{2}\left(m_1 + m_2\right)l_1^2\dot{\theta}_1^2 + \frac{1}{2}m_2l_2^2\dot{\theta}_2^2 + l_1l_2m_2\dot{\theta}_1\dot{\theta}_2\cos\left(\theta_1 - \theta_2\right),
\end{aligned}$$

势能为

$$V = m_1gy_1 + m_2gy_2 = -m_1gl_1\cos\theta_1 - m_2g\left(l_1\cos\theta_1 + l_2\cos\theta_2\right).$$

于是双摆的拉格朗日量即

$$\begin{aligned}
L \equiv T - V =\ & \frac{1}{2}\left(m_1 + m_2\right)l_1^2\dot{\theta}_1^2 + \frac{1}{2}m_2l_2^2\dot{\theta}_2^2 + m_2l_1l_2\dot{\theta}_1\dot{\theta}_2\cos\left(\theta_1 - \theta_2\right) \\
& + m_1gl_1\cos\theta_1 + m_2g\left(l_1\cos\theta_1 + l_2\cos\theta_2\right).
\end{aligned} \tag{4.76}$$

θ_1 和 θ_2 的共轭动量分别为

$$p_1 = \frac{\partial L}{\partial \dot{\theta}_1} = m_1l_1^2\dot{\theta}_1 + m_2l_1^2\dot{\theta}_1 + m_2l_1l_2\dot{\theta}_2\cos\left(\theta_1 - \theta_2\right),$$

$$p_2 = \frac{\partial L}{\partial \dot{\theta}_2} = m_2l_2^2\dot{\theta}_2 + m_2l_1l_2\dot{\theta}_1\cos\left(\theta_1 - \theta_2\right).$$

对作用量变分, 得到 θ_1 和 θ_2 的运动方程

$$\left(m_1 + m_2\right)l_1^2\ddot{\theta}_1 + m_2l_1l_2\ddot{\theta}_2\cos\left(\theta_1 - \theta_2\right) + m_2l_1l_2\dot{\theta}_2^2\sin\left(\theta_1 - \theta_2\right) + \left(m_1 + m_2\right)gl_1\sin\theta_1 = 0$$

和

$$m_2l_2^2\ddot{\theta}_2 + m_2l_1l_2\ddot{\theta}_1\cos\left(\theta_1 - \theta_2\right) - m_2l_1l_2\dot{\theta}_1^2\sin\left(\theta_1 - \theta_2\right) + m_2gl_2\sin\theta_2 = 0.$$

例 4.5 顶端自由滑动单摆的拉格朗日量

假设单摆的顶端在水平杆上无摩擦地自由滑动, 如图 2.3(b) 所示. 系统有 2 个自由度, 取广义坐标为顶端 A 点的水平坐标 x 和摆角 θ. 忽略摆杆的质量, 系统的动能和势能分别为

$$T = \frac{1}{2}m\left[\left(\dot{x} + l\dot{\theta}\cos\theta\right)^2 + \left(l\dot{\theta}\sin\theta\right)^2\right], \quad V = -mgl\cos\theta,$$

于是拉格朗日量为

$$L = T - V = \frac{1}{2}m\left(\dot{x}^2 + l^2\dot{\theta}^2 + 2l\dot{x}\dot{\theta}\cos\theta\right) + mgl\cos\theta. \tag{4.77}$$

x 和 θ 的共轭动量分别为

$$p_x = \frac{\partial L}{\partial \dot{x}} = m\dot{x} + ml\dot{\theta}\cos\theta, \quad p_\theta = \frac{\partial L}{\partial \dot{\theta}} = ml^2\dot{\theta} + ml\dot{x}\cos\theta.$$

值得一提的是, 在这个例子中 $p_x \neq m\dot{x}$, $p_\theta \neq ml^2\dot{\theta}$. 可见 (即便对于非相对论性系统) 共轭动量一般并不等于牛顿力学中由 "质量乘以速度" 所定义的动量 (例如这里的线动量和角动量). 对作用量变分得到 x 和 θ 的运动方程, 分别为

$$m\ddot{x} + ml\ddot{\theta}\cos\theta - ml\dot{\theta}^2\sin\theta = 0, \quad ml^2\ddot{\theta} + ml\ddot{x}\cos\theta + mgl\sin\theta = 0.$$

可以从上两式将 $\ddot{x}$ 消去, 得到关于 θ 的方程

$$\ddot{\theta} + \dot{\theta}^2\cot\theta + \frac{g}{l}\csc\theta = 0. \tag{4.78}$$

如果单摆的顶端不是自由滑动, 而是在外界控制下以匀速 $\dot{x} = v$ 运动, 则拉格朗日量式 (4.77) 变为

$$L = \frac{1}{2}m\left(v^2 + l^2\dot{\theta}^2 + 2lv\dot{\theta}\cos\theta\right) + mgl\cos\theta$$

$$\equiv \frac{1}{2}ml^2\dot{\theta}^2 + mgl\cos\theta + \frac{\mathrm{d}}{\mathrm{d}t}\left(\frac{1}{2}mv^2t + mlv\sin\theta\right).$$

上式最后一项是时间的全导数, 于是 $L \simeq \frac{1}{2}ml^2\dot{\theta}^2 + mgl\cos\theta$, 这意味着 θ 的运动和顶端固定的单摆一样. 实际上, 此时相当于在以速度 v 匀速运动的惯性系中描述顶端固定的单摆.

例 4.6 有效度规与列维-奇维塔联络

非相对论性定常系统的动能项为广义速度的二次型式 (4.69), 于是拉格朗日量可写成 $L = \frac{1}{2}g_{ab}(\boldsymbol{q})\dot{q}^a\dot{q}^b - V(\boldsymbol{q})$, 其中 g_{ab}(即式 (4.69) 中的 G_{ab}) 是对称、正定矩阵, g_{ab} 和 V 都是广义坐标的函数. 对比欧氏空间中动能项为 $\frac{1}{2}m\boldsymbol{v}^2 \equiv \frac{1}{2}m\delta_{ij}\dot{x}^i\dot{x}^j$, 其中 δ_{ij}

为欧氏度规. 这里 g_{ab} 的意义即是位形空间中的有效度规. 变分得到

$$\delta S = \int \mathrm{d}t \left(\frac{1}{2} \frac{\partial g_{ab}}{\partial q^c} \delta q^c \dot{q}^a \dot{q}^b + g_{ab} \delta \dot{q}^a \dot{q}^b - \frac{\partial V}{\partial q^a} \delta q^a \right)$$

$$\simeq \int \mathrm{d}t \left(\frac{1}{2} \frac{\partial g_{ab}}{\partial q^c} \delta q^c \dot{q}^a \dot{q}^b - \frac{\mathrm{d}}{\mathrm{d}t} \left(g_{ab} \dot{q}^b \right) \delta q^a - \frac{\partial V}{\partial q^a} \delta q^a \right)$$

所以 q^a 的运动方程为

$$g_{ab} \ddot{q}^b + \frac{\partial g_{ab}}{\partial q^c} \dot{q}^b \dot{q}^c - \frac{1}{2} \frac{\partial g_{bc}}{\partial q^a} \dot{q}^b \dot{q}^c + \frac{\partial V}{\partial q^a} = 0.$$

因为 g_{ab} 是正定的, 记其逆度规为 g^{ab}. 方程两边乘以逆度规, 整理得到

$$\ddot{q}^a + \Gamma^a_{bc} \dot{q}^b \dot{q}^c + g^{ad} \frac{\partial V}{\partial q^d} = 0. \tag{4.79}$$

其中

$$\Gamma^a_{bc} \equiv \frac{1}{2} g^{ad} \left(\frac{\partial g_{db}}{\partial q^c} + \frac{\partial g_{dc}}{\partial q^b} - \frac{\partial g_{bc}}{\partial q^d} \right), \tag{4.80}$$

即度规 g_{ab} 对应的**列维-奇维塔联络** (Levi-Civita connection). 列维-奇维塔联络本是广义相对论中为了定义协变导数而引入的一种联络. 从这个例子可以看出, 其是度规依赖坐标 (即非欧氏度规) 的必然结果. 实际上, 当 $V = 0$ 时, 式 (4.79) 成为 $\ddot{q}^a + \Gamma^a_{bc} \dot{q}^b \dot{q}^c = 0$, 其正是弯曲空间中的测地线方程 (见习题 4.13).

习　　题

4.1　选取合适的广义坐标, 求习题 2.2中系统的拉格朗日量和运动方程.

4.2　选取合适的广义坐标, 求习题 2.3中系统的拉格朗日量和运动方程.

4.3　选取合适的广义坐标, 求习题 2.4中小球的拉格朗日量和运动方程.

4.4　如图 4.4所示, 长为 l、质量为 m 的匀质硬杆, 一端置于地面, 一端靠在墙角, 杆始终处于竖直平面内. 忽略摩擦, 已知杆相对质心的转动惯量为 $I = \frac{1}{12} ml^2$. 选择合适的广义坐标, 写出系统的拉格朗日量并求系统的运动方程.

图 4.4　题 4.4 用图

4.5　如图 4.5所示, 半径为 R 的圆环固定于竖直平面内, 两个质量为 m 的小球由自由长度为 l 的无质量弹簧连接, 小球可沿圆环无摩擦滑动. 选择合适的广义坐标, 写出系统的拉格朗

日量并求系统的运动方程.

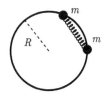

图 4.5　题 4.5 用图

4.6　如图 4.6所示, 半径为 R 的圆环处于竖直平面内, 中心轴固定, 圆环可绕中心轴自由转动, 设转动惯量为 I. 质量为 m 的粒子可以沿圆环滑动. 忽略所有摩擦. 选择合适的广义坐标, 写出系统的拉格朗日量并求系统的运动方程.

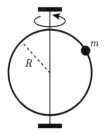

图 4.6　题 4.6 用图

4.7　已知拉格朗日量在广义坐标的变换 $q^a \rightarrow \tilde{q}^a$ 下不变, 即有 $\tilde{L}\left(t, \tilde{\boldsymbol{q}}, \dot{\tilde{\boldsymbol{q}}}\right) \equiv L\left(t, \boldsymbol{q}, \dot{\boldsymbol{q}}\right)$.

(1) 利用广义速度的变换式 (2.13), 根据广义动量的定义 $p_a \equiv \dfrac{\partial L}{\partial \dot{q}_a}$ 和 $\tilde{p}_a \equiv \dfrac{\partial \tilde{L}}{\partial \dot{\tilde{q}}^a}$, 证明广义动量的变换为 $\tilde{p}_a = \dfrac{\partial q^b}{\partial \tilde{q}^a} p_b$;

(2) 在平面极坐标下写出非相对论性自由粒子的拉格朗日量, 并求 $\{p_x, p_y\}$ 和 $\{p_r, p_\phi\}$ 的关系, 以验证 (1) 的结论.

4.8　若对自由粒子的世界线取其他参数, 记 $x^\mu = x^\mu(\lambda)$, 参数 λ 与固有时 τ 的关系为 $\lambda = \lambda(\tau)$. 写出用 λ 表达的自由粒子的作用量, 并证明其等价于式 (4.15), 即自由粒子的作用量在世界线重参数化下是不变的.

4.9　若自由粒子的作用量取为线元长度的一般函数, 即 $S = -mc \displaystyle\int \mathrm{d}\tau\, F\left(-\eta_{\mu\nu}\dfrac{\mathrm{d}x^\mu}{\mathrm{d}\tau}\dfrac{\mathrm{d}x^\nu}{\mathrm{d}\tau}\right)$, 求其运动方程, 证明其等价于式 (4.19).

4.10　考虑作用量 $S[n, x^\mu] = \dfrac{1}{2}c \displaystyle\int \mathrm{d}\tau\left(\dfrac{1}{n}\eta_{\mu\nu}\dfrac{\mathrm{d}x^\mu}{\mathrm{d}\tau}\dfrac{\mathrm{d}x^\nu}{\mathrm{d}\tau} - nm^2\right)$, 其中除了 x^μ 之外, 还引入了一个独立变量 $n = n(\tau)$.

(1) 求 n 的运动方程, 并从中解出 n;

(2) 将 n 的解代回原作用量 $S[n, x^\mu]$, 证明得到的作用量等价于自由粒子的作用量式 (4.15).

4.11 考虑与标量场相互作用的粒子作用量的 4 维形式 (4.38) 和 3 维形式 (4.40), 分别求粒子运动方程的 4 维形式 (4.39) 和 3 维形式 (4.41).

4.12 电磁场中带电粒子作用量的 4 维和 3 维形式分别为式 (4.46) 和式 (4.50).

(1) 求粒子的 4-共轭动量 $P_\mu \equiv \dfrac{\partial L}{\partial u^\mu}$ 和 3-共轭动量 $P_i \equiv \dfrac{\partial L}{\partial \dot{x}^i}$;

(2) 分别求粒子运动方程的 4 维形式 (4.48) 和 3 维形式 (4.51);

(3) 若 E 由式 (4.29) 给出, 证明 $\dfrac{\mathrm{d}E}{\mathrm{d}t} = e v \cdot \boldsymbol{E}$.

4.13 由引力场中粒子的作用量式 (4.53) 出发, 证明粒子的运动方程为 $\dfrac{\mathrm{d}u^\sigma}{\mathrm{d}\tau} + \Gamma^\sigma_{\mu\nu} u^\mu u^\nu = 0$, 其中 u^μ 为粒子的 4-速度, 系数 $\Gamma^\sigma_{\mu\nu} \equiv \dfrac{1}{2} g^{\rho\sigma} \left(\dfrac{\partial g_{\nu\rho}}{\partial x^\mu} + \dfrac{\partial g_{\mu\rho}}{\partial x^\nu} - \dfrac{\partial g_{\mu\nu}}{\partial x^\rho} \right)$ 被称为列维-奇维塔联络.

4.14 观察到某非相对论性自由粒子 $t = 0$ 时刻处于 $x = 0$ 处, t_* 时刻处于 x_* 处.

(1) 考虑三种运动方式: 匀速直线运动 $x(t) = x_* \dfrac{t}{t_*}$, 匀加速运动 $x(t) = x_* \left(\dfrac{t}{t_*} \right)^2$ 和谐振动 $x(t) = x_* \sin \left(\dfrac{\pi}{2} \dfrac{t}{t_*} \right)$, 都满足端点条件, 证明匀速直线运动对应的作用量数值最小;

(2) 考虑运动方式 $x(t) = x_* \left(\dfrac{t}{t_*} \right)^n$, 也都满足端点条件, 证明当 $n = 1$(即匀速直线运动) 时, 作用量取最小值.

4.15 取竖直向上为 z, 已知重力场中竖直方向运动小球的拉格朗日量为 $L = \dfrac{1}{2} m \dot{z}^2 - mgz$, 假设小球在 t_1 时刻处在 z_1, 在 t_2 时刻处在 z_2.

(1) 求 $z(t)$ 的运动方程, 并求满足上述端点条件的定解 $z_{\mathrm{cl}}(t)$;

(2) 求此定解 $z_{\mathrm{cl}}(t)$ 对应的作用量的数值 S_{cl};

(3) 相对于其他非真实的运动, 验证 S_{cl} 是最小还是最大? (提示, 令 $z(t) = z_{\mathrm{cl}}(t) + \epsilon \delta z(t)$, 有 $S - S_{\mathrm{cl}} \equiv \epsilon \delta S + \dfrac{\epsilon^2}{2} \delta^2 S + \cdots$. 因为 $\delta S = 0$, 所以需要验证二阶变分 $\delta^2 S$ 是正的还是负的.)

4.16 已知地球外部的时空度规近似为式 (4.54), 引力场中相对论性粒子的作用量为 $S = -mc \displaystyle\int |\mathrm{d}s|$. 在地球表面某处附近可以建立局部的直角坐标系, 与球坐标的关系为 $r = R + z$, $\theta = \theta_0 + \dfrac{x}{R}$ 和 $\phi = \phi_0 + \dfrac{y}{R \sin \theta_0}$, 这里 R 是地球半径, θ_0 和 ϕ_0 为该处的球面角. 非相对论极限意味着引力很弱即 $\dfrac{GM}{c^2 R} \to 0$, 同时速度很低即 $\dfrac{\dot{x}}{c}, \dfrac{\dot{y}}{c}, \dfrac{\dot{z}}{c} \to 0$, 地球表面附近意味着 $x, y, z \ll R$.

(1) 求时空度规在地球表面附近、非相对论极限下的近似形式, 用 $\mathrm{d}t$ 和 $\mathrm{d}x, \mathrm{d}y, \mathrm{d}z$ 表示出来;

(2) 根据 (1) 的结果, 验证非相对论性粒子在地球重力场中的作用量具有形式 $S = \displaystyle\int \mathrm{d}t \left[\dfrac{1}{2} m (\dot{x}^2 + \dot{y}^2 + \dot{z}^2) - mgz \right]$, 并将重力加速度 g 用 G, c, M, R 表示出来.

4.17　真实的天体都在自转, 所以周围的时空严格来说并不是严格球对称的, 而是轴对称的. 已知一个自转的天体外部, 时空度规具有以下形式:

$$ds^2 = -e^{2A(r,\theta)}c^2dt^2 + e^{2B(r,\theta)}dr^2 + e^{2C(r,\theta)}r^2d\theta^2 + e^{2D(r,\theta)}r^2\sin^2\theta\,(d\phi - \omega\,(r,\theta)\,dt)^2\,,$$

其中 $\{r,\theta,\phi\}$ 是球坐标, c 为光速, A,B,C,D,ω 为 r 和 θ 的函数. 非相对论极限意味着引力很弱即 $A,B,C,D \to 0$, 同时速度很低即 $\dfrac{\dot{r}}{c}, \dfrac{r\dot{\theta}}{c}, \dfrac{r\dot{\phi}}{c}, \dfrac{r\omega}{c} \to 0$.

(1) 求粒子在非相对论极限下的作用量;

(2) 求空间坐标 r,θ,ϕ 的共轭动量及运动方程.

第 5 章　对称性与守恒律

5.1　运 动 常 数

考虑自由度为 s 的完整系统, 由广义坐标 $\boldsymbol{q}$ 描述, 拉格朗日量为 $L = L(t, \boldsymbol{q}, \dot{\boldsymbol{q}})$. 系统运动方程的解记为 $\{\boldsymbol{q}_{\mathrm{cl}}(t)\}$, 即对应真实的运动[①]. 广义坐标 $\{\boldsymbol{q}_{\mathrm{cl}}(t)\}$ 及广义速度 $\{\dot{\boldsymbol{q}}_{\mathrm{cl}}(t)\}$ 一般是随时间变化的, 但是却存在 $\{t, \boldsymbol{q}, \dot{\boldsymbol{q}}\}$ 组成的函数 $C = C(t, \boldsymbol{q}, \dot{\boldsymbol{q}})$, 其值只取决于初始条件, 在真实的运动过程中保持不变, 即有

$$\left. \frac{\mathrm{d}C(t, \boldsymbol{q}(t), \dot{\boldsymbol{q}}(t))}{\mathrm{d}t} \right|_{\boldsymbol{q}_{\mathrm{cl}}} = 0. \tag{5.1}$$

这样的函数被称为**运动常数** (constant of motion)[②]. 运动常数是牛顿力学中能量、动量等守恒概念的推广. 运动常数因为只包含时间、广义坐标和广义速度, 因此 "$C(t, \boldsymbol{q}, \dot{\boldsymbol{q}}) = $ 常数" 对应一阶微分方程. 相比运动方程 (二阶微分方程) 本身, 可以简化计算. 原则上总是可以用运动常数来取代全部的运动方程. 有时候可以在不求解运动方程的情况下, 仅通过运动常数得到系统时间演化的重要信息. 所以, 如何判断系统存在运动常数, 以及如何寻求运动常数就是力学的重要问题.

例 5.1 一维谐振子的运动常数

考虑一维谐振子, 拉格朗日量为 $L = T - V = \frac{1}{2}m\dot{q}^2 - \frac{1}{2}m\omega^2 q^2$, 运动方程为 $\ddot{q} + \omega^2 q = 0$. 对应初始条件 $q(0) = q_0$, $\dot{q}(0) = v_0$ 的解为

$$q_{\mathrm{cl}}(t) = q_0 \cos(\omega t) + v_0 \frac{1}{\omega} \sin(\omega t), \tag{5.2}$$

对定解式 (5.2) 求导, 得到

$$\dot{q}_{\mathrm{cl}}(t) = -q_0 \omega \sin(\omega t) + v_0 \cos(\omega t). \tag{5.3}$$

式 (5.2) 和 (5.3) 是关于 q_0 和 v_0 独立的线性代数方程. 从中可将 q_0 和 v_0 解出

$$q_0 = q_{\mathrm{cl}} \cos(\omega t) - \frac{\dot{q}_{\mathrm{cl}}}{\omega} \sin(\omega t), \quad v_0 = q_{\mathrm{cl}} \omega \sin(\omega t) + \dot{q}_{\mathrm{cl}} \cos(\omega t).$$

---

① 这里下标 "cl" 代表 "classical", 即经典解或经典运动.
② 也被称作 "运动积分" (integral of motion)、"不变量" (invariant)、"首次积分" (first integral), 等等.

这里的 $q_0 = q_0(t,q,\dot{q})$ 和 $v_0 = v_0(t,q,\dot{q})$ 即运动常数, 即当 $q = q_{\text{cl}}$ 时为常数. 可以验证, 两者的组合

$$\frac{1}{2}m\left(\omega^2 q_0^2 + v_0^2\right) = \frac{1}{2}m\dot{q}^2 + \frac{1}{2}m\omega^2 q^2 \equiv E(q,\dot{q}), \tag{5.4}$$

也是运动常数, 且不显含时间. 虽然坐标 $q(t)$ 和速度 $\dot{q}(t)$ 都随时间变化, 但是存在特定组合 $E(q,\dot{q})$, 是个不随时间变化的常数, 其意义就是谐振子的总能量 (动能加势能).

如果运动常数只是 $\{q,\dot{q}\}$ 的函数, 不显含时间 t, 也被称为 "整体" 运动常数. 上面例子中谐振子的总能量 $E(q,\dot{q})$ 就是整体运动常数. 考虑自由度为 s 的系统, 其运动方程为 s 个二阶微分方程, 需要 $2s$ 个初始条件, 亦即 $2s$ 个常数 $C_1, C_2, \cdots, C_{2s}$ 来确定一组解, 记作

$$q_{\text{cl}}^a = q_{\text{cl}}^a(t, C_1, \cdots, C_{2s}), \quad a = 1, \cdots, s. \tag{5.5}$$

式 (5.5) 对时间求导, 得到

$$\dot{q}_{\text{cl}}^a = \dot{q}_{\text{cl}}^a(t, C_1, \cdots, C_{2s}), \quad a = 1, \cdots, s. \tag{5.6}$$

这 $2s$ 个函数是独立的. 可以从这 $2s$ 个式子中的某一个解出时间参数 t, 再代入剩下的 $2s-1$ 个式子中, 即得到 $2s-1$ 个不显含时间的 $\{q,\dot{q}\}$ 和 $C_1, \cdots, C_{2s}$ 的关系式. 从中可以再解出 $2s$ 个常数 $C_1, \cdots, C_{2s}$ 中的 $2s-1$ 个, 作为 $\{q,\dot{q}\}$ 的函数, 即整体运动常数. 因此, 自由度为 s 的系统, 具有 $2s-1$ 个独立的整体运动常数. 整体运动常数通常与系统的对称性有关, 因此具有特别的重要性.

假定系统由 A 和 B 两部分组成, 且有各自的拉格朗日量

$$L_A = T_A - V_A, \quad L_B = T_B - V_B. \tag{5.7}$$

若两部分的相互作用可以忽略, 则动能和势能为两部分之和, 因此

$$T = T_A + T_B, \quad V = V_A + V_B \quad \Rightarrow \quad L = L_A + L_B. \tag{5.8}$$

因此, 对于没有相互作用的多个子系统构成的系统, 拉格朗日量具有**可加性** (additivity). 此时系统拉格朗日量 L 对应某子系统的运动方程, 与子系统自身拉格朗日量对应的运动方程完全一致, 就像其他子系统不存在一样. 此时, 拉格朗日量和相应的运动方程被称为是**退耦** (decoupled) 的. 常常在一组广义坐标中耦合在一起的各个子系统, 选取另一组广义坐标后, 就变成退耦或者近似退耦的 (见第 8 章的讨论).

根据是否 "可加", 可将运动常数分为 "可加/不可加" 两类. 具有可加性的运动常数也被称为守恒量. 在经典力学范围内有 7 个普适的守恒量: 能量 (1 个)、线动量 (3 个)、角动量 (3 个). 这些守恒量与时空对称性有着深刻的联系, 见 5.3节的讨论.

5.2　广义动量、能量守恒

拉格朗日量 $L(t, \boldsymbol{q}, \dot{\boldsymbol{q}})$ 一般是时间 t、广义坐标 $\{\boldsymbol{q}\}$ 和广义速度 $\{\dot{\boldsymbol{q}}\}$ 的函数, 但是其未必包含全部这 $2s + 1$ 个变量. 这就存在三种情况: 不显含某个或某些广义坐标, 不显含时间参数, 或者不显含某个或某些广义速度. 前两种情况分别对应广义动量、能量的守恒. 第三种情况则意味着相应的广义坐标成为非动力学的辅助变量, 我们将在第 6章中讨论.

5.2.1　广义动量守恒

若拉格朗日量中不出现 "某个" 广义坐标 q^a, 即若

$$\frac{\partial L}{\partial q^a} = 0, \tag{5.9}$$

则称此坐标为**循环坐标** (cyclic coordinate)[①]. 若 q^a 为循环坐标, 则其对应的拉格朗日方程为

$$0 = \frac{\mathrm{d}}{\mathrm{d}t}\left(\frac{\partial L}{\partial \dot{q}^a}\right) - \underbrace{\frac{\partial L}{\partial q^a}}_{=0} = \frac{\mathrm{d}}{\mathrm{d}t}\left(\frac{\partial L}{\partial \dot{q}^a}\right), \tag{5.10}$$

上式表明 $\dfrac{\partial L}{\partial \dot{q}^a}$ 对时间的全导数为零, 于是得到

$$p_a \equiv \frac{\partial L}{\partial \dot{q}^a} = 常数. \tag{5.11}$$

因此, 循环坐标的共轭动量是运动常数.

例 5.2 重力场中粒子水平方向动量守恒

重力场中的粒子, 拉格朗日量为

$$L = \frac{1}{2}m\left(\dot{x}^2 + \dot{y}^2 + \dot{z}^2\right) - mgz, \tag{5.12}$$

[①] 在很多物理问题中, 循环坐标都是以角坐标的形式出现的, 体现圆周运动的循环往复, 故而得名. 循环坐标也被称作 "可遗坐标" (ignorable coordinate).

拉格朗日量不含 x 和 y, 因此 x 和 y 为循环坐标. 对应的共轭动量为

$$p_x = \frac{\partial L}{\partial \dot{x}} = m\dot{x} = 常数, \quad p_y = \frac{\partial L}{\partial \dot{y}} = m\dot{y} = 常数.$$

即粒子在水平方向动量守恒.

例 5.3 平面谐振子的角动量守恒

考虑平面谐振子, 取平面极坐标, 拉格朗日量为

$$L = \frac{1}{2}m\left(\dot{x}^2 + \dot{y}^2\right) - \frac{1}{2}m\omega^2\left(x^2 + y^2\right) = \frac{1}{2}m\left(\dot{r}^2 + r^2\dot{\phi}^2\right) - \frac{1}{2}m\omega^2 r^2, \tag{5.13}$$

拉格朗日量不显含 ϕ, 因此 ϕ 是循环坐标. 对应的共轭动量为

$$p_\phi = \frac{\partial L}{\partial \dot{\phi}} = mr^2\dot{\phi} = 常数. \tag{5.14}$$

p_ϕ 的物理意义是粒子在平面上的角动量, 因此式 (5.14) 意味着平面谐振子的角动量守恒. 运动常数可以用来简化系统运动方程的求解. 例如, 从式 (5.14) 中解出 $\dot{\phi} = \frac{p_\phi}{mr^2}$, 代入 r 的运动方程 $\ddot{r} - r\dot{\phi}^2 + \omega^2 r = 0$, 得到

$$\ddot{r} - \frac{p_\phi^2}{m^2 r^3} + \omega^2 r = 0, \tag{5.15}$$

即成为单变量 r 的运动方程.

在上面的例子中, 我们将运动常数代回运动方程, 从而简化系统运动方程的求解. 一个问题是, 可否将运动常数代回原始的拉格朗日量? 答案是否定的. 根本原因在于, 运动常数作为运动方程的积分, 和运动方程一样, 并不是恒等式. 换句话说, 它们本来只是时间 t、广义坐标、广义速度的函数, 只是在求解了运动方程后, 在满足运动方程的真实运动过程中, 这个函数的 "数值" 保持为零或不变而已. 正因为它们是函数, 因此一般不能以 "常数" 的形式代回原始的拉格朗日量中. 下面通过一个例子说明这一点.

例 5.4 不能将运动常数代回拉格朗日量

再次考虑例 5.3, 如果将 $\dot{\phi} = \frac{p_\phi}{mr^2}$ 直接代回拉格朗日量式 (5.13), 得到

$$L|_{\dot{\phi}=\frac{p_\phi}{mr^2}} = \frac{1}{2}m\dot{r}^2 + \frac{1}{2}\frac{p_\phi^2}{mr^2} - \frac{1}{2}m\omega^2 r^2, \tag{5.16}$$

将其对 r 变分, 同时认为 p_ϕ 不变, 将得到错误的运动方程 $m\ddot{r} + \frac{p_\phi^2}{mr^3} + kr = 0$, 因为正确的方程是式 (5.15). 很明显, 问题就出在对式 (5.16) 做变分时认为 p_ϕ 不变. 回想将

拉格朗日量对 r 做变分, 意味着

$$\delta L = \frac{\partial L}{\partial r}\bigg|_{\dot{r},\phi,\dot{\phi}} \delta r + \frac{\partial L}{\partial \dot{r}}\bigg|_{r,\phi,\dot{\phi}} \delta \dot{r},$$

其中偏导数 $\dfrac{\partial L}{\partial r}\bigg|_{\dot{r},\phi,\dot{\phi}}$ 代表 r 变化时保持 $\dot{r},\phi,\dot{\phi}$ 固定不变, 而这与将 $\dot{\phi}=\dfrac{p_\phi}{mr^2}$ 代入拉格朗日量并认为 p_ϕ 不变是矛盾的. 因为若 p_ϕ 固定不变, 则当 r 变化时, $\dot{\phi}$ 必然也是变化的. 根本原因则在于, "$p_\phi \equiv mr^2\dot{\phi} = 常数$" 是运动方程的积分, 并不是恒等式. 换句话说, p_ϕ 是广义坐标和广义动量的某个函数 $p_\phi = p_\phi\left(r,\dot{\phi}\right) \equiv mr^2\dot{\phi}$, 只是这个函数的数值在真实运动过程中保持不变而已. 于是, 如果坚持要将 p_ϕ 代回原始拉格朗日量, 则只能写成

$$L = \frac{1}{2}m\dot{r}^2 + \frac{1}{2}\frac{p_\phi^2\left(r,\dot{\phi}\right)}{mr^2} - \frac{1}{2}m\omega^2 r^2,$$

对 r 变分, 并注意到 $p_\phi\left(r,\dot{\phi}\right)$ 也是 r 的函数, 得到 r 的运动方程

$$\ddot{r} - \frac{p_\phi\left(r,\dot{\phi}\right)}{m^2 r^2}\frac{\partial p_\phi\left(r,\dot{\phi}\right)}{\partial r} + \frac{p_\phi^2\left(r,\dot{\phi}\right)}{m^2 r^3} + \omega^2 r = 0.$$

其中 $\dfrac{\partial p_\phi\left(r,\dot{\phi}\right)}{\partial r} = 2mr\dot{\phi} = 2\dfrac{p_\phi\left(r,\dot{\phi}\right)}{r}$, 于是得到

$$0 = m\ddot{r} - \frac{p_\phi\left(r,\dot{\phi}\right)}{mr^2}2\frac{p_\phi\left(r,\dot{\phi}\right)}{r} + \frac{p_\phi^2\left(r,\dot{\phi}\right)}{mr^3} + m\omega^2 r = m\ddot{r} - \frac{p_\phi^2\left(r,\dot{\phi}\right)}{mr^3} + m\omega^2 r.$$

即是正确的方程 (5.15). 不过这样一番操作, 有多此一举之嫌.

5.2.2 广义能量守恒

在第 1 章中, 我们讨论过欧拉-拉格朗日方程的等价形式式 (1.39). 考虑 s 自由度的系统, 拉格朗日量 L 对时间 t 的全导数为

$$\frac{\mathrm{d}L}{\mathrm{d}t} = \frac{\partial L}{\partial t} + \frac{\partial L}{\partial q^a}\frac{\mathrm{d}q^a}{\mathrm{d}t} + \frac{\partial L}{\partial \dot{q}^a}\frac{\mathrm{d}\dot{q}^a}{\mathrm{d}t} = \frac{\partial L}{\partial t} + \frac{\partial L}{\partial q^a}\dot{q}^a + \frac{\mathrm{d}}{\mathrm{d}t}\left(\frac{\partial L}{\partial \dot{q}^a}\dot{q}^a\right) - \frac{\mathrm{d}}{\mathrm{d}t}\left(\frac{\partial L}{\partial \dot{q}^a}\right)\dot{q}^a$$

$$= \frac{\partial L}{\partial t} - \underbrace{\left[\frac{\mathrm{d}}{\mathrm{d}t}\left(\frac{\partial L}{\partial \dot{q}^a}\right) - \frac{\partial L}{\partial q^a}\right]}_{=0}\dot{q}^a + \frac{\mathrm{d}}{\mathrm{d}t}\left(\frac{\partial L}{\partial \dot{q}^a}\dot{q}^a\right),$$

因此当运动方程 (4.6) 满足时, 下式成立:

$$\frac{\mathrm{d}}{\mathrm{d}t}\left(\frac{\partial L}{\partial \dot{q}^a}\dot{q}^a - L\right) + \frac{\partial L}{\partial t} = 0. \tag{5.17}$$

定义**能量函数** (energy function)[①]

$$h\left(t, \boldsymbol{q}, \dot{\boldsymbol{q}}\right) := \frac{\partial L}{\partial \dot{q}^a} \dot{q}^a - L\left(t, \boldsymbol{q}, \dot{\boldsymbol{q}}\right).$$ (5.18)

于是式 (5.17) 意味着

$$\frac{\mathrm{d}h}{\mathrm{d}t} = -\frac{\partial L}{\partial t}.$$ (5.19)

注意上式中 h 是对时间 t 的全导数, L 是偏导数. 若物理系统的拉格朗日量不显含时间参数, 即不存在任何特别的时间标记, 则有

$$\frac{\partial L}{\partial t} = 0 \quad \Rightarrow \quad h = h\left(\boldsymbol{q}, \dot{\boldsymbol{q}}\right) = 常数.$$ (5.20)

即若拉格朗日量不显含时间, 则能量函数是运动常数. 因为能量函数守恒, 这样的系统又被称作**保守系统** (conservative system).

例 5.5 一维谐振子的能量函数

一维谐振子的拉格朗日量为 $L = \frac{1}{2}m\dot{q}^2 - \frac{1}{2}m\omega^2 q^2$, 能量函数即

$$h \equiv \frac{\partial L}{\partial \dot{q}}\dot{q} - L = m\dot{q}^2 - \left(\frac{1}{2}m\dot{q}^2 - \frac{1}{2}m\omega^2 q^2\right) = \frac{1}{2}m\dot{q}^2 + \frac{1}{2}m\omega^2 q^2.$$

这正是例 5.1 中得到的运动常数式 (5.4). 可以验证,

$$\frac{\mathrm{d}h}{\mathrm{d}t} = m\dot{q}\left(\ddot{q} + \omega^2 q\right),$$

括号中是一维谐振子的运动方程, 因此当运动方程满足时 $\frac{\mathrm{d}h}{\mathrm{d}t} = 0$, 即 h 确实是运动常数. 对于一维谐振子, $h = T + V$, 是动能和势能之和, 即总能量.

拉格朗日量具有能量量纲, 所以式 (5.18) 定义的能量函数 h 也具有能量量纲. 虽然在例 5.5 中一维谐振子的能量函数等于其总能量, 但一般来说, 能量函数和系统的总能量并不是一回事. 回顾在非相对论极限下, 动能是广义速度的二次多项式式 (4.64), 于是拉格朗日量即

$$L = T - V = \frac{1}{2}G_{ab}\dot{q}^a\dot{q}^b + X_a\dot{q}^a + Y - V,$$ (5.21)

[①] 也被称作 "雅可比积分" (Jacobi integral) 或广义能量.

其中 G_{ab}, X_a, Y, V 都只是广义坐标和时间 t 的函数, 与广义速度无关. 根据能量函数的定义式 (5.18),

$$
\begin{aligned}
h &= \frac{\partial L}{\partial \dot{q}^a} \dot{q}^a - L \\
&= \frac{\partial}{\partial \dot{q}^a} \left(\frac{1}{2} G_{cd} \dot{q}^c \dot{q}^d + X_c \dot{q}^c + Y - V \right) \dot{q}^a - \frac{1}{2} G_{ab} \dot{q}^a \dot{q}^b - X_a \dot{q}^a - Y + V \\
&= \frac{1}{2} G_{ab} \dot{q}^a \dot{q}^b - Y + V.
\end{aligned}
\tag{5.22}
$$

另一方面, 对于 $L = T - V$ 形式的拉格朗日量, 系统的总能量为

$$
E \equiv T + V = \frac{1}{2} G_{ab} \dot{q}^a \dot{q}^b + X_a \dot{q}^a + Y + V.
\tag{5.23}
$$

可见, 一般 $h \neq E$. 两者不相等的根源在于非零的 X_a 和 Y. 当且仅当 $X_a = 0$ 和 $Y = 0$ 时, 即动能 T 是广义速度的二次型时, 才有 $h = E$. 而根据 4.5 节的讨论, 这意味着系统为定常系统. 因此, 当且仅当系统为定常系统时, 能量函数等于系统的总能量. 对于非定常系统, 能量函数和系统的总能量并不相等. 这就导致某些情况下 h 是运动常数, 但是却不等于系统的总能量 E. 另一些情况下 h 等于系统的总能量 E, 却又不是运动常数.

例 5.6　非定常系统的能量函数

考虑例 2.9 中旋转圆环上的粒子, 如图 2.10 所示. 假设圆环在外界控制下以恒定角速度 ω 转动, 因此是非定常约束. 粒子只有一个自由度, 取广义坐标为粒子相对 z 轴的角度 θ, 由直角坐标关系 $x = R \sin\theta \cos(\omega t)$, $y = R \sin\theta \sin(\omega t)$ 和 $z = R \cos\theta$, 粒子的动能和势能分别为

$$
T = \frac{1}{2} m \left(\dot{x}^2 + \dot{y}^2 + \dot{z}^2 \right) = \frac{1}{2} m R^2 \left(\dot{\theta}^2 + \omega^2 \sin^2\theta \right),
$$
$$
V = mgz = mgR \cos\theta.
$$

注意动能具有式 (4.64) 的形式, 即 $G = mR^2$, $X = 0$ 和 $Y = \frac{1}{2} mR^2 \omega^2 \sin^2\theta$. 总能量为

$$
E = T + V = \frac{1}{2} mR^2 \left(\dot{\theta}^2 + \omega^2 \sin^2\theta \right) + mgR \cos\theta.
$$

而能量函数为

$$
\begin{aligned}
h &= \frac{\partial L}{\partial \dot{\theta}} \dot{\theta} - L = mR^2 \dot{\theta}^2 - \frac{1}{2} mR^2 \left(\dot{\theta}^2 + \omega^2 \sin^2\theta \right) + mgR \cos\theta \\
&= \frac{1}{2} mR^2 \left(\dot{\theta}^2 - \omega^2 \sin^2\theta \right) + mgR \cos\theta \neq E.
\end{aligned}
$$

虽然是非定常系统, 因为 ω 是常数, 因此拉格朗日量 L 不显含时间, 所以 h 是运动常数. 相反, 粒子总能量 E 不是常数. 直观上, 无论粒子如何运动, 为了维持圆环始终以 ω

转动, 外界需要对系统输入或提取能量. 当 $\omega = 0$ 时, $h = E$, 这时, 圆环固定从而成为定常约束.

以上讨论的前提是非相对论极限下的粒子系统. 对于一般的系统, 拉格朗日量不具有 $T - V$ 的形式, 所以 "总能量" 这一概念并不总有明确的定义. 而只要给定拉格朗日量 L, 能量函数 h 总是可以由式 (5.18) 得到, 所以能量函数是比总能量更重要也更基本的概念. 实际上, 正如拉格朗日量 L 是拉格朗日力学的核心, 能量函数 h 所对应的哈密顿量是经典力学的另一形式, 即哈密顿力学的核心.

5.3　时空对称性与守恒量

在 5.2 节我们从拉格朗日量的数学形式出发讨论了广义动量、能量的守恒. 从更物理的角度, 拉格朗日量中不含有某个坐标, 则拉格朗日量不依赖于循环坐标的取值, 于是若该循环坐标有**位移** (displacement)$q^a \rightarrow q^a + \xi^a$(其中 ξ^a 是常数), 则拉格朗日量保持不变. 在例 5.2 和例 5.3 中可看出, 若循环坐标是直角坐标, 则拉格朗日量在平移下不变, 对应线动量是运动常数; 如果循环坐标是角坐标, 则拉格朗日量在转动下不变, 对应角动量是运动常数. 同样, 拉格朗日量不显含时间则意味着拉格朗日量在时间平移 $t \rightarrow t + \eta$(其中 η 是常数) 下不变, 对应能量函数是运动常数. 本节即对时空对称性——空间的平移与转动、时间的平移与相应的守恒量作讨论.

5.3.1　空间的均匀性与各向同性

考虑 N 个粒子组成的粒子系统. 广义坐标为普通的直角坐标 $\{\boldsymbol{x}_{(\alpha)}\}$, $\alpha = 1, \cdots, N$, 拉格朗日量为

$$L = L\left(t, \boldsymbol{x}_{(1)}, \cdots, \boldsymbol{x}_{(N)}, \dot{\boldsymbol{x}}_{(1)}, \cdots, \dot{\boldsymbol{x}}_{(N)}\right). \tag{5.24}$$

考虑空间坐标的无穷小变换:

$$\boldsymbol{x}_{(\alpha)}(t) \rightarrow \tilde{\boldsymbol{x}}_{(\alpha)}(t) = \boldsymbol{x}_{(\alpha)}(t) + \delta\boldsymbol{x}_{(\alpha)}(t), \quad \alpha = 1, \cdots, N. \tag{5.25}$$

注意在这里每个粒子可能有不同的 $\delta\boldsymbol{x}_{(\alpha)}$. 在空间坐标的变换式 (5.25) 下, 作用量的变化为

$$\delta S = \int \mathrm{d}t \sum_{\alpha=1}^{N} \left(\frac{\partial L}{\partial \boldsymbol{x}_{(\alpha)}} \cdot \delta\boldsymbol{x}_{(\alpha)} + \frac{\partial L}{\partial \dot{\boldsymbol{x}}_{(\alpha)}} \cdot \delta\dot{\boldsymbol{x}}_{(\alpha)}\right)$$

$$= \int \mathrm{d}t \sum_{\alpha=1}^{N} \left[\underbrace{-\left(\frac{\mathrm{d}}{\mathrm{d}t} \frac{\partial L}{\partial \dot{\boldsymbol{x}}_{(\alpha)}} - \frac{\partial L}{\partial \boldsymbol{x}_{(\alpha)}} \right)}_{=0} \cdot \delta \boldsymbol{x}_{(\alpha)} + \frac{\mathrm{d}}{\mathrm{d}t} \left(\frac{\partial L}{\partial \dot{\boldsymbol{x}}_{(\alpha)}} \cdot \delta \boldsymbol{x}_{(\alpha)} \right) \right]$$

因此, 当运动方程满足时 (即真实演化), 如果要求作用量在空间坐标的连续变换下严格不变, 即 $\delta S = 0$, 则必须有

$$\frac{\mathrm{d}}{\mathrm{d}t} \left(\sum_{\alpha=1}^{N} \frac{\partial L}{\partial \dot{\boldsymbol{x}}_{(\alpha)}} \cdot \delta \boldsymbol{x}_{(\alpha)} \right) = 0 \quad \Rightarrow \quad \sum_{\alpha=1}^{N} \boldsymbol{p}_{(\alpha)} \cdot \delta \boldsymbol{x}_{(\alpha)} = 常数, \tag{5.26}$$

其中 $\boldsymbol{p}_{(\alpha)} \equiv \dfrac{\partial L}{\partial \dot{\boldsymbol{x}}_{(\alpha)}}$ 是第 α 个粒子的动量.

考虑空间坐标的任意整体**平移** (translation),

$$\boxed{\delta \boldsymbol{x}_{(1)} = \delta \boldsymbol{x}_{(2)} = \cdots = \delta \boldsymbol{x}_{(N)} \equiv \boldsymbol{\xi} \equiv a\hat{\boldsymbol{\xi}} = 常矢量}. \tag{5.27}$$

其中 a 是常数, 代表平移的距离; $\hat{\boldsymbol{\xi}}$ 是与时间无关的任意常单位矢量, 代表平移的方向. 对于 N 个粒子组成的粒子系统来说, 这意味着所有粒子的空间坐标朝着 $\hat{\boldsymbol{\xi}}$ 方向整体平移了同样的距离 a. 如果系统在空间整体平移的变换下, 作用量不变, 则称系统具有**空间均匀性** (spatial homogeneity). 这时式 (5.26) 变成

$$\sum_{\alpha=1}^{N} \boldsymbol{p}_{(\alpha)} \cdot (a\hat{\boldsymbol{\xi}}) = 常数, \tag{5.28}$$

而因为 a 是个常数, 这意味着

$$\boxed{\boldsymbol{p}_{总} \cdot \hat{\boldsymbol{\xi}} = 常数}, \tag{5.29}$$

这里

$$\boldsymbol{p}_{总} \equiv \sum_{\alpha=1}^{N} \boldsymbol{p}_{(\alpha)} \equiv \sum_{\alpha=1}^{N} \frac{\partial L}{\partial \dot{\boldsymbol{x}}_{(\alpha)}}, \tag{5.30}$$

是该系统的总动量. 因此, 如果系统沿着某方向具有空间均匀性, 则系统的总线动量在此方向的分量守恒.

再次考虑例 5.2的拉格朗日量式 (5.12). 此前的讨论基于 x 和 y 是循环坐标. 从对称性的角度, 在 x 或 y 方向做整体平移

$$x \to \tilde{x} = x + a, \quad y \to \tilde{y} = y + b,$$

其中 a, b 是常数, 有

$$L \to \tilde{L} = \frac{1}{2}m\left(\dot{\tilde{x}}^2 + \dot{\tilde{y}}^2 + \dot{z}^2\right) - mgz \equiv L,$$

即拉格朗日量不变, 即系统具有 x 和 y 方向的空间均匀性, 所以必然有 p_x 和 p_y 守恒.

除了整体平移, 空间还可以做整体**转动** (rotation). 如图 5.1所示, 在 3 维欧氏空间中的无穷小转动下[①], 直角坐标的变换为 $\delta \boldsymbol{x} = \phi \boldsymbol{n} \times \boldsymbol{x}$. 其中 $\boldsymbol{n}$ 是任意单位常矢量, 代表转动的转轴方向; ϕ 是任意无量纲常数, 代表无穷小转动角度. 于是所有粒子共同做整体转动即

$$\boxed{\delta \boldsymbol{x}_{(\alpha)} = \phi \boldsymbol{n} \times \boldsymbol{x}_{(\alpha)}}, \quad \alpha = 1, \cdots, N. \tag{5.31}$$

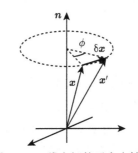

图 5.1   3 维空间的无穷小转动

系统在整体转动下作用量不变, 则称系统具有绕此方向的**空间各向同性** (spatial isotropy). 此时式 (5.26) 成为

$$\sum_{\alpha=1}^{N} \boldsymbol{p}_{(\alpha)} \cdot \left(\phi \boldsymbol{n} \times \boldsymbol{x}_{(\alpha)}\right) = \sum_{\alpha=1}^{N} \phi \boldsymbol{n} \cdot \left(\boldsymbol{x}_{(\alpha)} \times \boldsymbol{p}_{(\alpha)}\right) = 常数, \tag{5.32}$$

因为 ϕ 是常数, 这意味着

$$\boxed{\boldsymbol{J}_{总} \cdot \boldsymbol{n} = 常数}, \tag{5.33}$$

[①] 我们将在第 11 章对转动做系统讨论.

这里

$$\boldsymbol{J}_{\text{总}} \equiv \sum_{\alpha=1}^{N} \boldsymbol{J}_{(\alpha)} \equiv \sum_{\alpha=1}^{N} \boldsymbol{x}_{(\alpha)} \times \boldsymbol{p}_{(\alpha)}, \tag{5.34}$$

是粒子系统的总角动量. 因此, 如果系统绕某方向具有空间各向同性, 则系统总角动量在此方向的分量守恒.

例 5.8 空间各向同性与角动量守恒

考虑 3 维中心势场中的粒子, 拉格朗日量为 $L = \frac{1}{2}m\left(\dot{r}^2 + r^2\dot{\theta}^2 + r^2\sin^2\theta\dot{\phi}^2\right) - V(r)$, ϕ 为循环坐标, 因此

$$p_\phi = \frac{\partial L}{\partial \dot{\phi}} = mr^2\sin^2\theta\dot{\phi} = \text{常数}.$$

这里 p_ϕ 的意义是角动量矢量在 z 方向的分量, 即 $p_\phi \equiv J_z$. 从对称性的角度, 在绕 z 轴的整体转动 $\phi \to \tilde{\phi} = \phi + \alpha$ (α 是常数) 下, 拉格朗日量是不变的, 于是系统具有绕 z 轴的空间各向同性, 即总角动量在 z 方向的分量 J_z 守恒. 由于中心势场具有球对称性, z 轴的选取是任意的, 所以相当于系统绕任意方向都具有空间各向同性, 所以系统具有全空间的各向同性, 从而角动量矢量 $\boldsymbol{J}$ 守恒. 但是对于例 5.2的情形, 重力的存在使得 z 方向变得特殊, 即只有绕 z 轴的各向同性, 从而只有 J_z 守恒.

5.3.2 时间的均匀性

在 5.2.2节中已经指出, 若拉格朗日量不显含时间 $\frac{\partial L}{\partial t} = 0$, 能量函数 h 是运动常数. 拉格朗日量不显含时间意味着, 系统不存在特别的时间参照点, 时间原点 (例如 $t = 0$ 时刻) 可以任意选取, 即具有**时间均匀性** (temporal homogeneity), 即时间是均匀流逝的. 反映在拉格朗日量上, 即时间平移 (η 是常数)

$$t \to \tilde{t} = t + \eta, \tag{5.35}$$

不会引起拉格朗日量的变化. 反过来, 当拉格朗日量显含时间, 时间的均匀性就被破坏了. 因此, 能量守恒本质上反映的就是时间流逝的均匀性.

时空对称性与守恒律的关系可总结如表 5.1 所示.

表 5.1　时空对称性与守恒律

对称性	不变性	守恒律
空间均匀性	空间平移不变性	线动量守恒
空间各向同性	空间转动不变性	角动量守恒
时间均匀性	时间平移不变性	能量守恒

动量、能量守恒在牛顿力学的框架下只能作为先验的假设. 而有了拉格朗日量, 不但可以解释其守恒的原因, 而且揭示了其与时空对称性的深刻联系. 在 14.5 节中, 我们还将对时空变换与守恒量的关系做进一步讨论.

5.4 作用量的形式变换

5.4.1 拉格朗日量与全导数

经典力学系统的演化由运动方程决定. 初始条件 (状态) 给定, 系统就沿着唯一的一条轨迹 (相流) 演化. 但是拉格朗日量、作用量却有一定不确定性. 如图 5.2 所示, 一组确定的运动方程, 可以对应有多个 (无限多个) 不同的拉格朗日量. 如果两个拉格朗日量对应同一组运动方程, 则两者被称为互相**等价** (equivalent). 拉格朗日量的等价性可以有很多形式. 例如, 对于任意常数 c, L 和 cL 显然对应同样的运动方程, 当然这非常平庸.

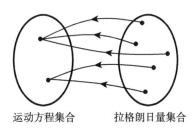

运动方程集合　　　拉格朗日量集合

图 5.2　运动方程所对应的拉格朗日量不是唯一的

物理上重要的一种等价关系, 来自两个相差 "时间全导数" 的拉格朗日量. 给定某个拉格朗日量 L, 加上时间和广义坐标的任意函数 $F(t, \boldsymbol{q})$ 对时间的全导数, 得到

$$\tilde{L}(t, \boldsymbol{q}, \dot{\boldsymbol{q}}) = L(t, \boldsymbol{q}, \dot{\boldsymbol{q}}) + \frac{\mathrm{d}F(t, \boldsymbol{q})}{\mathrm{d}t}, \tag{5.36}$$

对应的作用量变为

$$\tilde{S}[\boldsymbol{q}] = \int_{t_1}^{t_2} \mathrm{d}t \tilde{L}(t, \boldsymbol{q}, \dot{\boldsymbol{q}}) = \int_{t_1}^{t_2} \mathrm{d}t \left(L(t, \boldsymbol{q}, \dot{\boldsymbol{q}}) + \frac{\mathrm{d}F(t, \boldsymbol{q})}{\mathrm{d}t} \right)$$

$$= S[\boldsymbol{q}] + F(t, \boldsymbol{q})|_{t_1}^{t_2}. \tag{5.37}$$

因为变分要求在积分端点 $\boldsymbol{q}(t_1)$ 和 $\boldsymbol{q}(t_2)$ 的值是固定的, 两个作用量相差一个常数项 $F(t, \boldsymbol{q})|_{t_1}^{t_2}$. 常数项对变分没有贡献, 所以 $\delta\tilde{S} = \delta S$, 即 S 的极值必定对应 $\tilde{S}$ 的极值, 所以两者对应同一组运动方程. 这一结论也可以直接验证 (见习题 5.1). 变换式 (5.36) 有时也被称作拉格朗日量的**规范变换** (gauge transformation).

如果两个拉格朗日量相差时间全导数, 则由式 (5.37) 知, 相应的作用量相差积分的边界项. 因此, 相差时间全导数的两个拉格朗日量互相等价. 相应地, 相差积分边界项的两个作用量互相等价. 习惯上用符号 "≃" 来表示两个拉格朗日量或者作用量等价. 即有

$$\tilde{L} = L + \frac{\mathrm{d}F}{\mathrm{d}t} \quad \Leftrightarrow \quad \tilde{L} \simeq L \tag{5.38}$$

和

$$\tilde{S} = S + F\big|_{t_1}^{t_2} \quad \Leftrightarrow \quad \tilde{S} \simeq S. \tag{5.39}$$

一般地, 对于最高含有 n 阶时间导数的拉格朗日量 $L\left(t, \boldsymbol{q}, \dot{\boldsymbol{q}}, \cdots, \boldsymbol{q}^{(n)}\right)$, 根据第 1 章的讨论, 变分的边界条件要求广义坐标及其最高至 $n-1$ 阶导数 $\boldsymbol{q}, \dot{\boldsymbol{q}}, \cdots,$ $\boldsymbol{q}^{(n-1)}$ 在边界固定不变 (总共 $2n$ 个边界条件). 相应地, 拉格朗日量可以加上最高含有 $n-1$ 阶时间导数的函数的全导数, 即

$$L\left(t, \boldsymbol{q}, \dot{\boldsymbol{q}}, \cdots, \boldsymbol{q}^{(n)}\right) \simeq L\left(t, \boldsymbol{q}, \dot{\boldsymbol{q}}, \cdots, \boldsymbol{q}^{(n)}\right) + \frac{\mathrm{d}F\left(t, \boldsymbol{q}, \dot{\boldsymbol{q}}, \cdots, \boldsymbol{q}^{(n-1)}\right)}{\mathrm{d}t}. \tag{5.40}$$

根据以上讨论, 拉格朗日量中的时间全导数部分对变分和运动方程没有贡献. 因此, 如果拉格朗日量中某部分可以写成对时间的全导数, 则这一部分可以扔掉, 即可以通过 "加减时间全导数" 来化简拉格朗日量的形式 (相当于对作用量做分部积分). 这一操作通常被统称为 "分部积分", 是简化拉格朗日量或作用量形式的重要数学技巧.

例 5.9 分部积分化简拉格朗日量

考虑拉格朗日量 $L = \frac{1}{2}\dot{q}^2 - \frac{1}{2}q^2 + q\dot{q}^2 + \dot{q}^3 + \ddot{q}q^2 + \ddot{q}\dot{q}q$. L 包含 $\ddot{q}$, 于是变分边界条件要求 q 和 $\dot{q}$ 在边界固定. 因为

$$\ddot{q}q^2 = \frac{\mathrm{d}}{\mathrm{d}t}\left(\dot{q}q^2\right) - 2q\dot{q}^2 \simeq -2q\dot{q}^2, \quad \ddot{q}\dot{q}q = \frac{\mathrm{d}}{\mathrm{d}t}\left(\frac{1}{2}\dot{q}^2 q\right) - \frac{1}{2}\dot{q}^3 \simeq -\frac{1}{2}\dot{q}^3,$$

因此

$$L = \frac{1}{2}\dot{q}^2 - \frac{1}{2}q^2 + q\dot{q}^2 + \dot{q}^3 + \underbrace{\ddot{q}q^2}_{\simeq -2q\dot{q}^2} + \underbrace{\ddot{q}\dot{q}q}_{\simeq -\frac{1}{2}\dot{q}^3}$$

$$\simeq \frac{1}{2}\dot{q}^2 - \frac{1}{2}q^2 - q\dot{q}^2 + \frac{1}{2}\dot{q}^3 \equiv \tilde{L}.$$

可以直接验证, 原始拉格朗日量 L 和分部积分后的拉格朗日量 $\tilde{L}$ 得到的运动方程确实一样. 特别是, 加速度 $\ddot{q}$ 不再出现于分部积分后的拉格朗日量中.

值得一提的是, 虽然相差时间全导数的两个拉格朗日量给出相同的运动方程, 但是共轭动量和能量函数可能不同. 由

$$\tilde{L} = L + \frac{\mathrm{d}F\left(t, \boldsymbol{q}\right)}{\mathrm{d}t} = L + \frac{\partial F\left(t, \boldsymbol{q}\right)}{\partial t} + \frac{\partial F\left(t, \boldsymbol{q}\right)}{\partial q^a}\dot{q}^a, \tag{5.41}$$

于是 q^a 的共轭动量为

$$\tilde{p}_a \equiv \frac{\partial \tilde{L}}{\partial \dot{q}^a} = \frac{\partial L}{\partial \dot{q}^a} + \frac{\partial F}{\partial q^a} = p_a + \frac{\partial F}{\partial q^a}. \tag{5.42}$$

可见广义坐标的共轭动量有一定任意性, 这也是在相空间中广义坐标和广义动量必须被视为完全独立的变量的原因之一. 对于能量函数,

$$\begin{aligned}
\tilde{h} &\equiv \frac{\partial \tilde{L}}{\partial \dot{q}^a}\dot{q}^a - \tilde{L} = \left(\frac{\partial L}{\partial \dot{q}^a} + \frac{\partial F}{\partial q^a}\right)\dot{q}^a - \left(L + \frac{\partial F}{\partial t} + \frac{\partial F}{\partial q^a}\dot{q}^a\right) \\
&= \underbrace{\frac{\partial L}{\partial \dot{q}^a}\dot{q}^a - L}_{=h} - \frac{\partial F}{\partial t},
\end{aligned}$$

可见

$$\tilde{h} = h - \frac{\partial F}{\partial t}. \tag{5.43}$$

这一关系在哈密顿力学中被称作哈密顿量的正则变换 (见第 15 章).

5.4.2 广义坐标的变换

我们在 2.2.2节讨论了广义坐标的变换, 特别提到了坐标变换的主动与被动观点. 本节中采用被动观点. 同时, 我们也有选取不同时间参数的自由. 合在一起, 相当于用不同的广义坐标和时间参数描述同一条世界线, 对应变换 $\{t, \boldsymbol{q}\} \rightarrow \{\tilde{t}, \tilde{\boldsymbol{q}}\}$:

$$t \rightarrow \tilde{t} = \tilde{t}\left(t, \boldsymbol{q}\right), \quad \boldsymbol{q} \rightarrow \tilde{\boldsymbol{q}} = \tilde{\boldsymbol{q}}\left(t, \boldsymbol{q}\right), \tag{5.44}$$

如图 5.3所示. 数学上, 这相当于重新参数化 "位形空间" 与 "时间轴" 构成的 $s+1$ 维空间. 本节中, 假定时间参数 t 不变, 重点关注广义坐标的变换. 在 5.5节中, 我们将讨论更一般的情况.

对于位形空间中给定的某点及其对应的广义速度, 因为式 (5.44) 只是变量代换, 所以拉格朗日量的数值本身是不变的, 即有

$$L\left(t, \boldsymbol{q}, \dot{\boldsymbol{q}}\right) \rightarrow \tilde{L}\left(t, \tilde{\boldsymbol{q}}, \dot{\tilde{\boldsymbol{q}}}\right) \equiv L\left(t, \boldsymbol{q}, \dot{\boldsymbol{q}}\right), \tag{5.45}$$

其中广义速度的变换为式 (2.11) 和 (2.12). 同样, 沿着给定轨迹, 作用量的变化为

$$S\left[\boldsymbol{q}\right] \to \tilde{S}\left[\tilde{\boldsymbol{q}}\right] := \int \mathrm{d}t \tilde{L}\left(t, \tilde{\boldsymbol{q}}, \dot{\tilde{\boldsymbol{q}}}\right) = \int \mathrm{d}t L\left(t, \boldsymbol{q}, \dot{\boldsymbol{q}}\right) \equiv S\left[\boldsymbol{q}\right]. \tag{5.46}$$

变换前后的拉格朗日量和作用量, 只是换用不同的广义坐标描述同一对象, 于是虽然函数形式不同, 但数值相等. 这相当于说拉格朗日量和作用量是广义坐标变换下的标量.

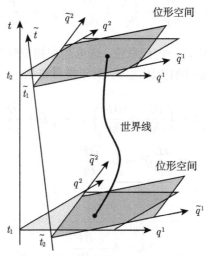

图 5.3　位形空间与时间的重参数化

一个问题是, 运动方程在广义坐标的变换下如何变化? 由

$$\delta S\left[\boldsymbol{q}\right] \simeq -\int \mathrm{d}t \left(\frac{\mathrm{d}}{\mathrm{d}t}\frac{\partial L}{\partial \dot{q}^a} - \frac{\partial L}{\partial q^a}\right)\delta q^a \equiv \delta \tilde{S}\left[\tilde{\boldsymbol{q}}\right] \simeq -\int \mathrm{d}t \left(\frac{\mathrm{d}}{\mathrm{d}t}\frac{\partial \tilde{L}}{\partial \dot{\tilde{q}}^a} - \frac{\partial \tilde{L}}{\partial \tilde{q}^a}\right)\delta \tilde{q}^a, \tag{5.47}$$

利用广义坐标的逆变换式 (2.5),

$$\delta q^a = \frac{\partial q^a}{\partial \tilde{q}^b}\delta \tilde{q}^b, \tag{5.48}$$

得到运动方程的变换关系

$$\frac{\mathrm{d}}{\mathrm{d}t}\frac{\partial \tilde{L}}{\partial \dot{\tilde{q}}^a} - \frac{\partial \tilde{L}}{\partial \tilde{q}^a} = \frac{\partial q^b}{\partial \tilde{q}^a}\left(\frac{\mathrm{d}}{\mathrm{d}t}\frac{\partial L}{\partial \dot{q}^b} - \frac{\partial L}{\partial q^b}\right) = 0, \quad a = 1, \cdots, s. \tag{5.49}$$

式 (5.49) 也可以直接验证 (见习题 5.4). 因为雅可比矩阵非退化, 所以在广义坐标的变换下, 运动方程 (作为一组) 是等价的, 或者说在变换下形式不变. 如果将运

动方程 (即泛函导数 $\dfrac{\delta S}{\delta q^a}$ 和 $\dfrac{\delta \tilde{S}}{\delta \tilde{q}^a}$) 整体视为 "矢量", 式 (5.49) 可以写成

$$\frac{\delta \tilde{S}}{\delta \tilde{q}^a} \equiv \frac{\partial q^b}{\partial \tilde{q}^a} \frac{\delta S}{\delta q^b} = 0. \tag{5.50}$$

其变换像协变矢量.

5.5 对 称 性

在 5.3 节中已经看到, 当拉格朗日量具有某些特殊形式时, 会导致广义动量、能量的守恒. 更物理的原因是, 拉格朗日量的这些特殊形式反映了系统的**对称性** (symmetry). 简而言之, 对称性即系统在某种**变换** (transformation) 下的**不变性** (invariance). 普通空间的坐标变换, 以及广义坐标和时间参数的变换就是变换的具体例子. 一个自然的问题是: 为什么要做变换? 又为什么要关注不变? 从技术角度, 在某些坐标下问题的求解确实变得简单. 更重要的原因则是, 变换本身就是一种研究方法. 正如苏轼写道: "横看成岭侧成峰, 远近高低各不同. 不识庐山真面目, 只缘身在此山中. " 当面对某个对象时, 研究其在变换下哪些方面变了, 以及按照什么规则在变, 便可以对系统的性质有一定了解. 特别是, 如果发现在变换下总有一些方面是恒定不变的, 则可知其是系统的内在属性 (所谓 "真面目"), 而不是如 "横看" 或者 "侧看" 造成的片面假象.

5.5.1 普通函数的对称性

泛函在很多方面都可以和多元函数类比. 因此, 我们先看普通的多元函数的对称性. 多元函数 $F(x^1, \cdots, x^n)$ 在自变量 x^i 的任意无穷小变化 $x^i \to \tilde{x}^i = x^i + \delta x^i$ 下, 变化为

$$\delta F = \frac{\partial F}{\partial x^i} \delta x^i. \tag{5.51}$$

这里 $\dfrac{\partial F}{\partial x^i}$ 即函数在自变量空间中的梯度. "对称变换" 和 "函数极值" 相当于同一个问题的一体两面. 这个问题即函数在无穷小变化下的不变性, 或者说——如何让函数不变.

(1) 对于函数极值, 其相当于问梯度 $\dfrac{\partial F}{\partial x^i}$ 满足什么条件时, 使得对于任意的自变量的变化 δx^i, 函数不变, 即

$$\delta F = \frac{\partial F}{\partial x^i} \delta x^i \xrightarrow{\text{对于任意} \delta x^i} 0. \tag{5.52}$$

由于 δx^i 是任意的, 于是只能要求梯度本身为零, 即 $\dfrac{\partial F}{\partial x^i} = 0$.

(2) 对于对称变换, 其相当于问变换 $\delta_s x^i$ 满足什么条件时, 使得函数总是不变, 即[1]

$$\delta F = \frac{\partial F}{\partial x^i}\delta_s x^i \xrightarrow{\text{对于任意} x} 0. \tag{5.53}$$

和 δx^i 不同, 梯度 $\dfrac{\partial F}{\partial x^i}$ 由 F 的函数形式决定, 所以并不是任意的. 所以上式并不能导致 $\delta_s x^i = 0$, 而只是给出变换 $\delta_s x^i$ 满足的一个关系式. 其有非常明显的几何意义. 如果将对称变换 $\delta_s x^i$ 视为一个 (无穷小) 矢量, 则其意味着对称变换 $\delta_s x^i$ 和函数的梯度 $\dfrac{\partial F}{\partial x^i}$ 正交, 即沿着等高线 (面) 的方向. 换句话说, 如果存在 $\delta_s x^i$, 使得其在任何地方与梯度都正交, 则 $\delta_s x^i$ 是函数的一个对称变换.

可见, 函数极值是对梯度 $\dfrac{\partial F}{\partial x^i}$ 的限制, 而对称变换则是对变换 $\delta_s x^i$ 的限制, 两者以不同的方式实现 $\delta F = 0$, 即函数在变分下的不变性.

例 5.10 函数的对称性

考虑函数 $z = F(x,y) \equiv x^2 + y^2$, 如图 5.4(a) 所示. 函数的梯度为 $\nabla F = \{2x, 2y\}$, 即图 5.4(b) 中箭头方向. 极值点对应梯度为零的点, 为 $\{x,y\} = \{0,0\}$ 处. 而在平面上任意 $\{x,y\}$ 处, 都存在一个方向

$$\delta_s \boldsymbol{x} \equiv \{\delta_s x, \delta_s y\} \propto \{-y, x\},$$

使得其与梯度处处正交,

$$\nabla F \cdot \delta_s \boldsymbol{x} \propto \{2x, 2y\} \cdot \{-y, x\} \equiv 0.$$

而这也给出函数的对称变换 $\delta_s x = -\epsilon y$ 和 $\delta_s y = \epsilon x$, 这里 ϵ 即无穷小变换的参数. 可以直接验证, 在这个无穷小变换下, 保留到 ϵ 的一阶,

$$F = x^2 + y^2 \to (x + \delta_s x)^2 + (y + \delta_s y)^2$$
$$= (x - \epsilon y)^2 + (y + \epsilon x)^2 = x^2 + y^2 \equiv F,$$

即函数确实是不变的. 对于这个简单的例子, 这个对称性的几何意义非常明显, 即 2 维平面的整体转动. 于是我们说函数 $F(x,y) = x^2 + y^2$ 在转动下是不变的.

---

[1] 其中 δ_s 的下标 "s" 代表 "symmetry", 即对称性.

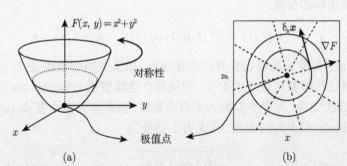

图 5.4 (a) 函数 $F(x, y) = x^2 + y^2$ 的极值点与对称性; (b) 箭头分别代表函数梯度和对称变换, 中心点为极值点, 圆周为对称性的方向, 与梯度的方向正交

5.5.2 时间与广义坐标的变换

在 5.4.2节中我们讨论了作用量和拉格朗日量在广义坐标的变换下的变换. 对于给定的轨迹 (如图 5.3所示), 在变换下作用量或拉格朗日量不变. 这相当于采取被动观点. 对称变换相当于采取主动观点, 变换导致轨迹本身的改变, 即 $\boldsymbol{q}(t)$ 和 $\tilde{\boldsymbol{q}}(\tilde{t})$ 并不是同一条轨迹的不同参数化, 而是不同的轨迹 (不管是不是真实、满足运动方程的), 如图 5.5所示.

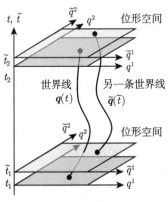

图 5.5 对称变换作为主动变换

在数学上, 对称变换则是在时间参数和广义坐标的变换下, 作用量本身形式的变换. 假设系统的广义坐标和时间参数有某种变换:

(1) 时间的重参数化:

$$t \to \tilde{t} = \tilde{t}(t, \boldsymbol{q}(t), \dot{\boldsymbol{q}}(t)). \tag{5.54}$$

(2) 广义坐标的变换:

$$q^a(t) \to \tilde{q}^a(\tilde{t}) = \tilde{q}^a(t, \boldsymbol{q}(t), \dot{\boldsymbol{q}}(t)), \quad a = 1, \cdots, s. \tag{5.55}$$

一般来说, 变换关系可以含有广义速度[1]. 如果变换可以由某个 (某些) 参数来参数化, 且这些参数可以连续取值, 则被称作**连续变换** (continuous transformation). 对于连续变换, 当变换参数为无穷小量时, 被称作**无穷小变换** (infinitesimal transformation). 对于时间参数, 其无穷小变换为

$$\boxed{\delta_s t := \tilde{t} - t}. \tag{5.56}$$

这里 δ_s 代表对称变换. 广义坐标的无穷小变换定义为

$$\boxed{\delta_s q^a(t) := \tilde{q}^a(t) - q^a(t)}, \tag{5.57}$$

其中等号左右都是同一时间 t, 即只是广义坐标本身函数形式的变化. 虽然 $\delta_s q^a$ 和变分 δq^a 在数学形式上一样, 但是其并不是任意的变分, 而是满足某些条件的连续变换. 我们还定义[2]

$$\boxed{\Delta q^a(t) := \tilde{q}^a(\tilde{t}) - q^a(t)}, \tag{5.58}$$

这里记作 Δq^a 以区别于广义坐标的无穷小变换, 其中同时涉及时间参数 t 和广义坐标 q^a 函数形式的变换. 以上 3 个无穷小变换 $\delta_s t$、$\delta_s q^a$ 和 Δq^a 的关系如图 5.6所示.

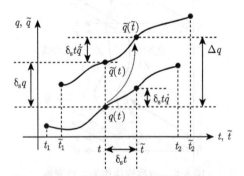

图 5.6   时间与广义坐标的变换

由式 (5.56) 和 (5.57), 展开得到

$$\Delta q^a(t) = \tilde{q}^a(t + \delta_s t) - q^a(t) = \tilde{q}^a(t) + \delta_s t \dot{\tilde{q}}^a(t) - q^a(t),$$

---

[1] 所谓 "动力学对称性" 即是这种情形, 见例 5.13及 8.3.3 节的讨论.

[2] 式 (5.58) 也被称作 "诺特变分" (Noether variation).

代入 $\dot{\tilde{q}}^a = \dot{q}^a + \dfrac{\mathrm{d}}{\mathrm{d}t}\left(\delta_{\mathrm{s}}q^a\right)$ 并保留到一阶小量, 即有

$$\boxed{\Delta q^a = \delta_{\mathrm{s}}q^a + \delta_{\mathrm{s}}t\dot{q}^a}. \tag{5.59}$$

可见 $\delta_{\mathrm{s}}t$、$\delta_{\mathrm{s}}q^a$ 和 Δq^a 中只有 2 个是独立的. 式 (5.59) 也可以由图 5.6 直观理解. 定义

$$\Delta\dot{q}^a\left(t\right) := \frac{\mathrm{d}\tilde{q}^a\left(\tilde{t}\right)}{\mathrm{d}\tilde{t}} - \frac{\mathrm{d}q^a\left(t\right)}{\mathrm{d}t} = \frac{\mathrm{d}t}{\mathrm{d}\tilde{t}}\frac{\mathrm{d}}{\mathrm{d}t}\left(q^a\left(t\right) + \Delta q^a\left(t\right)\right) - \dot{q}^a\left(t\right), \tag{5.60}$$

代入式 (5.59), 展开并保留到一阶小量, 得到

$$\boxed{\Delta\dot{q}^a = \frac{\mathrm{d}}{\mathrm{d}t}\left(\delta_{\mathrm{s}}q^a\right) + \delta_{\mathrm{s}}t\ddot{q}^a}. \tag{5.61}$$

注意 $\Delta\dot{q}^a \neq \dfrac{\mathrm{d}}{\mathrm{d}t}\left(\Delta q^a\right)$.

5.5.3　作用量的对称性

在式 (5.54) 和 (5.55) 的变换下, 作用量的变换定义为

$$\boxed{\begin{aligned}\Delta S &:= \tilde{S}\left[\tilde{\boldsymbol{q}}\right] - S\left[\boldsymbol{q}\right]\\ &= \int_{\tilde{t}_1}^{\tilde{t}_2}\mathrm{d}\tilde{t}\,L\left(\tilde{t},\tilde{\boldsymbol{q}}\left(\tilde{t}\right),\frac{\mathrm{d}\tilde{\boldsymbol{q}}\left(\tilde{t}\right)}{\mathrm{d}\tilde{t}}\right) - \int_{t_1}^{t_2}\mathrm{d}t\,L\left(t,\boldsymbol{q}\left(t\right),\dot{\boldsymbol{q}}\left(t\right)\right).\end{aligned}} \tag{5.62}$$

若要求作用量在变换下严格不变, 则 $\Delta S \equiv 0$. 但根据 5.4.1 节的讨论, 两个作用量可以在相差边界项的意义下等价, 即给出相同的运动方程. 因此如果

$$\boxed{\Delta S = \int_{t_1}^{t_2}\mathrm{d}t\frac{\mathrm{d}F}{\mathrm{d}t}}, \tag{5.63}$$

则变换被称作**对称变换** (symmetry transformation), 而称作用量在此变换下**不变** (invariant)[①]. 此时系统所有的性质在此变换下不变. 又因为变换参数可以连续取值, 所以对称性被称作**连续对称性** (continuous symmetry). 需要特别强调的是, 我们只是在讨论变换 $\delta_{\mathrm{s}}t$ 和 $\delta_{\mathrm{s}}q^a$ 导致作用量形式的改变, 而完全没有管运动方程

---

① 式 (5.63) 当然也包含 $F = 0$ 即 $\Delta S = 0$ 的情况. 有时候为了明确, 将作用量在变换下相差非零边界项 $F \neq 0$ 称为 "准不变" (quasi-invariant).

是否满足 (即 $q^a(t)$ 的函数形式如何). 无论运动方程是否满足, 式 (5.63) 都必须成立, 这样的变换才是系统的一个对称性. 这体现了对称性是系统的内在属性, 与运动方程是否满足 (真实运动) 没有关系.

为了寻找使得式 (5.63) 成立变换 $\delta_{\mathrm{s}}t$ 和 $\delta_{\mathrm{s}}q^a$ 所满足的条件, 需要知道 ΔS 的具体形式. 在无穷小变换式 (5.56) 和 (5.58) 下, 利用式 (5.59) 和 (5.61), 将 ΔS 展开并保留到一阶小量,

$$
\begin{aligned}
\Delta S = {} & \int_{t_1}^{t_2} \mathrm{d}t \frac{\mathrm{d}\tilde{t}}{\mathrm{d}t} L\left(\tilde{t}, \tilde{\boldsymbol{q}}(\tilde{t}), \frac{\mathrm{d}\tilde{\boldsymbol{q}}(\tilde{t})}{\mathrm{d}\tilde{t}}\right) - \int_{t_1}^{t_2} \mathrm{d}t L\left(t, \boldsymbol{q}, \dot{\boldsymbol{q}}\right) \\
= {} & \int_{t_1}^{t_2} \mathrm{d}t \left(1 + \frac{\mathrm{d}(\delta_{\mathrm{s}}t)}{\mathrm{d}t}\right) L\left(t + \delta_{\mathrm{s}}t, \boldsymbol{q} + \delta_{\mathrm{s}}\boldsymbol{q} + \delta_{\mathrm{s}}t\dot{\boldsymbol{q}}, \dot{\boldsymbol{q}} + \frac{\mathrm{d}(\delta_{\mathrm{s}}\boldsymbol{q})}{\mathrm{d}t} + (\delta_{\mathrm{s}}t)\ddot{\boldsymbol{q}}\right) \\
& - \int_{t_1}^{t_2} \mathrm{d}t L\left(t, \boldsymbol{q}, \dot{\boldsymbol{q}}\right) \\
= {} & \int_{t_1}^{t_2} \mathrm{d}t \left(1 + \frac{\mathrm{d}(\delta_{\mathrm{s}}t)}{\mathrm{d}t}\right) \left[L + \frac{\partial L}{\partial t}\delta_{\mathrm{s}}t + \frac{\partial L}{\partial q^a}\left(\delta_{\mathrm{s}}q^a + \delta_{\mathrm{s}}t\dot{q}^a\right)\right. \\
& \left. + \frac{\partial L}{\partial \dot{q}^a}\left(\frac{\mathrm{d}(\delta_{\mathrm{s}}q^a)}{\mathrm{d}t} + (\delta_{\mathrm{s}}t)\ddot{q}^a\right)\right] - \int_{t_1}^{t_2} \mathrm{d}t L \\
= {} & \int_{t_1}^{t_2} \mathrm{d}t \left[\frac{\partial L}{\partial q^a}\delta_{\mathrm{s}}q^a + \underbrace{\frac{\partial L}{\partial \dot{q}^a}\frac{\mathrm{d}(\delta_{\mathrm{s}}q^a)}{\mathrm{d}t}}_{=\frac{\mathrm{d}}{\mathrm{d}t}\left(\frac{\partial L}{\partial \dot{q}^a}\delta_{\mathrm{s}}q^a\right) - \frac{\mathrm{d}}{\mathrm{d}t}\frac{\partial L}{\partial \dot{q}^a}\delta_{\mathrm{s}}q^a} + L\frac{\mathrm{d}(\delta_{\mathrm{s}}t)}{\mathrm{d}t}\right. \\
& \left. + \underbrace{\left(\frac{\partial L}{\partial t} + \frac{\partial L}{\partial q^a}\dot{q}^a + \frac{\partial L}{\partial \dot{q}^a}\ddot{q}^a\right)}_{\equiv \frac{\mathrm{d}L}{\mathrm{d}t}}\delta_{\mathrm{s}}t\right],
\end{aligned} \tag{5.64}
$$

整理得到

$$
\Delta S = \int_{t_1}^{t_2} \mathrm{d}t \left[\left(\frac{\partial L}{\partial q^a} - \frac{\mathrm{d}}{\mathrm{d}t}\frac{\partial L}{\partial \dot{q}^a}\right)\delta_{\mathrm{s}}q^a + \frac{\mathrm{d}}{\mathrm{d}t}\left(\frac{\partial L}{\partial \dot{q}^a}\delta_{\mathrm{s}}q^a + L\delta_{\mathrm{s}}t\right)\right]. \tag{5.65}
$$

式 (5.65) 即是在变换下, 作用量的变化. 根据对称变换的定义式 (5.63), 即要求

$$
\boxed{\left(\frac{\partial L}{\partial q^a} - \frac{\mathrm{d}}{\mathrm{d}t}\frac{\partial L}{\partial \dot{q}^a}\right)\delta_{\mathrm{s}}q^a + \frac{\mathrm{d}}{\mathrm{d}t}\left(\frac{\partial L}{\partial \dot{q}^a}\delta_{\mathrm{s}}q^a + L\delta_{\mathrm{s}}t\right) = \frac{\mathrm{d}F}{\mathrm{d}t}}, \tag{5.66}
$$

这里的 F 与具体的对称变换有关. 式 (5.66) 是在变换式 (5.56) 和 (5.57) 下作用

量不变, 即是对称变换的充分必要条件, 被称作**诺特条件** (Noether condition)[①].

在式 (5.66) 中, 第二项已经是时间全导数的形式, 特别是时间变换 $\delta_s t$ 的贡献总是时间全导数的形式. 所以式 (5.66) 成立仅对 $\delta_s q^a$ 的形式做出要求[②]. 第一项的 $\dfrac{\partial L}{\partial q^a} - \dfrac{\mathrm{d}}{\mathrm{d}t} \dfrac{\partial L}{\partial \dot{q}^a} \equiv \dfrac{\delta S}{\delta q^a}$ 对应欧拉-拉格朗日方程. 于是式 (5.66) 可以改写成更方便也更有意义的形式

$$\boxed{-\frac{\delta S}{\delta q^a} \delta_s q^a = \frac{\mathrm{d}\mathcal{Q}}{\mathrm{d}t}}, \tag{5.67}$$

这里

$$\boxed{\mathcal{Q} := p_a \delta_s q^a + L \delta_s t - F}, \tag{5.68}$$

其中 p_a 为广义动量. 诺特条件可以写成其他等价形式 (见习题 5.13), 例如利用式 (5.59), 式 (5.68) 还可写成

$$\boxed{\mathcal{Q} = p_a \Delta q^a - h \delta_s t - F}, \tag{5.69}$$

其中 $h \equiv \dfrac{\partial L}{\partial \dot{q}^a} \dot{q}^a - L$ 即能量函数. 在实际应用中, 可根据对称变换的具体形式, 选用式 (5.68) 或式 (5.69) 作为进一步讨论的出发点.

诺特条件式 (5.67) 的意义是广义坐标的变换 $\delta_s q^a$ 所满足的条件, 即无论 $q^a(t)$ 的形式如何, 是否满足运动方程 (真实的演化), $\delta_s q^a$ 的变换形式都必须使得式 (5.67) 成立. 从另一角度, 式 (5.67) 可以用来判断某个变换是否是系统的对称变换, 即可视为对称性的定义. 某个变换 $\delta_s q^a$ 是对称变换的充要条件是, 无论 $q^a(t)$ 是否满足运动方程, $\dfrac{\delta S}{\delta q^a} \delta_s q^a$ 总是可以写成时间全导数形式 (包括 $\dfrac{\delta S}{\delta q^a} \delta_s q^a = 0$ 的特殊情况).

诺特条件式 (5.67) 具有非常直观的几何意义. 如果我们将一阶泛函导数 $\dfrac{\delta S}{\delta q^a}$ 和变换 $\delta_s q^a$ 都视为位形空间中的矢量, 那么式 (5.67) 左边则是泛函导数 $\dfrac{\delta S}{\delta q^a}$ (作用量在位形空间中的梯度) 和对称变换 $\delta_s q^a$ 的"内积". 形象地说, 对称变换 $\delta_s q^a$

---

① 诺特条件及诺特定理得名于德国女数学家诺特 (Amalie Noether, 1882—1935). 诺特是 20 世纪最伟大的数学家之一, 爱因斯坦评价诺特为"从女性接受高等教育后出现的最富创造力的数学天才."

② 严格来说, 对称性指的是广义坐标的变换 $\delta_s q^a$, 而不是诸如 $\delta_s t$ 这种积分参数的变换 (重参数化). 时间 t 的重参数化之所以也被称作对称变换, 是因为其通过式 (5.59) 所"诱导"的广义坐标的变换是一个对称变换. 例如, q^a 是时间重参数化下的标量, 要求 $\Delta q^a(t) \equiv 0$, 即有 $\delta_s q^a = -\delta_s t \dot{q}^a$.

对应位形空间中的特殊方向, 其和泛函导数 $\dfrac{\delta S}{\delta q^a}$ 的内积为零, 或是时间全导数, 如图 5.7所示 (可以与函数的对称性式 (5.53) 及图 5.4(b) 相比较).

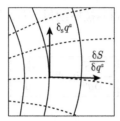

图 5.7　对称变换作为位形空间中的特殊方向

需要强调变分 δq^a 和对称变换 $\delta_{\mathrm{s}} q^a$ 的根本不同：式 (5.67) 是对称变换 $\delta_{\mathrm{s}} q^a$ 所满足的方程, 而 q^a 本身满足的是运动方程. 可以说, "对称变换" 和 "运动方程" 在某种意义是两个 "互补" 的概念, 两者以不同的方式实现了作用量在变换下的不变性, 是这种不变性的 "一体两面"[1]:

(1) 运动方程：变分 δq^a 是完全任意的, 泛函极值要求泛函导数 $\dfrac{\delta S}{\delta q^a}$ 为零, 即 $q^a(t)$ 满足运动方程, 系统在做真实的演化;

(2) 对称变换：$q^a(t)$ 是完全任意的, 即运动方程本身不要求满足 $\dfrac{\delta S}{\delta q^a} \neq 0$, 对称变换要求 $\delta_{\mathrm{s}} q^a$ 必须满足诺特条件式 (5.67).

总结如表 5.2 所示.

表 5.2　运动方程与对称变换是作用量在变换下不变性的一体两面

运动方程	$\dfrac{\delta S}{\delta q^a} = 0$	限制 q^a	变分 δq^a 任意
对称变换	$-\dfrac{\delta S}{\delta q^a}\delta_{\mathrm{s}} q^a = \dfrac{\mathrm{d} Q}{\mathrm{d} t}$	限制 $\delta_{\mathrm{s}} q$	位形 q^a 任意

5.6　诺特定理

5.6.1　诺特定理的证明

根据 5.5.3节的讨论, 现在假设已经找到了作用量的一个对称变换, 那么当运动方程满足的时候, 式 (5.67) 的左边为零, 于是得到

$$\frac{\mathrm{d} Q}{\mathrm{d} t} \equiv -\frac{\delta S}{\delta q^a}\delta_{\mathrm{s}} q^a \xrightarrow{\text{满足运动方程时}} 0, \tag{5.70}$$

---

[1] 实际上诺特在 1918 年发表的划时代论文的题目正是 "不变变分问题".

亦即

$$\boxed{\frac{\mathrm{d}\mathcal{Q}}{\mathrm{d}t} = 0}. \tag{5.71}$$

由式 (5.61), 从而

$$\boxed{\mathcal{Q} = \frac{\partial L}{\partial \dot{q}^a} \delta_s q^a + L \delta_s t - F = 常数}. \tag{5.72}$$

注意 $\mathcal{Q}$ 和对称变换的参数有关, 因此 $\mathcal{Q}$ 本身还不是运动常数, 因为运动常数定义为时间、广义坐标和广义速度的函数.

但是有一个特殊情况, 当变换参数与时间参数 t 无关时, 变换被称作**整体变换** (global transformation)[①]. 在单参数情形, 即有

$$\delta_s t = \epsilon \eta\, (t, \boldsymbol{q}, \dot{\boldsymbol{q}})\,, \tag{5.73}$$

$$\delta_s q^a = \epsilon \xi^a\, (t, \boldsymbol{q}, \dot{\boldsymbol{q}})\,, \quad a = 1, \cdots, s, \tag{5.74}$$

其中 ϵ 是和时间 t 无关的无穷小常数, η 和 ξ^a 则一般是时间 t、广义坐标及广义速度的函数. 相应的边界项记为

$$F = \epsilon \varphi\, (t, \boldsymbol{q}, \dot{\boldsymbol{q}})\,. \tag{5.75}$$

对于整体对称性, 因为变换参数 ϵ 是常数, 可以将其提出, 定义

$$Q := \frac{1}{\epsilon}\mathcal{Q} = \frac{1}{\epsilon}\left(\frac{\partial L}{\partial \dot{q}^a}\epsilon\xi^a + L\epsilon\eta - \epsilon\varphi\right), \tag{5.76}$$

式 (5.72) 即意味着

$$\boxed{Q \equiv \frac{\partial L}{\partial \dot{q}^a}\xi^a + L\eta - \varphi = 常数}, \tag{5.77}$$

其是只和时间、广义坐标和广义速度有关的运动常数. 式 (5.77) 对多个参数情形的推广是直接的.

我们得到一个重要结论: 若系统的作用量有连续整体对称性, 则当运动方程满足时, 存在相应的运动常数. 这一结论即是著名的**诺特定理** (Noether's theorem). 诺特定理揭示了守恒律与物理系统的对称性之间的深刻联系. 因为作用量原理已经成为整个物理学的基本原理, 可以说诺特定理是物理学最核心的结论之一. 注意诺特定理成立的前提有三: 其一, 对称性是连续对称性, 所以才有无穷小变换的概念; 其二, 对称性是整体对称性, 即变换参数是常数 (与 t 无关); 其三, 运动常数只存在于满足运动方程的真实演化过程中. 这三个条件缺一不可. 当然, 对称性和

[①] 相应地, 一般的变换被称作 "局域变换" (local transformation).

运动常数之间并非一一对应, 即诺特定理反过来是不成立的, 不是所有的运动常数都来源于某个对称性.

我们可以总结出根据诺特定理判断变换是否是对称性, 以及寻找整体对称性的运动常数的具体步骤.

(1) 根据式 (5.67), 判断其是否满足诺特条件, 即可以写成时间全导数, 或者严格为零;

(2) 根据全导数的形式, 读出对应的边界项 F(可能为零);

(3) 根据式 (5.77), 对于整体对称性, 得到相应的运动常数.

5.6.2　时空对称性

作为诺特定理的最简单的应用, 我们来验证线动量、角动量和能量守恒都是诺特定理应用到时空整体对称性上的特例.

考虑 N 个粒子的系统, 空间坐标的无穷小整体平移即

$$\delta_{\xi} \boldsymbol{x}_{(\alpha)} = \epsilon \hat{\boldsymbol{\xi}}, \tag{5.78}$$

其中 $\hat{\boldsymbol{\xi}}$ 是常单位矢量. 因为只是空间坐标的平移, 时间参数不变所以 $\delta_s t = 0$. 同时, 拉格朗日量严格不变, 所以边界项 $F = 0$. 由式 (5.77) 得到运动常数

$$Q = \sum_{\alpha=1}^{N} \frac{\partial L}{\partial \dot{\boldsymbol{x}}_{(\alpha)}} \cdot \hat{\boldsymbol{\xi}} = \sum_{\alpha=1}^{N} \boldsymbol{p}_{(\alpha)} \cdot \hat{\boldsymbol{\xi}} = 常数, \tag{5.79}$$

正是式 (5.28), 即总动量在 $\hat{\boldsymbol{\xi}}$ 方向的分量守恒.

同样, 空间坐标的无穷小整体转动即

$$\delta_{\xi} \boldsymbol{x}_{(\alpha)} = \phi \boldsymbol{n} \times \boldsymbol{x}_{(\alpha)}, \tag{5.80}$$

其中 ϕ 为无穷小转角. 和整体平移的情形一样, 有 $\delta_s t = 0$, $F = 0$. 代入式 (5.77) 得到运动常数

$$Q = \sum_{\alpha=1}^{N} \frac{\partial L}{\partial \dot{\boldsymbol{x}}_{(\alpha)}} \cdot \left(\boldsymbol{n} \times \boldsymbol{x}_{(\alpha)}\right) = \sum_{\alpha=1}^{N} \boldsymbol{n} \cdot \left(\boldsymbol{x}_{(\alpha)} \times \boldsymbol{p}_{(\alpha)}\right) = 常数, \tag{5.81}$$

正是式 (5.32), 即总角动量在 $\boldsymbol{n}$ 方向的分量守恒.

时间的无穷小整体平移对应

$$\delta_s t = \eta, \tag{5.82}$$

其中 η 为无穷小常数. 假设广义坐标是时间变换下的标量,

$$q^a(t) \to \tilde{q}^a(\tilde{t}) \equiv q^a(t), \tag{5.83}$$

即 $\Delta q^a = 0$, 由式 (5.59) 得到

$$\delta_s q^a = -\eta \dot{q}^a. \tag{5.84}$$

要求作用量严格不变所以 $F = 0$. 代入式 (5.77) 得到运动常数

$$Q = \frac{\partial L}{\partial \dot{q}^a}(-\dot{q}^a) + L = -h = 常数. \tag{5.85}$$

即能量守恒.

以下我们再通过几个例子, 展示诺特定理的应用.

例 5.11 一维阻尼谐振子的运动常数

一维阻尼谐振子的运动方程可以由拉格朗日量 $L = \mathrm{e}^{\lambda t}\left(\frac{1}{2}m\dot{q}^2 - \frac{1}{2}m\omega^2 q^2\right)$ 得到, 其中 λ 为常数. 考虑变换

$$t \to \tilde{t} = t + \alpha, \quad q(t) \to \tilde{q}(\tilde{t}) = \mathrm{e}^{-\frac{\lambda\alpha}{2}}q(t), \tag{5.86}$$

其中 α 是常数. 可以验证, 在此变换下

$$\tilde{S}[\tilde{q}] = \int_{\tilde{t}_1}^{\tilde{t}_2} \mathrm{d}\tilde{t}\,\mathrm{e}^{\lambda\tilde{t}}\left[\frac{1}{2}m\left(\frac{\mathrm{d}\tilde{q}(\tilde{t})}{\mathrm{d}\tilde{t}}\right)^2 - \frac{1}{2}m\omega^2\tilde{q}^2(\tilde{t})\right]$$

$$= \int_{t_1}^{t_2} \mathrm{d}t\,\mathrm{e}^{\lambda(t+\alpha)}\left(\frac{1}{2}m\mathrm{e}^{-\lambda\alpha}\dot{q}^2 - \frac{1}{2}m\omega^2\mathrm{e}^{-\lambda\alpha}q^2\right)$$

$$= \int_{t_1}^{t_2} \mathrm{d}t\,\mathrm{e}^{\lambda t}\left(\frac{1}{2}m\dot{q}^2 - \frac{1}{2}m\omega^2 q^2\right) \equiv S[q],$$

即作用量严格不变. 因为变换参数 α 是常数, 所以变换式 (5.86) 是系统的整体对称性. 为了应用诺特定理, 首先令 $\alpha \to \epsilon$ 为无穷小参数, 得到无穷小变换

$$t \to \tilde{t} = t + \epsilon, \quad q(t) \to \tilde{q}(\tilde{t}) = q(t) - \epsilon\frac{\lambda}{2}q(t),$$

即

$$\delta_s t = \epsilon, \quad \Delta q = -\epsilon\frac{\lambda}{2}q.$$

由式 (5.59) 又得到

$$\delta_s q = \Delta q^a - \delta_s t\dot{q} = -\epsilon\frac{\lambda}{2}q - \epsilon\dot{q}.$$

于是对应式 (5.73) 和 (5.74) 即

$$\eta = 1, \quad \xi = -\frac{\lambda}{2}q - \dot{q}.$$

因为作用量严格不变, 所以边界项 $\varphi \equiv 0$. 代入式 (5.77) 中得到运动常数

$$Q = \frac{\partial L}{\partial \dot{q}}\left(-\frac{\lambda}{2}q - \dot{q}\right) + L = \mathrm{e}^{\lambda t}m\dot{q}\left(-\frac{\lambda}{2}q - \dot{q}\right) + \mathrm{e}^{\lambda t}\left(\frac{1}{2}m\dot{q}^2 - \frac{1}{2}m\omega^2 q^2\right)$$

$$= -\mathrm{e}^{\lambda t}\left(\frac{1}{2}m\dot{q}^2 + \frac{1}{2}m\omega^2 q^2 + m\frac{\lambda}{2}\dot{q}q\right).$$

例 5.12 整体 U(1) 对称性

平面上运动的粒子的拉格朗日量为 $L = \frac{1}{2}m\left(\dot{x}^2 + \dot{y}^2\right) - \frac{\lambda}{2}\left(x^2 + y^2\right)$. 定义 $\phi = x + \mathrm{i}y$ 和 $\phi^* = x - \mathrm{i}y$, 则拉格朗日量可以写成 $L = \frac{1}{2}m\left|\dot{\phi}\right|^2 - \frac{\lambda}{2}\left|\phi\right|^2$. 考虑变换

$$\phi \to \tilde{\phi} = \mathrm{e}^{\mathrm{i}\alpha}\phi, \quad \phi^* \to \tilde{\phi}^* = \mathrm{e}^{-\mathrm{i}\alpha}\phi^*, \tag{5.87}$$

其中 α 是常数. 式 (5.87) 是相位的变换, 数学上构成所谓 U(1) 群. 在变换下

$$L \to \tilde{L} = \frac{1}{2}m\left|\dot{\tilde{\phi}}\right|^2 - \frac{\lambda}{2}\left|\tilde{\phi}\right|^2 \equiv L,$$

即拉格朗日量是不变的. 又因 α 是常数, 所以式 (5.87) 是系统的整体 U(1) 对称性. 为了应用诺特定理, 令 $\alpha \to \epsilon$ 为无穷小参数, 无穷小变换即为

$$\delta_s\phi = \mathrm{i}\epsilon\phi, \quad \delta_s\phi^* = -\mathrm{i}\epsilon\phi^*.$$

变换不涉及时间的变换, 所以 $\delta_s t = 0$. 同时拉格朗日量严格不变, 所以边界项 $\varphi = 0$. 代入式 (5.77) 中, 得到运动常数

$$Q \equiv \frac{\partial L}{\partial \dot{\phi}}\mathrm{i}\phi + \frac{\partial L}{\partial \dot{\phi}^*}\left(-\mathrm{i}\phi^*\right) = \mathrm{i}m\left(\dot{\phi}^*\phi - \dot{\phi}\phi^*\right).$$

为了看出这一运动常数的物理意义, 将 ϕ 和 ϕ^* 换回直角坐标 x 和 y, 得到

$$\mathrm{i}m\left(\dot{\phi}^*\phi - \dot{\phi}\phi^*\right) = \mathrm{i}m\left[(\dot{x} - \mathrm{i}\dot{y})(x + \mathrm{i}y) - (\dot{x} + \mathrm{i}\dot{y})(x - \mathrm{i}y)\right] = 2m\left(x\dot{y} - y\dot{x}\right).$$

这里 $m(x\dot{y} - y\dot{x})$ 的物理意义正是粒子绕原点的角动量. 整体 U(1) 对称性正对应 2 维平面上的转动不变性, 所以自然有角动量守恒.

例 5.13 动力学对称性

考虑 D 维欧氏空间中各向同性谐振子, 取直角坐标 $\{x^i\}$, 拉格朗日量为 $L = \frac{1}{2}m\dot{x}^2 - \frac{1}{2}m\omega^2 x^2$. 这一拉格朗日量当然具有时间平移和坐标整体转动的不变性. 除此之外, 其还具有额外的对称性. 考虑无穷小变换

$$\delta_{(kl)}x^i = \epsilon\frac{1}{2}\left(\dot{x}_k\delta_l^i + \dot{x}_l\delta_k^i\right), \quad i = 1, \cdots, D, \tag{5.88}$$

这里 ϵ 为变换参数; k, l 为给定指标, 即对于每个 k, l 的值, 都有一个相应的变换. 因为变换参数 ϵ 是常数, 所以这个变换是整体变换. 对式 (5.88) 求时间导数有

$$\delta_{(kl)}\dot{x}^i = \epsilon\frac{1}{2}\left(\ddot{x}_k\delta_l^i + \ddot{x}_l\delta_k^i\right), \quad i = 1, \cdots, D.$$

于是在这个变换下,

$$\delta_{(kl)}\left(\dot{x}^2\right) = 2\dot{x}_i\delta_{kl}\dot{x}^i = \epsilon\dot{x}_i\left(\ddot{x}_k\delta_l^i + \ddot{x}_l\delta_k^i\right) = \epsilon\left(\dot{x}_l\ddot{x}_k + \dot{x}_k\ddot{x}_l\right) = \epsilon\frac{\mathrm{d}}{\mathrm{d}t}\left(\dot{x}_k\dot{x}_l\right),$$

同样

$$\delta_{(kl)}\left(\boldsymbol{x}^2\right) = 2x_i\delta_{kl}x^i = \epsilon x_i\left(\dot{x}_k\delta_l^i + \dot{x}_l\delta_k^i\right) = \epsilon\frac{\mathrm{d}}{\mathrm{d}t}\left(x_k x_l\right),$$

于是作用量的变换为

$$\Delta_{(kl)}S = \int \mathrm{d}t\left(\frac{1}{2}m\delta_{(kl)}\left(\dot{\boldsymbol{x}}^2\right) - \frac{1}{2}m\omega^2\delta_{(kl)}\left(\boldsymbol{x}^2\right)\right)$$

$$= \int \mathrm{d}t\,\epsilon\frac{\mathrm{d}}{\mathrm{d}t}\left(\frac{1}{2}m\dot{x}_k\dot{x}_l - \frac{1}{2}m\omega^2 x_k x_l\right).$$

可见在变换式 (5.88) 下, 作用量不变, 且得到非零边界项

$$F_{(kl)} = \epsilon\left(\frac{1}{2}m\dot{x}_k\dot{x}_l - \frac{1}{2}m\omega^2 x_k x_l\right).$$

变换不涉及时间, 所以 $\delta_s t \equiv 0$. 根据诺特定理式 (5.77), 存在运动常数

$$Q_{(kl)} = \frac{1}{\epsilon}\left(\frac{\partial L}{\partial \dot{x}^i}\delta_{(kl)}x^i - F_{(kl)}\right)$$

$$= \frac{1}{\epsilon}\left[m\dot{x}_i\epsilon\frac{1}{2}\left(\dot{x}_k\delta_l^i + \dot{x}_l\delta_k^i\right) - \epsilon\left(\frac{1}{2}m\dot{x}_k\dot{x}_l - \frac{1}{2}m\omega^2 x_k x_l\right)\right]$$

$$= \frac{1}{2}m\dot{x}_k\dot{x}_l + \frac{1}{2}m\omega^2 x_k x_l.$$

$Q_{(kl)}$ 对于 k, l 指标对称, 对于 D 维空间, 有 $\frac{1}{2}D\left(D+1\right)$ 个独立分量. 变换式 (5.88) 不是时间和空间坐标纯几何的变换, 特别是变换中涉及速度, 被称作**动力学对称性** (dynamical symmetry). 在这个简单的例子中, 变换式 (5.88) 对应哈密顿量在幺正变换的不变性. 在 8.3.3 节中将看到, 开普勒问题中拉普拉斯–龙格–楞次矢量 (Laplace-Runge-Lenz vector) 的守恒也来源于动力学对称性.

5.6.3 标度对称性

物理学中还有一种重要的整体对称性, 即变量的整体缩放

$$t \to \tilde{t} = \mathrm{e}^\beta t, \quad q^a\left(t\right) \to \tilde{q}^a\left(\tilde{t}\right) = \mathrm{e}^\alpha q^a\left(t\right), \tag{5.89}$$

其中 α, β 是无量纲的常数, 被称作**标度变换** (scale transformation)[①]. 恒等变换即对应 $\beta = \alpha = 0$. 标度变换相当于选取不同的单位 (即标度) 来衡量物理量. 如果物理系统的作用量在标度变换下不变, 则称其有标度不变性.

[①] 标度变换有时候也被称作 "外尔变换" (Weyl transformation) 或者 "伸缩" (dilatation). 外尔 (Hermann Weyl, 1885—1955) 是德国数学家、物理学家和哲学家, 是 20 世纪最有影响的数学家之一. 外尔对量子力学、相对论和规范场论都有奠基性的贡献.

对于定常系统, 由式 (4.71) 知作用量为

$$S[\boldsymbol{q}] = \int \mathrm{d}t \left(\frac{1}{2} G_{ab}(\boldsymbol{q}) \dot{q}^a \dot{q}^b - V(\boldsymbol{q}) \right). \tag{5.90}$$

在标度变换式 (5.89) 下, 作用量变换为

$$\begin{aligned}
\tilde{S}[\tilde{\boldsymbol{q}}] &= \int \mathrm{d}\tilde{t} \left(\frac{1}{2} G_{ab}(\tilde{\boldsymbol{q}}) \frac{\mathrm{d}\tilde{q}^a}{\mathrm{d}\tilde{t}} \frac{\mathrm{d}\tilde{q}^b}{\mathrm{d}\tilde{t}} - V(\tilde{\boldsymbol{q}}) \right) \\
&= \int \mathrm{d}t \mathrm{e}^{\beta} \left(\frac{1}{2} G_{ab}(\mathrm{e}^{\alpha}\boldsymbol{q}) \mathrm{e}^{2(\alpha-\beta)} \dot{q}^a \dot{q}^b - V(\mathrm{e}^{\alpha}\boldsymbol{q}) \right).
\end{aligned}$$

一般来说作用量并没有标度不变性. 如果 $G_{ab}(\boldsymbol{q})$ 和 $V(\boldsymbol{q})$ 都是广义坐标的**齐次函数** (homogeneous function), 即有对于任意常数 λ,

$$G_{ab}(\lambda\boldsymbol{q}) = \lambda^k G_{ab}(\boldsymbol{q}), \quad V(\lambda\boldsymbol{q}) = \lambda^p V(\boldsymbol{q}), \tag{5.91}$$

其中 k, p 是常数, 于是

$$\tilde{S} = \int \mathrm{d}t \left(\frac{1}{2} G_{ab}(\boldsymbol{q}) \mathrm{e}^{(2+k)\alpha-\beta} \dot{q}^a \dot{q}^b - \mathrm{e}^{p\alpha+\beta} V(\boldsymbol{q}) \right). \tag{5.92}$$

作用量不变要求

$$(2+k)\alpha - \beta = 0, \quad p\alpha + \beta = 0, \tag{5.93}$$

从中得到 k, p 满足的条件

$$\boxed{2 + k + p = 0}. \tag{5.94}$$

总之, 定常系统式 (5.90) 具有标度不变性要求

$$G_{ab}(\lambda\boldsymbol{q}) = \frac{1}{\lambda^{p+2}} G_{ab}(\boldsymbol{q}), \quad V(\lambda\boldsymbol{q}) = \lambda^p V(\boldsymbol{q}), \tag{5.95}$$

其中 p 为常数. 由式 (5.93) 的第二式, 相应的标度变换为

$$t \to \tilde{t} = \mathrm{e}^{-p\alpha} t, \quad q^a(t) \to \tilde{q}^a(\tilde{t}) = \mathrm{e}^{\alpha} q^a(t), \tag{5.96}$$

其中 α 是常数.

例 5.14 标度对称性

可以根据式 (5.95) 来判断系统是否有标度对称性, 再由式 (5.96) 得到相应的标度变换. 例如, 自由粒子拉格朗日量为 $L = \frac{1}{2}m\dot{q}^2$, 对应 $G = 1$, $V = 0$, 从而 $k = 0$, 于是式 (5.94) 要求 $p = -2$. 因此自由粒子具有标度不变性, 在

$$\tilde{t} = \mathrm{e}^{2\alpha}t, \quad \tilde{q}\left(\tilde{t}\right) = \mathrm{e}^{\alpha}q\left(t\right)$$

的标度变换下作用量不变. 对于一维谐振子, 拉格朗日量为 $L = \frac{1}{2}m\dot{q}^2 - \frac{1}{2}m\omega q^2$, 对应 $G = 1$, $V = \frac{1}{2}m\omega q^2$, 从而 $k = 0$, $p = 2$, 不满足式 (5.94), 因此一维谐振子没有标度不变性. 考虑势能是广义坐标的幂函数, 即拉格朗日量为 $L = \frac{1}{2}m\dot{q}^2 - \lambda q^n$, 其中 n 为整数. 对应 $k = 0$, $p = n$. 由式 (5.94) 知, 只有当 $n = -2$ 即拉格朗日量形如

$$L = \frac{1}{2}m\dot{q}^2 - \frac{\lambda}{q^2} \tag{5.97}$$

时才具有标度不变性. 这时标度变换为

$$\tilde{t} = \mathrm{e}^{2\alpha}t, \quad \tilde{q}^a\left(\tilde{t}\right) = \mathrm{e}^{\alpha}q^a\left(t\right).$$

我们将在例 5.15 中对拉格朗日量式 (5.97) 作进一步研究.

例 5.15 标度与共形对称性及其运动常数

考虑例 5.14 中的拉格朗日量式 (5.97), 作用量为

$$S = \int \mathrm{d}t\left(\frac{1}{2}m\dot{q}^2 - \frac{\lambda}{q^2}\right), \tag{5.98}$$

其中 λ 是常数. 运动方程为 $\ddot{q} - \frac{2\lambda}{mq^3} = 0$. 考虑变换

$$t \to \tilde{t} = \frac{\alpha t + \beta}{\gamma t + \delta}, \quad q(t) \to \tilde{q}\left(\tilde{t}\right) = \frac{q(t)}{\gamma t + \delta}, \tag{5.99}$$

其中变换参数 $\alpha, \beta, \gamma, \delta$ 是常数, 且满足约束条件

$$\det\begin{pmatrix} \alpha & \beta \\ \gamma & \delta \end{pmatrix} = \alpha\delta - \beta\gamma = 1, \tag{5.100}$$

所以有 3 个独立的变换参数. 这一变换被称作**射影变换** (projective transformation), 其包含了时间平移、标度变换和**共形变换** (conformal transformation) 作为特殊情况:
时间平移 $(\alpha = \delta = 1, \gamma = 0)$: $t \to \tilde{t} = t + \beta$, $q(t) \to \tilde{q}\left(\tilde{t}\right) = q(t)$,
标度变换 $(\alpha = \frac{1}{\delta}, \beta = \gamma = 0)$: $t \to \tilde{t} = \alpha^2 t$, $q(t) \to \tilde{q}\left(\tilde{t}\right) = \alpha q(t)$,
共形变换 $(\alpha = \delta = 1, \beta = 0)$: $t \to \tilde{t} = \frac{t}{\gamma t + 1}$, $q(t) \to \tilde{q}\left(\tilde{t}\right) = \frac{q(t)}{\gamma t + 1}$.

在式 (5.99) 的变换下, 作用量变换为

$$\tilde{S}[\tilde{q}] \equiv \int \mathrm{d}\tilde{t} \left[\frac{1}{2} m \left(\frac{\mathrm{d}\tilde{q}\left(\tilde{t}\right)}{\mathrm{d}\tilde{t}} \right)^2 - \frac{\lambda}{\tilde{q}^2\left(\tilde{t}\right)} \right]$$

$$= \int \mathrm{d} \left(\frac{\alpha t + \beta}{\gamma t + \delta} \right) \left\{ \frac{1}{2} m \left[\frac{1}{\frac{\mathrm{d}}{\mathrm{d}t} \left(\frac{\alpha t + \beta}{\gamma t + \delta} \right)} \frac{\mathrm{d}}{\mathrm{d}t} \left(\frac{q\left(t\right)}{\gamma t + \delta} \right) \right]^2 - (\gamma t + \delta)^2 \frac{\lambda}{q^2\left(t\right)} \right\}$$

$$= \int \mathrm{d}t \left[\frac{m\dot{q}^2}{2} - \frac{\lambda}{q^2} - \frac{\gamma m q \dot{q}}{\gamma t + \delta} + \frac{\gamma^2 m q^2}{2\left(\gamma t + \delta\right)^2} \right],$$

在最后一步我们用到了式 (5.100). 作分部积分得到

$$\tilde{S}[\tilde{q}] = \int \mathrm{d}t \left(\frac{m\dot{q}^2}{2} - \frac{\lambda}{q^2} \right) - \int \mathrm{d}t \frac{\mathrm{d}}{\mathrm{d}t} \left(\frac{\gamma m q^2}{2\left(\gamma t + \delta\right)} \right) \equiv S[q] + \int \mathrm{d}t \frac{\mathrm{d}F}{\mathrm{d}t},$$

因此作用量的变换具有式 (5.63) 的形式, 且边界项为

$$F = -\frac{\gamma m q^2}{2\left(\gamma t + \delta\right)}. \tag{5.101}$$

可见作用量在变换下不变. 亦即, 变换式 (5.99) 是作用量式 (5.98) 的对称性. 而且因为变换参数是常数, 所以是整体对称性. 为了应用诺特定理, 需要考虑无穷小变换. 因为恒等变换对应 $\alpha = \delta = 1$ 和 $\beta = \gamma = 0$, 于是无穷小变换即对应 (注意有式 (5.100) 的约束条件)$\alpha = 1 + \epsilon$, $\delta = 1 - \epsilon$, 以及 $\beta, \gamma \neq 0$, 其中 ϵ, β, γ 是 3 个独立的无穷小参数. 由式 (5.99) 知, 无穷小变换为

$$\delta_s t = \tilde{t} - t = \frac{\left(1 + \epsilon\right) t + \beta}{\gamma t + 1 - \epsilon} - t \approx \beta + 2\epsilon t - \gamma t^2$$

和

$$\Delta q = \tilde{q}\left(\tilde{t}\right) - q\left(t\right) = \frac{q}{\gamma t + 1 - \epsilon} - q \approx \epsilon q - \gamma t q.$$

由式 (5.59), 得到

$$\delta_s q = \Delta q - \delta_s t \, \dot{q} = -\beta \dot{q} + \epsilon \left(q - 2t\dot{q}\right) + \gamma \left(-tq + t^2\dot{q}\right).$$

边界项式 (5.101) 的无穷小形式为 $F = -\dfrac{\gamma m q^2}{2}$. 将无穷小变换代入式 (5.72), 并利用拉格朗日量的具体形式, 得到

$$\mathcal{Q} = m\dot{q} \left[-\beta\dot{q} + \epsilon \left(q - 2t\dot{q}\right) + \gamma \left(-tq + t^2\dot{q}\right) \right]$$
$$+ \left(\frac{1}{2} m\dot{q}^2 - \frac{\lambda}{q^2} \right) \left(\beta + 2\epsilon t - \gamma t^2\right) + \frac{\gamma m q^2}{2}$$
$$= -\beta H + \epsilon D + \gamma K.$$

因为 β, ϵ, γ 是 3 个独立的无穷小常数, 所以上式实际是 3 个运动常数的线性组合:

$$\text{时间平移:} \quad H \equiv \frac{1}{2}m\dot{q}^2 + \frac{\lambda}{q^2}, \tag{5.102}$$

$$\text{标度变换:} \quad D \equiv -mt\dot{q}^2 + m\dot{q}q - 2t\frac{\lambda}{q^2}, \tag{5.103}$$

$$\text{共形变换:} \quad K \equiv \frac{1}{2}mt^2\dot{q}^2 - mt\dot{q}q + \frac{1}{2}mq^2 + \lambda\frac{t^2}{q^2}. \tag{5.104}$$

可以利用运动方程验证, H, D, K 确实是系统的运动常数, 即满足 $\dfrac{\mathrm{d}H}{\mathrm{d}t} = \dfrac{\mathrm{d}D}{\mathrm{d}t} = \dfrac{\mathrm{d}K}{\mathrm{d}t} = 0$. 单自由度系统有 2 个独立的运动常数. 可以验证, H, D, K 满足关系 $D^2 - 4HK + 2\lambda m = 0$, 所以只有 2 个是独立的. 在例 14.2 中, 我们将在哈密顿力学中对这一系统的对称性与运动常数做进一步讨论.

习　题

5.1 单自由度系统的拉格朗日量为 $L = L(t, q, \dot{q})$.

(1) 证明运动方程可以具体写成 $\dfrac{\partial^2 L}{\partial \dot{q}^2}\ddot{q} + \dfrac{\partial^2 L}{\partial q \partial \dot{q}}\dot{q} + \dfrac{\partial^2 L}{\partial t \partial \dot{q}} - \dfrac{\partial L}{\partial q} = 0$;

(2) 若将 L 换成全导数 $\dfrac{\mathrm{d}F(t, q)}{\mathrm{d}t}$, 证明其自动满足 (1) 中的运动方程, 即是恒等式, 并据此说明若两个拉格朗日量 L 和 $\tilde{L}$ 相差时间全导数, 即有 $\tilde{L} - L = \dfrac{\mathrm{d}F}{\mathrm{d}t}$, 则给出相同的运动方程.

5.2 某单自由度系统的拉格朗日量为 $L = a\dot{q}^2 + bq^3\ddot{q} + c\ddot{q}q^3 + d\ddot{q}\dot{q}q^2$, 其中 a, b, c, d 都是常数. 求与 L 相差时间全导数的、不含广义加速度 $\ddot{q}$ 的等价拉格朗日量 $\tilde{L}$.

5.3 已知质量 $m = 1$ 的一维谐振子的拉格朗日量为 $L = \frac{1}{2}\dot{q}^2 - \frac{1}{2}\omega^2 q^2$, 考虑拉格朗日量 $\tilde{L} = \dfrac{1}{12}\dot{q}^4 + \dfrac{\omega^2}{2}q^2\dot{q}^2 - \dfrac{\omega^4}{4}q^4$.

(1) 证明 L 运动方程的解也是 $\tilde{L}$ 运动方程的解;

(2) 证明 $\tilde{L}$ 不能表达成 $\tilde{L} = L + \dfrac{\mathrm{d}F(t, q)}{\mathrm{d}t}$ 的形式.

5.4 利用广义坐标和广义速度的变换关系, 证明式 (5.49).

5.5 已知一维谐振子的拉格朗日量为 $L = \frac{1}{2}m\dot{q}^2 - \frac{1}{2}m\omega^2 q^2$, 利用运动方程, 证明 $C(t, q, \dot{q}) = \arctan\left(\dfrac{\omega q}{\dot{q}}\right) - \omega t$ 是运动常数.

5.6 考虑例 2.8 中光滑细杆上的小球, 如图 2.9 所示, 假设细杆放在光滑水平面上, 且绕一端以恒定角速度 ω 旋转.

(1) 选取合适的广义坐标, 写出粒子的拉格朗日量并求其运动方程;

(2) 求粒子的能量函数 h, 并分析其是否是运动常数;

(3) 粒子的能量函数 h 和总能量 $E \equiv T + V$ 相等吗? 为什么?

(4) 粒子的总能量 $E \equiv T + V$ 是运动常数吗? 尝试解释原因.

5.7 如图 5.8所示, 两个质量分别为 m_1 和 m_2 的粒子, 限制在半径为 R 的光滑球面上运动. 设两粒子之间有相互作用势能 $V = V_0 (1 - \cos \alpha)$, 这里 V_0 是常数, α 为两粒子相对球心的张角. 选择合适的广义坐标, 写出系统的拉格朗日量, 并分析其运动常数.

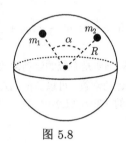

图 5.8

5.8 假设拉格朗日量 $L = L(t, \boldsymbol{q}, \dot{\boldsymbol{q}})$ 中某个 q^a 为循环坐标, 则其共轭动量是运动常数. 现在有另一拉格朗日量与 L 相差全导数 $\tilde{L} = L + \dfrac{\mathrm{d}F(t, \boldsymbol{q})}{\mathrm{d}t}$.

(1) 对于 $\tilde{L}$ 来说, q^a 的共轭动量还是不是运动常数?

(2) 既然相差时间全导数的拉格朗日量等价, 怎么解释 q^a 的共轭动量既是运动常数又不是运动常数的矛盾?

5.9 考虑一个带电粒子, 受在空间中分布的静电荷的势能影响, 忽略所有其他相互作用. 考虑静电荷的下列各种空间分布, 从对称性出发, 说明粒子的动量和角动量的哪些分量是守恒的.

(1) 静电荷均匀分布在无限大的水平面上 $(z = 0)$;

(2) 静电荷均匀分布在半无限大的水平面上 $(z = 0, y > 0)$;

(3) 静电荷均匀分布在无限长的 z 轴上;

(4) 静电荷均匀分布在半无限长的 z 轴上部 $(z > 0)$;

(5) 静电荷均匀分布在两根平行于 z 轴的无限长的直线上;

(6) 静电荷均匀分布在水平圆环上.

5.10 已知非相对论极限下磁场中带电粒子的拉格朗日量为 $L = \dfrac{1}{2}mv^2 + \dfrac{e}{c} \boldsymbol{v} \cdot \boldsymbol{A}$, 其中 c 是光速, e 是电荷, $\boldsymbol{v} \equiv \dot{\boldsymbol{x}}$ 是粒子的速度, $\boldsymbol{A}$ 是矢势. 假设 $\boldsymbol{A} = \dfrac{1}{2}\boldsymbol{B} \times \boldsymbol{x}$, 其中 $\boldsymbol{B} \equiv B\boldsymbol{e}_z$ 是 z 方向的均匀磁场.

(1) 求粒子的运动方程, 证明其具有 $\dot{\boldsymbol{v}} = \boldsymbol{v} \times \boldsymbol{\omega}$ 的形式, 并求 $\boldsymbol{\omega}$;

(2) 写出拉格朗日量在柱坐标 $\{r, \phi, z\}$ 中的形式, 证明虽然 ϕ 是循环坐标, 但是角动量的 z 分量 $J_z \equiv mr^2\dot{\phi}$ 却并不是运动常数, 并解释原因.

5.11 阻尼谐振子的运动方程可由拉格朗日量 $L = e^{2\lambda t}\left(\dfrac{1}{2}m\dot{q}^2 - \dfrac{1}{2}m\omega^2 q^2\right)$ 得到, 这里 q 是广义坐标, m, ω, λ 是常数.

(1) 求 L 对应的能量函数 h, 其是否是运动常数?

(2) 引入新的广义坐标 $\tilde{q} \equiv \mathrm{e}^{\lambda t} q$, 求用 $\tilde{q}$ 表示的拉格朗日量 $\tilde{L}$(用分部积分化简);

(3) 求 $\tilde{L}$ 对应的能量函数 $\tilde{h}$, 其是否是运动常数? 分析 $\tilde{h}$ 和 h 的关系.

5.12　考虑一维谐振子, 频率是时间的函数 $\omega = \omega(t)$, 拉格朗日量为 $L = \dfrac{1}{2}m\dot{q}^2 - \dfrac{1}{2}m\omega^2(t)q^2$. 证明若 $\rho(t)$ 满足微分方程 $\ddot{\rho} - \dfrac{1}{\rho^3} + \omega^2(t)\rho = 0$, 则 $C(t, q, \dot{q}) = (\rho\dot{q} - \dot{\rho}q)^2 + \dfrac{q^2}{\rho^2}$ 是运动常数.

5.13　证明诺特条件式 (5.66) 可以等价地写成

$$\left(\frac{\partial L}{\partial q^a} - \frac{\mathrm{d}}{\mathrm{d}t}\frac{\partial L}{\partial \dot{q}^a}\right)\delta_\mathrm{s} q^a + \frac{\mathrm{d}}{\mathrm{d}t}\left(\frac{\partial L}{\partial \dot{q}^a}\Delta q^a - h\delta_\mathrm{s} t\right) = \frac{\mathrm{d}F}{\mathrm{d}t},$$

式中 $h \equiv \dfrac{\partial L}{\partial \dot{q}^a}\dot{q}^a - L$ 是能量函数, 或

$$\frac{\partial L}{\partial q^a}\Delta q^a + \frac{\partial L}{\partial \dot{q}^a}\Delta \dot{q}^a + \frac{\partial L}{\partial t}\delta_\mathrm{s} t + L\frac{\mathrm{d}(\delta_\mathrm{s} t)}{\mathrm{d}t} = \frac{\mathrm{d}F}{\mathrm{d}t},$$

其中 $\Delta\dot{q}^a$ 由式 (5.65) 给出.

5.14　已知受非保守力 $F = -\gamma\dot{q}^2$ 作用的一维谐振子的运动方程可以由拉格朗日量 $L = \dfrac{1}{2}\mathrm{e}^{2\gamma q}\dot{q}^2$ 得到, 其中 γ 是常数.

(1) 求其运动方程;

(2) 求其能量函数 h, 并证明 h 是运动常数等价于 $C_1 = \dot{q}\mathrm{e}^{\gamma q}$ 是常数;

(3) 确定 β 的值, 使得作用量在变换 $(\beta, \lambda$ 都是常数$)t \to \tilde{t} = \mathrm{e}^{\beta\lambda}t, q(t) \to \tilde{q}(\tilde{t}) = q(t) + \lambda$ 下不变;

(4) 根据诺特定理, 利用 (3) 的结果, 证明 $C_2 \equiv (\gamma t\dot{q} - 1)\dot{q}\mathrm{e}^{2\gamma q}$ 是运动常数;

(5) 利用这两个运动常数 C_1 和 C_2, 从中消去 $\dot{q}$, 可以得到 q 的解 $q(t) = A + \dfrac{1}{\gamma}\ln(B + \gamma t)$, 确定 A 和 B 的形式, 并证明其满足 (1) 的运动方程.

5.15　考虑某 2 自由度系统, 拉格朗日量为 $L = \dfrac{1}{2}m(\dot{x}^2 + \dot{y}^2) - \alpha x - \beta y$, 其中 α, β 是非零常数.

(1) 证明在无穷小变换 $x \to \tilde{x} = x + \epsilon\beta, y \to \tilde{y} = y - \epsilon\alpha$ 下作用量不变;

(2) 根据诺特定理, 证明 $C = \beta\dot{x} - \alpha\dot{y}$ 是运动常数;

(3) 选取新的广义坐标 $X = \alpha x + \beta y$ 和 $Y = \beta x - \alpha y$, 求拉格朗日量在新广义坐标 X, Y 下的形式, 并分析是否存在循环坐标;

(4) 分析 (3) 中循环坐标对应的共轭动量与 (2) 中所求的运动常数的关系.

第 6 章　辅 助 变 量

6.1　拉格朗日乘子法

到目前为止, 我们对最小作用量原理的讨论都不涉及约束, 即我们假定系统的所有广义坐标都是独立的. 但是, 有必要将最小作用量原理推广到带有约束的情况.

首先, 对于完整系统, 此前的做法是通过观察约束的存在, 选择独立的广义坐标, 然后用这些独立的广义坐标写出系统的拉格朗日量. 这一做法在概念上是非常简单的. 但是, 在实际操作中, 因为约束的形式可能非常复杂, 难以定出合适的独立广义坐标. 同时, 因为需要反解约束方程, 将不独立坐标表达成独立坐标, 所以用独立的广义坐标表达的拉格朗日量往往数学形式上非常复杂. 此外, 在很多情况下, 不解出约束, 带着约束分析问题, 往往更直接、更能反映系统的对称性. 其次, 对于非完整约束, 用来描写系统位形的广义坐标 (在变分的意义上) 天然就是不独立的, 因此也无法写出用独立的广义坐标表达的拉格朗日量.

所以问题归结为, 如果我们事先知道了约束的存在, 即已知作用量 $S[q]$ 中的广义坐标不独立, 满足某些约束——完整或非完整, 这时, 虽然作用量的变分仍然是

$$\delta S[q] \simeq - \int \mathrm{d}t \left(\frac{\mathrm{d}}{\mathrm{d}t} \frac{\partial L}{\partial \dot{q}^a} - \frac{\partial L}{\partial q^a} \right) \delta q^a = 0,$$

但是由于 δq^a 不是互相独立的, 所以无法定出 s 个独立的运动方程. 那么这时变分法应该如何操作? 如何通过最小作用量原理得到正确的运动方程? 幸运的是, 对于已知约束的系统, 有一个标准且有效的处理方法, 即**拉格朗日乘子法** (method of Lagrange multipliers).

6.1.1　函数的条件极值

我们已经多次将泛函和多元函数类比. 拉格朗日乘子法已经出现在多元函数的条件极值中, 且具有直观的几何意义. 以二元函数 $F = F(x, y)$ 为例, 我们需要寻找 F 在变量 x 和 y 满足约束

$$\phi(x, y) = 0 \tag{6.1}$$

时取极值的条件. 如图 6.1所示, 约束方程对应 $\{x, y\}$-平面上的曲线 (图中粗实线), 函数的等高线为图中细实线. F 取极值的必要条件为一阶微分为零, 即

$$\mathrm{d}F = \frac{\partial F}{\partial x}\mathrm{d}x + \frac{\partial F}{\partial y}\mathrm{d}y = 0. \tag{6.2}$$

如果不考虑约束, 即要求 $\dfrac{\partial F}{\partial x} = 0$ 和 $\dfrac{\partial F}{\partial y} = 0$, 对应驻点 (图中 A 点). 由于约束的存在, x 和 y 是不独立的, 而被限制在约束曲线上移动. 如果约束曲线与等高线不平行 (还在 "跨越" 等高线), 则沿着约束曲线函数的值还在增加或减少. 只有当约束曲线和等高线平行时, 沿着约束曲线函数的值才不再变化, 即达到了极值. 约束曲线与等高线平行, 等价于函数的梯度 ∇F 与约束曲线的法向 $\nabla \phi$ 平行, 即

$$\nabla F = -\lambda \nabla \phi, \tag{6.3}$$

从而得到

$$\frac{\partial F}{\partial x} + \lambda \frac{\partial \phi}{\partial x} = 0, \quad \frac{\partial F}{\partial y} + \lambda \frac{\partial \phi}{\partial y} = 0, \tag{6.4}$$

其中 λ 为常数.

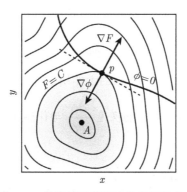

图 6.1　拉格朗日乘子法的几何意义

这里的常数 λ 即**拉格朗日乘子** (Lagrange multiplier). 在引入拉格朗日乘子 λ 后, 式 (6.4) 中的 2 个方程, 加上约束方程 (6.1), 3 个独立的方程对应 3 个未知变量 x, y, λ. 拉格朗日乘子法的妙处在于, 这 3 个方程正好相当于要求 "扩展" 的 3 元函数

$$\tilde{F}(x, y, \lambda) \equiv F(x, y) + \lambda \phi(x, y) \tag{6.5}$$

在将 x, y, λ 视为 3 个独立变量的情况下的极值条件, 即

$$
\mathrm{d}\tilde{F} = \frac{\partial \tilde{F}}{\partial x}\mathrm{d}x + \frac{\partial \tilde{F}}{\partial y}\mathrm{d}y + \frac{\partial \tilde{F}}{\partial \lambda}\mathrm{d}\lambda = \left(\frac{\partial F}{\partial x} + \lambda\frac{\partial \phi}{\partial x}\right)\mathrm{d}x + \left(\frac{\partial F}{\partial y} + \lambda\frac{\partial \phi}{\partial y}\right)\mathrm{d}y + \phi\mathrm{d}\lambda = 0.
$$

$$(6.6)$$

特别是, 拉格朗日乘子作为独立变量, 对应的正是约束方程.

6.1.2　完整约束

拉格朗日乘子法可以直接应用到完整系统. 对于作用量 $S = \displaystyle\int \mathrm{d}t L\left(t, \boldsymbol{q}, \dot{\boldsymbol{q}}\right)$,
作用量取极值要求

$$
\delta S \simeq -\int \mathrm{d}t\left(\frac{\mathrm{d}}{\mathrm{d}t}\frac{\partial L}{\partial \dot{q}^a} - \frac{\partial L}{\partial q^a}\right)\delta q^a \equiv \int \mathrm{d}t\frac{\delta S}{\delta q^a}\delta q^a = 0. \tag{6.7}
$$

简单起见, 考虑存在 1 个完整约束的情形, 约束方程为

$$
\phi\left(t, \boldsymbol{q}\right) = 0. \tag{6.8}
$$

对于多个完整约束的推广是直接的. 完整约束式 (6.8) 诱导出广义坐标变分之间
的关系

$$
\delta\phi = \frac{\partial \phi}{\partial q^a}\delta q^a = 0, \tag{6.9}
$$

即广义坐标的变分并不是完全独立的, 而是只能限制在约束面上 (见图 2.13). 与
多元函数情形类似, 泛函导数 $\dfrac{\delta S}{\delta q^a}$ 相当于作用量 S 在位形空间中的 "梯度". 因
此与式 (6.3) 类似, 只有当约束面的梯度 $\dfrac{\partial \phi}{\partial q^a}$ 与作用量的 "梯度" $\dfrac{\delta S}{\delta q^a}$ 平行时, 作
用量在约束面上取极值, 即

$$
\frac{\delta S}{\delta q^a} = -\lambda\frac{\partial \phi}{\partial q^a}, \quad a = 1, \cdots, s. \tag{6.10}
$$

这里拉格朗日乘子 $\lambda\left(t\right)$ 一般也是时间参数 t 的函数, 但是和 $\{\boldsymbol{q}\}$ 及 $\{\dot{\boldsymbol{q}}\}$ 无关.
式 (6.10) 中的 s 个方程与约束方程 (6.8), 一共 $s + 1$ 个方程, 对应 $s + 1$ 个未知
变量 $\{\boldsymbol{q}\}$ 和 λ. 妙处在于, 这 $s + 1$ 个方程正好是 "扩展" 的作用量

$$
\boxed{\tilde{S}\left[\boldsymbol{q}, \lambda\right] \equiv \int \mathrm{d}t\tilde{L} = \int \mathrm{d}t\left[L\left(t, \boldsymbol{q}, \dot{\boldsymbol{q}}\right) + \lambda\left(t\right)\phi\left(t, \boldsymbol{q}\right)\right],} \tag{6.11}
$$

将广义坐标 $\{q\}$ 和拉格朗日乘子 λ 全部视为独立变量所对应的 $s+1$ 个欧拉-拉格朗日方程:

$$\frac{\mathrm{d}}{\mathrm{d}t}\frac{\partial \tilde{L}}{\partial \dot{q}^a} - \frac{\partial \tilde{L}}{\partial q^a} = \frac{\mathrm{d}}{\mathrm{d}t}\frac{\partial L}{\partial \dot{q}^a} - \frac{\partial L}{\partial q^a} - \lambda\frac{\partial \phi}{\partial q^a} = 0, \quad a = 1, \cdots, s, \tag{6.12}$$

$$\frac{\mathrm{d}}{\mathrm{d}t}\frac{\partial \tilde{L}}{\partial \dot{\lambda}} - \frac{\partial \tilde{L}}{\partial \lambda} = -\phi = 0. \tag{6.13}$$

与多元函数情形一样, 将拉格朗日乘子 λ 视为一个独立变量, 其运动方程就是约束方程.

例 6.1 用拉格朗日乘子法求解单摆

再次考虑单摆问题, 如图 2.3(a) 所示. 设单摆在平面内摆动, 取直角坐标, 杆长为 l, 杆的约束即 $\phi(x,y) \equiv x^2 + y^2 - l^2 = 0$, 为完整约束. 无约束的拉格朗日量为 $L = \frac{1}{2}m(\dot{x}^2 + \dot{y}^2) - mgy$, 应用拉格朗日乘子法, 扩展的作用量即为

$$S[x,y,\lambda] = \int \mathrm{d}t\,(L + \lambda\phi) = \int \mathrm{d}t\left[\frac{1}{2}m(\dot{x}^2 + \dot{y}^2) - mgy + \lambda(x^2 + y^2 - l^2)\right].$$

将 x, y, λ 视为 3 个独立变量, 变分得到

$$-m\ddot{x} + 2\lambda x = 0, \quad -m\ddot{y} - mg + 2\lambda y = 0, \quad x^2 + y^2 - l^2 = 0.$$

注意对 λ 变分对应约束方程本身. 3 个方程正好对应 3 个变量 x, y, λ. (求解略)

例 6.2 用拉格朗日乘子法求解二维球面上的自由粒子

考虑半径为 R 的球面, 一粒子约束在球面上运动, 忽略摩擦和重力. 这个问题中粒子的自由度为 2, 可以直接取球面坐标 $\{\theta, \phi\}$. 这里我们取 3 维直角坐标, 一方面展示拉格朗日乘子法的应用, 同时保留约束, 可以更直观地体现系统的对称性. 3 维直角坐标下球面的约束即

$$\phi(x,y,z) \equiv x^2 + y^2 + z^2 - R^2 = 0, \tag{6.14}$$

为完整约束. 应用拉格朗日乘子法写出作用量

$$S[x,y,z,\lambda] = \int \mathrm{d}t\left[\frac{1}{2}m(\dot{x}^2 + \dot{y}^2 + \dot{z}^2) + \lambda(x^2 + y^2 + z^2 - R^2)\right],$$

变分得到 x, y, z 的运动方程

$$m\ddot{x} - 2\lambda x = 0, \quad m\ddot{y} - 2\lambda y = 0, \quad m\ddot{z} - 2\lambda z = 0, \tag{6.15}$$

以及约束方程 (6.14), 一共 4 个方程, 对应 4 个未知变量. 式 (6.15) 意味着 $\frac{\ddot{x}}{x} = \frac{\ddot{y}}{y} = \frac{\ddot{z}}{z} = \frac{2\lambda}{m}$, 因为 x, y, z 都是独立变量, 其成立的条件为当且仅当拉格朗日乘子 λ 取常数.

对约束式 (6.14) 求时间导数得到

$$\dot{\phi} = 2x\dot{x} + 2y\dot{y} + 2z\dot{z} \equiv 2\boldsymbol{x} \cdot \dot{\boldsymbol{x}} = 0, \tag{6.16}$$

上式意味着粒子的速度切于球面. 对式 (6.16) 再求时间导数得到 $\dot{\boldsymbol{x}}^2 + \boldsymbol{x} \cdot \ddot{\boldsymbol{x}} = 0$, 而由式 (6.15) 和 (6.14) 知, $\boldsymbol{x} \cdot \ddot{\boldsymbol{x}} = x\ddot{x} + y\ddot{y} + z\ddot{z} = \dfrac{2\lambda}{m}\left(x^2 + y^2 + z^2\right) = \dfrac{2\lambda}{m}R^2$, 代入上式得到

$$\dot{\boldsymbol{x}}^2 = -\frac{2\lambda}{m}R^2. \tag{6.17}$$

根据上面的分析, λ 为常数, 使上式有意义必须要求 $\lambda < 0$. 同时式 (6.17) 也意味着, 粒子以恒定的速度大小沿着球面运动. 实际上式 (6.17) 即 $E \equiv \dfrac{1}{2}m\dot{\boldsymbol{x}}^2 = -\lambda R^2$. 在 3 维直角坐标下粒子有 3 个自由度, 状态空间由 $\{\boldsymbol{x}, \boldsymbol{v}\}$ 共 6 个变量描述. 上面的分析表明, 球面给出这 6 个变量的 3 个约束 $\boldsymbol{x}^2 = R^2$, $\boldsymbol{x} \cdot \boldsymbol{v} = 0$ 和 $\boldsymbol{v}^2 = \dfrac{2E}{m}$, 其中动能 E 待定, 因此独立变量的个数为 $6 + 1 - 3 = 4$, 这与球面上粒子的自由度为 $\dfrac{1}{2} \times 4 = 2$ 也是自洽的.

6.1.3 非完整约束

由以上讨论知, 拉格朗日乘子法的关键在于约束可以视为位形空间中的曲面, 从而给出形如式 (6.9) 的广义坐标变分的线性关系. 这对于非完整系统一般是不成立的, 因此拉格朗日乘子法一般不能推广到非完整系统. 对于形如 $\phi(t, \boldsymbol{q}, \dot{\boldsymbol{q}}) = 0$ 的非完整约束, 仿照式 (6.11) 写出作用量

$$\int \mathrm{d}t \left[L\left(t, \boldsymbol{q}, \dot{\boldsymbol{q}}\right) + \lambda\left(t\right)\phi\left(t, \boldsymbol{q}, \dot{\boldsymbol{q}}\right)\right], \tag{6.18}$$

并将 $\{\boldsymbol{q}\}$ 和 λ 视为独立变量做变分, 并不能得到非完整系统正确的运动方程, 即作用量式 (6.18) 并不能正确描述非完整系统. 实际上, 一般的非完整系统并不能纳入最小作用量原理的框架内[①].

一个例外是当非完整约束具有如下形式

$$\phi(t, \boldsymbol{q}, \dot{\boldsymbol{q}}) = A_a(t, \boldsymbol{q})\dot{q}^a + B(t, \boldsymbol{q}) = 0, \tag{6.19}$$

即只包含广义速度的 "线性项" 时, 拉格朗日乘子方法也是适用的. 这是因为, 式 (6.19) 意味着 $\phi\mathrm{d}t = A_a\mathrm{d}q^a + B\mathrm{d}t = 0$. 在任一瞬时 $(\mathrm{d}t = 0)$, 广义坐标的变分即满足约束关系

$$A_a\delta q^a = 0. \tag{6.20}$$

---

① 当然, 直接从式 (6.18) 出发, 将 $\{\boldsymbol{q}\}$ 和 λ 视为独立变量, 也是一个自洽的理论, 被称为所谓 "vakonomic 力学" (vakonomic mechanics). 问题在于, 其运动方程并不是非完整系统正确的运动方程.

这具有和式 (6.9) 同样的形式, 只是式 (6.9) 中的"梯度" $\dfrac{\partial \phi}{\partial q^a}$ 被换成了一般的

"矢量" A_a. 仿照完整约束的思路, 即要求泛函的梯度 $\dfrac{\delta S}{\delta q^a}$ 与 A_a 成正比,

$$\frac{\delta S}{\delta q^a} = -\lambda A_a. \tag{6.21}$$

等价地, 即要求

$$\boxed{\int \mathrm{d}t\, (\delta L + \lambda A_a \delta q^a) = 0}, \tag{6.22}$$

即得到运动方程

$$\boxed{\frac{\mathrm{d}}{\mathrm{d}t} \frac{\partial L}{\partial \dot{q}^a} - \frac{\partial L}{\partial q^a} = \lambda A_a}, \quad a = 1, \cdots, s. \tag{6.23}$$

完整约束的式 (6.12) 可以认为是式 (6.23) 中 $A_a \to \dfrac{\partial \phi}{\partial q^a}$ 的特殊情况.

例 6.3 拉格朗日乘子法求解一维无滑滚动的圆盘

如图 6.2所示, 圆盘在固定的斜面上做无滑动的滚动. 圆盘质量为 m, 质量均匀分布, 半径为 R, 斜面的倾角为 α.

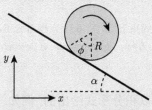

图 6.2 斜面上滚动的圆盘

取广义坐标为圆盘在斜面上的滚动距离 x 和圆盘转角 ϕ. 已知圆盘绕垂直盘面中心轴的转动惯量为 $\dfrac{1}{2}mR^2$. 不考虑约束时的拉格朗日量 $L = T - V = \dfrac{1}{2}m\dot{x}^2 + \dfrac{1}{4}mR^2\dot{\phi}^2 + mgx\sin\alpha$. 无滑条件为

$$f \equiv \dot{x} - R\dot{\phi} = 0. \tag{6.24}$$

对于一维滚动情形, 式 (6.24) 其实是可积微分约束, 所以等价于完整约束 $x - R\phi =$ 常数. 但是我们保留式 (6.24) 的形式, 以展示如何用拉格朗日乘子法处理微分约束问题. 约束方程 (6.24) 只包含广义速度的线性项, 于是有 $\delta x - R\delta\phi = 0$. 应用拉格朗日乘

子法, 即要求

$$0 = \int dt \left(\delta L + \lambda \left(\delta x - R \delta \phi \right) \right) \simeq \int dt \left[\left(-m\ddot{x} + mg\sin\alpha + \lambda \right) \delta x - \left(\frac{1}{2}mR^2\ddot{\phi} + \lambda R \right) \delta \phi \right],$$

从而得到 x 和 ϕ 的运动方程 $m\ddot{x} - mg\sin\alpha - \lambda = 0$ 和 $\frac{1}{2}mR\ddot{\phi} + \lambda = 0$. 再加上约束方程 (6.24), 3 个方程对应 3 个未知变量 x, y, λ.

例 6.4 拉格朗日乘子法求解水平面上纯滚动的轮子

考虑例 2.10 中水平面上无滑动滚动的圆盘, 见图 2.11. 我们已在例 2.10 中详细讨论过其约束, 现在用拉格朗日乘子法得到其运动方程. 已知圆盘绕平行盘面中心轴的转动惯量为 $\frac{1}{4}mR^2$, 绕垂直盘面中心轴的转动惯量为 $\frac{1}{2}mR^2$. 在不考虑约束时, 圆盘的拉格朗日量为

$$L = \frac{1}{2}m\left(\dot{x}^2 + \dot{y}^2\right) + \frac{1}{8}mR^2\dot{\theta}^2 + \frac{1}{4}mR^2\dot{\phi}^2.$$

约束方程 (2.25) 为 $\phi_1 \equiv \dot{x} - R\dot{\phi}\cos\theta = 0$ 和 $\phi_2 \equiv \dot{y} - R\dot{\phi}\sin\theta = 0$, 只包含广义速度的线性项. 于是得到对应的约束关系, $\delta x - R\delta\phi\cos\theta = 0$ 和 $\delta y - R\delta\phi\sin\theta = 0$. 应用拉格朗日乘子法, 式 (6.22) 要求

$$0 = \int dt \left[\delta L + \lambda_1 \left(\delta x - R\delta\phi\cos\theta \right) + \lambda_2 \left(\delta y - R\delta\phi\sin\theta \right) \right],$$

整理得到广义坐标 x, y, θ, ϕ 的运动方程

$$m\ddot{x} = \lambda_1, \quad m\ddot{y} = \lambda_2, \quad \ddot{\theta} = 0, \quad \frac{1}{2}mR\ddot{\phi} = -\lambda_1\cos\theta - \lambda_2\sin\theta.$$

这 4 个运动方程再加上 2 个约束方程, 共 6 个方程对应 6 个未知变量 $x, y, \theta, \phi, \lambda_1, \lambda_2$. 将约束方程求导, 再结合运动方程, 得到 $\ddot{\phi} = 0$. 这意味着 $\dot{x}^2 + \dot{y}^2 = R^2\dot{\phi}^2 =$ 常数, 即圆盘在做匀速圆周滚动.

还有一种非完整约束是以积分形式给出的, 例如

$$\int dt \phi \left(t, \boldsymbol{q}, \dot{\boldsymbol{q}} \right) = C = 常数, \tag{6.25}$$

这类约束被称为**等周约束** (isoperimetric constraint). 例如, 固定长度的闭合曲线所围面积、固定面积的封闭曲面所围体积、固定长度链条在重力场中的形状等问题即涉及等周约束. 等周约束也可以用拉格朗日乘子方法处理. 这是因为等周约束式 (6.25) 的积分是一个常数, 而作用量加上常数不影响极值, 所以

$$S \text{取极值} \Leftrightarrow \left(S + \lambda \int dt \phi \right) \text{取极值}, \tag{6.26}$$

这里拉格朗日乘子 λ 必须是个常数. 因此, 对于等周约束式 (6.25), 应用拉格朗日乘子法即相当于对扩展的作用量

$$\tilde{S}[\boldsymbol{q}] = \int \mathrm{d}t\,(L + \lambda\phi) = \int \mathrm{d}t\,(L(t, \boldsymbol{q}, \dot{\boldsymbol{q}}) + \lambda\phi(t, \boldsymbol{q}, \dot{\boldsymbol{q}})), \qquad (6.27)$$

在将 $\{\boldsymbol{q}\}$ 全部视为独立的情况下, 求变分极值. 对于等周约束, 拉格朗日乘子 λ 是个常数 (其值待定), 不参与变分.

例 6.5 包围最大面积的定长封闭曲线为圆周

取平面直角坐标, 平面上的曲线参数化为 $x = x(s), y = y(s)$, 这里 s 是曲线的参数. 封闭曲线所围面积为

$$A = \frac{1}{2}\oint_C (x\mathrm{d}y - y\mathrm{d}x) = \frac{1}{2}\oint_C \mathrm{d}s\,(x\dot{y} - y\dot{x}).$$

这里 $\dot{x} \equiv \dfrac{\mathrm{d}x(s)}{\mathrm{d}s}, \dot{y} \equiv \dfrac{\mathrm{d}y(s)}{\mathrm{d}s}$. 设曲线长度固定为 C, 对应的等周约束即

$$\oint_C \sqrt{\mathrm{d}x^2 + \mathrm{d}y^2} = \oint_C \mathrm{d}s\sqrt{\dot{x}^2 + \dot{y}^2} = C. \qquad (6.28)$$

于是拉格朗日乘子法要求泛函

$$A + \lambda C = \oint_C \mathrm{d}s\left[\frac{1}{2}(x\dot{y} - y\dot{x}) + \lambda\sqrt{\dot{x}^2 + \dot{y}^2}\right],$$

在将 x 和 y 视为独立变量的情况下取极值. 对 x 变分得到方程 (注意 λ 为常数)

$$\dot{y} - \lambda\frac{\mathrm{d}}{\mathrm{d}s}\left(\frac{\dot{x}}{\sqrt{\dot{x}^2 + \dot{y}^2}}\right) = 0 \quad \Rightarrow \quad y - \lambda\frac{\dot{x}}{\sqrt{\dot{x}^2 + \dot{y}^2}} = y_0, \qquad (6.29)$$

这里 y_0 是常数. 由 $x \leftrightarrow y$ 的对称性知, y 的方程为

$$\dot{x} + \lambda\frac{\mathrm{d}}{\mathrm{d}s}\left(\frac{\dot{y}}{\sqrt{\dot{x}^2 + \dot{y}^2}}\right) = 0 \quad \Rightarrow \quad x + \lambda\frac{\dot{y}}{\sqrt{\dot{x}^2 + \dot{y}^2}} = x_0, \qquad (6.30)$$

这里 x_0 是常数. 由式 (6.29) 和 (6.30) 得到 $(x - x_0)^2 + (y - y_0)^2 = \lambda^2$. 这是一个以 (x_0, y_0) 为圆心、半径为 λ 的圆. 拉格朗日乘子亦即半径 λ 的值由等周约束方程 (6.28) 给出.

例 6.6 最大熵概率分布

孤立系统在平衡态的概率分布使得系统的熵取极大值, 被称作**最大熵概率分布** (maximum entropy probability distribution). 假设系统处于某个能量 E 的概率密度为 $\rho(E)$, 则系统的熵为 $S[\rho] = \displaystyle\int \mathrm{d}E\rho\ln\rho$. 孤立系统需要满足两个约束条件: 其一

是总能量守恒, $\int \mathrm{d}E\rho E = \mathcal{E} = $ 常数; 其二是概率密度的归一化条件, $\int \mathrm{d}E\rho = 1$. 两个约束以积分形式出现, 可视为等周约束. 因此, 使得熵取极值的概率分布即要求泛函

$$\tilde{S}[\rho] = \int \mathrm{d}E\rho\ln\rho + \beta\int \mathrm{d}E\rho E + \lambda\int \mathrm{d}E\rho$$

取极值, 这里 β 和 λ 为拉格朗日乘子, 都是常数. 对 ρ 变分得到 $\delta\tilde{S} = \int \mathrm{d}E(\ln\rho + 1 + \beta E + \lambda)\delta\rho = 0$, 从中解出 $\rho = \mathrm{e}^{-\lambda-1}\mathrm{e}^{-\beta E}$. 这正是著名的**玻尔兹曼分布** (Boltzmann distribution).

6.2　辅助变量与有效作用量

拉格朗日量一般是时间、广义坐标和广义速度的函数. 在 5.2节中我们看到, 拉格朗日量可以不显含某个 (某些) 广义坐标或时间, 分别对应广义动量和能量的守恒. 但是到目前为止, 我们总是默认拉格朗日量包含所有的广义速度. 引入拉格朗日乘子 λ 后, 如果将 λ 也当成一个广义坐标, 拉格朗日量 $\tilde{L} \equiv L + \lambda f$ 中没有其对应的广义速度 $\dot{\lambda}$.

推而广之, 我们将广义坐标分成两类. 一类是广义速度出现在拉格朗日量中, 被称作**动力学变量** (dynamical variable). 另一类是广义速度 (及更高阶的时间导数) 不出现在拉格朗日量中, 换句话说, 只有广义坐标本身出现在拉格朗日量中, 被称作**非动力学变量** (non-dynamical variable) 或者**辅助变量** (auxiliary variable). 在这个意义上, 拉格朗日乘子是辅助变量的一个特例, 即拉格朗日量是拉格朗日乘子 λ 的线性函数.

一般地, 同时包含动力学变量和辅助变量的拉格朗日量具有形式

$$L = L(t, \boldsymbol{q}, \dot{\boldsymbol{q}}; \boldsymbol{\chi}), \tag{6.31}$$

其中广义坐标分为两类,

$$\text{动力学变量:}\quad \{q^a\}, \quad a = 1, \cdots, s, \tag{6.32}$$
$$\text{辅助变量:}\quad \{\chi^\alpha\}, \quad \alpha = 1, \cdots, m. \tag{6.33}$$

辅助变量本身没有独立的动力学方程 (即包含加速度), 不能脱离动力学变量存在, 其演化由动力学变量完全确定, 其存在的效果只是帮助改变了动力学变量的演化行为. 这也正是辅助变量这个名字的意义.

简单起见, 我们考虑一个动力学变量和一个辅助变量的情形, 作用量为

$$S[q;\chi] = \int \mathrm{d}t L(t,q,\dot{q};\chi),\qquad(6.34)$$

其中 q 为动力学变量; χ 的广义速度没有出现在拉格朗日量中, 为辅助变量. q 和 χ 的运动方程分别为

$$\frac{\partial L(t,q,\dot{q};\chi)}{\partial q} - \frac{\mathrm{d}}{\mathrm{d}t}\frac{\partial L(t,q,\dot{q};\chi)}{\partial \dot{q}} = 0,\qquad(6.35)$$

$$\frac{\partial L(t,q,\dot{q};\chi)}{\partial \chi} = 0.\qquad(6.36)$$

辅助变量 χ 的运动方程 (6.36) 是 χ 的代数方程, 如果 $\dfrac{\partial^2 L}{\partial \chi^2} \neq 0$, 原则上可以从中将 χ 解出得到

$$\chi = \chi(t,q,\dot{q}).\qquad(6.37)$$

式 (6.37) 表明 χ 由 q 完全确定, 即没有自身独立的动力学演化. 将式 (6.37) 代入式 (6.35), 得到

$$\left.\frac{\partial L(t,q,\dot{q};\chi)}{\partial q}\right|_{\chi=\chi(t,q,\dot{q})} - \frac{\mathrm{d}}{\mathrm{d}t}\left(\left.\frac{\partial L(t,q,\dot{q};\chi)}{\partial \dot{q}}\right|_{\chi=\chi(t,q,\dot{q})}\right) = 0,\qquad(6.38)$$

即得到只包含单变量 q 的运动方程. 另一方面, 若将式 (6.37) 直接代回原始作用量式 (6.34), 则得到只包含动力学变量 q 的作用量[①]

$$S_{\mathrm{eff}}[q] := \int \mathrm{d}t L(t,q,\dot{q};\chi(t,q,\dot{q})) \equiv \int \mathrm{d}t L_{\mathrm{eff}}(t,q,\dot{q}),\qquad(6.39)$$

可以验证 (见习题 6.4), $S_{\mathrm{eff}}[q]$ 对 q 的变分将给出 q 的运动方程 (6.38). 因此, $S_{\mathrm{eff}}[q]$ 也被称作动力学变量 q 的**有效作用量** (effective action), 相应地 $L_{\mathrm{eff}}(t,q,\dot{q})$ 也被称作 q 的有效拉格朗日量. 这里 "有效" 的意思是由 $S_{\mathrm{eff}}[q]$ 直接得到的运动方程与原始作用量的运动方程等价.

正如约束一样, 虽然原则上可以将辅助变量消除, 得到动力学变量的有效作用量, 但是有时候这样做并非上策. 在很多情况下保留, 甚至人为引入辅助变量可以使问题的处理更加方便, 或者更有物理意义 (例如更明显地体现对称性).

---

① 在 5.2.1节 (见例 5.4) 曾经指出, 运动方程一般不能代回拉格朗日量. 读者不妨思考为什么对于辅助变量, 可以将其解 (即运动方程) 代回原始拉格朗日量.

例 6.7 辅助变量与有效拉格朗日量

考虑 2 个变量的系统, 拉格朗日量为

$$L\left(q,\dot{q};\chi\right) = \frac{1}{2}m\dot{q}^2 - \frac{1}{2}kq^2 + a\dot{q}\chi + b\chi^2, \tag{6.40}$$

这里 m, k, a, b 都是常数, 其中 q 为动力学变量, χ 为辅助变量. 当 $a = b = 0$ 时, 其就是单自由度谐振子的拉格朗日量. 对 q 和 χ 分别做变分, 得到各自的运动方程

$$m\ddot{q} + kq + a\dot{\chi} = 0, \quad a\dot{q} + 2b\chi = 0. \tag{6.41}$$

当 $b \neq 0$ 时, 从 χ 的运动方程中可以解出 χ,

$$\chi = -\frac{a}{2b}\dot{q}, \tag{6.42}$$

代入 q 的运动方程得到

$$0 = m\ddot{q} + kq + a\frac{\mathrm{d}}{\mathrm{d}t}\left(-\frac{a}{2b}\dot{q}\right) = \left(m - \frac{a^2}{2b}\right)\ddot{q} + kq, \tag{6.43}$$

其是单变量 q 的运动方程. 等价地, 可以将 χ 的解式 (6.42) 直接代回原始拉格朗日量式 (6.40) 中, 得到

$$L\left(q,\dot{q};\chi\right)\Big|_{\chi=-\frac{a}{2b}\dot{q}} = \frac{1}{2}\left(m - \frac{a^2}{2b}\right)\dot{q}^2 - \frac{1}{2}kq^2 \equiv L_{\text{eff}}\left(q,\dot{q}\right),$$

$L_{\text{eff}}\left(q,\dot{q}\right)$ 即单变量 q 的有效拉格朗日量, 对其变分将直接得到 q 的运动方程 (6.43). 在这个例子中, 辅助变量 χ 的存在使得 q 的有效质量从 m 变成了 $m - \frac{a^2}{2b}$.

例 6.8 宇宙的膨胀与时间重参数化对称性

天文观测表明宇宙在大尺度上是空间均匀且各向同性的, 因此时空的度规具有一般形式 $\mathrm{d}s^2 = -n^2\left(t\right)\mathrm{d}t^2 + a^2\left(t\right)\mathrm{d}\boldsymbol{x}^2$, 其中 $a\left(t\right)$ 刻画宇宙空间坐标的整体膨胀, 称作**尺度因子** (scale factor); $n\left(t\right)$ 衡量时间流逝的快慢, 称为 "时移函数" (lapse function). 根据广义相对论, 宇宙的膨胀可以由如下的作用量描述:

$$S\left[n,a,\phi\right] = \int \mathrm{d}t\left(-3a\frac{\dot{a}^2}{n} + \frac{1}{2}a^3\frac{\dot{\phi}^2}{n} - na^3V\left(\phi\right)\right), \tag{6.44}$$

其中 ϕ 代表宇宙中的物质部分. 有趣的是, 上面的拉格朗日量中不含 n 的广义速度, 因此 n 是辅助变量. 变分得到 n, a, ϕ 的运动方程, 分别为

$$\frac{\dot{\phi}^2}{2n^2} + V - 3\frac{\dot{a}^2}{a^2n^2} = 0, \tag{6.45}$$

$$\frac{2}{n}\frac{\mathrm{d}}{\mathrm{d}t}\left(\frac{\dot{a}}{an}\right) + 3\frac{\dot{a}^2}{a^2n^2} + \frac{\dot{\phi}^2}{2n^2} - V = 0, \tag{6.46}$$

$$\frac{1}{a^3 n} \frac{\mathrm{d}}{\mathrm{d}t} \left(a^3 \frac{\dot{\phi}}{n} \right) + \frac{\mathrm{d}V}{\mathrm{d}\phi} = 0. \tag{6.47}$$

方程 (6.45) 和 (6.46) 即著名的**弗里德曼方程** (Friedmann equations). 利用式 (6.45), 能量函数为

$$h = \dot{n} \frac{\partial L}{\partial \dot{n}} + \dot{a} \frac{\partial L}{\partial \dot{a}} + \dot{\phi} \frac{\partial L}{\partial \dot{\phi}} - L = a^3 n \underbrace{\left(\frac{\dot{\phi}^2}{2n^2} + V - \frac{3\dot{a}^2}{n^2 a^2} \right)}_{=0} = 0. \tag{6.48}$$

可见, 宇宙的能量函数为零. 正如能量函数守恒是时间平移不变性的反映, "能量函数为零"实际是"加强版"的时间对称性的反映——即在时间的任意重参数化变换 $t \to \tilde{t}(t)$ 下, 作用量不变. 可以验证, 若在时间的重参数化下, 时移函数 $n(t) \to \tilde{n}(\tilde{t})$ 的变换满足 $n(t)\,\mathrm{d}t \equiv \tilde{n}(\tilde{t})\,\mathrm{d}\tilde{t}$(同时有 $\tilde{a}(\tilde{t}) \equiv a(t)$ 和 $\tilde{\phi}(\tilde{t}) \equiv \phi(t)$), 则作用量形式不变 (见习题 6.5). 系统具有时间重参数化的对称性还体现在运动方程上. 可以验证, 式 (6.45)~ (6.47) 这 3 个方程不是独立的, 有

$$\frac{1}{a^3 \dot{\phi}} \frac{\mathrm{d}}{\mathrm{d}t} \left(a^3 式\,(6.45) \right) + 3 \frac{\dot{a}}{a \dot{\phi}} 式\,(6.46) \equiv 式\,(6.47). \tag{6.49}$$

与拉格朗日乘子法的情形不同, 现在独立运动方程的个数少于变量的个数. 这将导致给定初始条件无法唯一确定系统的演化, 换句话说, 系统的解可以包含任意的时间 t 的函数. 这一现象被称作**规范对称性** (gauge symmetry). 顾名思义, 解中包含时间 t 的任意函数——所谓"规范", 不会对系统的演化造成影响. 时间重参数化不变性即是一种规范对称性, 而能量函数为零则是时间重参数化不变性的必然结果. 对此的进一步研究将带领我们进入规范理论和约束系统的广阔天地.

6.3 拉格朗日乘子与辅助变量的其他技巧

拉格朗日乘子法除了可用于处理带约束的变分问题, 还可用来得到形式不同却等价的拉格朗日量.

6.3.1 广义速度的线性化

考虑作用量

$$S[q] = \int \mathrm{d}t L(t, q, \dot{q}), \tag{6.50}$$

其中拉格朗日量是广义速度 $\dot{q}$ 的非线性函数, 即有 $\dfrac{\partial^2 L}{\partial \dot{q}^2} \neq 0$. 通过引入拉格朗日乘子 λ 与辅助变量 χ, 可以写出如下的作用量

$$S[q, \lambda, \chi] = \int \mathrm{d}t \left[L(t, q, \chi) + \lambda(\chi - \dot{q}) \right]. \tag{6.51}$$

根据上面的讨论, 作用量式 (6.51) 所对应的 λ 的运动方程即

$$\chi - \dot{q} = 0, \tag{6.52}$$

其是辅助变量 χ 的代数方程, 可以从中解出 $\chi = \dot{q}$, 再代回式 (6.51), 即回到原始的作用量式 (6.50). 原则上, 式 (6.51) 中的拉格朗日乘子可以解出. 将式 (6.51) 对辅助变量 χ 变分得到运动方程 $\dfrac{\partial L\,(t,q,\chi)}{\partial \chi} + \lambda = 0$, 其是拉格朗日乘子 λ 的代数方程, 可以从中解出 $\lambda = -\dfrac{\partial L\,(t,q,\chi)}{\partial \chi}$, 代回式 (6.51) 得到

$$S\,[q,\chi] = \int \mathrm{d}t \left[L\,(t,q,\chi) - \frac{\partial L\,(t,q,\chi)}{\partial \chi}\,(\chi - \dot{q}) \right]. \tag{6.53}$$

式 (6.53) 中已经不含有拉格朗日乘子, 而只有动力学变量 q 和辅助变量 χ. 可以验证, 若将式 (6.53) 对辅助变量 χ 变分, 并将 χ 的解代回式 (6.53), 将再次回到原始作用量式 (6.50). 总之, 作用量式 (6.50) 有两种等价的作用量式 (6.51) 和 (6.53). 相对于作用量式 (6.50), 式 (6.51) 和 (6.53) 形式的好处之一是其中的广义速度 $\dot{q}$ 线性地出现在拉格朗日量中, 这在讨论哈密顿力学时, 可以更方便地得到哈密顿量的显式表达.

例 6.9 一维谐振子拉格朗日量的等价形式

一维谐振子的拉格朗日量为 $L = \dfrac{1}{2}m\dot{q}^2 - \dfrac{1}{2}kq^2$, 其可以写成两种等价的形式. 由式 (6.51) 得

$$L' = \frac{1}{2}m\chi^2 - \frac{1}{2}kq^2 + \lambda\,(\chi - \dot{q}),$$

由式 (6.53) 知, 将拉格朗日乘子 λ 解出后, 得到

$$L'' = \frac{1}{2}m\chi^2 - \frac{1}{2}kq^2 - m\chi\,(\chi - \dot{q}) = -\frac{1}{2}m\chi^2 - \frac{1}{2}kq^2 + m\chi\dot{q}.$$

6.3.2　高阶导数的降阶

到目前为止, 我们考虑的拉格朗日量中最高只包含广义坐标的一阶导数. 若拉格朗日量中含有高阶的时间导数, 例如对于单个变量 q,

$$S\,[q] = \int \mathrm{d}t L\,(t,q,\dot{q},\ddot{q}), \tag{6.54}$$

通过引入拉格朗日乘子 λ 与新的变量 ξ, 可以写出等价作用量

$$S\,[q,\xi,\lambda] = \int \mathrm{d}t \left(L\left(t,q,\dot{q},\dot{\xi}\right) + \lambda\,(\xi - \dot{q}) \right). \tag{6.55}$$

拉格朗日乘子 λ 的运动方程即 $\xi - \dot{q} = 0$, 其是 ξ 的代数方程, 从中解出 $\xi = \dot{q}$, 代回式 (6.55) 即得到原始的作用量式 (6.54). 式 (6.55) 可视为 2 个动力学变量 q 和 ξ, 以及拉格朗日乘子 λ 的作用量, 其中拉格朗日量具有通常的形式, 即只包含变量及其一阶导数. 拉格朗日量中高阶导数的存在意味着更高阶的运动方程, 从而需要更多的初始条件才能确定系统的演化, 即自由度的增多. 从降阶的等价作用量式 (6.55) 可以更明显地看出这一点.

例 6.10 高阶导数拉格朗日量的降阶

考虑拉格朗日量 $L = \frac{1}{2}\ddot{q}^2 - V(q)$, 其运动方程为 $\dddot{q} - \dfrac{\mathrm{d}V}{\mathrm{d}q} = 0$, 为 4 阶微分方程. 定解需要 4 个初始条件, 意味着系统其实含有 2 个自由度. 为了更明显地看出这一点, 引入拉格朗日乘子 α 和新变量 ξ, 写出等价的不含有高阶导数的拉格朗日量 $L_{(1)} = \frac{1}{2}\dot{\xi}^2 - V(q) + \alpha(\xi - \dot{q})$. 进一步再将 $\dot{\xi}$ 线性化, 写出等价拉格朗日量

$$L_{(2)} = \frac{1}{2}\chi^2 - V(q) + \alpha(\xi - \dot{q}) + \beta\left(\chi - \dot{\xi}\right).$$

将 $L_{(2)}$ 对 χ 和 ξ 变分得到方程 $\chi + \beta = 0$ 和 $\alpha + \dot{\beta} = 0$, 从中解出 $\beta = -\chi$ 和 $\alpha = -\dot{\beta} \equiv \dot{\chi}$, 代回 $L_{(2)}$ 得到

$$L_{(3)} = \frac{1}{2}\chi^2 - V(q) + \dot{\chi}(\xi - \dot{q}) - \chi\left(\chi - \dot{\xi}\right) \simeq -\dot{\chi}\dot{q} - \frac{1}{2}\chi^2 - V(q).$$

$L_{(3)}$ 是 2 个变量 q 和 χ 的拉格朗日量. 为了进一步看出其意义, 做变量代换 $x = \dfrac{1}{\sqrt{2}}(q + \chi)$ 和 $y = \dfrac{1}{\sqrt{2}}(q - \chi)$, 于是 $L_{(3)}$ 可以写成

$$L_{(4)} = -\frac{1}{2}\dot{x}^2 + \frac{1}{2}\dot{y}^2 - U(x, y),$$

其中 $U(x, y) = \frac{1}{4}(x - y)^2 + V\left(\dfrac{1}{\sqrt{2}}(x + y)\right)$. 由 $L_{(4)}$ 的形式可以很清楚地看出, 该系统含有 2 个动力学自由度. 且其中一个自由度 (这里即 x) 的动能项具有 "错误" 的符号, 这也是高阶导数理论中著名的 "Ostrogradsky 不稳定性" 的来源.

习　题

6.1　由量子力学知, 质量为 m 的粒子, 置于长、宽、高分别为 a, b, c 的方盒子中, 具有能量 $E = \dfrac{h^2}{8m}\left(\dfrac{1}{a^2} + \dfrac{1}{b^2} + \dfrac{1}{c^2}\right)$, 其中 h 为普朗克常量. 假设盒子的体积固定为 V. 证明当盒子是立方体 (即 $a = b = c$) 时, 粒子的能量取极值.

6.2　习题 1.5中的细绳, 因为绳长固定, 因此实际是一个等周约束问题.

(1) 用拉格朗日乘子法求细绳形状所满足的方程;

(2) 求解细绳的形状, 证明其是悬链线 (见例 1.4).

6.3　一质量为 m 的粒子, 固定在无质量弹簧一端, 弹簧另一端悬挂于固定点, 整个系统在竖直平面内运动. 弹簧的自由长度为 l, 劲度系数为 k. 选弹簧的长度 r 和与竖直方向的夹角 θ 为广义坐标.

(1) 写出系统的作用量 $S[r,\theta]$ 并求运动常数;

(2) 在 $k \to \infty$(即弹簧非常硬) 且总能量保持不变的极限下分析系统的运动, 证明在此极限下, r 被约束为一个常值 (即该自由度被"冻结");

(3) 说明在此极限下, 系统等价于杆长固定为 l 的单摆 (单自由度), 这时劲度系数 k 在原始作用量 $S[r,\theta]$ 中起到完整约束的拉格朗日乘子的作用.

6.4　证明动力学变量 q 的有效作用量式 (6.39) 可以给出运动方程式 (6.38).

6.5　证明在时间重参数化变换 $t \to \tilde{t}$ 下, 若 $\tilde{n}(\tilde{t})$ 满足 $n(t)\,\mathrm{d}t \equiv \tilde{n}(\tilde{t})\,\mathrm{d}\tilde{t}$, 同时有 $\tilde{a}(\tilde{t}) = a(t)$ 和 $\tilde{\phi}(\tilde{t}) = \phi(t)$, 则作用量式 (6.44) 形式不变, 即具有时间重参数化对称性.

6.6　质量为 m 的粒子在水平面上运动, 假设受非完整约束作用, 约束方程为 $\dot{x} - \alpha y = 0$, 其中 α 是常数.

(1) 利用拉格朗日乘子法, 写出粒子的运动方程;

(2) 求粒子运动方程的通解.

6.7　考虑习题 2.7中冰刀的运动, 假设冰刀质量为 m, 绕质心的转动惯量为 I.

(1) 利用拉格朗日乘子法求冰刀的运动方程;

(2) 求冰刀运动方程的通解.

6.8　在拉格朗日乘子法中, 运动方程 $\dfrac{\mathrm{d}}{\mathrm{d}t}\dfrac{\partial L}{\partial \dot{q}^a} - \dfrac{\partial L}{\partial q^a} = \lambda A_a$ 的右边 $Q_a \equiv \lambda A_a$ 可以视为约束所导致的广义力, 即约束力. 如图 6.3所示, 小球从半径 R 的固定光滑圆环上滑落, 初始速度为零. 取平面极坐标 $\{r,\phi\}$, 则圆环可视为约束 $\varPhi \equiv r - R = 0$.

(1) 用拉格朗日乘子法求小球的运动方程;

(2) 求圆环对小球的约束力;

(3) 小球下落至何处时, 约束力为零?

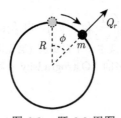

图 6.3　题 6.8 用图

6.9　考虑习题 2.2中系统的运动. 在水平面上取极坐标, 将软绳视为约束.

(1) 用拉格朗日乘子法求系统的运动方程;

(2) 求细绳的拉力.

6.10　考虑习题 4.4中硬杆的运动, 取直角坐标, 将墙壁和地面视为约束.

(1) 用拉格朗日乘子法求硬杆的运动方程;

(2) 求硬杆下滑过程中, 墙壁和地面对硬杆的支撑力.

第 7 章　微分变分原理

从变分法的角度, 作用量是对拉格朗日量的积分, 所以最小作用量原理是积分形式的变分原理. 历史上还引入过一些微分形式的变分原理, 包括达朗贝尔原理、约尔当原理和高斯最小约束原理等, 可以统称为**微分变分原理** (differential variational principle).

7.1　达朗贝尔原理

7.1.1　虚位移与虚功

达朗贝尔原理所涉及的概念很大程度上是牛顿力学式的, 特别体现在 "力" 与 "功" 这类概念的引入. 按照牛顿力学的观念, 一切影响运动的因素都归结为力. 既然运动被约束限制, 这种限制自然也归结为所谓**约束力** (constraint force), 即迫使力学系统遵守约束条件的力. 相应地, 和约束无关的力 (即约束消失仍然存在) 被称作**主动力** (applied force). 约束力这个概念虽然很直接, 却带来了技术上的复杂性. 运动方程中的约束力不能预先确定, 是未知量的一部分, 只能用运动方程和约束方程联合求解.

作为一种变分原理, 达朗贝尔原理将广义坐标的变分称作**虚位移** (virtual displacement), 即系统在任意的瞬时, 满足约束条件的无穷小位移. 力 (包括主动力和约束力) 在虚位移下所做的功即**虚功** (virtual work). 考虑 N 个粒子构成的粒子系统. 第 α 个粒子受到的主动力记为 $\boldsymbol{F}_{(\alpha)}$, 约束力记为 $\boldsymbol{N}_{(\alpha)}$. 则第 α 个粒子主动力的虚功即 $\boldsymbol{F}_{(\alpha)} \cdot \delta\boldsymbol{x}_{(\alpha)}$, 约束力的虚功即 $\boldsymbol{N}_{(\alpha)} \cdot \delta\boldsymbol{x}_{(\alpha)}$. 与图 2.13 类似, 某个粒子的虚位移平行于约束面, 约束力则垂直于约束面, 即虚位移与约束力总是垂直的 $\boldsymbol{N} \cdot \delta\boldsymbol{x} = 0$. 受此启发, 如果系统所有粒子所受约束力所做的虚功之和为零, 即

$$\sum_{\alpha=1}^{N} \boldsymbol{N}_{(\alpha)} \cdot \delta\boldsymbol{x}_{(\alpha)} = 0, \tag{7.1}$$

则该系统的约束称为**理想约束** (ideal constraint). 注意, 理想约束是系统所受全部约束的一个整体性质, 而不是某一个或某几个约束的性质. 以下我们只讨论理想约束.

7.1.2　达朗贝尔原理的表述

达朗贝尔原理的出发点是牛顿运动方程. 考虑 N 个粒子组成的粒子系统, 每一个粒子都满足牛顿第二定律 $\boldsymbol{F}_{(\alpha)} + \boldsymbol{N}_{(\alpha)} = m_{(\alpha)}\ddot{\boldsymbol{x}}_{(\alpha)}$, 即

$$\boldsymbol{F}_{(\alpha)} + \boldsymbol{N}_{(\alpha)} - m_{(\alpha)}\ddot{\boldsymbol{x}}_{(\alpha)} = 0, \quad \alpha = 1, \cdots, N. \tag{7.2}$$

在牛顿力学中, $-m_{(\alpha)}\ddot{\boldsymbol{x}}_{(\alpha)}$ 可视为第 α 个质点所受的**惯性力** (inertial force). 设第 α 个粒子的虚位移为 $\delta\boldsymbol{x}_{(\alpha)}$, 将式 (7.2) 与 $\delta\boldsymbol{x}_{(\alpha)}$ 作点乘, 并对所有粒子求和, 得到

$$\sum_{\alpha=1}^{N} \left(\boldsymbol{F}_{(\alpha)} + \boldsymbol{N}_{(\alpha)} - m_{(\alpha)}\ddot{\boldsymbol{x}}_{(\alpha)} \right) \cdot \delta\boldsymbol{x}_{(\alpha)} = 0. \tag{7.3}$$

而由理想约束条件式 (7.1) 知, 系统约束力总的虚功为零, 因此

$$\boxed{\sum_{\alpha=1}^{N} \left(\boldsymbol{F}_{(\alpha)} - m_{(\alpha)}\ddot{\boldsymbol{x}}_{(\alpha)} \right) \cdot \delta\boldsymbol{x}_{(\alpha)} = 0.} \tag{7.4}$$

式 (7.4) 意味着理想约束系统所受主动力和惯性力产生的总虚功为零, 这就是**达朗贝尔原理** (d'Alembert's principle)[①]. 在达朗贝尔原理中, 约束力在方程中不再出现, 从而简化了计算. 达朗贝尔原理式 (7.4) 有一个简单的几何解释: 因为虚位移 $\delta\boldsymbol{x}_{(\alpha)}$ 总是满足约束, 即平行于约束面的, 因此式 (7.3) 相当于牛顿运动方程 (7.2) 在平行于约束面方向的投影. 而理想约束的约束力 $\boldsymbol{N}_{(\alpha)}$ 可以认为是垂直于约束面的, 因此在投影之下自然消失了, 即得到式 (7.4).

如果系统已经达到平衡状态, 即有 $\boldsymbol{x}_{(\alpha)} =$ 常数, 因此 $\ddot{\boldsymbol{x}}_{(\alpha)} = 0$. 这时, 达朗贝尔原理式 (7.4) 意味着

$$\sum_{\alpha=1}^{N} \boldsymbol{F}_{(\alpha)} \cdot \delta\boldsymbol{x}_{(\alpha)} = 0, \tag{7.5}$$

即系统达到平衡的条件是所有主动力所做虚功之和为零, 也被称作**虚功原理** (principle of virtual work).

例 7.1　用虚功原理求解平衡问题

如图 7.1 所示, 四根长度同为 l 的硬杆用无摩擦的铰链连接, 系统的位形由广义坐标 θ 完全确定. 若左右方向受到力 F_1 的挤压, 上下方向受力 F_2 的挤压. 建立直角坐标, 由几何关系 $x_A = -l\cos\theta$, $x_B = l\cos\theta$, $y_C = -l\sin\theta$ 和 $y_D = l\sin\theta$, 则虚功原

[①] 达朗贝尔原理由法国数学家、哲学家达朗贝尔 (Jean d'Alembert, 1717—1783) 在 1743 年提出. 达朗贝尔原理也被称作 "达朗贝尔-拉格朗日原理" (d'Alembert-Lagrange principle).

理要求

$$0 \equiv \delta W_A + \delta W_B + \delta W_C + \delta W_D = F_1 \delta x_A - F_1 \delta x_B + F_2 \delta y_C - F_2 \delta y_D$$
$$= 2l \left(F_1 \sin \theta - F_2 \cos \theta \right) \delta \theta,$$

即要求 $F_1 \sin \theta - F_2 \cos \theta = 0$, 因此达到平衡时满足 $\theta = \arctan \dfrac{F_2}{F_1}$. 相比受力分析的做法, 用虚功原理可以更简便地求解平衡问题.

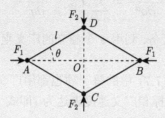

图 7.1　用虚功原理求解平衡问题

7.2　由达朗贝尔原理导出拉格朗日方程

通过达朗贝尔原理, 可以将牛顿第二定律改造成拉格朗日方程的形式. 由于约束的存在, 各个粒子的虚位移 $\delta \boldsymbol{x}_{(\alpha)}$ 不独立, 所以从式 (7.4) 并不能得到

$$\boldsymbol{F}_{(\alpha)} - m_{(\alpha)} \ddot{\boldsymbol{x}}_{(\alpha)} = 0, \quad \alpha = 1, \cdots N$$

的结论. 因此, 首先需要将达朗贝尔原理用独立的广义坐标表达. 对于 N 个粒子组成的系统, 假设存在 k 个完整约束, 于是可以选取 $s = 3N - k$ 个独立的广义坐标 $\{q^a\}$, $a = 1, \cdots, s$. 第 α 个粒子的直角坐标 $\boldsymbol{x}_{(\alpha)}$ 用广义坐标 $\{\boldsymbol{q}\}$ 表示为 $\boldsymbol{x}_{(\alpha)} = \boldsymbol{x}_{(\alpha)}(t, \boldsymbol{q})$. 直角坐标的虚位移为

$$\delta \boldsymbol{x}_{(\alpha)} = \frac{\partial \boldsymbol{x}_{(\alpha)}}{\partial q^a} \delta q^a, \quad \alpha = 1, \cdots, N. \tag{7.6}$$

将式 (7.6) 代入式 (7.4), 得到

$$\sum_{\alpha=1}^{N} \left(\boldsymbol{F}_{(\alpha)} - m_{(\alpha)} \ddot{\boldsymbol{x}}_{(\alpha)} \right) \cdot \frac{\partial \boldsymbol{x}_{(\alpha)}}{\partial q^a} \delta q^a = 0.$$

s 个广义坐标是互相独立的, 因此上式的成立要求每一个 δq^a 前的系数都为零, 即得到 s 个独立的方程,

$$\sum_{\alpha=1}^{N} \left(\boldsymbol{F}_{(\alpha)} - m_{(\alpha)} \ddot{\boldsymbol{x}}_{(\alpha)} \right) \cdot \frac{\partial \boldsymbol{x}_{(\alpha)}}{\partial q^a} = 0, \quad a = 1, \cdots, s.$$

即

$$\sum_{\alpha=1}^{N} m_{(\alpha)} \ddot{\boldsymbol{x}}_{(\alpha)} \cdot \frac{\partial \boldsymbol{x}_{(\alpha)}}{\partial q^a} = \sum_{\alpha=1}^{N} \boldsymbol{F}_{(\alpha)} \cdot \frac{\partial \boldsymbol{x}_{(\alpha)}}{\partial q^a}, \quad a = 1, \cdots, s. \tag{7.7}$$

现在我们已经完成第一个任务, 利用 s 个独立的广义坐标, 由达朗贝尔原理得到 s 个独立的方程.

接下来我们希望将式 (7.7) 中的每一项也都用广义坐标和广义速度表示. 首先, 直角坐标速度用广义坐标和广义速度表达为 (即式 (4.63))

$$\dot{\boldsymbol{x}}_{(\alpha)} \equiv \frac{\partial \boldsymbol{x}_{(\alpha)}}{\partial q^a} \dot{q}^a + \frac{\partial \boldsymbol{x}_{(\alpha)}}{\partial t}. \tag{7.8}$$

因此

$$\frac{\partial \dot{\boldsymbol{x}}_{(\alpha)}}{\partial \dot{q}^a} = \frac{\partial \boldsymbol{x}_{(\alpha)}}{\partial q^a}. \tag{7.9}$$

式 (7.9) 实际就是坐标变换所诱导的速度变换式 (2.13) 的特殊情况. 利用式 (7.9), 式 (7.7) 的左边变形为

$$\begin{aligned}
\text{左边} &= \frac{\mathrm{d}}{\mathrm{d}t} \left(\sum_{\alpha=1}^{N} m_{(\alpha)} \dot{\boldsymbol{x}}_{(\alpha)} \cdot \frac{\partial \boldsymbol{x}_{(\alpha)}}{\partial q^a} \right) - \sum_{\alpha=1}^{N} m_{(\alpha)} \dot{\boldsymbol{x}}_{(\alpha)} \cdot \frac{\mathrm{d}}{\mathrm{d}t} \frac{\partial \boldsymbol{x}_{(\alpha)}}{\partial q^a} \\
&= \frac{\mathrm{d}}{\mathrm{d}t} \left(\sum_{\alpha=1}^{N} m_{(\alpha)} \dot{\boldsymbol{x}}_{(\alpha)} \cdot \frac{\partial \dot{\boldsymbol{x}}_{(\alpha)}}{\partial \dot{q}^a} \right) - \sum_{\alpha=1}^{N} m_{(\alpha)} \dot{\boldsymbol{x}}_{(\alpha)} \cdot \frac{\partial \dot{\boldsymbol{x}}_{(\alpha)}}{\partial q^a} \\
&= \frac{\mathrm{d}}{\mathrm{d}t} \frac{\partial}{\partial \dot{q}^a} \underbrace{\left(\frac{1}{2} \sum_{\alpha=1}^{N} m_{(\alpha)} \dot{\boldsymbol{x}}_{(\alpha)}^2 \right)}_{=T} - \frac{\partial}{\partial q^a} \underbrace{\left(\frac{1}{2} \sum_{\alpha=1}^{N} m_{(\alpha)} \dot{\boldsymbol{x}}_{(\alpha)}^2 \right)}_{=T},
\end{aligned}$$

即

$$\text{左边} = \frac{\mathrm{d}}{\mathrm{d}t} \left(\frac{\partial T}{\partial \dot{q}^a} \right) - \frac{\partial T}{\partial q^a}. \tag{7.10}$$

系统总的动能 T 用广义坐标表达式 (4.64) 给出. 对于式 (7.7) 的右边, 定义广义力

$$\text{右边} = \sum_{\alpha=1}^{N} \boldsymbol{F}_{(\alpha)} \cdot \frac{\partial \boldsymbol{x}_{(\alpha)}}{\partial q^a} \equiv Q_a. \tag{7.11}$$

因为广义坐标不必是长度量纲, 所以广义力也不必是力的量纲. 最终我们得到一组完全用独立的广义坐标表达的动力学方程:

$$\frac{\mathrm{d}}{\mathrm{d}t}\left(\frac{\partial T}{\partial \dot{q}^a}\right) - \frac{\partial T}{\partial q^a} = Q_a, \quad a = 1, \cdots, s, \tag{7.12}$$

式 (7.12) 即拉格朗日方程.

7.2.1   保守系统

当系统所受主动力全部都是**保守力** (conservative force) 时,

$$\boldsymbol{F}_{(\alpha)} = -\frac{\partial V}{\partial \boldsymbol{x}_{(\alpha)}}, \tag{7.13}$$

这里 $V = V\left(\boldsymbol{x}_{(1)}, \cdots, \boldsymbol{x}_{(N)}\right) \equiv V\left(\boldsymbol{q}\right)$ 是势能, 只依赖于系统的位形. 式 (7.12) 中的广义力可以写成

$$Q_a = \sum_{\alpha=1}^{N} \boldsymbol{F}_{(\alpha)} \cdot \frac{\partial \boldsymbol{x}_{(\alpha)}}{\partial q^a} = -\sum_{\alpha=1}^{N} \frac{\partial V}{\partial \boldsymbol{x}_{(\alpha)}} \cdot \frac{\partial \boldsymbol{x}_{(\alpha)}}{\partial q^a} \equiv -\frac{\partial V}{\partial q^a}.$$

代入式 (7.12), 得到

$$\frac{\mathrm{d}}{\mathrm{d}t}\left(\frac{\partial T}{\partial \dot{q}^a}\right) - \frac{\partial T}{\partial q^a} = -\frac{\partial V}{\partial q^a}, \tag{7.14}$$

即

$$\frac{\mathrm{d}}{\mathrm{d}t}\left(\frac{\partial T}{\partial \dot{q}^a}\right) - \frac{\partial \left(T - V\right)}{\partial q^a} = 0. \tag{7.15}$$

因为势能与广义速度无关, $\dfrac{\partial T}{\partial \dot{q}^a} \equiv \dfrac{\partial \left(T - V\right)}{\partial \dot{q}^a}$. 因此, 若定义 $L \equiv T - V$, 式 (7.15) 可以进一步写成

$$\frac{\mathrm{d}}{\mathrm{d}t}\left(\frac{\partial L}{\partial \dot{q}^a}\right) - \frac{\partial L}{\partial q^a} = 0, \quad a = 1, \cdots, s, \tag{7.16}$$

式 (7.16) 即是完整、保守系统的拉格朗日方程, 其中 $L \equiv T - V$ 即拉格朗日量. 这里也再次看出, 拉格朗日量为牛顿力学的动能减去势能.

7.2.2   非保守系统

当主动力既有保守力又有非保守力时, 把保守力部分用 $-\dfrac{\partial V}{\partial q^a}$ 表示, 非保守力部分仍然用广义力 Q_a 表示, 这时拉格朗日方程变为

$$\frac{\mathrm{d}}{\mathrm{d}t}\left(\frac{\partial L}{\partial \dot{q}^a}\right) - \frac{\partial L}{\partial q^a} = Q_a, \quad a = 1, \cdots, s. \tag{7.17}$$

在第 6 章我们曾经指出, 非完整系统一般无法纳入最小作用量原理的框架内. 从这个意义上, 达朗贝尔原理比最小作用量原理更为一般, 因为其也可应用于非完整、非保守系统.

7.3　约尔当原理和高斯最小约束原理

7.3.1　约尔当原理

除了以虚位移为基础的达朗贝尔原理外, 历史上曾经还提出过分别以虚速度和虚加速度为基础的微分变分原理.

力在位移上的累积为功, 在速度上的累积即为功率. 相应地, 以虚速度为基础的**约尔当原理** (Jourdain's principle) 表述为[1]: 对于任意力学系统, 在任意时刻, 所有的主动力和惯性力在运动所允许的虚速度上累积的总的虚功率为零. 对于 N 个粒子组成的系统, 即有

$$\sum_{\alpha=1}^{N} \left(\boldsymbol{F}_{(\alpha)} - m_{(\alpha)} \ddot{\boldsymbol{x}}_{(\alpha)} \right) \cdot \delta \dot{\boldsymbol{x}}_{(\alpha)} = 0. \tag{7.18}$$

约尔当原理有时又被称为约尔当虚功率原理.

例 7.2　用约尔当原理求解力学问题

如图 7.2 所示, 一质量为 m 的滑块沿着倾角为 θ 的固定斜面下滑. 重力为主动力, 取如图所示直角坐标, 根据约尔当原理

$$(mg\sin\theta - m\ddot{x})\,\delta\dot{x} + (-mg\cos\theta - m\ddot{y})\,\delta\dot{y} = 0.$$

运动允许的虚速度只有 $\delta\dot{x}$, 而 $\delta\dot{y} \equiv 0$. 因此上式即意味着 $(mg\sin\theta - m\ddot{x})\,\delta\dot{x} = 0$, 而由虚速度 $\delta\dot{x}$ 的任意性, 得到滑块的运动方程为 $\ddot{x} = g\sin\theta$.

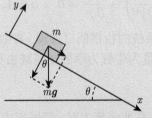

图 7.2　用约尔当原理求解力学问题

---

① 约尔当原理由英国逻辑学家约尔当 (Philip Jourdain, 1879—1919) 于 1908 年提出.

7.3.2　高斯最小约束原理

以虚加速度为基础的**高斯最小约束原理** (Gauss's principle of least constraint) 表述为[①]: 对于 N 个粒子组成的系统, 在理想约束情形, 在任意时刻位置、速度、约束条件相同的条件下, 对于所有加速度不同的运动, 真实的运动使得约束量

$$Z := \sum_{\alpha=1}^{N} \frac{1}{2m_{(\alpha)}} \left(\boldsymbol{F}_{(\alpha)} - m_{(\alpha)} \ddot{\boldsymbol{x}}_{(\alpha)} \right)^2 \tag{7.19}$$

取极小值, 即

$$\delta Z = -\sum_{\alpha=1}^{N} \left(\boldsymbol{F}_{(\alpha)} - m_{(\alpha)} \ddot{\boldsymbol{x}}_{(\alpha)} \right) \cdot \delta \ddot{\boldsymbol{x}}_{(\alpha)} = 0. \tag{7.20}$$

高斯最小约束原理也被称作高斯虚加速度原理. 约束量 Z 衡量的是系统对于自由运动的偏离. 与达朗贝尔原理及约尔当原理相比, 高斯最小约束原理对应二次型函数的极值问题, 便于计算机求解.

例 7.3 用高斯最小约束原理求解力学问题

考虑重力场中的粒子, 重力为主动力. 取直角坐标, x 方向为水平方向, z 方向为竖直向上, 有

$$Z = \frac{1}{2m} \left(-mg\boldsymbol{e}_z - m\ddot{x}\boldsymbol{e}_x - m\ddot{z}\boldsymbol{e}_z \right)^2 = \frac{m}{2} \left((g+\ddot{z})^2 + \ddot{x}^2 \right).$$

因此

$$\delta Z = m\left(g+\ddot{z}\right)\delta\ddot{z} + m\ddot{x}\delta\ddot{x} \quad \Rightarrow \quad \ddot{x} = 0, \quad \ddot{z} = -g.$$

习　　题

7.1　如图 7.3 所示, 半径为 R 的光滑半球形碗固定于桌面上, 长为 l ($2R < l < 4R$) 的筷子放在碗中, 一端在碗外. 用虚功原理求筷子静止时, 筷子位于碗内部分的长度 a.

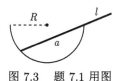

图 7.3　题 7.1 用图

---

① 高斯最小约束原理由德国著名数学家、物理学家、天文学家高斯 (Carl Gauss, 1777—1855) 于 1829 年提出, 其来自于高斯对于最小二乘法的研究.

7.2　用达朗贝尔原理导出图 2.5 中双摆的运动方程.

7.3　用达朗贝尔原理导出习题 4.5 中系统的运动方程.

7.4　选取合适的坐标, 用高斯最小约束原理导出平面单摆的运动方程.

第 8 章 两 体 问 题

8.1 两 体 系 统

两个相互作用的粒子组成的封闭系统即两体系统. 研究两体系统的运动问题即所谓**两体问题** (two-body problem). 通常两体问题有严格解.

两体问题可分为三类. 一种情况是两个粒子不会无限分离, 保持有限距离, 被称为**束缚态** (bound state). 例如, 月亮绕地球、地球绕太阳的运动, 以及经典图像下的电子绕原子核的运动. 另一种情况是两个粒子从无穷远处靠近, 经相互作用改变彼此的运动状态, 之后又相互分离至无穷远, 被称作**碰撞** (collision) 或**散射** (scattering). 例如, 粒子加速器中两粒子的对撞. 还有一种情况是两粒子经过相互作用合二为一, 或者一个粒子一分为二, 被称为**俘获** (capture) 或**衰变** (decay).

8.1.1 两体系统的拉格朗日量

设两粒子的质量分别为 m_1 和 m_2, 空间位置用直角坐标记为 $\boldsymbol{x}_1$ 和 $\boldsymbol{x}_2$. 两体系统的动能为

$$T = \frac{1}{2}m_1\dot{\boldsymbol{x}}_1^2 + \frac{1}{2}m_2\dot{\boldsymbol{x}}_2^2. \tag{8.1}$$

相互作用势能为 $V = V(\boldsymbol{x}_1, \boldsymbol{x}_2)$, 只和两个粒子的空间位置有关. 由空间的对称性, 可以对势能的形式作进一步的要求. 如果要求空间是均匀的, 即在空间平移变换 $\boldsymbol{x}_1 \to \boldsymbol{x}_1 + \boldsymbol{\xi}$ 和 $\boldsymbol{x}_2 \to \boldsymbol{x}_2 + \boldsymbol{\xi}$ 下, 拉格朗日量不变. 因为 $\boldsymbol{\xi}$ 是常矢量, 动能不变. 势能则意味着有 $V(\boldsymbol{x}_1, \boldsymbol{x}_2) = V(\boldsymbol{x}_1 + \boldsymbol{\xi}, \boldsymbol{x}_2 + \boldsymbol{\xi})$, 满足这一性质的函数形式只能是

$$V(\boldsymbol{x}_1, \boldsymbol{x}_2) = V(\boldsymbol{x}_1 - \boldsymbol{x}_2), \tag{8.2}$$

即空间均匀性决定相互作用势能只和相对位置有关. 如果进一步要求空间是各向同性的, 即在任意转动下也不变, 则势能具有形式

$$V(\boldsymbol{x}_1 - \boldsymbol{x}_2) = V(|\boldsymbol{x}_1 - \boldsymbol{x}_2|), \tag{8.3}$$

即只和两粒子的相对距离大小有关, 和方向无关.

总之, 在空间均匀和各向同性的要求下, 两体系统的拉格朗日量为

$$\boxed{L = \frac{1}{2}m_1\dot{\boldsymbol{x}}_1^2 + \frac{1}{2}m_2\dot{\boldsymbol{x}}_2^2 - V(|\boldsymbol{x}_1 - \boldsymbol{x}_2|).} \tag{8.4}$$

对于两体系统, 由于式 (8.4) 中相互作用势能 $V(|\boldsymbol{x}_1 - \boldsymbol{x}_2|)$ 的存在, 第一个粒子 $\boldsymbol{x}_1$ 的运动方程中包含第二个粒子的位置信息 $\boldsymbol{x}_2$, 反之亦然. 这种 "你中有我、我中有你" 的关系, 被称作**耦合** (coupled).

8.1.2　两体系统的退耦

以两体各自的坐标 $\boldsymbol{x}_1, \boldsymbol{x}_2$ 为变量, 两体系统的运动方程是耦合在一起的, 这为两体问题的求解带来困难. 幸运的是, 可以选取新的广义坐标使得两体系统**退耦** (decoupled), 即等效为两个相互独立的单粒子的运动.

考虑与 $\{\boldsymbol{x}_1, \boldsymbol{x}_2\}$ 满足线性关系的一组新的坐标 $\{\boldsymbol{y}_1, \boldsymbol{y}_2\}$, 线性变换关系为

$$\begin{pmatrix} \boldsymbol{x}_1 \\ \boldsymbol{x}_2 \end{pmatrix} = \begin{pmatrix} a & b \\ c & d \end{pmatrix} \begin{pmatrix} \boldsymbol{y}_1 \\ \boldsymbol{y}_2 \end{pmatrix}, \tag{8.5}$$

其中 a, b, c, d 为常数. 在式 (8.5) 的变换下, 动能项变为

$$\begin{aligned} T &= \frac{1}{2} \begin{pmatrix} \dot{\boldsymbol{x}}_1 & \dot{\boldsymbol{x}}_2 \end{pmatrix} \begin{pmatrix} m_1 & 0 \\ 0 & m_2 \end{pmatrix} \begin{pmatrix} \dot{\boldsymbol{x}}_1 \\ \dot{\boldsymbol{x}}_2 \end{pmatrix} \\ &= \frac{1}{2} \begin{pmatrix} \dot{\boldsymbol{y}}_1 & \dot{\boldsymbol{y}}_2 \end{pmatrix} \begin{pmatrix} m_1 a^2 + m_2 c^2 & m_1 ab + m_2 cd \\ m_1 ab + m_2 cd & m_1 b^2 + m_2 d^2 \end{pmatrix} \begin{pmatrix} \dot{\boldsymbol{y}}_1 \\ \dot{\boldsymbol{y}}_2 \end{pmatrix}. \end{aligned} \tag{8.6}$$

如果要求用新的变量 $\boldsymbol{y}_1, \boldsymbol{y}_2$ 表达的动能项是退耦的, 就必须要求非对角元为零, 即

$$m_1 ab + m_2 cd = 0. \tag{8.7}$$

由式 (8.5), 相互作用势能项变成 $V = V(|(a-c)\boldsymbol{y}_1 + (b-d)\boldsymbol{y}_2|)$. 因此, 如果要求势能项也是退耦的, 则只能是 $a = c$ 或 $b = d$. 不失一般性, 不妨取

$$a = c. \tag{8.8}$$

同时满足式 (8.7) 和 (8.8) 的线性变换的一般形式为

$$\begin{pmatrix} \boldsymbol{y}_1 \\ \boldsymbol{y}_2 \end{pmatrix} = \begin{pmatrix} \dfrac{1}{a} \boldsymbol{x}_c \\ \dfrac{1}{b} \dfrac{m_2}{m_1 + m_2} \boldsymbol{r} \end{pmatrix}, \tag{8.9}$$

其中 a, b 为常数, 这里自然出现了两体系统的质心位置 $\boldsymbol{x}_c$ 和两粒子的相对位矢 $\boldsymbol{r}$, 定义为

$$\boldsymbol{x}_{\mathrm{c}} := \frac{m_1\boldsymbol{x}_1 + m_2\boldsymbol{x}_2}{m_1 + m_2}, \quad \boldsymbol{r} := \boldsymbol{x}_1 - \boldsymbol{x}_2. \tag{8.10}$$

可见我们所寻找的使得两体系统退耦的新变量 $\boldsymbol{y}_1, \boldsymbol{y}_2$ 正是两体系统的质心位置和相对位矢, 如图 8.1 所示.

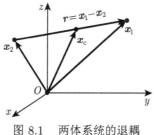

图 8.1　两体系统的退耦

既然 a 和 b 是任意非零常数, 简单起见不妨取 $a = 1$ 和 $b = \dfrac{m_2}{m_1 + m_2}$, 即有 $\boldsymbol{y}_1 = \boldsymbol{x}_{\mathrm{c}}$ 和 $\boldsymbol{y}_2 = \boldsymbol{r}$. 此时动能项成为

$$T = \frac{1}{2} \begin{pmatrix} \dot{\boldsymbol{x}}_{\mathrm{c}} & \dot{\boldsymbol{r}} \end{pmatrix} \begin{pmatrix} m_{\mathrm{t}} & 0 \\ 0 & m_{\mathrm{r}} \end{pmatrix} \begin{pmatrix} \dot{\boldsymbol{x}}_{\mathrm{c}} \\ \dot{\boldsymbol{r}} \end{pmatrix}. \tag{8.11}$$

如我们所期望的, 在采用质心位置 $\boldsymbol{x}_{\mathrm{c}}$ 以及相对位矢 $\boldsymbol{r}$ 后, 两体系统的动能项是完全退耦的. 其中, m_{t} 为两体系统的总质量

$$m_{\mathrm{t}} \equiv m_1 + m_2, \tag{8.12}$$

m_{r} 被称为**约化质量** (reduced mass)

$$\boxed{m_{\mathrm{r}} \equiv \frac{m_1 m_2}{m_1 + m_2}}. \tag{8.13}$$

相互作用势能项为 $V = V\left(|\boldsymbol{x}_1 - \boldsymbol{x}_2|\right) = V\left(r\right)$, 只是两粒子相对距离, 即相对位矢大小 $r \equiv |\boldsymbol{r}|$ 的函数, 也是完全退耦的.

　　总之, 在空间均匀和各向同性的假设下, 两体系统可以完全退耦, 即约化为两个单粒子的运动, 分别对应两体系统的质心运动与相对运动. 其中质心运动的拉格朗日量为

$$L_{\mathrm{c}} = \frac{1}{2} m_{\mathrm{t}} \dot{\boldsymbol{x}}_{\mathrm{c}}^2, \tag{8.14}$$

其等效于质量为 m_t 的自由粒子. 相对运动的拉格朗日量为

$$L_r = \frac{1}{2} m_r \dot{r}^2 - V(r),\qquad(8.15)$$

等效于位于中心势场 $V(r)$ 中质量为 m_r 的粒子.

8.2 中 心 势 场

8.2.1 中心势场中的运动

两体系统的质心做匀速直线运动, 因此我们重点关注两体系统的相对运动, 即单粒子在中心势场中的运动. 记 $m \equiv m_r$, 拉格朗日量式 (8.15) 的运动方程为

$$m\ddot{\boldsymbol{r}} = -\nabla V.\qquad(8.16)$$

由 $\nabla r = \dfrac{\boldsymbol{r}}{r} \equiv \hat{\boldsymbol{r}}$ (见附录式 (A.20)), 式 (8.16) 又可以写成

$$m\ddot{\boldsymbol{r}} = -V'(r)\frac{\boldsymbol{r}}{r}.\qquad(8.17)$$

中心势场具有球对称性, 因此更方便的是选取球坐标 $\{r, \theta, \phi\}$. 于是式 (8.15) 成为

$$L = \frac{1}{2} m \left(\dot{r}^2 + r^2\dot{\theta}^2 + r^2\sin^2\theta\dot{\phi}^2 \right) - V(r).\qquad(8.18)$$

式 (8.18) 即是中心势场中粒子的拉格朗日量. 对比球对称引力场中粒子在非相对论极限下的拉格朗日量式 (4.57), 正是其势能为牛顿引力势式 (4.59) 的情形.

拉格朗日量式 (8.18) 不含 ϕ, 即 ϕ 是循环坐标, 于是其共轭动量是运动常数,

$$p_\phi \equiv \frac{\partial L}{\partial \dot{\phi}} = mr^2\sin^2\theta\dot{\phi} = 常数 \equiv J_z.\qquad(8.19)$$

这里 J_z 即相对于中心的角动量矢量在 z 方向的分量. 由于空间 (相对于中心) 的各向同性, 我们可以随意选择坐标轴的方向, 而无论如何选择, 角动量在 z 方向的分量都是常数. 这种情况只有一种可能, 即中心势场中粒子的角动量矢量守恒,

$$\boldsymbol{J} = 常矢量,\qquad(8.20)$$

这意味着角动量矢量的 3 个分量都是常数.

　　中心势场中粒子的角动量守恒意味着中心势场中粒子必做平面运动. 为了证明这一点, 只需要注意到角动量矢量的定义

$$J = r \times p. \tag{8.21}$$

上式意味着相对中心的位矢 r 和动量 p 都和角动量垂直, 换句话说, 粒子的运动完全处于和角动量矢量 J 垂直的平面内, 如图 8.2 所示.

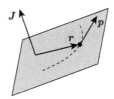

图 8.2　中心势场中粒子做平面运动

　　既然粒子在平面内运动, 可取平面极坐标 $\{r, \phi\}$ 进一步简化计算. 这时式 (8.18) 变成 $\left(\text{相当于式 (8.18) 中令 } \theta \to \dfrac{\pi}{2}\right)$

$$L = \frac{1}{2}m\left(\dot{r}^2 + r^2\dot{\phi}^2\right) - V(r). \tag{8.22}$$

这时 ϕ 是循环坐标, 共轭动量是运动常数,

$$p_\phi \equiv mr^2\dot{\phi} = 常数 \equiv J. \tag{8.23}$$

因为这时已经将角动量矢量的方向取为 z 方向, 所以 p_ϕ 即角动量的大小 $J \equiv |J| \equiv |J_z|$. 式 (8.23) 亦即角动量守恒. 式 (8.23) 实际上就是著名的**开普勒第二定律** (second law of Kepler)[①], 即行星在单位时间内扫过的面积是常数, 如图 8.3 所示. 由以上推导知, 开普勒第二定律不依赖于势能 $V(r)$ 的具体形式, 而是中心势场的必然结果.

　　拉格朗日量式 (8.22) 不显含时间, 能量函数为运动常数

$$h \equiv \frac{1}{2}m\left(\dot{r}^2 + r^2\dot{\phi}^2\right) + V(r) = 常数 \equiv E. \tag{8.24}$$

对于中心势场中的粒子, 因为动能是广义速度的二次型, 所以 E 即是粒子的总能量.

---

　　① 开普勒 (Johannes Kepler, 1571—1630) 是德国天文学家、数学家, 17 世纪科学革命的关键人物. 开普勒关于行星运动的著名定律改变了当时的天文学, 并为牛顿万有引力定律的发现做出了重要启发.

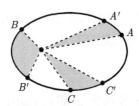

图 8.3　开普勒第二定律: 经过相同时间, 行星从一点移动到另一点 (如 $A \to A'$, $B \to B'$ 或 $C \to C'$), 轨道与中心连线所围成的面积 (阴影部分) 相等

　　以上我们得到中心势场中粒子的两个运动常数, 角动量大小 J 和总能量 E. 由式 (8.23) 和 (8.24) 消去 $\dot{\phi}$, 得到

$$\boxed{E = \frac{1}{2}m\dot{r}^2 + \frac{J^2}{2mr^2} + V(r)}.\tag{8.25}$$

这是关于径向坐标 $r = r(t)$ 的单变量方程, 且是个一阶方程. 由式 (8.25) 解出 $\dot{r}$,

$$\frac{\mathrm{d}r}{\mathrm{d}t} = \pm\sqrt{\frac{2}{m}\left(E - V(r)\right) - \frac{J^2}{m^2r^2}},\tag{8.26}$$

积分得到

$$t = \pm\int\frac{\mathrm{d}r}{\sqrt{\dfrac{2}{m}\left(E - V(r)\right) - \dfrac{J^2}{m^2r^2}}}.\tag{8.27}$$

给定势能 $V(r)$, 原则上由式 (8.27) 可积出得到 $t = t(r)$, 亦即径向坐标随时间的演化 $r = r(t)$. 再代入式 (8.23), 即得到

$$\phi = \phi(t) = \int\mathrm{d}t\frac{J}{mr^2(t)},\tag{8.28}$$

即角坐标随时间的变化关系. 由式 (8.23) 和 (8.26) 消去 $\mathrm{d}t$, 得到

$$\frac{mr^2}{J}\mathrm{d}\phi = \pm\frac{\mathrm{d}r}{\sqrt{\dfrac{2}{m}\left(E - V(r)\right) - \dfrac{J^2}{m^2r^2}}}.\tag{8.29}$$

对上式积分, 即可得到轨道方程 $r = r(\phi)$. 遗憾的是, 只有少数几种数学形式的 $V(r)$, 才能使式 (8.29) 得到解析结果.

8.2.2 定性讨论

由式 (8.23) 解得

$$\dot{\phi} = \frac{J}{mr^2}, \qquad (8.30)$$

由之可得到如下定性结论. 因为角动量守恒, 且 $J > 0$, 因此 ϕ 总是随时间单调变化, 即粒子总是朝一个方向运动而不会回转. 另一方面, 式 (8.30) 意味着 $\dot{\phi} \propto \dfrac{1}{r^2}$, 即距离中心越近转得越快, 距离中心越远, 转得越慢. 这正是角动量守恒, 以及势能与动能互相转化的结果.

由式 (8.25) 知, 径向运动可以看成单粒子在有效势能[①]

$$\boxed{V_{\text{eff}}(r) = V(r) + \frac{J^2}{2mr^2}} \qquad (8.31)$$

中的一维运动. 其中 $\dfrac{J^2}{2mr^2}$ 可视为有效的离心势能.

由式 (8.25) 得到

$$\frac{1}{2}m\dot{r}^2 = E - V_{\text{eff}}(r) = E - \frac{J^2}{2mr^2} - V(r) \geqslant 0, \qquad (8.32)$$

因此总能量不能小于有效势能, 即 $E \geqslant V_{\text{eff}}(r)$. 在总能量给定的情况下, 径向坐标 r 的运动范围由 $\dot{r} = 0$, 即方程

$$E - \frac{J^2}{2mr^2} - V(r) = 0 \qquad (8.33)$$

决定. 此方程的零点即轨道的转变点. 如果式 (8.33) 只有 1 个零点, 记为 r_1, 则粒子径向做半无界的运动 $r \geqslant r_1$, 或限制在该零点内运动. 如果式 (8.33) 有 2 个或更多零点, 则粒子径向在最小零点内或最大零点外运动, 或者在能量允许的相邻两个零点 (记为 r_1 和 r_2, 可以相同) 之间做有界运动 $r_1 \leqslant r \leqslant r_2$.

8.2.3 贝特朗定理

对于有界运动, 由式 (8.29) 知, 在从 r_1 到 r_2, 再回到 r_1 的这一往复过程中, 角度变化为

$$\Delta\phi = 2 \int_{r_1}^{r_2} \frac{J}{r^2} \frac{\mathrm{d}r}{\sqrt{2m(E - V(r)) - \dfrac{J^2}{r^2}}}. \qquad (8.34)$$

---

① 在例 5.4 中曾指出, 一般不能将运动方程 (包括运动常数) 代回原始拉格朗日量. 这里也是一样. 如果将式 (8.30) 代入拉格朗日量式 (8.22) 中 $L|_{\dot{\phi} \to \frac{J}{mr^2}} = \dfrac{1}{2}m\left(\dot{r}^2 + r^2\dfrac{J^2}{m^2r^4}\right) - V(r) = \dfrac{1}{2}m\dot{r}^2 + \dfrac{J^2}{2mr^2} - V(r)$, 将得到错误的径向运动的有效拉格朗日量.

若经过 n 个周期的往复, 轨道闭合, 即满足

$$n\Delta\phi = m2\pi, \quad m, n = 1, 2, 3, \cdots. \tag{8.35}$$

对于一般的中心势场, 有界运动的轨道都不闭合. 此时经过无限长的时间, 轨道铺满 r_1 和 r_2 之间的圆环, 如图 8.4 所示.

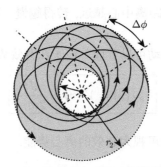

图 8.4　中心势场中有界运动轨道的进动

数学上可以证明, 只有

$$V \propto -\frac{1}{r}, \quad V \propto r^2 \tag{8.36}$$

两种形式的中心势场, 有限运动的轨道才是闭合的. 这个结论即所谓**贝特朗定理** (Bertrand's theorem)[①]. 这两种中心势场分别对应平方反比和线性吸引力, 前者的例子为牛顿万有引力以及静电场的库仑势, 后者对应 (自由长度为零的) 谐振子. 进一步的分析表明, 对于平方反比力, 轨道在经过一个径向往复周期后闭合; 对于谐振子势, 轨道在经过两个径向往复周期后闭合 (见习题 8.3). 平方反比力和谐振子势, 以及对二者小偏离时的轨道如图 8.5 所示.

　　在 4.4 节中, 我们看到牛顿引力只是在速度很低、引力很弱时的近似. 根据爱因斯坦的广义相对论, 在太阳周围牛顿引力势相对平方反比律会有小的修正. 而由贝特朗定理, 这意味着行星的轨道不再是闭合的. 这一现象很早就在水星近日点的进动中被发现, 基于牛顿引力的模型对此无法完满解释. 成功解释水星近日点的进动正是广义相对论的成就之一.

---

① 贝特朗定理由法国数学家贝特朗 (Joseph Bertrand, 1822—1900) 于 1873 年证明.

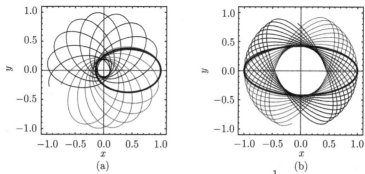

图 8.5　贝特朗定理, 参数取 $m = 1$: (a) 粗实线对应 $V = -\dfrac{1}{r}$, 虚线和细实线分别对应 $V = -\dfrac{1}{r^{0.9}}$ 和 $V = -\dfrac{1}{r^{1.1}}$, 初始条件为 $r\left(0\right) = 1$, $\dot{\phi}\left(0\right) = 0.5$, $\dot{r}\left(0\right) = \phi\left(0\right) = 0$; (b) 粗实线对应 $V = r^2$, 虚线和细实线分别对应 $V = r^{1.8}$ 和 $V = r^{2.2}$, 初始条件为 $r\left(0\right) = 1$, $\dot{\phi}\left(0\right) = 0.6$, $\dot{r}\left(0\right) = \phi\left(0\right) = 0$

8.3　开普勒问题

与到中心的距离成反比的中心势场

$$\boxed{V\left(r\right) = -\frac{\alpha}{r}} \tag{8.37}$$

是最常见也是最重要的一种势场, 其中 $\alpha > 0$ 对应吸引势, $\alpha < 0$ 对应排斥势. 对这一系统的求解称为**开普勒问题** (Kepler problem). 以下我们假定 $\alpha > 0$. 由式 (8.31) 知径向运动的有效势能为

$$\boxed{V_{\mathrm{eff}}\left(r\right) = -\frac{\alpha}{r} + \frac{J^2}{2mr^2}}, \tag{8.38}$$

如图 8.6(a) 所示. 有效势能在 $V'_{\mathrm{eff}}\left(r\right) = 0$ 处存在极值, 对应

$$r_{\mathrm{m}} = \frac{J^2}{m\alpha}. \tag{8.39}$$

且由于 $V''_{\mathrm{eff}}\left(r_{\mathrm{m}}\right) = \dfrac{\alpha^4 m^3}{J^6} > 0$, 所以是极小值, 对应 $\left(V_{\mathrm{eff}}\right)_{\min} \equiv V_{\mathrm{eff}}\left(r_{\mathrm{m}}\right) = -\dfrac{\alpha^2 m}{2J^2}$. 此外, 有效势能曲线存在零点 $V_{\mathrm{eff}}\left(r\right) = 0$, 对应 $r_0 = \dfrac{J^2}{2m\alpha}$.

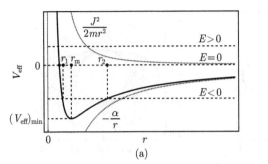 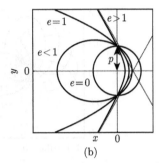

图 8.6　(a) 开普勒问题中径向运动的有效势能; (b) 给定 p、不同偏心率 e 对应的轨道

8.3.1　开普勒问题的求解

如图 8.6(a) 所示, 根据系统能量的大小, 可以将粒子的运动定性分为两类. 当 $(V_{\text{eff}})_{\min} \leqslant E < 0$ 时, 式 (8.33) 有两个零点. 粒子限制于 $r_1 \leqslant r \leqslant r_2$ 的环状区域做有界运动, 这种状态即束缚态. r_1 被称作**近日点** (perihelion), r_2 被称作**远日点** (aphelion)[①]. 当 $r_1 = r_2 = r_{\text{m}}$ 时, 即 $E = (V_{\text{eff}})_{\min}$, 轨道为半径 r_{m} 的正圆. 当 $E \geqslant 0$ 时, 式 (8.33) 有一个零点. 此时存在近日点 r_1, 但是不存在远日点. 粒子可以运动至无穷远, 因此做半无界运动. 当无限远离中心即 $r \to \infty$ 时, $V_{\text{eff}} \to -0$, $V'_{\text{eff}}(r) \to +0$, 此时中心对粒子的作用随着距离的增大越来越弱. 反过来, 当接近中心即 $r \to 0$ 时, $V_{\text{eff}} \to +\infty$, $V'_{\text{eff}}(r) \to -\infty$, 此时粒子被中心强烈排斥.

由式 (8.29) 知, 轨道方程即

$$\phi(r) = \int \frac{J}{mr^2} \frac{\mathrm{d}r}{\sqrt{\dfrac{2}{m}\left(E + \dfrac{\alpha}{r}\right) - \dfrac{J^2}{m^2 r^2}}}. \tag{8.40}$$

引入

$$p := \frac{J^2}{m\alpha}, \quad e := \sqrt{1 + \frac{2EJ^2}{m\alpha^2}}, \tag{8.41}$$

其中 p 被称作**半通径** (semi latus rectum), e 被称作**偏心率** (eccentricity). 积分式 (8.40) 可以解析积出

$$\phi = \int \mathrm{d}r \frac{p}{r^2} \frac{1}{\sqrt{e^2 - \left(1 - \dfrac{p}{r}\right)^2}} \xlongequal{u = 1 - \frac{p}{r}} \int \frac{\mathrm{d}u}{\sqrt{e^2 - u^2}} = \arcsin\left(\frac{u}{e}\right) + \phi_0, \tag{8.42}$$

---

① 近日点和远日点的英文都来自希腊语. 其中近日点 "perihelion" 来自 "peri" 和 "helios", 意思分别是 "靠近""太阳"; 远日点的英文 "aphelion" 来自 "apo" 和 "helios", "apo" 意为 "远离".

这里 ϕ_0 是积分常数, 方便起见取 $\phi_0 = \dfrac{\pi}{2}$. 于是轨道方程可以写成 $u = -e\cos\phi$, 即

$$\boxed{r(\phi) = \frac{p}{1 + e\cos\phi}}. \tag{8.43}$$

式 (8.43) 描述圆锥曲线. 根据能量大小, 分为三种情形. 总能量 $(V_{\mathrm{eff}})_{\min} \leqslant E < 0$, 即 $e < 1$, 轨道为椭圆; 总能量 $E = 0$, 即 $e = 1$, 轨道为抛物线; 总能量 $E > 0$, 即 $e > 1$, 轨道为双曲线. 这三种情形的轨道如图 8.6(b) 所示.

在椭圆轨道情形, 粒子做往复的周期运动. 近日点和远日点分别对应式 (8.43) 中 $\phi = 0, \pi$, 即 $r_1 = \dfrac{p}{1+e}$ 和 $r_2 = \dfrac{p}{1-e}$, 因此椭圆轨道的长轴为

$$2a = r_1 + r_2 = \frac{2p}{1 - e^2} = \frac{\alpha}{|E|}, \tag{8.44}$$

即椭圆轨道长轴只与粒子的能量 E 有关, 与椭圆形状无关. 椭圆轨道的半短轴为

$$b = a\sqrt{1 - e^2} = \frac{J}{\sqrt{2m\,|E|}}, \tag{8.45}$$

与能量和角动量都有关. 粒子沿椭圆轨道运动一周所需时间即周期, 由角动量守恒式 (8.23) 得 $J\mathrm{d}t = mr^2\mathrm{d}\phi$, 代入轨道方程 (8.43) 积分得到 (也可直接利用椭圆面积公式)

$$T = \int_0^{2\pi} \frac{mr^2(\phi)}{J}\mathrm{d}\phi = \frac{m}{J}2\pi ab = \pi\alpha\sqrt{\frac{m}{2\,|E|^3}} = 2\pi\sqrt{\frac{m}{\alpha}a^3}. \tag{8.46}$$

这就是**开普勒第三定律** (third law of Kepler), 即椭圆轨道周期的平方与能量绝对值的三次方成反比, 或者与半长轴的三次方成正比.

8.3.2 拉普拉斯-龙格-楞次矢量

中心势场的空间转动不变性和时间平移不变性分别导致了角动量 J 和总能量 E 的守恒. 开普勒问题中轨道的闭合性意味着系统具有比时空对称性更高的对称性. 这种对称性导致新的运动常数, 即所谓**拉普拉斯-龙格-楞次矢量** (Laplace-Runge-Lenz vector), 简称 LRL 矢量[①], 定义为

[①] 历史上 LRL 矢量曾多次被重复发现. LRL 矢量最初的发现实际应归功于雅各布·赫尔曼 (Jakob Hermann, 1678—1733) 和约翰·伯努利. 随后拉普拉斯 (Pierre-Simon Laplace, 1749—1827)、哈密顿、吉布斯 (Josiah Gibbs, 1839—1903, 美国物理学家) 在其各自的研究中, 应用不同的方法又独立、重复发现了 LRL 矢量. 吉布斯的证明方法后来被龙格 (Carl Runge, 1856—1927) 作为例题写入了其一本关于矢量的教科书中. 1924 年楞次 (Wilhelm Lentz, 1888—1957) 则引用了龙格的这一例题作为其关于氢原子论文的参考. 直到 1926 年泡利应用 LRL 矢量和矩阵力学计算氢原子光谱之后, LRL 矢量才进入物理学家的普遍视野, 并有了现在的名字.

$$\boxed{A = p \times J - \alpha m \frac{r}{r}}.$$ (8.47)

利用 $p \equiv m\dot{r}$ 和 $J \equiv r \times p$, LRL 矢量可以展开写成

$$A = m^2\dot{r}^2 r - m^2 (\dot{r} \cdot r) \dot{r} - \alpha m \frac{r}{r}.$$ (8.48)

由开普勒问题的运动方程 (8.17) 得 $\dfrac{\mathrm{d}p}{\mathrm{d}t} = m\ddot{r} = -V'(r)\dfrac{r}{r} \equiv -\dfrac{\alpha}{r^3}r$, 于是

$$\frac{\mathrm{d}A}{\mathrm{d}t} = \frac{\mathrm{d}p}{\mathrm{d}t} \times J + p \times \underbrace{\frac{\mathrm{d}J}{\mathrm{d}t}}_{=0} + \alpha m \frac{1}{r^2}\dot{r}r - \alpha m \frac{\dot{r}}{r}$$

$$= -\frac{\alpha}{r^3}r \times (r \times p) + \alpha m \frac{1}{r^2}\dot{r}r - \alpha \frac{1}{r}p$$

$$= -\frac{\alpha}{r^3}\Big[r\underbrace{(r \cdot p)}_{=mr\dot{r}} - r^2 p\Big] + \alpha m \frac{1}{r^2}\dot{r}r - \alpha \frac{1}{r}p = 0,$$ (8.49)

其中用到了 $r \cdot p = mr \cdot \dot{r} = \dfrac{1}{2}m\dfrac{\mathrm{d}(r \cdot r)}{\mathrm{d}t}$, 因此 LRL 矢量确实是运动常数.

可以验证 (见习题 8.6)

$$\boxed{A \cdot J \equiv 0},$$ (8.50)

这意味着 LRL 矢量 A 和角动量矢量 J 垂直. 而我们已经知道, 中心势场中粒子的轨道处于与角动量矢量 J 垂直的平面上, 因此 LRL 矢量即位于轨道平面上, 如图 8.7 所示.

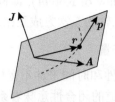

图 8.7 LRL 矢量位于轨道平面上

利用 LRL 矢量, 可以以非常简洁的方式得到轨道方程. 既然 LRL 矢量 A 处于轨道平面上且是常矢量, 不妨将其取为轨道平面极坐标的极轴方向, 即有 $A \cdot r = Ar\cos\phi$. 另一方面

$$A \cdot r = (p \times J) \cdot r - \alpha \frac{m}{r}r \cdot r = (r \times p) \cdot J - \alpha mr = J^2 - \alpha mr.$$

于是得到 $Ar\cos\phi = J^2 - \alpha mr$, 从中可立即解出轨道方程

$$r(\phi) = \frac{J^2}{\alpha m + A\cos\phi}, \tag{8.51}$$

其正具有式 (8.43) 的形式. 对比式 (8.51) 和 (8.43), 得到

$$p = \frac{J^2}{m\alpha}, \quad e = \frac{A}{m\alpha}. \tag{8.52}$$

同时 $A = m\alpha e$ 意味着

$$A^2 = m^2\alpha^2 + 2mEJ^2. \tag{8.53}$$

式 (8.53) 表明, LRL 矢量的大小并不是独立的, 而是由总能量 E 和角动量大小 J 决定.

在开普勒问题中, 我们有总能量 E、角动量 $\boldsymbol{J}$ 和 LRL 矢量 $\boldsymbol{A}$ 这 3 个运动常数, 即总共得到 $1 + 3 + 3 = 7$ 个运动常数. 而根据 5.1 节的结论, 开普勒问题作为 3 维空间中单粒子系统, 自由度为 3, 有 5 个整体运动常数. 实际上, 式 (8.50) 和 (8.53) 正表明 $E, \boldsymbol{J}, \boldsymbol{A}$ 之间不是完全独立的, 而是满足 2 个关系, 所以正好有 5 个独立的运动常数. 首先, 当总能量 E 和角动量矢量 $\boldsymbol{J}$ 给定时, E 和角动量的大小 J 决定轨道的形状, 角动量的方向则决定轨道平面的朝向. 剩下的一个独立的运动常数对应 LRL 矢量的方向. 实际上, LRL 矢量平行于轨道的对称轴 (例如椭圆轨道的长轴) 方向. 因此这 5 个运动常数, 完全确定了开普勒问题中轨道在空间中的方向与形状. 而 LRL 矢量的守恒意味着轨道对称轴方向的固定, 这正决定了轨道的闭合. 由式 (8.47) 知, $\boldsymbol{A}$、$\boldsymbol{p}\times\boldsymbol{J}$ 和 $\alpha m\hat{\boldsymbol{r}}$ 三矢量构成闭合三角形, 如图 8.8 所示.

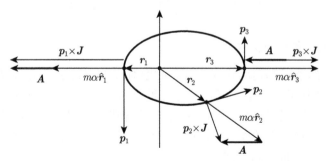

图 8.8　开普勒问题的椭圆轨道情形 $\boldsymbol{A}$、$\boldsymbol{p}\times\boldsymbol{J}$ 和 $\alpha m\hat{\boldsymbol{r}}$ 等的几何关系

由 LRL 矢量的定义式 (8.47), 有 $\alpha m\boldsymbol{J}\times\dfrac{\boldsymbol{r}}{r} = \boldsymbol{J}\times(\boldsymbol{p}\times\boldsymbol{J} - \boldsymbol{A}) = \boldsymbol{p}J^2 - \boldsymbol{J}\times\boldsymbol{A},$

两边同求内积, 得到 (见习题 8.6)

$$\left(\boldsymbol{p} - \frac{\boldsymbol{J} \times \boldsymbol{A}}{J^2}\right)^2 = \left(\frac{\alpha m}{J}\right)^2. \tag{8.54}$$

因为角动量守恒, 式 (8.54) 表明 $\boldsymbol{p} - \dfrac{\boldsymbol{J} \times \boldsymbol{A}}{J^2}$ 是一个长度固定为 $\dfrac{\alpha m}{J}$ 的矢量. 将轨道平面取为 $\{x, y\}$-平面, 即有 $\boldsymbol{J} = J\boldsymbol{e}_z$, $\boldsymbol{p} = p_x\boldsymbol{e}_x + p_y\boldsymbol{e}_y$. 令 LRL 矢量指向 $\boldsymbol{x}$ 方向, 即 $\boldsymbol{A} = A\boldsymbol{e}_x$. 式 (8.54) 成为

$$p_x^2 + \left(p_y - \frac{A}{J}\right)^2 = \left(\frac{\alpha m}{J}\right)^2. \tag{8.55}$$

式 (8.55) 意味着在 $\{p_x, p_y\}$-平面上, 粒子的动量轨迹是圆心为 $\{p_x, p_y\} = \left\{0, \dfrac{A}{J}\right\}$、半径为 $\dfrac{\alpha m}{J}$ 的圆周, 如图 8.9 所示. 无论空间的椭圆轨道的形状如何, 动量空间中的轨迹总是圆周, 这正是开普勒问题具有比纯空间的转动不变性更高的对称性的反映.

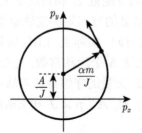

图 8.9   开普勒问题的动量轨迹为圆周

8.3.3 开普勒问题的对称性

中心势场的能量和角动量守恒都是时空对称性的结果. LRL 矢量的存在表明, 开普勒问题除了角动量守恒对应的 3 维空间转动不变性和能量守恒对应的时间平移不变性, 还有额外的对称性. 实际上, 开普勒问题中存在不同的轨道对应同一能量正是这一对称性的体现. 这种对称性不是时空几何对称性的直接反映, 而是来源于势能 $-\dfrac{\alpha}{r}$ 的特殊形式.

体现在变换关系上, LRL 矢量所对应的直角坐标 x^i 的无穷小变换为

$$\delta_{(j)} x_i = \epsilon \left[2\dot{x}_i x_j - x_i \dot{x}_j - (\boldsymbol{r} \cdot \dot{\boldsymbol{r}}) \delta_{ij}\right], \quad i, j = 1, 2, 3, \tag{8.56}$$

这里 ϵ 为无穷小参数, j 为给定某分量指标 (在此方向的变换). 和纯坐标的变换不同, 变换式 (8.56) 涉及速度, 因此是一种 "动力学对称性"[①]. 由式 (8.56) 得

$$\delta_{(j)}\dot{x}_i \equiv \frac{\mathrm{d}}{\mathrm{d}t}\left(\delta_{(j)}x_i\right) = \epsilon\left[2\ddot{x}_i x_j + \dot{x}_i\dot{x}_j - x_i\ddot{x}_j - \dot{\boldsymbol{r}}^2\delta_{ij} - (\boldsymbol{r}\cdot\ddot{\boldsymbol{r}})\,\delta_{ij}\right]. \qquad (8.57)$$

开普勒问题作用量的变换为

$$\Delta_{(j)}S = \int \mathrm{d}t\left(m\dot{\boldsymbol{r}}\cdot\delta_{(j)}\dot{\boldsymbol{r}} - \frac{\alpha}{r^2}\delta_{(j)}r\right), \qquad (8.58)$$

利用式 (8.56) 和 (8.57), 可以验证 (见习题 8.7)

$$\dot{\boldsymbol{r}}\cdot\delta_{(j)}\dot{\boldsymbol{r}} = \dot{x}^i\delta_{(j)}\dot{x}_i = \epsilon\frac{\mathrm{d}}{\mathrm{d}t}\left[\dot{\boldsymbol{r}}^2 x_j - (\dot{\boldsymbol{r}}\cdot\boldsymbol{r})\,\dot{x}_j\right], \qquad (8.59)$$

$$\frac{1}{r^2}\delta_{(j)}r = \frac{1}{r^3}x^i\delta_{(j)}x_i = -\epsilon\frac{\mathrm{d}}{\mathrm{d}t}\left(\frac{1}{r}x_j\right), \qquad (8.60)$$

即都可以写成时间全导数的形式. 代入式 (8.58), 即有

$$\Delta_{(j)}S = \int \mathrm{d}t\frac{\mathrm{d}F_{(j)}}{\mathrm{d}t}, \quad F_{(j)} = \epsilon\left[m\left(\dot{\boldsymbol{r}}^2 x_j - (\dot{\boldsymbol{r}}\cdot\boldsymbol{r})\,\dot{x}_j\right) + \alpha\frac{1}{r}x_j\right], \qquad (8.61)$$

具有对称变换式 (5.63) 的形式. 可见变换式 (8.56) 是开普勒问题的对称性. 根据诺特定理式 (5.77), 存在运动常数

$$Q_{(j)} = \frac{1}{\epsilon}\left(\frac{\partial L}{\partial \dot{x}_i}\delta_{(j)}x_i - F_{(j)}\right) = m\dot{\boldsymbol{r}}^2 x_j - m\left(\dot{\boldsymbol{r}}\cdot\boldsymbol{r}\right)\dot{x}_j - \frac{\alpha}{r}x_j \equiv \frac{1}{m}A_j, \quad j = 1,2,3,$$
$$(8.62)$$

正是 LRL 矢量 (见式 (8.48)).

以上我们从诺特定理的角度分析了开普勒问题的对称性. 从几何的角度, 可以证明 3 维空间 $-\dfrac{\alpha}{r}$ 势场中粒子的运动, 等价于约束在 4 维空间中 3 维球面上自由粒子的运动[②]. 3 维球面具有 4 维空间的转动不变性即所谓 SO(4) 对称性, 这就导致等价的 3 维开普勒问题具有同样的对称性. 在 14.4.2 节中, 我们将基于泊松括号对开普勒问题所具有的 SO(4) 对称性做进一步讨论.

---

① 我们曾在例 5.13 中讨论过各向同性谐振子所具有的动力学对称性. 由于其不像时空对称性那么明显, 因此动力学对称性有时也被称作 "隐蔽对称性" (hidden symmetry).

② 有趣的是, 这一事实直到量子力学建立后才在氢原子束缚态的研究中被发现. 所谓 3 维球面即 4 维空间中距离原点固定的点的集合, 即满足 $\left(x^1\right)^2 + \left(x^2\right)^2 + \left(x^3\right)^2 + \left(x^4\right)^2 = R^2$.

8.4 弹性碰撞

若两个粒子在碰撞前后内部状态不发生改变, 即被称为**弹性碰撞** (elastic collision). 因为碰撞过程时间很短, 外界效应可以忽略, 因此碰撞前后两体系统的总动量、总角动量守恒. 又因为每个粒子内部状态不变, 碰撞前后, 两粒子相距无穷远, 相互作用可忽略, 因此总能量守恒体现为总动能守恒. 或者说, 弹性碰撞前后动能没有转化为其他形式的能量.

设碰撞前两粒子的动量分别为 p_1 和 p_2, 碰撞后分别为 p_1' 和 p_2'. 在任意惯性参考系中, 系统的动量和动能守恒为

$$p_1 + p_2 = p_1' + p_2' = P, \tag{8.63}$$

$$\frac{p_1^2}{2m_1} + \frac{p_2^2}{2m_2} = \frac{p_1'^2}{2m_1} + \frac{p_2'^2}{2m_2} = E, \tag{8.64}$$

这里 P 为系统的总动量, E 为总动能, 都是常数, 由初始条件确定. 将 P 分成两部分 $P = P_1 + P_2$, 其中 $P_1 \equiv \dfrac{m_1}{m_1 + m_2} P$, $P_2 = \dfrac{m_2}{m_1 + m_2} P$, 则动量守恒式 (8.63) 可以表示为

$$\tilde{p}_1 \equiv p_1 - P_1 = -p_2 + P_2 \equiv -\tilde{p}_2, \quad \tilde{p}_1' \equiv p_1' - P_1 = -p_2' + P_2 \equiv -\tilde{p}_2', \quad (8.65)$$

其中 $\tilde{p}_1$、$\tilde{p}_2$、$\tilde{p}_1'$ 和 $\tilde{p}_2'$ 实际上就是质心系中碰撞前后的动量. 再利用动能守恒式 (8.64), 可以验证

$$|\tilde{p}_1| = |\tilde{p}_2| = |\tilde{p}_1'| = |\tilde{p}_2'| = P_r, \tag{8.66}$$

这里 $P_r \equiv \sqrt{2m_r E_r}$, 其中 $E_r = E - \dfrac{P^2}{2m_t}$, m_r 和 m_t 分别为约化质量式 (8.13) 和总质量式 (8.12). 给定 P 和 E, 则 P_r 是常数. 式 (8.65) 和 (8.66) 即两体弹性碰撞的动量关系.

式 (8.66) 表明, 碰撞前后 4 个矢量 $\tilde{p}_1$、$\tilde{p}_2$、$\tilde{p}_1'$ 和 $\tilde{p}_2'$ 大小相等. 从几何上, 这相当于其端点都处于半径为 P_r 的圆周上, 如图 8.10(a) 所示. 其中 AB 对应总动量 P, AO 对应 P_1, OB 对应 P_2, OD 对应 $\tilde{p}_1$ (DO 即对应 $\tilde{p}_2 = -\tilde{p}_1$), OC 对应 $\tilde{p}_1'$ (CO 对应 $\tilde{p}_2' = -\tilde{p}_1'$). 给定初始条件, 则 A 点、B 点和 D 点的位置固定, 而碰撞后对应的 C 点由相互作用的具体情况决定.

以上讨论在任意惯性系中都成立. 一个特殊的选择是质心系, 对应 $P = 0$, 这相当于图 8.10(a) 中 A 点和 B 点都被压缩到 O 点, 如图 8.10(b) 所示. 可见在质心系中, 碰撞前后两个粒子动量大小不变, 只是方向发生改变.

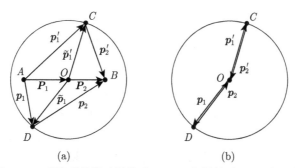

图 8.10　弹性碰撞的动量关系: (a) 一般惯性系; (b) 质心系

　　另一种常见的选择是碰撞前一个粒子 (设为 m_2) 静止的惯性系 (即靶核静止), 对应 $\boldsymbol{p}_2 = 0$, 即有 $\boldsymbol{P} = \boldsymbol{p}_1$ 以及 $|\boldsymbol{P}_2| = P_r$. 从几何关系上, 这相当于图 8.10(a) 中 B 点和 D 点合并, 且都处于圆周上, 如图 8.11 所示. 根据 m_1 和 m_2 的相对大小, A 点可以处于圆周内部或者外部.

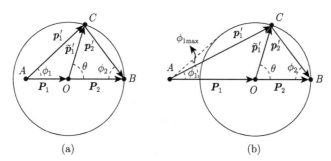

图 8.11　靶核静止系中的动量关系: (a) $m_1 < m_2$; (b) $m_1 > m_2$

　　因为碰撞前 m_2 静止, 因此图 8.11 中 AB 即对应碰撞前 m_1 的动量 $\boldsymbol{p}_1 \equiv \boldsymbol{P}$, ϕ_1 和 ϕ_2 则对应碰撞后两个粒子运动偏离 $\boldsymbol{p}_1$ 的方向, θ 对应碰撞后 m_1 在质心系中的偏转角. 由几何关系知, ϕ_1 和 ϕ_2 由 θ 决定,

$$\tan \phi_1 = \frac{m_2 \sin \theta}{m_1 + m_2 \cos \theta}, \quad \phi_2 = \frac{\pi - \theta}{2}. \tag{8.67}$$

若 $m_1 < m_2$, 则碰撞后 m_1 的运动可能沿着任意方向. 若 $m_1 > m_2$, 则碰撞后 m_1 的偏转角有最大值 $\phi_{1\max}$, 对应图 8.11(b) 中 AC 与圆周相切的情形, 满足 $\sin \phi_{1\max} = \dfrac{m_2}{m_1}$.

8.5 散   射

8.5.1 散射角

8.4 节指出, 碰撞后两粒子的偏转方向 ϕ_1 和 ϕ_2 归结为求 m_1 在质心系中的偏转角 θ, 这就需要知道两体相互作用势能 $V(r)$ 的具体形式. 这一问题等价于求解质量为 m_{r} 的粒子在中心势场 $V(r)$ 中的轨道方程, 如图 8.12 所示. 因为在中心势场中轨道相对于过中心和轨道 $r = r_{\min}$ 点的连线 (图中 OA) 对称, 因此轨道的两条渐进线相对于连线的夹角相同, 记为 φ_0, 由轨道方程 (8.29) 给出

$$\varphi_0 = \int_{r_{\min}}^{+\infty} \mathrm{d}r \frac{J}{r^2} \frac{1}{\sqrt{2m_{\mathrm{r}}\left(E - V(r)\right) - \dfrac{J^2}{r^2}}}, \tag{8.68}$$

其中 r 的最小值 $r_{\min}$ 由 $E = \dfrac{J^2}{2m_{\mathrm{r}}r_{\min}^2} + V(r_{\min})$ 给出. 于是散射角 θ 为

$$\theta = \pi - 2\varphi_0. \tag{8.69}$$

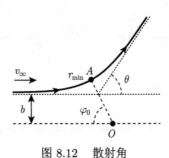

图 8.12   散射角

在弹性散射问题中, 采用无穷远处的速度 v_∞ 和瞄准距离 b 来代替运动常数 E 和 J, 满足

$$E = \frac{1}{2}m_{\mathrm{r}}v_\infty^2, \quad J = m_{\mathrm{r}}bv_\infty. \tag{8.70}$$

因此瞄准距离即中心到 v_∞ 方向的垂直距离, 如图 8.12 所示. 代入式 (8.68), 得到

$$\varphi_0 = \int_{r_{\min}}^{+\infty} \mathrm{d}r \frac{b}{r^2} \left(1 - \frac{b^2}{r^2} - \frac{2V(r)}{m_{\mathrm{r}}v_\infty^2}\right)^{-\frac{1}{2}}. \tag{8.71}$$

式 (8.71) 即由相互作用势能 $V(r)$ 和初始条件 v_∞、b 决定散射角的基本公式. 对于不同的 v_∞ 和 b, 粒子的散射轨迹如图 8.13 所示.

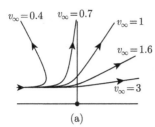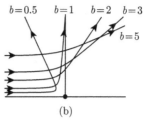

图 8.13　$V(r) = 1/r$ 情形粒子的散射轨迹, 参数取 $m_{\mathrm{r}} = 1$: (a) 给定 $b = 2$, 不同的 v_{∞};
(b) 给定 $v_{\infty} = 1$, 不同的 b

8.5.2　散射截面

实际问题中, 通常遇到的不是单个粒子的散射, 而是大量具有相同速度的全同粒子所组成的粒子束的散射. 此时如图 8.13(b) 所示, 粒子束内不同的粒子有不同的瞄准距离 b, 于是有不同的散射角 θ. 假设粒子束在垂直于入射方向的横截面上的分布是均匀的. 记单位时间通过单位横截面的粒子数为 n, 其衡量的即粒子束的 "强度". 如图 8.14 所示, 记单位时间被散射到 θ 至 $\theta + \mathrm{d}\theta$ 的粒子数为 $\mathrm{d}N$, 定义

$$\mathrm{d}\sigma = \frac{\mathrm{d}N}{n} \equiv f(\theta)\,\mathrm{d}\theta, \tag{8.72}$$

其具有面积的量纲, 被称为**微分散射截面** (differential cross section). 这里 $f(\theta)$ 则是粒子束经散射后对散射角 θ 的分布函数.

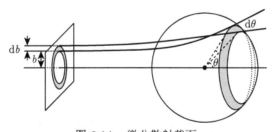

图 8.14　微分散射截面

若散射角 θ 和瞄准距离 b 之间是一一对应的, 则有函数关系 $\theta = \theta(b)$ 或 $b = b(\theta)$. 例如对于 $V = \dfrac{1}{r}$ 形式的势能, 由图 8.13(b) 知, θ 随着 b 单调下降, 因此两者确实是一一对应的. 这时, 瞄准距离在 $b(\theta) \sim b(\theta) + \mathrm{d}b(\theta)$ 的粒子, 被散射到 $\theta \sim \theta + \mathrm{d}\theta$. 由图 8.14 知, 这一区间的粒子数为 $\mathrm{d}N = n2\pi b\,\mathrm{d}b$, 代入式 (8.72) 得到

$$\mathrm{d}\sigma = 2\pi b\,\mathrm{d}b. \tag{8.73}$$

式 (8.73) 即微分散射截面与瞄准距离的关系. 给定相互作用势能 $V(r)$, 则可以求得 $b = b(\theta)$, 于是有

$$d\sigma = 2\pi b(\theta) \left| \frac{db(\theta)}{d\theta} \right| d\theta, \tag{8.74}$$

此即微分散射截面与散射角的关系. 这里取绝对值是因为 $\dfrac{db}{d\theta}$ 可能为负 $\left(\text{例如 } V\right.$ $= \dfrac{1}{r}$ 的情形$\left.\right)$.

粒子束在散射前后都是以粒子束中心轴对称的, 因此实际中更方便地是考虑散射后粒子数对于轴对称的立体角 $d\omega$ (而不是平面角 $d\theta$) 的分布, 这里 $d\omega \equiv \dfrac{dS}{r^2} = \dfrac{rd\theta \cdot 2\pi r \sin\theta}{r^2} = 2\pi \sin\theta d\theta$. 代入式 (8.74),

$$d\sigma = 2\pi b(\theta) \left| \frac{db}{d\theta} \right| \frac{d\omega}{2\pi \sin\theta} = \frac{b(\theta)}{\sin\theta} \left| \frac{db(\theta)}{d\theta} \right| d\omega. \tag{8.75}$$

实验上可以测得 n, 同时可以在以散射中心为球心的球面上测量散射粒子数 $dN = nd\sigma$ 随 $d\omega$ 的分布, 这相当于测得 $\dfrac{b(\theta)}{\sin\theta} \left| \dfrac{db}{d\theta} \right|$, 原则上即可推知 $b = b(\theta)$, 从而得知相互作用 $V(r)$ 的具体形式.

习　题

8.1　根据习题 4.7 的结论,
(1) 利用直角坐标和球坐标的关系, 求 $\{p_x, p_y, p_z\}$ 与 $\{p_r, p_\theta, p_\phi\}$ 的关系;
(2) 求粒子的动量平方 $\boldsymbol{p}^2$ 在球坐标下的表达式.

8.2　两质量同为 m 的小球用无质量弹簧连接, 弹簧自由长度为 l. 其中一个小球悬挂于固定点, 系统在竖直平面内摆动. 若悬挂处突然脱落, 求系统此后的运动情况.

8.3　质量为 m 的粒子在中心势场 $V(r) = \dfrac{1}{2}kr^2$ 中运动, 其中 k 为正的常数.
(1) 证明粒子的轨道是椭圆, 并求轨道方程;
(2) 求粒子做圆周运动的半径和周期.

8.4　粒子在中心势场 $V(r) = -\dfrac{\alpha}{r^3}$ 中运动, 其中 α 为正的常数. 定性讨论粒子的运动情况, 给出粒子的径向运动有界、无界的条件.

8.5　粒子在中心势场 $V(r) = -\dfrac{\alpha}{r} - \dfrac{\beta}{r^2}$ 中运动, 其中 α 和 β 为正的常数. 定性讨论粒子的运动情况, 给出粒子的径向运动有界、无界的条件.

8.6　对于开普勒问题, 根据 LRL 矢量的定义及矢量运算, 证明:
(1) $\boldsymbol{A} \cdot \boldsymbol{J} = 0$;

(2) $(\boldsymbol{J} \times \boldsymbol{A})^2 = J^2 A^2$;

(3) 式 (8.54).

8.7 证明式 (8.59) 和 (8.60).

8.8 考虑摆长为 l、摆球质量为 m 的单摆, 忽略摆杆的质量. 假设摆的运动不限制在竖直平面内, 取球面角坐标 $\{\theta, \phi\}$.

(1) 写出系统的拉格朗日量并分析系统的运动常数;

(2) 求球面摆的轨道方程 (即 θ 和 ϕ 的关系) 和摆动周期, 表达成积分形式.

8.9 质量为 m 的粒子在中心势场 $V(r) = -\alpha \dfrac{e^{-\lambda r}}{r}$ 中运动, 其中 α 和 λ 都是正的常数.

(1) 定性讨论粒子的运动, 给出粒子的径向运动有界、无界的条件;

(2) 求粒子做圆周运动的半径和周期.

8.10 已知粒子在某中心势场中其轨道在极坐标下为螺旋线 $r(\phi) = a\phi^2$, 其中 a 为正的常数. 求中心势场 $V(r)$ 的形式.

8.11 考虑半径为 R 的球形势阱, 有 $r > 0$ 时 $V = 0$, $r \leqslant R$ 时 $V = -V_0$, 其中 V_0 是正的常数. 求粒子被球形势阱散射的微分散射截面.

8.12 求粒子在势场 $V(r) = \dfrac{\alpha}{r^2}$ $(\alpha > 0)$ 中的微分散射截面.

第 9 章　微扰展开

9.1　线性化与微扰论

现实世界是高度非线性的. 物理系统的拉格朗日量往往非常复杂, 是广义坐标、广义速度等的非线性函数. 相应的运动方程也是高度非线性的. 对于非线性系统, 目前仍然缺乏普适的解决方案①. 但是对于**线性** (linear) 系统, 已经发展出一套系统、有效且普适的解决方案. 所以面对任何一个实际物理系统, 第一步就是希望将其**线性化** (linearization). 线性化是物理学和相关数学贯穿始终的一个核心观念. 可以说, 大部分物理概念、方法、技巧都建立在线性化的基础上.

线性化是基于如下的基本观念. 假设物理系统所有可能的 "解" 构成一个集合, 或者说 "解空间", 如图 9.1 中的 Σ. 由于物理系统的高度非线性, 我们无法直接求得所有这些解. 实际上, 我们能够求得的可能只是某些简单的特解. 现在假设有一个特解, 例如图 9.1 中的 σ_0. 所谓线性化, 即将物理系统在已知的解附近做近似, 保留到线性阶, 于是得到一个线性系统, 如图 9.1 中方框区域. 我们对于线性系统有着系统且通用的处理方法, 于是就可以得到和已知解稍许不同的另一个新解 σ_1. 重复此步骤, 就可以一点点拓宽物理系统在解空间中的已知区域. 这个过程就是**微扰论** (perturbation theory).

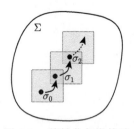

图 9.1　线性化与微扰论

9.2　函数的微扰展开

微扰论的基本手续是**微扰展开** (perturbative expansion). 数学中的泰勒公式即微扰展开最简单的例子. 作为类比, 我们先对熟悉的函数在极值点附近的微扰

---

① 2021 年诺贝尔物理学奖授予 S. Manabe、K. Hasselmann 和 G. Parisi, 以表彰他们对复杂物理系统的理解做出的突破性贡献. 但是对于高度非线性的复杂系统的完全解决仍然任重道远.

展开做回顾, 以帮助理解微扰展开的概念.

考虑一元函数 $F(x)$, 在某点 $\bar{x}$ 处取极值为 $F(\bar{x})$. 现在要问, 当变量 x 与 $\bar{x}$ 有小的偏离时, 记

$$x = \bar{x} + \delta x, \tag{9.1}$$

则由之产生的 $F(x)$ 与 $F(\bar{x})$ 的偏离是多少? 答案已经由泰勒公式告诉我们,

$$F(\bar{x} + \delta x) - F(\bar{x}) = \underbrace{F'(\bar{x})\,\delta x}_{=0} + \frac{1}{2}F''(\bar{x})(\delta x)^2 + \cdots. \tag{9.2}$$

在微扰展开的语言中, 相对其做展开的点 $\bar{x}$ 被称作**背景** (background), 对背景的小 "偏离" δx 被称作**扰动** (perturbation) 或微扰. 在式 (9.2) 中, $\bar{F} \equiv F(\bar{x})$ 即函数的**背景值** (background value), 只和 $\bar{x}$ 有关. 式 (9.2) 等号右边第一项为扰动 δx 的**线性项** (linear term)$F_1(\delta x) \equiv F'(\bar{x})\delta x$, 其系数是函数一阶导数的背景值. 特别是, 如果背景 $\bar{x}$ 是函数的极值点, 即 $F'(\bar{x}) = 0$, 则有 $F_1(\delta x) \equiv 0$. 即若背景为极值点, 则微扰展开的线性项恒为零. 第二项为展开的**二次项** (quadratic term)$F_2(\delta x) \equiv \frac{1}{2}F''(\bar{x})(\delta x)^2$, 是扰动 δx 的二次型, 系数是函数二阶导数的背景值. 可见, 函数在极值点处微扰展开的领头项是扰动 δx 的二次项. 从这个意义上, 二次项 $F_2(\delta x)$ 是在极值点 $\bar{x}$ 附近、函数微扰展开的**领头阶近似** (leading order approximation) 或**最低阶近似** (lowest order approximation). 式 (9.2) 中省略号代表展开的高阶项, 则可视为更高阶的修正.

例 9.1 开普勒问题径向有效势能的微扰展开

考虑开普勒问题中径向有效势能式 (8.38), $V_{\mathrm{eff}}(r) = -\dfrac{\alpha}{r} + \dfrac{J^2}{2mr^2}$, 设 $\alpha > 0$. 其极值点由式 (8.39) 给出为 $r_{\mathrm{m}} = \dfrac{J^2}{m\alpha}$. 径向坐标 r 相对于极值点 r_{m} 的偏离记为 $r = r_{\mathrm{m}} + \rho$, 这里 ρ 即径向坐标的扰动. 泰勒展开得到

$$
\begin{aligned}
V_{\mathrm{eff}}(r_{\mathrm{m}} + \rho) &= V_{\mathrm{eff}}(r_{\mathrm{m}}) + \underbrace{V'_{\mathrm{eff}}(r_{\mathrm{m}})\,\rho}_{\equiv 0} + \frac{1}{2}V''_{\mathrm{eff}}(r_{\mathrm{m}})\,\rho^2 + \frac{1}{3!}V'''_{\mathrm{eff}}(r_{\mathrm{m}})\,\rho^3 + \cdots \\
&= -\frac{\alpha^2 m}{2J^2} + \frac{\alpha^4 m^3}{2J^6}\rho^2 - \frac{\alpha^5 m^4}{J^8}\rho^3 + \cdots.
\end{aligned} \tag{9.3}
$$

这里二次项 $\dfrac{\alpha^4 m^3}{2J^6}\rho^2$ 即有效势能在极值点处扰动的领头阶近似. 作为直观的例子, 定义有限项的求和 $V_N \equiv V_{\mathrm{eff}}(r_{\mathrm{m}}) + \sum_{n=2}^{N} \dfrac{1}{n!}V_{\mathrm{eff}}^{(n)}(r_{\mathrm{m}})\,\rho^n$, 其意义是有效势能在极值点处扰动的前 N 项近似, 其与完整的有效势能的对比如图 9.2 所示.

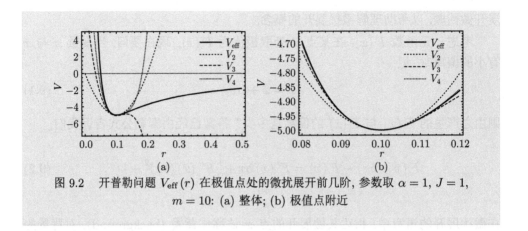

图 9.2　开普勒问题 $V_{\text{eff}}(r)$ 在极值点处的微扰展开前几阶, 参数取 $\alpha = 1$, $J = 1$, $m = 10$: (a) 整体; (b) 极值点附近

9.3　作用量的微扰展开

9.3.1　单自由度

简单起见, 先考虑单自由度的系统, 拉格朗日量为 $L(t, q, \dot{q})$. 给定一组运动方程, 有无穷多个解, 对应无穷多种初始 (边界) 条件. 假定已知系统运动方程的某个特解 $\bar{q} = \bar{q}(t)$, 其满足运动方程即意味着其使得作用量取极值,

$$-\left.\frac{\delta S}{\delta q}\right|_{\bar{q}} = \left.\left(\frac{\mathrm{d}}{\mathrm{d}t}\frac{\partial L}{\partial \dot{q}} - \frac{\partial L}{\partial q}\right)\right|_{\bar{q}} = 0, \tag{9.4}$$

这里下标 "$\bar{q}$" 表示特解 $\bar{q}(t)$ 对应的值. 在微扰展开中, 这个已知的特解 $\bar{q}(t)$ 被称作**背景位形** (background configuration), 简称背景. 现在考虑系统对这个特解的 "小偏离", 记作[①]

$$\boxed{q(t) = \bar{q}(t) + \epsilon\delta q(t)}. \tag{9.5}$$

这里 δq 即表征系统位形对背景位形 $\bar{q}$ 的偏离, 被称作**扰动** (perturbation). ϵ 是用来表征扰动大小的小量. "扰动" 总是围绕某个已知的 "背景" 做展开. 正如 "春江潮水连海平, 海上明月共潮生. 滟滟随波千万里, 何处春江无月明." 作为非常形象的例子, 一望无际的海面即是背景, 其上的波光荡漾即是扰动. 作用量 $S[q] = S[\bar{q} + \epsilon\delta q]$ 是 ϵ 的普通函数, 可以做普通的泰勒展开, 得到

$$S[\bar{q} + \epsilon\delta q] = \int \mathrm{d}t\, L(t, \bar{q} + \epsilon\delta q, \dot{\bar{q}} + \epsilon\delta\dot{q}) = \int \mathrm{d}t \sum_{n=0}^{\infty} \frac{\epsilon^n}{n!}\left.\left[\left(\delta q\frac{\partial}{\partial q} + \delta\dot{q}\frac{\partial}{\partial \dot{q}}\right)^n L\right]\right|_{\bar{q}}$$

---

① 可见 "δ" 符号真是万能, 既可以表示 "变分", 还可以表示 "变换", 这里又表示 "扰动". 但是总归是万变不离其宗——函数的无穷小变化.

$$\equiv S_0 + \epsilon S_1 + \epsilon^2 S_2 + \epsilon^3 S_3 + \cdots. \tag{9.6}$$

我们按照 ϵ 的阶数, 对 S_n 逐阶讨论.

在零阶,

$$S_0\left[\bar{q}\right] \equiv \int \mathrm{d}t L\left(t, \bar{q}, \dot{\bar{q}}\right), \tag{9.7}$$

就是背景本身的作用量. 对其再做变分, 即重新得到背景运动方程 (9.4).

在一阶, 扰动的一阶作用量为

$$S_1\left[\delta q\right] = \int \mathrm{d}t \left(\left.\frac{\partial L}{\partial q}\right|_{\bar{q}} \delta q + \left.\frac{\partial L}{\partial \dot{q}}\right|_{\bar{q}} \delta \dot{q}\right) \simeq \int \mathrm{d}t \underbrace{\left(\frac{\partial L}{\partial q} - \frac{\mathrm{d}}{\mathrm{d}t}\frac{\partial L}{\partial \dot{q}}\right)\Big|_{\bar{q}}}_{=0} \delta q \equiv 0. \tag{9.8}$$

与函数在极值点处展开的一阶项正比于背景的一阶导数类似, 扰动的一阶拉格朗日量正比于背景运动方程, 而背景运动方程当然是满足的, 所以

$$\left.\frac{\delta S}{\delta q}\right|_{\bar{q}} = 0 \quad \Rightarrow \quad \boxed{S_1\left[\delta q\right] \equiv 0}. \tag{9.9}$$

因此, 扰动的一阶作用量恒为零.

在二阶, 扰动的**二次作用量** (quadratic action) 为

$$S_2\left[\delta q\right] = \int \mathrm{d}t \left(\frac{1}{2}G\left(\delta \dot{q}\right)^2 + N\delta \dot{q}\delta q + \frac{1}{2}M\left(\delta q\right)^2\right), \tag{9.10}$$

上式中被积函数即扰动的二次拉格朗日量, 其中

$$G = \left.\frac{\partial^2 L}{\partial \dot{q}^2}\right|_{\bar{q}}, \quad N = \left.\frac{\partial^2 L}{\partial \dot{q}\partial q}\right|_{\bar{q}}, \quad M = \left.\frac{\partial^2 L}{\partial q^2}\right|_{\bar{q}}, \tag{9.11}$$

都是 "背景" $\bar{q}$ 的函数. 利用分部积分 $N\delta \dot{q}\delta q \simeq -\frac{1}{2}\dot{N}(\delta q)^2$, 得到

$$\boxed{S_2\left[\delta q\right] \simeq \int \mathrm{d}t \frac{1}{2}\left[G\left(\delta \dot{q}\right)^2 - W\left(\delta q\right)^2\right]}, \tag{9.12}$$

其中

$$W = -M + \dot{N}. \tag{9.13}$$

根据以上讨论, 围绕某个背景做微扰展开, 即得到扰动的作用量. 因为背景是系统运动方程的解, 即背景运动方程总是满足, 所以扰动的一阶作用量恒为零. 因此, 扰动的领头阶作用量是二次作用量.

以上我们从一般的拉格朗日量出发, 给出了微扰展开得到扰动拉格朗日量的一般形式. 实际计算中, 并不是先对拉格朗日量求导再代入背景解 (例如求得式 (9.11)), 而是直接对原始拉格朗日量做展开即可. 熟悉之后, 也可以略去 ϵ.

例 9.2 单摆的扰动

单摆的拉格朗日量为式 (4.72), $L = \frac{1}{2}ml^2\dot{\theta}^2 + mgl\cos\theta$. 假设已知 $\bar{\theta}(t)$, 作为背景解, 满足运动方程 (4.73), 即 $\ddot{\bar{\theta}} + \frac{g}{l}\sin\bar{\theta} = 0$. 考虑另一个可能解, 与背景有小的偏离, 记为 $\theta = \bar{\theta} + \epsilon\delta\theta$, 这里 $\delta\theta$ 即扰动. 代入拉格朗日量, 展开得到

$$L = \frac{1}{2}ml^2\left(\dot{\bar{\theta}} + \epsilon\delta\dot{\theta}\right)^2 + mgl\cos\left(\bar{\theta} + \epsilon\delta\theta\right) = L_0 + \epsilon L_1 + \epsilon^2 L_2 + \cdots.$$

其中 $L_0 = \frac{1}{2}ml^2\dot{\bar{\theta}}^2 + mgl\cos\bar{\theta}$ 即背景拉格朗日量, 与原始拉格朗日量形式完全一样, 只是其中的变量都是背景 $\theta \to \bar{\theta}$ 和 $\dot{\theta} \to \dot{\bar{\theta}}$. L_1 为扰动的一阶拉格朗日量, 做分部积分后, 系数正比于背景运动方程,

$$L_1 = ml^2\left(\dot{\bar{\theta}}\delta\dot{\theta} - \frac{g}{l}\sin\bar{\theta}\delta\theta\right) \simeq -ml^2\underbrace{\left(\ddot{\bar{\theta}} + \frac{g}{l}\sin\bar{\theta}\right)}_{=0}\delta\theta \equiv 0,$$

因此恒为零. 这其实相当于将变分求运动方程的手续又操作了一遍. L_2 为扰动 $\delta\theta$ 的二次拉格朗日量,

$$L_2 = \frac{1}{2}\left(ml^2\left(\delta\dot{\theta}\right)^2 - mgl\cos\bar{\theta}\left(\delta\theta\right)^2\right), \tag{9.14}$$

对比式 (9.12), 系数为 $G = ml^2$ 和 $W = mgl\cos\bar{\theta}$, 都是背景 (已知) 的函数.

9.3.2 多自由度

以上讨论对于多自由度系统的推广是直接的. 记广义坐标为 $\{q^a\}$, 扰动记为

$$q^a(t) = \bar{q}^a(t) + \epsilon\delta q^a(t), \quad a = 1, \cdots, s, \tag{9.15}$$

这里 $\{\bar{q}(t)\}$ 为某组已知的特解, $\{\delta q\}$ 代表扰动. 与单自由度系统作用量的展开形式类似, 拉格朗日量为 $L(t, q, \dot{q})$, 作用量 $S[\bar{q} + \epsilon\delta q]$ 展开得到

$$\int dt L\left(t, \bar{q} + \epsilon\delta q, \dot{\bar{q}} + \epsilon\delta\dot{q}\right) = \int dt \sum_{n=0}^{\infty} \frac{\epsilon^n}{n!}\left[\left(\delta q^a\frac{\partial}{\partial q^a} + \delta\dot{q}^a\frac{\partial}{\partial\dot{q}^a}\right)^n L\right]\Bigg|_{\bar{q}}$$

$$\equiv S_0[\bar{q}] + \epsilon\underbrace{S_1[\delta q]}_{=0} + \epsilon^2 S_2[\delta q] + \epsilon^3 S_3[\delta q] + \cdots. \tag{9.16}$$

$S_0[\bar{q}] = \int dt L\left(t, \bar{q}, \dot{\bar{q}}\right)$ 是背景作用量, 扰动的一阶作用量恒为零 $S_1[\delta q] \equiv 0$.

在二阶, 直接展开得到扰动的二次作用量为

$$S_2\left[\delta\boldsymbol{q}\right] = \int \mathrm{d}t \left(\frac{1}{2}G_{ab}\delta\dot{q}^a\delta\dot{q}^b + N_{ab}\delta\dot{q}^a\delta q^b + \frac{1}{2}M_{ab}\delta q^a\delta q^b\right), \qquad (9.17)$$

这里

$$G_{ab} := \left.\frac{\partial^2 L}{\partial \dot{q}^a \partial \dot{q}^b}\right|_{\bar{q}}, \quad N_{ab} := \left.\frac{\partial^2 L}{\partial \dot{q}^a \partial q^b}\right|_{\bar{q}}, \quad M_{ab} := \left.\frac{\partial^2 L}{\partial q^a \partial q^b}\right|_{\bar{q}}, \qquad (9.18)$$

都是背景的函数. 与单自由度情形类似, 式 (9.17) 形式上未必是最简. 可以验证 (见习题 9.3), 扰动的二次作用量可以通过分部积分约化为

$$\boxed{S_2\left[\delta\boldsymbol{q}\right] = \int \mathrm{d}t \left(\frac{1}{2}G_{ab}\delta\dot{q}^a\delta\dot{q}^b + \frac{1}{2}F_{ab}\delta\dot{q}^a\delta q^b - \frac{1}{2}W_{ab}\delta q^a\delta q^b\right),} \qquad (9.19)$$

其中

$$F_{ab} = N_{ab} - N_{ba}, \quad W_{ab} = -M_{ab} + \dot{N}_{ba}. \qquad (9.20)$$

注意式 (9.19) 中, G_{ab} 和 W_{ab} 是对称的, 而 F_{ab} 是反对称的. 在单自由度情形, 式 (9.19) 即回到式 (9.12). 用矩阵形式, 式 (9.19) 也可写成

$$S_2\left[\delta\boldsymbol{q}\right] = \int \mathrm{d}t \left(\frac{1}{2}\left(\delta\dot{\boldsymbol{q}}\right)^{\mathrm{T}}\boldsymbol{G}\delta\dot{\boldsymbol{q}} + \frac{1}{2}\left(\delta\dot{\boldsymbol{q}}\right)^{\mathrm{T}}\boldsymbol{F}\delta\boldsymbol{q} - \frac{1}{2}\left(\delta\boldsymbol{q}\right)^{\mathrm{T}}\boldsymbol{W}\delta\boldsymbol{q}\right). \qquad (9.21)$$

例 9.3 中心势场中的扰动

考虑中心势场中的粒子, 约化成 2 维平面上的运动, 拉格朗日量为式 (8.22), 即 $L = \frac{1}{2}m\left(\dot{r}^2 + r^2\dot{\phi}^2\right) - V(r)$. 假设已知解 $\bar{r}(t)$ 和 $\bar{\phi}(t)$, 作为背景. 考虑另一组可能解, 记为 $r = \bar{r} + \rho$ 和 $\phi = \bar{\phi} + \varphi$, 这里 ρ 和 φ 即是扰动. 代入原拉格朗日量, 展开得到

$$L = \frac{1}{2}m\left[\left(\dot{\bar{r}} + \dot{\rho}\right)^2 + \left(\bar{r} + \rho\right)^2\left(\dot{\bar{\phi}} + \dot{\varphi}\right)^2\right] - V(\bar{r} + \rho) = L_0 + L_1 + L_2 + \cdots.$$

其中, $L_0 = \frac{1}{2}m\left(\dot{\bar{r}}^2 + \bar{r}^2\dot{\bar{\phi}}^2\right) - V(\bar{r})$ 即背景拉格朗日量, 其和原始拉格朗日量式 (8.22) 形式完全一样, 只是其中的量都是背景量. L_1 为扰动的一阶拉格朗日量, 做分部积分后, 系数正比于背景运动方程,

$$L_1 = m\left(\dot{\bar{r}}\dot{\rho} + \bar{r}^2\dot{\bar{\phi}}\dot{\varphi} + \bar{r}\dot{\bar{\phi}}^2\rho\right) - V'(\bar{r})\rho$$

$$\simeq \underbrace{\left[-m\ddot{\bar{r}} + m\bar{r}\dot{\bar{\phi}}^2 - V'(\bar{r})\right]}_{=0}\rho - \underbrace{m\frac{\mathrm{d}}{\mathrm{d}t}\left(\bar{r}^2\dot{\bar{\phi}}\right)}_{=0}\varphi = 0.$$

L_2 为扰动 ρ 和 φ 的二次拉格朗日量,

$$L_2 \equiv \underbrace{\frac{1}{2}m\dot{\rho}^2 + \frac{1}{2}\left(m\dot{\phi}^2 - V''(\bar{r})\right)\rho^2}_{\rho\text{的部分}} + \underbrace{\frac{1}{2}m\bar{r}^2\dot{\varphi}^2}_{\varphi\text{的部分}} + \underbrace{2m\bar{r}\dot{\phi}\rho\dot{\varphi}}_{\rho,\varphi\text{的耦合}}, \tag{9.22}$$

其中系数都是背景 (已知) 的函数.

总之, 作用量的微扰展开得到扰动的作用量, 具有形式

$$S\left[\bar{q} + \delta q\right] - S\left[\bar{q}\right] = \underbrace{S_2\left[\delta q\right]}_{\text{自由部分}} + \underbrace{S_3\left[\delta q\right] + S_4\left[\delta q\right] + \cdots}_{\text{相互作用}}. \tag{9.23}$$

扰动的二次作用量 $S_2[\delta q]$ 是扰动的领头阶近似, 被称作**自由部分** (free part). 对扰动的二次作用量变分可知, "二次作用量" 对应 "线性运动方程". 亦即, 扰动的二次作用量 $S_2[\delta q]$ 描述的是一个线性系统. 在微扰理论中, 二次作用量 (或对应的线性运动方程) 是讨论的起始点. 扰动的更高阶作用量 $S_3[\delta q]$、$S_4[\delta q]$, 等等, 对应更高阶的修正, 被称作扰动的**相互作用** (interations). 由变分法, 扰动的 n 阶作用量对应 $n-1$ 阶运动方程. 因此, 扰动的相互作用对应非线性运动方程.

9.4　稳定平衡位形附近的微扰展开

在实际问题中, 经常遇到的是对**平衡位形** (equilibrium configuration) 的扰动. 所谓 "平衡", 即不再随时间变化,

$$\boxed{\bar{q}^a = \text{常数}}, \quad a = 1, \cdots, s, \tag{9.24}$$

换句话说, 平衡位形即系统运动方程的**静态** (static) 解. 本节中, 我们限于讨论非相对论性、定常系统, 即式 (4.71) 形式的拉格朗日量.

9.4.1　单自由度

首先考虑单自由度情形. 平衡位形的广义坐标不随时间变化, 因此由运动方程 (9.4) 知, 平衡条件式 (9.24) 等价于

$$\left(\frac{\mathrm{d}}{\mathrm{d}t}\frac{\partial L}{\partial \dot{q}} - \frac{\partial L}{\partial q}\right)\bigg|_{\bar{q}} = \underbrace{\frac{\partial^2 L}{\partial q \partial \dot{q}}\bigg|_{(\bar{q})}\dot{\bar{q}} + \frac{\partial^2 L}{\partial \dot{q}^2}\bigg|_{\bar{q}}\ddot{\bar{q}}}_{=0} - \frac{\partial L}{\partial q}\bigg|_{\bar{q}} = 0 \quad \Rightarrow \quad \frac{\partial L}{\partial q}\bigg|_{\bar{q}} = 0. \tag{9.25}$$

对于非相对论性定常系统, 拉格朗日量为 $L = T - V = \dfrac{1}{2} G(q)\dot{q}^2 - V(q)$. 因此, 平衡条件即

$$\boxed{\left.\frac{\mathrm{d}V}{\mathrm{d}q}\right|_{\bar{q}} = 0}, \tag{9.26}$$

对应势能的极值点.

通常要求扰动的背景是 **稳定** (stable) 的, 即扰动不会随着时间无限增大. 在领头阶, 这就要求扰动的线性运动方程是小振动方程, 这样扰动才会围绕背景作往复振动, 而不会无限偏离. 扰动的二次作用量由式 (9.12) 给出, 对于平衡位形 G 和 W 都是常数. 小振动方程要求 $W/G > 0$. 对于非相对论性定常系统,

$$G = \left.\frac{\partial^2 L}{\partial \dot{q}^2}\right|_{\bar{q}} = \left.\frac{\partial^2 T}{\partial \dot{q}^2}\right|_{\bar{q}}, \quad W = -\left.\frac{\partial^2 L}{\partial q^2}\right|_{\bar{q}} = \left.\frac{\mathrm{d}^2 V}{\mathrm{d}q^2}\right|_{\bar{q}}. \tag{9.27}$$

通常动能总是正的即 $G > 0$, 因此稳定性要求

$$\boxed{\left.\frac{\mathrm{d}^2 V}{\mathrm{d}q^2}\right|_{\bar{q}} > 0}. \tag{9.28}$$

结合式 (9.26) 和 (9.28), 若系统的势能在某位置有严格的极小值, 则此位置是系统的稳定平衡位形, 如图 9.3 所示[①]. 值得一提的是, 式 (9.28) 本身是稳定性的充分条件, 但并不必要, 因为势能的极小值处有可能 $V''(\bar{q}) = 0$. 我们将在第 10 章详细讨论小振动的求解.

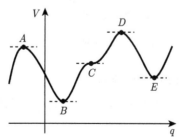

图 9.3 单自由度系统的势能与平衡位形. 其中 A, B, C, D, E 都是平衡位形, 但是只有 B, E 是稳定的

---

① 这一结论也被称作平衡位形稳定性的拉格朗日定理, 是拉格朗日在其《分析力学》中最早提出的.

例 9.4 单摆的平衡位形及其稳定性

我们在例 9.2 中已经讨论了单摆的扰动. 由单摆的拉格朗日量知, 平衡位形对应 $V'(\theta) = mgl\sin\theta = 0$, 即 $\theta = 0$ 或 $\theta = \pi$ 处, 分别对应最低点和最高点. 由 $V''(\theta) = mgl\cos\theta$ 知, 最低点 $V''(0) = mgl > 0$, 因此是稳定平衡位形; 最高点 $V''(\pi) = -mgl < 0$, 因此是不稳定平衡位形. 单摆相对最低点的扰动 (记为 $\delta\theta = \varphi$) 的拉格朗日量展开为

$$L = \frac{1}{2}ml^2\left(0+\dot{\varphi}\right)^2 + mgl\cos\left(0+\varphi\right) = \frac{1}{2}ml^2\dot{\varphi}^2 + mgl\left(1 - \frac{\varphi^2}{2} + \frac{\varphi^4}{24} + \cdots\right)$$

$$= mgl + \underbrace{\frac{1}{2}ml^2\dot{\varphi}^2 - \frac{1}{2}mgl\varphi^2}_{\text{二次拉格朗日量}} + \underbrace{mgl\frac{\varphi^4}{24} + \cdots}_{\text{高阶修正}}.$$

其中领头阶近似由二次拉格朗日量 $L_2 = \frac{1}{2}ml^2\dot{\varphi}^2 - \frac{1}{2}mgl\varphi^2$ 描述, 其对应一个振动频率为 $\sqrt{\dfrac{g}{l}}$ 的谐振子. 在例 13.10中, 我们将在相空间中进一步分析单摆的运动及平衡位形的稳定性.

例 9.5 旋转圆环上的粒子与自发对称性破缺

如图 9.4 所示, 质量为 m 的粒子在半径为 R 的光滑圆环上运动, 圆环水平高度固定, 在外界驱动下绕着中心轴以恒定角速度 ω 转动. 这是一个单自由度的非定常系统, 我们在例 2.9 中已经讨论了其约束.

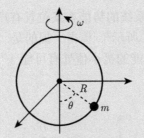

图 9.4   旋转圆环上的粒子

取广义坐标为 θ, 粒子的拉格朗日量为

$$L = \frac{1}{2}mR^2\left(\dot{\theta}^2 + \omega^2\sin^2\theta\right) + mgR\cos\theta \equiv \frac{1}{2}mR^2\dot{\theta}^2 - V_{\text{eff}}\left(\theta\right), \tag{9.29}$$

其中 $V_{\text{eff}}\left(\theta\right)$ 为有效势能

$$V_{\text{eff}}\left(\theta\right) = -\frac{1}{2}mR^2\omega^2\sin^2\theta - mgR\cos\theta. \tag{9.30}$$

虽然这是非定常系统, 但是因为拉格朗日量式 (9.29) 具有单自由度定常系统的形式, 因此式 (9.26) 和 (9.28) 的条件是适用的. 粒子的平衡位形对应有效势能的极值点

$V'_{\text{eff}}(\theta) = -mR\sin\theta\left(R\omega^2\cos\theta - g\right) = 0$. 根据角速度 ω 与 $\sqrt{\dfrac{g}{R}}$ 的相对大小, 有两种情况. 若 $\omega < \sqrt{\dfrac{g}{R}}$, 这时 $V'_{\text{eff}}(\theta) = 0$ 只有一个解 $\theta = 0$, 即圆环的最低点. 因为 $V''_{\text{eff}}(\theta) = -mR\left(R\omega^2\cos(2\theta) - g\cos\theta\right)$, $V''_{\text{eff}}(0) = -mR^2\omega^2\left(1 - \dfrac{g}{R\omega^2}\right) > 0$, 因此 $\theta = 0$ 是稳定平衡位形. 定义扰动 φ 为 $\theta = 0 + \varphi$, 则 φ 的二次拉格朗日量为

$$L_2 = \frac{1}{2}mR^2\dot{\varphi}^2 - \frac{1}{2}mR^2\omega^2\left(\frac{g}{R\omega^2} - 1\right)\varphi^2. \tag{9.31}$$

若 $\omega \geqslant \sqrt{\dfrac{g}{R}}$, 此时, 除了 $\theta = 0$, 出现另两个极值点 $\theta_{\pm} \equiv \pm\arccos\left(\dfrac{g}{R\omega^2}\right)$. 因为 $V''_{\text{eff}}(0) = -mR^2\omega^2\left(1 - \dfrac{g}{R\omega^2}\right) < 0$, 这时最低点 $\theta = 0$ 不再是稳定平衡位形, 而 $V''_{\text{eff}}(\theta_{\pm}) = mR^2\omega^2\left(1 - \dfrac{g^2}{R^2\omega^4}\right) > 0$, 所以 $\theta_{\pm}$ 是新的稳定平衡位形. 定义扰动 φ 为 $\theta = \theta_{\pm} + \varphi$, 则 φ 的二次拉格朗日量为

$$L_2 = \frac{1}{2}mR^2\dot{\varphi}^2 - \frac{1}{2}mR^2\omega^2\left(1 - \frac{g^2}{R^2\omega^4}\right)\varphi^2.$$

有效势能式 (9.30) 在不同 ω 取值如图 9.5(a) 所示. 如图 9.5(b) 所示, 随着 ω 的连续变化, 粒子的稳定平衡位形出现了 "突变".

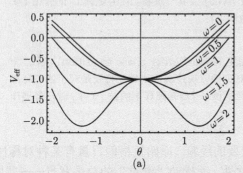
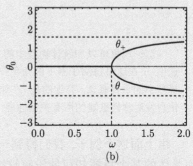

图 9.5　(a) 旋转圆环上粒子的有效势能 $V_{\text{eff}}(\theta)$; (b) 平衡位形随角速度 ω 的变化. 参数取 $m = 1$, $R = 1$, $g = 1$

粒子的能量函数为 $h = \dfrac{\partial L}{\partial \dot{\theta}}\dot{\theta} - L = \dfrac{1}{2}mR^2\dot{\theta}^2 + V_{\text{eff}}(\theta)$. 注意这是一个非定常系统, 因此 $h \neq T + V$, 见例 5.6 的讨论. 给定圆环转动的角速度 ω, 稳定平衡位形处对应粒子能量函数的极小值, 于是不妨将处于稳定平衡位形的状态称作 "最低能量态" 或**基态** (ground state). 原始的拉格朗日量式 (9.29) 具有 $\theta \to -\theta$ 变换下的对称性, 当 $\omega < \sqrt{\dfrac{g}{R}}$ 时, 粒子基态 $\theta = 0$ 及扰动 φ 都 "继承" 了这种对称性. 而当 $\omega \geqslant \sqrt{\dfrac{g}{R}}$ 时, 基态一分为二, 且具有相同的能量, 被称作**简并** (degenerate). 此时 $\theta \to -\theta$ 的对

称性被打破了, 因为其将一个基态变成另一个基态. 这种现象被称作**自发对称性破缺** (spontaneous symmetry breaking). 粒子基态的能量函数 h_0 作为 ω 的函数为

$$
h_0(\omega) = \begin{cases} V_{\text{eff}}(0) = -mgR, & \omega < \sqrt{\dfrac{g}{R}}, \\ V_{\text{eff}}(\theta_\pm) = -\dfrac{1}{2}mR^2\omega^2\left(1+\dfrac{g^2}{R^2\omega^4}\right), & \omega \geqslant \sqrt{\dfrac{g}{R}}. \end{cases}
$$

图 9.6 展示了 $h_0(\omega)$ 及其一阶和二阶导数随 ω 的变化. 可见基态能量函数及其一阶导数随 ω 连续变化, 但二阶导数 $h_0''(\omega)$ 在临界点 $\omega = \sqrt{\dfrac{g}{R}}$ 处出现了不连续.

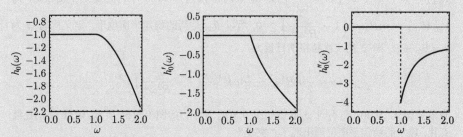

图 9.6　旋转圆环上的粒子基态能量函数 $h_0(\omega)$ 及其一阶和二阶导数随 ω 的变化 (参数同上)

　　这一现象可以和统计物理中的**二级相变** (second order phase transition) 类比, 角速度 ω 在这里扮演了温度的角色. 自发对称性破缺是现代物理学特别是粒子物理标准模型中的重要概念. 有趣的是, 在如此简单的例子 (旋转圆环上的粒子) 中, 就已经展现出自发对称性破缺的所有关键性质.

　　由上面这个例子, 我们得到一个重要的经验. 原始拉格朗日量有某种对称性, 而具体的某个特解却可能没有这个对称性. 而扰动 "继承" 的总是背景——即围绕其展开的特解的对称性, 因此原始拉格朗日量的对称性在扰动看来也被破缺了.

9.4.2　多自由度

　　以上的分析可以推广至多自由度系统. 对于非相对论性定常系统, 平衡条件为

$$
\boxed{\left.\frac{\partial V}{\partial q^a}\right|_{\bar q} = 0}, \quad a = 1,\cdots,s. \tag{9.32}
$$

此时位形 $\{\bar q\}$ 即平衡位形. 对于平衡位形, 由式 (9.19) 知, 扰动的二次拉格朗日

量成为[1]

$$L_2 = \frac{1}{2} G_{ab} \delta \dot{q}^a \delta \dot{q}^b - \frac{1}{2} W_{ab} \delta q^a \delta q^b, \tag{9.33}$$

其中

$$G_{ab} = \frac{\partial^2 T}{\partial \dot{q}^a \partial \dot{q}^b}\bigg|_{\bar{q}}, \quad W_{ab} = \frac{\partial^2 V}{\partial q^a \partial q^b}\bigg|_{\bar{q}}, \tag{9.34}$$

都是常矩阵. 总要求动能是正的, 即 $T = \frac{1}{2} G_{ab} \dot{q}^a \dot{q}^b > 0$, 这就要求矩阵 G_{ab} 必须是**正定** (positive definite) 的. 这时, 稳定性要求 W_{ab} (即势能 V 的黑塞矩阵 (Hessian matrix)) 也是正定的.

例 9.6 双摆的扰动

在例 4.4 中, 我们给出了双摆的拉格朗日量式 (4.76). 双摆的平衡位形为 $\bar{\theta}_1 = \bar{\theta}_2 = 0$, 记扰动为 $\theta_1 = 0 + \varphi_1$ 和 $\theta_2 = 0 + \varphi_2$, 代入式 (4.76) 展开得到扰动 φ_1 和 φ_2 的二次拉格朗日量

$$L_2 = \underbrace{\frac{1}{2} (m_1 + m_2) l_1^2 \dot{\varphi}_1^2 - \frac{1}{2} (m_1 + m_2) g l_1 \varphi_1^2}_{\varphi_1 \text{部分}} + \underbrace{\frac{1}{2} m_2 l_2^2 \dot{\varphi}_2^2 - \frac{1}{2} m_2 g l_2 \varphi_2^2}_{\varphi_2 \text{部分}} + \underbrace{m_2 l_1 l_2 \dot{\varphi}_1 \dot{\varphi}_2}_{\text{耦合}}. \tag{9.35}$$

用矩阵形式即

$$L_2 = \frac{1}{2} \begin{pmatrix} \dot{\varphi}_1 & \dot{\varphi}_2 \end{pmatrix} \underbrace{\begin{pmatrix} (m_1 + m_2) l_1^2 & m_2 l_1 l_2 \\ m_2 l_1 l_2 & m_2 l_2^2 \end{pmatrix}}_{=G} \begin{pmatrix} \dot{\varphi}_1 \\ \dot{\varphi}_2 \end{pmatrix}$$

$$- \frac{1}{2} \begin{pmatrix} \varphi_1 & \varphi_2 \end{pmatrix} \underbrace{\begin{pmatrix} (m_1 + m_2) g l_1 & 0 \\ 0 & m_2 g l_2 \end{pmatrix}}_{=W} \begin{pmatrix} \varphi_1 \\ \varphi_2 \end{pmatrix}. \tag{9.36}$$

对比式 (9.33), 可以读出动能和势能项系数矩阵 G 和 W 的具体形式. 我们将在例 10.2 中具体求解其运动.

例 9.7 二维平面势场中粒子的扰动

考虑 2 维平面上运动的粒子, 取极坐标, 处于势场 $V(r, \phi) = \left(-\frac{\mu^2}{2} r^2 + \frac{\lambda^2}{4} r^4 \right) \cdot \cos^2 \phi$ 中, 这里 μ, λ 都是正的常数. 于是拉格朗日量为

---

[1] 对于非相对论性定常系统, 由拉格朗日量式 (4.71) 知式 (9.18) 中 N_{ab} 正比于广义速度, 因此对于平衡位形 $N_{ab} = 0$. 于是式 (9.19) 中 $F_{ab} = 0$, $W_{ab} = -M_{ab}$.

$$L = \frac{1}{2}m\left(\dot{r}^2 + r^2\dot{\phi}^2\right) - \left(-\frac{\mu^2}{2}r^2 + \frac{\lambda^2}{4}r^4\right)\cos^2\phi.$$

平衡位形由势能的极值点决定,

$$\frac{\partial V}{\partial r} = \left(-\mu^2 r + \lambda^2 r^3\right)\cos^2\phi = 0 \quad \Rightarrow \quad r = 0, \frac{\mu}{\lambda} \quad \text{或} \quad \phi = \frac{\pi}{2}, \frac{3\pi}{2},$$

$$\frac{\partial V}{\partial \phi} = \left(\frac{\mu^2}{2}r^2 - \frac{\lambda^2}{4}r^4\right)\sin\left(2\phi\right) = 0 \quad \Rightarrow \quad r = 0, \sqrt{2}\frac{\mu}{\lambda} \quad \text{或} \quad \phi = 0, \frac{\pi}{2}, \pi, \frac{3\pi}{2}.$$

因此平衡位形可分为如下两类: 第 I 类对应 $\{r,\phi\} = \left\{\frac{\mu}{\lambda}, 0\right\}$ 或 $\left\{\frac{\mu}{\lambda}, \pi\right\}$, 如图 9.7 中 A 点和 B 点; 第 II 类对应 $\phi = \frac{\pi}{2}, \frac{3\pi}{2}$, r 任意, 即图 9.7 中直线 C.

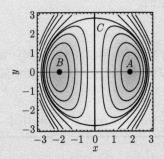

图 9.7　势能 $V(r,\phi)$ 的等高线图. 参数取 $\mu = 2$, $\lambda = 1$

由势能的二阶导数, $\frac{\partial^2 V}{\partial r^2} = \left(-\mu^2 + 3\lambda^2 r^2\right)\cos^2\phi$, $\frac{\partial^2 V}{\partial r\partial \phi} = \frac{\partial^2 V}{\partial \phi \partial r} = -(-\mu^2 r + \lambda^2 r^3)\sin\left(2\phi\right)$ 和 $\frac{\partial^2 V}{\partial \phi^2} = \left(\mu^2 r^2 - \frac{\lambda^2}{2}r^4\right)\cos\left(2\phi\right)$, 得到在平衡位形处

$$\begin{pmatrix} \dfrac{\partial^2 V}{\partial r^2} & \dfrac{\partial^2 V}{\partial r\partial \phi} \\ \dfrac{\partial^2 V}{\partial \phi\partial r} & \dfrac{\partial^2 V}{\partial \phi^2} \end{pmatrix} = \text{第 I 类:} \begin{pmatrix} 2\mu^2 & 0 \\ 0 & \dfrac{\mu^4}{2\lambda^2} \end{pmatrix}, \quad \text{第 II 类:} \begin{pmatrix} 0 & 0 \\ 0 & -\mu^2 r^2 + \dfrac{\lambda^2}{2}r^4 \end{pmatrix}.$$

可见在第 I 类平衡位形处, 势能的黑塞矩阵是正定的, 因此是稳定平衡位形; 对于第 II 类平衡位形, 黑塞矩阵不是正定的, 因此不是稳定平衡位形. 考虑稳定平衡位形 $\{r,\phi\} = \left\{\frac{\mu}{\lambda}, 0\right\}$ (即图 9.7 中 A 点, 由对称性知, 对于 B 点附近扰动的分析是类似的) 附近的扰动 $r = \frac{\mu}{\lambda} + \rho$ 和 $\phi = 0 + \varphi$, 代入原始拉格朗日量中, 展开得到扰动 ρ, φ 的二次拉格朗日量

$$L_2 = \underbrace{\frac{1}{2}m\dot{\rho}^2 - \mu^2\rho^2}_{\rho\text{部分}} + \underbrace{\frac{1}{2}m\frac{\mu^2}{\lambda^2}\dot{\varphi}^2 - \frac{\mu^4}{4\lambda^2}\varphi^2}_{\varphi\text{部分}}, \tag{9.37}$$

其中径向扰动 ρ 和角向扰动 φ 已经自动退耦. 用矩阵形式,

$$
L_2 = \frac{1}{2} \begin{pmatrix} \dot{\rho} & \dot{\varphi} \end{pmatrix} \underbrace{\begin{pmatrix} m & 0 \\ 0 & m\frac{\mu^2}{\lambda^2} \end{pmatrix}}_{=G} \begin{pmatrix} \dot{\rho} \\ \dot{\varphi} \end{pmatrix} - \frac{1}{2} \begin{pmatrix} \rho & \varphi \end{pmatrix} \underbrace{\begin{pmatrix} 2\mu^2 & 0 \\ 0 & \frac{\mu^4}{2\lambda^2} \end{pmatrix}}_{=W} \begin{pmatrix} \rho \\ \varphi \end{pmatrix}.
$$

对比式 (9.33), 即可读出 G 和 W.

9.5 一般位形附近的微扰展开

到目前我们关注的主要是静态的平衡位形的扰动. 在实际问题中, 背景位形可能随时间演化, 同时系统本身可能也是非定常的. 在 9.3 节中已经讨论了微扰展开的一般形式, 下面我们演示几个具体的例子.

例 9.8 开普勒问题圆轨道的扰动

将开普勒问题约化成 2 维平面上的运动, 拉格朗日量为 $L = \frac{1}{2}m\left(\dot{r}^2 + r^2\dot{\phi}^2\right) + \frac{\alpha}{r}$, 设 $\alpha > 0$ 即吸引势. 我们已经在 8.3 节详细讨论过其运动. 现在考虑圆轨道即 $\bar{r} = \frac{J^2}{m\alpha}$ 的特解, 对应粒子的总能量为 $E = -\frac{m\alpha^2}{2J^2} < 0$. 由角动量守恒 $\dot{\phi} = \frac{J}{m\bar{r}^2}$ 得到 $\bar{\phi}(t) = \frac{m\alpha^2}{J^3}t$ (已取积分常数为零). 考虑相对于匀速圆周运动的扰动 $r = \frac{J^2}{m\alpha} + \rho$ 和 $\phi = \frac{m\alpha^2}{J^3}t + \varphi$. 扰动 ρ 和 φ 的二次拉格朗日量的一般形式已经在例 9.3 中给出, 将背景解代入, 得到相对于圆轨道的扰动二次拉格朗日量

$$
L_2\left(\rho, \varphi, \dot{\rho}, \dot{\varphi}\right) \equiv \frac{1}{2}m\dot{\rho}^2 + \frac{3}{2}\frac{m^3\alpha^4}{J^6}\rho^2 + \frac{1}{2}\frac{J^4}{m\alpha^2}\dot{\varphi}^2 + 2\frac{m\alpha}{J}\rho\dot{\varphi}. \tag{9.38}
$$

由于最后一项的存在, 径向扰动 ρ 和角向扰动 φ 耦合在一起. 因为 φ 是循环坐标,

$$
\frac{\partial L_2}{\partial \dot{\varphi}} = \frac{J^4}{m\alpha^2}\dot{\varphi} + 2\frac{m\alpha}{J}\rho = 常数 \equiv M, \tag{9.39}
$$

又因拉格朗日量式 (9.38) 不显含时间, 所以能量函数为运动常数

$$
\frac{\partial L_2}{\partial \dot{\rho}}\dot{\rho} + \frac{\partial L_2}{\partial \dot{\varphi}}\dot{\varphi} - L_2 = \frac{1}{2}m\dot{\rho}^2 + \frac{J^4\dot{\varphi}^2}{2\alpha^2 m} - \frac{3\alpha^4 m^3\rho^2}{2J^6} = 常数 \equiv E. \tag{9.40}
$$

注意这里 M 是扰动的同阶小量, E 是扰动的二阶小量. 由式 (9.39) 解出 $\dot{\varphi}$ 代入式 (9.40), 得到 $\frac{1}{2}m\dot{\rho}^2 + V_{\text{eff}}(\rho) = E$, 其中 $V_{\text{eff}}(\rho)$ 为径向扰动的有效势能

$$
V_{\text{eff}}(\rho) = \frac{1}{2}m\left(\frac{\alpha^2 m}{J^3}\rho - \frac{2\alpha M}{J^2}\right)^2 - \frac{3\alpha^2 mM^2}{2J^4}. \tag{9.41}
$$

其在 $M = 0$ 时即回到例 9.1 中有效势能在极值点处展开式 (9.3) 的二次项 $\frac{1}{2}V_{\text{eff}}''(r_{\text{m}}) = \frac{\alpha^4 m^3}{2J^6}\rho^2$. $M \neq 0$ 相当于对 $\frac{\alpha^4 m^3}{2J^6}\rho^2$ 整体的平移, 而函数形状不变. 因为 $V_{\text{eff}}''(\rho) = \frac{\alpha^4 m^3}{J^6} > 0$, 所以开普勒问题中圆轨道的径向扰动是稳定的. 在领头阶近似下, 径向扰动在作频率为 $\omega = \frac{\alpha^2 m}{J^3}$ 的小振动. 由式 (9.39) 可以得到角向扰动也是稳定的. 所以, 开普勒问题的圆轨道在扰动下是稳定的. 一个自然的问题是, 在这个扰动下, 粒子的运动变成了什么形式? 实际上, 在领头阶径向扰动的振动频率为

$$\omega = \frac{\alpha^2 m}{J^3} = \frac{J}{m}\frac{\alpha^2 m^2}{J^4} = \frac{J}{m\bar{r}^2} \equiv \dot{\phi},$$

因此径向扰动振动频率其实就是轨道的角频率, 换句话说, 径向振动一个周期, 粒子回到原点. 亦即扰动使得圆轨道变成了 (稍稍偏离正圆的) 椭圆轨道.

例 9.9 球面摆的扰动

球面摆可视为二维球面上的中心势场问题. 考虑摆球质量为 m、摆杆长 l 的单摆, 取球面坐标 $\{\theta, \phi\}$ (θ 为与向下方向的夹角), 忽略摆杆的质量, 系统的拉格朗日量为

$$L = \frac{1}{2}ml^2\left(\dot{\theta}^2 + \sin^2\theta\dot{\phi}^2\right) + mgl\cos\theta.$$

因为 ϕ 为循环坐标, 共轭动量 $p_\phi = \frac{\partial L}{\partial\dot{\phi}} = ml^2\dot{\phi}\sin^2\theta = $ 常数 $\equiv J$. 拉格朗日量不显含时间, 因此

$$h = \frac{\partial L}{\partial\dot{\theta}}\dot{\theta} + \frac{\partial L}{\partial\dot{\phi}}\dot{\phi} - L = \frac{1}{2}ml^2\dot{\theta}^2 - mgl\cos\theta + \frac{1}{2}ml^2\dot{\phi}^2\sin^2\theta = \text{常数} \equiv E. \quad (9.42)$$

仿照中心势场的分析, 从 p_ϕ 守恒解出 $\dot{\phi}$, 代入式 (9.42), 得到 $\frac{1}{2}ml^2\dot{\theta}^2 + V_{\text{eff}}(\theta) = E$, 其中

$$V_{\text{eff}}(\theta) \equiv -mgl\cos\theta + \frac{J^2}{2l^2 m\sin^2\theta}, \quad (9.43)$$

即 θ 的有效势能, 如图 9.8 所示.

存在一个特解 $\bar{\theta} = \bar{\phi} = 0$, 代表单摆的平衡位形. 对于平衡位形的扰动 $\theta = \bar{\theta} + \alpha$ 和 $\phi = \bar{\phi} + \beta$, 将拉格朗日量展开得到

$$L = mgl + \underbrace{\frac{1}{2}l^2 m\left(\dot{\alpha}^2 - \frac{g}{l}\alpha^2\right)}_{\text{二次拉格朗日量}} + \underbrace{\frac{1}{24}lm\alpha^2\left(g\alpha^2 + 12l\dot{\beta}^2\right)}_{\text{相互作用}} + \cdots.$$

可见在二阶只有 θ 的扰动 α 出现, 和单摆在平衡位形的扰动形式一样. ϕ 的扰动 β 的效应则在更高阶才得以体现. 还存在另一个特解

$$\bar{\theta} = \text{常数} \neq 0, \quad \text{满足} \quad V_{\text{eff}}'(\bar{\theta}) = mgl\sin\bar{\theta} - \frac{J^2\cos\bar{\theta}}{ml^2\sin^3\bar{\theta}} = 0, \quad (9.44)$$

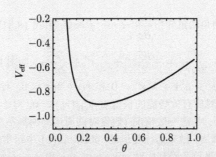

图 9.8 球面摆 θ 的有效势能. 参数取 $m = 1$, $g = 1$, $l = 1$, $J = 0.1$

由 p_ϕ 守恒得到 $\bar{\phi} = \dfrac{J}{ml^2 \sin^2 \bar{\theta}} t$, 对应球面摆做匀速圆周运动. 考虑对圆周运动的扰动 $\theta = \bar{\theta} + \alpha$ 和 $\phi = \bar{\phi} + \beta$, 展开得到扰动 α 和 β 的二次拉格朗日量

$$L_2 = \frac{1}{2} ml^2 \dot{\alpha}^2 - \frac{1}{2} mgl \left(\cos\bar{\theta} - \frac{J^2}{m^2 gl^3} \frac{\cos(2\bar{\theta})}{\sin^4 \bar{\theta}} \right) \alpha^2 + \frac{1}{2} ml^2 \sin^2 \bar{\theta} \dot{\beta}^2 + 2J \cot\bar{\theta} \alpha \dot{\beta}.$$

可以仿照例 9.8 对其进一步分析.

例 9.10 二维平面势场中圆周运动粒子的扰动

考虑二维平面上运动的粒子, 受中心势场作用, 取极坐标, 势能为 $V(r) = -\dfrac{\mu^2}{2} r^2 + \dfrac{\lambda^2}{4} r^4$, 这里 μ, λ 都是正的常数. 粒子的拉格朗日量为

$$L = \frac{1}{2} m \left(\dot{r}^2 + r^2 \dot{\phi}^2 \right) + \frac{\mu^2}{2} r^2 - \frac{\lambda^2}{4} r^4.$$

势能 $V(r)$ 如图 9.9(a) 和 (b) 所示.

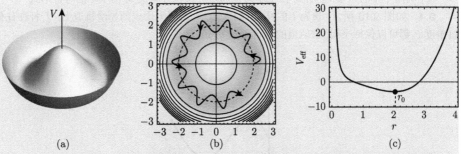

图 9.9 (a) 势能 $V(r)$ 的 3 维图; (b) $V(r)$ 的等高线图; (c) 径向运动的有效势能. 参数取 $m = 1$, $\mu = 2$, $\lambda = 1$, $J = 1$, (b) 中实线轨迹初始条件取 $r(0) = 2$, $\dot{r}(0) = \phi(0) = \dot{\phi}(0) = 0$

中心势场中粒子的角动量守恒 $\dfrac{\partial L}{\partial \dot\phi} = mr^2\dot\phi = J$，由式 (8.31) 得径向运动的有效势

能为 $V_{\text{eff}}(r) = V(r) + \dfrac{J^2}{2mr^2} = -\dfrac{\mu^2}{2}r^2 + \dfrac{\lambda^2}{4}r^4 + \dfrac{J^2}{2mr^2}$，如图 9.9(c) 所示. r 和 ϕ 的

运动方程为 $m\ddot r - mr\dot\phi^2 - \mu^2 r + \lambda^2 r^3 = 0$ 和 $r\ddot\phi + 2\dot r\dot\phi = 0$. 对于这一势能，同样存在
匀速圆周运动的特解，对应有效势能的极值点 $V_{\text{eff}}'(r_0) = 0$. 对于圆周运动及其扰动，可
以仿照前面做同样分析. 考虑一般情况 (假设对圆周运动偏离不大)，粒子将围绕势能底
部 (图 9.9(b) 中虚线圆周) 做来回往复运动，如图 9.9(b) 中粗实线所示. 一般情况下轨
道不是闭合的. 此时如果粒子受到扰动，记 $r = \bar r + \rho$ 和 $\phi = \bar\phi + \varphi$，扰动的二次拉格朗
日量为

$$L_2 = \frac{m}{2}\dot\rho^2 + \frac{1}{2}\left(\mu^2 + m\dot{\bar\phi}^2 - 3\lambda^2\bar r^2\right)\rho^2 + \frac{1}{2}m\bar r^2\dot\varphi^2 + 2m\dot{\bar\phi}\bar r\rho\dot\varphi.$$

习　　题

9.1 某单自由度系统拉格朗日量为 $L(t, q, \dot q)$，已知 $\bar q(t)$ 是运动方程的某个解. 记扰动为
$q = \bar q + \delta q$，将 q 的运动方程展开至 δq 的线性阶，证明其与 δq 的二次拉格朗日量式 (9.12) 变
分得到的运动方程相同.

9.2 已知非相对论极限下拉格朗日量的一般形式为 $L = \dfrac{1}{2}G_{ab}\dot q^a\dot q^b + X_a\dot q^a + Y - V$，其
中 G_{ab}, X_a, Y 是广义坐标 $\{\boldsymbol q\}$ 和时间 t 的函数. 记 $q^a = \bar q^a + \delta q^a$，求扰动 δq^a 的二次拉格朗
日量.

9.3 对于任意矩阵 X_{ab}，定义 $X_{(ab)} = \dfrac{1}{2}\left(X_{ab} + X_{ba}\right)$ 和 $X_{[ab]} = \dfrac{1}{2}\left(X_{ab} - X_{ba}\right)$，分别为
其对称和反对称部分.

(1) 证明分部积分 $X_{ab}\dot q^a q^b \simeq X_{[ab]}\dot q^a q^b - \dfrac{1}{2}\dot X_{(ab)}q^a q^b$；

(2) 利用 (1) 的结果，证明式 (9.17) 可以通过分部积分写成式 (9.19) 的等价形式.

9.4 如图 9.10 所示，长为 l 的杆，一端靠墙，一端置于固定的光滑轨道上. 若杆在任何倾
斜角度 θ 都可以保持平衡，求轨道的形状 $y = y(x)$.

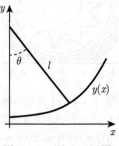

图 9.10　题 9.4 用图

9.5　如图 9.11 所示, 质量为 m_1 和 m_2 的粒子, 分别带正电荷 e_1 和 e_2, 由无质量光滑细杆连接. 杆长分别为 l_1 和 l_2, 顶端固定. 系统处于竖直平面内, 除受重力作用, 还有水平方向的均匀电场.

(1) 求系统的稳定平衡位形;

(2) 求系统相对于稳定平衡位形扰动的二次拉格朗日量.

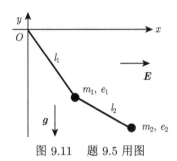

图 9.11　题 9.5 用图

9.6　质量为 m 的粒子在 2 维平面上运动, 取平面极坐标 $\{r, \phi\}$, 势能为 $V(r, \phi) = -\dfrac{\mu^2}{2} r^2 + \dfrac{\lambda^2}{4} r^4 - a^2 \cos\phi$, 其中 a, μ, λ 都是正的常数.

(1) 求粒子的稳定平衡位形;

(2) 求粒子相对于稳定平衡位形扰动的二次拉格朗日量.

9.7　如图 9.12 所示. 半径为 R 的光滑半圆环固定于竖直平面内, 质量分别为 m_1 和 m_2 的质点由弹簧连接, 粒子 m_1 可以在圆环上无摩擦滑动. 假设弹簧始终与圆环处于同一平面内. 设弹簧无质量, 不可弯曲, 劲度系数为 k, 自由长度为 l, 重力加速度为 g.

(1) 求系统的稳定平衡位形;

(2) 求系统相对稳定平衡位形扰动的二次拉格朗日量.

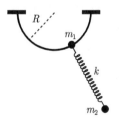

图 9.12　题 9.7 用图

9.8　如图 9.13 所示, 摆球质量为 m、长度为 l 的两个单摆悬挂在同一水平高度且相距为 d 的两个固定点, 两个摆球之间有相互作用势能 $V = \dfrac{\alpha}{r}$, 其中 α 为正的常数, r 是两个摆球之间的距离. 忽略摆杆质量, 假定系统在竖直平面内运动.

(1) 求系统的平衡位形满足的方程;

(2) 求系统相对平衡位形扰动的二次拉格朗日量.

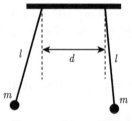

图 9.13　题 9.8 用图

9.9　如图 9.14 所示. 一质量为 m 的小球可沿两端固定的硬杆无摩擦滑动. 小球连接弹簧, 弹簧另一端固定, 距离杆的垂直距离为 d. 整个装置处于水平面内. 设弹簧无质量, 劲度系数为 k, 自由长度为 l.

(1) 根据 d 和 l 的相对大小分析小球的稳定平衡位形;

(2) 求小球相对于稳定平衡位形扰动的二次拉格朗日量.

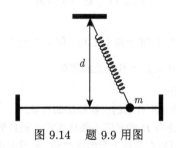

图 9.14　题 9.9 用图

9.10　考虑习题 8.3中粒子的运动.

(1) 求粒子相对圆周运动扰动的二次拉格朗日量;

(2) 分析圆周运动是否稳定;

(3) 求粒子相对一般椭圆轨道扰动的二次拉格朗日量.

9.11　考虑习题 8.9中粒子的运动.

(1) 求粒子相对圆周运动扰动的二次拉格朗日量;

(2) 分析圆周运动是否稳定.

9.12　质量为 m 的粒子处于 $V = -\dfrac{\alpha}{r^n}$ 形式的中心势场中, 分析当 n 满足什么条件时, 粒子的圆轨道运动是稳定的.

第 10 章 小 振 动

在第 9 章中讨论了系统相对于某个已知背景的小偏离——即扰动. 如果背景是稳定的, 则扰动不会随着时间无限增大. 此时系统的位形始终围绕背景做往复的运动, 这种运动形式即**小振动** (small oscillation). 从量子场论、宇宙演化、凝聚态物理到声学、光学乃至海啸、地震, 等等, 可以说, 小振动是几乎所有物理学领域中最核心的概念.

10.1 自 由 振 动

10.1.1 单自由度

考虑单自由度保守系统在稳定平衡位形附近的微扰展开. 扰动的二次作用量为式 (9.12), 即[①]

$$S_2\left[q\right] = \int \mathrm{d}t \left(\frac{1}{2}G\dot{q}^2 - \frac{1}{2}Wq^2\right), \tag{10.1}$$

其中 G 和 W 由式 (9.27) 给出, 都是常数. 对 $S_2\left[q\right]$ 变分得到线性运动方程

$$G\ddot{q} + Wq = 0 \quad \Rightarrow \quad \boxed{\ddot{q} + \omega^2 q = 0}, \tag{10.2}$$

其中

$$\boxed{\omega = \sqrt{\frac{W}{G}}}. \tag{10.3}$$

式 (10.2) 就是一维**谐振子** (harmonic oscillator) 的运动方程. 这在量纲上也是合理的, 由式 (10.1) 有 $[G\dot{q}^2] = [Wq^2] = [E]$, 因此 $\left[\sqrt{\dfrac{W}{G}}\right] = [t]^{-1}$ 即频率的量纲.

换句话说, 方程 (10.2) 描述角频率为 $\omega = \sqrt{\dfrac{W}{G}}$ 的**谐振动** (harmonic oscillation). 谐振动是物理系统在稳定平衡位形附近运动的普遍形式. 因此, 谐振子也成为 20 世纪物理学最重要的模型, 可以说整个量子力学和量子场论都建立在其基础上.

---

① 在本章中, 因为讨论的都是扰动, 简洁起见略去 "δ" 符号, 记扰动为 q 或 q^α.

方程 (10.2) 的解我们早已知道, 其有两个线性无关的特解, 可取为

$$\{\sin(\omega t), \cos(\omega t)\} \quad \text{或} \quad \{e^{-i\omega t}, e^{+i\omega t}\}, \tag{10.4}$$

其中 ω 即振动的角频率 (在讨论小振动时, 有时也简称 "频率"). 通常对于振动方程, 物理上更习惯取复指数形式的特解, 即通解一般形式为[①]

$$\boxed{q(t) = Ae^{-i\omega t} + A^*e^{+i\omega t} \equiv Ae^{-i\omega t} + \text{c.c.}}, \tag{10.5}$$

其中 A 是复常数, "c.c." 代表复共轭[②]. 更一般地, 对于二阶线性齐次常微分方程, 确定一个定解需要两个初始条件 (两个实常数), 且任意两个定解之 "和" 仍然是线性方程的解. 这意味着二阶线性齐次常微分方程的所有解的集合构成 2 维线性空间, 这个线性空间的 "基" 可以取为任意两个线性无关的特解. 对于振动方程, 物理上经常取两个线性无关的特解为 (见习题 10.1)

$$\{u(t), u^*(t)\}, \tag{10.6}$$

这里的 $u(t)$ 是复函数, 被称为**模式函数** (mode function). 顾名思义, 其代表两个线性独立的振动模式. 于是方程的通解为两者的线性组合,

$$\boxed{q(t) = Au(t) + A^*u^*(t) \equiv Au(t) + \text{c.c.}}, \tag{10.7}$$

其中 A 是复常数. 可见式 (10.5) 正是 $u(t) \propto e^{-i\omega t}$ 即谐振动的特殊情况.

以上已经完全求解了式 (10.2), 频率 ω 由式 (10.3) 给出. 为了推广至多自由度情形, 我们重新整理求解的思路. 通过观察, 我们假定系统的解具有谐振子的形式, 从而式 (10.2) 的通解具有式 (10.5) 的形式, 但是频率暂时未知. 由式 (10.5) 得到 $\dot{q} = -i\omega Ae^{-i\omega t} + \text{c.c.}$, $\ddot{q} = -\omega^2 Ae^{-i\omega t} + \text{c.c.} \equiv -\omega^2 q$, 代入原方程 (10.2) 得到

$$(W - \omega^2 G)Ae^{-i\omega t} + \text{c.c.} = 0,$$

即必须有

$$(W - \omega^2 G)A = 0. \tag{10.8}$$

也就是说, 我们一开始假设方程 (10.2) 具有式 (10.5) 形式的通解, 发现可以成立, 即假设是合理的, 但是前提是 ω 的取值使得式 (10.8) 成立. 而因为 $q(t) \neq 0$ (否则就是平庸解了), 所以式 (10.8) 成立则必然要求

$$\omega^2 - \frac{W}{G} = 0, \tag{10.9}$$

从而得到振动频率式 (10.3).

---

① 若一开始取 $q = Ae^{-i\omega t} + Be^{+i\omega t}$, 因为 q 为实函数, 故 $q^* = A^*e^{+i\omega t} + B^*e^{-i\omega t} \equiv q = Ae^{-i\omega t} + Be^{+i\omega t}$. 因为 $e^{-i\omega t}$ 和 $e^{+i\omega t}$ 是线性独立的, 等式成立则要求系数全等, 即 $A = B^*$ 或 $B = A^*$.

② 即复共轭的英文 "complex conjugate" 的首字母缩写.

10.1.2 简正模式

单自由度谐振动的讨论向一般多自由度系统的推广是直接的. 出发点为扰动的二次拉格朗日量式 (9.33),

$$L_2 = \frac{1}{2}G_{ab}\dot{q}^a\dot{q}^b - \frac{1}{2}W_{ab}q^aq^b, \tag{10.10}$$

运动方程为

$$G_{ab}\ddot{q}^b + W_{ab}q^b = 0, \quad a = 1, \cdots, s. \tag{10.11}$$

采用矩阵形式将更为方便. 将扰动记作列矩阵,

$$\boldsymbol{q} \equiv \begin{pmatrix} q^1 \\ \vdots \\ q^s \end{pmatrix}, \tag{10.12}$$

则式 (10.10) 用矩阵形式写成

$$\boxed{L_2 = \frac{1}{2}\dot{\boldsymbol{q}}^{\mathrm{T}}\boldsymbol{G}\dot{\boldsymbol{q}} - \frac{1}{2}\boldsymbol{q}^{\mathrm{T}}\boldsymbol{W}\boldsymbol{q}}, \tag{10.13}$$

其中 $\boldsymbol{G}$ 和 $\boldsymbol{W}$ 是常对称矩阵, 且我们假设都是非退化且正定的. 运动方程 (10.11) 用矩阵形式即

$$\boxed{\boldsymbol{G}\ddot{\boldsymbol{q}} + \boldsymbol{W}\boldsymbol{q} = 0}. \tag{10.14}$$

在求解物理问题时, 经常会根据具体的物理问题对解或更一般的物理关系进行合理的猜想, 给出假设的形式, 再基于这个假设的形式做分析. 这种 "经过合理猜测而假定具有的形式" 也称作**试解** (ansatz) 或拟设. 式 (10.14) 与单自由度情形的方程 (10.2) 十分相似. 因此, 我们猜测其也具有谐振子形式的解

$$\boldsymbol{q}(t) = \boldsymbol{A}\mathrm{e}^{-\mathrm{i}\omega t} + \boldsymbol{A}^*\mathrm{e}^{+\mathrm{i}\omega t} = \boldsymbol{A}\mathrm{e}^{-\mathrm{i}\omega t} + \mathrm{c.c.}, \tag{10.15}$$

这里

$$\boldsymbol{A} \equiv \begin{pmatrix} A^1 \\ \vdots \\ A^s \end{pmatrix}, \tag{10.16}$$

是常矢量 (列矩阵), 矩阵元可以是复数. 如式 (10.15) 形式的试解是假设所有的自由度都在以同一频率 ω 作谐振动. 这当然是一种很特殊的运动模式. 而我们将看到, 系统的通解正是多个频率式 (10.15) 形式的解的线性叠加.

　　现在的任务首先要验证试解式 (10.15) 是否合理, 在此基础上, 再求出其中的频率 ω 和矢量 $\boldsymbol{A}$. 为此, 将式 (10.15) 代入运动方程 (10.14), 利用

$$\ddot{\boldsymbol{q}} = -\omega^2 \boldsymbol{A} \mathrm{e}^{-\mathrm{i}\omega t} + \mathrm{c.c.} \equiv -\omega^2 \boldsymbol{q}, \tag{10.17}$$

得到

$$\boldsymbol{G}\ddot{\boldsymbol{q}} + \boldsymbol{W}\boldsymbol{q} = \left(\boldsymbol{W} - \omega^2 \boldsymbol{G}\right) \boldsymbol{A} \mathrm{e}^{-\mathrm{i}\omega t} + \mathrm{c.c.} = 0, \tag{10.18}$$

即必须有

$$\boxed{\left(\boldsymbol{W} - \omega^2 \boldsymbol{G}\right) \boldsymbol{A} = 0}. \tag{10.19}$$

式 (10.19) 可以和单自由度情形的式 (10.8) 类比. 式 (10.19) 是矩阵 $\boldsymbol{W} - \omega^2 \boldsymbol{G}$ 的本征方程, 且表明矢量 $\boldsymbol{A}$ 是矩阵 $\boldsymbol{W} - \omega^2 \boldsymbol{G}$ 的**零本征矢** (null eigenvector), 即本征值为零的本征矢. 因为我们要寻找 $\boldsymbol{A} \neq 0$ 的非平庸解, 因此式 (10.19) 成立的充分必要条件是, 矩阵 $\boldsymbol{W} - \omega^2 \boldsymbol{G}$ 退化, 这意味着其行列式为零,

$$\det\left(\boldsymbol{W} - \omega^2 \boldsymbol{G}\right) = \det \begin{pmatrix} W_{11} - \omega^2 G_{11} & W_{12} - \omega^2 G_{12} & \cdots & W_{1s} - \omega^2 G_{1s} \\ W_{21} - \omega^2 G_{21} & W_{22} - \omega^2 G_{22} & \cdots & W_{2s} - \omega^2 G_{2s} \\ \vdots & \vdots & \ddots & \vdots \\ W_{s1} - \omega^2 G_{s1} & W_{s2} - \omega^2 G_{s2} & \cdots & W_{ss} - \omega^2 G_{ss} \end{pmatrix} = 0. \tag{10.20}$$

式 (10.20) 被称为自由度 s 小振动系统的**特征方程** (characteristic equation)[①].

　　矩阵 $\boldsymbol{W} - \omega^2 \boldsymbol{G}$ 是 $s \times s$ 阶的方阵, 因此特征方程 (10.20) 是 ω^2 的 s 次代数方程. 因为背景是稳定平衡的, 即要求 $\boldsymbol{G}$ 和 $\boldsymbol{W}$ 都是正定矩阵, 因此 ω^2 的解都是正实数[②], 即式 (10.20) 总存在 ω^2 的 s 个正实根 $\omega_1^2, \omega_2^2, \cdots, \omega_s^2$. 对应 s 个振动频率[③]

$$\omega_\alpha, \quad \alpha = 1, \cdots, s, \tag{10.21}$$

被称为小振动系统的**特征频率** (characteristic frequencies).

　　现在假定我们已经求解了特征方程 (10.20), 即找到了 s 个振动频率式 (10.21), 其中每一个给定频率 ω_α 都具有式 (10.15) 形式的试解, 即

$$\boldsymbol{q}_\alpha(t) = \boldsymbol{A}_\alpha \mathrm{e}^{-\mathrm{i}\omega_\alpha t} + \mathrm{c.c.}, \quad \alpha = 1, \cdots, s, \tag{10.22}$$

---

① 也被称为 "久期方程" (secular equation). 英文 "secular" 一词来自拉丁文 "saeculum", 意为 "世代、世纪". 特征方程最早出现在行星轨道 "长期" 摄动的计算中.

② 假设 ω^2 是某个解, 即有 $\left(\boldsymbol{W} - \omega^2 \boldsymbol{G}\right) \boldsymbol{A} = 0$, 左乘 $\boldsymbol{A}^{\mathrm{T}}$, 得到 $0 = \boldsymbol{A}^{\mathrm{T}} \left(\boldsymbol{W} - \omega^2 \boldsymbol{G}\right) \boldsymbol{A} = \boldsymbol{A}^{\mathrm{T}} \boldsymbol{W} \boldsymbol{A} - \omega^2 \boldsymbol{A}^{\mathrm{T}} \boldsymbol{G} \boldsymbol{A}$, 解得 $\omega^2 = \dfrac{\boldsymbol{A}^{\mathrm{T}} \boldsymbol{W} \boldsymbol{A}}{\boldsymbol{A}^{\mathrm{T}} \boldsymbol{G} \boldsymbol{A}} > 0$.

③ 本节中我们用指标 "α" 表示特征频率、简正坐标.

都是系统运动方程可能的解. 但是其中的系数即矢量 $\boldsymbol{A}_\alpha$ 并不是任意的, 因为式 (10.19) 已经表明, $\boldsymbol{A}$ 必须是 $\boldsymbol{W} - \omega^2 \boldsymbol{G}$ 的零本征矢. 具体而言, 对于给定的某一特征频率 ω_α, 将式 (10.22) 代入运动方程 (10.14), 得到

$$\left(\boldsymbol{W} - \omega_\alpha^2 \boldsymbol{G}\right) \boldsymbol{q}_\alpha = \left(\boldsymbol{W} - \omega_\alpha^2 \boldsymbol{G}\right) \boldsymbol{A}_\alpha \mathrm{e}^{-\mathrm{i}\omega_\alpha t} + \text{c.c.} = 0, \qquad (10.23)$$

即有

$$\boxed{\left(\boldsymbol{W} - \omega_\alpha^2 \boldsymbol{G}\right) \boldsymbol{A}_\alpha = 0}, \quad \alpha = 1, \cdots, s. \qquad (10.24)$$

满足式 (10.24) 的 $\boldsymbol{A}_\alpha$ 被称作某一特征频率 ω_α 对应的**特征矢量** (characteristic vector). 因为 $\boldsymbol{G}$ 是非退化的, 将式 (10.24) 两边同乘以 $\boldsymbol{G}^{-1}$, 得到

$$\boldsymbol{G}^{-1}\boldsymbol{W}\boldsymbol{A}_\alpha = \omega_\alpha^2 \boldsymbol{A}_\alpha, \qquad (10.25)$$

所以矩阵 $\boldsymbol{G}^{-1}\boldsymbol{W}$ 的本征值为特征频率的平方 ω_α^2, 相应的本征矢正是特征矢量 $\boldsymbol{A}_\alpha$. 这时, 形如式 (10.22) 的解 $\boldsymbol{q}_\alpha$ 的物理意义是, 所有的自由度以同一频率 ω_α 作谐振动, 且系数 $\boldsymbol{A}_\alpha$ 必须满足式 (10.24), 这意味着各自由度的振幅满足固定的比例关系. 这组同一频率的解被称作系统的**简正模式** (normal mode). 需要强调的是, 简正模式是对所有自由度而言的 "一组" 解, 而不是某个自由度的解.

因为运动方程 (10.14) 是线性方程, 所以两个解的叠加仍然是方程的解. 当简正模式选定后, 系统运动方程的通解即所有简正模式的线性叠加:

$$\boxed{\boldsymbol{q}\left(t\right) = \sum_{\alpha=1}^{s} \underbrace{C_\alpha \mathrm{e}^{-\mathrm{i}\phi_\alpha}}_{\text{系数}} \underbrace{\boldsymbol{A}_\alpha \mathrm{e}^{-\mathrm{i}\omega_\alpha t}}_{\text{简正模式}} + \text{c.c.}}, \qquad (10.26)$$

其中系数 C_α 和 ϕ_α 都是实常数, 分别对应各个简正模式叠加的幅度 (权重) 和相位. 总共 $2s$ 个待定实常数, 正好对应自由度 s 系统作线性振动的 $2s$ 个初始条件.

可以总结一下多自由度系统自由振动的求解步骤:

(1) 写出系统二次拉格朗日量中的 $\boldsymbol{G}$ 和 $\boldsymbol{W}$ 矩阵;

(2) 根据特征方程 (10.20), 求特征频率 ω_α;

(3) 对每一个特征频率, 根据式 (10.24) 求对应的特征矢量 $\boldsymbol{A}_\alpha$, 得到简正模式;

(4) 根据式 (10.26) 对所有的简正模式求和, 得到通解;

(5) 根据初始条件, 确定待定系数.

其中, 最关键的步骤是求解特征频率和简正模式.

例 10.1 弹簧连接的两个单摆的简正模式

如图 10.1 所示, 两个全同的单摆由无质量的弹簧连接, 摆长为 l, 摆球质量为 m, 单摆顶端相距为 d, 假设弹簧的自由长度也是 d.

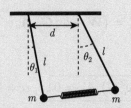

图 10.1   弹簧连接的两个单摆

选取摆杆与竖直方向的夹角 θ_1 和 θ_2 为广义坐标, 由直角坐标关系 $x_1 = l\sin\theta_1$, $y_1 = -l\cos\theta_1$, $x_2 = d + l\sin\theta_2$ 和 $y_2 = -l\cos\theta_2$, 系统的拉格朗日量为

$$
\begin{aligned}
L = T - V &= \frac{1}{2}m\left(\dot{x}_1^2 + \dot{y}_1^2\right) + \frac{1}{2}m\left(\dot{x}_2^2 + \dot{y}_2^2\right) - mgy_1 - mgy_2 \\
&\quad - \frac{1}{2}k\left(\sqrt{(x_1 - x_2)^2 + (y_1 - y_2)^2} - d\right)^2 \\
&= \frac{1}{2}ml^2\left(\dot{\theta}_1^2 + \dot{\theta}_2^2\right) + glm\cos\theta_1 + glm\cos\theta_2 \\
&\quad - \frac{1}{2}k\left(\sqrt{(d - l\sin\theta_1 + l\sin\theta_2)^2 + (l\cos\theta_1 - l\cos\theta_2)^2} - d\right)^2.
\end{aligned}
$$

因为平衡位形为 $\bar{\theta}_1 = \bar{\theta}_2 = 0$, 记扰动为 $\theta_1 = 0 + \phi_1$ 和 $\theta_2 = 0 + \phi_2$, 展开得到扰动的二次拉格朗日量

$$
L_2 = \frac{1}{2}ml^2\dot{\phi}_1^2 + \frac{1}{2}ml^2\dot{\phi}_2^2 - \frac{1}{2}\left(glm + kl^2\right)\phi_1^2 - \frac{1}{2}\left(glm + kl^2\right)\phi_2^2 + kl^2\phi_1\phi_2. \tag{10.27}
$$

与式 (10.13) 比较, 若记 $\boldsymbol{q} = \begin{pmatrix} \phi_1 & \phi_2 \end{pmatrix}^{\mathrm{T}}$, 则

$$
\boldsymbol{G} = ml^2\begin{pmatrix} 1 & 0 \\ 0 & 1 \end{pmatrix}, \quad \boldsymbol{W} = \begin{pmatrix} glm + kl^2 & -kl^2 \\ -kl^2 & glm + kl^2 \end{pmatrix}. \tag{10.28}
$$

由式 (10.20) 知, 特征方程为

$$
\begin{aligned}
0 = \det\left(\boldsymbol{W} - \omega^2\boldsymbol{G}\right) &= \det\begin{pmatrix} glm + kl^2 - ml^2\omega^2 & -kl^2 \\ -kl^2 & glm + kl^2 - ml^2\omega^2 \end{pmatrix} \\
&= l^2 m\left(l\omega^2 - g\right)\left(ml\omega^2 - mg - 2kl\right),
\end{aligned}
$$

从中解得两个正实根为

$$
\omega_1^2 = \frac{g}{l}, \quad \omega_2^2 = \frac{g}{l} + \frac{2k}{m}. \tag{10.29}
$$

对应的特征矢量 (可以相差整体系数) 分别为

$$A_1 = \begin{pmatrix} 1 \\ 1 \end{pmatrix}, \quad A_2 = \begin{pmatrix} 1 \\ -1 \end{pmatrix}. \tag{10.30}$$

可以验证

$$\left(W - \omega_1^2 G \right) A_1 = kl^2 \begin{pmatrix} 1 & -1 \\ -1 & 1 \end{pmatrix} \begin{pmatrix} 1 \\ 1 \end{pmatrix} = \begin{pmatrix} 0 \\ 0 \end{pmatrix},$$

$$\left(W - \omega_2^2 G \right) A_2 = -kl^2 \begin{pmatrix} 1 & 1 \\ 1 & 1 \end{pmatrix} \begin{pmatrix} 1 \\ -1 \end{pmatrix} = \begin{pmatrix} 0 \\ 0 \end{pmatrix}.$$

于是通解即

$$\begin{pmatrix} \phi_1 \\ \phi_2 \end{pmatrix} = C_1 e^{-i\alpha_1} \begin{pmatrix} 1 \\ 1 \end{pmatrix} e^{-i\sqrt{\frac{g}{l}}t} + C_2 e^{-i\alpha_2} \begin{pmatrix} 1 \\ -1 \end{pmatrix} e^{-i\sqrt{\frac{g}{l}+\frac{2k}{m}}t} + \text{c.c.}, \tag{10.31}$$

其中 $C_1, C_2, \alpha_1, \alpha_2$ 为 4 个实常数, 由初始条件决定. 在这个例子中, 两个简正模式的物理意义十分明显. 第一个简正模式如图 10.2(a) 所示, 对应两个摆球同向运动, 幅度相同, 频率为 ω_1. 此时弹簧始终处于自由长度, 因此频率 $\omega_1 = \sqrt{\dfrac{g}{l}}$ 和单摆的频率完全相同. 第二个简正模式如图 10.2(b) 所示, 对应两个摆球反向运动, 幅度相同, 频率为 ω_2.

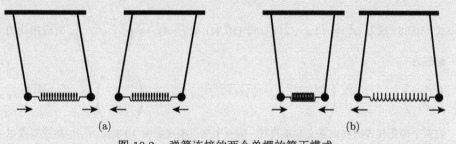

图 10.2　弹簧连接的两个单摆的简正模式

例 10.2 双摆的简正模式

在例 9.6 中, 我们已经得到了双摆扰动的二次拉格朗日量式 (9.35). 由式 (9.36) 给出

$$G = m_1 l_1^2 \begin{pmatrix} 1+\mu & \mu\lambda \\ \mu\lambda & \mu\lambda^2 \end{pmatrix}, \quad W = m_1 g l_1 \begin{pmatrix} 1+\mu & 0 \\ 0 & \mu\lambda \end{pmatrix}, \tag{10.32}$$

这里简洁起见, 引入无量纲参数 $\mu = \dfrac{m_2}{m_1}$ 和 $\lambda = \dfrac{l_2}{l_1}$. 特征方程为

$$0 = \det\left(\boldsymbol{W} - \omega^2 \boldsymbol{G}\right) = \det\begin{pmatrix} (1+\mu)\, l_1 m_1 \left(g - l_1 \omega^2\right) & -\lambda\mu l_1^2 m_1 \omega^2 \\ -\lambda\mu l_1^2 m_1 \omega^2 & \lambda\mu l_1 m_1 \left(g - \lambda l_1 \omega^2\right) \end{pmatrix}$$

$$= \lambda\mu m_1^2 l_1^2 \left[\lambda l_1^2 \omega^4 - g\left(1+\lambda\right)\left(1+\mu\right) l_1 \omega^2 + g^2 \left(1+\mu\right)\right],$$

从中解得两个正实根为

$$\omega_\pm^2 = \frac{g}{2l_1 \lambda}\left(1+\lambda\right)\left(1+\mu\right)\left[1 \pm \frac{1}{\sqrt{1+\mu}}\sqrt{\mu + \left(\frac{1-\lambda}{1+\lambda}\right)^2}\right] > 0, \tag{10.33}$$

对应的特征矢量满足 $\left(\boldsymbol{W} - \omega_\pm^2 \boldsymbol{G}\right)\boldsymbol{A}_\pm = 0$, 解得

$$\boldsymbol{A}_\pm = \begin{pmatrix} \dfrac{1}{2}\left(\mp\left(1+\lambda\right)\dfrac{1}{\sqrt{1+\mu}}\sqrt{\mu + \left(\dfrac{1-\lambda}{1+\lambda}\right)^2} + 1 - \lambda\right) \\ 1 \end{pmatrix}. \tag{10.34}$$

于是振动的通解即

$$\phi = C_+ \mathrm{e}^{-\mathrm{i}\phi_+}\boldsymbol{A}_+ \mathrm{e}^{-\mathrm{i}\omega_+ t} + C_- \mathrm{e}^{-\mathrm{i}\phi_-}\boldsymbol{A}_- \mathrm{e}^{-\mathrm{i}\omega_- t} + \mathrm{c.c.},$$

其中 $C_\pm, \phi_\pm$ 为 4 个实常数, 由初始条件决定. 考虑 $m_1 = m_2 = m$, $l_1 = l_2 = l$ 的特殊情况 (对应 $\mu = \lambda = 1$), 此时式 (10.32) 成为

$$\boldsymbol{G} = ml^2 \begin{pmatrix} 2 & 1 \\ 1 & 1 \end{pmatrix}, \quad \boldsymbol{W} = mgl\begin{pmatrix} 2 & 0 \\ 0 & 1 \end{pmatrix},$$

式 (10.33) 成为 $\omega_\pm^2 = \left(2 \pm \sqrt{2}\right)\dfrac{g}{l}$, 式 (10.34) 成为 $\boldsymbol{A}_\pm = \begin{pmatrix} \mp\dfrac{1}{\sqrt{2}} \\ 1 \end{pmatrix}$, 对应振动的通解为

$$\begin{pmatrix} \phi_1 \\ \phi_2 \end{pmatrix} = C_+ \mathrm{e}^{-\mathrm{i}\phi_+}\begin{pmatrix} -\dfrac{1}{\sqrt{2}} \\ 1 \end{pmatrix}\mathrm{e}^{-\mathrm{i}\sqrt{(2+\sqrt{2})\frac{g}{l}}\,t} + C_- \mathrm{e}^{-\mathrm{i}\phi_-}\begin{pmatrix} \dfrac{1}{\sqrt{2}} \\ 1 \end{pmatrix}\mathrm{e}^{-\mathrm{i}\sqrt{(2-\sqrt{2})\frac{g}{l}}\,t} + \mathrm{c.c.}.$$

这两个简正模式的物理意义非常直观. 第一个简正模式如图 10.3(a) 所示, 对应双摆以频率 ω_+ 反向摆动. 第二个简正模式如图 10.3(b) 所示, 对应双摆以频率 ω_- 同向摆动. 两个简正模式中摆角的幅度之比都为 $1:\sqrt{2}$.

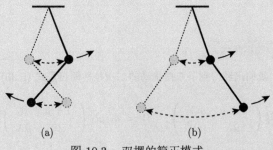

(a)   (b)

图 10.3　双摆的简正模式

10.1.3 简正坐标

简正模式是系统所有自由度以同一频率振动的运动模式, 一般来说每一个简正模式都涉及所有的自由度. 反过来, 某一自由度在实际的运动中, 又会是所有简正频率振动的线性叠加. 这种"多对多"的关系为问题带来了复杂性. 另一方面, 简正模式的存在意味着系统实际等价于一组互相独立的一维谐振子, 每个谐振子以某个特征频率振动. 自然的问题是, 是否存在一组特别的广义坐标, 使得每个自由度正好只对应一个特征频率?

作用量式 (10.13) 中矩阵 G 和 W 不是对角化的, 所以不同的自由度出现了"耦合", 导致最终单个自由度中不同的特征频率被混合在了一起. 所以问题归结为, 如何选取一组新的广义坐标 ζ, 满足

$$q = M\zeta, \tag{10.35}$$

其中 M 是常矩阵, 使得用新的广义坐标 $\{\zeta\}$ 表达的拉格朗日量中, 新的动能项系数矩阵和势能项系数矩阵同时对角化. 在这样的线性坐标变换下, 二次拉格朗日量变换为

$$L_2 = \frac{1}{2}\dot{q}^{\mathrm{T}}G\dot{q} - \frac{1}{2}q^{\mathrm{T}}Wq = \frac{1}{2}\left(M\dot{\zeta}\right)^{\mathrm{T}}G\left(M\dot{\zeta}\right) - \frac{1}{2}\left(M\zeta\right)^{\mathrm{T}}W\left(M\zeta\right)$$

$$= \frac{1}{2}\dot{\zeta}^{\mathrm{T}}\underbrace{M^{\mathrm{T}}GM}_{=\tilde{G}}\dot{\zeta} - \frac{1}{2}\zeta^{\mathrm{T}}\underbrace{M^{\mathrm{T}}WM}_{=\tilde{W}}\zeta, \tag{10.36}$$

即

$$L_2 = \frac{1}{2}\dot{\zeta}^{\mathrm{T}}\tilde{G}\dot{\zeta} - \frac{1}{2}\zeta^{\mathrm{T}}\tilde{W}\zeta, \tag{10.37}$$

其中

$$\boxed{\tilde{G} = M^{\mathrm{T}}GM, \quad \tilde{W} = M^{\mathrm{T}}WM}. \tag{10.38}$$

ζ 的运动方程为

$$\ddot{\zeta} + \tilde{G}^{-1}\tilde{W}\zeta = 0. \tag{10.39}$$

为了使得新的广义坐标 ζ 之间互相独立, 则 $\tilde{G}$ 和 $\tilde{W}$ 必须都成为对角矩阵. 由线性代数知, 对于两个正定的实对称矩阵, 一定存在线性变换使其同时对角化. 而 G 和 W 正是正定的实对称矩阵, 因此总是存在 M, 使得变换后

$$\tilde{G} = \begin{pmatrix} g_1 & & & \\ & g_2 & & \\ & & \ddots & \\ & & & g_s \end{pmatrix}, \quad \tilde{W} = \begin{pmatrix} w_1 & & & \\ & w_2 & & \\ & & \ddots & \\ & & & w_s \end{pmatrix}, \tag{10.40}$$

从而

$$\tilde{G}^{-1}\tilde{W} = \begin{pmatrix} \dfrac{w_1}{g_1} & & & \\ & \dfrac{w_2}{g_2} & & \\ & & \ddots & \\ & & & \dfrac{w_s}{g_s} \end{pmatrix}. \tag{10.41}$$

于是运动方程 (10.39) 成为

$$\ddot{\zeta}_\alpha + \frac{w_\alpha}{g_\alpha}\zeta_\alpha = 0, \quad \alpha = 1, \cdots, s, \tag{10.42}$$

可见对角化之后新的广义坐标 $\{\zeta\}$ 之间互不耦合, 每一个 ζ_α 都以一维谐振子的形式运动, 且频率为 $\sqrt{\dfrac{w_\alpha}{g_\alpha}}$. 另一方面

$$\tilde{G}^{-1}\tilde{W} = \left(M^{\mathrm{T}}GM\right)^{-1}M^{\mathrm{T}}WM = M^{-1}G^{-1}\left(M^{\mathrm{T}}\right)^{-1}M^{\mathrm{T}}WM$$
$$= M^{-1}G^{-1}WM.$$

可见 $\tilde{G}^{-1}\tilde{W}$ 与 $G^{-1}W$ 具有相同的本征值, 即有

$$\boxed{\frac{w_\alpha}{g_\alpha} = \omega_\alpha^2}. \tag{10.43}$$

因此式 (10.39) 的通解为

$$\boxed{\zeta_\alpha = C_\alpha \mathrm{e}^{-\mathrm{i}\phi_\alpha}\mathrm{e}^{-\mathrm{i}\omega_\alpha t} + \mathrm{c.c.}}, \quad \alpha = 1, \cdots, s, \tag{10.44}$$

其中 C_α, ϕ_α 是实常数. 至此, 我们就实现了每个自由度——即新的广义坐标 ζ_α, 对应一个特征频率 ω_α, 因此 $\{\zeta\}$ 被称作简正坐标 (normal coordinates).

　　现在的问题是, 如何寻找用来将 G 和 W 同时对角化的线性变换矩阵 M? 答案已经隐藏在此前求得的 s 个特征矢量 $\{A_\alpha\}$ 中. 因为 G 是非退化对称矩阵, 于是可以用 G 作为 "度规" 来定义两矢量的内积

$$\langle A, B \rangle := A^{\mathrm{T}}GB. \tag{10.45}$$

不妨称这个内积为 "G-内积". 于是总是可以选取 s 个线性独立的特征矢量, 使

得其在 "G-内积" 的意义下正交归一[①]，即满足

$$\langle \boldsymbol{A}_\alpha, \boldsymbol{A}_\beta \rangle \equiv \boldsymbol{A}_\alpha^{\mathrm{T}} \boldsymbol{G} \boldsymbol{A}_\beta = \delta_{\alpha\beta}, \quad \alpha, \beta = 1, \cdots, s. \tag{10.46}$$

于是将这 s 个正交归一的特征矢量每一个作为 "列"，排成方阵，

$$\boldsymbol{M} = \begin{pmatrix} \boldsymbol{A}_1 & \boldsymbol{A}_2 & \cdots & \boldsymbol{A}_s \end{pmatrix} = \begin{pmatrix} A_1^1 & A_2^1 & \cdots & A_s^1 \\ A_1^2 & A_2^2 & \cdots & A_s^2 \\ \vdots & \vdots & & \vdots \\ A_1^s & A_2^s & \cdots & A_s^s \end{pmatrix}, \tag{10.47}$$

这样构成的方阵被称作**模态矩阵** (modal matrix). 用指标来写即

$$M^a{}_\alpha = A_\alpha^a, \quad a, \alpha = 1, \cdots, s, \tag{10.48}$$

其中 A_α^a 代表第 α 个特征矢量的 a 分量. 原始的广义坐标与简正坐标之间的关系式 (10.35) 将指标明显写出即

$$q^a = \sum_{\alpha=1}^{s} M^a{}_\alpha \zeta_\alpha = \sum_{\alpha=1}^{s} A_\alpha^a \zeta_\alpha, \quad a = 1, \cdots, s. \tag{10.49}$$

这里 "a" 指标对应原始广义坐标，"α" 指标对应简正模式即简正坐标.

可以验证模态矩阵 $\boldsymbol{M}$ 可将 $\boldsymbol{G}$ 和 $\boldsymbol{W}$ 同时对角化. 有

$$\tilde{\boldsymbol{G}} \equiv \boldsymbol{M}^{\mathrm{T}} \boldsymbol{G} \boldsymbol{M} = \begin{pmatrix} \boldsymbol{A}_1^{\mathrm{T}} \\ \boldsymbol{A}_2^{\mathrm{T}} \\ \vdots \\ \boldsymbol{A}_s^{\mathrm{T}} \end{pmatrix} \boldsymbol{G} \begin{pmatrix} \boldsymbol{A}_1 & \boldsymbol{A}_2 & \cdots & \boldsymbol{A}_s \end{pmatrix}$$

$$= \begin{pmatrix} \boldsymbol{A}_1^{\mathrm{T}} \boldsymbol{G} \boldsymbol{A}_1 & \boldsymbol{A}_1^{\mathrm{T}} \boldsymbol{G} \boldsymbol{A}_2 & \cdots & \boldsymbol{A}_1^{\mathrm{T}} \boldsymbol{G} \boldsymbol{A}_s \\ \boldsymbol{A}_2^{\mathrm{T}} \boldsymbol{G} \boldsymbol{A}_1 & \boldsymbol{A}_2^{\mathrm{T}} \boldsymbol{G} \boldsymbol{A}_2 & \cdots & \boldsymbol{A}_2^{\mathrm{T}} \boldsymbol{G} \boldsymbol{A}_s \\ \vdots & \vdots & & \vdots \\ \boldsymbol{A}_s^{\mathrm{T}} \boldsymbol{G} \boldsymbol{A}_1 & \boldsymbol{A}_s^{\mathrm{T}} \boldsymbol{G} \boldsymbol{A}_2 & \cdots & \boldsymbol{A}_s^{\mathrm{T}} \boldsymbol{G} \boldsymbol{A}_s \end{pmatrix} = \begin{pmatrix} 1 & 0 & \cdots & 0 \\ 0 & 1 & \cdots & 0 \\ \vdots & \vdots & & \vdots \\ 0 & 0 & \cdots & 1 \end{pmatrix}, \tag{10.50}$$

---

① 这实际上就是线性代数中的格拉姆-施密特正交化 (Gram-Schmidt orthogonalization)，即一组线性独立的矢量，总是可以通过线性组合，得到另一组线性独立且正交归一的矢量. 这里的 "正交归一" 可以定义在用任何非退化对称矩阵做内积的意义下. 从线性空间的角度，一组线性独立的矢量即张成一个线性空间，而线性空间总存在正交归一基.

最后一步用到了式 (10.46). 可见由满足式 (10.46) 的特征矢量构造的模态矩阵不仅将 G 对角化, 而且将对角元都归一化了. 另一方面, 式 (10.24) 意味着

$$A_\alpha^{\mathrm{T}}\left(W - \omega_\beta^2 G\right) A_\beta = 0, \tag{10.51}$$

即

$$A_\alpha^{\mathrm{T}} W A_\beta = \omega_\beta^2 A_\alpha^{\mathrm{T}} G A_\beta \equiv \omega_\beta^2 \delta_{\alpha\beta}. \tag{10.52}$$

于是与式 (10.50) 类似,

$$\tilde{W} \equiv M^{\mathrm{T}} W M = \begin{pmatrix} A_1^{\mathrm{T}} W A_1 & A_1^{\mathrm{T}} W A_2 & \cdots & A_1^{\mathrm{T}} W A_s \\ A_2^{\mathrm{T}} W A_1 & A_2^{\mathrm{T}} W A_2 & \cdots & A_2^{\mathrm{T}} W A_s \\ \vdots & \vdots & & \vdots \\ A_s^{\mathrm{T}} W A_1 & A_s^{\mathrm{T}} W A_2 & \cdots & A_s^{\mathrm{T}} W A_s \end{pmatrix}$$

$$= \begin{pmatrix} \omega_1^2 & 0 & \cdots & 0 \\ 0 & \omega_2^2 & \cdots & 0 \\ \vdots & \vdots & & \vdots \\ 0 & 0 & \cdots & \omega_s^2 \end{pmatrix}, \tag{10.53}$$

即 W 也完成了对角化, 而且对角元正是特征频率的平方 ω_α^2. 最后, 由式 (10.50) 有 $M^{-1} = M^{\mathrm{T}} G$, 因此式 (10.35) 的逆变换可以写成

$$\zeta = M^{-1} q = M^{\mathrm{T}} G q. \tag{10.54}$$

总之, 多自由度系统自由振动的求解, 关键在于求本征频率和简正模式. 而在简正坐标的语言下, 问题归结为如何将二次拉格朗日量完全对角化的线性代数问题.

例 10.3 弹簧连接的两个单摆的简正坐标

再次考虑例 10.1, 已经求出 2 个特征矢量式 (10.30), 由 G 的形式式 (10.28), 得到 (在 "G-内积" 的意义下) 正交归一的特征矢量

$$A_1 = \frac{1}{\sqrt{2ml}} \begin{pmatrix} 1 \\ 1 \end{pmatrix}, \quad A_2 = \frac{1}{\sqrt{2ml}} \begin{pmatrix} 1 \\ -1 \end{pmatrix}.$$

于是模态矩阵为

$$M = \begin{pmatrix} A_1 & A_2 \end{pmatrix} = \frac{1}{\sqrt{2ml}} \begin{pmatrix} 1 & 1 \\ 1 & -1 \end{pmatrix}.$$

可以验证有

$$\tilde{G} \equiv M^{\mathrm{T}}GM = \frac{1}{\sqrt{2ml}}\begin{pmatrix} 1 & 1 \\ 1 & -1 \end{pmatrix} ml^2 \begin{pmatrix} 1 & 0 \\ 0 & 1 \end{pmatrix} \frac{1}{\sqrt{2ml}}\begin{pmatrix} 1 & 1 \\ 1 & -1 \end{pmatrix} = \begin{pmatrix} 1 & 0 \\ 0 & 1 \end{pmatrix},$$

以及

$$\tilde{W} \equiv M^{\mathrm{T}}WM = \frac{1}{\sqrt{2ml}}\begin{pmatrix} 1 & 1 \\ 1 & -1 \end{pmatrix} \begin{pmatrix} glm + kl^2 & -kl^2 \\ -kl^2 & glm + kl^2 \end{pmatrix} \frac{1}{\sqrt{2ml}}\begin{pmatrix} 1 & 1 \\ 1 & -1 \end{pmatrix}$$

$$= \begin{pmatrix} \dfrac{g}{l} & 0 \\ 0 & \dfrac{g}{l} + \dfrac{2k}{m} \end{pmatrix} \equiv \begin{pmatrix} \omega_1^2 & 0 \\ 0 & \omega_2^2 \end{pmatrix}.$$

由式 (10.54) 知, 简正坐标与原始坐标的关系为

$$\begin{pmatrix} \zeta_1 \\ \zeta_2 \end{pmatrix} = M^{\mathrm{T}}G \begin{pmatrix} \phi_1 \\ \phi_2 \end{pmatrix} = \sqrt{\frac{m}{2}}\, l \begin{pmatrix} \phi_1 + \phi_2 \\ \phi_1 - \phi_2 \end{pmatrix}. \tag{10.55}$$

这一结果正意味着 ζ_1 对应两个摆球同向运动, ζ_2 对应两个摆球反向运动.

例 10.4 线性三原子分子的振动

如图 10.4 所示, 3 个粒子由弹簧连接, 其中中间粒子的质量为 M, 两端粒子的质量为 m. 弹簧劲度系数设为 k, 自由长度为 l. 这一模型可视为对称的线性三原子分子 (例如水分子、二氧化碳分子) 的简化模型.

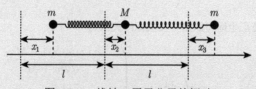

图 10.4　线性三原子分子的振动

考虑系统在稳定平衡位形附近的小振动, 取广义坐标如图 10.4 所示, 系统的拉格朗日量为

$$L = \frac{1}{2}m\left(\dot{x}_1^2 + \dot{x}_3^2\right) + \frac{1}{2}M\dot{x}_2^2 - \frac{1}{2}k\left(x_2 - x_1\right)^2 - \frac{1}{2}k\left(x_3 - x_2\right)^2,$$

已经自动具有二次拉格朗日量的形式. 动能项和势能项系数矩阵为

$$G = \begin{pmatrix} m & 0 & 0 \\ 0 & M & 0 \\ 0 & 0 & m \end{pmatrix}, \quad W = \begin{pmatrix} k & -k & 0 \\ -k & 2k & -k \\ 0 & -k & k \end{pmatrix}.$$

特征方程为

$$\det\left(\boldsymbol{W}-\omega^2\boldsymbol{G}\right)=\det\begin{pmatrix} k-m\omega^2 & -k & 0 \\ -k & 2k-M\omega^2 & -k \\ 0 & -k & k-m\omega^2 \end{pmatrix}$$

$$=-\omega^2\left(k-m\omega^2\right)\left(k\left(2m+M\right)-mM\omega^2\right)=0,$$

从中解出 3 个特征频率 $\omega_1^2=0$, $\omega_2^2=\dfrac{k}{m}$ 和 $\omega_3^2=\dfrac{k\left(2m+M\right)}{mM}$. 这里 $\omega_1=0$ 意味着相应的简正模式其实并不是振动, 而是系统整体做匀速直线运动. 特征矢量满足 $\left(\boldsymbol{W}-\omega_\alpha^2\boldsymbol{G}\right)\boldsymbol{A}_\alpha=0$, 解得

$$\boldsymbol{A}_1=\frac{1}{\sqrt{2m+M}}\begin{pmatrix}1\\1\\1\end{pmatrix},\quad \boldsymbol{A}_2=\frac{1}{\sqrt{2m}}\begin{pmatrix}1\\0\\-1\end{pmatrix},\quad \boldsymbol{A}_3=\frac{1}{\sqrt{2m\left(1+2\dfrac{m}{M}\right)}}\begin{pmatrix}1\\-2\dfrac{m}{M}\\1\end{pmatrix},$$

这里已经选取系数使得特征矢量归一化, 即满足 $\boldsymbol{A}_\alpha^{\mathrm{T}}\boldsymbol{G}\boldsymbol{A}_\beta=\delta_{\alpha\beta}$. 因此模态矩阵为

$$\boldsymbol{M}=\begin{pmatrix}\boldsymbol{A}_1 & \boldsymbol{A}_2 & \boldsymbol{A}_3\end{pmatrix}=\begin{pmatrix} \dfrac{1}{\sqrt{2m+M}} & \dfrac{1}{\sqrt{2m}} & \dfrac{1}{\sqrt{2m\left(1+2\dfrac{m}{M}\right)}} \\[4mm] \dfrac{1}{\sqrt{2m+M}} & 0 & -\dfrac{\sqrt{2m}}{M}\dfrac{1}{\sqrt{1+2\dfrac{m}{M}}} \\[4mm] \dfrac{1}{\sqrt{2m+M}} & -\dfrac{1}{\sqrt{2m}} & \dfrac{1}{\sqrt{2m\left(1+2\dfrac{m}{M}\right)}} \end{pmatrix}.$$

由式 (10.54) 知, 简正坐标与原始广义坐标的关系为

$$\begin{pmatrix}\zeta_1\\\zeta_2\\\zeta_3\end{pmatrix}=\boldsymbol{M}^{\mathrm{T}}\boldsymbol{G}\begin{pmatrix}x_1\\x_2\\x_3\end{pmatrix}=\begin{pmatrix}\dfrac{m\left(x_1+x_3\right)+Mx_2}{\sqrt{2m+M}}\\[4mm]\dfrac{\sqrt{m}\left(x_1-x_3\right)}{\sqrt{2}}\\[4mm]\dfrac{\sqrt{mM}\left(x_1-2x_2+x_3\right)}{\sqrt{2\left(2m+M\right)}}\end{pmatrix}.$$

第一个简正坐标 $\zeta_1=\sqrt{2m+M}x_{\mathrm{c}}$, 即正比于质心坐标, 因此其对应的简正模式是整体匀速直线运动, 如图 10.5(a) 所示. ζ_2 对应的简正模式为中间的粒子不动, 两端粒子作反向振动, 频率为 ω_2, 如图 10.5(b) 所示. ζ_3 对应的简正模式为中间粒子与两端粒子相对作反向振动, 频率为 ω_3, 如图 10.5(c) 所示. 系统的一般运动是这三种模式的线性叠加.

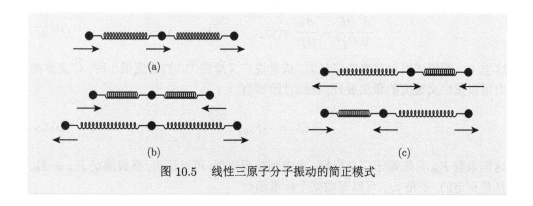

图 10.5 线性三原子分子振动的简正模式

10.2 阻尼振动

以上我们就平衡位形附近的自由振动做了详细的分析, 其特点在于系统不受外界影响, 扰动的拉格朗日量不显含时间. 当受到外界影响时, 系统将不可避免与环境交换能量. 这将导致系统的部分能量传递到外界, 产生所谓 "阻尼" 或 "耗散" 现象. 在阻尼存在时发生的振动称作**阻尼振动** (damped oscillations). 典型的阻尼包括摩擦、黏滞等.

10.2.1 耗散函数

直观上, 阻尼与速度有关. 在速度较低时, 阻尼体现在物体的运动受到与速度成正比的阻碍力. 从运动方程的角度, 这意味着阻尼体现为速度的线性项. 一个问题是, 能否给阻尼写出作用量? 严格来说, 阻尼或者耗散并不是一个纯粹的宏观力学问题, 因为其涉及宏观与微观两个层次的自由度. 例如, 宏观的滑块因为摩擦将能量转移到微观粒子的无规则热运动中. 因为微观信息的缺失, 仅由宏观自由度出发, 阻尼或者耗散系统一般并不能纳入最小作用量原理的框架内[①]. 因此, 对阻尼运动的描述只能是 "唯象" 和 "有效" 的, 从运动方程或者微分形式的变分原理出发.

假设在无阻尼时, 系统的拉格朗日量为 L. 阻尼振动可以在微分形式的变分原理中添加一项 $Q_a \delta q^a$ 来体现:

$$\delta S\left[\boldsymbol{q}\right] = \int \mathrm{d}t \left(\delta L + Q_a \delta q^a\right) = 0, \tag{10.56}$$

对应的运动方程即

---

① 这当然不影响最小作用量原理作为基本物理原理的地位. 原则上, 如果我们能跟踪每一个微观粒子的行为, (至少在经典意义上) 当然可以写出 "宏观滑块" 加 "微观粒子" 这一大系统完整的作用量.

$$\frac{\mathrm{d}}{\mathrm{d}t}\frac{\partial L}{\partial \dot{q}^a} - \frac{\partial L}{\partial q^a} = Q_a, \quad a = 1, \cdots, s. \tag{10.57}$$

这里 Q_a 即描述阻尼效果的广义力, 或者说广义摩擦力. 当速度很小时, 广义摩擦力可以按广义速度的幂次展开, 在线性阶即有

$$Q_a = -F_{ab}\dot{q}^b, \tag{10.58}$$

这里系数 F_{ab} 只依赖于广义坐标. 考虑到微观模型, 可以证明, 系数满足 $F_{ab} = F_{ba}$ 且是正定的, 于是 Q_a 可以写成某个标量函数

$$\mathcal{F} \equiv \frac{1}{2}F_{ab}\dot{q}^a\dot{q}^b \tag{10.59}$$

的导数, 即

$$Q_a \equiv -\frac{\partial \mathcal{F}}{\partial \dot{q}^a}. \tag{10.60}$$

式 (10.59) 中的 $\mathcal{F}$ 被称为**耗散函数** (dissipation function). 系数 F_{ab} 的正定性意味着耗散函数 $\mathcal{F} > 0$.

在存在耗散时, 系统的能量仍然定义为 $E \equiv h = \frac{\partial L}{\partial \dot{q}^a}\dot{q}^a - L$. 由式 (10.57) 和 (10.60), 系统能量随时间的变化率为

$$\frac{\mathrm{d}E}{\mathrm{d}t} = \frac{\mathrm{d}}{\mathrm{d}t}\left(\frac{\partial L}{\partial \dot{q}^a}\dot{q}^a - L\right) = \frac{\mathrm{d}}{\mathrm{d}t}\left(\frac{\partial L}{\partial \dot{q}^a}\right)\dot{q}^a + \frac{\partial L}{\partial \dot{q}^a}\ddot{q}^a - \frac{\partial L}{\partial q^a}\dot{q}^a - \frac{\partial L}{\partial \dot{q}^a}\ddot{q}^a$$

$$= \underbrace{\left(\frac{\mathrm{d}}{\mathrm{d}t}\frac{\partial L}{\partial \dot{q}^a} - \frac{\partial L}{\partial q^a}\right)}_{=Q_a}\dot{q}^a = -\frac{\partial \mathcal{F}}{\partial \dot{q}^a}\dot{q}^a, \tag{10.61}$$

因为在最低阶, 耗散函数 $\mathcal{F}$ 是广义速度的二次型式 (10.59), 即有 $\frac{\partial \mathcal{F}}{\partial \dot{q}^a}\dot{q}^a = 2\mathcal{F}$, 因此得到

$$\frac{\mathrm{d}E}{\mathrm{d}t} = -2\mathcal{F}. \tag{10.62}$$

由之可以看出耗散函数的物理意义, 即单位时间内系统所耗散的能量为 2 倍的耗散函数. 因为 $\mathcal{F} > 0$, 因此系统的能量确实一直耗散进入外界环境.

10.2.2　阻尼振动的求解

对于如式 (10.13) 中的扰动二次拉格朗日量, 在有阻尼存在时, 运动方程 (10.57) 成为

$$G_{ab}\ddot{q}^b + F_{ab}\dot{q}^b + W_{ab}q^b = 0, \quad a = 1, \cdots, s. \tag{10.63}$$

在平衡位形附近, 系数 G_{ab}、F_{ab} 和 W_{ab} 都是常数.

以下我们以单自由度阻尼振动为例, 来说明阻尼振动的求解方法. 此时运动方程为

$$\ddot{q} + 2\beta\dot{q} + \omega_0^2 q = 0, \tag{10.64}$$

其中 $\omega_0^2 = \dfrac{W}{G}$ 为无阻尼时自由振动的频率,

$$\beta \equiv \frac{F}{2G}, \tag{10.65}$$

被称为**阻尼系数** (damping coefficient). 由量纲知, $[\beta] = [\omega_0] = [t]^{-1}$. 方程 (10.64) 中的阻尼项 $2\beta\dot{q}$ 可以通过变量代换去除. 令 $q(t) = \mathrm{e}^{-\beta t}x(t)$, 可以验证 $x(t)$ 满足方程

$$\ddot{x} + \omega^2 x = 0, \quad \omega^2 = \omega_0^2 - \beta^2. \tag{10.66}$$

形式上其与单自由度谐振动的方程 (10.2) 完全一致. 只不过现在 ω^2 未必是正数, 相应的 ω 未必是实数.

根据 β 与 ω_0 的相对大小, 解的行为可分为 2 种情况.

若 $\beta < \omega_0$, 此时 $\omega^2 > 0$, $x(t)$ 的通解为 (见式 (10.5)) $x(t) = A\mathrm{e}^{\mathrm{i}\omega t} + \mathrm{c.c.}$. 因此 $q(t)$ 的通解为

$$q(t) = \mathrm{e}^{-\beta t}x(t) = \mathrm{e}^{-\beta t}\left(A\mathrm{e}^{\mathrm{i}\omega t} + \mathrm{c.c.}\right), \tag{10.67}$$

其中括号部分 (即 $x(t)$) 对应谐振动, 且振动的频率 ω 小于无阻尼时自由振动的频率 ω_0. 因子 $\mathrm{e}^{-\beta t}$ 则表明振幅在随时间指数衰减, 衰减的快慢则由阻尼系数 β 决定. 解的数学形式也符合我们对阻尼振动的直观感受, 即由于阻尼的存在, 导致振动的频率比无阻尼时降低; 且随着能量的耗散, 振幅也随之衰减, 如图 10.6(a) 所示.

若 $\beta > \omega_0$, 此时 $\omega^2 < 0$, 因此 ω 有两个虚根, $\omega_\pm = \pm\mathrm{i}\sqrt{\beta^2 - \omega_0^2}$. 因此 $q(t)$ 的通解为

$$q(t) = \mathrm{e}^{-\beta t}\left(A_+\mathrm{e}^{\mathrm{i}\omega_+ t} + A_-\mathrm{e}^{\mathrm{i}\omega_- t}\right) = \mathrm{e}^{-\beta t}\left(A_+\mathrm{e}^{-\sqrt{\beta^2 - \omega_0^2}\,t} + A_-\mathrm{e}^{\sqrt{\beta^2 - \omega_0^2}\,t}\right), \tag{10.68}$$

其中 $A_\pm$ 是实数. 这种情形对应阻尼效应很强. 这时 $q(t)$ 的幅度随时间 t 单调衰减, 而不呈现出任何振荡行为, 当 $t \to \infty$ 时渐进地趋于平衡位形, 如图 10.6(b) 所示.

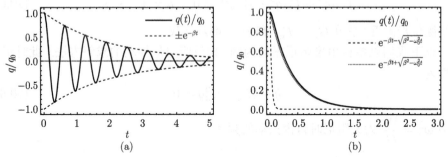

图 10.6　阻尼振动的行为. 参数取 $\omega_0 = 10$, 初始条件为 $q(0) = q_0$, $\dot{q}(0) = 0$.
(a) $\beta/\omega_0 = 0.05$, (b) $\beta/\omega_0 = 2$

对于 $\beta = \omega_0$ 的临界情况, 此时 $x(t)$ 满足 $\ddot{x} = 0$, 通解为 $x(t) = A_1 + A_2 t$, A_1, A_2 为常数. 因此得到 $q(t)$ 的通解

$$q(t) = \mathrm{e}^{-\beta t}\left(A_1 + A_2 t\right). \tag{10.69}$$

此时 $q(t)$ 也不呈现出任何振荡行为, 虽然其随时间未必单调衰减.

10.2.3　阻尼振动的有效拉格朗日量

前面提到, 仅由宏观自由度, 阻尼运动并不能纳入最小作用量原理的框架内. 但是如果只是为了得到形式上一致的运动方程, 则可以构造所谓**有效拉格朗日量** (effective Lagrangian), 这里 "有效" 的意义是其欧拉-拉格朗日方程 "等价" 于阻尼谐振子的运动方程.

简单起见, 考虑单自由度阻尼振动, 运动方程为 (10.64). 此前已经知道 (见习题 1.9), 其本身不是欧拉–拉格朗日方程. 换句话说, 不存在任何拉格朗日量, 其欧拉-拉格朗日方程是 (10.64). 但是, 存在两种简单的有效拉格朗日量. 一种是单自由度但是含时的拉格朗日量

$$L_{\mathrm{eff}} = \mathrm{e}^{2\beta t}\frac{1}{2}\left(m\dot{q}^2 - m\omega_0^2 q^2\right), \tag{10.70}$$

对其变分得到

$$\delta S_{\mathrm{eff}} \simeq -\int \mathrm{d}t\,\mathrm{e}^{2\beta t} m\left(\ddot{q} + 2\beta\dot{q} + \omega_0^2 q\right)\delta q.$$

因为 $e^{2\beta t} \neq 0$, 因此式 (10.70) 的欧拉-拉格朗日方程等价于式 (10.64). 有效拉格朗日量式 (10.70) 并不完全只是数学技巧. 阻尼来源于外界的影响, 因此从某种意义上, 等效地表现为系统拉格朗日量中的系数 (或者说参数) 不再是常数, 而是随时间变化.

另一种是通过引入额外的变量 x, 构造 2 自由度不含时的拉格朗日量

$$L_{\text{eff}} = \frac{1}{2}m\dot{q}\dot{x} - \frac{1}{2}m\beta\left(\dot{q}x - q\dot{x}\right) - \frac{1}{2}m\omega_0^2 qx. \qquad (10.71)$$

对 x 变分得到

$$\delta S_{\text{eff}} \simeq -\int \mathrm{d}t \frac{1}{2}m\left(\ddot{q} + 2\beta\dot{q} + \omega_0^2 q\right)\delta x,$$

可见也等价于式 (10.64). 由 q 和 x 的对称性知, x 的运动方程即 $\ddot{x} - 2\beta\dot{x} + \omega^2 x = 0$. 有趣的是, q 和 x 的运动方程是退耦的. 因此, 这里额外的变量 x 的引入, 只是帮助得到了 q 的运动方程, 而对 q 的运动并无影响.

10.3 受 迫 振 动

在第 9 章中曾经指出, 围绕给定背景做微扰展开, 扰动的一阶作用量恒为零, 这是因为背景总是运动方程的解. 但如果在外界影响下, 系统的拉格朗日量发生改变, 则 "旧" 的背景不再满足 "新" 的运动方程, 因此围绕 "旧" 背景展开得到的扰动一阶作用量就不再为零. 例如, 一维谐振子若除了自身势能 $\frac{1}{2}kq^2$ 外, 受外界影响获得额外的势能 $U(q)$, 此时原来的平衡位形 $q = 0$ 当然就被打破了, 而围绕原来的平衡位形的微扰展开就成为

$$L = \frac{1}{2}m\dot{q}^2 - \frac{1}{2}kq^2 - U'(0)q + \cdots.$$

这里出现了扰动的线性项 $\propto U'(0)q$, 即对应外界的影响.

对于一般的多自由度定常系统, 在外界影响下, 原先的平衡位形被打破. 截至扰动 $\{q\}$ 的二阶, 作用量的一般形式为

$$S[q] = \int \mathrm{d}t\left(\frac{1}{2}G_{ab}\dot{q}^a\dot{q}^b - \frac{1}{2}W_{ab}q^aq^b + J_aq^a\right), \qquad (10.72)$$

其中 G_{ab}, W_{ab} 都是常数. 上式中出现了扰动的线性项 J_aq^a, $\{J\}$ 也被称作**外源** (source), 代表外界的影响. 外源 $\{J\}$ 不依赖于扰动 $\{q\}$, 但是因为外界的影响可以随时间变化, 因此 $\{J\}$ 可以是时间的函数. 运动方程为

$$G_{ab}\ddot{q}^b + W_{ab}q^b = J_a, \quad a = 1, \cdots, s. \qquad (10.73)$$

若不存在外界影响 ($J_a = 0$) 时系统作自由振动, 则在外界影响下的运动被称为**受迫振动** (forced oscillations).

下面对受迫振动的求解和性质做简要讨论. 简单起见, 考虑单自由度情形. 同时, 我们将阻尼也考虑进来, 此时运动方程的一般形式为

$$\ddot{q} + 2\beta\dot{q} + \omega_0^2 q = J(t), \tag{10.74}$$

其中 β, ω_0 都是常数, $J(t)$ 依赖于时间. 我们重点讨论最基本、也是最重要的谐振动形式的外源, $J(t) = J_0\cos(\Omega t)$, 这里 Ω 是常数. 考虑到方程是线性的, 求解复数形式的方程

$$\ddot{q} + 2\beta\dot{q} + \omega_0^2 q = J_0 \mathrm{e}^{\mathrm{i}\Omega t} \tag{10.75}$$

会更为方便. 根据微分方程理论, 方程 (10.75) 的一般解为某个特解 (记为 q_*) 与齐次方程 $\ddot{q} + 2\beta\dot{q} + \omega_0^2 q = 0$ 的通解的线性叠加. 对于特解 q_*, 取试解为与外源同频率的振动,

$$q_* = A\mathrm{e}^{\mathrm{i}\Omega t} \equiv |A|\,\mathrm{e}^{\mathrm{i}(\Omega t - \delta)}, \tag{10.76}$$

这里 A 为复数. 将试解代入式 (10.75), 得到 A 满足的代数方程

$$-\Omega^2 A + 2\mathrm{i}\beta\Omega A + \omega_0^2 A = J_0, \tag{10.77}$$

从中解出

$$|A| = \frac{J_0}{\sqrt{\left(\omega_0^2 - \Omega^2\right)^2 + 4\beta^2\Omega^2}}, \tag{10.78}$$

$$\tan\delta = \frac{2\beta\Omega}{\omega_0^2 - \Omega^2}. \tag{10.79}$$

齐次通解已在 10.2 节求得. 在有阻尼存在的情况 ($\beta > 0$), 齐次通解随时间衰减. 因此, 经过足够久的时间 ($t \to \infty$), 系统的运动将由式 (10.76) 给出的特解 q_* 主导, 其描述振幅为 $|A|$、频率与外源频率 Ω 相同的谐振动. 由式 (10.78) 知, 振幅 $|A|$ 依赖于外源的频率, 如图 10.7(a) 所示. 由之可见, 当外源频率为

$$\Omega = \sqrt{\omega_0^2 - 2\beta^2} \tag{10.80}$$

时, 振幅 $|A|$ 取极大值, 此即**共振** (resonance) 现象. 当不存在阻尼时, 共振频率即系统的自由振动频率 $\Omega = \omega_0$. 另外从式 (10.79) 可见, 受迫振动的相位总是 "落后" 于外源的相位 (这里我们取 $0 \leqslant \delta \leqslant \pi$), 如图 10.7(b) 所示.

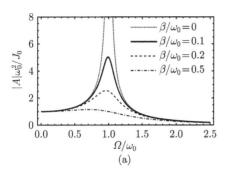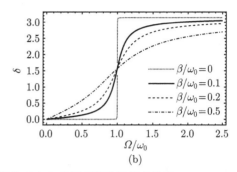

图 10.7 受迫振动的振幅 (a) 与相位 (b) 与外源频率及阻尼的关系

最后需要说明的是, 方程 (10.75) 中的外源是长时间存在的 (即在整个 $-\infty <$ $t < +\infty$ 非零), 因此上面讨论的其实是系统处于长时间稳定外源下的行为. 实际的过程中, 外部影响往往发生在短暂的一瞬, 因此解的行为可能与上面的讨论迥异[①].

10.4 参 数 共 振

除了以 "外源" 的形式, 外界作用还可以体现在对系统参数的影响上, 使其不再是常数, 而是随时间变化. 考虑单自由度情形, 不失一般性, 运动方程归结为如下形式[②]

$$\ddot{q} + \omega^2\left(t\right)q = 0, \tag{10.81}$$

其可视为频率随时间变化的振子. $\omega\left(t\right)$ 的具体形式由外界条件决定. 若外界的影响是周期性的, 这将导致 $\omega\left(t\right)$ 是时间的周期函数

$$\omega\left(t+T\right) = \omega\left(t\right), \tag{10.82}$$

其中 T 为周期. 在时间平移下 $t \to t+T$, 方程 (10.81) 形式不变. 这当然不能保证解 $q\left(t\right)$ 本身也是时间的周期函数, 但可以保证如果 $q\left(t\right)$ 是方程的解, 则 $q\left(t+T\right)$ 必然也满足方程. 假设方程两个线性独立的解为 $q_1\left(t\right)$ 和 $q_2\left(t\right)$, 因为方程的任意解都可以表示为这两个解的线性组合, 因此必然有

$$\left(\begin{array}{c} q_1\left(t+T\right) \\ q_2\left(t+T\right) \end{array}\right) = \left(\begin{array}{cc} R_{11} & R_{12} \\ R_{21} & R_{22} \end{array}\right)\left(\begin{array}{c} q_1\left(t\right) \\ q_2\left(t\right) \end{array}\right), \tag{10.83}$$

---

① 这也是音响的品质不能仅靠频响曲线和灵敏度来衡量的原因之一.

② 原则上当然可以参照式 (10.64) 考虑 $\ddot{q} + 2\beta\left(t\right)\dot{q} + \omega^2\left(t\right)q = 0$ 形式的方程. 做变量代换 $q = e^\lambda x$, 取 λ 满足 $\dot{\lambda} = -\beta$, 则得到 x 的方程 $\ddot{x} + \Omega^2\left(t\right)x = 0$, 其中 $\Omega^2 = \omega^2 - \dot{\beta} - \beta^2$. 因此问题归结为求解 (10.81) 形式的方程.

其中矩阵元 $R_{11}, R_{12}, R_{21}, R_{22}$ 都是常数. 可以证明, 总是可以选择合适的解 $q_1(t)$ 和 $q_2(t)$, 使得上面的矩阵对角化①, 即有

$$q_1(t+T) = \mu_1 q_1(t), \quad q_2(t+T) = \mu_2 q_2(t),$$

其中 μ_1 和 μ_2 都是常数. 具有上述性质函数的一般形式为

$$q_1(t) = \mu_1^{\frac{t}{T}} u_1(t), \quad q_2(t) = \mu_2^{\frac{t}{T}} u_2(t), \tag{10.84}$$

其中 $u_1(t)$ 和 $u_2(t)$ 都是以 T 为周期的函数.

可以证明 (见习题 10.2), 对于方程 (10.81), 两个线性独立解的朗斯基行列式 (Wronskian) 为常数. 将式 (10.84) 形式的解代入, 即得到

$$\det \begin{pmatrix} q_1 & q_2 \\ \dot{q}_1 & \dot{q}_2 \end{pmatrix} = (\mu_1\mu_2)^{\frac{t}{T}} \left[u_1\dot{u}_2 - u_2\dot{u}_1 + \frac{1}{T}\ln\left(\frac{\mu_2}{\mu_1}\right) u_1 u_2 \right] = 常数. \tag{10.85}$$

上式括号中的项是 T 的周期函数, 因此, 在 $t \to t+T$ 下不变, 而 $(\mu_1\mu_2)^{\frac{t}{T}}$ 则变为 $(\mu_1\mu_2)^{\frac{t}{T}+1}$. 因此, 若要使上式为常数, 唯一的可能是 (当然中括号中的项也必须是常数)

$$(\mu_1\mu_2)^{\frac{t}{T}} = 常数 \quad \Rightarrow \quad \mu_1\mu_2 = 1. \tag{10.86}$$

若 $q(t)$ 是方程 (10.81) 的解, 则其复共轭 $q^*(t)$ 必然也是方程的解. 因此式 (10.84) 中的两个常数 $\{\mu_1, \mu_2\}$ 与其复共轭 $\{\mu_1^*, \mu_2^*\}$ 是不可区分的. 这就导致两种情况. 若 $\mu_1 = \mu_2^*$ (即 $\mu_2 = \mu_1^*$), 结合式 (10.86), 这意味着 $|\mu_1| = |\mu_2| = 1$. 此时, 因为 u_1 和 u_2 都是周期函数, 系统的振幅将保持恒定. 若 μ_1 和 μ_2 都是实数, 不失一般性, 记 $\mu_1 = \dfrac{1}{\mu_2} = \mu$ 且 $|\mu| > 1$, 则式 (10.84) 成为

$$q_1(t) = \mu^{\frac{t}{T}} u_1(t), \quad q_2(t) = \mu^{-\frac{t}{T}} u_2(t). \tag{10.87}$$

此时 $|\mu| > 1$ 意味着第一个解 $q_1(t)$ 的振幅随时间指数增加, 而第二个解 $q_2(t)$ 的振幅随时间指数衰减. 这与小振动的稳定性背道而驰, 此时对平衡位形任意小的偏离都将随时间快速增长. 这种现象被称作**参数共振** (parametric resonance).

与受迫振动导致的共振不同之处在于, 参数共振是外界影响导致系统参数随时间变化而造成的指数增长, 而非外界直接施加于系统的运动. 从数学上, 受迫振动的方程是非齐次的 (有源), 而参数共振的方程 (10.81) 是齐次的 (无源). 这也导致, 若初始时刻系统完全处于平衡 ($q = \dot{q} = 0$), 系统将仍然保持平衡 (因为并没有

---

① 这一结论也被称作 Floquet 定理, 由法国数学家 Floquet(Achille Floquet, 1847—1920) 在研究周期性矩阵微分方程中得到.

什么东西强迫其开始运动). 而对于受迫振动, 即便初始保持平衡, 也可能很快偏离平衡位形.

例 10.5 变频谐振子与参数共振

作为一个简单且重要的参数共振的实例, 考虑 $\omega^2(t) = \omega_0^2 (1 + h \cos(\gamma t))$, 其中 ω_0, h, γ 都是常数, 且 $0 < h \ll 1$. 此时 $\omega(t)$ 是以 $T = 2\pi/\gamma$ 为周期的函数, 因此我们预期会发生参数共振. 方程 (10.81) 成为

$$\ddot{q} + \omega_0^2 (1 + h \cos(\gamma t)) q = 0. \tag{10.88}$$

这个方程即所谓 Mathieu 方程, 解析解可以表示为 Mathieu 函数. 下面我们用逐阶近似的微扰方法来定性说明参数共振的发生. 当 $h = 0$ 时, 方程为谐振子方程, 解记为 $q_{(0)}$. 解对 $q_{(0)}$ 的偏离完全是由非零的 h 所引起, 因此设完整解具有微扰展开的形式 $q = q_{(0)} + q_{(1)} + \cdots$, 其中下标 "$(n)$" 代表精确到 h 的 n 阶. 从我们的目的出发, 我们只保留到 h 的线性阶. 式 (10.88) 在 0 阶得到 $q_{(0)}$ 满足的方程 $\ddot{q}_{(0)} + \omega_0^2 q_{(0)} = 0$, 在一阶即得到 $q_{(1)}$ 满足的方程

$$\ddot{q}_{(1)} + \omega_0^2 q_{(1)} = -\omega_0^2 h \cos(\gamma t) q_{(0)}.$$

可见, 问题转化为求解在外源正比于 $\cos(\gamma t) q_{(0)}$ 时的受迫振动. 因为 $q_{(0)}$ 以频率 ω_0 作谐振动, 不失一般性记 $q_{(0)} \propto \cos(\omega_0 t)$. 于是

$$\cos(\gamma t) q_{(0)} \propto \cos(\gamma t) \cos(\omega_0 t) = \frac{1}{2} \left[\cos((\gamma - \omega_0) t) + \cos((\gamma + \omega_0) t) \right].$$

这里出现了两个频率 $\gamma \pm \omega_0$. 根据 10.3 节的讨论, (无阻尼时) 当外源频率等于系统的自由振动频率时发生共振, 对应

$$\gamma \pm \omega_0 = \omega_0 \quad \Rightarrow \quad \gamma = 2\omega_0 \quad \text{或} \quad 0.$$

这里 $\gamma = 0$ 并不是我们感兴趣的情况, 因为其只是代表谐振动频率本身的变化 ($\omega_0^2 \to \omega_0^2 (1 + h)$). 当 $\gamma = 2\omega_0$ 时, 则对应发生参数共振. 进一步的定量分析表明, 在频率 $2\omega_0$ 附近一定范围内, 都会发生振幅随时间指数增加的参数共振现象.

值得一提的是, 变频谐振子式 (10.81) 是一种重要的物理模型. 除了频率本身作周期振荡而发生的参数共振现象外, 当频率随时间缓慢变化时则会发生另外有趣且重要的现象. 我们将在 17.3 节回到这个问题 (见例 17.9).

10.5 非线性振动

到目前为止, 我们讨论的都是线性振动, 其来源于相对于背景微扰展开的二次拉格朗日量, 对应扰动的线性微分方程. 线性振动提供了系统在背景附近微扰展开的领头阶近似. 微扰展开的三阶、四阶等高阶修正, 对应扰动的非线性微分方

程, 相应的振动也被称作非线性振动. 非线性振动有一些新的特征, 例如线性叠加原理不再满足, 振动频率与振幅相关, 等等.

简单起见, 考虑单自由度的非相对论性定常系统. 记广义坐标为 $x = \bar{x} + q$, 其中 $\bar{x}$ 为背景, q 为扰动. 将拉格朗日量式 (4.71) 相对平衡位形 ($\dot{\bar{x}} = 0$) 展开至扰动 q 的四阶, 得到

$$
\begin{aligned}
L &= \frac{1}{2} G\left(\bar{x}+q\right)\left(0+\dot{q}\right)^2 - V\left(\bar{x}+q\right) \\
&= \underbrace{\frac{1}{2}G\dot{q}^2 - \frac{1}{2}Wq^2}_{\text{二阶}} + \underbrace{\frac{1}{2}X\dot{q}^2q - \frac{1}{3}Mq^3 + \frac{1}{2}Y\dot{q}^2q^2 - \frac{1}{4}Nq^4}_{\text{高阶}},
\end{aligned} \tag{10.89}
$$

其中

$$
G = G\left(\bar{x}\right), \quad W = V''\left(\bar{x}\right), \tag{10.90}
$$

$$
X = G'\left(\bar{x}\right), \quad M = \frac{1}{2}V^{(3)}\left(\bar{x}\right), \quad Y = \frac{1}{2}G''\left(\bar{x}\right), \quad N = \frac{1}{6}V^{(4)}\left(\bar{x}\right), \tag{10.91}
$$

都是常数. 运动方程为

$$
\underbrace{G\ddot{q} + Wq}_{\text{一阶 (线性)}} + \underbrace{X\ddot{q}q + \frac{X}{2}\dot{q}^2 + Mq^2 + Y\ddot{q}q^2 + Y\dot{q}^2q + Nq^3}_{\text{高阶 (非线性)}} = 0. \tag{10.92}
$$

因为微扰展开高阶项的存在, 扰动满足非线性方程. 在微扰理论中, 拉格朗日量的高阶部分被称作 "相互作用" 或者 "耦合", 因此高阶项系数 X, M 等也被称作耦合常数或耦合系数, 用以代表相互作用的 "大小", 或者说衡量非线性效应的 "强度". 若 "相互作用" 相对于 "自由部分" 都是小量, 则方程 (10.92) 可以用逐阶近似的微扰方法求解. 因为非线性振动是周期运动, 其解 $q(t)$ 是周期函数, 因此可以取级数形式的试解

$$
q(t) = A_0 e^{i\omega t} + A_1 e^{2i\omega t} + A_2 e^{3i\omega t} + \cdots + \text{c.c.}, \tag{10.93}
$$

其中 ω 是待定的系统做周期运动的频率, 也可称为 "基频". 自由振动的试解式 (10.5) 是其特殊情况, 即对应单一频率 $\omega_0 = \sqrt{\dfrac{W}{G}}$ 的谐振动 $q \propto e^{i\omega_0 t} + \text{c.c.}$. 由于相互作用的存在, 基频发生改变 $\omega \neq \omega_0$, 因此也可以做逐级近似

$$
\omega = \omega_0 + \omega_1 + \omega_2 + \cdots. \tag{10.94}
$$

这里 A_n 和 ω_n 都是耦合常数的 n 阶量. 将上述试解代入方程 (10.92), 便可以逐阶求解 A_n 和 ω_n.

若"相互作用"部分不能被视为微扰, 例如当扰动的幅度很大, 或者耦合常数不再是小量时, 逐阶近似的微扰方法就失效了, 此时非线性振动的求解是十分困难的. 对于一般的非线性系统, 其运动非常复杂, 不但难以解析求解, 而且会产生很多新的特性, 例如由决定性方程却无法给出可预测解的混沌现象. 对非线性系统的研究也是近几十年经典力学的重要发展之一.

习　题

10.1　已知 n 个函数 $\{u_1(t), \cdots, u_n(t)\}$ 线性无关的充分条件是其"朗斯基行列式"非零[①], 定义为

$$W(u_1, \cdots, u_n) := \det \begin{pmatrix} u_1 & u_2 & \cdots & u_n \\ u_1' & u_2' & \cdots & u_n' \\ \vdots & \vdots & & \vdots \\ u_1^{(n-1)} & u_2^{(n-1)} & \cdots & u_n^{(n-1)} \end{pmatrix},$$

其中 $u^{(i)}$ 代表对 t 的 i 阶导数.

(1) 证明 $e^{-i\omega t}$ 和其复共轭 $e^{+i\omega t}$ 是线性无关的;

(2) 证明任意复函数 $u(t)$ 及其复共轭的朗斯基行列式 $W(u, u^*)$ 只有虚部, 并讨论其非零的条件.

10.2　某单自由度系统, 广义坐标为 q, 拉格朗日量为 $L = \frac{1}{2} G(t) \dot{q}^2 - \frac{1}{2} W(t) q^2$, 其中 $G(t)$ 和 $W(t)$ 都是时间的函数.

(1) 若 $q_1(t)$ 和 $q_2(t)$ 为系统运动方程的任意两个线性无关的特解, 证明其朗斯基行列式 $W(q_1, q_2)$ 满足形式为 $\dot{W} + f(t) W = 0$ 的微分方程, 并给出 $f(t)$ 的表达式;

(2) 根据 (1) 的结果, 分析当 $G(t)$ 和 $W(t)$ 满足什么条件时, $W(q_1, q_2)$ 为常数.

10.3　设实方阵 $\boldsymbol{Q}$ 是时间的函数, 且具有如下形式 $\boldsymbol{Q}(t) \equiv \boldsymbol{A} u(t) + \boldsymbol{A}^* u^*(t)$, 其中 $u(t)$ 是任一复函数, $\boldsymbol{A}$ 为常复方阵 (即矩阵元都是复常数). 已知对于任意两个方阵 $\boldsymbol{A}$ 和 $\boldsymbol{B}$, 矩阵对易子定义为 $[\boldsymbol{A}, \boldsymbol{B}] \equiv \boldsymbol{AB} - \boldsymbol{BA}$. 证明 $\boldsymbol{Q}$ 和 $\dot{\boldsymbol{Q}}$ 的矩阵对易子满足 $\left[\boldsymbol{Q}, \dot{\boldsymbol{Q}}\right] = W(u, u^*) [\boldsymbol{A}, \boldsymbol{A}^*]$, 其中 $W(u, u^*)$ 是 u 和 u^* 的朗斯基行列式.

10.4　求习题 9.5 中系统作小振动的特征频率与简正模式, 并分析简正模式的物理意义.

10.5　求习题 9.6 中系统作小振动的特征频率与简正模式, 并分析简正模式的物理意义.

10.6　求习题 9.7 中系统作小振动的特征频率与简正模式, 并分析简正模式的物理意义.

10.7　如图 10.8 所示, 半径为 R、质量为 M 的匀质圆环, 其上某点固定悬挂于某处, 圆环可在其盘面的竖直平面内摆动, 设绕固定点的转动惯量为 I. 一质量为 m 的粒子在圆环上运动. 忽略所有摩擦.

(1) 求系统相对平衡位形作小振动的特征频率与简正模式, 并分析简正模式的物理意义;

(2) 求小振动的通解.

---

① 朗斯基 (Jozef Wronski, 1776—1853) 是波兰数学家和哲学家.

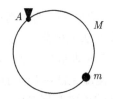

图 10.8　题 10.7 用图

10.8　如图 10.9 所示, 一质量为 M 的滑块可沿某水平硬杆滑动, 滑块上悬挂一摆长为 l、质量为 m 的单摆. 系统在竖直平面内运动, 忽略摩擦和摆杆的质量.

(1) 求系统相对平衡位形作小振动的特征频率与简正模式, 并分析简正模式的物理意义;

(2) 求小振动的通解.

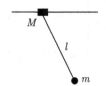

图 10.9　题 10.8 用图

10.9　如图 10.10 所示, 3 个质量同为 m 的小球由弹簧链接, 小球穿在平行硬杆上. 弹簧两端固定, 连线与硬杆垂直. 硬杆之间、硬杆到两端的距离都为 l. 设弹簧的自由长度为 $d(<l)$, 劲度系数为 k. 不考虑重力和摩擦.

(1) 求系统相对平衡位形作小振动的特征频率与简正模式, 并分析简正模式的物理意义;

(2) 求小振动的通解.

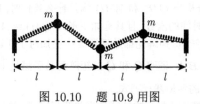

图 10.10　题 10.9 用图

10.10　考虑摆杆长 l、摆球质量为 m 的单摆, 摆球带正电荷 e. 系统处于重力场中, 且受水平方向均匀电场的作用.

(1) 若电场强度 E_0 固定不变, 求系统在平衡位形附近小振动的运动方程和振动频率;

(2) 若电场强度在外界控制下随时间变化, $E = E_0(1 + a\sin(\omega t))$, 其中 a, ω 为常数, 且 $|a| \ll 1$, 分析此时系统的运动.

10.11　如图 10.11 所示, 质量为 m 的小球用无质量软绳悬挂于 O 点, 绳长为 $4l$, 两侧固定光滑屏障, 边缘形状为摆线, 参数方程为 $x = l(\theta - \sin\theta)$, $y = l(1 - \cos\theta)$, 其中 $\theta = 0$ 即对应 O 点. 在任意瞬时, 摆绳与屏障边缘相切 (例如图中 A 点).

(1) 选择合适的广义坐标, 写出系统的拉格朗日量;

(2) 求系统的振动频率, 并证明其与摆动幅度无关.

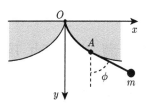

图 10.11　题 10.11 用图

第 11 章 转 动 理 论

转动是经典力学中最古老的课题之一. 其不仅有物理上的重要性, 例如对刚体运动的描述, 还蕴藏着丰富的数学内涵. 转动理论在物理学的各个领域都有重要的应用. 本章中我们主要对欧氏空间中的转动做一般的讨论.

11.1 欧氏空间中的转动

11.1.1 转动是保度规的坐标变换

"转动"的概念可以来源于日常生活. 直观上, 即对象只是看上去方向、视角变了, 但是形状、各个部分之间的相对位置不变. 定量来说, 即如何在坐标变换下保证 "距离" 不变. 考虑最熟悉的欧氏空间, 在 3.2 节讨论过, 在直角坐标 $\{x^i\} = \{x^1, \cdots, x^D\}$ 下, D 维欧氏空间的线元为

$$ds^2 = \delta_{ij} dx^i dx^j, \tag{11.1}$$

其中 δ_{ij} 即欧氏空间的度规, 是 $D \times D$ 的单位矩阵. 考虑一般的坐标变换

$$x^i \to \tilde{x}^i = \tilde{x}^i(\boldsymbol{x}) \quad \Leftrightarrow \quad \tilde{x}^i \to x^i = x^i(\tilde{\boldsymbol{x}}), \quad i = 1, \cdots, D, \tag{11.2}$$

如图 11.1(a) 所示, p 点和临近一点 p' 的坐标差变换为 $dx^i \to d\tilde{x}^i = \dfrac{\partial \tilde{x}^i}{\partial x^j} dx^j$, 这里 $\dfrac{\partial \tilde{x}^i}{\partial x^j}$ 即坐标变换的雅可比矩阵. 如果坚持用欧氏度规 δ_{ij} 来测量距离, 那么两点之间的距离平方就变成了

$$\delta_{kl} d\tilde{x}^k d\tilde{x}^l = \delta_{kl} \frac{\partial \tilde{x}^k}{\partial x^i} \frac{\partial \tilde{x}^l}{\partial x^j} dx^i dx^j \neq \delta_{ij} dx^i dx^j.$$

这在图 11.1(b) 中可以看得非常明显. 而如果认为线元不变, 即要求新、旧坐标计算出来的距离不变, 因为 $\delta_{kl} dx^k dx^l = \delta_{kl} \dfrac{\partial x^k}{\partial \tilde{x}^i} \dfrac{\partial x^l}{\partial \tilde{x}^j} d\tilde{x}^i d\tilde{x}^j$, 这就意味着在新坐标下, 必须接受度规的变化,

$$\delta_{ij} \to \delta_{kl} \frac{\partial x^k}{\partial \tilde{x}^i} \frac{\partial x^l}{\partial \tilde{x}^j} \neq \delta_{ij}, \tag{11.3}$$

即不再是标准的欧氏度规. 总之, 在一般的坐标变换式 (11.2) 下, 如果坚持用固定的欧氏度规, 则所测量的距离就变了; 反过来, 如果坚持距离 (线元) 不变, 那么就得承认度规的形式变了. 一个是"度规", 一个是"距离", 总有鱼与熊掌不可得兼之感.

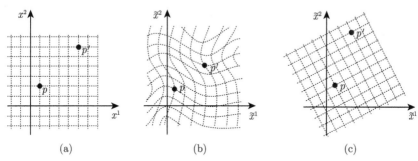

图 11.1 转动是保度规不变的坐标变换

幸运的是, 对于欧氏空间, 存在一类特殊的坐标变换, 使得变换前后度规形式不变, 从而自动保证了距离也不变. 由式 (11.3), 要做到这一点即要求[①]

$$\delta_{kl}\frac{\partial x^k}{\partial \tilde{x}^i}\frac{\partial x^l}{\partial \tilde{x}^j} = \delta_{ij} \quad \Leftrightarrow \quad \delta_{kl}\frac{\partial \tilde{x}^k}{\partial x^i}\frac{\partial \tilde{x}^l}{\partial x^j} = \delta_{ij}. \tag{11.4}$$

这类特殊的坐标变换被称作**转动** (rotation). 其效果如图 11.1(c) 所示, 也非常符合对转动的直观理解. 所以, 从坐标变换的角度, 转动是保欧氏度规形式不变的坐标变换. 变换下度规形式不变也被称作"保度规". 需要强调的是, 存在保度规的坐标变换对空间本身的几何性质提出了很高的要求, 只有对欧氏、闵氏空间等特殊的空间才存在转动.

记坐标变换的雅可比矩阵为

$$\frac{\partial \tilde{x}^i}{\partial x^j} \equiv R^i_{\ j} \quad \Leftrightarrow \quad \frac{\partial x^i}{\partial \tilde{x}^j} = \left(\boldsymbol{R}^{-1}\right)^i_{\ j}, \tag{11.5}$$

这里即约定 $\dfrac{\partial \tilde{x}^i}{\partial x^j}$ 中 i 为矩阵的行指标, j 为列指标. 可以证明, 欧氏空间的转动是线性坐标变换. 因此式 (11.5) 中矩阵 $\boldsymbol{R}$ 与 $\{x^i\}$ 或 $\{\tilde{x}^i\}$ 都无关, 但是可以依赖别的参数 (例如时间 t). 于是, 转动条件式 (11.4) 可以写成

$$\delta_{kl}\left(\boldsymbol{R}^{-1}\right)^k_{\ i}\left(\boldsymbol{R}^{-1}\right)^l_{\ j} = \delta_{ij} \quad \Leftrightarrow \quad \delta_{kl}R^k_{\ i}R^l_{\ j} = \delta_{ij}, \tag{11.6}$$

---

① 很容易得到另外两种等价形式 $\delta^{kl}\dfrac{\partial \tilde{x}^i}{\partial x^k}\dfrac{\partial \tilde{x}^j}{\partial x^l} = \delta^{ij}$ 和 $\delta^{kl}\dfrac{\partial x^i}{\partial \tilde{x}^k}\dfrac{\partial x^j}{\partial \tilde{x}^l} = \delta^{ij}$.

用矩阵形式 (有 $R^i{}_j \equiv (\boldsymbol{R}^{\mathrm{T}})_j{}^i$, δ_{ij} 和 δ^{ij} 不加区分记作单位矩阵 $\boldsymbol{1}$) 即[①]

$$\boxed{\boldsymbol{R}^{\mathrm{T}}\boldsymbol{1}\boldsymbol{R} = \boldsymbol{1}} \quad \Leftrightarrow \quad \boxed{\boldsymbol{R}^{\mathrm{T}} = \boldsymbol{R}^{-1}}. \tag{11.7}$$

满足如式 (11.7) 的矩阵 $\boldsymbol{R}$ 被称作**正交矩阵** (orthogonal matrix). 正交矩阵描述欧氏空间中的转动, 因此转动也称作**正交变换** (orthogonal transformation). 由式 (11.7) 知, 取行列式得到

$$\det(\boldsymbol{R}^{\mathrm{T}}\boldsymbol{1}\boldsymbol{R}) = \det\boldsymbol{R}^{\mathrm{T}}\det\boldsymbol{R} = (\det\boldsymbol{R})^2 = 1, \tag{11.8}$$

所以正交矩阵的行列式必为

$$\boxed{\det\boldsymbol{R} = \pm 1}. \tag{11.9}$$

直观上, 这意味着欧氏空间的转动不改变体积.

11.1.2 转动是线性空间中的基变换

上面提到, 只有对欧氏、闵氏这类空间才存在转动, 这是因为这些空间都是**线性空间** (linear space). 从线性空间的角度, D 维欧氏空间有 D 个线性独立的正交**基矢** (basis vector)$\{e_i\} = \{e_1, \cdots, e_D\}$. 基矢的**正交归一** (orthonormal) 条件即

$$\boxed{\langle e_i, e_j \rangle = \delta_{ij}}. \tag{11.10}$$

这里 $\langle \bullet, \bullet \rangle$ 代表两个矢量的内积. 对于另外一组基矢 $\{\tilde{e}_i\} = \{\tilde{e}_1, \cdots, \tilde{e}_D\}$, 需要满足同样的正交归一条件. 线性空间的基矢 $\{\tilde{e}_i\}$ 和 $\{e_i\}$ 之间满足线性变换

$$\boxed{e_i = R^j{}_i \tilde{e}_j} \quad \Leftrightarrow \quad \boxed{\tilde{e}_i = (\boldsymbol{R}^{-1})^j{}_i e_j}. \tag{11.11}$$

由正交归一条件, 得到线性变换矩阵满足的条件,

$$\delta_{ij} \equiv \langle e_i, e_j \rangle = \langle R^k{}_i \tilde{e}_k, R^l{}_j \tilde{e}_l \rangle = R^k{}_i R^l{}_j \langle \tilde{e}_k, \tilde{e}_l \rangle = \delta_{kl} R^k{}_i R^l{}_j. \tag{11.12}$$

式 (11.12) 与 R 所满足的正交矩阵条件, 即式 (11.6) 完全一致. 可见, 线性空间的正交归一基之间的变换即转动. 注意由正交矩阵条件式 (11.6) 知, $(\boldsymbol{R}^{-1})^j{}_i = (\boldsymbol{R}^{\mathrm{T}})^j{}_i = R_i{}^j$.

矢量是先于坐标系或基存在的. 对于给定矢量 $\boldsymbol{v}$, 其在不同的基中有不同的分解形式. 由式 (11.11),

$$\boldsymbol{v} = v^i e_i = v^i R^j{}_i \tilde{e}_j \equiv \tilde{v}^i \tilde{e}_i, \tag{11.13}$$

[①] 对于有限阶矩阵, $\boldsymbol{R}^{\mathrm{T}}\boldsymbol{R} = \boldsymbol{1}$ 和 $\boldsymbol{R}\boldsymbol{R}^{\mathrm{T}} = \boldsymbol{1}$ 是等价的.

从中得到矢量分量的变换关系为

$$\boxed{\tilde{v}^i = R^i_{\ j} v^j} \quad \Leftrightarrow \quad \boxed{v^i = \left(\boldsymbol{R}^{-1}\right)^i_{\ j} \tilde{v}^j \equiv \tilde{v}^j R_j^{\ i}}. \tag{11.14}$$

诸如式 (11.14) 的变换关系被称作**张量变换规则** (tensor transformation rules).

11.1.3 转动的主动与被动观点

我们在 2.2.1 节讨论过坐标变换的主动与被动观点. 转动当然也存在这两种相对且等价的观点. 认为是矢量在变, 而坐标/基不变, 这种看待转动的观点即主动观点. 反过来, 认为是坐标/基在变, 而矢量不变, 即被动观点.

例 11.1 2 维平面上的转动

考虑 2 维平面上的转动. 2 维平面上坐标的线性变换为 $\begin{pmatrix} \tilde{x}^1 \\ \tilde{x}^2 \end{pmatrix} = \begin{pmatrix} a & b \\ c & d \end{pmatrix}$ $\begin{pmatrix} x^1 \\ x^2 \end{pmatrix}$, 这里 a, b, c, d 都是实的常数. 根据式 (11.5), 记 $\boldsymbol{R} = \begin{pmatrix} a & b \\ c & d \end{pmatrix}$. 由转动的定义知, $\boldsymbol{R}$ 必须是正交矩阵, 即满足式 (11.7), $\boldsymbol{R}^{\mathrm{T}} \boldsymbol{1} \boldsymbol{R} = \begin{pmatrix} a & c \\ b & d \end{pmatrix} \begin{pmatrix} a & b \\ c & d \end{pmatrix} =$ $\begin{pmatrix} a^2 + c^2 & ab + cd \\ ab + cd & b^2 + d^2 \end{pmatrix} = \boldsymbol{1} = \begin{pmatrix} 1 & 0 \\ 0 & 1 \end{pmatrix}$. 上式给出 4 个常数 a, b, c, d 所满足的 3 个方程, 通解为 $a = d = \cos\phi$ 和 $-b = c = \sin\phi$, 于是 2 维欧氏平面上的转动矩阵的一般形式为

$$\boldsymbol{R}(\phi) = \begin{pmatrix} \cos\phi & -\sin\phi \\ \sin\phi & \cos\phi \end{pmatrix}, \tag{11.15}$$

其有 1 个自由参数 ϕ, 代表平面上的转动角. 当 $\phi = 0$ 时, $\boldsymbol{R}(0) = \boldsymbol{1}$, 即是恒等变换. 平面上的转动如图 11.2 所示. 变换前后两点 (如图中变换前点 A, B 和变换后点 A', B') 之间的距离确实是不变的.

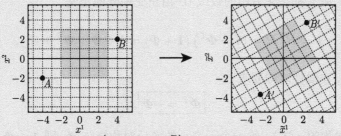

图 11.2　2 维平面上的转动 $\left(\text{参数取 } \phi = \dfrac{\pi}{6}\right)$. 点 A, B 在变换后对应点 A', B', 正方形区域 (左图阴影区域) 在变换后为全同的正方形区域 (右图阴影区域)

按照主动观点, $\phi > 0$ 代表矢量 "逆时针" 转动 ϕ 角, $\begin{pmatrix} \tilde{x}^1 \\ \tilde{x}^2 \end{pmatrix} = \begin{pmatrix} \cos\phi & -\sin\phi \\ \sin\phi & \cos\phi \end{pmatrix}$ $\begin{pmatrix} x^1 \\ x^2 \end{pmatrix}$, 如图 11.3 所示. 等价地, 按照被动观点, 基矢 "顺时针" 转动 ϕ 角, $\begin{pmatrix} \tilde{e}_1 \\ \tilde{e}_2 \end{pmatrix} =$ $\begin{pmatrix} \cos\phi & -\sin\phi \\ \sin\phi & \cos\phi \end{pmatrix} \begin{pmatrix} e_1 \\ e_2 \end{pmatrix}$. 于是如果基矢逆时针转动 ϕ 角, 转动矩阵即 $(\boldsymbol{R}(\phi))^{\mathrm{T}} =$ $\boldsymbol{R}(-\phi)$.

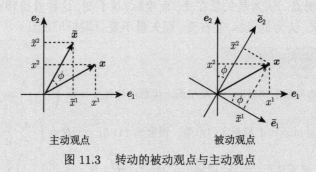

主动观点　　　　　　　　　　被动观点

图 11.3　转动的被动观点与主动观点

11.1.4　无穷小转动

在第 9 章中讨论过线性化的思想. 如果对某个对象不知该如何下手, 但是又知道某个简单的、已经解决的情况, 一个屡试不爽的方案就是将这个已经解决的情况作为 "背景", 围绕这个背景做线性近似.

将线性化的思想应用到转动上, "背景" 亦即最简单的转动——就是原地不动, 即恒等变换. 于是在恒等变换附近的线性近似即**无穷小转动** (infinitesimal rotation), 即无限接近于恒等变换的转动, 记为 $\boldsymbol{R} = \mathbf{1} + \boldsymbol{\Phi}$, 这里 $\boldsymbol{\Phi}$ 是一个无穷小的矩阵, 即其矩阵元都是无穷小的数或 0. 由正交矩阵的定义,

$$\mathbf{1} = \boldsymbol{R}^{\mathrm{T}}\boldsymbol{R} = (\mathbf{1} + \boldsymbol{\Phi}^{\mathrm{T}})(\mathbf{1} + \boldsymbol{\Phi}) = \mathbf{1} + \boldsymbol{\Phi} + \boldsymbol{\Phi}^{\mathrm{T}} + \cdots,$$

忽略高阶量, 在线性阶即要求

$$\boxed{\boldsymbol{\Phi}^{\mathrm{T}} = -\boldsymbol{\Phi}}, \tag{11.16}$$

即 $\boldsymbol{\Phi}$ 是反对称的. 总之, 给一个无穷小的实反对称矩阵 $\boldsymbol{\Phi}$, 则 $\mathbf{1} + \boldsymbol{\Phi}$ 对应一个无穷小转动.

例 11.2 平面上的无穷小转动

对于 2 维欧氏平面上的转动, 转动矩阵式 (11.15) 在恒等变换附近展开, 得到

$$\boldsymbol{R}(\phi) = \boldsymbol{R}(0) + \phi \boldsymbol{R}'(0) + \frac{\phi^2}{2} \boldsymbol{R}''(0) + \frac{\phi^3}{3!} \boldsymbol{R}'''(0) \cdots$$

$$= \begin{pmatrix} 1 & 0 \\ 0 & 1 \end{pmatrix} + \phi \begin{pmatrix} 0 & -1 \\ 1 & 0 \end{pmatrix} + \frac{\phi^2}{2} \begin{pmatrix} -1 & 0 \\ 0 & -1 \end{pmatrix} + \cdots . \quad (11.17)$$

当参数 $\phi \to 0$ 时, 保留到 ϕ 的线性阶, 即有

$$\boldsymbol{R}(\phi) = \begin{pmatrix} 1 & 0 \\ 0 & 1 \end{pmatrix} + \phi \begin{pmatrix} 0 & -1 \\ 1 & 0 \end{pmatrix} \equiv 1 + \phi \boldsymbol{J}, \quad (11.18)$$

这里 $\boldsymbol{J} \equiv \begin{pmatrix} 0 & -1 \\ 1 & 0 \end{pmatrix}$, 是一个反对称矩阵. 另一方面, 注意到式 (11.17) 的展开可以写成 $\boldsymbol{R}(\phi) = 1 + \phi \boldsymbol{J} + \frac{\phi^2}{2} \boldsymbol{J}^2 + \frac{\phi^3}{3!} \boldsymbol{J}^3 + \cdots \equiv e^{\phi \boldsymbol{J}}$, 即有限转动矩阵 $\boldsymbol{R}(\phi)$ 是无穷小转动矩阵 $\boldsymbol{\Phi} = \phi \boldsymbol{J}$ 的矩阵指数. 我们将在 11.4 节中对此进一步讨论.

11.2 闵氏时空中的转动

我们在第 3 章中讨论过闵氏时空和闵氏度规. 仿照 11.1 节关于欧氏空间坐标变换的讨论, 闵氏时空中如果做任意的坐标变换 $x^\mu \to \tilde{x}^\mu = \tilde{x}^\mu(x)$, 线元的变化为

$$ds^2 = \eta_{\rho\sigma} dx^\rho dx^\sigma = \eta_{\rho\sigma} \left(\frac{\partial x^\rho}{\partial \tilde{x}^\mu} d\tilde{x}^\mu \right) \left(\frac{\partial x^\sigma}{\partial \tilde{x}^\nu} d\tilde{x}^\nu \right) = \underbrace{\eta_{\rho\sigma} \frac{\partial x^\rho}{\partial \tilde{x}^\mu} \frac{\partial x^\sigma}{\partial \tilde{x}^\nu}}_{\equiv \tilde{g}_{\mu\nu}} d\tilde{x}^\mu d\tilde{x}^\nu .$$

可见在任意的坐标变换下, $\tilde{g}_{\mu\nu} \neq \eta_{\mu\nu}$, 即度规不再是闵氏度规, 形式发生了变化. 而和欧氏空间一样, 闵氏时空也存在一类特殊的坐标变换, 使得闵氏度规形式不变. 这就是著名的洛伦兹变换,

$$\boxed{\eta_{\rho\sigma} \frac{\partial x^\rho}{\partial \tilde{x}^\mu} \frac{\partial x^\sigma}{\partial \tilde{x}^\nu} = \eta_{\mu\nu} \quad \Leftrightarrow \quad \eta_{\rho\sigma} \frac{\partial \tilde{x}^\rho}{\partial x^\mu} \frac{\partial \tilde{x}^\sigma}{\partial x^\nu} = \eta_{\mu\nu}}, \quad (11.19)$$

即闵氏时空中的保 (闵氏) 度规的坐标变换. 度规形式不变, 即导致 4 维矢量的长度, 以及两点之间的距离不变. 从这个意义上, 洛伦兹变换即是闵氏时空中的转动.

仿照前面欧氏空间转动的讨论, 可以证明洛伦兹变换也是线性变换. 定义坐标变换的雅可比矩阵

$$\frac{\partial \tilde{x}^\mu}{\partial x^\nu} \equiv \Lambda^\mu{}_\nu \quad \Leftrightarrow \quad \frac{\partial x^\mu}{\partial \tilde{x}^\nu} = (\Lambda^{-1})^\mu{}_\nu, \quad (11.20)$$

则式 (11.19) 可以写成

$$\eta_{\rho\sigma}\left(\boldsymbol{\Lambda}^{-1}\right)^{\rho}{}_{\mu}\left(\boldsymbol{\Lambda}^{-1}\right)^{\sigma}{}_{\nu}=\eta_{\mu\nu}\quad\Leftrightarrow\quad\eta_{\rho\sigma}\Lambda^{\rho}{}_{\mu}\Lambda^{\sigma}{}_{\nu}=\eta_{\mu\nu}.\tag{11.21}$$

上式可以和正交矩阵的定义式 (11.6) 比较. 式 (11.21) 用矩阵形式可以写成 (记 $\Lambda^{\mu}{}_{\nu}\to\boldsymbol{\Lambda}$, $\eta_{\mu\nu}\to\boldsymbol{\eta}$)

$$\boldsymbol{\Lambda}^{\mathrm{T}}\boldsymbol{\eta}\boldsymbol{\Lambda}=\boldsymbol{\eta},\tag{11.22}$$

其可与式 (11.7) 比较. 同样, $\boldsymbol{\Lambda}$ 的行列式满足

$$\det\boldsymbol{\Lambda}=\pm1.\tag{11.23}$$

例 11.3 2 维时空的洛伦兹变换

　　作为一个简单的例子, 考虑 2 维时空, 坐标为 (t,x), 可以验证洛伦兹变换矩阵 $\boldsymbol{\Lambda}(\beta)=\begin{pmatrix}\cosh\beta & \sinh\beta\\ \sinh\beta & \cosh\beta\end{pmatrix}$ 满足式 (11.21). 这里参数 β 满足 $\tanh\beta\equiv\dfrac{v}{c}$, v 为参照系的相对速度, c 为光速. 对比式 (11.15), β 可以理解为闵氏时空中的转动角 (时空混合角). 具体到这个例子, 即参照系在 x 方向运动所对应的坐标变换, 被称作 x 方向的**推动** (boost). 如图 11.4 所示. 虽然看上去不像 (因为我们站在欧氏空间角度), 但是变换前后两点 (如图中变换前点 A,B 和变换后点 A',B') 之间的 "闵氏距离" 确实是不变的.

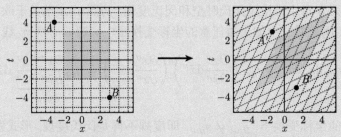

图 11.4 　x 方向的推动 (参数取 $\beta=0.5$). 点 A,B 在变换后对应点 A',B', 正方形区域 (左图阴影区域) 在变换后成为平行四边形区域 (右图阴影区域)

11.3　转动群及其李代数

11.3.1　转动群

　　直观上, 连续做两次转动, 效果仍然是转动. 数学上这意味着两个正交矩阵 $\boldsymbol{R}_1$ 和 $\boldsymbol{R}_2$ 的乘积 $\boldsymbol{R}_1\boldsymbol{R}_2$ 也是正交矩阵. 这一点很容易验证,

$$(\boldsymbol{R}_1\boldsymbol{R}_2)^{\mathrm{T}}\mathbf{1}\boldsymbol{R}_1\boldsymbol{R}_2=\boldsymbol{R}_2^{\mathrm{T}}\underbrace{\boldsymbol{R}_1^{\mathrm{T}}\boldsymbol{R}_1}_{=\mathbf{1}}\boldsymbol{R}_2=\boldsymbol{R}_2^{\mathrm{T}}\boldsymbol{R}_2=\mathbf{1}.$$

从代数的角度, 这意味着 D 阶正交矩阵的集合在矩阵乘法的意义下构成群 (group), 被称为**转动群** (rotation group) 或**正交群** (orthogonal group). 满足正交矩阵条件式 (11.7) 的 D 阶正交矩阵有无穷多个, 其中 $\det \boldsymbol{R} = +1$ 的转动被称作正常转动, 其对应的群被称作**特殊正交群** (special orthogonal group), 记作 SO (D), 即

$$\boxed{\mathrm{SO}\,(D) = \left\{ \text{所有 } \det = +1 \text{的} D \text{阶正交矩阵的集合} \right\}}. \tag{11.24}$$

亦即, SO (D) 包含了 D 维欧氏空间中所有正常转动. 我们只考虑正常转动, 因为恒等变换是正常转动.

从几何的角度, 可以把 D 维欧氏空间中所有的转动, 亦即所有 D 阶正交矩阵的集合视为某个空间. 两个正交矩阵 $\boldsymbol{R}_1$ 和 $\boldsymbol{R}_2$ 的 "和" 一般不再是正交矩阵,

$$\left(a\boldsymbol{R}_1 + b\boldsymbol{R}_2\right)^{\mathrm{T}} \left(a\boldsymbol{R}_1 + b\boldsymbol{R}_2\right) = \left(a^2 + b^2\right)\boldsymbol{1} + ab\left(\boldsymbol{R}_1^{\mathrm{T}}\boldsymbol{R}_2 + \boldsymbol{R}_2^{\mathrm{T}}\boldsymbol{R}_1\right) \neq \boldsymbol{1}.$$

由此可见, 所有 D 阶正交矩阵的集合并不是线性空间, 所以称为流形更为恰当. 这个流形根据 $\det \boldsymbol{R} = \pm 1$ 分成互不连通的两块, 其中一块即 SO (D). 可见正交矩阵的集合既是 "群" 又是 "流形", 这种具有群结构的流形, 或者可以被视为流形的群, 被称作**李群** (Lie group)[①].

一个 D 阶矩阵本来有 D^2 个分量, 但是正交矩阵的条件式 (11.7) 给出 $\frac{1}{2}D(D+1)$ 个约束, 所以 D 阶正交矩阵有 $D^2 - \frac{1}{2}D(D+1) = \frac{1}{2}D(D-1)$ 个独立分量. 换句话说, D 维欧氏空间中的正常转动有 $\frac{1}{2}D(D-1)$ 个自由度. 等价地, 可以说 D 维特殊正交群 SO (D) 是 $\frac{1}{2}D(D-1)$ 维的流形, 即

$$\boxed{\dim \mathrm{SO}\,(D) = \frac{1}{2}D(D-1)}. \tag{11.25}$$

根据式 (11.25), $D = 2$ 时, $\dim \mathrm{SO}\,(2) = 1$. 2 维欧氏平面上的转动只有 1 个自由度, 这一点是显而易见的. 等价地, 1 维转动群是 1 维的流形, 这个流形的形状其实就是 1 维圆周. $D = 3$ 时, $\dim \mathrm{SO}\,(3) = 3$. 3 维转动有 3 个自由度, 或者说 3 维转动群是 3 维的流形. 在 3 维, 转动的自由度等于空间的维数, 这真是一个非常巧的巧合. 后面会看到, 角速度其实只是个反对称的矩阵. 但是在 3 维, 角速度正好有 3 个独立自由度, 所以可以对应到 3 维空间的一个矢量. $D = 4$ 时, $\dim \mathrm{SO}\,(4) = 6$. 4 维转动有 6 个自由度, 或者说 4 维转动群是 6 维的流形.

---

① 挪威数学家李 (Sophus Lie, 1842—1899) 在研究微分方程解的分类时, 引入了依赖于连续参数的连续变换群的概念. 后人为纪念其贡献, 将其称为李群.

11.3.2 生成元

由 11.1.4 节的讨论, 无穷小转动所对应的 $\boldsymbol{\Phi}$ 是反对称矩阵. D 阶反对称矩阵也有无穷多个, 记

$$\mathfrak{so}(D) = \left\{ \text{所有} D \text{阶实反对称矩阵的集合} \right\}. \tag{11.26}$$

如果 $\boldsymbol{\Phi}_1$ 和 $\boldsymbol{\Phi}_2$ 是实反对称矩阵, 则 $a\boldsymbol{\Phi}_1 + b\boldsymbol{\Phi}_2$ 也是实反对称矩阵. 这意味着, 所有实反对称矩阵的集合 $\mathfrak{so}(D)$ 即在矩阵加法的意义下构成线性空间. 这一点和 D 阶正交矩阵的集合式 (11.24) 不同, SO (D) 不是线性空间, 而是李群流形. 线性空间的维数即线性独立的基矢的个数, 根据上面的讨论, 这就是 D 阶反对称矩阵独立分量的个数. 而 D 阶反对称矩阵有 $\frac{1}{2}D(D-1)$ 个独立分量. 这和前面分析的, D 维转动有 $\frac{1}{2}D(D-1)$ 个自由度一致. 这样意味着,

$$\dim \mathfrak{so}(D) \equiv \dim \mathrm{SO}(D) = \frac{1}{2}D(D-1). \tag{11.27}$$

亦即, 作为线性空间的 $\mathfrak{so}(D)$ 和作为流形的 SO (D) 维数相等.

既然 $\mathfrak{so}(D)$ 是线性空间, 就可以选取 $\frac{1}{2}D(D-1)$ 个线性独立的 D 阶实反对称矩阵作为基. 于是, 任意一个 D 阶实反对称矩阵 $\boldsymbol{\Phi}_{(D)}$ 都可以表示为基 $\{\boldsymbol{J}_a\}$ 的线性组合

$$\boldsymbol{\Phi}_{(D)} = \sum_{a=1}^{\frac{1}{2}D(D-1)} \phi^a \boldsymbol{J}_a. \tag{11.28}$$

既然任意一个 D 阶实反对称矩阵 $\boldsymbol{\Phi}$ 都对应一个无穷小转动, 所以 $\{\boldsymbol{J}_a\}$ 又被称作无穷小转动的**生成元** (generator). 顾名思义, 任何一个无穷小转动, 都是由 $\{\boldsymbol{J}_a\}$ 所 "生成" 的, 对应的系数 $\{\phi^a\}$ 即无穷小参数. 例 11.2 中已讨论过 2 维转动, 2×2 的实反对称矩阵必然具有形式 $\boldsymbol{\Phi}_{(2)} = \phi \boldsymbol{J}$, 其中

$$\boldsymbol{J} = \begin{pmatrix} 0 & -1 \\ 1 & 0 \end{pmatrix}, \tag{11.29}$$

即 2 维无穷小转动的生成元, ϕ 即无穷小转动参数. 在 3 维, 任何一个 3×3 的实反对称矩阵总可以写成

$$\boldsymbol{\Phi}_{(3)} = \begin{pmatrix} 0 & -\phi^3 & \phi^2 \\ \phi^3 & 0 & -\phi^1 \\ -\phi^2 & \phi^1 & 0 \end{pmatrix} = \sum_{a=1}^{3} \phi^a \boldsymbol{J}_a, \tag{11.30}$$

其中

$$
\boldsymbol{J}_1 = \begin{pmatrix} 0 & 0 & 0 \\ 0 & 0 & -1 \\ 0 & 1 & 0 \end{pmatrix}, \quad
\boldsymbol{J}_2 = \begin{pmatrix} 0 & 0 & 1 \\ 0 & 0 & 0 \\ -1 & 0 & 0 \end{pmatrix}, \quad
\boldsymbol{J}_3 = \begin{pmatrix} 0 & -1 & 0 \\ 1 & 0 & 0 \\ 0 & 0 & 0 \end{pmatrix},
$$

$$(11.31)$$

即 3 维无穷小转动的 3 个生成元, $\{\phi^1, \phi^2, \phi^3\}$ 为 3 个无穷小转动参数. 同样, 4×4 的实反对称矩阵总可以写成

$$
\boldsymbol{\Phi}_{(4)} = \begin{pmatrix} 0 & -\phi^3 & \phi^2 & -\beta^1 \\ \phi^3 & 0 & -\phi^1 & -\beta^2 \\ -\phi^2 & \phi^1 & 0 & -\beta^3 \\ \beta^1 & \beta^2 & \beta^3 & 0 \end{pmatrix} = \sum_{a=1}^{3} \phi^a \boldsymbol{J}_a + \sum_{a=1}^{3} \beta^a \boldsymbol{K}_a, \qquad (11.32)
$$

这里我们把生成元分成了 2 类, 其中

$$
\boldsymbol{J}_1 = \begin{pmatrix} 0 & 0 & 0 & 0 \\ 0 & 0 & -1 & 0 \\ 0 & 1 & 0 & 0 \\ 0 & 0 & 0 & 0 \end{pmatrix}, \quad
\boldsymbol{J}_2 = \begin{pmatrix} 0 & 0 & 1 & 0 \\ 0 & 0 & 0 & 0 \\ -1 & 0 & 0 & 0 \\ 0 & 0 & 0 & 0 \end{pmatrix}, \quad
\boldsymbol{J}_3 = \begin{pmatrix} 0 & -1 & 0 & 0 \\ 1 & 0 & 0 & 0 \\ 0 & 0 & 0 & 0 \\ 0 & 0 & 0 & 0 \end{pmatrix},
$$

$$(11.33)$$

$$
\boldsymbol{K}_1 = \begin{pmatrix} 0 & 0 & 0 & -1 \\ 0 & 0 & 0 & 0 \\ 0 & 0 & 0 & 0 \\ 1 & 0 & 0 & 0 \end{pmatrix}, \quad
\boldsymbol{K}_2 = \begin{pmatrix} 0 & 0 & 0 & 0 \\ 0 & 0 & 0 & -1 \\ 0 & 0 & 0 & 0 \\ 0 & 1 & 0 & 0 \end{pmatrix}, \quad
\boldsymbol{K}_3 = \begin{pmatrix} 0 & 0 & 0 & 0 \\ 0 & 0 & 0 & 0 \\ 0 & 0 & 0 & -1 \\ 0 & 0 & 1 & 0 \end{pmatrix},
$$

$$(11.34)$$

即 4 维无穷小转动的 6 个生成元, $\{\phi^1, \phi^2, \phi^3, \beta^1, \beta^2, \beta^3\}$ 即 6 个无穷小转动参数.

11.3.3 李代数

定义矩阵**对易子** (commutator)

$$[\boldsymbol{A}, \boldsymbol{B}] := \boldsymbol{AB} - \boldsymbol{BA}. \qquad (11.35)$$

很容易验证, 如果 $\boldsymbol{A}$ 和 $\boldsymbol{B}$ 都是 (反) 对称矩阵, 则 $[\boldsymbol{A}, \boldsymbol{B}]^{\mathrm{T}} = -[\boldsymbol{A}, \boldsymbol{B}]$, 即 (反) 对称矩阵的对易子是反对称矩阵. 将这一结论应用到生成元上, 每一个生成元都是反对称矩阵, 对易子 $[\boldsymbol{J}_a, \boldsymbol{J}_b]$ 也是反对称矩阵. 既然生成元 $\{\boldsymbol{J}_a\}$ 构成线性空间

$\mathfrak{so}(D)$ 的完备基, 所以任何 D 阶实反对称矩阵都可以表达成 $\{J_a\}$ 的线性组合, 这当然也包括对易子 $[J_a, J_b]$ 本身. 于是, 必然有

$$\boxed{[J_a, J_b] = \sum_{c=1}^{\frac{1}{2}D(D-1)} f^c{}_{ab} J_c}, \quad a, b, = 1, \cdots, \frac{1}{2}D(D-1). \tag{11.36}$$

生成元的对易关系式 (11.36) 被称作相应转动群的**李代数** (Lie algebra), 通常也被记作 $\mathfrak{so}(D)$, 这里的系数 $f^c{}_{ab}$ 被称作**结构常数** (structure constants).

　　例如, 2 维只有 1 个生成元式 (11.29), $[J, J] = 0$, 是平庸的. 在 3 维, 由式 (11.31) 可以验证

$$[J_1, J_2] = J_3, \quad [J_2, J_3] = J_1, \quad [J_3, J_1] = J_2. \tag{11.37}$$

这 3 个对易关系可以统一写成

$$\boxed{[J_i, J_j] = \sum_{k=1}^{3} \epsilon^k{}_{ij} J_k}, \quad i, j = 1, 2, 3. \tag{11.38}$$

式 (11.38) 即 3 维转动群的李代数, 其结构常数就是 $\epsilon^k{}_{ij}$, 详见附录 A.1. 3 维无穷小转动生成元之间的不对易关系, 反映了 3 维转动顺序的不可交换性, 如图 11.5 所示.

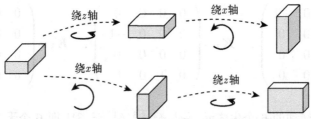

图 11.5　3 维转动顺序的不可交换性. 先绕 z 轴转 $\frac{\pi}{2}$, 再绕 x 轴转 $\frac{\pi}{2}$ (上), 与先绕 x 轴转 $\frac{\pi}{2}$, 再绕 z 轴转 $\frac{\pi}{2}$ (下), 将得到不同的结果

　　同样可以验证, 4 维无穷小转动的 6 个生成元式 (11.33) 和 (11.34) 满足

$$[J_i, J_j] = \sum_{k=1}^{3} \epsilon^k{}_{ij} J_k, \quad [J_i, K_j] = \sum_{k=1}^{3} \epsilon^k{}_{ij} K_k, \quad [K_i, K_j] = \sum_{k=1}^{3} \epsilon^k{}_{ij} J_k, \quad i, j = 1, 2, 3.$$

$$\tag{11.39}$$

式 (11.39) 即 4 维转动群的李代数. 式 (11.39) 和 (11.38) 形式全同, 表明 3 个 $\{J_i\}$ 自身构成封闭的 $\mathfrak{so}(3)$ 代数, 亦即是 $\mathfrak{so}(4)$ 的子代数. 式 (11.39) 中第 2 个式子说明 $\{K_i\}$ 在 $\{J_i\}$ 的作用, 亦即 3 维转动变换下像一个 3 维矢量, 最后一个式子表明 $\mathfrak{so}(4)$ 的代数是封闭的. 这几个关系在 14.4.2 节利用泊松括号讨论开普勒问题的对称性中会用到.

11.4 有限转动与指数映射

11.4.1 $D = 2$

所谓 "积跬步以至千里", 重复一系列无穷小转动, 即得到一个有限转动. 先来看 2 维的简单情形. 如图 11.6 所示, 设想将有限的转角 ϕ 分成 n 份, 每次转 $\dfrac{\phi}{n}$, 当 n 很大的时候, 相当于每次都在做无穷小转动 $\boldsymbol{\Phi} = 1 + \dfrac{\phi}{n}\boldsymbol{J}$, 这里 $\boldsymbol{J}$ 是 2 维无穷小转动的生成元式 (11.29). 经过 n 次转动的 "累积", 即有

$$\underbrace{\left(1 + \frac{\phi}{n}\boldsymbol{J}\right)\left(1 + \frac{\phi}{n}\boldsymbol{J}\right)\cdots\left(1 + \frac{\phi}{n}\boldsymbol{J}\right)}_{n\text{次}} = \left(1 + \frac{\phi}{n}\boldsymbol{J}\right)^n. \tag{11.40}$$

当 $n \to \infty$ 时, 有限转角 ϕ 的转动变换矩阵 $\boldsymbol{R}(\phi)$ 即[①]

$$\boldsymbol{R}(\phi) = \lim_{n\to\infty}\left(1 + \frac{\phi}{n}\boldsymbol{J}\right)^n \equiv \mathrm{e}^{\phi\boldsymbol{J}}. \tag{11.41}$$

上式右边即 "矩阵指数", 其定义与普通指数函数的泰勒展开 $\left(\text{即 } \mathrm{e}^x = 1 + x + \dfrac{1}{2}x^2 + \dfrac{1}{3!}x^3 + \cdots\right)$ 一样. 生成元式 (11.29) 满足 $\boldsymbol{J}^2 = -\boldsymbol{1}$, 于是 $\boldsymbol{J}^{2n} = (-1)^n\boldsymbol{1}$, $\boldsymbol{J}^{2n+1} = (-1)^n\boldsymbol{J}$, 因此

$$\mathrm{e}^{\phi\boldsymbol{J}} \equiv \sum_{n=0}^{\infty}\frac{1}{n!}\phi^n\boldsymbol{J}^n = \sum_{n=0}^{\infty}\frac{1}{(2n)!}\phi^{2n}\boldsymbol{J}^{2n} + \sum_{n=0}^{\infty}\frac{1}{(2n+1)!}\phi^{2n+1}\boldsymbol{J}^{2n+1}$$

$$= \underbrace{\sum_{n=0}^{\infty}\frac{(-1)^n}{(2n)!}\phi^{2n}}_{=\cos\phi}\boldsymbol{1} + \underbrace{\sum_{n=0}^{\infty}\frac{(-1)^n}{(2n+1)!}\phi^{2n+1}}_{=\sin\phi}\boldsymbol{J} = \cos\phi\,\boldsymbol{1} + \sin\phi\,\boldsymbol{J}, \tag{11.42}$$

---

① 读者在第一次学习微积分时, 是否好奇过为什么要计算极限 $\lim_{n\to\infty}\left(1 + \dfrac{x}{n}\right)^n$?

再代入生成元的表达式 (11.29), 最终得到

$$\boldsymbol{R}(\phi) = \mathrm{e}^{\phi \boldsymbol{J}} = \cos\phi \mathbf{1} + \sin\phi \boldsymbol{J} = \begin{pmatrix} \cos\phi & -\sin\phi \\ \sin\phi & \cos\phi \end{pmatrix}. \tag{11.43}$$

这正是例 11.1中已经求得的 2 维平面上的转动矩阵.

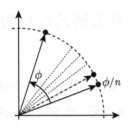

图 11.6   有限转动是无穷小转动的 "累积"

式 (11.42) 可以和著名的欧拉公式 $\mathrm{e}^{\mathrm{i}\phi} = \cos\phi + \mathrm{i}\sin\phi$ 作比较, 特别是生成元满足 $\boldsymbol{J}^2 = -\mathbf{1}$ 与虚数单位 i 满足 $\mathrm{i}^2 = -1$ 非常类似. 可以认为 2×2 的单位矩阵 $\mathbf{1}$ 和生成元 $\boldsymbol{J}$ 张成了一个 2 维线性空间, 其中任意一个矢量可以写成 $\mathbf{1}$ 和 $\boldsymbol{J}$ 的线性组合, 即 $\boldsymbol{Z} \equiv x\mathbf{1} + y\boldsymbol{J} = \begin{pmatrix} x & -y \\ y & x \end{pmatrix}$. 矩阵 $\boldsymbol{Z}$ 与复数 $z = x + \mathrm{i}y$ 有异曲同工之妙. 例如, z 的复共轭 $z^* = x - \mathrm{i}y$ 对应矩阵 $\boldsymbol{Z}$ 的转置 $\boldsymbol{Z}^{\mathrm{T}} = \begin{pmatrix} x & y \\ -y & x \end{pmatrix}$, 而 z 的模方则对应矩阵 $\boldsymbol{Z}$ 的行列式 $\det \boldsymbol{Z} = x^2 + y^2 = |z|^2$.

11.4.2 $D = 3$

基于和上面同样的逻辑, 一个一般的 3 维有限转动可以写成

$$\boxed{\boldsymbol{R}\left(\theta^1, \theta^2, \theta^3\right) = \mathrm{e}^{\theta^1 \boldsymbol{J}_1 + \theta^2 \boldsymbol{J}_2 + \theta^3 \boldsymbol{J}_3}}, \tag{11.44}$$

这里 $\{\theta^i\}$ 是有限转角, $\{\boldsymbol{J}_i\}$ 是 3 维无穷小转动的生成元式 (11.31). 原则上将式 (11.44) 的矩阵指数算出, 即可得到 3 维转动矩阵的一般形式. 这个结果比较复杂. 实际应用更多的是 3 个基本的有限转动矩阵. 利用和式 (11.42) 同样的技巧, 可以验证 (见习题 11.3):

$$\boxed{\boldsymbol{R}_1(\theta) = \mathrm{e}^{\theta \boldsymbol{J}_1} = \begin{pmatrix} 1 & 0 & 0 \\ 0 & \cos\theta & -\sin\theta \\ 0 & \sin\theta & \cos\theta \end{pmatrix}}, \tag{11.45}$$

$$\boxed{R_2\left(\theta\right) = \mathrm{e}^{\theta J_2} = \begin{pmatrix} \cos\theta & 0 & \sin\theta \\ 0 & 1 & 0 \\ -\sin\theta & 0 & \cos\theta \end{pmatrix}}, \tag{11.46}$$

$$\boxed{R_3\left(\theta\right) = \mathrm{e}^{\theta J_3} = \begin{pmatrix} \cos\theta & -\sin\theta & 0 \\ \sin\theta & \cos\theta & 0 \\ 0 & 0 & 1 \end{pmatrix}}, \tag{11.47}$$

分别代表绕 x 轴、y 轴和 z 轴的转角为 θ 的有限转动. 当 $\theta > 0$ 时, 其效果是 (主动观点) 将矢量逆时针旋转 θ 角, 或者等价地 (被动观点) 将基矢顺时针旋转 θ 角 (因此若基矢逆时针旋转, 则对应 $R_i\left(-\theta\right) \equiv \left(R_i\left(\theta\right)\right)^{\mathrm{T}}$).

3 维转动群的李代数指的是矩阵对易关系式 (11.38). 有趣的是, 式 (11.31) 所给出的 $\{J_i\}$ 并不是唯一满足式 (11.38) 的 3 个矩阵. 另一种重要的矩阵是**泡利矩阵** (Pauli matrices)[①], 是 2×2 的复矩阵, 定义为

$$\sigma_1 = \begin{pmatrix} 0 & 1 \\ 1 & 0 \end{pmatrix}, \quad \sigma_2 = \begin{pmatrix} 0 & -\mathrm{i} \\ \mathrm{i} & 0 \end{pmatrix}, \quad \sigma_3 = \begin{pmatrix} 1 & 0 \\ 0 & -1 \end{pmatrix}. \tag{11.48}$$

泡利矩阵是无迹的, $\mathrm{tr}\,\sigma_i = 0$, 且是厄米的, 即满足 $\sigma_i^\dagger \equiv \left(\sigma_i^{\mathrm{T}}\right)^* = \sigma_i$, $i = 1, 2, 3$. 很容易验证, 泡利矩阵的对易关系为 (见习题 11.4)

$$[\sigma_1, \sigma_2] = 2\mathrm{i}\sigma_3, \quad [\sigma_2, \sigma_3] = 2\mathrm{i}\sigma_1, \quad [\sigma_3, \sigma_1] = 2\mathrm{i}\sigma_2, \tag{11.49}$$

这 3 个式子可以统一写成

$$\boxed{[\sigma_i, \sigma_j] = 2\mathrm{i}\sum_{k=1}^{3} \epsilon^k{}_{ij}\sigma_k}, \quad i, j = 1, 2, 3. \tag{11.50}$$

式 (11.50) 和 (11.38) 具有同样的形式 (除去常数因子).

3 个泡利矩阵式 (11.48) 是线性独立的, 即张成一个 3 维的线性空间, 因此可以将其与普通的 3 维空间做对应. 给定 3 维矢量 $\boldsymbol{x} = \{x^1, x^2, x^3\}$, 定义

$$P\left(\boldsymbol{x}\right) \equiv \sum_{i=1}^{3} x^i\sigma_i = \begin{pmatrix} x^3 & x^1 - \mathrm{i}x^2 \\ x^1 + \mathrm{i}x^2 & -x^3 \end{pmatrix}. \tag{11.51}$$

---

① 泡利 (Wolfgang Pauli, 1900—1958) 是奥地利理论物理学家, 量子力学研究先驱者之一. 泡利因以他名字命名的 "泡利不相容原理" 而获得 1945 年诺贝尔物理学奖.

式 (11.51) 建立了一个 3 维矢量 $\boldsymbol{x}$ 和一个无迹 2×2 厄米矩阵 $\boldsymbol{P}(\boldsymbol{x})$ 之间的一一对应关系. 可以将 2×2 的厄米矩阵 $\boldsymbol{P}(\boldsymbol{x})$ 视为 3 维矢量 $\boldsymbol{x}$ 的等价物, 或者说另一种表示. 可以验证, 矩阵 $\boldsymbol{P}(\boldsymbol{x})$ 的行列式正好对应矢量 $\boldsymbol{x}$ 的模方:

$$\det \boldsymbol{P}(\boldsymbol{x}) = -\left(x^1\right)^2 - \left(x^2\right)^2 - \left(x^3\right)^2 = -|\boldsymbol{x}|^2. \tag{11.52}$$

一个自然的想法是, 站在 3 维空间的角度, 3 维转动 $\boldsymbol{x} \to \tilde{\boldsymbol{x}}$ 保持 3 维矢量长度不变, 那么站在 2×2 厄米矩阵的角度, 应该有个变换使得 $\boldsymbol{P}(\boldsymbol{x}) \to \boldsymbol{P}(\tilde{\boldsymbol{x}})$ 的行列式不变. 2×2 复矩阵的变换为

$$\boldsymbol{P}(\boldsymbol{x}) \to \boldsymbol{P}(\tilde{\boldsymbol{x}}) = \boldsymbol{U}\boldsymbol{P}(\boldsymbol{x})\boldsymbol{U}^\dagger, \tag{11.53}$$

这里 2×2 的幺正矩阵 $\boldsymbol{U}$ 可以视为 3×3 的正交矩阵 $\boldsymbol{R}$ 的等价物 (见习题 11.6). 使得 $\det \boldsymbol{P}(\tilde{\boldsymbol{x}}) = \det \boldsymbol{P}(\boldsymbol{x})$ 的矩阵 $\boldsymbol{U}$ 需要满足

$$\boxed{\boldsymbol{U}\boldsymbol{U}^\dagger = \boldsymbol{U}^\dagger\boldsymbol{U} = \boldsymbol{1}}, \tag{11.54}$$

被称为**幺正矩阵** (unitary matrix). 式 (11.54) 意味着幺正矩阵满足

$$\det\left(\boldsymbol{U}\boldsymbol{U}^\dagger\right) = |\det \boldsymbol{U}|^2 = 1 \quad \Rightarrow \quad |\det \boldsymbol{U}| = 1, \tag{11.55}$$

即 $\det \boldsymbol{U} = \mathrm{e}^{\mathrm{i}\phi}$. 其中 $\phi = 0$ 即 $\det \boldsymbol{U} = +1$ 的矩阵被称作**特殊幺正矩阵** (special unitary matrices). 定义

$$\mathrm{SU}(2) = \left\{\text{所有 } \det = +1 \text{ 的幺正矩阵的集合}\right\}. \tag{11.56}$$

这一集合在矩阵乘法下构成群, 被称作**特殊幺正群** (special unitary group). $\mathrm{SU}(2)$ 矩阵的表示有很多种方式, 常用的一种为

$$\boxed{\boldsymbol{U} \equiv q^0 \boldsymbol{1} + \mathrm{i}\boldsymbol{P}(\boldsymbol{q}) = q^0 \boldsymbol{1} + \mathrm{i}\sum_{i=1}^{3} q^i \boldsymbol{\sigma}_i = \begin{pmatrix} q^0 + \mathrm{i}q^3 & \mathrm{i}q^1 + q^2 \\ \mathrm{i}q^1 - q^2 & q^0 - \mathrm{i}q^3 \end{pmatrix}}, \tag{11.57}$$

这里参数 q^0, q^1, q^2, q^3 都是实数, 且式 (11.55) 意味着其满足约束 $\left(q^0\right)^2 + \left(q^1\right)^2 + \left(q^2\right)^2 + \left(q^3\right)^2 = 1$, 所以只有 3 个是独立的. 这意味着 $\mathrm{SU}(2)$ 群流形对应 4 维欧氏空间中的 3 维球面. 值得一提的是, 式 (11.57) 实际上就是哈密顿所发明的**四元数** (quaternion). 由此可以看到 2 维平面上的转动 $\mathrm{SO}(2)$ 和 $\mathrm{U}(1)$ 存在对应, 对应模长为 1 的复数. 3 维空间中转动 $\mathrm{SO}(3)$ 和 $\mathrm{SU}(2)$ 存在对应, 对应行列式为 1 的四元数.

11.4.3 指数映射

式 (11.43) 和 (11.44) 表明, 把生成元放到指数上, 即得到有限转动. 这一结论对其他维数也是成立的. 亦即, D 维的有限转动可以表示成

$$\boxed{\boldsymbol{R}\left(\theta^a\right) = \exp\left(\sum_{a=1}^{\frac{1}{2}D(D-1)} \theta^a \boldsymbol{J}_a\right),} \tag{11.58}$$

这里 $\{\boldsymbol{J}_a\}$ 即无穷小转动的生成元, $\{\theta^a\}$ 是有限参数, 即转角. 因为转动对应李群, 生成元对应李代数, 所以形象地说,

$$\text{李群} = \mathrm{e}^{\text{李代数}}, \tag{11.59}$$

即李群是李代数的**指数映射** (exponential map).

从几何的角度, 作为线性空间的李代数 $\mathfrak{so}(D)$ 就是李群流形 $\mathrm{SO}(D)$ 在单位元附近的线性近似, 或者说线性化. 正如 1 维曲线在某点的线性近似即切线, 2 维曲面在某点的线性近似即切平面, 李代数 $\mathfrak{so}(D)$ 即是李群流形 $\mathrm{SO}(D)$ 在单位元处的 "切空间". 李群的单位元即李代数的零元. 这个关系就像 $1 = \mathrm{e}^0$, 其中, 1 对应群的单位元 (乘法), 0 对应李代数的零元 (加法), 这再次反映两者的关系是指数映射/线性化. 所以, 无穷小变换就像指数的线性近似 $1 + x \approx \mathrm{e}^x$, 而 "指数映射" 可以视为 "线性化" 的逆操作, 如图 11.7 所示.

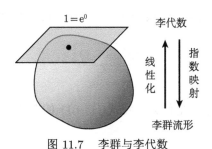

图 11.7 李群与李代数

11.5 角 速 度

11.5.1 角速度矩阵

现在考虑转动依赖一个连续参数. 这个参数可以是任何连续单调变化的参数. 从时间演化的角度, 不妨将这个参数取成时间 t, 如图 11.8 所示.

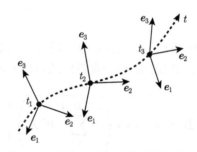

图 11.8　基矢随时间的演化与角速度

经历无穷小的时间演化, 基矢的变化为

$$e_i\left(t\right) \to e_i\left(t+\mathrm{d}t\right), \tag{11.60}$$

现在的问题是, $e_i\left(t+\mathrm{d}t\right)$ 和 $e_i\left(t\right)$ 之间是什么关系? 因为任意时刻的基矢都是正交归一的, 而由 11.1.2 节可知, 正交归一基之间的关系就是转动变换, 于是 $e_i\left(t+\mathrm{d}t\right)$ 和 $e_i\left(t\right)$ 即相差一个无穷小转动,

$$e_i\left(t+\mathrm{d}t\right) = \left(\delta_i{}^j + \Phi_i{}^j\left(t\right)\right) e_j\left(t\right) \equiv e_i\left(t\right) + \mathrm{d}t\Omega^j{}_i\left(t\right) e_j\left(t\right), \tag{11.61}$$

这里我们已经提出了无穷小参数 $\mathrm{d}t$, 即令

$$\Phi_i{}^j\left(t\right) = \mathrm{d}t\Omega^j{}_i\left(t\right), \tag{11.62}$$

从而 $\Omega_i{}^j$ 的矩阵元都是有限的. 根据 11.1.4 节的讨论, $\boldsymbol{\Omega}$ 是反对称的

$$\boxed{\boldsymbol{\Omega}^{\mathrm{T}} = -\boldsymbol{\Omega}}, \tag{11.63}$$

用指标写即 $\Omega_i{}^j = -\Omega^j{}_i$.

反对称矩阵 $\boldsymbol{\Omega}$ 的意义是什么? 将式 (11.61) 的左边展开并保留到 $\mathrm{d}t$ 的线性阶, 得到

$$e_i\left(t+\mathrm{d}t\right) = e_i\left(t\right) + \frac{\mathrm{d}e_i\left(t\right)}{\mathrm{d}t}\mathrm{d}t,$$

和式 (11.61) 的右边比较, 得到[①]

$$\boxed{\frac{\mathrm{d}e_i}{\mathrm{d}t} = \Omega^j{}_i e_j \equiv -\Omega_i{}^j e_j}. \tag{11.64}$$

---

① 因为我们通过基矢的转动 (被动观点) 定义角速度, 所以我们约定基矢逆时针转动为 "正" 转动.

可见, 矩阵 $\boldsymbol{\Omega}$ 衡量的是基矢随时间的变化率, 而基矢是在做转动, 所以 $\boldsymbol{\Omega}$ 衡量的即转动的快慢. 从这个意义上, 式 (11.64) 所定义的 $\boldsymbol{\Omega}$ 可以被称作**角速度矩阵** (angular velocity matrix), 是个反对称矩阵.

现在考虑两组基, 一组是固定的、不随时间改变, 记作 $\{\bar{\boldsymbol{e}}_i\}$, 另一组相对于固定基在转动, 记作 $\{\boldsymbol{e}_i\}$. 由式 (11.11) 得,

$$\boldsymbol{e}_i(t) = R_i{}^j(t)\,\bar{\boldsymbol{e}}_j, \tag{11.65}$$

这里 $\boldsymbol{R}(t)$ 即转动基相对于固定基的转动矩阵, 依赖于时间. 将式 (11.65) 对时间 t 求导, 并利用式 (11.65) 的逆变换

$$\frac{\mathrm{d}\boldsymbol{e}_i}{\mathrm{d}t} = \frac{\mathrm{d}R_i{}^k}{\mathrm{d}t}\bar{\boldsymbol{e}}_k = \frac{\mathrm{d}R_i{}^k}{\mathrm{d}t}R^j{}_k\boldsymbol{e}_j,$$

对比角速度矩阵的定义式 (11.64), 得到转动基相对于固定基的角速度矩阵为

$$\boxed{\Omega_i{}^j = -\frac{\mathrm{d}R_i{}^k}{\mathrm{d}t}R^j{}_k \equiv R_i{}^k\frac{\mathrm{d}R^j{}_k}{\mathrm{d}t}}. \tag{11.66}$$

用矩阵表示即

$$\boxed{\boldsymbol{\Omega} = -\frac{\mathrm{d}\boldsymbol{R}}{\mathrm{d}t}\boldsymbol{R}^{\mathrm{T}} \equiv \boldsymbol{R}\frac{\mathrm{d}\boldsymbol{R}^{\mathrm{T}}}{\mathrm{d}t}}. \tag{11.67}$$

式 (11.67) 即给出角速度矩阵 $\boldsymbol{\Omega}$ 和转动矩阵 $\boldsymbol{R}$ 的关系. 需要注意的是, 这里的角速度矩阵和转动矩阵都是转动基相对于固定基的. 我们还可以做一个自洽性检验, 因为 $0 = \dfrac{\mathrm{d}}{\mathrm{d}t}\left(\boldsymbol{R}\boldsymbol{R}^{\mathrm{T}}\right) = \dfrac{\mathrm{d}\boldsymbol{R}}{\mathrm{d}t}\boldsymbol{R}^{\mathrm{T}} + \boldsymbol{R}\dfrac{\mathrm{d}\boldsymbol{R}^{\mathrm{T}}}{\mathrm{d}t}$, 因此

$$\boldsymbol{\Omega}^{\mathrm{T}} = \left(-\frac{\mathrm{d}\boldsymbol{R}}{\mathrm{d}t}\boldsymbol{R}^{\mathrm{T}}\right)^{\mathrm{T}} = -\boldsymbol{R}\frac{\mathrm{d}\boldsymbol{R}^{\mathrm{T}}}{\mathrm{d}t} = \frac{\mathrm{d}\boldsymbol{R}}{\mathrm{d}t}\boldsymbol{R}^{\mathrm{T}} = -\boldsymbol{\Omega},$$

即式 (11.67) 给出的角速度矩阵 $\boldsymbol{\Omega}$ 确实是反对称的.

例 11.4 2 维转动的角速度

例 11.1 中已经讨论了 2 维即平面上的转动矩阵. 基矢逆时针 (正向) 转动 ϕ 角的转动矩阵由式 (11.15) 中令 $\phi \to -\phi$ 给出, 即 $\boldsymbol{R} = \begin{pmatrix} \cos\phi & \sin\phi \\ -\sin\phi & \cos\phi \end{pmatrix}$. 由式 (11.67)

知, 角速度矩阵为

$$\boldsymbol{\Omega} = -\frac{\mathrm{d}\boldsymbol{R}}{\mathrm{d}t}\boldsymbol{R}^{\mathrm{T}} = -\begin{pmatrix} -\sin\phi\,\dot{\phi} & \cos\phi\,\dot{\phi} \\ -\cos\phi\,\dot{\phi} & -\sin\phi\,\dot{\phi} \end{pmatrix}\begin{pmatrix} \cos\phi & -\sin\phi \\ \sin\phi & \cos\phi \end{pmatrix} = \dot{\phi}\begin{pmatrix} 0 & -1 \\ 1 & 0 \end{pmatrix} \equiv \dot{\phi}\boldsymbol{J},$$

这里的 $\dot{\phi}$ 即是通常所理解的平面转动的角速度大小, $\boldsymbol{J}$ 正是 2 维无穷小转动的生成元式 (11.29). 可见式 (11.67) 所定义的角速度矩阵 $\boldsymbol{\Omega}$ 是熟悉的绕定轴转动角速度的推广.

考虑任意两组正交归一基 $\{\boldsymbol{e}_i\}$ 和 $\{\tilde{\boldsymbol{e}}_i\}$. 一方面根据定义, $\{\tilde{\boldsymbol{e}}_i\}$ 对应的角速度矩阵为

$$\frac{\mathrm{d}\tilde{\boldsymbol{e}}_i}{\mathrm{d}t} = \tilde{\Omega}^j{}_i\tilde{\boldsymbol{e}}_j, \tag{11.68}$$

另一方面, 根据基矢之间的变换关系 $\tilde{\boldsymbol{e}}_i = A_i{}^j\boldsymbol{e}_j$ ($\boldsymbol{A}$ 也是正交矩阵) 及其逆变换,

$$\begin{aligned}
\frac{\mathrm{d}\tilde{\boldsymbol{e}}_i}{\mathrm{d}t} &= \frac{\mathrm{d}}{\mathrm{d}t}\left(A_i{}^j\boldsymbol{e}_j\right) = \frac{\mathrm{d}A_i{}^j}{\mathrm{d}t}\boldsymbol{e}_j + A_i{}^j\frac{\mathrm{d}\boldsymbol{e}_j}{\mathrm{d}t} \\
&= \frac{\mathrm{d}A_i{}^j}{\mathrm{d}t}\boldsymbol{e}_j + A_i{}^j\Omega^k{}_j\boldsymbol{e}_k = \left(A^j{}_k\frac{\mathrm{d}A_i{}^k}{\mathrm{d}t} + A^j{}_k\Omega^k{}_l A_i{}^l\right)\tilde{\boldsymbol{e}}_j,
\end{aligned} \tag{11.69}$$

比较上面两式, 得到

$$\tilde{\Omega}^j{}_i = A^j{}_k\frac{\mathrm{d}A_i{}^k}{\mathrm{d}t} + A^j{}_k\Omega^k{}_l A_i{}^l, \tag{11.70}$$

用矩阵形式即 $\left(\text{利用 } \boldsymbol{A}\dfrac{\mathrm{d}\boldsymbol{A}^{\mathrm{T}}}{\mathrm{d}t} = -\dfrac{\mathrm{d}\boldsymbol{A}}{\mathrm{d}t}\boldsymbol{A}^{\mathrm{T}}\right)$

$$\boxed{\tilde{\boldsymbol{\Omega}} = -\frac{\mathrm{d}\boldsymbol{A}}{\mathrm{d}t}\boldsymbol{A}^{\mathrm{T}} + \boldsymbol{A}\boldsymbol{\Omega}\boldsymbol{A}^{\mathrm{T}}}. \tag{11.71}$$

式 (11.71) 即是不同基 (相对于固定基) 的角速度矩阵之间的关系. 作为一个特例, 将式 (11.71) 中 $\boldsymbol{A} \to \boldsymbol{R}$, $\bar{\boldsymbol{\Omega}} = 0$, 得到转动基相对于固定基的角速度矩阵

$$\boldsymbol{\Omega} = -\frac{\mathrm{d}\boldsymbol{R}}{\mathrm{d}t}\boldsymbol{R}^{\mathrm{T}} + \boldsymbol{R}\bar{\boldsymbol{\Omega}}\boldsymbol{R}^{\mathrm{T}} = -\frac{\mathrm{d}\boldsymbol{R}}{\mathrm{d}t}\boldsymbol{R}^{\mathrm{T}}, \tag{11.72}$$

正是式 (11.67).

11.5.2　速度和加速度

空间中某点的位矢 $\boldsymbol{x}$ 用基矢 $\{\boldsymbol{e}_i\}$ 展开为

$$\boldsymbol{x} \equiv x^i\boldsymbol{e}_i. \tag{11.73}$$

相应的速度与加速度矢量定义为

$$\boldsymbol{v} = \dot{\boldsymbol{x}} = v^i \boldsymbol{e}_i, \quad \boldsymbol{a} = \ddot{\boldsymbol{x}} = a^i \boldsymbol{e}_i. \tag{11.74}$$

如果基矢是固定的, 即有 $v^i = \dot{x}^i$ 和 $a^i = \dot{v}^i = \ddot{x}^i$. 现在的问题是, 当基矢转动时, 相应的速度和加速度矢量的分量等于什么?

首先, 速度矢量为

$$\boldsymbol{v} \equiv \dot{\boldsymbol{x}} = \dot{x}^i \boldsymbol{e}_i + x^i \underbrace{\dot{\boldsymbol{e}}_i}_{=\Omega^j{}_i \boldsymbol{e}_j} = \left(\dot{x}^i + \Omega^i{}_j x^j \right) \boldsymbol{e}_i, \tag{11.75}$$

于是速度矢量的分量为

$$\boxed{v^i = \dot{x}^i + \Omega^i{}_j x^j}. \tag{11.76}$$

可见, 由于转动的存在, $v^i \neq \dot{x}^i$, 即所谓 "导数的分量 $\neq$ 分量的导数". 多出来的项 $\Omega^i{}_j x^j$ 则是基矢转动的结果. 定义对 "分量" 的**协变时间导数** (covariant time derivative)[①]

$$\boxed{\mathrm{D}_t := \frac{\mathrm{d}}{\mathrm{d}t} + \boldsymbol{\Omega}}, \tag{11.77}$$

注意其作用在矢量的分量上, 因此需要在矩阵乘法的意义下理解. 例如式 (11.76) 可以写成

$$v^i = \mathrm{D}_t x^i \equiv \left(\delta^i{}_j \frac{\mathrm{d}}{\mathrm{d}t} + \Omega^i{}_j \right) x^j = \dot{x}^i + \Omega^i{}_j x^j. \tag{11.78}$$

也就是说, 当基矢存在转动时, 矢量时间导数的分量不是分量的普通时间导数, 而是分量的协变时间导数, 即有额外的角速度项 $\Omega^i{}_j x^j$.

对式 (11.75) 再求一次时间导数, 得到

$$\boldsymbol{a} \equiv \dot{\boldsymbol{v}} = \frac{\mathrm{d}}{\mathrm{d}t} \left[\left(\dot{x}^i + \Omega^i{}_j x^j \right) \boldsymbol{e}_i \right] = \left(\ddot{x}^i + \dot{\Omega}^i{}_j x^j + \Omega^i{}_j \dot{x}^j \right) \boldsymbol{e}_i + \left(\dot{x}^i + \Omega^i{}_j x^j \right) \underbrace{\dot{\boldsymbol{e}}_i}_{=\Omega^k{}_i \boldsymbol{e}_k}$$

$$= \left(\ddot{x}^i + \dot{\Omega}^i{}_j x^j + 2\Omega^i{}_j \dot{x}^j + \Omega^i{}_k \Omega^k{}_j x^j \right) \boldsymbol{e}_i, \tag{11.79}$$

于是加速度矢量的分量为

$$\boxed{a^i = \ddot{x}^i + \underbrace{\dot{\Omega}^i{}_j x^j}_{\text{非匀速转动效应}} + \underbrace{2\Omega^i{}_j \dot{x}^j}_{\text{科里奥利效应}} + \underbrace{\Omega^i{}_k \Omega^k{}_j x^j}_{\text{离心效应}}}, \tag{11.80}$$

[①] 式 (11.77) 来自微分几何中协变导数的类比, 角速度矩阵起到协变导数中联络的作用 (见附录 A.5).

其中非惯性系中的各种效应很自然地出现. 式 (11.80) 也可以方便地利用协变时间导数式 (11.77) 直接得到, 有

$$a^i = \mathrm{D}_t v^i = \mathrm{D}_t \left(\mathrm{D}_t x^i \right) = \left(\delta^i{}_j \frac{\mathrm{d}}{\mathrm{d}t} + \Omega^i{}_j \right) \left(\delta^j{}_k \frac{\mathrm{d}}{\mathrm{d}t} + \Omega^j{}_k \right) x^k, \tag{11.81}$$

展开即得到式 (11.80).

由推导过程知, 以上的结果对任意矢量也是成立的.

11.5.3 $D = 3$

以上我们对任意维空间中转动的角速度做了一般讨论. 最重要的一个结论是 ——角速度不是矢量, 而是个反对称的矩阵. 实际上, 这一事实在最简单的平面转动中已初见端倪. 平面是 2 维的, 平面上的矢量自然必须有 2 个分量. 但是平面上的转动只有 1 个自由度, 于是角速度 ω 如果被视为矢量的话只有 1 个分量, 所以平面转动的角速度不可能是平面上的矢量. 站在 3 维的角度, 角动量矢量 $\boldsymbol{J} = \boldsymbol{x} \times \boldsymbol{p}$ 垂直于位矢 $\boldsymbol{x}$ 和动量 $\boldsymbol{p}$ 所在的 2 维平面, 所以根本就不处于转动所在的 2 维平面上. 因此, 某个空间中转动的角速度, 一般并不是这个空间中的矢量. 但是有一个特例, 就是我们生活的 3 维空间.

在 3 维, 角速度矩阵作为 3×3 的反对称矩阵, 总是可以写成

$$\boldsymbol{\Omega} = \begin{pmatrix} 0 & -\omega^3 & \omega^2 \\ \omega^3 & 0 & -\omega^1 \\ -\omega^2 & \omega^1 & 0 \end{pmatrix} \equiv \omega^1 \boldsymbol{J}_1 + \omega^2 \boldsymbol{J}_2 + \omega^3 \boldsymbol{J}_3, \tag{11.82}$$

其有 3 个独立分量 $\omega^1, \omega^2, \omega^3$, $\{\boldsymbol{J}_i\}$ 即 3 维无穷小转动的生成元式 (11.31)[①]. 前面已经提到, 在 3 维有一个巧合, 即转动的自由度也是 3. 基于这个巧合, 我们可以把 3 个生成元 $\{\boldsymbol{J}_i\}$ 和 3 维空间的基矢 $\{\boldsymbol{e}_i\}$ 一一对应, 从而把角速度矩阵对应到 3 维空间中某个矢量, 即有

$$\boldsymbol{\Omega} = \omega^i \boldsymbol{J}_i \quad \xrightarrow{\ \boldsymbol{J}_i \leftrightarrow \boldsymbol{e}_i\ } \quad \boldsymbol{\omega} = \omega^i \boldsymbol{e}_i, \tag{11.83}$$

这里对应后的 $\boldsymbol{\omega}$ 即通常所说的**角速度矢量** (angular velocity vector).

利用 ϵ-符号 (见附录 A.1), 这种对应关系可以方便地写成

$$\boxed{\omega^i = -\frac{1}{2} \epsilon^{ijk} \Omega_{jk} \quad \Leftrightarrow \quad \Omega_{ij} = -\epsilon_{ijk} \omega^k.} \tag{11.84}$$

[①] 从式 (11.82), 角速度也可以认为是个矢量, 只不过这个矢量不是 "生活" 在空间 (即 $\{\boldsymbol{x}\}$) 本身, 而是生活在生成元 $\{\boldsymbol{J}_i\}$ 所张成的线性空间 (即李代数) 中.

我们将 $\boldsymbol{\omega}$ 称作角速度矢量, 是因为在 3 维空间转动下, $\boldsymbol{\omega}$ 确实按照矢量的变换规则式 (11.14) 变. 但是因为角速度矢量 $\boldsymbol{\omega}$ 只是 3×3 的反对称矩阵 $\boldsymbol{\Omega}$ 的 3 维对应, 所以和真正的矢量还并不完全一样. 例如, 在图 11.9 所示的镜像变换下, $\boldsymbol{\omega}$ 的方向反向. 而真正的矢量——**极矢量** (polar vector), 在镜像变换下方向是不变的. 从这个意义上, $\boldsymbol{\omega}$ 又被称作**赝矢量** (pseudo-vector) 或者**轴矢量** (axial vector).

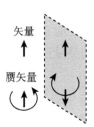

矢量

赝矢量

图 11.9　矢量与赝矢量在镜像变换下的差异

有了角速度矩阵到角速度矢量的对应, 就可将上面所得到的关系式用角速度矢量表示出来. 利用基矢 $\{\boldsymbol{e}_i\}$ 之间的叉乘 $\boldsymbol{e}_i \times \boldsymbol{e}_j = \epsilon^k{}_{ij} \boldsymbol{e}_k$ (见式 (A.7)), 基矢的变化率式 (11.64) 可写成

$$\dot{\boldsymbol{e}}_i = \Omega^j{}_i \boldsymbol{e}_j = -\epsilon^j{}_{ik} \omega^k \boldsymbol{e}_j = -\omega^k \boldsymbol{e}_i \times \boldsymbol{e}_k = \underbrace{\left(\omega^k \boldsymbol{e}_k\right)}_{=\boldsymbol{\omega}} \times \boldsymbol{e}_i,$$

即

$$\boxed{\dot{\boldsymbol{e}}_i = \boldsymbol{\omega} \times \boldsymbol{e}_i}, \qquad i = 1, 2, 3. \tag{11.85}$$

注意式 (11.85) 是 3 个矢量方程. 速度和加速度式 (11.75) 和 (11.79) 用角速度矢量的表达式, 可以利用式 (11.84) 的对应关系求得. 当然更方便的是直接从定义出发, 并利用式 (11.85). 对于速度,

$$\boldsymbol{v} = \dot{\boldsymbol{x}} = \dot{x}^i \boldsymbol{e}_i + x^i \dot{\boldsymbol{e}}_i = \dot{x}^i \boldsymbol{e}_i + x^i \left(\boldsymbol{\omega} \times \boldsymbol{e}_i\right) = \dot{x}^i \boldsymbol{e}_i + \boldsymbol{\omega} \times \underbrace{\left(x^i \boldsymbol{e}_i\right)}_{=\boldsymbol{x}},$$

即

$$\boxed{\boldsymbol{v} = \boldsymbol{v}_0 + \boldsymbol{\omega} \times \boldsymbol{x}}, \tag{11.86}$$

其中 $\boldsymbol{v}_0 \equiv \dot{x}^i \boldsymbol{e}_i$, $\boldsymbol{\omega} \times \boldsymbol{x}$ 则是纯转动对速度的贡献. 同样, 可以验证[①]

$$\boxed{\boldsymbol{a} = \boldsymbol{a}_0 + \underbrace{\dot{\boldsymbol{\omega}} \times \boldsymbol{x}}_{\text{非匀速转动效应}} + \underbrace{2\boldsymbol{\omega} \times \boldsymbol{v}_0}_{\text{科里奥利效应}} + \underbrace{\boldsymbol{\omega} \times (\boldsymbol{\omega} \times \boldsymbol{x})}_{\text{离心效应}}}, \tag{11.87}$$

---

① 注意有 $\dot{\boldsymbol{\omega}} = \dot{\omega}^i \boldsymbol{e}_i + \boldsymbol{\omega} \times \boldsymbol{\omega} \equiv \dot{\omega}^i \boldsymbol{e}_i$.

其中 $a_0 \equiv \ddot{x}^i e_i$. 注意式 (11.86) 和 (11.87) 都是矢量方程. 在 3 维也可仿照式 (11.77) 定义对 "分量" 的协变时间导数,

$$\mathrm{D}_t := \frac{\mathrm{d}}{\mathrm{d}t} + \boldsymbol{\omega} \times. \tag{11.88}$$

例如, $v^i = \mathrm{D}_t x^i = \dot{x}^i + (\boldsymbol{\omega} \times \boldsymbol{x})^i$ 即是式 (11.86) 的分量形式, $a^i = \mathrm{D}_t v^i = \mathrm{D}_t(\mathrm{D}_t x^i)$ 展开即得到式 (11.87) 的分量形式.

例 11.5　滚动圆盘的角速度

如图 11.10 所示, 半径为 R 的圆盘在水平面上做纯滚动, 设滚动轨迹为半径为 L 的圆周, 圆盘自转的角速度为 ω, 且盘面始终与水平面垂直.

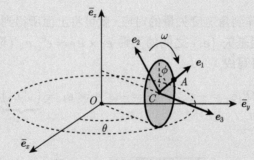

图 11.10　滚动圆盘的角速度

设 $\{\bar{e}_x, \bar{e}_y, \bar{e}_z\}$ 为固定在地面上的基矢, $\{e_1(t), e_2(t), e_3(t)\}$ 为随着圆盘一起转动的基矢. e_1 和 $\bar{e}_z$ 的夹角为 ϕ, e_3 和 $\bar{e}_x$ 的夹角为 θ, 有 $\phi = \omega t + \phi_0$ 和 $\theta = \omega \frac{R}{L} t + \theta_0$, 其中 ϕ_0 和 θ_0 为常数. 基矢之间的几何关系为

$$e_1 = -\sin\phi\sin\theta\,\bar{e}_x + \sin\phi\cos\theta\,\bar{e}_y + \cos\phi\,\bar{e}_z, \tag{11.89}$$

$$e_2 = \cos\phi\sin\theta\,\bar{e}_x - \cos\phi\cos\theta\,\bar{e}_y + \sin\phi\,\bar{e}_z, \tag{11.90}$$

$$e_3 = \cos\theta\,\bar{e}_x + \sin\theta\,\bar{e}_y. \tag{11.91}$$

根据式 (11.65) 的定义, 转动矩阵即为

$$\boldsymbol{R} = \begin{pmatrix} -\sin\phi\sin\theta & \sin\phi\cos\theta & \cos\phi \\ \cos\phi\sin\theta & -\cos\phi\cos\theta & \sin\phi \\ \cos\theta & \sin\theta & 0 \end{pmatrix},$$

由式 (11.67) 可知, 角速度矩阵为

$$\boldsymbol{\Omega} = -\frac{\mathrm{d}\boldsymbol{R}}{\mathrm{d}t}\boldsymbol{R}^{\mathrm{T}} = \begin{pmatrix} 0 & \omega & \omega\frac{R}{L}\sin\phi \\ -\omega & 0 & -\omega\frac{R}{L}\cos\phi \\ -\omega\frac{R}{L}\sin\phi & \omega\frac{R}{L}\cos\phi & 0 \end{pmatrix}.$$

由式 (11.82) 可知, 对应的角速度矢量为

$$\boldsymbol{\omega} = \omega\frac{R}{L}\cos\phi\boldsymbol{e}_1 + \omega\frac{R}{L}\sin\phi\boldsymbol{e}_2 - \omega\boldsymbol{e}_3. \tag{11.92}$$

需要强调的是, 式 (11.92) 是角速度矢量在 "转动" 基中的分量形式. 利用基矢之间的关系式 (11.89)～(11.91), 可以得到在固定基中的分量形式 (见习题 11.10).

11.5.4 有限转动与角速度

若已知转动矩阵 $\boldsymbol{R}$, 则角速度矩阵 $\boldsymbol{\Omega}$ 由式 (11.67) 给出. 反过来, 若已知角速度矩阵 $\boldsymbol{\Omega}$, 则对应的转动矩阵 $\boldsymbol{R}$ 是什么? 由式 (11.67),

$$\dot{\boldsymbol{R}} = -\boldsymbol{\Omega}\boldsymbol{R}. \tag{11.93}$$

这是关于 $\boldsymbol{R}(t)$ 的矩阵微分方程. 于是问题成为如何求解式 (11.93).

回顾普通的函数微分方程, 即 $\boldsymbol{R} \to R(t)$, $\boldsymbol{\Omega} \to \Omega(t)$, 其解为

$$\dot{R} = -\Omega R \quad \Rightarrow \quad R(t) = \mathrm{e}^{-\int^t \mathrm{d}t'\,\Omega(t')}. \tag{11.94}$$

但是对于矩阵微分方程 (11.93), 这个指数形式的解却不能直接套用. 这时, 可以利用微扰方法, 假定解具有级数形式

$$\boldsymbol{R} = \boldsymbol{1} + \boldsymbol{R}_{(1)} + \boldsymbol{R}_{(2)} + \boldsymbol{R}_{(3)} + \cdots, \tag{11.95}$$

其中 $\boldsymbol{R}_{(n)}$ 对应 $\boldsymbol{\Omega}$ 的 n 阶 (即有 $\boldsymbol{R}_{(0)} = \boldsymbol{1}$), 可以按照 $\boldsymbol{\Omega}$ 的阶数逐阶地求解式 (11.93). 方程为

$$\dot{\boldsymbol{R}}_{(1)} = -\boldsymbol{\Omega}, \quad \dot{\boldsymbol{R}}_{(2)} = -\boldsymbol{\Omega}\boldsymbol{R}_{(1)}, \quad \dot{\boldsymbol{R}}_{(3)} = -\boldsymbol{\Omega}\boldsymbol{R}_{(2)}, \quad \cdots \tag{11.96}$$

解为

$$\boldsymbol{R}_{(1)}(t) = -\int^t \mathrm{d}t'\,\boldsymbol{\Omega}(t'), \tag{11.97}$$

$$\boldsymbol{R}_{(2)}(t) = -\int^t \mathrm{d}t_1\,\boldsymbol{\Omega}(t_1)\,\boldsymbol{R}_{(1)}(t_1) = \int^t \mathrm{d}t_1\,\boldsymbol{\Omega}(t_1)\int^{t_1} \mathrm{d}t_2\,\boldsymbol{\Omega}(t_2), \tag{11.98}$$

$$\boldsymbol{R}_{(3)}(t) = -\int^t \mathrm{d}t_1 \boldsymbol{\Omega}(t_1) \boldsymbol{R}_{(2)}(t_1)$$

$$= -\int^t \mathrm{d}t_1 \boldsymbol{\Omega}(t_1) \int^{t_1} \mathrm{d}t_2 \boldsymbol{\Omega}(t_2) \int^{t_2} \mathrm{d}t_3 \boldsymbol{\Omega}(t_3), \tag{11.99}$$

$$\vdots$$

代入式 (11.95), 级数解可以形式地写成

$$\boxed{\boldsymbol{R}(t) = \mathcal{T}\left\{ \mathrm{e}^{-\int^t \mathrm{d}t' \boldsymbol{\Omega}(t')} \right\}}, \tag{11.100}$$

这里 $\mathcal{T}$ 代表**编时** (time-ordering) 操作, 即当对指数做泰勒展开时, 所有的矩阵必须按照时间由晚到早的顺序排列[①].

一种特殊情况是, 角速度矩阵是常矩阵 $\boldsymbol{\Omega}(t) = \boldsymbol{\Omega}_0$, 这时编时不起作用, 得到 $\boldsymbol{R}(t) = \mathrm{e}^{-\boldsymbol{\Omega}_0(t-t_0)}$. 这正是 11.4 节所讨论的, 有限转动是生成元的指数映射式 (11.58).

习　题

11.1　已知在 2 维欧氏平面上到某点距离固定的点对应圆周, 在 2 维闵氏空间中到某点距离固定的点对应什么曲线? 在 $\{t, x\}$-平面上定性画出来.

11.2　考虑 2 维闵氏时空的无穷小坐标变换, 变换矩阵为 $\boldsymbol{1} + \boldsymbol{\Phi}$, 其中 $\boldsymbol{1}$ 为单位矩阵, $\boldsymbol{\Phi}$ 是无穷小矩阵.

(1) 利用式 (11.22) 证明该变换在一阶无穷小是洛伦兹变换的条件为 $\boldsymbol{\Phi}$ 满足 $\boldsymbol{\Phi}^{\mathrm{T}} = -\boldsymbol{\eta}^{-1}\boldsymbol{\Phi}\boldsymbol{\eta}$;

(2) 证明 $\boldsymbol{\Phi}$ 的一般形式为 $\boldsymbol{\Phi} = \beta\boldsymbol{J}$, 其中 β 是无穷小参数, $\boldsymbol{J} \equiv \begin{pmatrix} 0 & 1 \\ 1 & 0 \end{pmatrix}$ 即 2 维无穷小洛伦兹变换的生成元;

(3) 求矩阵指数 $\boldsymbol{\Lambda} \equiv \mathrm{e}^{\beta\boldsymbol{J}}$ 的具体形式, 并验证其满足式 (11.22).

11.3　利用 3 维无穷小转动的生成元式 (11.31), 证明式 (11.45)~(11.47).

11.4　验证泡利矩阵式 (11.48) 满足:

(1) $\det \boldsymbol{\sigma}_i = -1$;

(2) 对易关系式 (11.50);

(3) 反对易关系: $\{\boldsymbol{\sigma}_i, \boldsymbol{\sigma}_j\} \equiv \boldsymbol{\sigma}_i\boldsymbol{\sigma}_j + \boldsymbol{\sigma}_j\boldsymbol{\sigma}_i = 2\delta_{ij}\boldsymbol{1}$;

(4) 对合: $\boldsymbol{\sigma}_1^2 = \boldsymbol{\sigma}_2^2 = \boldsymbol{\sigma}_3^2 = -\mathrm{i}\boldsymbol{\sigma}_1\boldsymbol{\sigma}_2\boldsymbol{\sigma}_3 = \boldsymbol{1}$.

11.5　考虑复矢量空间 (即矢量分量为复数), 两个矢量的内积定义为 $\boldsymbol{u}^\dagger\boldsymbol{v}$, 这里 $\boldsymbol{u}$ 和 $\boldsymbol{v}$ 是矢量的列矩阵表示, $\boldsymbol{u}^\dagger \equiv \left(\boldsymbol{u}^{\mathrm{T}}\right)^*$ 是矩阵的厄米共轭 (即转置的复共轭). 复矢量空间的线性变换记作 $\boldsymbol{U}$, 这里 $\boldsymbol{U}$ 是复方阵, 在此变换下 $\boldsymbol{u} \to \tilde{\boldsymbol{u}} = \boldsymbol{U}\boldsymbol{u}$, $\boldsymbol{v} \to \tilde{\boldsymbol{v}} = \boldsymbol{U}\boldsymbol{v}$. 无穷小变换矩阵记作

---

① 这类编时积分在涉及非对易的矩阵或算符的理论中经常出现.

$U = 1 + \mathrm{i}H$, 这里 1 为单位矩阵, i 为虚数单位, H 是无穷小矩阵. 如果要求变换前后矢量的内积不变, 即要求 $u^\dagger v = \tilde{u}^\dagger \tilde{v}$.

(1) 证明 U 是幺正矩阵, 即满足 $U^\dagger = U^{-1}$;

(2) 证明 H 为厄米矩阵, 即满足 $H^\dagger = H$;

(3) 在 2 维时, U 有几个自由实参数?

(4) 在 2 维时, 求 U 的一般形式.

11.6 已知 $\{\sigma_i\}$ 为泡利矩阵式 (11.48).

(1) 求 2×2 的幺正矩阵 $U_i(\theta) = \mathrm{e}^{\mathrm{i}\frac{\theta}{2}\sigma_i}$ 的具体形式;

(2) 证明 3 维正交矩阵 $R_i(\theta) = \mathrm{e}^{\mathrm{i}\theta J_i}$ 对应的幺正阵为 $U_i(\theta)$, 即有关系 $U_i(\theta) P(x) U_i^\dagger(\theta) = P(R_i(\theta)x)$, 其中 $P(x)$ 由式 (11.51) 给出.

11.7 若 3 维空间的转动为先绕 x 轴转 ϕ 角, 再绕新的 y 轴转 θ 角, 再绕新的 z 轴转 ψ 角.

(1) 求对应的转动矩阵 R;

(2) 已知角速度矩阵定义为式 (11.67), 求转动对应的角速度矢量 ω^i, 用 $\dot{\phi}, \dot{\theta}, \dot{\psi}$ 表示出来.

11.8 验证当作用在标量 f (例如两个矢量的内积 $f = A_i B^i$) 时, 协变时间导数式 (11.77) 等同于普通时间导数, 即 $\mathrm{D}_t f = \dot{f}$.

11.9 协变时间导数式 (11.77) 的定义对于多个指标的张量也是适用的, 只需要对每个指标都作用以角速度矩阵即可. 例如, 对于二阶张量 T_{ij}, 即有 $\mathrm{D}_t T_{ij} = \dot{T}_{ij} + \Omega_i{}^k T_{kj} + \Omega_j{}^k T_{ik}$. 据此证明若 $T_{ij} = -T_{ji}$ 是反对称的, 则有 $\mathrm{D}_t T_{ij} = \dot{T}_{ij} + [\Omega, T]_{ij}$, 其中 $[\Omega, T]$ 是矩阵对易子.

11.10 考虑例 11.5中的圆盘.

(1) 求其角速度 ω 在固定于地面基中的分量形式;

(2) 求圆盘边缘某点 (例如图 11.10 中 A 点) 的速度和加速度, 分别写出其在随圆盘转动基和固定于地面基中的分量形式.

第 12 章　刚　　体

到目前为止, 我们的研究对象主要是少数几个点粒子构成的力学系统. 另一类系统在空间中占据一定体积、具有固定的形状, 被称作**刚体** (rigid body). 具体而言, 刚体可视为包含无穷多粒子的系统, 这些粒子在空间中连续分布, 且任意两个粒子之间的空间距离都不随时间变化. 这种空间距离的绝对不变即所谓 "刚性" (rigidity). 需要强调的是, 从狭义相对论的角度, 只有时空的间隔才是洛伦兹标量, 并不存在绝对不变的空间距离. 另一方面, 刚体的刚性意味着运动状态的改变可以瞬时传递, 而这也与相对论中光速是所有物体运动和信号传播速度的上限相矛盾. 总之, 刚体的概念从定义上就是非相对论性的, 对于刚体的所有讨论也只在非相对论情形才有意义.

12.1　刚体的描述

刚体的位形可以由其上任意不共线的三个固定点的空间位置唯一确定. 从这个意义上, 刚体的位形可以抽象为刚性杆构成的三角形, 如图 12.1 所示. 因此, 3 维空间中的刚体具有 $9 - 3 = 6$ 个自由度. 因为刚体上任意两点间空间距离不变, 因此这 6 个自由度又可以分为刚体上某固定点的平动自由度 (3 个), 以及刚体相对于这个固定点的运动——即绕该点的定点转动自由度 (3 个). 刚体整体的平动可以抽象为单个粒子, 因此刚体的运动重点在于研究其定点转动.

图 12.1　刚体的自由度

可以证明, 刚体的定点转动等价于绕通过该点某轴的定轴转动. 这一结论也被称为刚体转动的**欧拉定理** (Euler's theorem). 一方面, 定点转动在数学上即对应正常转动, 即 $\det \boldsymbol{R} = +1$ 的正交矩阵. 另一方面, 在定轴转动下平行于转动轴 $\boldsymbol{n}$ 的矢量是不变的, 即有

$$Rn = n \quad \Leftrightarrow \quad (R - 1)\,n = 0. \tag{12.1}$$

因此要证明定点转动等价于定轴转动, 我们只需要证明对于任意正常转动矩阵 R, 都存在非零矢量 n 使式 (12.1) 满足. 等价地, 这要求证明矩阵 $R - 1$ 是退化的, 即 $\det(R - 1) = 0$. 有

$$R - 1 = R - RR^{\mathrm{T}} = R\left(1 - R^{\mathrm{T}}\right) = R\left(1 - R\right)^{\mathrm{T}} = (-1)\,R\left(R - 1\right)^{\mathrm{T}}, \tag{12.2}$$

两边取行列式, 得到

$$\det(R - 1) = \underbrace{\det(-1)}_{\text{3维空间}} \underbrace{\det R}_{\text{正常转动}} \det(R - 1)^{\mathrm{T}} = (-1)^3 \det(R - 1) = -\det(R - 1),$$

$$\tag{12.3}$$

因此必然有 $\det(R - 1) = 0$, 即式 (12.1) 满足. 由证明过程可以看出, 欧拉定理只在奇数维空间才成立[①]. 欧拉定理的几何意义十分直观, (奇数维空间中) 任意正常转动下, 一定存在一个方向是不变的. 这个方向即等价的定轴转动的转动轴, 对应正常转动矩阵本征值为 $+1$ 的本征矢量.

如图 12.2 所示, 在描述刚体时, 通常选择一个固定在刚体上随着刚体一起运动的基, 称作刚体的**本体系** (body frame), 基矢记作 $\{e_i(t)\}$. 相应地, 固定不动的基被称作**空间系** (space frame), 基矢记作 $\{\bar{e}_i\}$. 我们默认基矢都是正交归一的. 假定空间系和本体系的原点重合, 刚体上任一点的位矢可以写成

$$x(t) = \underbrace{x^i e_i(t)}_{\text{本体系}} = \underbrace{\bar{x}^i(t)\,\bar{e}_i}_{\text{空间系}}. \tag{12.4}$$

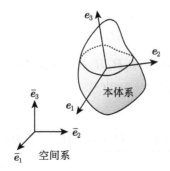

图 12.2 刚体的本体系与空间系

---

① 对于偶数维 (例如 $2n$ 维) 空间, 对式 (12.2) 取行列式得到 $\det(R - 1) = (-1)^{2n} \det(R - 1) = \det(R - 1)$, 是个恒等式, 因此无法推出 $\det(R - 1) = 0$ 进而得到式 (12.1). 欧拉定理在任意维空间中的推广为 "Chasles 定理".

可见本体系基矢随时间变化, 而位矢的分量固定不变. 空间系中基矢固定不变, 而位矢的分量随时间变化[1].

12.2　欧　拉　角

空间系的基矢 $\{\bar{e}_i\}$ 和刚体本体系的基矢 $\{e_i\}$ 之间由转动变换联系,

$$e_i\left(t\right) = R_i{}^j\left(t\right)\bar{e}_j. \tag{12.5}$$

根据欧拉定理, 3 维空间中的一个任意正常转动总是可以表示成绕 3 个不同方向轴转动的叠加. 因此这个转动可以通过以下 3 步实现:

$$\{\bar{e}_i\} \xrightarrow{\boldsymbol{R}^{(1)}(\phi_1)} \{e'_i\} \xrightarrow{\boldsymbol{R}^{(2)}(\phi_2)} \{e''_i\} \xrightarrow{\boldsymbol{R}^{(3)}(\phi_3)} \{e_i\}, \tag{12.6}$$

这里 $\boldsymbol{R}^{(1)}, \boldsymbol{R}^{(2)}, \boldsymbol{R}^{(3)}$ 代表 3 次转动, 是 3 种基本转动式 (11.45)~(11.47) 的一种, 亦即

$$\boldsymbol{R} = \boldsymbol{R}^{(3)}\left(\phi_3\right)\boldsymbol{R}^{(2)}\left(\phi_2\right)\boldsymbol{R}^{(1)}\left(\phi_1\right). \tag{12.7}$$

$\boldsymbol{R}^{(1)}, \boldsymbol{R}^{(2)}, \boldsymbol{R}^{(3)}$ 的选取有 $3^3 = 27$ 种, 但是其中只有 12 种能够完整描述一个任意的转动[2], 其又可以分成 2 类. 一类是 3 次涉及 3 个不同的基本转动, 即

$$\boldsymbol{R}_i\boldsymbol{R}_j\boldsymbol{R}_k, \quad i \neq j \neq k, \tag{12.8}$$

具体即 6 种, $\boldsymbol{R}_1\boldsymbol{R}_2\boldsymbol{R}_3$, $\boldsymbol{R}_2\boldsymbol{R}_3\boldsymbol{R}_1$, $\boldsymbol{R}_3\boldsymbol{R}_1\boldsymbol{R}_2$, $\boldsymbol{R}_1\boldsymbol{R}_3\boldsymbol{R}_2$, $\boldsymbol{R}_2\boldsymbol{R}_1\boldsymbol{R}_3$ 和 $\boldsymbol{R}_3\boldsymbol{R}_2\boldsymbol{R}_1$, 其中的参数被统称作 **Tait-Bryan 角** (Tait-Bryan-angles). 比如, 航空中常用的**滚动-俯仰-偏航角** (roll-pitch-yaw angles) 即对应 $\boldsymbol{R}_3\boldsymbol{R}_2\boldsymbol{R}_1$. 另一类是 3 次涉及 2 个不同的基本转动, 即

$$\boldsymbol{R}_i\boldsymbol{R}_j\boldsymbol{R}_i, \quad i \neq j, \tag{12.9}$$

具体即 6 种, $\boldsymbol{R}_1\boldsymbol{R}_2\boldsymbol{R}_1$, $\boldsymbol{R}_2\boldsymbol{R}_1\boldsymbol{R}_2$, $\boldsymbol{R}_1\boldsymbol{R}_3\boldsymbol{R}_1$, $\boldsymbol{R}_3\boldsymbol{R}_1\boldsymbol{R}_3$, $\boldsymbol{R}_2\boldsymbol{R}_3\boldsymbol{R}_2$ 和 $\boldsymbol{R}_3\boldsymbol{R}_2\boldsymbol{R}_3$, 其中的参数被统称作**欧拉角** (Euler angles)[3].

常见的一种选择是

$$\boxed{\boldsymbol{R}\left(\phi,\theta,\psi\right) = \boldsymbol{R}_3\left(-\psi\right)\boldsymbol{R}_1\left(-\theta\right)\boldsymbol{R}_3\left(-\phi\right),} \tag{12.10}$$

---

[1] 这类似量子力学描述时间演化的薛定谔 (Schrödinger) 表象和海森伯 (Heisenberg) 表象之间的关系.

[2] 例如, 连续绕 x 轴转 3 次, 仍然只是绕 x 轴转动, $\boldsymbol{R}_1\left(\phi_3\right)\boldsymbol{R}_1\left(\phi_2\right)\boldsymbol{R}_1\left(\phi_1\right) = \boldsymbol{R}_1\left(\phi_1 + \phi_2 + \phi_3\right)$; 连续绕 x 轴转 2 次, 第 3 次绕 y 轴, 仍然只有 $\boldsymbol{R}_2\left(\phi_3\right)\boldsymbol{R}_1\left(\phi_2\right)\boldsymbol{R}_1\left(\phi_1\right) = \boldsymbol{R}_2\left(\phi_3\right)\boldsymbol{R}_1\left(\phi_1 + \phi_2\right)$. 这些都不足以描述任意的转动.

[3] 有时候 Tait-Bryan 角和欧拉角都被统称作欧拉角.

对应如下的 3 步

$$\{\bar{e}_i\} \xrightarrow{\ R_3(-\phi)\ } \{e_i'\} \xrightarrow{\ R_1(-\theta)\ } \{e_i''\} \xrightarrow{\ R_3(-\psi)\ } \{e_i\}, \tag{12.11}$$

注意我们约定基矢 (被动观点) 的逆时针转动为"正", 因此对应式 (11.45)~(11.47) 中参数反号. 以上 3 次转动的参数 ϕ, θ, ψ 即欧拉角, 取值范围为

$$0 \leqslant \phi \leqslant 2\pi, \quad 0 \leqslant \theta \leqslant \pi, \quad 0 \leqslant \psi \leqslant 2\pi. \tag{12.12}$$

这 3 次转动如图 12.3 所示.

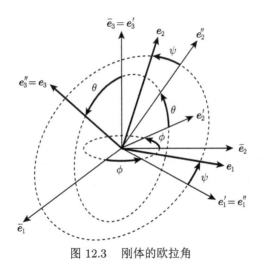

图 12.3　刚体的欧拉角

第一步, 绕 $\bar{e}_3$ 轴逆时针转 ϕ 角. 由式 (11.47) 得

$$\bar{e}_i \to e_i' = [\boldsymbol{R}_3\,(-\phi)]_i^{\ j}\,\bar{e}_j, \quad \boldsymbol{R}_3\,(-\phi) = \begin{pmatrix} \cos\phi & \sin\phi & 0 \\ -\sin\phi & \cos\phi & 0 \\ 0 & 0 & 1 \end{pmatrix}. \tag{12.13}$$

第二步, 绕新的 e_1' 轴逆时针转 θ 角. 由式 (11.45) 得

$$e_i' \to e_i'' = [\boldsymbol{R}_1\,(-\theta)]_i^{\ j}\,e_j', \quad \boldsymbol{R}_1\,(-\theta) = \begin{pmatrix} 1 & 0 & 0 \\ 0 & \cos\theta & \sin\theta \\ 0 & -\sin\theta & \cos\theta \end{pmatrix}. \tag{12.14}$$

第三步, 绕新的 e_3'' 轴逆时针转 ψ 角. 由式 (11.47) 得,

$$e_i'' \to e_i = [\boldsymbol{R}_3\,(-\psi)]_i^{\ j}\,e_j'', \quad \boldsymbol{R}_3\,(-\psi) = \begin{pmatrix} \cos\psi & \sin\psi & 0 \\ -\sin\psi & \cos\psi & 0 \\ 0 & 0 & 1 \end{pmatrix}. \quad (12.15)$$

将以上矩阵的具体表达式代入式 (12.10), 得到

$$
\begin{aligned}
&\boldsymbol{R}\,(\phi,\theta,\psi) \\
&= \begin{pmatrix} \cos\phi\cos\psi - \cos\theta\sin\phi\sin\psi & \cos\psi\sin\phi + \cos\theta\cos\phi\sin\psi & \sin\theta\sin\psi \\ -\cos\theta\cos\psi\sin\phi - \cos\phi\sin\psi & \cos\theta\cos\phi\cos\psi - \sin\phi\sin\psi & \cos\psi\sin\theta \\ \sin\theta\sin\phi & -\cos\phi\sin\theta & \cos\theta \end{pmatrix}.
\end{aligned}
$$

$$(12.16)$$

式 (12.16) 即是用欧拉角表示的 3 维转动矩阵的一般形式.

看上去欧拉角所描述的转动矩阵式 (12.10) 和绕 y 轴的转动 $\boldsymbol{R}_2$ 没有关系. 实际上, 将 3 个矩阵指数的乘积 $\boldsymbol{R}\,(\phi,\theta,\psi) = \mathrm{e}^{-\psi J_3}\mathrm{e}^{-\theta J_1}\mathrm{e}^{-\phi J_3}$ 展开, 并利用生成元 $\{J_i\}$ 之间的对易关系式 (11.37), 总是可以将其写成单个矩阵指数 $\mathrm{e}^{\phi^1 J_1 + \phi^2 J_2 + \phi^3 J_3}$ 的形式, 其中 ϕ^1, ϕ^2, ϕ^3 是 ϕ, θ, ψ 的函数, 自然涉及 3 个方向的转动 (见习题 12.1).

将转动矩阵式 (12.16) 代入角速度矩阵的定义式 (11.67), 得到 (见式 (11.82))

$$\boldsymbol{\Omega} = -\frac{\mathrm{d}\boldsymbol{R}}{\mathrm{d}t}\boldsymbol{R}^{\mathrm{T}} = \begin{pmatrix} 0 & -\omega^3 & \omega^2 \\ \omega^3 & 0 & -\omega^1 \\ -\omega^2 & \omega^1 & 0 \end{pmatrix}, \quad (12.17)$$

其中

$$\omega^1 = \sin\theta\sin\psi\dot{\phi} + \cos\psi\dot{\theta}, \quad (12.18)$$

$$\omega^2 = \sin\theta\cos\psi\dot{\phi} - \sin\psi\dot{\theta}, \quad (12.19)$$

$$\omega^3 = \cos\theta\dot{\phi} + \dot{\psi}. \quad (12.20)$$

如 11.5.3 节中的讨论, 3 维空间中, 我们可以将 $\{\omega^1, \omega^2, \omega^3\}$ 对应为角速度矢量的分量, 即 $\boldsymbol{\omega} = \omega^i e_i$. 注意这里 $\{e_i\}$ 是刚体的本体系基矢. 由式 (12.18)~(12.20), 角速度与欧拉角的关系非常复杂, 特别是并没有诸如 $\{\omega^1, \omega^2, \omega^3\} \propto \left\{\dot{\phi}, \dot{\theta}, \dot{\psi}\right\}$ 这样的关系.

12.3 惯 量 张 量

12.3.1 惯量张量的定义

如图 12.4 所示, 刚体内部某点的位矢在本体系中表示为 $\boldsymbol{x} = x^i \boldsymbol{e}_i$, 设刚体的质量分布为 $\rho(\boldsymbol{x})$. 由式 (11.86) 知, $\boldsymbol{x}$ 处体元的定点转动 $(\boldsymbol{v}_0 = 0)$ 的动能为

$$\frac{1}{2}\mathrm{d}^3 x \rho(\boldsymbol{x}) \boldsymbol{v}^2 = \frac{1}{2}\mathrm{d}^3 x \rho(\boldsymbol{x}) (\boldsymbol{\omega} \times \boldsymbol{x})^2. \tag{12.21}$$

利用叉乘的运算 (见附录 A.1 中式 (A.11)), 刚体的定点转动动能即

$$T = \frac{1}{2}\int \mathrm{d}^3 x \rho(\boldsymbol{x}) \left[\boldsymbol{\omega}^2 \boldsymbol{x}^2 - (\boldsymbol{\omega} \cdot \boldsymbol{x})^2\right] = \frac{1}{2}\underbrace{\int \mathrm{d}^3 x \rho(\boldsymbol{x}) \left(\boldsymbol{x}^2 \delta_{ij} - x_i x_j\right)}_{=I_{ij}} \omega^i \omega^j. \tag{12.22}$$

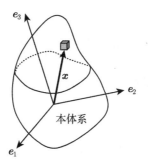

图 12.4 惯量张量的计算

转动动能式 (12.22) 的形式可以和粒子线运动的动能 $\frac{1}{2}m\boldsymbol{v}^2 \equiv \frac{1}{2}m\delta_{ij}v^i v^j$ 类比. 两者都是各自 "运动速度" 的二次型[①]. 线运动动能是线速度的二次型, 系数为以质量为对角元的对角矩阵, 是线运动惯性的衡量. 转动动能为角速度的二次型, 这启发我们将其系数

$$\boxed{I_{ij} = \int \mathrm{d}^3 x \rho(\boldsymbol{x}) \left(\boldsymbol{x}^2 \delta_{ij} - x_i x_j\right)}, \tag{12.23}$$

作为衡量转动惯性的特征量, 称为**惯量张量** (inertia tensor). 由定义, 惯量张量是对称的, 即有 $I_{ij} = I_{ji}$. 注意到 x_i 是刚体某点相对于定点的位矢, 是固定的, 所以

---

① 读者是否还记得统计物理中的能均分定理正是基于二次型能量的假设.

惯量张量与时间无关, 而由刚体的几何形状、质量分布唯一决定. 利用惯量张量, 转动动能式 (12.22) 可以写成非常简洁的形式

$$T = \frac{1}{2} I_{ij} \omega^i \omega^j.$$ (12.24)

因为转动动能总是正的, 因此 $I_{ij}\omega^i\omega^j > 0$, 这意味着惯量张量作为矩阵是非退化且正定的[1]. 可以将惯量张量的矩阵形式具体写出[2]:

$$\boldsymbol{I} = \int \mathrm{d}^3 x\, \rho\left(\boldsymbol{x}\right) \begin{pmatrix} y^2 + z^2 & -xy & -xz \\ -xy & x^2 + z^2 & -yz \\ -xz & -yz & x^2 + y^2 \end{pmatrix}.$$ (12.25)

惯量张量的形式取决于具体的基. 在基变换下 $\boldsymbol{e}_i \to \tilde{\boldsymbol{e}}_i = R_i{}^j \boldsymbol{e}_j$, 类似速度的变换式 (11.14), 角速度矢量的变换为 $\tilde{\omega}^i = R^i{}_j \omega^j$ 和 $\omega^i = R_j{}^i \tilde{\omega}^j$. 因为转动动能不依赖于基矢的选择, 因此

$$\frac{1}{2} \tilde{I}_{ij} \tilde{\omega}^i \tilde{\omega}^j = \frac{1}{2} I_{ij} \omega^i \omega^j \equiv \frac{1}{2} I_{ij} R_k{}^i \tilde{\omega}^k R_l{}^j \tilde{\omega}^l,$$ (12.26)

得到在新基矢 $\{\tilde{\boldsymbol{e}}_i\}$ 下惯量张量为 $\tilde{I}_{ij} = R_i{}^k I_{kl} R_j{}^l$, 用矩阵表示即

$$\tilde{\boldsymbol{I}} = \boldsymbol{R} \boldsymbol{I} \boldsymbol{R}^{\mathrm{T}}.$$ (12.27)

式 (12.27) 表明惯量张量在基变换下确实按照张量规则变换, 是个名副其实的 "张量".

例 12.1 杆的惯量张量

如图 12.5 所示, 考虑长为 l, 质量为 m 的匀质杆, 忽略杆的粗细. 取 z 轴沿杆方向, 原点在杆中心. 杆的线密度为 $\frac{m}{l}$, 因此空间密度为 $\rho\left(\boldsymbol{x}\right) = \frac{m}{l}\delta\left(x\right)\delta\left(y\right)$, 这里 $\delta\left(x\right)$ 和 $\delta\left(y\right)$ 为 δ-函数 (见附录 A.3). 杆相对于中心点的惯量张量为

$$\boldsymbol{I} = \int \mathrm{d}x \int \mathrm{d}y \int_{-l/2}^{l/2} \mathrm{d}z \frac{m}{l} \delta\left(x\right)\delta\left(y\right) \begin{pmatrix} y^2 + z^2 & -xy & -xz \\ -xy & x^2 + z^2 & -yz \\ -xz & -yz & x^2 + y^2 \end{pmatrix},$$

---

[1] 一维刚体 (例如例 12.1中的杆) 是个特殊情况, 惯量张量有一个零本征值.
[2] 惯量张量的对角元被称作 "转动惯量" (moment of inertia), 非对角元被称作 "惯量积" (product of inertia).

$$= \int_{-l/2}^{l/2} \mathrm{d}z \frac{m}{l} \begin{pmatrix} z^2 & 0 & 0 \\ 0 & z^2 & 0 \\ 0 & 0 & 0 \end{pmatrix} = \frac{1}{12} m l^2 \begin{pmatrix} 1 & 0 & 0 \\ 0 & 1 & 0 \\ 0 & 0 & 0 \end{pmatrix}.$$

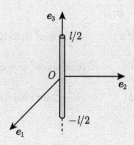

图 12.5 杆的惯量张量

例 12.2 圆盘的惯量张量

如图 12.6 所示，考虑半径为 R、质量为 m 的匀质圆盘，忽略盘的厚度. 取 z 轴垂直于盘面，原点为盘心. 圆盘的面密度为 $\frac{m}{\pi R^2}$，因此空间密度即为 $\rho(\boldsymbol{x}) = \frac{m}{\pi R^2} \delta(z)$. 取柱坐标，圆盘相对于盘心的惯量张量为

$$\boldsymbol{I} = \int_0^{2\pi} \mathrm{d}\theta \int_0^R r \mathrm{d}r \int \mathrm{d}z \frac{m}{\pi R^2} \delta(z) \begin{pmatrix} r^2 \sin^2\theta + z^2 & -\frac{r^2}{2}\sin(2\theta) & -r\cos\theta z \\ -\frac{r^2}{2}\sin(2\theta) & r^2\cos^2\theta + z^2 & -r\sin\theta z \\ -r\cos\theta z & -r\sin\theta z & r^2 \end{pmatrix}$$

$$= \int_0^{2\pi} \mathrm{d}\theta \int_0^R r \mathrm{d}r \frac{m}{\pi R^2} \begin{pmatrix} r^2\sin^2\theta & -\frac{r^2}{2}\sin(2\theta) & 0 \\ -\frac{r^2}{2}\sin(2\theta) & r^2\cos^2\theta & 0 \\ 0 & 0 & r^2 \end{pmatrix} = \frac{m}{4} R^2 \begin{pmatrix} 1 & 0 & 0 \\ 0 & 1 & 0 \\ 0 & 0 & 2 \end{pmatrix}.$$

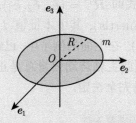

图 12.6 圆盘的惯量张量

例 12.3 球的惯量张量

考虑半径为 R, 质量为 m 的匀质球体. 取原点为球心, 球的密度为 $\rho = \dfrac{3m}{4\pi R^3}$. 取
球坐标, 球体相对于球心的惯量张量为

$$
\begin{aligned}
\boldsymbol{I} = {}& \int_0^{2\pi} \mathrm{d}\phi \int_0^{\pi} \sin\theta\mathrm{d}\theta \int_0^R r^2 \mathrm{d}r \frac{3m}{4\pi R^3} \\
& \times \begin{pmatrix}
r^2\left(\sin^2\theta\sin^2\phi + \cos^2\theta\right) & -\dfrac{1}{2}r^2\sin^2\theta\sin\left(2\phi\right) & -\dfrac{1}{2}r^2\sin\left(2\theta\right)\cos\phi \\[2mm]
-\dfrac{1}{2}r^2\sin^2\theta\sin\left(2\phi\right) & r^2\left(\sin^2\theta\cos^2\phi + \cos^2\theta\right) & -\dfrac{1}{2}r^2\sin\left(2\theta\right)\sin\phi \\[2mm]
-\dfrac{1}{2}r^2\sin\left(2\theta\right)\cos\phi & -\dfrac{1}{2}r^2\sin\left(2\theta\right)\sin\phi & r^2\sin^2\theta
\end{pmatrix} \\
= {}& \frac{2}{5}mR^2 \begin{pmatrix} 1 & 0 & 0 \\ 0 & 1 & 0 \\ 0 & 0 & 1 \end{pmatrix}.
\end{aligned}
$$

既然转动惯量是实对称矩阵, 就可以对角化. 换句话说, 我们总可以重新选择
合适的本体系 $\boldsymbol{e}_i \to \tilde{\boldsymbol{e}}_i = \boldsymbol{R}_i{}^j \boldsymbol{e}_j$, 使得 3 个正交归一的基矢 $\{\tilde{\boldsymbol{e}}_i\}$ 是惯量张量的本
征矢量, 即

$$
\boldsymbol{I}\tilde{\boldsymbol{e}}_i = I_i \tilde{\boldsymbol{e}}_i, \quad i = 1, 2, 3, \tag{12.28}
$$

于是在新基矢 $\{\tilde{\boldsymbol{e}}_i\}$ 中的惯量张量为对角形式 (见式 (12.27))

$$
\tilde{\boldsymbol{I}} = \boldsymbol{R}\boldsymbol{I}\boldsymbol{R}^{\mathrm{T}} = \begin{pmatrix} I_1 & 0 & 0 \\ 0 & I_2 & 0 \\ 0 & 0 & I_3 \end{pmatrix}. \tag{12.29}
$$

由 $\tilde{\boldsymbol{e}}_i = \boldsymbol{R}_i{}^j \boldsymbol{e}_j$, 转动矩阵元 $\boldsymbol{R}_i{}^j$ 即第 i 个基矢 $\tilde{\boldsymbol{e}}_i$ (在原基矢中) 的第 j 分量 (例
如 $\tilde{\boldsymbol{e}}_1 = \boldsymbol{R}_1{}^j \boldsymbol{e}_j$), 因此矩阵形式即 $\boldsymbol{R}^{\mathrm{T}} = (\tilde{\boldsymbol{e}}_1, \tilde{\boldsymbol{e}}_2, \tilde{\boldsymbol{e}}_3)$. 这样的本体系 $\{\tilde{\boldsymbol{e}}_i\}$ 被称作
惯量主轴 (principal axes of inertia), 其中本征值 I_1, I_2, I_3 被称作**主轴转动惯量**
(principal moments of inertia). 在上面的例子中, 已经根据对称性确定了主轴. 惯
量张量作为矩阵是正定的, 因此主轴转动惯量总是正实数. 刚体的运动学性质由
其质量、主轴和主轴转动惯量完全决定.

例 12.4 立方体的惯量张量与惯量主轴

如图 12.7 所示, 质量为 m, 边长为 l 的匀质立方体. 取某一顶点 O 点为原点, 沿棱

建立本体系. 立方体的密度为 $\rho = \dfrac{m}{l^3}$, 因此相对于 O 点的惯量张量为

$$I = \int_0^l \mathrm{d}x \int_0^l \mathrm{d}y \int_0^l \mathrm{d}z\, \frac{m}{l^3} \begin{pmatrix} y^2+z^2 & -xy & -xz \\ -xy & x^2+z^2 & -yz \\ -xz & -yz & x^2+y^2 \end{pmatrix} = ml^2 \begin{pmatrix} \frac{2}{3} & -\frac{1}{4} & -\frac{1}{4} \\ -\frac{1}{4} & \frac{2}{3} & -\frac{1}{4} \\ -\frac{1}{4} & -\frac{1}{4} & \frac{2}{3} \end{pmatrix}.$$

惯量张量不是对角矩阵, 这也意味着沿棱的本体系并不是惯量主轴. 寻找惯量主轴的方法与 10.1 节求简正模式和简正坐标的方法类似. 首先可以求出 I 的 3 个正交归一的本征矢, 分别为 $\tilde{e}_1 = \frac{1}{\sqrt{3}}(1,1,1)^{\mathrm{T}}$, $\tilde{e}_2 = \frac{1}{\sqrt{2}}(-1,1,0)^{\mathrm{T}}$ 和 $\tilde{e}_3 = \frac{1}{\sqrt{6}}(1,1,-2)^{\mathrm{T}}$. 根据式 (12.28), 这 3 个正交归一的本征矢 $\{\tilde{e}_1, \tilde{e}_2, \tilde{e}_3\}$ 正是惯量主轴. 相应的转动矩阵为 $R^{\mathrm{T}} = (\tilde{e}_1, \tilde{e}_2, \tilde{e}_3)$, 于是在惯量主轴中,

$$\tilde{I} = RIR^{\mathrm{T}} = \begin{pmatrix} \frac{1}{\sqrt{3}} & \frac{1}{\sqrt{3}} & \frac{1}{\sqrt{3}} \\ -\frac{1}{\sqrt{2}} & \frac{1}{\sqrt{2}} & 0 \\ \frac{1}{\sqrt{6}} & \frac{1}{\sqrt{6}} & -\sqrt{\frac{2}{3}} \end{pmatrix} ml^2 \begin{pmatrix} \frac{2}{3} & -\frac{1}{4} & -\frac{1}{4} \\ -\frac{1}{4} & \frac{2}{3} & -\frac{1}{4} \\ -\frac{1}{4} & -\frac{1}{4} & \frac{2}{3} \end{pmatrix}$$

$$\times \begin{pmatrix} \frac{1}{\sqrt{3}} & -\frac{1}{\sqrt{2}} & \frac{1}{\sqrt{6}} \\ \frac{1}{\sqrt{3}} & \frac{1}{\sqrt{2}} & \frac{1}{\sqrt{6}} \\ \frac{1}{\sqrt{3}} & 0 & -\sqrt{\frac{2}{3}} \end{pmatrix} = ml^2 \begin{pmatrix} \frac{1}{6} & 0 & 0 \\ 0 & \frac{11}{12} & 0 \\ 0 & 0 & \frac{11}{12} \end{pmatrix},$$

具有对角形式. 注意 $\tilde{e}_1$ 是立方体对角线的方向 (图中 OA 连线).

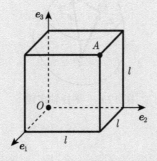

图 12.7 立方体的惯量张量

12.3.2　平行轴定理

刚体相对于不同两点的惯量张量之间的关系通常比较复杂. 一个特例是其中一点是刚体的质心 C. 如图 12.8 所示, 记体元相对于质心的位矢为 $\boldsymbol{x}_C$, 点 P 相对于质心的位矢为 $\boldsymbol{r}$. 于是体元相对于 P 点的位矢即 $\boldsymbol{x}_P = \boldsymbol{x}_C - \boldsymbol{r}$. 由惯量张量的定义式 (12.23) 知, 刚体相对于 P 点的惯量张量为

$$
\begin{aligned}
I_{ij}^{(P)} &= \int \mathrm{d}^3 x_P \rho\left(\boldsymbol{x}_P\right) \left[\left(\boldsymbol{x}_C - \boldsymbol{r}\right)^2 \delta_{ij} - \left(x_{Ci} - r_i\right)\left(x_{Cj} - r_j\right)\right] \\
&= \underbrace{\int \mathrm{d}^3 x_C \rho\left(\boldsymbol{x}_C\right)\left(\boldsymbol{x}_C^2 \delta_{ij} - x_{Ci} x_{Cj}\right)}_{=I_{ij}^{(C)}} + \underbrace{\int \mathrm{d}^3 x_C \rho\left(\boldsymbol{x}_C\right)\left(\boldsymbol{r}^2 \delta_{ij} - r_i r_j\right)}_{=M} \\
&\quad + \underbrace{\int \mathrm{d}^3 x_C \rho\left(\boldsymbol{x}_C\right)\left[-2\boldsymbol{x}_C \cdot \boldsymbol{r}\delta_{ij} + x_{Ci} r_j + x_{Cj} r_i\right]}_{=0},
\end{aligned}
$$

其中 M 是刚体的总质量, 上式最后一行为零是因为质心满足 $\int \mathrm{d}^3 x_C \rho\left(\boldsymbol{x}_C\right) \boldsymbol{x}_C = 0$. 因此, 刚体相对于 P 点的惯量张量 $I_{ij}^{(P)}$ 与相对于质心的惯量张量 $I_{ij}^{(C)}$ 之间满足简单关系,

$$
I_{ij}^{(P)} = I_{ij}^{(C)} + M\left(\boldsymbol{r}^2 \delta_{ij} - r_i r_j\right). \tag{12.30}
$$

这一结论被称作**平行轴定理** (parallel axis theorem).

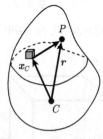

图 12.8　平行轴定理

12.3.3　刚体的角动量

与刚体转动动能的计算类似, 如图 12.4 所示, 刚体某点处体元相对于定点的角动量为

$$
\boldsymbol{x} \times \boldsymbol{v}\rho\left(\boldsymbol{x}\right)\mathrm{d}^3 x = \boldsymbol{x} \times \left(\boldsymbol{\omega} \times \boldsymbol{x}\right)\rho\left(\boldsymbol{x}\right)\mathrm{d}^3 x. \tag{12.31}
$$

由叉乘的运算, 刚体相对于定点转动的角动量即

$$\boldsymbol{J} = \int \mathrm{d}^3x \rho\left(\boldsymbol{x}\right) \left[\boldsymbol{\omega}\boldsymbol{x}^2 - \left(\boldsymbol{x} \cdot \boldsymbol{\omega}\right)\boldsymbol{x}\right], \tag{12.32}$$

分量形式即

$$J_i = \underbrace{\int \mathrm{d}^3x \rho\left(\boldsymbol{x}\right) \left(\boldsymbol{x}^2 \delta_{ij} - x_i x_j\right)}_{\equiv I_{ij}} \omega^j, \tag{12.33}$$

其中积分正是惯量张量式 (12.23), 因此即有

$$\boxed{J_i = I_{ij}\omega^j}. \tag{12.34}$$

式 (12.34) 可以与线动量和线速度的关系 $p_i = m\delta_{ij}v^j$ 类比. 从式 (12.34) 可以看出, 除非 ω^j 是 I_{ij} 的本征矢量, 否则角动量 $\boldsymbol{J}$ 和角速度 $\boldsymbol{\omega}$ 一般并不同向. 这一点和线动量非常不同, 由 $\boldsymbol{p} = m\boldsymbol{v}$ 知, 线动量和线速度总是同向的[①]. 这一特性也是刚体在转动时, 其很多奇特行为方式的起源.

利用式 (12.34), 可将角速度反解为 $\omega_i = \left(\boldsymbol{I}^{-1}\right)_{ij} J^j$, 代入式 (12.24) 中得到用角动量表示的定点转动动能

$$T = \frac{1}{2} I_{ij}\omega^i\omega^j = \frac{1}{2} \underbrace{I_{ij}\left(\boldsymbol{I}^{-1}\right)^i{}_k}_{=\delta_{jk}} J^k \left(\boldsymbol{I}^{-1}\right)^j{}_l J^l = \frac{1}{2}\left(\boldsymbol{I}^{-1}\right)_{ij} J^i J^j. \tag{12.35}$$

12.4 欧 拉 方 程

假设刚体整体做惯性运动, 在空间系 (惯性系) 中, 刚体相对于质心或其他做惯性运动的点的角动量的变化率等于相对于该点所受的**扭矩** (torque), 即有

$$\frac{\mathrm{d}J_i^{(空)}}{\mathrm{d}t} = N_i^{(空)}, \quad i = 1, 2, 3, \tag{12.36}$$

其中上标 "(空)" 代表空间系中的分量. 由式 (11.86) 知, 在随刚体一起转动的本体系 (非惯性系) 中,

$$\mathrm{D}_t J_i^{(本)} \equiv \frac{\mathrm{d}J_i^{(本)}}{\mathrm{d}t} + \left(\boldsymbol{\omega} \times \boldsymbol{J}\right)_i^{(本)} = N_i^{(本)}, \quad i = 1, 2, 3, \tag{12.37}$$

---

① 由式 (4.27) 知, 即便在相对论情形, 也是如此.

这里上标 "(本)" 代表本体系中的分量. 因为刚体的惯量张量在本体系中与时间无关, 因此在描述刚体的转动时, 选择本体系会更为简单. 以下所有的讨论都在本体系中进行, 并略去上标. 进一步选择惯量主轴 $I_{ij} = I_i\delta_{ij}$, $J_i = I_i\omega_i$ (指标不求和), 式 (12.37) 可以写成

$$I_1\dot{\omega}_1 - \omega_2\omega_3\left(I_2 - I_3\right) = N_1, \tag{12.38}$$

$$I_2\dot{\omega}_2 - \omega_3\omega_1\left(I_3 - I_1\right) = N_2, \tag{12.39}$$

$$I_3\dot{\omega}_3 - \omega_1\omega_2\left(I_1 - I_2\right) = N_3, \tag{12.40}$$

式 (12.38)∼(12.40) 就是 3 维空间中刚体定点转动的**欧拉方程** (Euler Equations). 三个分量方程形式完全一样, 具有指标轮换对称性. 等价地, 欧拉方程用角动量分量可以写成

$$\dot{J}_1 + J_2 J_3 \left(\frac{1}{I_2} - \frac{1}{I_3}\right) = N_1, \tag{12.41}$$

$$\dot{J}_2 + J_3 J_1 \left(\frac{1}{I_3} - \frac{1}{I_1}\right) = N_2, \tag{12.42}$$

$$\dot{J}_3 + J_1 J_2 \left(\frac{1}{I_1} - \frac{1}{I_2}\right) = N_3. \tag{12.43}$$

由此可见, 欧拉方程是惯性系中的动量矩定理式 (12.36) 在本体系中表示的直接结果.

以下我们从刚体的拉格朗日量出发, 导出一般形式的欧拉方程, 且在任意空间维度都成立.

12.4.1　刚体的拉格朗日量

作为非相对论性的粒子系统, 刚体的拉格朗日量为 $L = T - V$. 忽略刚体的整体平动, 刚体的定点转动动能由式 (12.24) 给出, 即有 $L = \frac{1}{2}I_{ij}\omega^i\omega^j - V$, 其中势能 V 与刚体转动的广义坐标有关, 即取决于刚体在空间中的位形. 在具体的问题中, 可以选取惯量主轴, 并将广义坐标取为 3 个欧拉角 ϕ, θ, ψ, 代入用欧拉角表示的角速度式 (12.18)∼(12.20), 从而刚体的定点转动动能即

$$T = \frac{1}{2}I_1\left(\sin\theta\sin\psi\dot{\phi} + \cos\psi\dot{\theta}\right)^2 + \frac{1}{2}I_2\left(\sin\theta\cos\psi\dot{\phi} - \sin\psi\dot{\theta}\right)^2 + \frac{1}{2}I_3\left(\cos\theta\dot{\phi} + \dot{\psi}\right)^2, \tag{12.44}$$

其中 I_1, I_2, I_3 为主轴转动惯量.

我们希望得到用角速度表达的一般形式的运动方程. 一个问题是, 无论是欧拉角还是更一般的转动参数 (例如式 (11.44) 中的 $\theta^1, \theta^2, \theta^3$), "角速度" 与 "转

动参数的时间导数" 之间并没有形如 $\{\omega^1, \omega^2, \omega^3\} \propto \{\dot{\theta}^1, \dot{\theta}^2, \dot{\theta}^3\}$ 的简单关系. 这一点在用欧拉角表示的角速度式 (12.18)~(12.20) 中也可以明显看出. 因此, 如果将角速度 $\{\omega^1, \omega^2, \omega^3\}$ 作为广义速度, 其对应的广义坐标是什么? 况且一般角速度 $\{\omega^1, \omega^2, \omega^3\}$ 并不能写成全导数的形式[①]. 换句话说, 形式上的拉格朗日方程 $\dfrac{\mathrm{d}}{\mathrm{d}t}\left(\dfrac{\partial L}{\partial \omega^i}\right) - \dfrac{\partial L}{\partial q^i} = 0$ 中 "广义坐标" q^i 是什么并不明确. 这使得由 $L = \dfrac{1}{2}I_{ij}\omega^i\omega^j - V$ 形式的拉格朗日量出发, 无论是套用拉格朗日方程, 还是应用变分法, 都遇到了困难. 这个困难的根源在于角速度 $\{\omega^1, \omega^2, \omega^3\} \equiv \{\omega^i\}$ 是矢量, 但是有限转动参数 $\{\theta^1, \theta^2, \theta^3\}$ 并不能 3 个一组构成矢量, 因此互相之间难以匹配[②].

为了解决这一问题, 我们需要回到对转动的矩阵描述, 并首先明确刚体转动的广义坐标. 刚体的转动自由度由转动矩阵 $\boldsymbol{R}$ 描述 (这里 $\boldsymbol{R}$ 是对基矢的转动式 (12.5)), 因此我们将转动矩阵 $\boldsymbol{R}$ 视为刚体定点转动的广义坐标. 由式 (11.76) 知, 定点转动刚体中某点的位矢在本体系中的分量 x^i 是常数, 因此转动动能为

$$T = \frac{1}{2}\int \mathrm{d}^3 x \rho\left(\boldsymbol{x}\right) v_k v^k = \frac{1}{2}\int \mathrm{d}^3 x \rho\left(\boldsymbol{x}\right) \Omega_{ki} x^i \Omega^k{}_j x^j = \frac{1}{2} K_{ij}\Omega_k{}^i \Omega^{kj}, \quad (12.45)$$

这里 $(I = \delta^{ij}I_{ij} \equiv \mathrm{tr}\boldsymbol{I})$

$$K_{ij} = \int \mathrm{d}^3 x \rho\left(\boldsymbol{x}\right) x_i x_j \equiv \frac{1}{2}I\delta_{ij} - I_{ij}, \quad (12.46)$$

是刚体质量分布的**二阶矩** (second moment), 是对称常矩阵. 用矩阵形式, 式 (12.45) 可以写成

$$T = \frac{1}{2}\mathrm{tr}\left(\boldsymbol{\Omega}\boldsymbol{K}\boldsymbol{\Omega}^{\mathrm{T}}\right). \quad (12.47)$$

代入角速度与转动矩阵的关系式 (11.67) 即 $\boldsymbol{\Omega} = \boldsymbol{R}\dot{\boldsymbol{R}}^{\mathrm{T}}$, 化简得到

$$T = \frac{1}{2}\mathrm{tr}\left(\left(\boldsymbol{R}\dot{\boldsymbol{R}}^{\mathrm{T}}\right)\boldsymbol{K}\left(\dot{\boldsymbol{R}}\boldsymbol{R}^{\mathrm{T}}\right)\right) = \frac{1}{2}\mathrm{tr}(\dot{\boldsymbol{R}}^{\mathrm{T}}\boldsymbol{K}\dot{\boldsymbol{R}}\underbrace{\boldsymbol{R}^{\mathrm{T}}\boldsymbol{R}}_{=1}), \quad (12.48)$$

即

$$T = \frac{1}{2}\mathrm{tr}\left(\dot{\boldsymbol{R}}^{\mathrm{T}}\boldsymbol{K}\dot{\boldsymbol{R}}\right). \quad (12.49)$$

式 (12.49) 即是任意维空间中转动动能的一般表达式. 这里 $\dot{\boldsymbol{R}}$ 相当于广义速度, "二阶矩" $\boldsymbol{K}$ 则扮演了二次型动能中系数的角色. 需要注意的是, 作为广义坐标的

---

① 读者是否还记得多元微分能写成全微分的判据?

② 数学上, 这正是刚体的位形空间 (转动群流形) 不是线性空间的体现.

转动矩阵 $\boldsymbol{R}$ 需要满足正交矩阵的条件式 (11.7), 这可以通过拉格朗日乘子实现, 即在拉格朗日量中加入 $\lambda^{ij}\left(R^k{}_i R_{kj} - \delta_{ij}\right) \equiv \operatorname{tr}\left(\boldsymbol{\lambda}\left(\boldsymbol{R}^{\mathrm{T}}\boldsymbol{R} - \mathbf{1}\right)\right)$, 其中 $\boldsymbol{\lambda}$ 为对称矩阵. 总之, 刚体定点转动完整的拉格朗日量用矩阵形式表示即

$$\boxed{L = \frac{1}{2}\operatorname{tr}\left(\dot{\boldsymbol{R}}^{\mathrm{T}}\boldsymbol{K}\dot{\boldsymbol{R}}\right) - V\left(\boldsymbol{R}\right) + \operatorname{tr}\left(\boldsymbol{\lambda}\left(\boldsymbol{R}^{\mathrm{T}}\boldsymbol{R} - \mathbf{1}\right)\right)}. \tag{12.50}$$

由拉格朗日量式 (12.50), 按照广义动量的定义 (对矩阵的求导可参见附录 A.2),

$$\boldsymbol{P} \equiv \frac{\partial L}{\partial \dot{\boldsymbol{R}}} = \boldsymbol{K}\dot{\boldsymbol{R}} = -\boldsymbol{K}\boldsymbol{\Omega}\boldsymbol{R}. \tag{12.51}$$

注意到 $\boldsymbol{\Omega}$ 是反对称的, 利用式 (A.25), 定义[①]

$$\boxed{\boldsymbol{J} := 2\frac{\partial L}{\partial \boldsymbol{\Omega}} = \boldsymbol{K}\boldsymbol{\Omega} + \boldsymbol{\Omega}\boldsymbol{K}}, \tag{12.52}$$

不妨称之为角动量矩阵, 是个反对称的矩阵. 可以验证, 在 3 维 J_{ij} 对应的赝矢量为

$$-\frac{1}{2}\epsilon_{ijk}J^{jk} = I_{ij}\omega^j \equiv J_i, \tag{12.53}$$

正是角动量矢量式 (12.34).

由式 (12.51) 知, 刚体定点转动的能量函数为

$$\begin{aligned}
h &= \operatorname{tr}\left(\frac{\partial L}{\partial \dot{\boldsymbol{R}}}\dot{\boldsymbol{R}}^{\mathrm{T}}\right) - L \\
&= \operatorname{tr}\left(\boldsymbol{K}\dot{\boldsymbol{R}}\dot{\boldsymbol{R}}^{\mathrm{T}}\right) - \frac{1}{2}\operatorname{tr}\left(\dot{\boldsymbol{R}}^{\mathrm{T}}\boldsymbol{K}\dot{\boldsymbol{R}}\right) + V\left(\boldsymbol{R}\right) - \underbrace{\operatorname{tr}\left(\boldsymbol{\lambda}\left(\boldsymbol{R}^{\mathrm{T}}\boldsymbol{R} - \mathbf{1}\right)\right)}_{=0} \\
&= \frac{1}{2}\operatorname{tr}\left(\dot{\boldsymbol{R}}^{\mathrm{T}}\boldsymbol{K}\dot{\boldsymbol{R}}\right) + V\left(\boldsymbol{R}\right) \equiv T + V.
\end{aligned} \tag{12.54}$$

12.4.2　定点转动的欧拉方程

从刚体的拉格朗日量式 (12.50) 出发, 对转动矩阵 $\boldsymbol{R}$ 变分,

$$\delta L \simeq -\operatorname{tr}\left(\delta\boldsymbol{R}^{\mathrm{T}}\boldsymbol{K}\ddot{\boldsymbol{R}}\right) - \operatorname{tr}\left(\frac{\partial V}{\partial \boldsymbol{R}}\delta\boldsymbol{R}^{\mathrm{T}}\right) + 2\operatorname{tr}\left(\delta\boldsymbol{R}^{\mathrm{T}}\boldsymbol{R}\boldsymbol{\lambda}\right), \tag{12.55}$$

---

① 这里的因子 2 是为了与 3 维空间中 $\boldsymbol{J} = \boldsymbol{x} \times \boldsymbol{p}$ 自洽.

得到运动方程

$$K\ddot{R} - \frac{\partial V}{\partial R} + 2R\lambda = 0. \tag{12.56}$$

式 (12.56) 中含有拉格朗日乘子 λ, 可用如下技巧消除. 式 (12.56) 两边同时右乘 R^{T}, 有

$$K\ddot{R}R^{\mathrm{T}} - \frac{\partial V}{\partial R}R^{\mathrm{T}} = -2R\lambda R^{\mathrm{T}}. \tag{12.57}$$

注意 $R\lambda R^{\mathrm{T}}$ 是对称矩阵, 这意味着上式左边的 "反对称" 部分为零, 即有

$$K\ddot{R}R^{\mathrm{T}} + \frac{\partial V}{\partial R}R^{\mathrm{T}} - \left(K\ddot{R}R^{\mathrm{T}} + \frac{\partial V}{\partial R}R^{\mathrm{T}}\right)^{\mathrm{T}} = 0,$$

整理得到

$$R\ddot{R}^{\mathrm{T}}K - K\ddot{R}R^{\mathrm{T}} = N, \tag{12.58}$$

这里

$$N := \frac{\partial V}{\partial R}R^{\mathrm{T}} - R\frac{\partial V}{\partial R^{\mathrm{T}}}, \tag{12.59}$$

是反对称矩阵. 式 (12.58) 即刚体定点转动的运动方程, 是关于转动矩阵 R 的二阶微分方程. 反对称矩阵 N 来自势能对转动矩阵的导数, 对应刚体所受的扭矩. 从推导过程知, 式 (12.58) 在任意维空间都成立. 且因为是反对称的, 在 D 维有 $\frac{1}{2}D(D-1)$ 个独立分量, 与转动的自由度相等.

利用角速度矩阵的定义式 (11.67), 有 $\dot{R}^{\mathrm{T}} = R^{\mathrm{T}}\Omega$, 再求导得到

$$\ddot{R}^{\mathrm{T}} = \dot{R}^{\mathrm{T}}\Omega + R^{\mathrm{T}}\dot{\Omega} = \left(R^{\mathrm{T}}\Omega\right)\Omega + R^{\mathrm{T}}\dot{\Omega} = R^{\mathrm{T}}\left(\dot{\Omega} + \Omega^2\right),$$

因此

$$R\ddot{R}^{\mathrm{T}} = \dot{\Omega} + \Omega^2. \tag{12.60}$$

于是式 (12.58) 可以写成

$$\boxed{K\dot{\Omega} + \dot{\Omega}K + \Omega^2 K - K\Omega^2 = N}. \tag{12.61}$$

式 (12.61) 即 D 维刚体定点转动用角速度矩阵表达的运动方程. 由式 (12.52), 并利用

$$\Omega^2 K - K\Omega^2 = \Omega(\underbrace{\Omega K + K\Omega}_{J} - K\Omega) - (\underbrace{K\Omega + \Omega K}_{J} - \Omega K)\Omega = \Omega J - J\Omega,$$

式 (12.61) 可以写成非常简洁的形式[①]

$$\boxed{\dot{J} + [\Omega, J] = N}.\tag{12.62}$$

式 (12.62) 即 D 维刚体定点转动用角动量矩阵表达的运动方程.

在 3 维, 反对称矩阵可以和赝矢量有对应关系. 由式 (11.84) 和式 (12.53) 知, $\Omega \to \omega^i$, $J \to J^i$, 于是由式 (A.17) 知, 式 (12.62) 对应的赝矢量方程即[②]

$$\boxed{\dot{J}_i + \epsilon_{ijk}\omega^j J^k = N_i}, \quad i = 1, 2, 3,\tag{12.63}$$

其中 N 对应的赝矢量为

$$N_i = -\frac{1}{2}\epsilon_{ijk}N^{jk} = -\frac{1}{2}\epsilon_{ijk}\left(\frac{\partial V}{\partial R_{jl}}R^k{}_l - R^j{}_l\frac{\partial V}{\partial R_{kl}}\right) = -\epsilon_{ijk}\frac{\partial V}{\partial R_{jl}}R^k{}_l,\tag{12.64}$$

上式为刚体受外场作用相对于定点的扭矩. 利用角动量矢量与角速度矢量的关系式 (12.34), 式 (12.63) 还可以写成

$$I_i^j\frac{\mathrm{d}\omega_j}{\mathrm{d}t} + \epsilon_{ijk}\omega^j I_l^k\omega^l = N_i, \quad i = 1, 2, 3,\tag{12.65}$$

需要再次强调的是, 以上所有的推导都是在刚体的本体系中进行的. 当选取惯量主轴时, 式 (12.65) 正是欧拉方程式 (12.38)~(12.40).

12.5　自由陀螺

本节中我们对不受外部作用自由运动的刚体——即自由陀螺的运动做定性讨论. 此时刚体整体做惯性运动, 因此我们只关注纯转动. 不失一般性, 假设刚体的主轴转动惯量为 $I_1 < I_2 < I_3$. 在本体系中, 刚体的角动量记作 $J = J^i e_i$. 因为刚体不受外部作用, 角动量矢量守恒, 因此 $J \equiv |J|$ 是常数, 即有[③]

$$\left(J^1\right)^2 + \left(J^2\right)^2 + \left(J^3\right)^2 = J^2,\tag{12.66}$$

---

① 式 (12.62) 的左边实际是 11.5.2 节中协变时间导数应用在反对称矩阵的结果, 即 $\mathbf{D}_t J = \dot{J} + [\Omega, J]$ (见习题 11.9).

② 用 3 维赝矢量的叉乘写即 $\dot{J} + \omega \times J = N$, 这里 J, N 代表赝矢量.

③ 角动量矢量守恒意味着 $J = J^i e_i = 常矢量$, 但是本体系的基矢 $\{e_i\}$ 一直在转动, 所以分量 $\{J^i\}$ 本身并不是常数. 这从欧拉方程 (12.41)~(12.43) 也可以明显看出, $\dot{J}^i \neq 0$. 但是矢量的模与基矢无关, 所以 $J = |J|$ 是常数.

其代表 $\{J^1, J^2, J^3\}$ 空间中半径为 J 的球面. 另一方面, 自由刚体的总能量 (即转动动能) 守恒, 由式 (12.35) 即有

$$\frac{(J^1)^2}{2I_1} + \frac{(J^2)^2}{2I_2} + \frac{(J^3)^2}{2I_3} = E. \tag{12.67}$$

其描述 $\{J^1, J^2, J^3\}$ 空间中半轴长分别为 $\sqrt{2EI_1}$、$\sqrt{2EI_2}$ 和 $\sqrt{2EI_3}$ 的椭球面. 于是给定 J 和 E, $\{J^1, J^2, J^3\}$ 随时间的演化轨迹必然在球面式 (12.66) 与椭球面式 (12.67) 相交的曲线上. 当 J 给定时, 在球面式 (12.66) 上对于不同的能量 E, 轨迹如图 12.9 所示. 因为 $I_1 < I_2 < I_3$, 因此有

$$\frac{J^2}{2I_3} < E < \frac{J^2}{2I_1}. \tag{12.68}$$

图 12.9 中 A 点 (及对侧的 A' 点) 对应最高的能量, C 点 (及对侧的 C' 点) 对应最低的能量. 从图中可以看出, 轨迹围绕 e_1 和 e_3 轴——亦即最小和最大转动惯量对应的主轴, 形成闭合曲线, 此时转动是稳定的, 即对轨迹小的偏离不会随时间无限增大. 相应的 A 点和 C 点 (及对侧的 A' 点和 C' 点) 是稳定平衡点. 图中 B 点 (及对侧的 B' 点)——即中间转动惯量对应的主轴与球面的交点, 也是平衡点, 但却是不稳定的, 因为对其小的偏离会随时间发散.

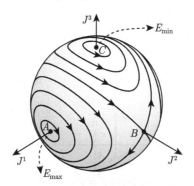

图 12.9　自由陀螺角动量的端点轨迹

即便对于自由陀螺, 因为欧拉方程是角动量或角速度的非线性方程, 且因为角动量与角速度一般并不平行, 因此其一般的运动十分复杂, 原则上可以用雅可比椭圆函数求解. 下面我们从几何的角度对其做定性分析, 这一方法也称作**潘索构造** (Poinsot construction)[①]. 在惯量主轴本体系中, 利用 $J_i = I_i \omega_i$, 角动量守恒

[①] 潘索 (Louis Poinsot, 1777—1859) 是法国数学家和物理学家, 是几何力学的开创者.

式 (12.66) 和能量守恒式 (12.67) 分别可以写成

$$I_1^2\omega_1^2 + I_2^2\omega_2^2 + I_3^2\omega_3^2 = J^2, \tag{12.69}$$

和

$$I_1\frac{\omega_1^2}{2E} + I_2\frac{\omega_2^2}{2E} + I_3\frac{\omega_3^2}{2E} = 1. \tag{12.70}$$

在 $\{\omega_1, \omega_2, \omega_3\}$ 空间中, 这两个等式各自对应一个椭球, 其中式 (12.70) 被称为**惯量椭球** (inertia ellipsoid). 和前面对角动量轨迹的分析一样, 角速度的轨迹即是这两个椭球的交线, 在惯量椭球上的轨迹被称作**本体极迹** (polhode), 且一定是闭合的曲线.

从固定的空间系看来, 角动量 $\boldsymbol{J}$ 守恒, 因此在空间中给出固定的方向, 以及垂直于此方向的平面. 角速度 $\boldsymbol{\omega}$ 在惯量椭球上对应点的法向为

$$\nabla_{\boldsymbol{\omega}} \left(I_1\frac{\omega_1^2}{2E} + I_2\frac{\omega_2^2}{2E} + I_3\frac{\omega_3^2}{2E} \right) = \frac{1}{E}\{I_1\omega_1, I_2\omega_2, I_3\omega_3\} = \frac{1}{E}\boldsymbol{J}, \tag{12.71}$$

即与角动量平行. 同时, 动能 $T = \frac{1}{2}I_{ij}\omega^i\omega^j = \frac{1}{2}J_i\omega^i = \frac{1}{2}\boldsymbol{J}\cdot\boldsymbol{\omega}$ 也守恒, 即 $\boldsymbol{\omega}$ 在 $\boldsymbol{J}$ 方向的投影也是固定的. 这意味着, 角速度 $\boldsymbol{\omega}$ 在惯量椭球上对应点的切平面在空间中不但方向固定, 而且到惯量椭球的中心的距离也是固定的, 即切平面在空间中的位置完全固定, 因此把这个平面叫做**不变平面** (invariant plane), 如图 12.10 所示. 任意时刻惯量椭球都切于不变平面, 切点 (图中 A 点) 即对应瞬时角速度矢量的方向. 形象地说, 自由刚体在空间中的运动, 就像惯量椭球在不变平面上做无摩擦的纯滚动. 滚动轨迹——本体极迹在不变平面上的对应即**空间极迹** (herpolhode)[①]. 与本体极迹不同, 空间极迹不一定是闭合曲线.

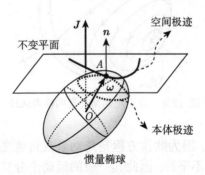

图 12.10　惯量椭球与不变平面

① 本体极迹和空间极迹的英文都源自希腊语, 其中 "polhode" 源自希腊语的 "polos" 和 "hodos", 对应英语的 "pole" 和 "path", 意为 "极点的轨迹"; "herpolhode" 源自 "herpol" 和 "hode", 意为 "蜿蜒的轨迹".

12.6 刚体的进动与章动

当有外部作用时, 刚体的运动呈现出更奇特的性质, 其中就包括进动和章动. 我们以重力场中的对称陀螺为例对此做简单讨论. 所谓对称陀螺即有两个主轴转动惯量相等 (例如 $I_1 = I_2$) 的刚体. 假设对称陀螺以对称轴上某点 (简单起见, 取做其底端) 做定点转动, 定点距离质心 l, 如图 12.11 所示. 对称陀螺的位形由 3 个欧拉角描述. 其中 ϕ 描述陀螺整体 (例如对称轴) 绕竖轴 $\bar{e}_3$ 的转动, 被称作**进动** (precession)[①]. θ 描述对称轴相对竖轴的倾角, 被称作**章动** (nutation)[②]. ψ 描述陀螺绕自身对称轴的**自转** (spin).

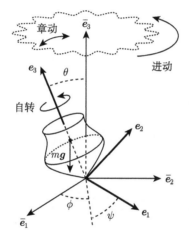

图 12.11 重力场中的对称陀螺

利用欧拉角表示的角速度式 (12.18)~(12.20), 假定对称陀螺相对定点的主轴转动惯量为 I_1, I_1, I_3, 则拉格朗日量为

$$L = T - V = \frac{1}{2} I_1 \left(\omega_1^2 + \omega_2^2 \right) + \frac{1}{2} I_3 \omega_3^2 - mgl \cos\theta$$

$$= \frac{1}{2} I_1 \left(\dot{\theta}^2 + \dot{\phi}^2 \sin^2\theta \right) + \frac{1}{2} I_3 \left(\dot{\psi} + \dot{\phi}\cos\theta \right)^2 - mgl\cos\theta. \qquad (12.72)$$

因为 ϕ 和 ψ 都是循环坐标, 因此共轭动量为运动常数,

[①] 天文学上的岁差即来自地球的进动.

[②] 英文 "nutation" 来自拉丁文 "nutationem", 与英文的 "nod" 同源, 意思即 "点头", 可谓非常形象. 中文的 "章动" 一词是清代著名数学家李善兰翻译的. "章" 是中国古代历法的时间单位之一, 指回归年 (岁) 与朔望月的最短循环周期, 十九岁为一章.

$$p_\phi = \frac{\partial L}{\partial \dot\phi} = I_3 \cos\theta \left(\dot\psi + \dot\phi \cos\theta \right) + \dot\phi I_1 \sin^2\theta = 常数, \tag{12.73}$$

$$p_\psi = \frac{\partial L}{\partial \dot\psi} = I_3 \left(\dot\psi + \dot\phi \cos\theta \right) = 常数. \tag{12.74}$$

因为 ϕ 代表陀螺整体绕竖轴的转动, 因此 p_ϕ 即陀螺角动量在竖直方向的分量[①]. 另外拉格朗日量不显含时间, 于是能量函数也是运动常数,

$$E = \frac{1}{2} I_1 \left(\dot\theta^2 + \dot\phi^2 \sin^2\theta \right) + \frac{1}{2} I_3 \left(\dot\psi + \dot\phi \cos\theta \right)^2 + mgl\cos\theta = 常数. \tag{12.75}$$

从式 (12.73) 和 (12.74) 中解出

$$\dot\phi = \frac{p_\phi - p_\psi \cos\theta}{I_1 \sin^2\theta}, \quad \dot\psi + \dot\phi\cos\theta = \frac{p_\psi}{I_3}, \tag{12.76}$$

代入式 (12.75), 化简得到

$$E = \frac{1}{2} I_1 \dot\theta^2 + V_{\text{eff}}(\theta), \tag{12.77}$$

其中

$$V_{\text{eff}}(\theta) = \frac{(p_\phi - p_\psi \cos\theta)^2}{2 I_1 \sin^2\theta} + mgl\cos\theta + \frac{p_\psi^2}{2I_3}. \tag{12.78}$$

于是问题就变成单变量 θ (章动角) 在有效势能 $V_{\text{eff}}(\theta)$ 中的运动. 对 θ 的定量求解需要用到椭圆函数.

下面我们对陀螺的进动与章动做简单的定性讨论. 假定 $|p_\phi| \neq |p_\psi|$, 有效势能 $V_{\text{eff}}(\theta)$ 如图 12.12 所示.

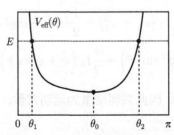

图 12.12 对称陀螺的有效势能

① 因为重力沿着竖直方向, 因此不可能产生竖直方向的扭矩, 所以角动量在竖直方向的分量必然是守恒的.

给定总能量 E, $V_{\text{eff}}(\theta)$ 与 E (图 12.12 中水平虚线) 有两个交点, 分别对应章动角 θ 运动范围的最小值 θ_1 和最大值 θ_2, 即 θ 在 θ_1 和 θ_2 之间做往复的周期运动. $V_{\text{eff}}(\theta)$ 的极小值 θ_0 满足

$$V_{\text{eff}}'(\theta_0) = \frac{(p_\phi \cos\theta_0 - p_\psi)(p_\psi \cos\theta_0 - p_\phi)}{I_1 \sin^3\theta_0} - mgl\sin\theta_0 = 0. \tag{12.79}$$

由式 (12.76) 知, 瞬时的进动角速度 $\dot{\phi}$ 的符号取决于 p_ϕ/p_ψ 和 $\cos\theta_1$ 的相对大小. 如果 $|p_\phi| > |p_\psi|$, 在运动的过程中, $\dot{\phi}$ 的正负号保持不变, 即进动角 ϕ 单调变化. 如果 $|p_\phi| < |p_\psi|$, 定义 $\cos\theta_* = p_\phi/p_\psi \in (0,\pi)$, 可以证明 $\theta_* < \theta_0$. 若 $\theta_* < \theta_1$ (即 $p_\phi/p_\psi > \cos\theta_1$), 则 ϕ 同样单调变化. 以上两种情况称作 **正常进动** (regular precession), 此时陀螺的对称轴与以定点为中心的单位球面的交点轨迹如图 12.13(a) 所示. 若 $\theta_* > \theta_1$, 则在章动角 θ 完成一次往复周期运动中, $\dot{\phi}$ 也周期性地反号, 即反向进动, 此时轨迹如图 12.13(b) 所示. 如果 $\theta_* = \theta_1$, 则对应临界情况, 轨迹如图 12.13(c) 所示.

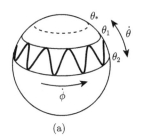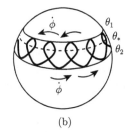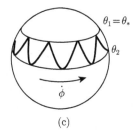

(a)　　　　　　　　　　　　(b)　　　　　　　　　　　　(c)

图 12.13　对称陀螺的进动与章动

习　题

12.1　已知方阵的矩阵对数由 $\ln(1+M) = M - \frac{1}{2}M^2 + \frac{1}{3}M^3 - \cdots$ 定义.

(1) 给定同阶方阵 X 和 Y, 证明矩阵指数 $e^X e^Y = e^Z$ 中 Z 由 Baker-Campbell-Hausdorff 公式给出, 即 $Z = \ln\left(e^X e^Y\right) = X + Y + \frac{1}{2}[X,Y] + \frac{1}{12}[X,[X,Y]] - \frac{1}{12}[Y,[X,Y]] + \cdots$, 其中 $[X,Y]$ 代表矩阵对易子;

(2) 仿照 (1) 的推导, 利用 3 维无穷小转动的生成元 $\{J_i\}$ 之间的对易关系式 (11.38), 求 $e^{-\psi J_3} e^{-\theta J_1} e^{-\phi J_3} = e^{\phi^1 J_1 + \phi^2 J_2 + \phi^3 J_3}$ 中的 ϕ^1, ϕ^2, ϕ^3, 用 ϕ, θ, ψ 的级数表示出来 (截至二阶).

12.2　求质量为 m 的匀质椭球体 $\dfrac{x^2}{a^2} + \dfrac{y^2}{b^2} + \dfrac{z^2}{c^2} = 1$ 相对于质心的惯量张量.

12.3　证明刚体惯量张量的三个对角元 (即转动惯量) 中, 任意一个不会大于另外两个之和.

12.4 考虑例 12.4 中的立方体.

(1) 求其相对于质心、在基矢垂直于立方体表面的本体系中的惯量张量;

(2) 证明以质心为原点的任意本体系都是其惯量主轴, 并由此说明当绕质心做定点转动时, 匀质立方体与匀质球体不可分辨.

12.5 求例 11.5 中圆盘相对于质心的角动量在本体系中的分量形式.

12.6 如图 12.14 所示, 一个宽为 l、高为 h、质量为 m 的均质薄门板, 以恒定角速度 ω 绕门边旋转. 建立如图的本体系 $\{e_i\}$.

(1) 求门板相对于 O 点的角动量在 $\{e_i\}$ 中的分量;

(2) 求为了维持门的旋转, 需要施加的相对于 O 点的扭矩.

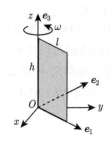

图 12.14   题 12.6 用图

12.7 若自由刚体定点转动的角速度沿着某个主轴方向, 则被称作匀速转动.

(1) 证明任一自由刚体的欧拉方程都存在匀速转动的解;

(2) 设初始时角速度沿 e_1 方向, 刚体受到小扰动, 角速度变为 $\omega_i \to \omega_i + \delta\omega_i$, 将欧拉方程展开到扰动 $\delta\omega_i$ 的一阶, 求 $\delta\omega_i$ 所满足的微分方程, 并写成小振动方程的形式;

(3) 设刚体的三个主轴转动惯量为 $I_1 < I_2 < I_3$, 利用 (2) 的结果, 证明刚体沿着最小和最大转动惯量对应的主轴 (即 e_1 和 e_3) 的匀速转动是稳定的, 而沿着中间转动惯量对应的主轴 (即 e_2) 的匀速转动是不稳定的.

12.8 设对称陀螺相对质心的主轴转动惯量为 $I_1 = I_2 = \lambda I_3$, 其中 λ 为常数. 若陀螺绕质心自由转动, 初始时章动角为 θ_0. 证明进动角速度 $\dot{\psi}$ 与自转角速度 $\dot{\phi}$ 满足 $\dot{\psi} = (\lambda - 1)\dot{\phi}\cos\theta_0$.

第 13 章 哈密顿正则方程

分析力学有两大理论体系, 拉格朗日力学和哈密顿力学. 前者以位形空间为出发点, 后者则以相空间为出发点. 哈密顿力学是分析力学之大成. 分析力学的众多基本而美妙的结论都是在哈密顿力学框架下得到的. 同时, 分析力学方法在经典力学系统之外的扩展, 也大都是从哈密顿力学出发的.

13.1 哈密顿量

哈密顿力学的基本量是哈密顿量. 如 5.2.2 节中的讨论, 由拉格朗日量 $L = L(t, \boldsymbol{q}, \dot{\boldsymbol{q}})$ 出发, 可以定义能量函数式 (5.18),

$$h(t, \boldsymbol{q}, \dot{\boldsymbol{q}}) := \frac{\partial L}{\partial \dot{q}^a} \dot{q}^a - L. \tag{13.1}$$

注意到 $\dfrac{\partial L}{\partial \dot{q}^a}$ 其实就是广义动量

$$p_a := \frac{\partial L}{\partial \dot{q}^a}, \quad a = 1, \cdots, s, \tag{13.2}$$

原则上从式 (13.2) 可将广义速度反解为广义坐标和广义动量的函数,

$$\dot{q}^a = \dot{q}^a(t, \boldsymbol{q}, \boldsymbol{p}), \quad a = 1, \cdots, s. \tag{13.3}$$

于是定义**哈密顿量** (Hamiltonian)

$$\boxed{H(t, \boldsymbol{q}, \boldsymbol{p}) := p_a \dot{q}^a - L}, \tag{13.4}$$

其中的广义速度需要理解为广义坐标和广义动量的函数式 (13.3).

哈密顿力学以相空间为出发点, 相应的哈密顿量 $H = H(t, \boldsymbol{q}, \boldsymbol{p})$ 应该是相空间中的函数. 但是从哈密顿量的定义式 (13.4) 来看, 这一点并不是很明显. 例如, H 的定义明显包含广义速度 $\{\dot{\boldsymbol{q}}\}$, 所以乍看上去 H 应该是 $\{\boldsymbol{q}, \dot{\boldsymbol{q}}, \boldsymbol{p}\}$ 三者以及时间 t 的函数. 虽然用式 (13.3) 将广义速度反解后 $H = p_a \dot{q}^a(t, \boldsymbol{q}, \boldsymbol{p}) -$

$L\left(t,\boldsymbol{q},\dot{\boldsymbol{q}}\left(t,\boldsymbol{q},\boldsymbol{p}\right)\right)$ 确实明显写成了 $\{t,\boldsymbol{q},\boldsymbol{p}\}$ 的函数, 但是这种函数关系实际上并不依赖于反解广义速度与否[1].

为了证明这一点, 只需要注意函数即 "输入" 和 "输出" 的关系, 因此要看是谁的函数, 就看变化由谁引起. 考虑 H 的 "变化"——即全微分, 由式 (13.4) 的定义得

$$
\begin{aligned}
\mathrm{d}H &= \mathrm{d}\left(p_a\dot{q}^a - L\right) = \mathrm{d}p_a\dot{q}^a + p_a\mathrm{d}\dot{q}^a - \left(\frac{\partial L}{\partial t}\mathrm{d}t + \frac{\partial L}{\partial q^a}\mathrm{d}q^a + \frac{\partial L}{\partial \dot{q}^a}\mathrm{d}\dot{q}^a\right)\\
&= -\frac{\partial L}{\partial t}\mathrm{d}t - \frac{\partial L}{\partial q^a}\mathrm{d}q^a + \dot{q}^a\mathrm{d}p_a + \underbrace{\left(p_a - \frac{\partial L}{\partial \dot{q}^a}\right)}_{=0}\mathrm{d}\dot{q}^a\\
&= -\frac{\partial L}{\partial t}\mathrm{d}t - \frac{\partial L}{\partial q^a}\mathrm{d}q^a + \dot{q}^a\mathrm{d}p_a.
\end{aligned}
\tag{13.5}
$$

最后一步用到了广义动量的定义式 (13.2). 可见, 哈密顿量的变化 $\mathrm{d}H$ 只和时间参数的变化 $\mathrm{d}t$、广义坐标的变化 $\{\mathrm{d}q^a\}$ 和广义动量的变化 $\{\mathrm{d}p_a\}$ 有关, 而与广义速度的变化 $\{\mathrm{d}\dot{q}^a\}$ 无关. 所以哈密顿量只是时间参数、广义坐标与广义动量的函数, 与广义速度无关.

哈密顿量和能量函数在数值上相等, 但是函数关系却不同. 能量函数是速度相空间 $\{\boldsymbol{q},\dot{\boldsymbol{q}}\}$ 中的函数, 而哈密顿量是相空间 $\{\boldsymbol{q},\boldsymbol{p}\}$ 中的函数. 这也反映出拉格朗日力与哈密顿力学的不同, 如图 13.1 所示.

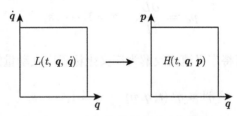

图 13.1　由拉格朗日量到哈密顿量

13.2　勒让德变换

13.2.1　勒让德变换的定义

从速度相空间的拉格朗日量出发, 通过简单的定义式 (13.4), 可以得到相空间中的哈密顿量 $L\left(t,\boldsymbol{q},\dot{\boldsymbol{q}}\right) \to H\left(t,\boldsymbol{q},\boldsymbol{p}\right)$. 重点在于, 变换后的函数依赖关系改变了,

---

[1] 更不用说在有约束存在时, 并不是所有广义速度都可被反解.

即对广义速度的函数依赖被替换成了对广义动量的函数依赖. 从数学角度, 这种操作手续即所谓**勒让德变换** (Legendre transformation)[①].

简言之, 勒让德变换就是希望换一个新的变量, 用新的函数关系, 来描述原来的对象. 其中的新、旧变量构成**共轭变量对** (conjugate variable pair). 考虑 s 个变量 $\{v^1, \cdots, v^s\}$ 的函数 $L(\boldsymbol{v})$, 我们希望换一组新的变量 $\{p_1, \cdots, p_s\}$, 这里 p_a 定义为

$$p_a \equiv \frac{\partial L}{\partial v^a} = p_a(\boldsymbol{v}), \quad a = 1, \cdots, s, \tag{13.6}$$

即是对应 v^a 的共轭变量. 这里 L 除了 $\{\boldsymbol{v}\}$ 之外当然也可以依赖其他的变量, 例如 $L = L(\boldsymbol{q}, \boldsymbol{v})$, 但是我们不对 $\{\boldsymbol{q}\}$ 做替换, 亦即 $\{\boldsymbol{q}\}$ 在勒让德变换中不起作用. 在勒让德变换中, $\{\boldsymbol{v}\}$ 被称作主动变量, $\{\boldsymbol{q}\}$ 被称作被动变量.

式 (13.6) 给出了 $\{\boldsymbol{p}\}$ 作为 $\{\boldsymbol{v}\}$ 函数的 s 个代数方程. 根据隐函数定理, 式 (13.6) 的函数关系可逆, 即可以从式 (13.6) 中反解出全部 s 个 $\{\boldsymbol{v}\}$ 作为 $\{\boldsymbol{p}\}$ 的函数, 从而给出 $v^a = v^a(\boldsymbol{p})$ 的充要条件为矩阵

$$\frac{\partial p_a}{\partial v^b} \equiv \frac{\partial^2 L}{\partial v^a \partial v^b} \tag{13.7}$$

非退化, 这里的 $\dfrac{\partial^2 L}{\partial v^a \partial v^b}$ 被称为 L 的**黑塞矩阵** (Hessian matrix). 根据黑塞矩阵退化与否, 可以分为两种情况. 若黑塞矩阵非退化, 即 $\det\left(\dfrac{\partial^2 L}{\partial v^a \partial v^b}\right) \neq 0$, 这样的函数 L 被称作**正规** (regular) 的或者**非奇异** (non-singular) 的. 对于正规的 L 函数, 式 (13.6) 的函数关系可逆, 于是原则上可以从式 (13.6) 中反解出所有的 $\{\boldsymbol{v}\}$. 若黑塞矩阵退化, 即 $\det\left(\dfrac{\partial^2 L}{\partial v^a \partial v^b}\right) = 0$, 这样的函数 L 被称作**非正规** (irregular) 的或者**奇异** (singular) 的. 对于奇异的 L 函数, 式 (13.6) 的函数关系不可逆, 于是无法从式 (13.6) 中反解出所有的 $\{\boldsymbol{v}\}$, 而只能解出一部分. 具体而言, 如果黑塞矩阵的秩为 r, 则总是可以解出 s 个 $\{\boldsymbol{v}\}$ 中的 r 个:

$$v^a = v^a\left(\boldsymbol{p}; v^{r+1}, \cdots, v^s\right), \quad a = 1, 2, \cdots, r. \tag{13.8}$$

剩余的 $s - r$ 个 $\{v^{r+1}, v^{r+2}, \cdots, v^s\}$ 则无法解出.

函数 $L = L(\boldsymbol{v})$ 的勒让德变换定义为

$$H \equiv p_a v^a - L(\boldsymbol{v}). \tag{13.9}$$

[①] 勒让德变换是由法国数学家勒让德 (Adrien-Marie Legendre, 1752—1833) 于 1787 年在最小曲面的研究中提出的.

由式 (13.6) 知, 新变量 $\{\boldsymbol{p}\}$ 是旧变量 $\{\boldsymbol{v}\}$ 的函数, 于是变换后的新函数 H 也可被视为旧变量 $\{\boldsymbol{v}\}$ 的函数. 但是, 勒让德函数的妙处在于——即便 H 被视为 $\{\boldsymbol{v}\}$ 的函数, 旧变量 $\{\boldsymbol{v}\}$ 进入 H 的方式也是非常特殊的. 形象点说, 旧变量 $\{\boldsymbol{v}\}$ 总是通过新变量 $\{\boldsymbol{p}(\boldsymbol{v})\}$ 这样的特殊组合 "打包" 进入 H 的, 即 $H = H(\boldsymbol{p}(\boldsymbol{v}))$. 这一点可以直接验证 (类似式 (13.5) 的推导),

$$\mathrm{d}H = \mathrm{d}\left(p_a v^a - L(\boldsymbol{v})\right) = \mathrm{d}p_a v^a + p_a \mathrm{d}v^a - \frac{\partial L}{\partial v^a}\mathrm{d}v^a$$

$$= v^a \mathrm{d}p_a + \underbrace{\left(p_a - \frac{\partial L}{\partial v^a}\right)}_{=0} \mathrm{d}v^a = v^a \mathrm{d}p_a. \tag{13.10}$$

于是, H 的变化只和新变量 $\{\boldsymbol{p}\}$ 的变化有关, 所以 H 只是新变量 $\{\boldsymbol{p}\}$ 的函数. 需要强调的是, 整个推导过程我们只用到了 p_a 的定义式 (13.6), 而并没有涉及 L 是否是正规的, 或者说勒让德变换是否可逆. 换句话说, 无论 L 是否是正规的, 勒让德变换得到的新函数 H 都只是新变量 $\{\boldsymbol{p}\}$ 的函数.

既然 H 只是 $\{\boldsymbol{p}\}$ 的函数, 必然有

$$\mathrm{d}H(\boldsymbol{p}) = \frac{\partial H(\boldsymbol{p})}{\partial p_a}\mathrm{d}p_a, \tag{13.11}$$

对比式 (13.10), 得到

$$\left(v^a - \frac{\partial H(\boldsymbol{p})}{\partial p_a}\right)\mathrm{d}p_a = 0. \tag{13.12}$$

接下来需要区分两种情况. 对于正规的 L 函数, 勒让德变换可逆, 因此 s 个 $\{\boldsymbol{p}\}$ 是互相独立的, 从式 (13.12) 可以得到 s 个方程,

$$v^a = \frac{\partial H(\boldsymbol{p})}{\partial p_a} \equiv v^a(\boldsymbol{p}), \quad a = 1, 2, \cdots, s. \tag{13.13}$$

从而可以完全解出 s 个 $\{\boldsymbol{v}\}$, 这也正是式 (13.6) 的反函数关系. 对于奇异的 L 函数, 勒让德变换式 (13.9) 不可逆, 这意味着 s 个 $\{\boldsymbol{p}\}$ 并不是完全独立的, 所以无法由式 (13.12) 得到 s 个独立方程, 从而解出全部 s 个 $\{\boldsymbol{v}\}$. 新变量 $\{\boldsymbol{p}\}$ 并不完全独立意味着它们 (以及被动变量) 之间存在约束. 严格来说, 式 (13.9) 定义的勒让德变换只对正规系统才成立, 而对于奇异系统, 式 (13.9) 的定义需要扩展, 本书就不再展开了.

例 13.1 正规系统的勒让德变换

考虑两个变量 $\{v^1, v^2\}$ 的函数 $L = \frac{1}{2} m_1 (v^1)^2 + \frac{1}{2} m_2 (v^2)^2$. 因为 L 的黑塞矩阵非退化,

$$
\det \left(\frac{\partial^2 L}{\partial v^a \partial v^b} \right) = \det \begin{pmatrix} \dfrac{\partial^2 L}{\partial v^1 \partial v^1} & \dfrac{\partial^2 L}{\partial v^1 \partial v^2} \\[2mm] \dfrac{\partial^2 L}{\partial v^2 \partial v^1} & \dfrac{\partial^2 L}{\partial v^2 \partial v^2} \end{pmatrix} = \det \begin{pmatrix} m_1 & 0 \\ 0 & m_2 \end{pmatrix} = m_1 m_2 \neq 0,
$$

因此这是个正规系统. 定义新变量为

$$
p_1 \equiv \frac{\partial L}{\partial v^1} = m_1 v^1, \quad p_2 \equiv \frac{\partial L}{\partial v^2} = m_2 v^2.
$$

这时可以完全解出 v^1 和 v^2, 得到 $v^1 = \dfrac{p_1}{m_1}$ 和 $v^2 = \dfrac{p_2}{m_2}$. 于是由式 (13.9) 知, L 的勒让德变换为

$$
H = p_1 v^1 + p_2 v^2 - L = p_1 v^1 + p_2 v^2 - \frac{1}{2} m_1 (v^1)^2 - \frac{1}{2} m_2 (v^2)^2
$$
$$
= p_1 \frac{p_1}{m_1} + p_2 \frac{p_2}{m_2} - \frac{1}{2} m_1 \left(\frac{p_1}{m_1} \right)^2 - \frac{1}{2} m_2 \left(\frac{p_2}{m_2} \right)^2 = \frac{p_1^2}{2m_1} + \frac{p_2^2}{2m_2}.
$$

例 13.2 奇异系统的勒让德变换

考虑两个变量 $\{v^1, v^2\}$ 的函数 $L = \frac{1}{2} m (v^1 - v^2)^2$. 因为 L 的黑塞矩阵退化,

$$
\det \left(\frac{\partial^2 L}{\partial v^a \partial v^b} \right) = \det \begin{pmatrix} \dfrac{\partial^2 L}{\partial v^1 \partial v^1} & \dfrac{\partial^2 L}{\partial v^1 \partial v^2} \\[2mm] \dfrac{\partial^2 L}{\partial v^2 \partial v^1} & \dfrac{\partial^2 L}{\partial v^2 \partial v^2} \end{pmatrix} = \det \begin{pmatrix} m & -m \\ -m & m \end{pmatrix} = m^2 - m^2 = 0,
$$

因此这是个奇异系统. 定义新变量为

$$
p_1 = \frac{\partial L}{\partial v^1} = m (v^1 - v^2), \quad p_2 = \frac{\partial L}{\partial v^2} = m (v^2 - v^1).
$$

L 的奇异性意味着 p_1 和 p_2 不是完全独立的, 之间存在约束. 对于这个简单的例子, 约束关系很明显为 $\phi \equiv p_1 + p_2 = 0$. 对于奇异系统, 无法完全解出 v^1 和 v^2, 而只能得到 $v^1 = \dfrac{p_1}{m} + v^2$, 其中 v^2 为待定. 于是由式 (13.9), L 的勒让德变换为

$$
H = p_1 v^1 + p_2 v^2 - L = p_1 \left(\frac{p_1}{m} + v^2 \right) + p_2 v^2 - \frac{1}{2} m (v^1 - v^2)^2
$$
$$
= p_1 \left(\frac{p_1}{m} + v^2 \right) + p_2 v^2 - \frac{1}{2} m \left(\frac{p_1}{m} + v^2 - v^2 \right)^2 = \frac{p_1^2}{2m}.
$$

得到的新函数 H 与 p_2 无关, 因此 $\{v^2, p_2\}$ 这一对变量的信息被丢失了. 这来源于对于奇异系统, 式 (13.9) 定义的勒让德变换不可逆.

13.2.2　勒让德变换的几何意义

给一条曲线, 通常的描述方式是建立坐标系, 按照"横轴-纵轴"的方式给出曲线方程. 如图 13.2 所示, 横轴为 v, 纵轴为 L, 给出横轴-纵轴亦即 v-L 之间的函数关系, 即给出了曲线方程 $L = L(v)$.

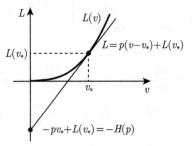

图 13.2　勒让德变换的几何意义

而勒让德变换则是换另一种思路描述同一条曲线. 如图 13.2 所示, 曲线 $L(v)$ 在 $v = v_*$ 处切线的斜率为

$$\left. \frac{\mathrm{d}L(v)}{\mathrm{d}v} \right|_{v_*} = L'(v_*) \equiv p(v_*), \tag{13.14}$$

假设函数 $L(v)$ 是严格凸 (convex) 的, 则 $p(v_*)$ 是单调增加的. 于是, 斜率 p 和 v_* 之间存在一一对应的映射, 由式 (13.14) 给出. 亦即, 给定斜率 p 的值, 就能定出曲线上的一点 $\{v, L\} = \{v_*, L(v_*)\}$, 这里 $v_* = v_*(p)$ 由式 (13.14) 反解得到. 而曲线通过这一点的切线方程为 $L - L(v_*) = p(v_*)(v - v_*)$, 整理得到

$$\underbrace{p(v_*)v_* - L(v_*)}_{=H} = p(v_*)v - L, \tag{13.15}$$

式 (13.15) 的左边是斜率 p 的函数,

$$H(p) = pv_*(p) - L(v_*(p)), \tag{13.16}$$

正是 $L(v)$ 的勒让德变换. 切线在竖轴上的截距不是别的, 正是 $L(v = 0) = -H(p)$. 可见, 勒让德变换不再是"横轴-纵轴"式的描述, 而是"切线-截距"式的描述. 完整的曲线可以被视为所有切线的包络.

例 13.3 勒让德变换的几何意义

考虑函数 $L(v) = v^2$. 其在 $v = v_*$ 的斜率为 $p = 2v_*$, 于是给定斜率 p, 就可以定出曲线 $L(v) = v^2$ 上的一点 $\{v_*, L(v_*)\} = \left\{ \dfrac{p}{2}, \dfrac{p^2}{4} \right\}$. 通过这一点的切线为

$$L - L(v_*) = p(v - v_*) \quad \Rightarrow \quad L = pv - \frac{p^2}{4}.$$

切线在竖轴上的截距为 $L(v = 0) = -\dfrac{p^2}{4}$. 而 $L(v)$ 的勒让德变换为

$$H(p) = pv_*(p) - L(v_*(p)) = p\frac{p}{2} - \frac{p^2}{4} = \frac{p^2}{4}.$$

可见 $-H(p)$ 确实是切线在竖轴上的截距. 对于各种斜率 p 的值, 画出对应的切线, 即得到如图 13.3 的包络, 包络线就是 $L(v) = v^2$ 的曲线.

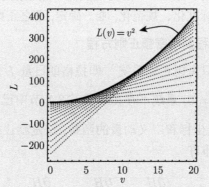

图 13.3 $\quad L(v) = v^2$ (实线) 作为切线 (虚线) 的包络

13.3 相空间中的运动方程

13.3.1 "正则"是什么意思

哈密顿力学中动力学规律有三种等价的表述, 分别是哈密顿正则方程、泊松括号和哈密顿–雅可比方程. 拉格朗日方程在哈密顿力学中的直接对应即哈密顿正则方程. 这里可能是头一次碰到"正则"这个词. 随着后续的学习, 会遇到大量带"正则"的概念, 例如正则坐标、正则动量、正则变换、正则对易子、正则量子化、正则系综, 等等. "正则"一词在科学中的应用, 最早是由雅可比于 1837 年引入的. 正则的英文"canonical"是个形容词, 词源来自希腊语的"kanon", 意为测量的直杆. "Canon"后来引申为规则、标准, 有点像格律诗的"格律"的意思. "Canon"音译即"卡农", 所以有一种著名的古典音乐谱曲技法叫"卡农".

"卡农"的旋律确实是非常规则的, 好像是按照某种数学公式生成的一样. 中文的 "正则"一词出现很早, 例如屈原在《离骚》中开篇即写道: "皇览揆余初度兮, 肇锡余以嘉名. 名余曰正则兮, 字余曰灵均."

一般来说, 将物理概念冠以 "正则" 更多是强调其标准性和唯一性. "正则" 这一概念背后有着深刻的**模式分解** (mode decomposition) 的思想. 回顾 10.1.2 节关于简正模式的讨论 (特别是式 (10.26)), 虽然自然界的各种现象纷繁芜杂, 但是归根结底都是一些基本模式的线性叠加:

$$大千世界 = \sum_{对模式求和} 系数 \times 模式.$$

"模式" 才是规律, 是有限且简单的. 现象的复杂性和无穷性只是来源于模式组合的方式, 即模式分解中的 "系数". 因为模式而不是系数才是本质, 所以将这些基本模式提取出来, 将其标准化、规范化, 唯一确定, 谓之正则.

13.3.2 从拉格朗日方程到哈密顿正则方程

从现在开始, 我们只考虑正规系统[①], 即拉格朗日量 L 对广义速度的黑塞矩阵非退化 $\det\left(\dfrac{\partial^2 L}{\partial \dot{q}^a \partial \dot{q}^b}\right) \neq 0$, 系统不存在约束. 13.1 节中已经证明, 如式 (13.4) 定义的哈密顿量只是广义坐标和广义动量的函数, 这是勒让德变换的必然结果. 而既然 $H = H\left(t, \boldsymbol{q}, \boldsymbol{p}\right)$, 即有

$$\mathrm{d}H = \frac{\partial H}{\partial t}\mathrm{d}t + \frac{\partial H}{\partial q^a}\mathrm{d}q^a + \frac{\partial H}{\partial p_a}\mathrm{d}p_a. \tag{13.17}$$

另一方面, 根据式 (13.5), 再进一步利用拉格朗日方程 $\left(\dot{p}_a - \dfrac{\partial L}{\partial q^a} = 0\right)$, 得到

$$\mathrm{d}H = -\frac{\partial L}{\partial t}\mathrm{d}t - \underbrace{\frac{\partial L}{\partial q^a}}_{=\dot{p}_a}\mathrm{d}q^a + \dot{q}^a \mathrm{d}p_a = -\frac{\partial L}{\partial t}\mathrm{d}t - \dot{p}_a\mathrm{d}q^a + \dot{q}^a \mathrm{d}p_a. \tag{13.18}$$

对比式 (13.17) 和 (13.18), 即有

$$\boxed{\dot{q}^a = \frac{\partial H}{\partial p_a}, \quad \dot{p}_a = -\frac{\partial H}{\partial q^a}}, \quad a = 1, 2, \cdots, s. \tag{13.19}$$

---

① 然而自然界的基本相互作用都是奇异的, 例如, 电磁场、广义相对论、粒子物理标准模型等的拉格朗日量都是奇异的. 本质上, 这是因为基本相互作用都具有规范对称性, 而规范理论必然是奇异的.

式 (13.19) 就是著名的**哈密顿正则方程** (Hamilton's canonical equations). 式 (13.17) 是勒让德变换的数学结果, 而式 (13.18) 则用到了拉格朗日方程. 因此哈密顿正则方程和拉格朗日方程完全等价. 拉格朗日方程是关于广义坐标 $\{q\}$ 的 s 个二阶常微分方程, 而哈密顿正则方程则是关于广义坐标和广义动量 $\{q, p\}$ 的 $2s$ 个一阶常微分方程. 只要给定初始的广义坐标和广义动量, 系统的演化就被哈密顿正则方程 (13.19) 完全确定了.

由式 (5.19) 知, 当运动方程满足时, 哈密顿量对时间的全导数满足 $\dfrac{\mathrm{d}H}{\mathrm{d}t} = -\dfrac{\partial L}{\partial t}$. 由式 (13.18) 知, 哈密顿量对时间的偏导数满足 $\dfrac{\partial H}{\partial t} = -\dfrac{\partial L}{\partial t}$, 总之即有

$$\boxed{\frac{\mathrm{d}H}{\mathrm{d}t} = \frac{\partial H}{\partial t} = -\frac{\partial L}{\partial t}}. \tag{13.20}$$

哈密顿量对时间的全导数等于其对时间的偏导数, 初看上去很奇怪, 但是可以直接验证. 由式 (13.17), 并利用哈密顿正则方程 (13.19),

$$\frac{\mathrm{d}H}{\mathrm{d}t} = \frac{\partial H}{\partial t} + \frac{\partial H}{\partial q^a} \underbrace{\dot{q}^a}_{=\frac{\partial H}{\partial p_a}} + \frac{\partial H}{\partial p_a} \underbrace{\dot{p}_a}_{=-\frac{\partial H}{\partial q^a}} = \frac{\partial H}{\partial t} + \underbrace{\frac{\partial H}{\partial q^a}\frac{\partial H}{\partial p_a} - \frac{\partial H}{\partial p_a}\frac{\partial H}{\partial q^a}}_{=0} = \frac{\partial H}{\partial t}. \tag{13.21}$$

"全导数" 衡量的是物理量真实的时间演化, 而 "偏导数" 只是反映时间参数 t 的改变 (例如平移) 引起的物理量形式上的变化. 因此, 式 (13.20) 意味着若系统不显含时间, 即不依赖于时间平移, 则哈密顿量是运动常数. 这是在第 5 章已经知道的结论. 在第 14 章引入泊松括号后, 会对这一点有进一步的理解.

至此可以总结一下, 由系统的拉格朗日量 $L = L(t, q, \dot{q})$ 出发, 得到其哈密顿正则方程的步骤:

(1) 计算共轭动量 $p_a = \dfrac{\partial L}{\partial \dot{q}^a} \equiv p_a(t, q, \dot{q})$;

(2) 从共轭动量的表达式 $p_a = p_a(t, q, \dot{q})$ 中反解出广义速度, 作为广义坐标和广义动量的函数 $\dot{q}^a = \dot{q}^a(t, q, p)$;

(3) 将 $\dot{q}^a = \dot{q}^a(t, q, p)$ 代入哈密顿量的定义 $H = p_a \dot{q}^a - L(t, q, \dot{q})$, 将所有的广义速度换成广义坐标和广义动量的函数, 得到哈密顿量 $H = H(t, q, p)$;

(4) 对哈密顿量求导, 得到哈密顿正则方程 (13.19).

需要特别强调的是, 只有将所有的广义速度换成广义坐标和广义动量的函数后, 才能将 $H = H(t, q, p)$ 称为哈密顿量.

例 13.4 一维谐振子的哈密顿正则方程

一维谐振子的拉格朗日量为 $L = \frac{1}{2}m\dot{q}^2 - \frac{1}{2}m\omega^2 q^2$, 广义动量为 $p \equiv \frac{\partial L}{\partial \dot{q}} = m\dot{q}$, 解得 $\dot{q} = \frac{p}{m}$. 于是

$$H(q, p) = p\dot{q} - L = p\frac{p}{m} - \frac{1}{2}m\frac{p^2}{m^2} + \frac{1}{2}m\omega^2 q^2 = \frac{p^2}{2m} + \frac{1}{2}m\omega^2 q^2. \tag{13.22}$$

式 (13.22) 即一维谐振子的哈密顿量. 哈密顿正则方程为

$$\dot{q} = \frac{\partial H}{\partial p} = \frac{p}{m}, \quad \dot{p} = -\frac{\partial H}{\partial q} = -m\omega^2 q. \tag{13.23}$$

式 (13.23) 的两个一阶方程和拉格朗日方程是等价的. 对第一个方程求导, 再利用第二个方程, 得到 $\ddot{q} = \frac{\dot{p}}{m} = -\frac{m\omega^2 q}{m}$, 即 $\ddot{q} + \omega^2 q = 0$, 这正是一维谐振子的拉格朗日方程.

例 13.5 闵氏时空中自由粒子的哈密顿正则方程

闵氏时空中自由粒子的拉格朗日量由式 (4.24) 给出, $L = -mc^2\sqrt{1 - \frac{v^2}{c^2}}$, 广义动量为式 (4.27), 即 $p_i = \dfrac{mv_i}{\sqrt{1 - \dfrac{v^2}{c^2}}}$. 于是

$$H = p_i v^i - L = \frac{mv^2}{\sqrt{1 - \dfrac{v^2}{c^2}}} + mc^2\sqrt{1 - \frac{v^2}{c^2}}. \tag{13.24}$$

我们希望将 H 明显地写成 p_i 的函数. 由 $\boldsymbol{p}^2 \equiv \delta^{ij} p_i p_j = \dfrac{m^2 v^2}{1 - \dfrac{v^2}{c^2}}$ 解得 $v^2 = \dfrac{c^2 \boldsymbol{p}^2}{m^2 c^2 + \boldsymbol{p}^2}$, 代入式 (13.24), 化简得到

$$H(\boldsymbol{x}, \boldsymbol{p}) = \sqrt{c^4 m^2 + c^2 \boldsymbol{p}^2} \equiv E, \tag{13.25}$$

这正是相对论能量-动量关系式 (4.31). 闵氏时空中自由粒子哈密顿正则方程为

$$\dot{x}^i = \frac{\partial H}{\partial p_i} = \frac{c^2 p^i}{\sqrt{c^4 m^2 + c^2 \boldsymbol{p}^2}}, \quad \dot{p}_i = -\frac{\partial H}{\partial x^i} = 0, \quad i = 1, 2, 3. \tag{13.26}$$

第二个方程意味着动量守恒, 因此第一个方程则意味着粒子在做匀速直线运动.

例 13.6 中心势场中非相对论性粒子的哈密顿正则方程

非相对论性粒子在中心势场中的拉格朗日量为式 (8.18), 即 $L = \dfrac{1}{2}m\Big(\dot{r}^2 + r^2\dot{\theta}^2 + r^2\sin^2\theta\dot{\phi}^2\Big) - V(r)$, 广义动量为

$$p_r \equiv \frac{\partial L}{\partial \dot{r}} = m\dot{r} \quad \Rightarrow \quad \dot{r} = \frac{p_r}{m},$$

$$p_\theta \equiv \frac{\partial L}{\partial \dot{\theta}} = mr^2\dot{\theta} \quad \Rightarrow \quad \dot{\theta} = \frac{p_\theta}{mr^2},$$

$$p_\phi \equiv \frac{\partial L}{\partial \dot{\phi}} = mr^2\sin^2\theta\dot{\phi} \quad \Rightarrow \quad \dot{\phi} = \frac{p_\phi}{mr^2\sin^2\theta}.$$

于是哈密顿量为

$$\begin{aligned}
H &= p_r\dot{r} + p_\theta\dot{\theta} + p_\phi\dot{\phi} - L \\
&= p_r\frac{p_r}{m} + p_\theta\frac{p_\theta}{mr^2} + p_\phi\frac{p_\phi}{mr^2\sin^2\theta} \\
&\quad - \frac{1}{2}m\left[\left(\frac{p_r}{m}\right)^2 + r^2\left(\frac{p_\theta}{mr^2}\right)^2 + r^2\sin^2\theta\left(\frac{p_\phi}{mr^2\sin^2\theta}\right)^2\right] + V(r) \\
&= \frac{p_r^2}{2m} + \frac{p_\theta^2}{2mr^2} + \frac{p_\phi^2}{2mr^2\sin^2\theta} + V(r).
\end{aligned} \tag{13.27}$$

哈密顿正则方程即

$$\dot{r} = \frac{\partial H}{\partial p_r} = \frac{p_r}{m}, \quad \dot{\theta} = \frac{\partial H}{\partial p_\theta} = \frac{p_\theta}{mr^2}, \quad \dot{\phi} = \frac{\partial H}{\partial p_\phi} = \frac{p_\phi}{mr^2\sin^2\theta},$$

以及

$$\dot{p}_r = -\frac{\partial H}{\partial r} = \frac{p_\theta^2}{mr^3} + \frac{p_\phi^2}{mr^3\sin^2\theta} - \frac{\mathrm{d}V(r)}{\mathrm{d}r},$$

$$\dot{p}_\theta = -\frac{\partial H}{\partial \theta} = \frac{p_\phi^2\cos\theta}{mr^2\sin^3\theta}, \quad \dot{p}_\phi = -\frac{\partial H}{\partial \phi} = 0.$$

例 13.7 阻尼谐振子的哈密顿正则方程

在 10.2.3 节中, 讨论过阻尼谐振子的两种有效拉格朗日量. 从单自由度含时拉格朗日量式 (10.70) 即 (记 $\omega_0 \to \omega$) $L = \mathrm{e}^{2\beta t}\dfrac{1}{2}\left(m\dot{q}^2 - m\omega^2q^2\right)$ 出发, 广义动量为 $p \equiv \dfrac{\partial L}{\partial \dot{q}} = m\mathrm{e}^{2\beta t}\dot{q}$, 解得 $\dot{q} = \mathrm{e}^{-2\beta t}\dfrac{p}{m}$. 于是得到含时的哈密顿量

$$\begin{aligned}
H &= p\dot{q} - L = p\mathrm{e}^{-2\beta t}\frac{p}{m} - \mathrm{e}^{2\beta t}\left(\frac{1}{2}m\mathrm{e}^{-4\beta t}\frac{p^2}{m^2} - \frac{1}{2}m\omega^2q^2\right) \\
&= \mathrm{e}^{-2\beta t}\frac{p^2}{2m} + \mathrm{e}^{2\beta t}\frac{1}{2}m\omega^2q^2.
\end{aligned}$$

对应哈密顿正则方程为

$$\dot{q} = \frac{\partial H}{\partial p} = \mathrm{e}^{-2\beta t} \frac{p}{m}, \quad \dot{p} = -\frac{\partial H}{\partial q} = -\mathrm{e}^{2\beta t} m \omega^2 q.$$

另一方面, 从 2 自由度不含时拉格朗日量式 (10.71) 即 $L = \frac{1}{2} m \dot{q} \dot{x} - \frac{1}{2} m \beta (\dot{q} x - q \dot{x}) - \frac{1}{2} m \omega^2 q x$ 出发, 广义动量为

$$p = \frac{\partial L}{\partial \dot{q}} = \frac{1}{2} m \dot{x} - \frac{1}{2} m \beta x \quad \Rightarrow \quad \dot{x} = \frac{2}{m} p + \beta x,$$

$$p_x = \frac{\partial L}{\partial \dot{x}} = \frac{1}{2} m \dot{q} + \frac{1}{2} m \beta q \quad \Rightarrow \quad \dot{q} = \frac{2}{m} p_x - \beta q.$$

得到不含时的哈密顿量为

$$\begin{aligned}
H &= p \dot{q} + p_x \dot{x} - L \\
&= p \left(\frac{2}{m} p_x - \beta q \right) + p_x \left(\frac{2}{m} p + \beta x \right) - \left[\frac{1}{2} m \left(\frac{2}{m} p_x - \beta q \right) \left(\frac{2}{m} p + \beta x \right) \right. \\
&\quad \left. - \frac{1}{2} m \beta \left(\left(\frac{2}{m} p_x - \beta q \right) x - q \left(\frac{2}{m} p + \beta x \right) \right) - \frac{1}{2} m \omega^2 q x \right] \\
&= \frac{2 p p_x}{m} - \beta (pq - p_x x) + \frac{1}{2} m \left(\omega^2 - \beta^2 \right) q x.
\end{aligned}$$

哈密顿正则方程为

$$\dot{q} = \frac{\partial H}{\partial p} = \frac{2 p_x}{m} - \beta q, \quad \dot{p} = -\frac{\partial H}{\partial q} = \frac{1}{2} m x \left(\beta^2 - \omega^2 \right) + \beta p,$$

$$\dot{x} = \frac{\partial H}{\partial p_x} = \frac{2 p}{m} + \beta x, \quad \dot{p}_x = -\frac{\partial H}{\partial x} = \frac{1}{2} m q \left(\beta^2 - \omega^2 \right) - \beta p_x.$$

在位形空间中, 并不是所有关于广义坐标的微分方程都是拉格朗日方程, 即存在对应的拉格朗日量. 同样, 在相空间中, 并不是所有关于广义坐标和广义动量的方程

$$\dot{q}^a = u^a (t, \boldsymbol{q}, \boldsymbol{p}), \quad \dot{p}_a = v_a (t, \boldsymbol{q}, \boldsymbol{p}), \quad a = 1, \cdots, s \tag{13.28}$$

都是哈密顿正则方程, 即存在对应的哈密顿量. 由式 (13.19) 知, 若方程 (13.28) 为哈密顿正则方程, 则有

$$\frac{\partial \dot{q}^a}{\partial q^b} \equiv \frac{\partial u^a}{\partial q^b} = \frac{\partial^2 H}{\partial q^b \partial p_a}, \quad \frac{\partial \dot{q}^a}{\partial p_b} \equiv \frac{\partial u^a}{\partial p_b} = \frac{\partial^2 H}{\partial p_a \partial p_b},$$

$$\frac{\partial \dot{p}_a}{\partial p_b} \equiv \frac{\partial v_a}{\partial p_b} = -\frac{\partial^2 H}{\partial q^a \partial p_b}, \quad \frac{\partial \dot{p}_a}{\partial q^b} \equiv \frac{\partial v_a}{\partial q^b} = -\frac{\partial^2 H}{\partial q^a \partial q^b},$$

因此函数 $u^a(t, \boldsymbol{q}, \boldsymbol{p})$ 和 $v_a(t, \boldsymbol{q}, \boldsymbol{p})$ 需要满足条件

$$\boxed{\frac{\partial u^a}{\partial q^b} = -\frac{\partial v_b}{\partial p_a}, \quad \frac{\partial u^a}{\partial p_b} = \frac{\partial u^b}{\partial p_a}, \quad \frac{\partial v_a}{\partial q^b} = \frac{\partial v_b}{\partial q^a},} \quad a, b = 1, \cdots, s. \quad (13.29)$$

满足式 (13.29) 条件的运动方程 (13.28) 具有哈密顿正则方程的形式, 存在对应的哈密顿量, 此时系统也被称为**哈密顿系统** (Hamiltonian system). 反过来, 无论是由勒让德变换得到还是直接给定, 只要知道系统的哈密顿量, 其运动方程即由哈密顿正则方程 (13.19) 给出.

13.4　相空间的变分原理

　　哈密顿正则方程也可以从变分原理得到. 作为对比, 我们先回顾一下拉格朗日力学对演化的描述. 首先, 作为描述状态的速度相空间, 其中的广义坐标和广义速度是完全独立的. 直观上, 粒子处于某个位置, 和具有什么速度并没有关系. 从这个意义上, 用符号 $\boldsymbol{v}$ 来表示广义速度, $\{\boldsymbol{q}, \boldsymbol{v}\}$ 来表示速度相空间更为合适. 此时拉格朗日量也被视为广义坐标和广义速度的函数, 如图 13.4(a) 中实线箭头所示.

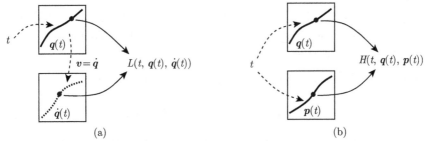

(a)　　　　　　　　　　　　　　(b)

图 13.4　拉格朗日量与哈密顿量的函数关系. 其中实线箭头代表 L 或 H 的函数关系, 虚线箭头代表时间演化关系. (a) 拉格朗日力学中只有 $\boldsymbol{q}(t)$ 是独立的. (b) 哈密顿力学中 $\boldsymbol{q}(t)$ 和 $\boldsymbol{p}(t)$ 都是独立的

　　但是, 当描述时间演化时, 广义坐标 $\boldsymbol{q}$ 和广义速度 $\boldsymbol{v}$ 随着时间 t 而变化, 在位形空间与速度空间中的轨迹分别如图 13.4(a) 中曲线所示, 速度相空间中的轨迹就是参数曲线 $\{\boldsymbol{q}(t), \boldsymbol{v}(t)\}$. 问题在于, 不是所有速度相空间中的轨迹都对应某个可能的运动, 而只有那些满足 $\boldsymbol{v}(t) = \dot{\boldsymbol{q}}(t)$ 的轨迹才是可能的[①]. 简言之, 位形空间轨迹必然 "诱导" 出速度相空间轨迹, 即 $\{\boldsymbol{q}(t)\} \Rightarrow \{\boldsymbol{q}(t), \boldsymbol{v}(t)\} \equiv \{\boldsymbol{q}(t), \dot{\boldsymbol{q}}(t)\}$.

---

　　① 这里的 "可能" 是指能否存在, 即是否对应某个物理系统的运动. 例如, 单自由度系统, 速度相空间 (即 2 维平面) 中的轨迹 $\{q(t), v(t)\} = \{t, t^2\}$ 显然就不对应任何物理系统的运动, 因为 $v = t^2 \neq \dot{q} = 1$.

因此, 在时间演化的意义上, 只有广义坐标随时间的变化 $q(t)$——位形空间的轨迹或者说世界线是独立的. 广义速度随时间的变化 $v(t)$ 不是独立的, 而是被限定为广义坐标的时间导数 $v(t) \equiv \dot{q}(t)$. 这种由时间演化导致的关系如图 13.4(a) 中虚线箭头所示. 拉格朗日量的时间演化只取决于 $q(t)$, 作用量也只是 $q(t)$ 的泛函. 这也是为什么在位形空间的最小作用量原理中, 我们只需要考虑广义坐标的变分 δq, 而广义速度的变分总是被视为 $\delta v = \delta \dot{q} \equiv \dfrac{\mathrm{d}}{\mathrm{d}t}(\delta q)$——即只是前者的时间导数的原因. 从这个意义上, 拉格朗日力学描述系统在位形空间中的演化, 广义速度并不处于和广义坐标平等的地位.

在哈密顿力学中, 情况则完全不同. 虽然从拉格朗日量出发, 根据式 (13.4) 可以得到对应的哈密顿量, 但是这种先后顺序并非逻辑上的[1]. 无论是通过勒让德变换还是直接给出, 哈密顿 $H(t, q, p)$ 作为相空间中的函数, 其与拉格朗日量 $L(t, q, \dot{q})$ 并没有先后之分. 特别是, 广义动量 p 与广义坐标 q、广义速度 $\dot{q}$ 并没有如式 (13.2) 那样事先的联系. 这意味着, 不仅从描述状态的相空间的角度, 广义坐标 q 与广义动量 p 是独立的; 即便考虑时间演化, 广义坐标和广义动量随时间的变化 $q(t)$ 和 $p(t)$ 互相也没有任何关系. 这就导致与速度相空间不同, 相空间中任何一条轨迹 $\{q(t), p(t)\}$ 都是可能的, 即可能对应 "某个" 物理系统 (未必是哈密顿系统) 的运动. 哈密顿量的函数关系如图 13.4(b) 所示, 其演化同时依赖于 $q(t)$ 和 $p(t)$, 且两者互相独立. 这也导致相空间中, 广义坐标和广义动量的变分 δq 和 δp 是互相独立的. 总之, 哈密顿力学描述系统在相空间中的演化, 广义坐标和广义动量始终是独立且平等的.

根据勒让德变换关系, 拉格朗日量可以反过来用哈密顿量表示为

$$L(t, q, p, \dot{q}, \dot{p}) := p_a \dot{q}^a - H(t, q, p). \tag{13.30}$$

式 (13.30) 中的 $L(t, q, p, \dot{q}, \dot{p})$ 是广义坐标、广义动量及其时间导数的函数, 可以视为**相空间拉格朗日量** (phase space Lagrangian). 特别是 $\dot{q}$ 需要理解为广义坐标 q 的时间导数, 因为相空间并没有广义速度的概念. 回顾位形空间的最小作用量原理, 其要求在满足

$$\delta q^a(t_1) = \delta q^a(t_2) = 0, \quad a = 1, \cdots, s \tag{13.31}$$

的边界条件时, 对任意的广义坐标的变分都有 $\delta S[q] = 0$. 相应地, 在相空间中, 把作用量视为 $\{q(t), p(t)\}$ 共同的泛函, 要求对任意广义坐标和广义动量的变分为零,

---

① 很大程度上只是教材学习的顺序.

$$\delta S\left[\boldsymbol{q}, \boldsymbol{p}\right] \equiv \int_{t_1}^{t_2} \mathrm{d}t \delta\left[p_a \dot{q}^a - H\left(t, \boldsymbol{q}, \boldsymbol{p}\right)\right] = 0, \qquad (13.32)$$

这也称为**相空间变分原理** (variational principle in phase space). 展开得到

$$
\begin{aligned}
\delta S\left[\boldsymbol{q}, \boldsymbol{p}\right] &= \int_{t_1}^{t_2} \mathrm{d}t\left[\delta p_a \dot{q}^a + p_a \delta \dot{q}^a - \delta H\left(t, \boldsymbol{q}, \boldsymbol{p}\right)\right] \\
&= \int_{t_1}^{t_2} \mathrm{d}t\left[\delta p_a \dot{q}^a + \frac{\mathrm{d}}{\mathrm{d}t}\left(p_a \delta q^a\right) - \dot{p}_a \delta q^a - \frac{\partial H}{\partial q^a}\delta q^a - \frac{\partial H}{\partial p_a}\delta p_a\right] \\
&= \int_{t_1}^{t_2} \mathrm{d}t\left[\left(\dot{q}^a - \frac{\partial H}{\partial p_a}\right)\delta p_a - \left(\dot{p}_a + \frac{\partial H}{\partial q^a}\right)\delta q^a\right] + \underbrace{\left.\left(p_a \delta q^a\right)\right|_{t_1}^{t_2}}_{=0}. \quad (13.33)
\end{aligned}
$$

因为广义坐标满足边界条件式 (13.31), 因此上式最后一项为零. 同时因为广义坐标和广义动量的变分是独立的, 所以 δp_a 和 δq^a 各自系数也必须为零, 这正是哈密顿正则方程 (13.19). 实际上可以验证, 哈密顿正则方程就是相空间拉格朗日量式 (13.30) 所对应的欧拉-拉格朗日方程:

$$\frac{\mathrm{d}}{\mathrm{d}t}\left(\frac{\partial L}{\partial \dot{q}^a}\right) - \frac{\partial L}{\partial q^a} = 0 \quad \Rightarrow \quad \dot{p}_a + \frac{\partial H}{\partial q^a} = 0, \qquad (13.34)$$

$$\frac{\mathrm{d}}{\mathrm{d}t}\left(\frac{\partial L}{\partial \dot{p}_a}\right) - \frac{\partial L}{\partial p_a} = 0 \quad \Rightarrow \quad \dot{q}^a - \frac{\partial H}{\partial p_a} = 0, \quad a = 1, \cdots, s. \qquad (13.35)$$

这也是相空间变分原理的必然结果.

由以上的推导, 从式 (13.30) 形式的相空间拉格朗日量出发, 单纯为了由变分原理得到哈密顿正则方程的正确形式, 仅仅要求广义坐标的边界条件式 (13.31) 就够了[①], 而不需要进一步要求

$$\delta p_a\left(t_1\right) = \delta p_a\left(t_2\right) = 0, \quad a = 1, \cdots, s. \qquad (13.36)$$

此时边界条件如图 13.5(a) 所示. 但既然在相空间中广义坐标和广义动量完全独立且平等, 那么只对坐标作出限制就显得很奇怪. 从逻辑上来说, 相空间和哈密顿量是完全先于勒让德变换和拉格朗日量的独立概念. 因此, 在相空间的变分原理中, 我们同时要求式 (13.31) 和式 (13.36), 即同时固定初、末时刻的广义坐标和广义动量——即初、末状态, 如图 13.5(b) 所示[②]. 这样做的好处之一是, 相空间拉格

---

① 这是因为式 (13.30) 形式的相空间拉格朗日量本身并不含有广义动量的时间导数 $\dot{\boldsymbol{p}}$.

② 一个微妙之处是, 因为哈密顿正则方程是 $2s$ 个一阶方程, 因此确定一组定解只需要 $2s$ 个边界条件. 而同时固定初、末状态实际给出了 $4s$ 个边界条件. 这意味着, 并不是任意给定的初、末状态, 哈密顿正则方程都有解, 或者说作用量都存在极值.

朗日量也具有相差时间全导数的任意性,

$$p_a \dot{q}^a - H\left(t, \boldsymbol{q}, \boldsymbol{p}\right) \simeq p_a \dot{q}^a - H\left(t, \boldsymbol{q}, \boldsymbol{p}\right) + \frac{\mathrm{d}F\left(t, \boldsymbol{q}, \boldsymbol{p}\right)}{\mathrm{d}t}. \tag{13.37}$$

这一点将在 15.3 节讨论正则变换的生成函数时起到作用. 这也意味着, 相空间的变分原理和位形空间的最小作用量原理并不完全等价, 前者的变分受到更多的限制.

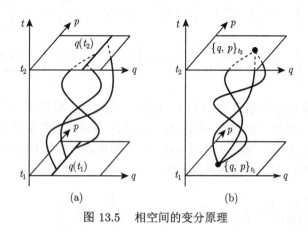

图 13.5   相空间的变分原理

13.5   相空间中的演化

相空间中坐标和动量是始终独立且平等的. 将相空间坐标区分为 "坐标" 和 "动量" 完全是人为的, 其中的 "坐标" 部分未必是系统位形的刻画, "动量" 部分也未必是运动快慢的衡量. 正确的理解是将广义坐标和广义动量视为一个整体, 共同描述系统的状态. 哈密顿正则方程所描述的正是相空间坐标, 即系统状态的演化. 更一般地, 系统的力学量或者说**可观测量** (observable) 由状态决定, 即相空间坐标的函数. 可以总结如表 13.1 所示.

表 13.1   物理系统状态与力学量的数学描述

物理概念	数学对象
状态	相空间中的点 $\{\boldsymbol{q}, \boldsymbol{p}\}$
力学量 (可观测量)	相空间坐标的函数 $f = f(t, \boldsymbol{q}, \boldsymbol{p})$

物理系统在任意时刻的状态可以用其相空间中的一个点来表示, 称为这个系统在其相空间中的代表点. 随着时间的演化, 系统的代表点也会在相空间中移动, 从而划出一条条轨迹, 称为系统的**相轨迹** (phase trajectory) 或者**相流** (phase flow). 对于不含时系统, 相空间中的点代表系统完整的状态. 从相空间中一个给定的点出发, 物理系统的相流完全由其哈密顿正则方程所唯一确定. 换句话说, 不含时系统的相流是永不相交的[①]. 这一点和位形空间中的演化不同, 因为位形空间中的轨迹包括世界线可以相交. 相空间中相流的图示也被称作**相图** (phase diagram 或 phase portrait). 通过分析相图, 可以直接得到系统演化的很多性质, 而不需要具体求解运动方程[②].

对于不含时系统, 哈密顿量 H 是运动常数. 而

$$H\left(\boldsymbol{q},\boldsymbol{p}\right) = \text{常数} \equiv E \tag{13.38}$$

是 $2s$ 维相空间中 $2s-1$ 维的超曲面. 因此, 不含时系统的相轨迹在相空间中 "$H = $ 常数" 的超曲面上. 对于单自由度系统, 相流就是 2 维相平面上的曲线, 亦即哈密顿量的等高线, 如图 13.6 所示. 根据哈密顿正则方程 (13.19), 相流的方向 $\boldsymbol{v} = (\dot{q}, \dot{p})$ 相当于哈密顿量的梯度 $\nabla H = \left(\dfrac{\partial H}{\partial q}, \dfrac{\partial H}{\partial p}\right)$ 方向 (由能量低指向能量高) "顺时针" 转 $\dfrac{\pi}{2}$ 角.

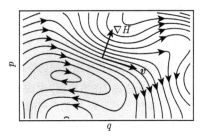

图 13.6　单自由度系统的相图

例 13.8 一维谐振子的相图

在例 13.4中已得到一维谐振子的哈密顿量式 (13.22), 即 $H\left(q, p\right) = \dfrac{p^2}{2m} + \dfrac{1}{2}m\omega^2 q^2$. 一维谐振子的位形空间就是直线 $\mathbf{R}^1$. 又因为动量 p 也可以取任意实数, 所以一维谐振子的相空间是 2 维欧氏平面 $\mathbf{R}^2$. 给定能量 E, 其在相平面上的轨迹满足 $H = \dfrac{p^2}{2m} + \dfrac{1}{2}m\omega^2 q^2 = E$, 即是椭圆, 如图 13.7 所示. 其中, 靠近中心 (图中 C 点) 对应低能量 (例

① 对于哈密顿量含时的系统, 这句话应该换成相空间加上时间轴的 $2s+1$ 维空间中演化轨迹不相交, 其相流本身 (前者在 $2s$ 维相空间的投影) 可能是相交的.

② "相图" 的概念是庞加莱首先提出的. 由 "相图" 的概念还延伸出 "极限环"、"吸引子"、"庞加莱截面"、"混沌" 等概念. 由此发展出一门新的数学分支, 即 "微分方程的定性理论".

如图中 E_1), 远离中心对应高能量 (例如图中 E_2).

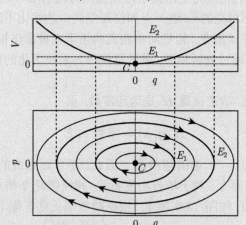

图 13.7　一维谐振子的相图

例 13.9 一维线性排斥力场中粒子的相图

考虑哈密顿量 $H(q,p) = \dfrac{p^2}{2m} - \dfrac{1}{2}\lambda q^2$, 假设常数 $\lambda > 0$. 因为 $V = -\dfrac{1}{2}\lambda q^2$, $V'(q) = -\lambda q$, 所以代表线性排斥力. 给定能量 E, 其在相平面的轨迹满足 $\dfrac{p^2}{2m} - \dfrac{1}{2}\lambda q^2 = E$, 是双曲线, 如图 13.8 所示. 其中两条渐进线 (图中虚线) 对应 $E = 0$, 即 $p = \pm\sqrt{m\lambda}q$. 两条渐近线将平面分为 4 个区域, 其中 "(I)" 和 "(II)" 对应 $E > 0$, q 的运动范围没有限制; "(III)" 和 "(IV)" 对应 $E < 0$, q 运动范围满足 $|q| > \sqrt{2|E|/\lambda}$.

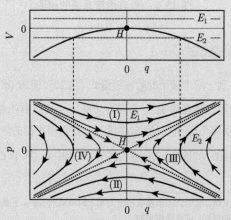

图 13.8　一维线性排斥力场中粒子的相图

在 9.4 节中, 我们讨论过平衡的概念, 即系统的状态不再随时间变化. 在相空间中, 这对应 $\dot{q} = 0, \dot{p} = 0$. 由哈密顿正则方程知, 这意味着

$$\frac{\partial H}{\partial q^a} = 0, \quad \frac{\partial H}{\partial p_a} = 0, \quad a = 1, \cdots, s, \tag{13.39}$$

即相空间中哈密顿量梯度为零的点. 如果系统一开始处于平衡点, 那么就会一直保持不动, 因此也被称作**不动点** (fixed point). 但是实际的状态总是很难精确地处于平衡点上, 所以对平衡点的小偏离会如何演化, 就是系统重要的性质. 简言之, 如果平衡状态小的偏离不会被无限放大, 那么就称之是稳定的. 表现在相流上, 就是不动点附近的点, 不会随着相流远离平衡点跑得越来越远. 由以上两个例子可以看出, 在平衡点附近的行为定性可分为两类. 一类是如谐振子那样, 绕平衡点沿着椭圆轨道做周期运动, 相应的平衡点也被称作**椭圆点** (ellipic point), 是稳定的, 对应势能的极小值点 (如图 13.7 中 C 点). 另一类是如线性排斥力场那样, 相流为双曲线, 相应的平衡点也被称作**双曲点** (hyperbolic point), 是不稳定的, 对应势能的极大值点 (如图 13.8 中 H 点). 其中过双曲不动点的相流也被称作**分界线** (separatrix). 顾名思义, 分界线两边的相流对应不同的行为.

例 13.10 单摆的相图

单摆的拉格朗日量为 $L = \frac{1}{2}ml^2\dot{\theta}^2 + mgl\cos\theta$. 单摆只有 1 个自由度, 其位形空间是 1 维圆周 $\mathbf{S}^1$, 广义坐标 $\theta \in [-\pi, \pi)$, 具有 2π 的周期性. θ 的共轭动量为 $p_\theta \equiv \frac{\partial L}{\partial \dot{\theta}} = ml^2\dot{\theta}$, 于是哈密顿量为

$$H(\theta, p_\theta) = p_\theta\dot{\theta} - L = p_\theta\frac{p_\theta}{ml^2} - \frac{1}{2}ml^2\left(\frac{p_\theta}{ml^2}\right)^2 - mgl\cos\theta = \frac{p_\theta^2}{2ml^2} - mgl\cos\theta.$$

单摆的相空间是 2 维的, θ 仍然具有 2π 的周期性, 而 p_θ 原则上可以取任意实数 $p_\theta \in \mathbf{R}^1$, 所以单摆的相空间是一个 2 维柱面 $\mathbf{R}^1 \times \mathbf{S}^1$. 单摆的相流如图 13.9(a) 所示. 其中深色代表低能量, 对应来回摆动; 浅色代表高能量, 即可以越过最高点转圈. 还可以将柱面弯曲成 U 形管, 如图 13.9(b) 所示. 这个图可以更形象地反映出能量的高低. 可以看出, 在低能级时做往复的周期摆动, 在高能级时有两种不同的周期运动, 分别对应顺时针和逆时针转动.

将 13.9(a) 的柱面沿着 $\theta = \pi$ 的直线剪开, 摊开在平面上, 并考虑到 θ 以 2π 为周期, 就得到如图 13.10 所示的相图. 由图 13.10可以明显看出, C 点为椭圆点, 即稳定平衡点; H 点为双曲点, 即不稳定平衡点. 在 C 点和 H 点附近的行为分别近似为谐振子势和线性排斥力场中的运动.

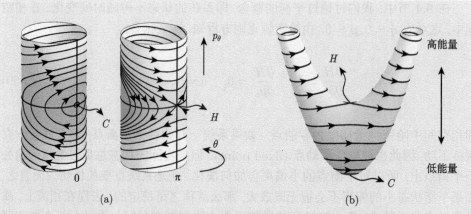

图 13.9 单摆的相图: (a) 柱面上的相流; (b) U 形管上的相流

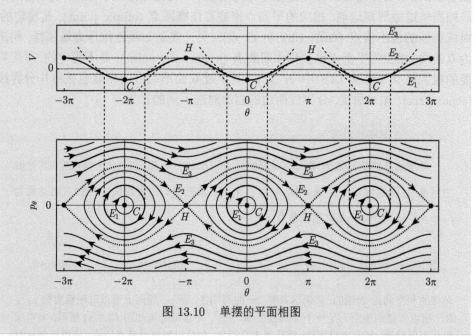

图 13.10 单摆的平面相图

例 13.11 开普勒问题的相图

考虑在中心势场 $V(r) = -\dfrac{Gm}{r}$ 中运动的粒子. 由角动量守恒知, 粒子做平面运动, 取平面极坐标, 拉格朗日量为 $L = \dfrac{1}{2}m\left(\dot{r}^2 + r^2\dot{\phi}^2\right) + \dfrac{Gm}{r}$. 仿照例 13.6, 哈密顿量为

$$H = p_r\dot{r} + p_\phi\dot{\phi} - L = \frac{p_r^2}{2m} + \frac{p_\phi^2}{2mr^2} - \frac{Gm}{r}.$$

由于 ϕ 是循环坐标, $p_\phi =$ 常数 $\equiv J$, 所以哈密顿量可以写成 $H = \dfrac{p_r^2}{2m} + \dfrac{J^2}{2mr^2} - \dfrac{Gm}{r} \equiv H(r, p_r)$, 即等效为径向运动单自由度问题. $\{r, p_r\}$ 平面上的相图如图 13.11 所示.

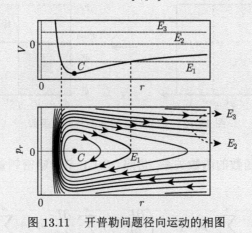

图 13.11　开普勒问题径向运动的相图

13.6　劳 斯 方 法

13.6.1　劳斯函数

从拉格朗日量 L 到哈密顿量 H 的勒让德变换, 把全部的广义速度换成了广义动量. 如果我们只将一部分广义速度换成广义动量, 会发生什么? 考虑 s 个自由度的系统, 我们将广义速度一分为二:

$$\{\dot{q}^a\} = \{\underbrace{\dot{q}^1, \dot{q}^2, \cdots, \dot{q}^m}_{m}; \underbrace{\dot{q}^{m+1}, \dot{q}^{m+2}, \cdots, \dot{q}^s}_{s-m}\}, \tag{13.40}$$

并只对后 $s-m$ 个广义速度做勒让德变换, 定义 (这里明确写出了求和号)

$$\boxed{R := \sum_{a=m+1}^{s} p_a \dot{q}^a - L,} \tag{13.41}$$

注意这里求和是对后 $s-m$ 个广义速度和对应的广义动量求和. 从这个意义上, 式 (13.41) 可被视为 "部分" 勒让德变换, 而从拉格朗日量 L 到哈密顿量 H 的变换则可被视为 "完全" 勒让德变换. 这样定义的 R 被称为**劳斯函数 (Routhian)**[①].

[①] 劳斯方法是英国数学家劳斯 (Edward Routh, 1831—1907) 于 1876—1877 年间提出的. 劳斯对力学的数学系统化及现代控制系统理论做出了很多关键贡献.

劳斯函数 R 介于拉格朗日量 L 和哈密顿量 H 之间, 像是两者的"杂糅", 如图 13.12 所示.

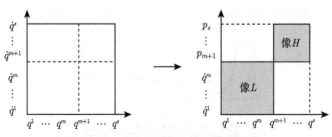

图 13.12   部分勒让德变换与劳斯函数

为了得到劳斯函数的函数关系, 仿照 13.1.1 节对哈密顿量的分析方法, 计算劳斯函数的全微分:

$$\mathrm{d}R = \sum_{a=m+1}^{s} \mathrm{d}p_a \dot{q}^a + \sum_{a=m+1}^{s} p_a \mathrm{d}\dot{q}^a - \left(\frac{\partial L}{\partial t}\mathrm{d}t + \sum_{a=1}^{s} \frac{\partial L}{\partial q^a}\mathrm{d}q^a + \underbrace{\sum_{a=1}^{s} \frac{\partial L}{\partial \dot{q}^a}\mathrm{d}\dot{q}^a}_{=\sum\limits_{a=1}^{m} + \sum\limits_{a=m+1}^{s}} \right)$$

$$= -\frac{\partial L}{\partial t}\mathrm{d}t - \sum_{a=1}^{s} \frac{\partial L}{\partial q^a}\mathrm{d}q^a - \sum_{a=1}^{m} \frac{\partial L}{\partial \dot{q}^a}\mathrm{d}\dot{q}^a + \sum_{a=m+1}^{s} \dot{q}^a \mathrm{d}p_a + \sum_{a=m+1}^{s} \underbrace{\left(p_a - \frac{\partial L}{\partial \dot{q}^a} \right)}_{=0}\mathrm{d}\dot{q}^a$$

$$\equiv -\frac{\partial L}{\partial t}\mathrm{d}t - \sum_{a=1}^{s} \frac{\partial L}{\partial q^a}\mathrm{d}q^a - \sum_{a=1}^{m} \frac{\partial L}{\partial \dot{q}^a}\mathrm{d}\dot{q}^a + \sum_{a=m+1}^{s} \dot{q}^a \mathrm{d}p_a, \qquad (13.42)$$

其中用到了广义动量的定义. 可见, R 是全部的广义坐标 $\{q^1, \cdots, q^s\}$、前 m 个广义速度 $\{\dot{q}^1, \cdots, \dot{q}^m\}$ 和后 $s-m$ 个广义动量 $\{p_{m+1}, \cdots, p_s\}$ 的函数. 换句话说, 部分勒让德变换把后 $s-m$ 个广义速度换成了相应的广义动量:

$$\{\dot{q}^{m+1}, \cdots, \dot{q}^s\} \to \{p_{m+1}, \cdots, p_s\}.$$

因此劳斯函数可以写成

$$R = R\big(t, q^1, \cdots, q^s, \underbrace{\dot{q}^1, \cdots, \dot{q}^m}_{m}; \underbrace{p_{m+1}, \cdots, p_s}_{s-m}\big). \qquad (13.43)$$

同样, 仿照哈密顿正则方程的推导, 由式 (13.43), 得到

$$\mathrm{d}R = \frac{\partial R}{\partial t}\mathrm{d}t + \sum_{a=1}^{s} \frac{\partial R}{\partial q^a}\mathrm{d}q^a + \sum_{a=1}^{m} \frac{\partial R}{\partial \dot{q}^a}\mathrm{d}\dot{q}^a + \sum_{a=m+1}^{s} \frac{\partial R}{\partial p_a}\mathrm{d}p_a. \qquad (13.44)$$

对比式 (13.44) 和 (13.42), 要求微分项系数相等, 即有

$$\frac{\partial R}{\partial t} = -\frac{\partial L}{\partial t}, \tag{13.45}$$

以及

$$\frac{\partial R}{\partial q^a} = -\frac{\partial L}{\partial q^a}, \quad a = 1, \cdots, s, \tag{13.46}$$

$$\frac{\partial R}{\partial \dot{q}^a} = -\frac{\partial L}{\partial \dot{q}^a}, \quad a = 1, \cdots, m, \tag{13.47}$$

$$\frac{\partial R}{\partial p_a} = \dot{q}^a, \quad a = m+1, \cdots, s. \tag{13.48}$$

可见, 劳斯函数 R 确实是拉格朗日量 L 和哈密顿量 H 的杂糅, 且将运动方程的形式也一分为二. 对于前 m 个广义坐标, 由式 (13.46) 和 (13.47) 知, 运动方程和拉格朗日方程形式一样, 只不过拉格朗日量 L 被换成了劳斯函数 R,

$$\frac{\mathrm{d}}{\mathrm{d}t}\frac{\partial R}{\partial \dot{q}^a} - \frac{\partial R}{\partial q^a} = 0, \quad a = 1, \cdots, m. \tag{13.49}$$

对于后 $s-m$ 个广义坐标及其共轭动量, 由式 (13.46) 和 (13.48) 并利用拉格朗日方程, 运动方程与哈密顿正则方程形式一样, 只不过哈密顿量 H 被换成了劳斯函数 R,

$$\dot{q}^a = \frac{\partial R}{\partial p_a}, \quad \dot{p}_a = -\frac{\partial R}{\partial q^a}, \quad a = m+1, \cdots, s. \tag{13.50}$$

13.6.2 劳斯函数在循环坐标问题中的应用

当存在循环坐标时, 运用劳斯函数可以充分利用循环坐标使得哈密顿正则方程的求解得到化简.

回顾在拉格朗日力学中, 如果某个广义坐标不出现在拉格朗日量中, 则被称为循环坐标. 以第 s 个广义坐标 q^s 为例, 若其为循环坐标, 则共轭动量为运动常数 $p_s \equiv \dfrac{\partial L}{\partial \dot{q}^s} = $ 常数. 但是, 循环坐标相应的广义速度仍然出现在拉格朗日量中, 即有

$$L = L\big(t, \underbrace{q^1, q^2, \cdots, q^{s-1}}_{s-1}, \underbrace{\dot{q}^1, \dot{q}^2, \cdots, \dot{q}^s}_{s}\big), \tag{13.51}$$

因此仍然需要求解 s 个拉格朗日方程. 这里的关键正在于, 循环坐标的共轭动量是常数, 但是广义速度一般并不是常数. 因此, 在拉格朗日力学中, 循环坐标的

求解并没有得到充分的化简. 另一方面, 由哈密顿量的定义式 (13.5), 有 $\dfrac{\partial H}{\partial q^s} = -\dfrac{\partial L}{\partial q^s} \equiv 0$ (注意这里没有用到运动方程), 因此循环坐标也不会出现在哈密顿量中. 既然循环坐标的共轭动量是运动常数, 不妨记为 $p_s \equiv \alpha$, 常数 α 的值由初始条件决定. 于是哈密顿量可以写成

$$H = H\big(t, \underbrace{q^1, q^2, \cdots, q^{s-1}}_{s-1}, \underbrace{p_1, p_2, \cdots, p_{s-1}}_{s-1}; \alpha\big), \tag{13.52}$$

即以剩下的 $s-1$ 个广义坐标及其共轭动量为变量, 而循环坐标 q^s 的共轭动量以常数 α 的形式出现在哈密顿量中. 从求解哈密顿正则方程的角度, 因为循环坐标的存在, 问题约化成了 $s-1$ 个自由度系统的求解. 在求解了这 $s-1$ 个自由度的演化后, 可代入 q^s 自身的哈密顿正则方程 $\dot{q}^s = \dfrac{\partial H}{\partial p_s} \equiv \dfrac{\partial H}{\partial \alpha}$ 中求解 q^s. 可见在哈密顿力学中, 循环坐标的求解得到了充分的简化.

沿着这一思路, 推广到多个循环坐标的情形. 假设 s 个广义坐标中, $\{q^1, q^2, \cdots, q^m\}$ 是出现在拉格朗日量中的, 而 $\{q^{m+1}, \cdots, q^s\}$ 是循环坐标. 只对循环坐标部分做勒让德变换, 定义劳斯函数式 (13.41). 根据上面的讨论, 这时劳斯函数是非循环坐标 $\{q^1, \cdots, q^m\}$ 及其广义速度 $\{\dot{q}^1, \cdots, \dot{q}^m\}$, 以及循环坐标的共轭动量 $\{p_{m+1}, \cdots, p_s\}$ 的函数, 即 $R = R(t, q^1, \cdots, q^m, \dot{q}^1, \cdots, \dot{q}^m; p_{m+1}, \cdots, p_s)$. 因为循环坐标的共轭动量是常数, 记作 $\{\alpha_1, \cdots, \alpha_{s-m}\}$, 所以 R 可被写成

$$\boxed{R = R\big(t, \underbrace{q^1, q^2, \cdots, q^m}_{m}, \underbrace{\dot{q}^1, \dot{q}^2, \cdots, \dot{q}^m}_{m}; \alpha_1, \cdots, \alpha_{s-m}\big)}. \tag{13.53}$$

这里常数 $\{\alpha_1, \cdots, \alpha_{s-m}\}$ 的值由初始条件确定. 因此, 当存在循环坐标时, 劳斯函数中的变量只是非循环坐标 $\{q^1, \cdots, q^m\}$ 及其广义速度 $\{\dot{q}^1, \cdots, \dot{q}^m\}$, 而循环坐标的共轭动量以常数的形式出现在劳斯函数中. 由式 (13.49) 知, 非循环坐标 $\{q^1, \cdots, q^m\}$ 的运动方程形同拉格朗日方程, 只是拉格朗日量被换成了劳斯函数, 即有

$$\text{非循环坐标:} \quad \frac{\mathrm{d}}{\mathrm{d}t}\frac{\partial R}{\partial \dot{q}^a} - \frac{\partial R}{\partial q^a} = 0, \quad a = 1, \cdots, m. \tag{13.54}$$

求解非循环坐标后, 循环坐标部分可以由式 (13.50) 直接积出

$$\text{循环坐标:} \quad q^a = \int \mathrm{d}t \frac{\partial R}{\partial \alpha_{a-m}}, \quad a = m+1, \cdots, s. \tag{13.55}$$

总之, 利用劳斯函数, 系统等效的自由度就从 s 降低到了 m, 问题归结为求解这 m 个非循环坐标的运动方程 (13.54).

例 13.12 劳斯方法求解顶端自由滑动的单摆

考虑顶端自由滑动的单摆, 在例 4.5 中已经求得拉格朗日量式 (4.77), 即 $L = \frac{1}{2}m\left(\dot{x}^2 + l^2\dot{\theta}^2 + 2l\dot{x}\dot{\theta}\cos\theta\right) + mgl\cos\theta$. 这里 x 为循环坐标. 因此 $p_x = \frac{\partial L}{\partial \dot{x}} = m\dot{x} + ml\dot{\theta}\cos\theta \equiv \alpha$ 为运动常数, 从中解出 $\dot{x} = \frac{\alpha}{m} - l\dot{\theta}\cos\theta$. 对 $\dot{x}$ 做勒让德变换, 根据劳斯函数的定义式 (13.41),

$$R = p_x\dot{x} - L = \alpha\left(\frac{\alpha}{m} - l\dot{\theta}\cos\theta\right) - \frac{1}{2}m\left[\left(\frac{\alpha}{m} - l\dot{\theta}\cos\theta\right)^2 + l^2\dot{\theta}^2\right.$$
$$\left. + 2l\left(\frac{\alpha}{m} - l\dot{\theta}\cos\theta\right)\dot{\theta}\cos\theta\right] - mgl\cos\theta$$
$$= -glm\cos\theta - \frac{1}{2}l^2m\dot{\theta}^2\sin^2\theta - \alpha l\dot{\theta}\cos\theta + \frac{\alpha^2}{2m} \equiv R\left(\theta, \dot{\theta}; \alpha\right).$$

问题成了单自由度 θ 的运动, 常数 α 成了参数. 非循环坐标 θ 的运动方程形同拉格朗日方程, 即 $\frac{\mathrm{d}}{\mathrm{d}t}\frac{\partial R}{\partial \dot{\theta}} - \frac{\partial R}{\partial \theta} = 0$, 化简得到

$$\ddot{\theta} + \dot{\theta}^2\cot\theta + \frac{g}{l}\csc\theta = 0.$$

这正是式 (4.78). 在求解 θ 的运动后, 循环坐标 x 可以由 $\dot{x} = \frac{\partial R}{\partial \alpha} = \frac{\alpha}{m} - l\dot{\theta}\cos\theta$ 直接积分求出.

例 13.13 劳斯方法求解中心势场问题

考虑中心势场问题, 约化为 2 维并取极坐标 $\{r, \phi\}$, 设势能为 $V(r) = -\frac{\alpha}{r^n}$, α 为常数, 则拉格朗日量为 $L = \frac{m}{2}\left(\dot{r}^2 + r^2\dot{\phi}^2\right) + \frac{\alpha}{r^n}$. 这里 ϕ 是循环坐标, 其共轭动量 $p_\phi = \frac{\partial L}{\partial \dot{\phi}} = mr^2\dot{\phi} \equiv J$ 为常数. 对循环坐标 ϕ 做勒让德变换, 根据劳斯函数的定义式 (13.41),

$$R = p_\phi\dot{\phi} - L = p_\phi\frac{p_\phi}{mr^2} - \frac{m}{2}\left[\dot{r}^2 + r^2\left(\frac{p_\phi}{mr^2}\right)^2\right] - \frac{\alpha}{r^n}$$
$$= \frac{J^2}{2mr^2} - \frac{1}{2}m\dot{r}^2 - \frac{\alpha}{r^n} = R(r, \dot{r}; J).$$

问题变成了单自由度径向 r 的运动, 常数 J 成了一个参数. 非循环坐标 r 的运动方程为 $\frac{\mathrm{d}}{\mathrm{d}t}\frac{\partial R}{\partial \dot{r}} - \frac{\partial R}{\partial r} = 0$, 即

$$m\ddot{r} - \frac{J^2}{mr^3} + \frac{n\alpha}{r^{n+1}} = 0. \tag{13.56}$$

求解 r 后, 循环坐标 ϕ 可对 $\dot{\phi} = \frac{\partial R}{\partial J} = \frac{J}{mr^2}$ 积分得到.

13.7　双重勒让德变换

从拉格朗日量出发, 无论是哈密顿量还是劳斯函数, 都是通过勒让德变换, 把广义速度换成广义动量, 而广义坐标并没有变化. 一个自然的问题是, 如果对广义坐标也做勒让德变换, 会有什么效果?

将广义坐标和广义速度同时换成新的变量, 不妨记作 $\{q, \dot{q}\} \to \{f, p\}$, 根据勒让德变换, 定义

$$\boxed{G := p_a \dot{q}^a + f_a q^a - L}. \tag{13.57}$$

和 13.1 节中的推导一样, 有

$$
\begin{aligned}
\mathrm{d}G &= \mathrm{d}p_a \dot{q}^a + p_a \mathrm{d}\dot{q}^a + \mathrm{d}f_a q^a + f_a \mathrm{d}q^a - \left(\frac{\partial L}{\partial t}\mathrm{d}t + \frac{\partial L}{\partial q^a}\mathrm{d}q^a + \frac{\partial L}{\partial \dot{q}^a}\mathrm{d}\dot{q}^a \right) \\
&= -\frac{\partial L}{\partial t}\mathrm{d}t + \left(p_a - \frac{\partial L}{\partial \dot{q}^a} \right)\mathrm{d}\dot{q}^a + \left(f_a - \frac{\partial L}{\partial q^a} \right)\mathrm{d}q^a + \dot{q}^a \mathrm{d}p_a + q^a \mathrm{d}f_a.
\end{aligned} \tag{13.58}
$$

我们希望 G 只是 t、$\{f\}$ 和 $\{p\}$ 的函数, 这就要求

$$p_a \equiv \frac{\partial L}{\partial \dot{q}^a}, \quad f_a \equiv \frac{\partial L}{\partial q^a}, \quad a = 1, \cdots, s. \tag{13.59}$$

即要求 p_a 是广义动量, f_a 即是广义力. 原则上由这两个关系可以反解出 $q^a = q^a(t, f, p)$ 和 $\dot{q}^a = \dot{q}^a(t, f, p)$.

于是新的函数 $G = G(t, f, p)$ 满足

$$\mathrm{d}G = -\frac{\partial L}{\partial t}\mathrm{d}t + q^a \mathrm{d}f_a + \dot{q}^a \mathrm{d}p_a, \tag{13.60}$$

这意味着

$$\frac{\partial G}{\partial t} = -\frac{\partial L}{\partial t}, \quad \frac{\partial G}{\partial f_a} = q^a, \quad \frac{\partial G}{\partial p_a} = \dot{q}^a. \tag{13.61}$$

后两个式组合得到

$$\boxed{\frac{\mathrm{d}}{\mathrm{d}t}\left(\frac{\partial G}{\partial f_a} \right) - \frac{\partial G}{\partial p_a} = 0}, \quad a = 1, \cdots, s. \tag{13.62}$$

注意, 我们还有拉格朗日方程 $\dfrac{\mathrm{d}}{\mathrm{d}t}\left(\dfrac{\partial L}{\partial \dot{q}^a} \right) - \dfrac{\partial L}{\partial q^a} = 0$, 用 f_a 和 p_a 表示即

$$\boxed{\dot{p}_a = f_a}, \quad a = 1, \cdots, s. \tag{13.63}$$

式 (13.62) 和 (13.63) 是关于 $\{\boldsymbol{f}, \boldsymbol{p}\}$ 这 $2s$ 个变量的 $2s$ 个一阶微分方程. 从推导过程知, 其与 s 个二阶的拉格朗日方程或 $2s$ 个一阶的哈密顿正则方程等价.

习　　题

13.1　求二元函数 $L = ax^2 + 2bxy + cy^2 + dx + ey$ (满足 $ab \neq c^2$) 对 x, y 的勒让德变换.

13.2　考虑函数 $L = \dfrac{1}{2}\left(q^1 v^2 - q^2 v^1\right) - V\left(q^1, q^2\right)$, 其中 $\{q^1, q^2\}$ 为被动变量, $\{v^1, v^2\}$ 为主动变量, V 是任意函数.

(1) 分析 L 对 $\{v^1, v^2\}$ 的黑塞矩阵, 并判断其是奇异还是正规系统;

(2) 定义新变量 $p_1 = \dfrac{\partial L}{\partial v^1}$ 和 $p_2 = \dfrac{\partial L}{\partial v^2}$, 求 $\{q^1, q^2, p_1, p_2\}$ 之间的约束关系.

13.3　考虑例 4.4 中的双摆, 求系统的哈密顿量和哈密顿正则方程.

13.4　考虑例 4.5 中顶端自由滑动的单摆, 求系统的哈密顿量和哈密顿正则方程.

13.5　已知某系统广义坐标为 x, y, z, 拉格朗日量为

$$L = a\dot{x}^2 + b\frac{\dot{y}^2}{x} + c\dot{x}\dot{y} + fy^2\dot{x}\dot{z} + g\dot{y}^2 - k\sqrt{x^2 + y^2},$$

其中 a, b, c, f, g, k 都是常数.

(1) 求系统的哈密顿量和哈密顿正则方程;

(2) 求系统的运动常数.

13.6　某单自由度系统运动方程为 $\dot{q} = q^2 + qp$ 和 $\dot{p} = p^2 - qp$, 利用式 (13.29) 判断其是否为哈密顿系统.

13.7　某单自由度系统运动方程为 $\dot{q} = p$ 和 $\dot{p} = -\omega^2 q - 2\lambda p$, 其中 ω 和 λ 都是常数.

(1) 利用式 (13.29) 判断其是否为哈密顿系统;

(2) 引入新变量 $Q = q$ 和 $P = p\mathrm{e}^{2\lambda t}$, 求 Q 和 P 的运动方程, 判断其是否是哈密顿系统, 并求相应的哈密顿量.

13.8　某单自由度系统运动方程为 $\dot{q} = aq + bp$ 和 $\dot{p} = cq + dp$.

(1) 利用式 (13.29), 求常数 a, b, c, d 满足什么条件时, 系统为哈密顿系统;

(2) 求对应的哈密顿量.

13.9　考虑与标量场相互作用的相对论性粒子的拉格朗日量式 (4.40), 其中 $\varPhi(t, \boldsymbol{x}) = \dfrac{V(t, \boldsymbol{x})}{mc^2}$.

(1) 求粒子的哈密顿量和哈密顿正则方程;

(2) 求非相对论极限 (即 $|V| \ll mc^2$ 和 $|\boldsymbol{p}| \ll mc$) 下哈密顿量的领头阶近似.

13.10　考虑电磁场中相对论性带电粒子的拉格朗日量式 (4.50).

(1) 求粒子的哈密顿量和哈密顿正则方程;

(2) 由哈密顿正则方程得到等价的关于 $\boldsymbol{x}$ 的二阶微分方程;

(3) 求非相对论极限 (即 $|\boldsymbol{p}| \ll mc$) 下哈密顿量的领头阶近似.

13.11　某单自由度系统的哈密顿量为 $H = \dfrac{p^2}{2m} + \boldsymbol{A} \cdot \boldsymbol{p} + V(\boldsymbol{x})$, 其中 $\boldsymbol{x}$ 为坐标, $\boldsymbol{p}$ 为共轭动量, $\boldsymbol{A}(\boldsymbol{x})$ 为外矢量场.

(1) 求该系统的拉格朗日量;

(2) 求系统的哈密顿正则方程;

(3) 若 $\boldsymbol{A}(\boldsymbol{x}) \equiv \boldsymbol{a}$ 为常矢量, $V(\boldsymbol{x}) = -\boldsymbol{f} \cdot \boldsymbol{x}$ 且 $\boldsymbol{f}$ 也为常矢量, 求哈密顿正则方程在初始条件 $\boldsymbol{x}(0) = 0$, $\boldsymbol{p}(0) = 0$ 下的解.

13.12   某单自由度系统的拉格朗日量为

$$L = \frac{1}{2} \cos^2(\omega t)\, \dot{q}^2 - \frac{1}{2} \omega \sin(2\omega t)\, q\dot{q} - \frac{1}{2} \omega^2 \cos(2\omega t)\, q^2.$$

(1) 求该系统的哈密顿量 H 和哈密顿正则方程;

(2) 哈密顿量 H 是否是运动常数?

(3) 引入新变量 $\tilde{q} = \cos(\omega t)\, q$, 求用新变量 $\tilde{q}$ 表达的拉格朗日量, 记为 $\tilde{L}$;

(4) 求 $\tilde{L}$ 对应的哈密顿量 $\tilde{H}$, 并说明其描述什么物理系统;

(5) 证明 H 和 $\tilde{H}$ 的哈密顿正则方程等价, 即可以互相导出.

13.13   已知某单自由度系统的哈密顿量为

$$H(t, q, p) = \frac{p^2}{2m} - be^{-\lambda t} pq + \frac{mb}{2} e^{-\lambda t} \left(\lambda + be^{-\lambda t} \right) q^2 + \frac{k}{2} q^2,$$

其中 m, b, λ, k 都是常数.

(1) 求该系统的拉格朗日量 L;

(2) 利用分部积分, 将 L 化为等价的不显含时间的形式, 记为 $\tilde{L}$;

(3) 求 $\tilde{L}$ 对应的哈密顿量 $\tilde{H}$;

(4) 证明 H 和 $\tilde{H}$ 也是等价的, 即给出等价的哈密顿正则方程.

13.14   某单自由度系统的拉格朗日量为 $L = \frac{1}{2} me^{\lambda t} \left(\dot{q}^2 - \omega^2 q^2 \right)$, 其中 m, λ 都是正的常数.

(1) 求该系统的哈密顿量和哈密顿正则方程;

(2) 求哈密顿正则方程在初始条件 $q(0) = 0$ 和 $p(0) = p_0$ 下的解;

(3) 根据 (2) 的解, 在相平面上定性画出该系统随时间演化的相轨迹, 并说明其物理意义.

13.15   质量为 m 的粒子在重力作用下束缚在旋转抛物面 $z = x^2 + y^2$ 上运动. 选取柱坐标 $\{r, \phi, z\}$, 不考虑摩擦.

(1) 写出粒子的劳斯函数;

(2) 写出用劳斯函数表达的运动方程.

13.16   考虑一维谐振子, 对拉格朗日量 $L(t, q, \dot{q})$ 中广义坐标和广义速度同时做勒让德变换 $\{q, \dot{q}\} \rightarrow \{f, p\}$.

(1) 求变换得到的 $G = G(t, f, p)$;

(2) 写出用 $\{f, p\}$ 表示的运动方程, 并证明其与拉格朗日方程等价.

第 14 章 泊 松 括 号

从相空间的角度, 哈密顿力学为物理系统的时间演化提供了更深入的描述. 哈密顿力学的众多物理结论实际可以归结为相空间的几何性质. 从这个意义上, 哈密顿力学即相空间中的几何学[①].

14.1 相空间的辛结构

14.1.1 辛矩阵

哈密顿力学的优越性之一是其将广义坐标和广义动量置于平等的地位. 但是, 式 (13.19) 形式的哈密顿正则方程看上去并不很对称——广义坐标 $\{q\}$ 和广义动量 $\{p\}$ 的方程不但互为 "交叉", 而且 "反号", 即 $\dot{q}^a$ 对应 $\partial H/\partial p_a$, 而 $\dot{p}_a$ 对应 $-\partial H/\partial q^a$. 这种不对称起源于相空间的内禀反对称的几何结构.

首先来看单自由度的情形. 这时, 相空间是 2 维的, 将哈密顿正则方程写成矩阵形式为

$$\begin{pmatrix} \dot{q} \\ \dot{p} \end{pmatrix} = \begin{pmatrix} \dfrac{\partial H}{\partial p} \\ -\dfrac{\partial H}{\partial q} \end{pmatrix} = \begin{pmatrix} 0 & 1 \\ -1 & 0 \end{pmatrix} \begin{pmatrix} \dfrac{\partial H}{\partial q} \\ \dfrac{\partial H}{\partial p} \end{pmatrix}. \tag{14.1}$$

式 (14.1) 看上去对称许多, 特别是 $\{q, p\}$ 的时间导数以及 H 对 $\{q, p\}$ 的导数顺序完全一致, 但是代价是需要额外引入 2×2 的反对称矩阵

$$\begin{pmatrix} 0 & 1 \\ -1 & 0 \end{pmatrix}. \tag{14.2}$$

类似地, 2 自由度情形, 相空间是 4 维的, 哈密顿正则方程可以写成

$$\begin{pmatrix} \dot{q}^1 \\ \dot{q}^2 \\ \dot{p}_1 \\ \dot{p}_2 \end{pmatrix} = \begin{pmatrix} \dfrac{\partial H}{\partial p_1} \\ \dfrac{\partial H}{\partial p_2} \\ -\dfrac{\partial H}{\partial q^1} \\ -\dfrac{\partial H}{\partial q^2} \end{pmatrix} = \begin{pmatrix} 0 & 0 & 1 & 0 \\ 0 & 0 & 0 & 1 \\ -1 & 0 & 0 & 0 \\ 0 & -1 & 0 & 0 \end{pmatrix} \begin{pmatrix} \dfrac{\partial H}{\partial q^1} \\ \dfrac{\partial H}{\partial q^2} \\ \dfrac{\partial H}{\partial p_1} \\ \dfrac{\partial H}{\partial p_2} \end{pmatrix}. \tag{14.3}$$

[①] 这也是阿诺德 (Vladimir Arnold, 1937—2010, 俄罗斯数学家) 在其名著《经典力学的数学方法》中哈密顿力学部分的第一句话.

我们同样可以将 $\{q^1, q^2, p_1, p_2\}$ 的时间导数以及 H 对 $\{q^1, q^2, p_1, p_2\}$ 的导数写成一致的顺序, 但是代价是引入 4×4 的反对称矩阵

$$
\left(
\begin{array}{cc|cc}
0 & 0 & 1 & 0 \\
0 & 0 & 0 & 1 \\
\hline
-1 & 0 & 0 & 0 \\
0 & -1 & 0 & 0
\end{array}
\right). \tag{14.4}
$$

基于上面的观察, 推广到 s 自由度的一般情形, 既然广义坐标和广义动量是平等的, 不妨用统一的符号 $\{\xi^\alpha\}$ 来表示 $2s$ 个广义坐标和广义动量

$$
\{\underbrace{q^1, \cdots, q^s}; \quad \underbrace{p_1, \cdots, p_s}\},
$$
$$
\qquad \Downarrow \qquad\qquad\quad \Downarrow \tag{14.5}
$$
$$
\{\xi^1, \cdots, \xi^s\} \quad \{\xi^{s+1}, \cdots, \xi^{2s}\}
$$

即

$$
\xi^\alpha := \begin{cases} q^\alpha, & \alpha = 1, \cdots, s, \\ p_{\alpha-s}, & \alpha = s+1, \cdots, 2s. \end{cases} \tag{14.6}
$$

$\{\xi^\alpha\}$ 可以理解为统一的相空间坐标. 定义 $2s \times 2s$ 的反对称矩阵

$$
\boxed{\omega^{\alpha\beta} := \begin{pmatrix} \mathbf{0}_{s\times s} & \mathbf{1}_{s\times s} \\ -\mathbf{1}_{s\times s} & \mathbf{0}_{s\times s} \end{pmatrix}} = \left.\left(
\begin{array}{ccc|ccc}
0 & \cdots & 0 & 1 & \cdots & 0 \\
\vdots & \ddots & \vdots & \vdots & \ddots & \vdots \\
0 & \cdots & 0 & 0 & \cdots & 1 \\
\hline
-1 & \cdots & 0 & 0 & \cdots & 0 \\
\vdots & \ddots & \vdots & \vdots & \ddots & \vdots \\
0 & \cdots & -1 & 0 & \cdots & 0
\end{array}
\right)\right\} \begin{array}{c} s \\ \\ \\ s \end{array}, \tag{14.7}
$$
$$
\underbrace{\qquad\qquad}_{s} \underbrace{\qquad\qquad}_{s}
$$

注意这里记 $\omega^{\alpha\beta}$ 的指标为 "上标", 则哈密顿正则方程 (13.19) 可以写成

$$
\boxed{\dot{\xi}^\alpha = \omega^{\alpha\beta} \frac{\partial H}{\partial \xi^\beta}}, \quad \alpha = 1, \cdots, 2s. \tag{14.8}
$$

式 (14.8) 将哈密顿正则方程用一个统一的式子表达出来, 且将广义坐标和广义动量置于平等的地位, 形式极为对称, 异常精妙. 哈密顿正则方程中 "交叉、反号" 的信息则包含在反对称矩阵 $\omega^{\alpha\beta}$ 中, 如图 14.1 所示.

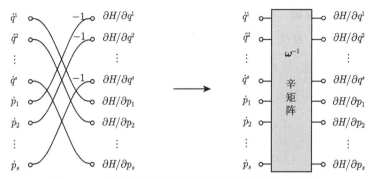

图 14.1 哈密顿正则方程的交叉反对称结构与辛矩阵

记 $\omega^{\alpha\beta}$ 的逆矩阵为 $\omega_{\alpha\beta}$ (指标为下标), 很容易求得

$$\omega_{\alpha\beta} = \begin{pmatrix} \mathbf{0}_{s\times s} & -\mathbf{1}_{s\times s} \\ \mathbf{1}_{s\times s} & \mathbf{0}_{s\times s} \end{pmatrix}. \tag{14.9}$$

式 (14.7) 和 (14.9) 所定义的 $\omega^{\alpha\beta}$ 和 $\omega_{\alpha\beta}$ 是 $2s \times 2s$ 的反对称矩阵, 被称为**辛矩阵** (symplectic matrix)[①]. 习惯上用矩阵 $\boldsymbol{\omega}$ 代表下指标的 $\omega_{\alpha\beta}$, $\boldsymbol{\omega}^{-1}$ 代表上指标的 $\omega^{\alpha\beta}$, 可以验证辛矩阵满足[②]

$$\boxed{\boldsymbol{\omega}^{\mathrm{T}} = -\boldsymbol{\omega} = \boldsymbol{\omega}^{-1}}. \tag{14.10}$$

用指标形式 (以下指标为例) 可以写成

$$\omega_{\beta\alpha} = -\omega_{\alpha\beta} = (\boldsymbol{\omega}^{-1})_{\alpha\beta} \equiv \delta_{\alpha\rho}\delta_{\beta\sigma}\omega^{\rho\sigma}, \tag{14.11}$$

其中 $\delta_{\alpha\rho}$ 为 $2s \times 2s$ 的单位矩阵. 根据式 (14.10) 和 (14.7) 的具体形式, 辛矩阵的行列式为

$$\boxed{\det\boldsymbol{\omega} = 1}, \tag{14.12}$$

也可以对式 (14.10) 取行列式验证. 在涉及辛矩阵的计算中, 需要格外留意指标的左右顺序.

---

① "辛" 当然和辛苦没有关系, "辛" 是英文 "symplectic" 的音译. 这个词是由外尔在 1939 年引入的. 外尔最初将具有反对称双线性形式的群称为 "line complex group", 但是因为这个名字容易被误解同复数 (complex number) 有联系, 于是他根据希腊语发明了 "symplectic" 这一名词, 从而将 "line complex group" 称为 "symplectic group" (辛群). 和 complex 一样, symplectic 隐含着 "纠缠" 的意思, 正是对应哈密顿正则方程中的 "交叉、反对称" 结构. 中译名 "辛" 是由华罗庚于 1946 年在普林斯顿高等研究院访问期间引入的.

② 在不致引起混淆的情况下, 下指标的 $\omega_{\alpha\beta}$ 和上指标的 $\omega^{\alpha\beta}$ 都称作辛矩阵. 这就像有时候也把上指标的 g^{ab} 称作度规一样, 虽然严格说来其是度规 (下指标) g_{ab} 的逆.

14.1.2   哈密顿矢量场

哈密顿量 $H = H(t, \boldsymbol{\xi})$ 是定义在相空间中的标量函数, 且具有能量量纲, 不妨将其视为某种势能. 于是 $\dfrac{\partial H}{\partial \xi^\alpha}$ 可以被视为哈密顿量在相空间中的梯度. 哈密顿正则方程 (14.8) 的右边其实就是这个梯度, 只不过乘上了辛矩阵:

$$\boxed{\omega^{\alpha\beta} \frac{\partial H}{\partial \xi^\beta} \equiv X_H^\alpha}, \quad \alpha = 1, \cdots, 2s. \tag{14.13}$$

这里 X_H^α 被称为**哈密顿矢量场** (Hamiltonian vector field), 其是相空间中的矢量场.

利用哈密顿矢量场, 哈密顿正则方程 (14.8) 可以写成更加简洁的形式

$$\boxed{\dot{\xi}^\alpha = X_H^\alpha}, \qquad \alpha = 1, \cdots, 2s. \tag{14.14}$$

若用列矩阵 $\boldsymbol{\xi}$ 代表相空间坐标, ∇H 代表哈密顿量的梯度, 式 (14.14) 可以用矩阵形式写成

$$\dot{\boldsymbol{\xi}} = \omega^{-1} \nabla H \equiv \boldsymbol{X}_H. \tag{14.15}$$

在 13.5 节中讨论了相图和相流 (如图 13.6 所示). 式 (14.14) 意味着, 相流的"流速"(切矢量) 即哈密顿矢量场, 辛矩阵 ω^{-1} 则起到了将哈密顿量的梯度 ∇H "扭转" 到相流方向的作用, 如图 14.2 所示.

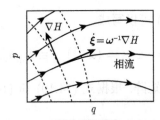

图 14.2   哈密顿矢量场与相流

14.2   辛内积与泊松括号

14.2.1   相空间中的"辛内积"

相空间和位形空间非常类似却又有本质不同. 位形空间中, 最重要的一种几何结构即是度规. 利用度规可以定义距离, 或者更一般地, 两个矢量 A_a 和 B_b 的内积

$$\boldsymbol{A} \cdot \boldsymbol{B} := g^{ab} A_a B_b. \tag{14.16}$$

从"输入/输出"的角度, 内积即输入两个矢量, 输出一个数 (标量).

相空间中最重要的几何结构不是度规, 而是辛矩阵. 实际上到现在为止, 我们还没有在相空间中定义度规. 位形空间中的度规是对称的, 而相空间中的辛矩阵是反对称的. 但是辛矩阵可以起到和度规类似的作用. 例如, 给定相空间中两个矢量 X_α 和 Y_β, 可以仿照内积式 (14.16) 定义这样一个对象:

$$\omega^{\alpha\beta} X_\alpha Y_\beta. \tag{14.17}$$

其效果和内积一样, 输入两个矢量, 输出一个标量. 因为这个内积是用辛矩阵定义的, 不妨称之为"辛内积"(symplectic inner product). 位形空间中内积具有直观的几何意义, 例如一个矢量与自身的内积对应矢量的长度. 一个自然的问题是, 辛内积的几何意义是什么? 答案也非常简单而直观——两个矢量的辛内积就是其所构成的平行四边形的面积, 如图 14.3 所示. 对于 2 维情形, 可以直接验证 (见习题 14.2).

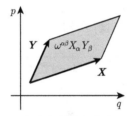

图 14.3　辛内积的几何意义——面积

14.2.2　泊松括号的定义

在位形空间中, 取坐标为 $\{\boldsymbol{q}\}$, 如果矢量 A_a 和 B_a 来源于标量函数的梯度, 即 $A_a = \dfrac{\partial f}{\partial q^a}$ 和 $B_a = \dfrac{\partial g}{\partial q^a}$, 则度规定义的内积为[①]

$$\langle f, g \rangle := g^{ab} \frac{\partial f}{\partial q^a} \frac{\partial g}{\partial q^b}, \tag{14.18}$$

不妨称之为"内积括号". 从"输入/输出"的角度, 其作用相当于一个机器, 输入两个函数 f 和 g, 输出一个函数 $\langle f, g \rangle$. 度规是对称的 $g_{ab} = g_{ba}$, 因此"内积括号"对于其两个输入也是对称的, 即有 $\langle f, g \rangle = \langle g, f \rangle$. 若令式 (14.18) 中 $f \to q^a$, $g \to q^b$, 则有

$$\langle q^a, q^b \rangle = g^{cd} \frac{\partial q^a}{\partial q^c} \frac{\partial q^b}{\partial q^d} = g^{cd} \delta_c^a \delta_d^b = g^{ab}, \tag{14.19}$$

---

① 把内积写成如 $\langle \bullet, \bullet \rangle$ 的括号形式, 和量子力学中 $\langle \psi | \phi \rangle$ 有异曲同工之妙.

可见位形空间坐标的内积括号即度规.

到这里, 泊松括号的概念已经呼之欲出. 在 13.5 节开头即指出, 力学量即相空间上的函数. 给定两个力学量 $f = f(t, \boldsymbol{\xi})$ 和 $g = g(t, \boldsymbol{\xi})$, 其在相空间中的梯度分别为

$$X_\alpha = \frac{\partial f}{\partial \xi^\alpha}, \quad Y_\alpha = \frac{\partial g}{\partial \xi^\alpha}, \tag{14.20}$$

为相空间上的矢量场. 于是照搬上面的讨论, 和式 (14.18) 的定义完全类似, 用辛矩阵定义的 "辛内积" 为

$$\boxed{[f, g] := \omega^{\alpha\beta} \frac{\partial f}{\partial \xi^\alpha} \frac{\partial g}{\partial \xi^\beta},} \tag{14.21}$$

即被称为力学量 f 和 g 的**泊松括号** (Poisson bracket)[①]. 泊松括号也相当于一个机器, 输入两个函数 f 和 g, 输出一个函数 $[f, g]$. 因为辛矩阵是反对称的, 因此泊松括号也是反对称的, 即有 $[f, g] = -[g, f]$. 泊松括号的几何意义也非常直观, 即力学量的梯度 ∇f 和 ∇g (两个矢量) 所构成的平行四边形的面积, 如图 14.4 所示.

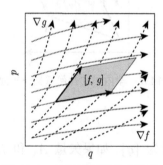

图 14.4   泊松括号的几何意义

在实际计算中, 利用辛矩阵 $\omega^{\alpha\beta}$ 的具体形式, 可以得到泊松括号更加具体的表达式. 对于单自由度 (这里明确写出了求和号),

$$[f, g] = \sum_{\alpha=1}^{2} \sum_{\beta=1}^{2} \omega^{\alpha\beta} \frac{\partial f}{\partial \xi^\alpha} \frac{\partial g}{\partial \xi^\beta}$$

$$= \underbrace{\omega^{11}}_{=0} \frac{\partial f}{\partial \xi^1} \frac{\partial g}{\partial \xi^1} + \underbrace{\omega^{12}}_{=1} \frac{\partial f}{\partial \xi^1} \frac{\partial g}{\partial \xi^2} + \underbrace{\omega^{21}}_{=-1} \frac{\partial f}{\partial \xi^2} \frac{\partial g}{\partial \xi^1} + \underbrace{\omega^{22}}_{=0} \frac{\partial f}{\partial \xi^2} \frac{\partial g}{\partial \xi^2},$$

[①] 泊松括号是法国著名数学家、物理学家泊松 (Siméon Poisson, 1781—1840) 于 1809 年提出的. 以泊松的名字命名的物理和数学概念还包括泊松方程、泊松亮斑、泊松分布、泊松过程, 等等.

即

$$\boxed{[f,g] = \frac{\partial f}{\partial q}\frac{\partial g}{\partial p} - \frac{\partial f}{\partial p}\frac{\partial g}{\partial q}}.$$ (14.22)

对于多自由度, 利用式 (14.7) 的具体形式,

$$[f,g] = \sum_{\alpha=1}^{2s}\sum_{\beta=1}^{2s}\omega^{\alpha\beta}\frac{\partial f}{\partial \xi^\alpha}\frac{\partial g}{\partial \xi^\beta}$$

$$= \underbrace{\sum_{\alpha=1}^{s}\sum_{\beta=1}^{s}\omega^{\alpha\beta}\frac{\partial f}{\partial \xi^\alpha}\frac{\partial g}{\partial \xi^\beta}}_{=0} + \underbrace{\sum_{\alpha=1}^{s}\sum_{\beta=s+1}^{2s}\omega^{\alpha\beta}\frac{\partial f}{\partial \xi^\alpha}\frac{\partial g}{\partial \xi^\beta}}_{=\sum\limits_{a=1}^{s}\sum\limits_{b=1}^{s}\delta^{ab}\frac{\partial f}{\partial q^a}\frac{\partial g}{\partial p_b}}$$

$$+ \underbrace{\sum_{\alpha=s+1}^{2s}\sum_{\beta=1}^{s}\omega^{\alpha\beta}\frac{\partial f}{\partial \xi^\alpha}\frac{\partial g}{\partial \xi^\beta}}_{=\sum\limits_{a=1}^{s}\sum\limits_{b=1}^{s}(-\delta^{ab})\frac{\partial f}{\partial p_a}\frac{\partial g}{\partial q^b}} + \underbrace{\sum_{\alpha=s+1}^{2s}\sum_{\beta=s+1}^{2s}\omega^{\alpha\beta}\frac{\partial f}{\partial \xi^\alpha}\frac{\partial g}{\partial \xi^\beta}}_{=0},$$

即

$$\boxed{[f,g] = \frac{\partial f}{\partial q^a}\frac{\partial g}{\partial p_a} - \frac{\partial f}{\partial p_a}\frac{\partial g}{\partial q^a}}.$$ (14.23)

例如, 对于 2 自由度情形, 相空间坐标为 $\{q^1, q^2, p_1, p_2\}$, 有

$$[f,g] = \frac{\partial f}{\partial q^1}\frac{\partial g}{\partial p_1} - \frac{\partial f}{\partial p_1}\frac{\partial g}{\partial q^1} + \frac{\partial f}{\partial q^2}\frac{\partial g}{\partial p_2} - \frac{\partial f}{\partial p_2}\frac{\partial g}{\partial q^2}.$$ (14.24)

泊松括号的基本定义是式 (14.21). 相比式 (14.23), 式 (14.21) 在涉及泊松括号的一般证明中更加方便. 而在涉及具体计算时, 有时式 (14.23) 则更实用.

14.2.3 泊松括号的性质

相空间最重要的几何结构是反对称的辛矩阵. 泊松括号即是这种几何结构在相空间函数 (力学量) 之间代数关系上的反映. 对于函数 f, g, h, 以及常数 a, b, 泊松括号具有以下性质.

(1) 反对称 (antisymmetric)：根据泊松括号的定义式 (14.21), 由于辛矩阵是反对称的 $\omega^{\alpha\beta} = -\omega^{\beta\alpha}$, 所以必然有

$$\boxed{[f,g] = -[g,f]}.$$ (14.25)

由泊松括号的反对称性, 任何力学量与其自身的泊松括号恒为零: $[f, f] = 0$.

(2) 双线性 (bilinear): 所谓线性, 即是满足 "加法" 和 "数乘". 泊松括号 $[\bullet, \bullet]$ 有两个 "输入", 对每一个输入都是线性的, 即所谓双线性. 具体而言, 对于左边,

$$[af + bg, h] \xlongequal{\text{加法}} [af, h] + [bg, h] \xlongequal{\text{数乘}} a[f, h] + b[g, h], \tag{14.26}$$

对于右边, 同样有

$$[f, ag + bh] \xlongequal{\text{加法}} [f, ag] + [f, bh] \xlongequal{\text{数乘}} a[f, g] + b[f, h]. \tag{14.27}$$

(3) 莱布尼茨规则 (Leibniz's rule): 由泊松括号的定义, 对于左边

$$[fg, h] = [f, h]\, g + f\, [g, h], \tag{14.28}$$

对于右边, 同样有

$$[f, gh] = g\, [f, h] + [f, g]\, h. \tag{14.29}$$

这即莱布尼茨规则. 其意义在于, 对于给定函数 f, 可以将泊松括号 $[\bullet, f]$ 或者 $[f, \bullet]$ 作为一个整体视为某种 "求导" 运算, 这里 "$\bullet$" 代表求导作用的对象.

(4) **雅可比恒等式** (Jacobi identity): 可以证明, 对于 3 个函数, 有

$$[[f, g], h] + [[g, h], f] + [[h, f], g] = 0, \tag{14.30}$$

以及

$$[f, [g, h]] + [g, [h, f]] + [h, [f, g]] = 0. \tag{14.31}$$

雅可比恒等式看上去复杂, 其实只要注意按照同样的结构 $[[\bullet, \bullet], \bullet]$ 或 $[\bullet, [\bullet, \bullet]]$, 三个函数按照 $f \to g \to h$ 的顺序轮换一圈即可, 如图 14.5 所示.

图 14.5   雅可比恒等式的轮换对称性

(5) 链式法则 (chain rule): 对于复合函数, 有

$$[F(f), g] = \frac{\partial F}{\partial f} [f, g], \quad [f, G(g)] = [f, g] \frac{\partial G}{\partial g}. \tag{14.32}$$

链式法则对多元复合函数的推广是直接的 (见习题 14.4).

(6) 对参数的偏导数：如果力学量 f 和 g 依赖于某独立于相空间坐标的参数 λ (包括时间 t), 则泊松括号对参数 λ 的偏导数为

$$\frac{\partial [f,g]}{\partial \lambda} = \left[\frac{\partial f}{\partial \lambda}, g\right] + \left[f, \frac{\partial g}{\partial \lambda}\right]. \tag{14.33}$$

泊松括号的反对称性、双线性、莱布尼茨规则、链式法则以及对参数的偏导数, 用泊松括号的定义式 (14.21) 都可以很容易证明 (见习题 14.3). 雅可比恒等式的证明稍微复杂一些. 首先, 从泊松括号的定义式 (14.21), 有

$$[f,[g,h]] = \omega^{\alpha\beta}\frac{\partial f}{\partial \xi^{\alpha}}\frac{\partial [g,h]}{\partial \xi^{\beta}} = \omega^{\alpha\beta}\frac{\partial f}{\partial \xi^{\alpha}}\frac{\partial}{\partial \xi^{\beta}}\left(\omega^{\rho\sigma}\frac{\partial g}{\partial \xi^{\rho}}\frac{\partial h}{\partial \xi^{\sigma}}\right)$$

$$= \frac{\partial f}{\partial \xi^{\alpha}}\omega^{\alpha\beta}\frac{\partial^2 g}{\partial \xi^{\beta}\partial \xi^{\rho}}\omega^{\rho\sigma}\frac{\partial h}{\partial \xi^{\sigma}} + \frac{\partial f}{\partial \xi^{\alpha}}\omega^{\alpha\beta}\frac{\partial^2 h}{\partial \xi^{\beta}\partial \xi^{\sigma}}\omega^{\rho\sigma}\frac{\partial g}{\partial \xi^{\rho}}.$$

观察上式的结构, 定义

$$J(f,g,h) \equiv \omega^{\alpha\beta}\omega^{\rho\sigma}\frac{\partial f}{\partial \xi^{\alpha}}\frac{\partial^2 g}{\partial \xi^{\beta}\partial \xi^{\rho}}\frac{\partial h}{\partial \xi^{\sigma}},$$

注意有对称性 $J(f,g,h) = J(h,g,f)$, 则

$$[f,[g,h]] = J(f,g,h) - J(f,h,g) \equiv J(f,g,h) - J(g,h,f).$$

于是

$$[f,[g,h]] + [g,[h,f]] + [h,[f,g]]$$

$$= J(f,g,h) - J(g,h,f) + J(g,h,f) - J(h,f,g) + J(h,f,g) - J(f,g,h) = 0.$$

得证. 以上对雅可比恒等式的证明, 充分显示了基于相空间坐标 $\{\xi^{\alpha}\}$ 和辛矩阵 $\omega^{\alpha\beta}$ 的泊松括号的定义式 (14.21) 的优点. 如果从基于 $\{q^a, p_a\}$ 的泊松括号的表达式 (14.23) 出发, 雅可比恒等式的证明将要长得多[①].

14.2.4 基本泊松括号

由泊松括号的定义式 (14.21), 力学量 f 与相空间坐标的泊松括号为

$$[\xi^{\alpha}, f] = \omega^{\rho\beta}\underbrace{\frac{\partial \xi^{\alpha}}{\partial \xi^{\rho}}}_{=\delta^{\alpha}_{\rho}}\frac{\partial f}{\partial \xi^{\beta}} = \underbrace{\omega^{\rho\beta}\delta^{\alpha}_{\rho}}_{=\omega^{\alpha\beta}}\frac{\partial f}{\partial \xi^{\beta}},$$

---

① 利用 15.4 节讨论的无穷小正则变换, 还可以给出雅可比恒等式更加简洁的证明 (见习题 15.17).

因为上式对任意力学量 f 都成立, 因此可以写成

$$\boxed{[\xi^{\alpha}, \bullet] = \omega^{\alpha\beta} \frac{\partial \bullet}{\partial \xi^{\beta}}}, \quad \alpha = 1, \cdots, 2s, \tag{14.34}$$

这里 "$\bullet$" 代表泊松括号作用的对象. 式 (14.34) 的意义可以从 "泊松括号是相空间中的求导运算" 这个角度来理解, 其将 "与相空间坐标的泊松括号" 与 "对相空间坐标的偏导数" 联系起来. 利用辛矩阵的具体形式式 (14.7), 可以将式 (14.34) 写成矩阵形式

$$\begin{pmatrix} [\boldsymbol{q}, \bullet] \\ [\boldsymbol{p}, \bullet] \end{pmatrix} = \begin{pmatrix} 0 & 1 \\ -1 & 0 \end{pmatrix} \begin{pmatrix} \dfrac{\partial \bullet}{\partial \boldsymbol{q}} \\ \dfrac{\partial \bullet}{\partial \boldsymbol{p}} \end{pmatrix} = \begin{pmatrix} \dfrac{\partial \bullet}{\partial \boldsymbol{p}} \\ -\dfrac{\partial \bullet}{\partial \boldsymbol{q}} \end{pmatrix},$$

用指标即有

$$\boxed{[q^a, \bullet] = \frac{\partial \bullet}{\partial p_a}, \quad [p_a, \bullet] = -\frac{\partial \bullet}{\partial q^a}}, \quad a = 1, \cdots, s. \tag{14.35}$$

式 (14.35) 意味着, 任意力学量与坐标的泊松括号相当于对动量求偏导数, 与动量的泊松括号相当于对坐标求偏导数 (相差负号).

根据链式法则式 (14.32), 任意两个力学量 f 和 g 的泊松括号可以写成

$$[f, g] = \frac{\partial f}{\partial \xi^{\alpha}} [\xi^{\alpha}, g] = \frac{\partial f}{\partial \xi^{\alpha}} [\xi^{\alpha}, \xi^{\beta}] \frac{\partial g}{\partial \xi^{\beta}}. \tag{14.36}$$

可见, 任意两个力学量的泊松括号都可以归结为相空间坐标之间泊松括号 $[\xi^{\alpha}, \xi^{\beta}]$. 由泊松括号的定义, $[\xi^{\alpha}, \xi^{\beta}] = \omega^{\rho\sigma} \dfrac{\partial \xi^{\alpha}}{\partial \xi^{\rho}} \dfrac{\partial \xi^{\beta}}{\partial \xi^{\sigma}} = \omega^{\rho\sigma} \delta^{\alpha}_{\rho} \delta^{\beta}_{\sigma}$, 即有

$$\boxed{[\xi^{\alpha}, \xi^{\beta}] = \omega^{\alpha\beta}}, \quad \alpha, \beta = 1, \cdots, 2s. \tag{14.37}$$

可见相空间坐标的泊松括号正是辛矩阵. 式 (14.37) 可以与位形空间的内积括号式 (14.19) 比较. 利用辛矩阵的具体形式式 (14.7), 式 (14.37) 可以写成

$$\boxed{[q^a, q^b] = 0, \quad [p_a, p_b] = 0, \quad [q^a, p_b] = \delta^a_b}, \quad a, b = 1, \cdots, s. \tag{14.38}$$

式 (14.37) 或 (14.38) 被称为**基本泊松括号** (fundamental Poisson brackets). 利用泊松括号的性质, 泊松括号往往可以用纯 "代数" 的方法计算 (而不需要利用原始定义式 (14.21) 或 (14.23)), 并归结为基本泊松括号.

例 14.1 泊松括号的计算

以单自由度系统为例, 相空间坐标记为 $\{q, p\}$, 有

$$[q^2, p^2] = \frac{\partial(q^2)}{\partial q}[q, p^2] = 2q\underbrace{[q, p]}_{=1}\frac{\partial(p^2)}{\partial p} = 4qp,$$

$$[q^2 p, p^2 q] = p[q^2, p^2 q] + q^2[p, p^2 q] = pq\underbrace{[q^2, p^2]}_{=4qp} + q^2 p^2\underbrace{[p, q]}_{=-1} = 3q^2 p^2,$$

以及

$$[q^2 + p^2, qp] = [q^2, qp] + [p^2, qp] = q[q^2, p] + p[p^2, q]$$
$$= q\frac{\partial(q^2)}{\partial q}\underbrace{[q, p]}_{=1} + p\frac{\partial(p^2)}{\partial p}\underbrace{[p, q]}_{=-1} = 2q^2 - 2p^2.$$

14.3 力学量的演化

14.3.1 用泊松括号表达的动力学方程

考虑力学量 $f = f(t, \boldsymbol{q}, \boldsymbol{p}) \equiv f(t, \boldsymbol{\xi})$ 的时间演化, 利用哈密顿正则方程 (14.8), 得到

$$\dot{f} = \frac{\partial f}{\partial t} + \dot{\xi}^\alpha\frac{\partial f}{\partial \xi^\alpha} = \frac{\partial f}{\partial t} + \underbrace{\frac{\partial f}{\partial \xi^\alpha}\omega^{\alpha\beta}\frac{\partial H}{\partial \xi^\beta}}_{=[f,H]}. \tag{14.39}$$

上式最后一项不是别的, 正是力学量 f 与哈密顿量 H 的泊松括号. 于是任一力学量 f 随时间的变化率为

$$\boxed{\dot{f} = \frac{\partial f}{\partial t} + [f, H]}. \tag{14.40}$$

这就是用泊松括号表达的动力学方程. 描述物理系统随时间演化的方程可以有各种等价表述, 包括已经知道的牛顿运动定律、拉格朗日方程以及哈密顿正则方程. 但是, 这些方程更多的只关注坐标本身. 用泊松括号表达的式 (14.40) 则将动力学方程 "提升" 至任意力学量, 是动力学在相空间中更加统一且优美的表述.

既然式 (14.40) 对于任意力学量都成立, 当然也包括相空间坐标. 将式 (14.40) 中的 f 换为相空间坐标 ξ^α, 并利用式 (14.34),

$$\dot{\xi}^\alpha = \underbrace{\frac{\partial \xi^\alpha}{\partial t}}_{=0} + [\xi^\alpha, H] = \omega^{\alpha\beta}\frac{\partial H}{\partial \xi^\beta}, \tag{14.41}$$

正是哈密顿正则方程 (14.8). 等价地, 利用式 (14.35),

$$\dot{q}^a = \underbrace{\frac{\partial q^a}{\partial t}}_{=0} + [q^a, H] = \frac{\partial H}{\partial p_a}, \quad \dot{p}_a = \underbrace{\frac{\partial p_a}{\partial t}}_{=0} + [p_a, H] = -\frac{\partial H}{\partial q^a}, \qquad (14.42)$$

正是式 (13.19). 可见哈密顿正则方程是将式 (14.40) 应用于相空间坐标的特例.

14.3.2 运动常数

根据式 (14.40), 任一力学量 f 为运动常数的充要条件即

$$\boxed{\dot{f} = \frac{\partial f}{\partial t} + [f, H] = 0}. \qquad (14.43)$$

如果 f 不显含时间, $\frac{\partial f}{\partial t} = 0$, 则

$$\dot{f} = [f, H] = 0. \qquad (14.44)$$

因此不显含时间的力学量 f 是运动常数的充要条件即其与哈密顿量 H 的泊松括号为零. "……与……的泊松括号为零" 这句话有点长, 于是习惯说 "……与……是 (泊松) **对易** (commute)" 的. 所以, 不显含时间的力学量 f 是运动常数的充要条件是其与哈密顿量对易.

如果某个 q^a 是循环坐标, 根据 13.6 节的讨论, 其也不出现在哈密顿量 H 中. 利用式 (14.35) 即有

$$\dot{p}_a = [p_a, H] = -\frac{\partial H}{\partial q^a} = 0. \qquad (14.45)$$

于是, 从泊松括号的角度, 为循环坐标的共轭动量是运动常数给出了新的解释——即其与哈密顿量对易. 如果将式 (14.40) 应用到哈密顿量自身, 得到

$$\frac{\mathrm{d}H}{\mathrm{d}t} = \frac{\partial H}{\partial t} + \underbrace{[H, H]}_{=0} = \frac{\partial H}{\partial t}. \qquad (14.46)$$

从泊松括号的角度, 为 $\frac{\mathrm{d}H}{\mathrm{d}t} = \frac{\partial H}{\partial t}$ 这一事实给出了非常简洁的证明. 进一步, 若哈密顿量不显含时间, 自然有 $\dot{H} = [H, H] = 0$ 即哈密顿量是运动常数.

14.3.3 泊松定理

由式 (14.40), 并利用泊松括号对参数求导的性质式 (14.33),

$$\frac{\mathrm{d}[f, g]}{\mathrm{d}t} = \frac{\partial [f, g]}{\partial t} + [[f, g], H] = \left[\frac{\partial f}{\partial t}, g\right] + \left[f, \frac{\partial g}{\partial t}\right] + [[f, g], H]. \qquad (14.47)$$

利用雅可比恒等式 (14.30), $[[f,g],H] = -[[g,H],f] - [[H,f],g]$, 代入式 (14.47) 得到

$$\frac{\mathrm{d}[f,g]}{\mathrm{d}t} = \left[\frac{\partial f}{\partial t}, g\right] + \left[f, \frac{\partial g}{\partial t}\right] - [[g,H],f] - [[H,f],g]$$

$$= \left[\underbrace{\frac{\partial f}{\partial t} + [f,H]}_{=\frac{\mathrm{d}f}{\mathrm{d}t}}, g\right] + \left[f, \underbrace{\frac{\partial g}{\partial t} + [g,H]}_{=\frac{\mathrm{d}g}{\mathrm{d}t}}\right],$$

即有

$$\boxed{\frac{\mathrm{d}[f,g]}{\mathrm{d}t} = \left[\frac{\mathrm{d}f}{\mathrm{d}t}, g\right] + \left[f, \frac{\mathrm{d}g}{\mathrm{d}t}\right]}. \tag{14.48}$$

这意味着对时间参数 t 的 "全导数" (时间演化), 泊松括号也满足莱布尼茨规则. 作为式 (14.48) 的直接推论, 如果 f 和 g 是系统的两个运动常数, 则两者的泊松括号 $[f,g]$ 也是系统的运动常数. 亦即

$$\boxed{\frac{\mathrm{d}f}{\mathrm{d}t} = 0, \ \frac{\mathrm{d}g}{\mathrm{d}t} = 0 \quad \Rightarrow \quad \frac{\mathrm{d}[f,g]}{\mathrm{d}t} = 0}. \tag{14.49}$$

这个结论称为**泊松定理** (Poisson theorem). 由以上推导知, 无论运动常数是否显含时间, 泊松定理都是成立的.

泊松定理的一个应用就是可能产生新的运动常数. 两个运动常数 f 和 g 的泊松括号 $[f,g]$ 可能恒为零或常数, 或者可以表达为 f 和 g 的函数. 此时 $[f,g]$ 虽然是运动常数, 但是并不是独立的. 从已知运动常数出发, 按照两个运动常数的泊松括号产生另一运动常数的手续, 如果得到的运动常数是独立的, 就将其添加进已有的运动常数的集合中. 因为有限自由度系统运动常数的个数总是有限的, 所以利用泊松定理不可能产生无限多个独立的运动常数. 最终将得到一个运动常数的集合 $\mathcal{C} \equiv \{C_1, C_2, \cdots, C_N\}$, 其中任意两个运动常数的泊松括号将无法再产生新的独立的运动常数. 换句话说, 此时 $\mathcal{C}$ 中任意两个运动常数的泊松括号总能表达成 $\mathcal{C}$ 中运动常数的线性组合, 亦即

$$\boxed{[C_i, C_j] = \sum_{k=1}^{N} f^k_{\ ij} C_k}. \tag{14.50}$$

数学上将这一性质称作运动常数的集合 $\mathcal{C}$ 在泊松括号的作用下是 "封闭" 的. 对易关系式 (14.50) 与第 11 章中无穷小转动生成元的矩阵对易子式 (11.36) 完全类

似, 即构成所谓李代数, 这里的系数 f^k_{ij} 即结构常数. 运动常数所满足的李代数关系式 (14.50) 在量子力学中将起到重要作用.

例 14.2 共形对称性与泊松括号

在例 5.15 中, 我们在拉格朗日力学框架下讨论了拉格朗日量式 (5.98) 的对称性. 其有 3 个运动常数. 其一为哈密顿量式 (5.102) 即 $H = \dfrac{p^2}{2m} + \dfrac{\lambda}{q^2}$, 另外两个运动常数为式 (5.103) 和 (5.104), 在相空间中形式分别为

$$D = -t\frac{p^2}{m} + pq - 2t\frac{\lambda}{q^2} \equiv -2tH + qp, \tag{14.51}$$

$$K = \frac{1}{2}t^2\frac{p^2}{m} - tpq + \frac{1}{2}mq^2 + \lambda\frac{t^2}{q^2} \equiv -t^2H - tD + \frac{1}{2}mq^2. \tag{14.52}$$

可以验证运动常数 $\{H, D, K\}$ 之间的泊松括号为

$$[D, H] = 2H, \quad [K, H] = D, \quad [D, K] = -2K. \tag{14.53}$$

对易关系式 (14.53) 构成所谓 $\mathrm{sl}(2, \mathbb{R})$ 代数, 即 2×2 无迹矩阵在矩阵对易子下构成的代数关系. 任一 2×2 无迹矩阵都可以表示为下面 3 个矩阵的线性组合:

$$\boldsymbol{X} = \begin{pmatrix} 1 & 0 \\ 0 & -1 \end{pmatrix}, \quad \boldsymbol{Y} = \begin{pmatrix} 0 & 1 \\ 0 & 0 \end{pmatrix}, \quad \boldsymbol{Z} = \begin{pmatrix} 0 & 0 \\ 1 & 0 \end{pmatrix},$$

可以验证其矩阵对易子满足

$$[\boldsymbol{X}, \boldsymbol{Y}] = 2\boldsymbol{Y}, \quad [\boldsymbol{X}, \boldsymbol{Z}] = -2\boldsymbol{Z}, \quad [\boldsymbol{Y}, \boldsymbol{Z}] = \boldsymbol{X},$$

正是式 (14.53) (对应 $\boldsymbol{X} \to D, \boldsymbol{Y} \to H, \boldsymbol{Z} \to -K$). $\mathrm{sl}(2, \mathbb{R})$ 代数和 $\mathrm{AdS}_2/\mathrm{CFT}_1$ 对应有关.

例 14.3 运动常数与泊松定理

考虑 2 自由度系统, 哈密顿量为 $H = H\left(q^1, q^2, p_1, p_2\right) = q^1q^2 + p_1p_2$. 对于 $f = p_1^2 + \left(q^2\right)^2$, 有

$$\begin{aligned}
[f, H] &= \left[p_1^2 + \left(q^2\right)^2, q^1q^2 + p_1p_2\right] = \left[p_1^2, q^1q^2\right] + \left[\left(q^2\right)^2, p_1p_2\right] \\
&= 2p_1q^2 \underbrace{\left[p_1, q^1\right]}_{=-1} + 2q^2p_1 \underbrace{\left[q^2, p_2\right]}_{=1} = 0.
\end{aligned}$$

由于 f 不显含时间, 所以 f 是运动常数. 又由于哈密顿量对 $1 \leftrightarrow 2$ 的对称性, 因此 $g = p_2^2 + \left(q^1\right)^2$ 也是运动常数. 又有

$$h \equiv [f, g] = \left[p_1^2 + \left(q^2\right)^2, p_2^2 + \left(q^1\right)^2\right] = \left[p_1^2, \left(q^1\right)^2\right] + \left[\left(q^2\right)^2, p_2^2\right]$$

$$=2p_1\left[p_1,\left(q^1\right)^2\right]+2q^2\left[q^2,(p_2)^2\right]=2p_1\underbrace{\left[p_1,q^1\right]}_{=-1}2q^1+2q^2\underbrace{\left[q^2,p_2\right]}_{=1}2p_2$$

$$=-4q^1p_1+4q^2p_2.$$

由泊松定理知, h 是运动常数. 可以验证, $[f,h]=8f$, $[g,h]=-8g$, 因此无法通过泊松定理生成新的运动常数. 换句话说, 3 个运动常数的集合 $\{f,g,h\}$ 在泊松括号的作用下是封闭的. 对易关系

$$[f,g]=h,\quad[f,h]=8f,\quad[g,h]=-8g,$$

与式 (14.53) 形式一致 (相差系数), 即也构成 $\mathrm{sl}(2,\mathbb{R})$ 代数. 在 5.1 节中提到, 自由度为 s 的系统有 $2s-1$ 个独立的整体运动常数. 哈密顿量 H 本身也是运动常数, 可以验证有关系 $-fg+\dfrac{h^2}{16}+H^2=0$, 所以 $\{f,g,h,H\}$ 中只有 3 个是独立的.

14.4 角动量的泊松括号

作为泊松括号的计算实例, 也是泊松括号的重要应用, 来研究 3 维欧氏空间中角动量的泊松括号.

3 维欧氏空间中, 一个粒子相对于原点的角动量矢量定义为 $\boldsymbol{J}=\boldsymbol{x}\times\boldsymbol{p}$, 其中 $\boldsymbol{x}$ 是粒子的位矢, $\boldsymbol{p}$ 是粒子的线动量. 利用 ϵ-符号 (见附录 A.1), 角动量矢量可以更方便地用指标写成[①]

$$\boxed{J^i=\epsilon^{ijk}x_jp_k},\qquad i=1,2,3.\tag{14.54}$$

分量具体形式即

$$J^1=x_2p_3-x_3p_2,\quad J^2=x_3p_1-x_1p_3,\quad J^3=x_1p_2-x_2p_1.\tag{14.55}$$

从式 (14.54) 出发, 两边同乘以 ϵ-符号并利用式 (A.5), 有

$$\epsilon_{ijk}J^k=\epsilon_{ijk}\epsilon^{kmn}x_mp_n=\left(\delta_i^m\delta_j^n-\delta_i^n\delta_j^m\right)x_mp_n=x_ip_j-x_jp_i.\tag{14.56}$$

14.4.1 角动量泊松括号的计算

利用泊松括号的性质和基本泊松括号, 有

$$\left[J^i,x^j\right]=\left[\epsilon^{ikl}x_kp_l,x^j\right]=\epsilon^{ikl}x_k\left[p_l,x^j\right]=-\epsilon^{ikl}x_k\delta_l^j=\epsilon^{ijk}x_k,\tag{14.57}$$

---

① 欧氏空间度规即单位矩阵, 因此式 (14.54) 可以等价地写成 $J^i=\epsilon^i{}_j{}^kx^jp_k=\epsilon^i{}_{jk}x^jp^k=\epsilon^{ij}{}_kx_jp^k$.

以及

$$\left[J^i, p^j\right] = \left[\epsilon^{ikl} x_k p_l, p^j\right] = \epsilon^{ikl} p_l \left[x_k, p^j\right] = \epsilon^{ikl} p_l \delta_k^j = \epsilon^{ijk} p_k. \tag{14.58}$$

于是

$$\left[J^i, J^j\right] = \left[J^i, \epsilon^{jkl} x_k p_l\right] = \epsilon^{jkl} \left[J^i, x_k\right] p_l + \epsilon^{jkl} x_k \left[J^i, p_l\right]$$
$$= \epsilon^{jkl} \epsilon^i{}_{km} x^m p_l + \epsilon^{jkl} x_k \epsilon^i{}_{lm} p^m.$$

利用式 (A.5), 得到

$$\left[J^i, J^j\right] = \left(\delta^{ji} \delta_m^l - \delta_m^j \delta^{li}\right) x^m p_l - \left(\delta^{ji} \delta_m^k - \delta_m^j \delta^{ki}\right) x_k p^m$$
$$= \delta^{ji} x^l p_l - x^j p^i - \delta^{ji} x_k p^k + x^i p^j = x^i p^j - x^j p^i,$$

比较式 (14.56), 即有

$$\boxed{\left[J^i, J^j\right] = \epsilon^{ijk} J_k}. \tag{14.59}$$

用分量表示即

$$\left[J^1, J^2\right] = J^3, \quad \left[J^2, J^3\right] = J^1, \quad \left[J^3, J^1\right] = J^2. \tag{14.60}$$

3 维空间中角动量分量的泊松括号对易关系式 (14.59) 与 14.4 节讨论的 3 维无穷小转动生成元的李代数式 (11.38) 有异曲同工之妙. 由此再次可见角动量与空间转动之间的深刻联系. 此外, 式 (14.59) 还表明角动量的 3 个分量不可能同时作为正则变量 (无论是作为正则坐标还是正则动量), 因为这违背了基本泊松括号[①].

因为 $\boldsymbol{x}$ 和 $\boldsymbol{p}$ 只存在 3 种基本的标量形式的缩并

$$\boldsymbol{x}^2 \equiv x_i x^i, \quad \boldsymbol{p}^2 \equiv p_i p^i, \quad \boldsymbol{x} \cdot \boldsymbol{p} \equiv x^i p_i, \tag{14.61}$$

所以相空间中任意标量函数 $f = f(t, \boldsymbol{x}, \boldsymbol{p})$ 必然只能是这 3 种基本缩并的函数, 即

$$f = f\left(t, \boldsymbol{x}^2, \boldsymbol{p}^2, \boldsymbol{x} \cdot \boldsymbol{p}\right). \tag{14.62}$$

利用泊松括号的性质以及式 (14.57) 和 (14.58), 可以验证

$$\left[J^i, \boldsymbol{x}^2\right] = \left[J^i, \boldsymbol{p}^2\right] = \left[J^i, \boldsymbol{x} \cdot \boldsymbol{p}\right] = 0, \tag{14.63}$$

---

① 经典力学的这一 "数学" 结果在量子力学中有着 "物理" 的对应, 即角动量的 3 个分量不存在共同的本征态, 观测上意味着无法同时确定角动量的 3 个分量.

于是利用链式法则式 (14.32),

$$[J^i, f] = \frac{\partial f}{\partial (\boldsymbol{x}^2)} \underbrace{[J^i, \boldsymbol{x}^2]}_{=0} + \frac{\partial f}{\partial (\boldsymbol{p}^2)} \underbrace{[J^i, \boldsymbol{p}^2]}_{=0} + \frac{\partial f}{\partial (\boldsymbol{x} \cdot \boldsymbol{p})} \underbrace{[J^i, \boldsymbol{x} \cdot \boldsymbol{p}]}_{=0} = 0,$$

即角动量矢量与相空间上任意标量函数对易:

$$\boxed{[J^i, f] = 0}.\tag{14.64}$$

作为式 (14.64) 的直接推论, 定义角动量矢量的模方 $\boldsymbol{J}^2 \equiv \boldsymbol{J} \cdot \boldsymbol{J}$, 其是相空间上的标量函数[1], 于是有

$$\boxed{[J^i, \boldsymbol{J}^2] = 0}.\tag{14.65}$$

相空间中任意矢量函数 $V^i = V^i(t, \boldsymbol{x}, \boldsymbol{p})$ 只能是 3 种基本矢量 $\boldsymbol{x}$、$\boldsymbol{p}$ 和 $\boldsymbol{J}$ 的线性组合, 即

$$V^i = f x^i + g p^i + h J^i,\tag{14.66}$$

其中 f, g, h 都是标量. 利用式 (14.57)~(14.59) 以及式 (14.64), 有

$$[J^i, V^j] = [J^i, fx^j + gp^j + hJ^j] = f[J^i, x^j] + g[J^i, p^j] + h[J^i, J^j]$$
$$= \epsilon^{ijk} \underbrace{(fx_k + gp_k + hJ_k)}_{=V_k},$$

即角动量矢量与相空间上任意矢量函数的泊松括号为[2]

$$\boxed{[J^i, V^j] = \epsilon^{ijk} V_k}.\tag{14.67}$$

式 (14.59) 可以视为式 (14.67) 的特例.

14.4.2 开普勒问题

在 8.3.2 节中, 我们在拉格朗日力学框架下研究了开普勒问题的运动常数与对称性. 利用泊松括号这一工具, 可以更直接且明显地揭示开普勒问题的对称性. 首先, 因为哈密顿量 $H = \frac{\boldsymbol{p}^2}{2m} - \frac{\alpha}{r}$ 不含时, 因此哈密顿量 H 是运动常数. 因为哈密顿量是相空间上的标量函数 (具有式 (14.62) 的形式, 这里 $r \equiv \sqrt{\boldsymbol{x}^2}$), 于是必然有

---

[1] 可以验证 $\boldsymbol{J}^2 = \boldsymbol{x}^2\boldsymbol{p}^2 - (\boldsymbol{x} \cdot \boldsymbol{p})^2$, 确实是 3 种基本缩并 $\boldsymbol{x}^2, \boldsymbol{p}^2, \boldsymbol{x} \cdot \boldsymbol{p}$ 的函数, 即具有式 (14.62) 的形式.

[2] 从推导过程知, 式 (14.64) 和 (14.67) 成立的前提是 f 和 V^i 都是相空间坐标 $\boldsymbol{x}, \boldsymbol{p}$ (以及时间参数 t) 的函数. 如果还依赖外部变量 (例如外场), 当然就不成立了.

$$[J^i, H] = 0. \tag{14.68}$$

式 (14.68) 意味着角动量矢量 $\boldsymbol{J}$ 也是运动常数. 在 8.3.2 节中, 我们利用运动方程证明了对于开普勒问题, 除了哈密顿量 H 和角动量矢量 $\boldsymbol{J}$, 还存在另外一个运动常数, 即 LRL 矢量, 定义为式 (8.47), 用 ϵ-符号可写成

$$A^i = \epsilon^i{}_{jk} p^j J^k - \alpha \frac{m}{r} x^i. \tag{14.69}$$

可以验证 (见习题 14.10),

$$[A^i, H] = 0, \tag{14.70}$$

即 LRL 矢量 $\boldsymbol{A}$ 和哈密顿量对易, 所以是运动常数.

在第 5 章中已经知道, 对称性与守恒律之间存在着深刻联系. 例如, 能量守恒来自于时间的均匀性, 线动量和角动量守恒分别来自于空间的均匀性和各向同性. 从代数的角度, 角动量的泊松括号式 (14.59) 与无穷小转动生成元的李代数式 (11.38) 形式一致, 因此反映了中心势场所具有的 3 维空间转动不变性, 即所谓 SO(3) 对称性. 那么, LRL 矢量的守恒也是对称性的体现吗? 回答是肯定的. 中心势场都具有 SO(3) 对称性, 而对于 $-\dfrac{\alpha}{r}$ 这种特殊形式的中心势场, 对称性被提升了. 作为运动常数的 LRL 矢量的存在正是这一对称性的体现. 由式 (14.67) 知, 角动量矢量与 LRL 矢量的泊松括号为[①]

$$[J^i, A^j] = \epsilon^{ij}{}_k A^k. \tag{14.71}$$

可以验证, LRL 矢量和自身的泊松括号为 (见习题 14.10)

$$\boxed{[A^i, A^j] = -2mH\epsilon^{ij}{}_k J^k}. \tag{14.72}$$

式 (14.59)、(14.71) 和 (14.72) 意味着开普勒问题中 $\{J^i, A^j\}$ 这 6 个运动常数的泊松括号是封闭的 (见式 (14.50))

$$[J^i, J^j] = \epsilon^{ij}{}_k J^k, \quad [J^i, A^j] = \epsilon^{ij}{}_k A^k, \quad [A^i, A^j] = -2mH\epsilon^{ij}{}_k J^k. \tag{14.73}$$

这正是 SO(4) 即 4 维正常转动群的李代数式 (11.39) (相差常系数). 这反映了 $-\dfrac{\alpha}{r}$ 这种特殊形式的中心势场所具有的 SO(4) 对称性. 量子力学中氢原子 $\Big($电子在 $-\dfrac{e}{r}$ 的库仑势中运动$\Big)$ 能级的 "偶然" 简并正是这一对称性的反应.

---

① 由式 (8.48), LRL 矢量可写成 $A^i = \left(\boldsymbol{p}^2 - \alpha\frac{m}{r}\right) x^i - (\boldsymbol{x} \cdot \boldsymbol{p}) p^i$, 即具有式 (14.66) 的形式.

14.5 时空变换算符

14.5.1 时间演化算符

假设力学量 f 不显含时间, 则式 (14.40) 成为

$$\frac{\mathrm{d}f}{\mathrm{d}t} = [f, H]. \tag{14.74}$$

不妨定义**算符** (operator)[①]:

$$\boxed{\hat{H}_{\mathrm{cl}} \bullet \equiv [\bullet, H]}, \tag{14.75}$$

算符 $\hat{H}_{\mathrm{cl}}$ 代表一种 "操作", 即求任意力学量与哈密顿量 H 的泊松括号. 由泊松括号的性质, $\hat{H}_{\mathrm{cl}}$ 确实像某种导数算符, 因为满足线性和莱布尼茨规则. 式 (14.74) 可以写成

$$\frac{\mathrm{d}}{\mathrm{d}t} f = \hat{H}_{\mathrm{cl}} f. \tag{14.76}$$

对式 (14.76) 再求时间导数, 有

$$\frac{\mathrm{d}^2}{\mathrm{d}t^2} f = \frac{\mathrm{d}}{\mathrm{d}t} \left(\hat{H}_{\mathrm{cl}} f \right) = \hat{H}_{\mathrm{cl}}^2 f \equiv [[f, H], H], \tag{14.77}$$

$$\frac{\mathrm{d}^3}{\mathrm{d}t^3} f = \frac{\mathrm{d}}{\mathrm{d}t} \left(\hat{H}_{\mathrm{cl}}^2 f \right) = \hat{H}_{\mathrm{cl}}^3 f \equiv [[[f, H], H], H], \tag{14.78}$$

$$\vdots$$

依此类推. 可见在时间演化的意义上,

$$\boxed{\hat{H}_{\mathrm{cl}} \quad \Leftrightarrow \quad \frac{\mathrm{d}}{\mathrm{d}t}}. \tag{14.79}$$

从 "变换" 的角度, 式 (14.74) 意味着经过无穷小的时间演化 $t \to t + \eta$, 其中 η 为无穷小量, 力学量 f 的无穷小变化为

$$\delta f \equiv f(t + \eta) - f(t) = \eta [f, H]. \tag{14.80}$$

[①] 这里下标 "cl" 代表 "经典", 其在量子力学中的对应见 16.4 节中的讨论.

利用算符 $\hat{H}_{\text{cl}}$ 又可写成

$$\boxed{\delta f = \eta \hat{H}_{\text{cl}} f}.\tag{14.81}$$

可见力学量 f 与哈密顿量 H 做泊松括号的效果是"生成"无穷小的时间演化 δf. 从这个意义上, 哈密顿量 H 也被称作无穷小时间演化的"生成元". 相应地, 算符 $\hat{H}_{\text{cl}}$ 的效果是生成力学量的无穷小时间演化.

一个自然的问题是, 有限的时间演化该如何得到? 观察式 (14.76) 的形式, 如果其只是一个普通的微分方程, 即 $\dfrac{\mathrm{d}}{\mathrm{d}t} f = H f$, 其中 H 是某个常数, 则方程可以直接积出 $f(t) = \mathrm{e}^{(t-t_0)H} f(t_0)$. 现在式 (14.76) 是一个"算符"微分方程, 但是可以得到类似的形式解. 函数 $f(t) \equiv f(\boldsymbol{\xi}(t))$ 的泰勒展开可以形式地写成"指数":

$$f(t) = \sum_{n=0}^{\infty} \frac{1}{n!} \left((t-t_0) \frac{\mathrm{d}}{\mathrm{d}t} \right)^n f(t_0) \equiv \mathrm{e}^{(t-t_0)\frac{\mathrm{d}}{\mathrm{d}t}} f(t_0).\tag{14.82}$$

注意上式中是先求导, 再将导数在 $t = t_0$ 处取值. 将式 (14.79) 的对应关系代入, 即有[①]

$$\boxed{f(t) = \mathrm{e}^{(t-t_0)\hat{H}_{\text{cl}}} f(t_0)}.\tag{14.83}$$

对比 $f(t) = \mathrm{e}^{(t-t_0)H} f(t_0)$ 和式 (14.83), 两者形式完全一样, 只是常数 H 被换成了算符 $\hat{H}_{\text{cl}}$. 式 (14.83) 形式上直接给出了力学量随时间的演化, 或者说"算符解". 式 (14.83) 的意义是, 只要知道力学量 f 在 t_0 时刻的值, 经过算符 $\mathrm{e}^{(t-t_0)\hat{H}_{\text{cl}}}$ 的作用, 即可得到其在任意 t 时刻的值. 算符 $\mathrm{e}^{(t-t_0)\hat{H}_{\text{cl}}}$ 起到时间演化的作用, 因此称作经典的**时间演化算符** (time evolution operator). 对比有限的时间演化式 (14.83) 与无穷小时间演化式 (14.81), 再次印证了在 11.4 节讨论过的"有限变换是生成元的指数映射"这一事实.

需要强调的是, 将算符放到指数上, 仅仅只是其泰勒级数的形式记法. 因此, 算符解式 (14.83) 也只能在泰勒展开的意义上理解, 即有

$$f(t) = f(t_0) + (t-t_0) \hat{H}_{\text{cl}} f(t_0) + \frac{1}{2}(t-t_0)^2 \hat{H}_{\text{cl}}^2 f(t_0) + \cdots \tag{14.84}$$

$$= f(t_0) + (t-t_0) [f, H]|_{t_0} + \frac{1}{2}(t-t_0)^2 [[f, H], H]|_{t_0} + \cdots, \tag{14.85}$$

其中都是先求导或者泊松括号, 再在 t_0 时刻取值.

---

① 对于力学量显含时间的一般情形, 只要将 $\hat{H}_{\text{cl}}$ 的定义式 (14.75) 稍加推广, 式 (14.83) 的形式也是成立的 (见习题 14.15).

例 14.4 利用时间演化算符求解重力场中粒子的运动

重力场中竖直方向运动粒子的哈密顿量为 $H = \dfrac{p^2}{2m} + mgh$, 其中 m 为粒子质量, g 为重力加速度, $h(t)$ 为竖直高度, p 为 h 的共轭动量. 由泊松括号,

$$\hat{H}_{\mathrm{cl}} h = [h, H] = \left[h, \frac{p^2}{2m} + mgh\right] = \left[h, \frac{p^2}{2m}\right] = \frac{p}{m},$$

$$\hat{H}_{\mathrm{cl}}^2 h = [[h, H], H] = \left[\frac{p}{m}, mgh\right] = -g,$$

而这意味着 $\hat{H}_{\mathrm{cl}}$ 更高阶的作用全为零, 即 $\hat{H}_{\mathrm{cl}}^n h = 0, n \geqslant 3$. 代入式 (14.83),

$$h(t) = \mathrm{e}^{(t-t_0)\hat{H}_{\mathrm{cl}}} h(t_0) = h(t_0) + (t-t_0) \hat{H}_{\mathrm{cl}} h(t_0) + \frac{1}{2}(t-t_0)^2 \hat{H}_{\mathrm{cl}}^2 h(t_0) + 0$$

$$= h_0 + (t-t_0)\frac{p_0}{m} - \frac{1}{2}g(t-t_0)^2,$$

其中 h_0 和 p_0 为粒子在 t_0 时刻的高度和动量. 这正是重力场中竖直方向运动粒子的解.

14.5.2 空间平移算符

和时间演化算符的讨论完全类似, 考虑欧氏空间中坐标的无穷小平移 $x^i \to x^i + \xi^i$, 其中 ξ^i 是无穷小量. 在 ξ^i 的一阶, 力学量 f 的变换即

$$\delta f = f(\boldsymbol{x} + \boldsymbol{\xi}) - f(\boldsymbol{x}) = \xi^i \frac{\partial}{\partial x^i} f(\boldsymbol{x}). \tag{14.86}$$

这里的关键在于, 由式 (14.35) 知, "对坐标求导" 相当于 "与共轭动量做泊松括号", 即

$$\frac{\partial}{\partial x^i} f = [f, p_i], \quad i = 1, \cdots, D. \tag{14.87}$$

式 (14.87) 可以与式 (14.74) 类比. 可见与动量做泊松括号的效果是生成无穷小的空间平移, 在这个意义上, 动量也被称作无穷小空间平移的生成元. 仿照式 (14.75), 定义算符

$$\boxed{\hat{p}_{\mathrm{cl}i} \bullet := [\bullet, p_i]}. \tag{14.88}$$

因此 $\hat{p}_{\mathrm{cl}i}$ 的作用即求力学量与动量 p_i 的泊松括号, 且有对应关系

$$\boxed{\hat{p}_{\mathrm{cl}i} \quad \Leftrightarrow \quad \frac{\partial}{\partial x^i}}. \tag{14.89}$$

于是式 (14.86) 意味着任意力学量 f 在无穷小空间平移下的变换为

$$\boxed{\delta f = \xi^i \hat{p}_{\mathrm{cl}i} f(x) \equiv \xi^i [f, p_i]}. \tag{14.90}$$

对于有限的空间平移 $\boldsymbol{x} \to \tilde{\boldsymbol{x}} = \boldsymbol{x} + \boldsymbol{\xi}$, 由泰勒展开,

$$f\left(\boldsymbol{x} + \boldsymbol{\xi}\right) = \sum_{n=0}^{\infty} \frac{1}{n!} \left(\xi^i \frac{\partial}{\partial x^i}\right)^n f\left(\boldsymbol{x}\right) \equiv \mathrm{e}^{\xi^i \frac{\partial}{\partial x^i}} f\left(x\right). \tag{14.91}$$

将对应关系式 (14.88) 代入, 于是式 (14.91) 可以形式地写成

$$\boxed{f\left(\boldsymbol{x} + \boldsymbol{\xi}\right) = \mathrm{e}^{\boldsymbol{\xi} \cdot \hat{\boldsymbol{p}}_{\mathrm{cl}}} f\left(\boldsymbol{x}\right)}. \tag{14.92}$$

可见算符 $\mathrm{e}^{\boldsymbol{\xi} \cdot \hat{\boldsymbol{p}}_{\mathrm{cl}}}$ 的意义是作用在 $f\left(\boldsymbol{x}\right)$ 上, 得到空间坐标平移后的 $f\left(\boldsymbol{x} + \boldsymbol{\xi}\right)$. 因此, 算符 $\mathrm{e}^{\boldsymbol{\xi} \cdot \hat{\boldsymbol{p}}_{\mathrm{cl}}}$ 被称作经典的**空间平移算符** (space translation operator). 式 (14.92) 与有限时间演化式 (14.83) 形式完全类似. 同样地, 空间平移算符式 (14.92) 中"指数"需要在泰勒展开的意义下理解, 最终则归结为计算与动量的泊松括号.

14.5.3　空间转动算符

在 11.1 节讨论过欧氏空间中的转动. 以 3 维空间绕 z 轴的无穷小转动为例, 坐标的无穷小变换为

$$\begin{pmatrix} \delta x^1 \\ \delta x^2 \\ \delta x^3 \end{pmatrix} = \phi \boldsymbol{J}_3 \begin{pmatrix} x^1 \\ x^2 \\ x^3 \end{pmatrix} = \phi \begin{pmatrix} 0 & -1 & 0 \\ 1 & 0 & 0 \\ 0 & 0 & 0 \end{pmatrix} \begin{pmatrix} x^1 \\ x^2 \\ x^3 \end{pmatrix} = \phi \begin{pmatrix} -x^2 \\ x^1 \\ 0 \end{pmatrix}, \tag{14.93}$$

其中 $\boldsymbol{J}_3$ 为绕 z 轴无穷小转动的生成元式 (11.31), ϕ 为无穷小转角. 相较时间演化和空间平移的情形, 式 (14.93) 与泊松括号的联系似乎不那么一目了然. 不过可以验证, 由式 (14.57), 空间坐标与 z 方向角动量分量 $J_3 = x^1 p_2 - x^2 p_1$ 的泊松括号为

$$\begin{pmatrix} [x^1, J_3] \\ [x^2, J_3] \\ [x^3, J_3] \end{pmatrix} = \begin{pmatrix} [x^1, x^1 p_2 - x^2 p_1] \\ [x^2, x^1 p_2 - x^2 p_1] \\ [x^3, x^1 p_2 - x^2 p_1] \end{pmatrix} = \begin{pmatrix} -x^2 \\ x^1 \\ 0 \end{pmatrix}. \tag{14.94}$$

对比式 (14.93), 两者的形式完全一致, 即有

$$\delta x^i = \phi \left[x^i, J_3\right]. \tag{14.95}$$

这意味着无穷小转动也可以与泊松括号联系起来. 更一般地, 定义算符

$$\boxed{\hat{J}_{\mathrm{cl}i} \bullet := [\bullet, J_i]}, \quad i = 1, 2, 3. \tag{14.96}$$

对比式 (14.93), 无穷小转动的生成元 $\boldsymbol{J}_i$ (3×3 的方阵) 与算符 $\hat{J}_{\mathrm{cl}i}$ 有对应关系

$$\boxed{\hat{J}_{\mathrm{cl}i} \quad \Leftrightarrow \quad \boldsymbol{J}_i}. \tag{14.97}$$

上式可与式 (14.79) 和 (14.89) 类比.

可以验证, 动量 p_i 在无穷小转动下也满足同样的关系, 例如绕第 j 轴转动即有 $\delta_{(j)}p_i = \phi\,[p_i, J_j]$. 因此, 这一结论实际上对任意力学量 (坐标和动量的函数) 都成立. 具体而言, 对于任意力学量 f, 在无穷小转动下的变换为

$$\boxed{\delta f = \phi^i \hat{J}_{\mathrm{cl}i} f = \phi^i\,[f, J_i]}, \tag{14.98}$$

即由与角动量的泊松括号 "生成", 其中 $\{\phi\}$ 为 3 个无穷小转动参数. 从这个意义上, 角动量即被称为无穷小空间转动的生成元. 由此回顾 14.5.3 节中的式 (14.64) 和 (14.67), 其意义正是标量和矢量在无穷小转动下的变换. 特别是式 (14.64) 意味着标量函数在转动变换下不变, 这也是其得名 "标量" 的原因. 和时间演化与空间平移的情形类似, 有限转动则由指数算符给出

$$f(\tilde{\boldsymbol{x}}) = \mathrm{e}^{\boldsymbol{\theta} \cdot \hat{\boldsymbol{J}}_{\mathrm{cl}}} f(\boldsymbol{x}), \tag{14.99}$$

其中 $\tilde{\boldsymbol{x}} = \boldsymbol{R}\boldsymbol{x}$ 为转动后的空间坐标, $\{\boldsymbol{\theta}\}$ 为 3 个有限转动参数.

在 5.3 节中已经知道, 能量、动量和角动量的守恒来源于时空对称性. 从时空变换的角度, 这些 "守恒量" 又扮演了变换的 "生成元" 的角色. 无穷小变换的生成则是通过与相应生成元的泊松括号实现的. 这些关系可以总结如表 14.1 所示.

表 14.1   时空无穷小变换及其生成元

变换	生成元	无穷小变换
时间平移	哈密顿量	$\delta f = \eta\,[f, H]$
空间平移	线动量	$\delta f = \xi^i\,[f, p_i]$
空间转动	角动量	$\delta f = \phi^i\,[f, J_i]$

14.6   南 部 括 号

哈密顿力学中, 广义坐标和广义动量 $\{q, p\}$ 构成一对共轭变量, 共同构成 $2s$ 维相空间的坐标. 一个自然的想法是——将 "二重奏" 变成 "三重奏", 将 "一对" 共轭变量推广至一组 "三重" 变量

$$\{\chi^\alpha\} \equiv \{q^1, \cdots, q^s; p_1, \cdots, p_s; r_1, \cdots, r_s\}, \quad \alpha = 1, \cdots, 3s. \tag{14.100}$$

这也意味着, 相空间变成了 $3s$ 维, 单个自由度对应 3 个实参数. 既然 "一对" 共轭变量用二阶反对称的辛矩阵得到泊松括号式 (14.21), 对于 "三重" 变量, 自然想到用三阶反对称的张量来定义

$$[f,g,h] = \varepsilon^{\alpha\beta\gamma} \frac{\partial f}{\partial \chi^\alpha} \frac{\partial g}{\partial \chi^\beta} \frac{\partial h}{\partial \chi^\gamma}. \tag{14.101}$$

式 (14.101) 被称作 3 个力学量 f, g, h 的**南部括号** (Nambu bracket)[①]. 这里带 3 个指标、全反对称的 $\varepsilon^{\alpha\beta\gamma}$ 是哈密顿力学中辛矩阵 $\omega^{\alpha\beta}$ 的推广. 可以验证, 南部括号和泊松括号具有类似的性质. 例如, 反对称性 $[f,g,h] = -[g,f,h] = [g,h,f]$, 莱布尼茨规则 $[f_1 f_2, g, h] = f_1 [f_2, g, h] + f_2 [f_1, g, h]$, 以及雅可比恒等式 (见习题 15.25):

$$[[f_1,f_2,f_3],f_4,f_5] = [[f_1,f_4,f_5],f_2,f_3] + [f_1,[f_2,f_4,f_5],f_3] + [f_1,f_2,[f_3,f_4,f_5]], \tag{14.102}$$

等等.

基于南部括号的力学体系也被称作**南部力学** (Nambu mechanics). 哈密顿力学中力学量的演化由力学量和哈密顿量的泊松括号决定. 相应地, 南部力学中力学量的演化由南部括号决定, 所以就需要两个 "哈密顿量" H 和 G:

$$\boxed{\frac{\mathrm{d}f}{\mathrm{d}t} = \frac{\partial f}{\partial t} + [f,H,G]}. \tag{14.103}$$

哈密顿力学中的很多关键性质在南部力学中都有着自然的对应和推广.

南部本人就发现, 刚体的运动可以自然地用南部括号来描述. 取 $\chi^i = \{J^1, J^2, J^3\}$ 为 3 维相空间的坐标, 南部括号即

$$[f,g,h] = \epsilon^{ijk} \frac{\partial f}{\partial J^i} \frac{\partial g}{\partial J^j} \frac{\partial h}{\partial J^k}$$

$$= \frac{\partial f}{\partial J^1} \frac{\partial g}{\partial J^2} \frac{\partial h}{\partial J^3} + \frac{\partial f}{\partial J^2} \frac{\partial g}{\partial J^3} \frac{\partial h}{\partial J^1} + \frac{\partial f}{\partial J^3} \frac{\partial g}{\partial J^1} \frac{\partial h}{\partial J^2}$$

$$- \frac{\partial f}{\partial J^1} \frac{\partial g}{\partial J^3} \frac{\partial h}{\partial J^2} - \frac{\partial f}{\partial J^2} \frac{\partial g}{\partial J^1} \frac{\partial h}{\partial J^3} - \frac{\partial f}{\partial J^3} \frac{\partial g}{\partial J^2} \frac{\partial h}{\partial J^1}. \tag{14.104}$$

---

① 从泊松括号到南部括号的推广看上去自然而简单, 但直到 1973 年才由美籍日裔物理学家南部阳一郎 (Yoichiro Nambu, 1921—2015) 认真考虑并提出. 南部阳一郎因为发现亚原子物理的对称性自发破缺机制而获得 2008 年度诺贝尔物理学奖, 也是弦理论的奠基人之一.

引入

$$H = \frac{(J^1)^2}{2I_1} + \frac{(J^2)^2}{2I_2} + \frac{(J^3)^2}{2I_3}, \quad G = \frac{1}{2}\boldsymbol{J}^2 \equiv \frac{1}{2}\left((J^1)^2 + (J^2)^2 + (J^3)^2\right), \quad (14.105)$$

利用南部括号表达的力学量的演化方程 (14.103), 得到

$$\dot{J}^1 \equiv [J^1, G, H] = \frac{\partial J^1}{\partial J^1}\frac{\partial G}{\partial J^2}\frac{\partial H}{\partial J^3} - \frac{\partial J^1}{\partial J^1}\frac{\partial G}{\partial J^3}\frac{\partial H}{\partial J^2}$$

$$= J^2\frac{J^3}{I_3} - J^3\frac{J^2}{I_2} = -J^2 J^3\left(\frac{1}{I_2} - \frac{1}{I_3}\right). \quad (14.106)$$

这正是欧拉方程 (12.41), 另外两个方程依此类推. 除了刚体的简单例子, 到目前为止南部括号基本还只是理论上的构想, 其在更多实际物理系统的应用还有待探索.

习　题

14.1　由辛矩阵的定义及性质, 求:
(1) $\omega^{\alpha\rho}\omega_{\rho\beta}$;
(2) $\omega_{\alpha\rho}\omega^{\rho\beta}$;
(3) $\delta_{\rho\sigma}\omega^{\alpha\rho}\omega^{\beta\sigma}$;
(4) $\delta^{\rho\sigma}\omega_{\alpha\rho}\omega_{\beta\sigma}$;
(5) $\delta_{\alpha\rho}\delta_{\beta\sigma}\omega^{\rho\sigma}$;
(6) $\delta^{\alpha\rho}\delta^{\beta\sigma}\omega_{\rho\sigma}$.

14.2　如图 14.3 所示, 在 2 维平面上, 两矢量分别为 $X_\alpha = \{x_1, x_2\}$ 和 $Y_\alpha = \{y_1, y_2\}$. 验证其所围成的平行四边形面积为 $A = x_1 y_2 - x_2 y_1 \equiv \omega^{\alpha\beta} X_\alpha Y_\beta$, 其中 $\omega^{\alpha\beta}$ 为 2×2 的辛矩阵.

14.3　已知 f, g, h 为相空间中的函数, a, b 为常数. 由泊松括号的定义, 证明其性质:
(1) $[f, g] = -[g, f]$;
(2) $[af + bg, h] = a[f, h] + b[g, h]$, 对于右边亦然;
(3) $[fg, h] = [f, h]g + f[g, h]$, 对于右边亦然;
(4) 如果 f 和 g 依赖于某独立于相空间坐标的参数 λ, 则 $\frac{\partial [f, g]}{\partial \lambda} = \left[\frac{\partial f}{\partial \lambda}, g\right] + \left[f, \frac{\partial g}{\partial \lambda}\right]$.

14.4　若 $\{f_i\}, i = 1, 2, \cdots, n$ 为相空间中的函数, $F = F(f_i)$ 和 $G = G(f_i)$ 为复合函数. 证明复合函数的泊松括号满足 $[F, G] = \sum_{i=1}^{n} \frac{\partial F}{\partial f_i}[f_i, G] = \sum_{j=1}^{n} \frac{\partial G}{\partial f_j}[F, f_j] = \sum_{i=1}^{n}\sum_{j=1}^{n} \frac{\partial F}{\partial f_i}\frac{\partial G}{\partial f_j}[f_i, f_j]$.

14.5　对相空间上任意函数 F, 定义算符 $\hat{F}$, 使得作用于任意相空间函数 f, 都有 $\hat{F}f \equiv [f, F]$. 证明泊松括号的雅可比恒等式可以写成等价形式: $\hat{F}\hat{G} - \hat{G}\hat{F} = -\widehat{[F, G]}$, 其中 F, G 为任意相空间函数, $[F, G]$ 为两者的泊松括号. (提示: 将其作用于任意相空间函数 f.)

14.6　考虑任意同阶方阵 $\boldsymbol{A}, \boldsymbol{B}, \boldsymbol{C}, \cdots$.
(1) 证明矩阵对易子满足莱布尼茨规则, 即 $[\boldsymbol{A}, \boldsymbol{BC}] = [\boldsymbol{A}, \boldsymbol{B}]\boldsymbol{C} + \boldsymbol{B}[\boldsymbol{A}, \boldsymbol{C}]$;
(2) 证明矩阵对易子满足雅可比恒等式, 即 $[\boldsymbol{A}, [\boldsymbol{B}, \boldsymbol{C}]] + [\boldsymbol{B}, [\boldsymbol{C}, \boldsymbol{A}]] + [\boldsymbol{C}, [\boldsymbol{A}, \boldsymbol{B}]] = 0$.

14.7 利用泊松括号的性质和基本泊松括号,

(1) 对于单自由度系统, 计算 $\left[q^2+p^2, \dfrac{1}{q^2}+\dfrac{1}{p^2}\right]$;

(2) 对于双自由度系统, 相空间坐标为 $\{q^1, q^2, p_1, p_2\}$, 计算 $\left[q^1\left(p_1\right)^2+q^2\left(p_2\right)^2, q^1 p_2+q^2 p_1\right]$.

14.8 某 2 自由度系统的哈密顿量为 $H\left(q^1, q^2, p_1, p_2\right)=q^1 p_1-q^2 p_2-a\left(q^1\right)^2+b\left(q^2\right)^2$, 其中 a, b 是常数.

(1) 利用泊松括号的性质和基本泊松括号, 证明 $f_1 \equiv \dfrac{p_1-a q^1}{q^2}$, $f_2 \equiv q^1 q^2$ 和 $f_3 = q^1 \mathrm{e}^{-t}$ 是运动常数;

(2) 利用泊松定理, 验证是否存在其他独立的运动常数;

(3) 若找到第四个独立的运动常数 f_4, 将哈密顿正则方程的通解用这 4 个运动常数表示出来.

14.9 已知 3 维欧氏空间中角动量在直角坐标下分量形式为式 (14.55), 利用泊松括号的性质和基本泊松括号具体验证:

(1) $[J_1, J_2]=J_3$, $[J_2, J_3]=J_1$ 和 $[J_3, J_1]=J_2$;

(2) $\left[J_i, \boldsymbol{J}^2\right]=0$.

14.10 开普勒问题哈密顿量为式 (13.27), 其中 $V=-\dfrac{\alpha}{r}$, LRL 矢量由式 (14.69) 给出. 证明:

(1) $\left[A^i, H\right]=0$;

(2) $\left[A^i, A^j\right]=-2 m H \epsilon^{ij}{}_k J^k$.

14.11 已知一维谐振子的哈密顿量为 $H=\dfrac{p^2}{2m}+\dfrac{1}{2} m \omega^2 q^2$, 假设初始条件 $q(0) \equiv q_0$ 和 $p(0) \equiv p_0$ 已知. 利用时间演化算符式 (14.83) 和三角函数的泰勒展开, 求 $q(t)$ 和 $p(t)$ 的具体形式.

14.12 已知质量为 m、带电荷 e 的粒子在均匀磁场中的哈密顿量为 $H=\dfrac{1}{2m}\left(\boldsymbol{p}-\dfrac{e}{c} \boldsymbol{A}\right)^2$, 其中 $\boldsymbol{p}=\{p_x, p_y, p_z\}$ 为粒子的动量, $\boldsymbol{A}$ 为矢势, c 为光速.

(1) 证明矢势 $\boldsymbol{A}=\dfrac{1}{2} \boldsymbol{B} \times \boldsymbol{x}$ 对应 z 轴方向的均匀磁场 $\boldsymbol{B}=B e_z$;

(2) 求粒子哈密顿量的具体形式;

(3) 利用时间演化算符式 (14.83) 和三角函数的泰勒展开, 求粒子空间坐标 $x(t), y(t), z(t)$ 的具体形式.

14.13 式 (14.76) 可以改写成 $\left(\dfrac{\mathrm{d}}{\mathrm{d}t}-\hat{H}_{\mathrm{cl}}\right) f(t)=0$, 即是 f 所满足的齐次微分方程. 定义 $\hat{U}_{\mathrm{cl}}(t, t_0) \equiv \Theta(t-t_0) \mathrm{e}^{(t-t_0)\hat{H}_{\mathrm{cl}}}$, 其中 $\Theta(t-t_0)$ 为赫维赛德阶跃函数. 证明 $\hat{U}_{\mathrm{cl}}(t, t_0)$ 满足 $\left(\dfrac{\mathrm{d}}{\mathrm{d}t}-\hat{H}\right) \hat{U}_{\mathrm{cl}}(t, t_0)=\delta(t-t_0)$, 即是 f 的方程的格林函数.

14.14 考虑一维自由粒子, 拉格朗日量为 $L=\dfrac{1}{2} m \dot{q}^2$. 引入新广义坐标 $\tilde{q}$ 满足 $q=\dfrac{1}{2} a \tilde{q}^2$, 其中 a 是常数.

(1) 求 $\dot{q}$ 与 $\dot{\tilde{q}}$ 的关系;

(2) 求 $\tilde{q}$ 的共轭动量 $\tilde{p}$, 用 q, p 表示出来;

(3) 证明新广义坐标和新广义动量满足 $[\tilde{q}, \tilde{p}] = 1$, 即同样满足基本泊松括号.

14.15 对于显含时间的力学量 $f(t) \equiv f(t, \boldsymbol{\xi}(t))$, 若定义 $\hat{H}_{\text{cl}} \bullet = [\bullet, H] + \dfrac{\partial \bullet}{\partial t}$, 证明式 (14.83) 的形式仍然成立.

第 15 章 正 则 变 换

15.1 相空间坐标变换

15.1.1 运动方程的考虑

力学的基本目的是描述系统的时间演化. 在运动方程的层次上, 即归结为求解系统演化的微分方程. 自由度 s 的系统的拉格朗日方程是关于 s 个广义坐标的二阶微分方程组. 对于一般的二阶微分方程组, 并没有通用的求解方法. 这是因为拉格朗日量不仅是广义坐标的函数, 而且还包括其时间导数 (例如广义速度). 虽然在某些情况下, 采用新的广义坐标 (例如使其成为循环坐标), 问题可能会变得容易求解. 但是, 新广义坐标的选择非常依赖于特定的问题以及偶然性. 从根本上, 在拉格朗日力学框架下, 并没有通用的原则指导我们如何寻找更简单的广义坐标.

在哈密顿力学框架下, 哈密顿量直接依赖于广义坐标和广义动量, 而不包含其任何导数. 哈密顿正则方程是关于 $2s$ 个广义坐标和广义动量的一阶微分方程组, 特别是时间导数都以非常简单的形式出现在方程的一侧. 这就使得哈密顿正则方程的求解变得容易很多. 在 13.6 节关于劳斯函数的讨论中已经看到, 如果通过变换将某个坐标变为循环坐标, 则可以一次性降低一个自由度, 从而简化了计算. 更一般地, 在哈密顿力学框架下, 存在通用的选择新的相空间坐标的方法, 可以系统求解哈密顿正则方程.

15.1.2 几何的考虑

如果仅仅将哈密顿力学当作求解具体运动方程新的实用工具, 未免有牛刀杀鸡之嫌. 哈密顿力学之所以如此重要, 在于其为更一般的物理系统 (不仅限于力学系统) 的演化提供了更高观点的理解, 同时其也是量子力学和统计力学的出发点. 而这只有站在相空间的角度才能更深入地理解.

哈密顿力学中广义坐标和广义动量被置于平等的地位, 并统一作为相空间的坐标 $\{\boldsymbol{\xi}\}$. 很自然地考虑相空间中的坐标变换:

$$\xi^\alpha \to \Xi^\alpha (t, \boldsymbol{\xi}), \quad \alpha = 1, \cdots, 2s. \tag{15.1}$$

相较于对 s 个广义坐标的变换, 对 $2s$ 个相空间坐标的变换式 (15.1) 大大扩展了变换的形式. 但是, 并不是随便一个相空间的坐标变换都有物理上的重要性. 在位形空间的广义坐标变换下, 拉格朗日方程的形式是不变的 (见 5.4.2 节), 相应地, 哈密顿正则方程的形式也是不变的. 因此, 有很大的任意性选择位形空间坐标变换的形式. 但是, 在任意的相空间坐标变换式 (15.1) 下, 哈密顿正则方程的形式是变化的 (见习题 15.1). 这就给问题带来了额外的复杂性. 因此, 我们希望寻找某一类特殊的相空间坐标变换, 使得变换下哈密顿正则方程形式不变. 从几何的角度, 哈密顿正则方程的形式来源于相空间的反对称几何结构——辛矩阵, 因此问题归结为寻找保证这种几何结构不变, 亦即辛矩阵形式不变的相空间坐标变换.

15.1.3 内积与转动

在具体引入正则变换之前, 我们对第 11 章讨论过的 "转动" 做一回顾. 把欧氏、闵氏空间的转动研究清楚了, 再讨论相空间的正则变换简直势如破竹. 特别是, 因为这种相似性, 我们就理解很多概念——泊松括号、正则变换、刘维尔定理等, 不是相空间的特例, 因为它们在欧氏、闵氏空间中有着完全类似的对应.

我们在 14.2 节利用度规定义了 "内积括号" 式 (14.18). 考虑欧氏空间, 度规为 δ_{ij}, 两个函数 f 和 g 的内积括号为

$$\langle f, g\rangle_x = \delta^{ij}\frac{\partial f}{\partial x^i}\frac{\partial g}{\partial x^j}. \tag{15.2}$$

这里下标 "x" 是为了强调内积括号是用坐标 $\{\boldsymbol{x}\}$ 计算的. 考虑坐标变换 $x^i \to X^i = X^i(t, \boldsymbol{x})$, 则内积括号的变化为

$$\langle f, g\rangle_x = \delta^{kl}\left(\frac{\partial f}{\partial X^i}\frac{\partial X^i}{\partial x^k}\right)\left(\frac{\partial g}{\partial X^j}\frac{\partial X^j}{\partial x^l}\right) = \underbrace{\left(\delta^{kl}\frac{\partial X^i}{\partial x^k}\frac{\partial X^j}{\partial x^l}\right)}_{\neq \delta^{ij}}\frac{\partial f}{\partial X^i}\frac{\partial g}{\partial X^j}$$

$$\neq \delta^{ij}\frac{\partial f}{\partial X^i}\frac{\partial g}{\partial X^j} \equiv \langle f, g\rangle_X. \tag{15.3}$$

可见, 在任意的坐标变换下, 因为度规的形式发生了变化 $\delta^{ij} \to \delta^{kl}\frac{\partial X^i}{\partial x^k}\frac{\partial X^j}{\partial x^l} \neq \delta^{ij}$, 因此 $\langle f, g\rangle_x \neq \langle f, g\rangle_X$. 但是, 正如 11.1 节的讨论, 对于欧氏空间, 总存在一类特殊的坐标变换即 "转动", 使得变换前后欧氏度规的形式不变, 满足条件式 (11.4), 即

$$\delta^{kl}\frac{\partial X^i}{\partial x^k}\frac{\partial X^j}{\partial x^l} = \delta^{ij} \quad \Leftrightarrow \quad \delta^{kl}\frac{\partial x^i}{\partial X^k}\frac{\partial x^j}{\partial X^l} = \delta^{ij}. \tag{15.4}$$

注意式 (15.4) 中等号的左边其实就是我们定义的所谓内积括号, 所以转动条件式 (15.4) 可以用内积括号写成简洁的形式:

$$\boxed{\langle X^i, X^j\rangle_x = \delta^{ij} \quad \Leftrightarrow \quad \langle x^i, x^j\rangle_X = \delta^{ij}}. \tag{15.5}$$

将上述讨论完全照搬到闵氏空间中, 闵氏空间中的内积括号为

$$\langle f, g \rangle_x = \eta^{\mu\nu} \frac{\partial f}{\partial x^\mu} \frac{\partial g}{\partial x^\nu}. \tag{15.6}$$

在一般的坐标变换 $x^\mu \to X^\mu(x)$ 下,

$$\langle f, g \rangle_x = \eta^{\rho\sigma} \left(\frac{\partial f}{\partial X^\mu} \frac{\partial X^\mu}{\partial x^\rho} \right) \left(\frac{\partial g}{\partial X^\nu} \frac{\partial X^\nu}{\partial x^\sigma} \right) = \underbrace{\left(\eta^{\rho\sigma} \frac{\partial X^\mu}{\partial x^\rho} \frac{\partial X^\nu}{\partial x^\sigma} \right)}_{\neq \eta^{\mu\nu}} \frac{\partial f}{\partial X^\mu} \frac{\partial g}{\partial X^\nu}$$

$$\neq \eta^{\mu\nu} \frac{\partial f}{\partial X^\mu} \frac{\partial g}{\partial X^\nu} \equiv \langle f, g \rangle_X. \tag{15.7}$$

同样地, 度规发生了变化 $\eta^{\mu\nu} \to \eta^{\rho\sigma} \frac{\partial X^\mu}{\partial x^\rho} \frac{\partial X^\nu}{\partial x^\sigma} \neq \eta^{\mu\nu}$, 因此 $\langle f, g \rangle_x \neq \langle f, g \rangle_X$. 但是闵氏时空存在一类特殊的坐标变换, 即洛伦兹变换, 使得变换前后闵氏度规形式不变, 满足条件式 (11.19), 即

$$\eta^{\rho\sigma} \frac{\partial X^\mu}{\partial x^\rho} \frac{\partial X^\nu}{\partial x^\sigma} = \eta^{\mu\nu} \quad \Leftrightarrow \quad \eta^{\rho\sigma} \frac{\partial x^\mu}{\partial X^\rho} \frac{\partial x^\nu}{\partial X^\sigma} = \eta^{\mu\nu}. \tag{15.8}$$

同样可以用内积括号写成简洁的形式

$$\boxed{\langle X^\mu, X^\nu \rangle_x = \eta^{\mu\nu} \quad \Leftrightarrow \quad \langle x^\mu, x^\nu \rangle_X = \eta^{\mu\nu}}. \tag{15.9}$$

15.2 保辛与正则变换

15.2.1 正则变换是相空间的流动

将上面关于转动的讨论移植到相空间中, 正则变换的概念就呼之欲出了. 和欧氏、闵氏空间的不同在于, 相空间中没有度规, 只有辛矩阵. 相应地, 没有用度规定义的内积括号 $\langle f, g \rangle$, 而只有用辛矩阵定义的泊松括号 $[f, g]$.

考虑相空间中的任意坐标变换

$$\xi^\alpha \to \Xi^\alpha = \Xi^\alpha(t, \boldsymbol{\xi}), \quad \alpha = 1, \cdots, 2s. \tag{15.10}$$

在变换式 (15.10) 下, 泊松括号式 (14.21) 变为

$$[f, g]_\xi = \omega^{\rho\sigma} \frac{\partial f}{\partial \xi^\rho} \frac{\partial g}{\partial \xi^\sigma} = \omega^{\rho\sigma} \left(\frac{\partial f}{\partial \Xi^\alpha} \frac{\partial \Xi^\alpha}{\partial \xi^\rho} \right) \left(\frac{\partial g}{\partial \Xi^\beta} \frac{\partial \Xi^\beta}{\partial \xi^\sigma} \right)$$

$$= \underbrace{\left(\omega^{\rho\sigma} \frac{\partial \Xi^\alpha}{\partial \xi^\rho} \frac{\partial \Xi^\beta}{\partial \xi^\sigma} \right)}_{\neq \omega^{\alpha\beta}} \frac{\partial f}{\partial \Xi^\alpha} \frac{\partial g}{\partial \Xi^\beta}. \tag{15.11}$$

可见, 对于任意的相空间坐标变换, 如果要求泊松括号的数值不变, 就必须接受辛矩阵的变化:

$$\omega^{\alpha\beta} \to \omega^{\rho\sigma} \frac{\partial \Xi^\alpha}{\partial \xi^\rho} \frac{\partial \Xi^\beta}{\partial \xi^\sigma} \neq \omega^{\alpha\beta}. \tag{15.12}$$

反之, 如果坚持用标准的辛矩阵计算泊松括号, 则泊松括号的数值发生改变:

$$[f,g]_\xi \neq [f,g]_\Xi \equiv \omega^{\rho\sigma} \frac{\partial f}{\partial \Xi^\rho} \frac{\partial g}{\partial \Xi^\sigma}. \tag{15.13}$$

这一矛盾与 11.1 节关于欧氏、闵氏空间一般坐标变换下"距离"与"度规"无法同时保持不变完全类似.

在欧氏、闵氏空间中, 矛盾的解决是发现存在一类特殊的坐标变换——转动, 使得度规形式不变, 从而自动保证了距离也不变. 类似地, 在相空间中, 存在一类特殊的相空间坐标变换, 使得变换前后辛矩阵形式不变, 从而自动保证了泊松括号也不变. 根据式 (15.12), 这即要求

$$\boxed{\omega^{\rho\sigma} \frac{\partial \Xi^\alpha}{\partial \xi^\rho} \frac{\partial \Xi^\beta}{\partial \xi^\sigma} = \omega^{\alpha\beta} \quad \Leftrightarrow \quad \omega^{\rho\sigma} \frac{\partial \xi^\alpha}{\partial \Xi^\rho} \frac{\partial \xi^\beta}{\partial \Xi^\sigma} = \omega^{\alpha\beta}}. \tag{15.14}$$

满足这样条件的相空间坐标变换即被称为**正则变换** (canonical transformation). 正则变换条件式 (15.14) 可以与转动条件式 (11.4) 比较, 可见正则变换是欧氏、闵氏空间 "转动" 在相空间中的对应. 变换下辛矩阵不变也被称作**保辛** (symplectic preserving). 因此可以说正则变换是 "保辛" 的相空间坐标变换, 正如说转动是 "保度规" 的 (位形空间) 坐标变换①. 由上面的推导过程, 式 (15.14) 是 "保辛" 的充分必要条件.

欧氏、闵氏空间中的转动保证了 "距离" 不变. 相空间中的正则变换是否也有直观的几何意义? 答案是肯定的. 14.2 节曾指出, 相空间中两矢量辛内积的几何意义是所围成平行四边形的面积 (见图 14.3), 因此正则变换 "保辛" 即意味着相空间中任意面积在正则变换下不变. 如图 15.1 所示, 在正则变换下相空间可以发生拉伸、扭曲, 但是面积不变 (例如图中区域面积 $A_1 = A_1'$, $A_2 = A_2'$, $A_3 = A_3'$). 从这个意义上, 正则变换可以形象地视为相空间的 "流动". 随着后面的学习, 我们会不断加深对正则变换 "流动" 性质的理解.

仿照式 (11.5), 相空间坐标变换的雅可比矩阵记为

$$\frac{\partial \Xi^\alpha}{\partial \xi^\beta} = M^\alpha{}_\beta \quad \Leftrightarrow \quad \frac{\partial \xi^\alpha}{\partial \Xi^\beta} = \left(M^{-1}\right)^\alpha{}_\beta, \tag{15.15}$$

---

① 因此数学家将正则变换称为 "辛变换" 或者 "辛同胚" (symplectomorphism), 正如将转动称为正交变换.

则正则变换条件式 (15.14) 可以写成 (注意式 (15.14) 第二式等价于 $\omega_{\rho\sigma}\dfrac{\partial\varXi^\rho}{\partial\xi^\alpha}\dfrac{\partial\varXi^\sigma}{\partial\xi^\beta}$ $=\omega_{\alpha\beta}$, 见习题 15.3)

$$\omega^{\rho\sigma}M^\alpha{}_\rho M^\beta{}_\sigma = \omega^{\alpha\beta} \quad \Leftrightarrow \quad \omega_{\rho\sigma}M^\rho{}_\alpha M^\sigma{}_\beta = \omega_{\alpha\beta}. \tag{15.16}$$

满足这样条件的矩阵 $\boldsymbol{M}$ 一般统称作**辛矩阵** (symplectic matrix). 式 (15.16) 用矩阵形式可以写成 (记 $M^\alpha{}_\beta \to \boldsymbol{M}$, $\omega^{\alpha\beta} \to \boldsymbol{\omega}^{-1}$, $\omega_{\alpha\beta} \to \boldsymbol{\omega}$)

$$\boxed{\boldsymbol{M}\boldsymbol{\omega}^{-1}\boldsymbol{M}^{\mathrm{T}} = \boldsymbol{\omega}^{-1} \quad \Leftrightarrow \quad \boldsymbol{M}^{\mathrm{T}}\boldsymbol{\omega}\boldsymbol{M} = \boldsymbol{\omega}}. \tag{15.17}$$

式 (15.16) 或 (15.17) 亦即 "正则变换下辛矩阵不变" 的具体数学表示. 很明显, 标准形式的辛矩阵 $\omega_{\alpha\beta}$ 和 $\omega^{\alpha\beta}$ 是一般的辛矩阵的特例, 正如欧氏空间的度规 (单位矩阵) δ_{ab} 和 δ^{ab} 是正交矩阵的特例.

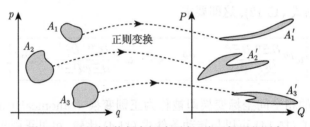

图 15.1　正则变换保辛矩阵不变, 从而保面积不变

　　从保证基本的几何结构——度规或辛矩阵不变的角度, 在数学形式上正则变换似乎和欧氏、闵氏空间中的转动没什么不同. 但是, 正则变换和转动有一个重要区别, 欧氏、闵氏空间中的转动是线性变换, 但是正则变换一般是非线性变换. 换句话说, 新坐标 $\{\varXi^\alpha(t,\boldsymbol{\xi})\}$ 一般是旧坐标 $\{\xi^\alpha\}$ 的非线性函数, 反之亦然. 数学上这是因为相较 "对称" 的度规, "反对称" 的辛矩阵给了正则变换更大的自由. 形象地说, 这是因为正则变换并不保证 "距离" 不变 (相空间并没有定义距离), 而只是保证 "面积" 不变, 因此作为 "流动" 的正则变换当然就可以是非线性的.

　　观察式 (15.14) 中等式的左边其实就是泊松括号. 因此, 正则变换条件可以用泊松括号写成简洁的形式

$$\boxed{[\varXi^\alpha, \varXi^\beta]_\xi = \omega^{\alpha\beta} \quad \Leftrightarrow \quad [\xi^\alpha, \xi^\beta]_\varXi = \omega^{\alpha\beta}}. \tag{15.18}$$

这里下标 "ξ" 或 "$\varXi$" 是强调泊松括号是用相应的坐标计算的. 式 (15.18) 和欧氏空间的式 (15.5), 以及闵氏空间的式 (15.9) 有异曲同工之妙. 注意到 $[\xi^\alpha, \xi^\beta]$ 和 $[\varXi^\alpha, \varXi^\beta]$ 是相空间坐标的基本泊松括号式 (14.37), 所以正则变换条件等价于

要求基本泊松括号不变. 又因为任意力学量的泊松括号最终都归结为基本泊松括号, 因此任意力学量的泊松括号在正则变换下都是不变的, 即有

$$[f,g]_\xi \equiv \omega^{\alpha\beta}\frac{\partial f}{\partial \xi^\alpha}\frac{\partial g}{\partial \xi^\beta} \xrightarrow{\text{正则变换}} \omega^{\alpha\beta}\frac{\partial f}{\partial \Xi^\alpha}\frac{\partial g}{\partial \Xi^\beta} \equiv [f,g]_\Xi \ . \tag{15.19}$$

正则变换下的不变量被称作**正则不变量** (canonical invariants). 相空间上任意力学量的泊松括号即是正则不变量, 是 "绝对" 的, 和具体采用什么相空间坐标计算无关. 因此, 除非为了强调, 我们默认略去泊松括号的下标. 由 14.3 节的讨论, 哈密顿正则方程是泊松括号的必然结果, 因此正则变换下哈密顿正则方程的形式也自然是不变的.

总之, 以下三种说法是等价的:

保辛矩阵 = 保泊松括号 = 保哈密顿正则方程.

它们分别从几何、代数和方程的角度给出正则变换的条件, 其中每一个都可以用来作为正则变换的定义[①].

> **例 15.1 正则变换**
>
> 如果已知变换的具体形式, 利用正则变换保泊松括号的条件, 可以直接验证变换是否是正则变换. 考虑变换
>
> $$Q = \ln\left(\frac{\sin p}{q}\right), \quad P = q\cot p, \tag{15.20}$$
>
> 首先 $[Q,Q]=[P,P]\equiv 0$, 又有
>
> $$\begin{aligned}[Q,P] &= \left[\ln\left(\frac{\sin p}{q}\right), q\cot p\right]\\ &= \frac{\partial}{\partial q}\left(\ln\left(\frac{\sin p}{q}\right)\right)\frac{\partial}{\partial p}(q\cot p) - \frac{\partial}{\partial p}\left(\ln\left(\frac{\sin p}{q}\right)\right)\frac{\partial}{\partial q}(q\cot p)\\ &= \csc^2 p - \cot^2 p = 1.\end{aligned}$$
>
> 即 Q 和 P 满足基本泊松括号, 所以变换式 (15.20) 是正则变换. 明确起见, 令 $q \geqslant 0$ 以及 $0 \leqslant p \leqslant \pi$. 如图 15.2 所示, 变换式 (15.20) 将 $\{q,p\}$ 平面上区域 (图 15.2(a)) 变成 $\{Q,P\}$ 平面上的区域 (图 15.2(b)). $\{q,p\}$ 平面上的点 1,2,3,4 变换至 $\{Q,P\}$ 平面上的点 $1',2',3',4'$. 由之明显看出, 因为正则变换是非线性变换, 因此相空间会发生拉伸和扭曲. 但是正则变换 "保辛" 即意味着 "保面积", 例如图中 $\{q,p\}$ 平面上的每个小方块在变换到 $\{Q,P\}$ 平面后, 虽然形状各异, 但是面积都相等. 这也是将正则变换形象地称为 "流动" 的直观体现.

---

① 对于具体的某个或某些哈密顿量, 哈密顿正则方程不变的变换未必严格保辛矩阵不变. 但可以证明, 如果要求对任意哈密顿量都能保证哈密顿正则方程不变, 那就等价于保辛矩阵不变. 且正则变换作为相空间坐标的变换, 不应该和具体的哈密顿量发生关系. 从这个意义上, "保辛矩阵" 是正则变换最严格也是最基本的定义.

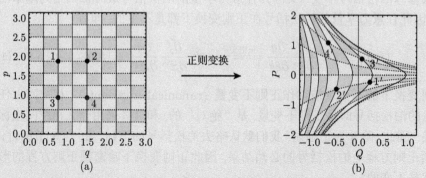

图 15.2　式 (15.20) 的正则变换, 其中实线为等 q 线, 虚线为等 p 线

例 15.2 正则变换

考虑变换

$$Q = \frac{1}{2}\left(q^2 + p^2\right), \quad P = -\arctan\frac{q}{p}, \tag{15.21}$$

首先 $[Q,Q] = [P,P] = 0$, 又有

$$[Q,P] = \left[\frac{1}{2}\left(q^2 + p^2\right), -\arctan\frac{q}{p}\right]$$

$$= \frac{\partial}{\partial q}\left(\frac{1}{2}\left(q^2 + p^2\right)\right)\frac{\partial}{\partial p}\left(-\arctan\frac{q}{p}\right) - \frac{\partial}{\partial p}\left(\frac{1}{2}\left(q^2 + p^2\right)\right)\frac{\partial}{\partial q}\left(-\arctan\frac{q}{p}\right)$$

$$= \frac{q^2}{q^2 + p^2} - \left(-\frac{p^2}{q^2 + p^2}\right) = 1,$$

即 Q 和 P 满足基本泊松括号, 所以变换式 (15.21) 是正则变换. 明确起见令 $p \geqslant 0$. 如图 15.3 所示, 变换式 (15.21) 将 $\{q,p\}$ 平面上区域 (图 15.3(a)) 变成 $\{Q,P\}$ 平面上的区域 (图 15.3(b)). $\{q,p\}$ 平面上的点 $1,2,3,4$ 变换至 $\{Q,P\}$ 平面上的点 $1',2',3',4'$. 同样, 图中 $\{q,p\}$ 平面上的每个小方块在变换到 $\{Q,P\}$ 平面后, 面积都相等.

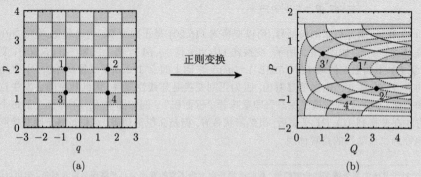

图 15.3　式 (15.21) 的正则变换, 其中实线为等 q 线, 虚线为等 p 线

例 15.3 正则变换求解一维谐振子

一维谐振子的哈密顿量为 $H = \dfrac{p^2}{2m} + \dfrac{m}{2}\omega^2 q^2$. 哈密顿量的函数形式启发我们, 如果作如下的变换

$$q = f(P)\sin Q, \quad p = m\omega f(P)\cos Q. \tag{15.22}$$

则哈密顿量变为

$$H = \frac{m^2\omega^2 f^2(P)\cos^2 Q}{2m} + \frac{m}{2}\omega^2 f^2(P)\sin^2 Q = \frac{m}{2}\omega^2 f^2(P). \tag{15.23}$$

于是 Q 变成了循环坐标. 现在的问题是, 如何选择 $f(P)$ 的形式, 使得变换是正则变换? 根据正则变换的定义, 即要求新的变量 Q 和 P 满足基本泊松括号 $[Q,P] = 1$ (单自由度有 $[Q,Q] = [P,P] = 0$). 因为式 (15.22) 给出的是 q,p 作为 Q,P 的函数, 原则上 $[Q,P]$ 可以通过隐函数关系计算 (见习题 15.4). 更简单的做法是利用正则变换保泊松括号的事实 (见式 (15.18)), 如果 $\{q,p\} \leftrightarrow \{Q,P\}$ 之间是正则变换, 则 $[Q,P]_{\{q,p\}} = 1$ 等价于 $[q,p]_{\{Q,P\}} = 1$. 所以可以直接验证 $[q,p]_{\{Q,P\}}$ 是否满足基本泊松括号. 由式 (15.22) 知,

$$
\begin{aligned}
[q,p]_{\{Q,P\}} &= \frac{\partial\left(f(P)\sin Q\right)}{\partial Q}\frac{\partial\left(m\omega f(P)\cos Q\right)}{\partial P} - \frac{\partial\left(f(P)\sin Q\right)}{\partial P}\frac{\partial\left(m\omega f(P)\cos Q\right)}{\partial Q} \\
&= m\omega f(P)f'(P)\cos^2 Q + m\omega f(P)f'(P)\sin^2 Q = m\omega f(P)f'(P).
\end{aligned}
$$

于是 $[q,p]_{\{Q,P\}} = 1$ 即要求

$$f(P)f'(P) = \frac{1}{m\omega}. \tag{15.24}$$

式 (15.24) 是关于 $f'(P)$ 的一阶微分方程, 解出 $f(P) = \pm\sqrt{\dfrac{2}{m\omega}}\sqrt{P + cm\omega}$, 这里 c 是积分常数. 简单起见不妨取正号并令 $c = 0$. 于是式 (15.22) 形式的正则变换即为

$$q = \sqrt{\frac{2P}{m\omega}}\sin Q, \quad p = \sqrt{2m\omega P}\cos Q. \tag{15.25}$$

变换后的哈密顿量式 (15.23) 则是

$$H = \frac{m}{2}\omega^2 f^2(P) = \omega P \equiv K(P), \tag{15.26}$$

这里为了强调函数关系, 记变换后的哈密顿量为 $K = K(Q,P)$. 可见, 经过正则变换, 哈密顿量可以写成如此简单的形式. 在新的 $\{Q,P\}$ 坐标下, 变换后的哈密顿量 K 与 Q 无关, 即 Q 成了循环坐标, 于是共轭动量 P 为运动常数. 哈密顿量不含时间, 也是运动常数 $H = E$, 这里 E 是系统的总能量. 于是式 (15.26) 意味着

$$P = \frac{E}{\omega}. \tag{15.27}$$

Q 的运动方程 $\dot{Q} = \dfrac{\partial K}{\partial P} = \omega$ 可以直接积出:

$$Q = \omega t + \varphi, \tag{15.28}$$

这里 φ 是积分常数. 于是在 $\{Q, P\}$ 坐标下, 一维谐振子问题被完全解出. 现在只需要再换回到 $\{q, p\}$ 坐标, 将式 (15.28) 和 (15.27) 代入式 (15.25), 得到

$$q = \sqrt{\frac{2E}{m\omega^2}} \sin(\omega t + \varphi), \quad p = \sqrt{2mE} \cos(\omega t + \varphi). \tag{15.29}$$

这正是熟悉的 $\{q, p\}$ 坐标下一维谐振子的解, 其中 E, φ 由初始条件决定. 在这个例子中, 我们看到正则变换可以为求解系统演化提供新的方法. 但值得强调的是, 正则变换或者说哈密顿力学的重要性并不在于求解具体的问题, 而是从相空间的角度为系统的演化提供了新的理解. 这个例子中, 我们是通过正则变换保泊松括号的定义来确定 $f(P)$ 的形式. 在例 15.8 中, 我们将利用生成函数方法来确定正则变换的形式.

15.2.2 点变换是正则变换

此前我们熟悉的是位形空间的广义坐标变换

$$q^a \to Q^a = Q^a(t, \boldsymbol{q}), \quad a = 1, \cdots, s, \tag{15.30}$$

也被称作点变换. 一个问题是, 正则变换与点变换有什么关系? 这里的关键在于, 广义坐标的点变换必然诱导出广义动量的变换 (见习题 4.7). 首先, 变换式 (15.30) 可逆, 即存在 $q^a = q^a(t, \boldsymbol{Q})$, 对时间求导得到

$$\dot{q}^a = \frac{\partial q^a}{\partial t} + \frac{\partial q^a}{\partial Q^b} \dot{Q}^b. \tag{15.31}$$

由上式得到新、旧广义速度之间的偏导数关系 (即式 (2.13))

$$\boxed{\frac{\partial \dot{q}^a}{\partial \dot{Q}^b} = \frac{\partial q^a}{\partial Q^b}.} \tag{15.32}$$

由 5.4.2 节的讨论, 拉格朗日量在点变换下是不变的, 即 $L(t, \boldsymbol{q}, \dot{\boldsymbol{q}}) \equiv \tilde{L}(t, \boldsymbol{Q}, \dot{\boldsymbol{Q}})$, 因此新广义坐标 Q^a 的共轭动量为[①]

$$P_a \equiv \frac{\partial \tilde{L}}{\partial \dot{Q}^a} = \frac{\partial L}{\partial \dot{Q}^a} = \frac{\partial L}{\partial q^b} \underbrace{\frac{\partial q^b}{\partial \dot{Q}^a}}_{=0} + \frac{\partial L}{\partial \dot{q}^b} \underbrace{\frac{\partial \dot{q}^b}{\partial \dot{Q}^a}}_{=\frac{\partial q^b}{\partial Q^a}} = p_b \frac{\partial q^b}{\partial Q^a}. \tag{15.33}$$

因此, 点变换式 (15.30) 诱导出的相空间坐标变换为

$$\boxed{\{q^a, p_b\} \to \{Q^a, P_b\} = \left\{ Q^a(t, \boldsymbol{q}), \frac{\partial q^a}{\partial Q^b}(t, \boldsymbol{q}) p_a \right\}.} \tag{15.34}$$

---

① 实际上式 (15.33) 就是动量作为协变矢量 (下指标) 在坐标变换下的变换规则.

为了验证变换式 (15.34) 是否是正则变换, 只需要验证新的相空间坐标 $\{\boldsymbol{Q},\boldsymbol{P}\}$ 是否满足基本泊松括号. 因为点变换式 (15.30) 及 $\dfrac{\partial q^a}{\partial Q^b}$ 只涉及新、旧广义坐标, 因此 $[Q^a, Q^b] \equiv 0$, 利用泊松括号的性质,

$$[P_a, P_b] = \left[\frac{\partial q^{a'}}{\partial Q^a}p_{a'}, \frac{\partial q^{b'}}{\partial Q^b}p_{b'}\right] = p_{a'}\frac{\partial q^{b'}}{\partial Q^b}\left[\frac{\partial q^{a'}}{\partial Q^a}, p_{b'}\right] + p_{b'}\frac{\partial q^{a'}}{\partial Q^a}\left[p_{a'}, \frac{\partial q^{b'}}{\partial Q^b}\right]$$

$$= p_{a'}\underbrace{\frac{\partial q^{b'}}{\partial Q^b}\frac{\partial}{\partial q^{b'}}}_{=\frac{\partial}{\partial Q^b}}\left(\frac{\partial q^{a'}}{\partial Q^a}\right) - \underbrace{\frac{\partial q^{a'}}{\partial Q^a}\frac{\partial}{\partial q^{a'}}}_{=\frac{\partial}{\partial Q^a}}\left(\frac{\partial q^{b'}}{\partial Q^b}\right)p_{b'}$$

$$= \frac{\partial^2 q^{a'}}{\partial Q^a \partial Q^b}p_{a'} - \frac{\partial^2 q^{b'}}{\partial Q^a \partial Q^b}p_{b'} = 0,$$

以及

$$[Q^a, P_b] = \left[Q^a, \frac{\partial q^c}{\partial Q^b}p_c\right] = [Q^a, p_c]\frac{\partial q^c}{\partial Q^b} = \frac{\partial Q^a}{\partial q^c}\frac{\partial q^c}{\partial Q^b} \equiv \delta_b^a.$$

可见新的相空间坐标 $\{\boldsymbol{Q},\boldsymbol{P}\}$ 确实满足基本泊松括号, 因此点变换 (所诱导的相空间坐标变换) 都是正则变换. 换句话说, 位形空间中的点变换是相空间中正则变换的特例. 反过来, 因为正则变换的存在, 大大拓展了在相空间中做"变换"的方式, 得以从更多角度分析系统的演化.

15.3 生 成 函 数

15.3.1 正则变换的生成函数

如果已知变换的具体形式, 可以利用保泊松括号的性质验证其是否是正则变换. 问题是, 如何得到一个具体正则变换? 为此, 我们利用正则变换保哈密顿正则方程不变的性质.

在相空间坐标 $\{\boldsymbol{q},\boldsymbol{p}\}$ 下, 系统的哈密顿量为 $H = H(t,\boldsymbol{q},\boldsymbol{p})$, 哈密顿正则方程为

$$\dot{q}^a = \frac{\partial H}{\partial p_a}, \quad \dot{p}_a = -\frac{\partial H}{\partial q^a}, \quad a = 1, \cdots, s. \tag{15.35}$$

经过正则变换, 新的相空间坐标为 $\{\boldsymbol{Q},\boldsymbol{P}\}$, 满足同样形式的哈密顿正则方程

$$\dot{Q}^a = \frac{\partial K}{\partial P_a}, \quad \dot{P}_a = -\frac{\partial K}{\partial Q^a}, \quad a = 1, \cdots, s, \tag{15.36}$$

这里 $K = K(t, \boldsymbol{Q}, \boldsymbol{P})$ 是变换后的哈密顿量. 一般来说, 变换后的哈密顿量 $K(t, \boldsymbol{Q}, \boldsymbol{P})$ 无论数值还是函数形式都和变换前的哈密顿量 $H(t, \boldsymbol{q}, \boldsymbol{p})$ 不同. 新、旧坐标满足同样形式的哈密顿正则方程 (15.35) 和 (15.36), 两者必须同时成立. 这意味着什么? 回顾哈密顿正则方程可以从相空间的变分原理导出, 即式 (15.35) 对应

$$\delta S[\boldsymbol{q}, \boldsymbol{p}] = \int \mathrm{d}t\, \delta\, [p_a \dot{q}^a - H(t, \boldsymbol{q}, \boldsymbol{p})] = 0, \tag{15.37}$$

而式 (15.36) 对应

$$\delta \tilde{S}[\boldsymbol{Q}, \boldsymbol{P}] = \int \mathrm{d}t\, \delta \left[P_a \dot{Q}^a - K(t, \boldsymbol{Q}, \boldsymbol{P}) \right] = 0. \tag{15.38}$$

于是式 (15.35) 和 (15.36) 同时成立, 意味着作用量 S 取极值, 则作用量 $\tilde{S}$ 也取极值, 反之亦然. 这只能有一种情况, 新、旧作用量相等 $S = \tilde{S}$[①]. 在 13.4 节中提到, 对于相空间的变分原理, 因为广义坐标和广义动量的端点都被固定, 因此被积函数即拉格朗日量也有相差时间全导数的任意性 (见式 (13.37)). 对于我们的讨论, 这意味着

$$p_a \dot{q}^a - H(t, \boldsymbol{q}, \boldsymbol{p}) = P_a \dot{Q}^a - K(t, \boldsymbol{Q}, \boldsymbol{P}) + \frac{\mathrm{d}F}{\mathrm{d}t}. \tag{15.39}$$

因此, 如果新、旧坐标 $\{\boldsymbol{q}, \boldsymbol{p}\}$ 和 $\{\boldsymbol{Q}, \boldsymbol{P}\}$ 是正则变换关系, 则满足式 (15.39), 其中包含一个函数 F, 其函数形式取决于具体的正则变换关系.

现在的问题是, F 是谁的函数? 为此, 将式 (15.39) 改写成微分式,

$$\boxed{\mathrm{d}F = p_a \mathrm{d}q^a - P_a \mathrm{d}Q^a + [K(t, \boldsymbol{Q}, \boldsymbol{P}) - H(t, \boldsymbol{q}, \boldsymbol{p})]\, \mathrm{d}t}. \tag{15.40}$$

式 (15.40) 的意义可以从两个方面理解. 首先, 其表明如果变换是正则变换, 等式右边的微分组合必须是个 "全微分". 特别是, 对于固定时间 t, 有

$$p_a \delta q^a - P_a \delta Q^a = \delta F. \tag{15.41}$$

这实际上也给出了判断正则变换的另一种方法. 其次, F 的函数关系由式 (15.40) 也一目了然. 如果 $2s$ 个新、旧广义坐标 $\{\boldsymbol{q}, \boldsymbol{Q}\}$ 是独立的, 则式 (15.40) 意味着 F 是新、旧广义坐标 $\{\boldsymbol{q}, \boldsymbol{Q}\}$ 以及时间 t 的函数, 即有

$$F = F(t, \boldsymbol{q}, \boldsymbol{Q}), \tag{15.42}$$

---

① 如果只是要求哈密顿正则方程形式一致, 则作用量只需要成正比, 即 $S = \lambda \tilde{S}$, 其中 λ 是常数. 可以证明, 当且仅当 $\lambda = 1$ 时, 变换才满足基本泊松括号, 即是正则变换. 一些文献中将 $\lambda \neq 1$ 的情形称作 "准正则" (canonoid).

且偏导数关系可以直接读出:

$$\frac{\partial F\left(t,\boldsymbol{q},\boldsymbol{Q}\right)}{\partial q^a}=p_a, \quad \frac{\partial F\left(t,\boldsymbol{q},\boldsymbol{Q}\right)}{\partial Q^a}=-P_a, \quad a=1,\cdots,s, \tag{15.43}$$

$$\frac{\partial F\left(t,\boldsymbol{q},\boldsymbol{Q}\right)}{\partial t}=K\left(t,\boldsymbol{Q},\boldsymbol{P}\right)-H\left(t,\boldsymbol{q},\boldsymbol{p}\right). \tag{15.44}$$

式 (15.43) 给出了新、旧相空间坐标 $\{\boldsymbol{q},\boldsymbol{p}\}$ 和 $\{\boldsymbol{Q},\boldsymbol{P}\}$ 之间的 $2s$ 个方程. 由隐函数关系, 当且仅当 $\det\left(\dfrac{\partial^2 F}{\partial q^a \partial Q^b}\right) \neq 0$ 时, 可以从式 (15.43) 的第一个方程中解出 s 个 $Q^a = Q^a\left(t,\boldsymbol{q},\boldsymbol{p}\right)$; 再代入第二个方程, 则给出 s 个新广义动量 $P_a = P_a\left(t,\boldsymbol{q},\boldsymbol{p}\right)$. 因此式 (15.43) 即给出全部 $2s$ 个新相空间坐标作为旧相空间坐标的函数[①],

$$Q^a = Q^a\left(t,\boldsymbol{q},\boldsymbol{p}\right), \quad P_a = P_a\left(t,\boldsymbol{q},\boldsymbol{p}\right), \quad a=1,\cdots,s, \tag{15.45}$$

即给出了完整的正则变换. 其次, 式 (15.44) 则给出了新、旧哈密顿量之间的关系

$$K\left(t,\boldsymbol{Q},\boldsymbol{P}\right) = H\left(t,\boldsymbol{q},\boldsymbol{p}\right) + \frac{\partial F\left(t,\boldsymbol{q},\boldsymbol{Q}\right)}{\partial t}. \tag{15.46}$$

由之可见, 正则变换下新、旧哈密顿量的差别 $\dfrac{\partial F}{\partial t}$ 完全由正则变换本身决定, 而与新、旧哈密顿量的具体形式无关. 这也正体现了正则变换的 "几何" 属性——即只是相空间的一种坐标变换, 而与具体的物理系统无关. 需要特别强调的是式 (15.46) 右边的意义. 我们需要将式 (15.45) 的逆变换 $q^a = q^a\left(t,\boldsymbol{Q},\boldsymbol{P}\right)$ 和 $p_a = p_a\left(t,\boldsymbol{Q},\boldsymbol{P}\right)$ 代入式 (15.46) 的右边, 才能被解释为新的哈密顿量 $K\left(t,\boldsymbol{Q},\boldsymbol{P}\right)$. 总之, 只要给出函数 $F = F\left(t,\boldsymbol{q},\boldsymbol{Q}\right)$, 式 (15.43) 和 (15.44) 就 "生成" 了具体的正则变换. 从这个意义上, 函数 F 被称作正则变换的**生成函数** (generating function). 此外, 由式 (15.40) 可以看出, 如果 F 生成从 $\{\boldsymbol{q},\boldsymbol{p}\} \rightarrow \{\boldsymbol{Q},\boldsymbol{P}\}$ 的正则变换, 则 $-F$ 就生成其 "逆变换" $\{\boldsymbol{Q},\boldsymbol{P}\} \rightarrow \{\boldsymbol{q},\boldsymbol{p}\}$.

从量纲的角度, 因为拉格朗日量和哈密顿量具有能量量纲, 因此式 (15.40) 表明生成函数 F 也有固定的量纲, 且就是作用量的量纲. 同时, 式 (15.40) 也意味着, 在正则变换下, 广义坐标及其共轭动量本身未必具有 "长度" 和 "动量" 的量纲, 但是作为共轭变量对, 其量纲的乘积一定是作用量的量纲. 总之,

$$[正则坐标] \cdot [正则动量] = [生成函数] = [作用量].$$

[①] 反过来, 可以从式 (15.43) 的第二个式解出 $q^a = q^a\left(t,\boldsymbol{Q},\boldsymbol{P}\right)$, 再代入第一个式子, 从而给出 $p_a = p_a\left(t,\boldsymbol{Q},\boldsymbol{P}\right)$, 即逆变换.

15.3.2　生成函数的 4 种基本类型

自由度 s 的系统的相空间为 $2s$ 维, 因此同为系统状态的描述, $2s$ 个旧相空间坐标和 $2s$ 个新相空间坐标这 $4s$ 个变量中, 只有 $2s$ 个是独立的. 从生成函数的角度, 其需要在新、旧变量之间建立联系, 因此这 $2s$ 个独立变量总是取为 "s 个旧变量" 和 "s 个新变量". 在上面的讨论中, 由式 (15.40) 出发确定的生成函数 $F(t, \boldsymbol{q}, \boldsymbol{Q})$ 是 s 个旧广义坐标和 s 个新广义坐标的函数. 可以这样做的前提是, 这 $2s$ 个新、旧广义坐标 $\{\boldsymbol{q}, \boldsymbol{Q}\}$ 是互相独立的, 而这一点并不总是成立的. 例如, 对于恒等变换 $Q^a = q^a$, $P_a = p_a$ (这当然是正则变换), 新、旧广义坐标 $\{\boldsymbol{q}, \boldsymbol{Q}\}$ 就不是独立的, 此时只能取旧广义坐标、新广义动量 $\{\boldsymbol{q}, \boldsymbol{P}\}$ 或者旧广义动量、新广义坐标 $\{\boldsymbol{p}, \boldsymbol{Q}\}$ 作为 $2s$ 个独立变量. 因此, 有必要讨论其他形式的生成函数. 因为生成函数总是涉及新、旧变量, 同时又涉及广义坐标和广义动量的不同, 因此就存在 4 种基本**类型** (types). 这些基本类型之间是通过勒让德变换联系起来的.

我们将由式 (15.40) 确定的生成函数 $F(t, \boldsymbol{q}, \boldsymbol{Q})$ 称作 "第 1 型" 生成函数:

$$\boxed{F(t, \boldsymbol{q}, \boldsymbol{Q}) \equiv F_1(t, \boldsymbol{q}, \boldsymbol{Q})}, \tag{15.47}$$

其是 $2s$ 个新、旧广义坐标 $\{\boldsymbol{q}, \boldsymbol{Q}\}$ 以及时间 t 的函数. 正则变换关系为

$$\boxed{p_a = \frac{\partial F_1(t, \boldsymbol{q}, \boldsymbol{Q})}{\partial q^a}, \quad P_a = -\frac{\partial F_1(t, \boldsymbol{q}, \boldsymbol{Q})}{\partial Q^a}}, \quad a = 1, \cdots, s, \tag{15.48}$$

新、旧哈密顿量之间的关系为

$$K(t, \boldsymbol{Q}, \boldsymbol{P}) = H(t, \boldsymbol{q}, \boldsymbol{p}) + \frac{\partial F_1(t, \boldsymbol{q}, \boldsymbol{Q})}{\partial t}. \tag{15.49}$$

注意, 正则变换式 (15.48) 可逆, 要求生成函数的黑塞矩阵非退化, 即 $\det\left(\dfrac{\partial^2 F_1}{\partial q^a \partial Q^b}\right) \neq 0$.

由勒让德变换, 可以得到其他类型的生成函数. 将式 (15.40) 改写为

$$\mathrm{d}F_1 = p_a \mathrm{d}q^a - \underbrace{P_a \mathrm{d}Q^a}_{= \mathrm{d}(P_a Q^a) - Q^a \mathrm{d}P_a} + (K - H)\,\mathrm{d}t$$

$$= p_a \mathrm{d}q^a - \mathrm{d}(P_a Q^a) + Q^a \mathrm{d}P_a + (K - H)\,\mathrm{d}t,$$

将全微分 $\mathrm{d}(P_a Q^a)$ 移到左边, 得到

$$\mathrm{d}(F_1 + Q^a P_a) = p_a \mathrm{d}q^a + Q^a \mathrm{d}P_a + (K - H)\,\mathrm{d}t. \tag{15.50}$$

因此, 若以 $\{q, P\}$ 为 $2s$ 个独立变量, 根据式 (15.50) 的形式, 定义

$$\boxed{F_2(t, q, P) = F_1(t, q, Q) + Q^a P_a,}\tag{15.51}$$

其是 s 个旧广义坐标 $\{q\}$ 和 s 个新广义动量 $\{P\}$ 的函数, 被称作 "第 2 型" 生成函数. 式 (15.51) 表明 F_2 实际就是通过勒让德变换, 将 F_1 中的新广义坐标 $\{Q\}$ 换成新广义动量 $\{P\}$ 的结果. 微分式 (15.50) 也直接给出偏导数关系, 即正则变换

$$\boxed{p_a = \frac{\partial F_2(t, q, P)}{\partial q^a}, \quad Q^a = \frac{\partial F_2(t, q, P)}{\partial P_a},} \quad a = 1, \cdots, s,\tag{15.52}$$

以及新、旧哈密顿量之间的关系

$$K(t, Q, P) = H(t, q, p) + \frac{\partial F_2(t, q, P)}{\partial t}.\tag{15.53}$$

同样, 正则变换式 (15.52) 可逆要求 $\det\left(\dfrac{\partial^2 F_2}{\partial q^a \partial P_b}\right) \neq 0$.

类似地, 将式 (15.40) 改写为

$$\mathrm{d}F_1 = \underbrace{p_a \mathrm{d}q^a}_{=\mathrm{d}(p_a q^a) - q^a \mathrm{d}p_a} - P_a \mathrm{d}Q^a + (K - H)\,\mathrm{d}t$$

$$= \mathrm{d}(p_a q^a) - q^a \mathrm{d}p_a - P_a \mathrm{d}Q^a + (K - H)\,\mathrm{d}t,$$

将全微分 $\mathrm{d}(p_a q^a)$ 移到左边, 即有

$$\mathrm{d}(F_1 - p_a q^a) = -q^a \mathrm{d}p_a - P_a \mathrm{d}Q^a + (K - H)\,\mathrm{d}t.\tag{15.54}$$

因此, 若以 $\{p, Q\}$ 为 $2s$ 个独立变量, 根据式 (15.54) 的形式, 定义

$$\boxed{F_3(t, p, Q) = F_1(t, q, Q) - p_a q^a,}\tag{15.55}$$

其是 s 个旧广义动量 $\{p\}$ 和 s 个新广义坐标 $\{Q\}$ 的函数, 被称作 "第 3 型" 生成函数. 式 (15.55) 表明 F_3 就是通过勒让德变换, 将 F_1 中的旧广义坐标 $\{q\}$ 换成旧广义动量 $\{p\}$ 的结果. 微分式 (15.54) 也直接给出偏导数关系, 即正则变换

$$\boxed{q^a = -\frac{\partial F_3(t, p, Q)}{\partial p_a}, \quad P_a = -\frac{\partial F_3(t, p, Q)}{\partial Q^a},} \quad a = 1, \cdots, s,\tag{15.56}$$

以及新、旧哈密顿量之间的关系

$$K\left(t, \boldsymbol{Q}, \boldsymbol{P}\right) = H\left(t, \boldsymbol{q}, \boldsymbol{p}\right) + \frac{\partial F_3\left(t, \boldsymbol{p}, \boldsymbol{Q}\right)}{\partial t}. \tag{15.57}$$

同样, 正则变换式 (15.56) 可逆要求 $\det\left(\dfrac{\partial^2 F_3}{\partial p_a \partial Q^b}\right) \neq 0$.

将式 (15.40) 再改写为

$$dF_1 = \underbrace{p_a dq^a}_{=d(p_a q^a) - q^a dp_a} - \underbrace{P_a dQ^a}_{=d(P_a Q^a) - Q^a dP_a} + \left(K - H\right) dt$$

$$= d\left(p_a q^a\right) - q^a dp_a - d\left(P_a Q^a\right) + Q^a dP_a + \left(K - H\right) dt,$$

将全微分 $d\left(p_a q^a\right)$ 和 $d\left(P_a Q^a\right)$ 移到左边, 整理得到

$$d\left(F_1 - p_a q^a + P_a Q^a\right) = -q^a dp_a + Q^a dP_a + \left(K - H\right) dt. \tag{15.58}$$

因此, 若以 $\{\boldsymbol{p}, \boldsymbol{P}\}$ 为 $2s$ 个独立变量, 根据式 (15.58) 的形式, 定义

$$\boxed{F_4\left(t, \boldsymbol{p}, \boldsymbol{P}\right) = F_1\left(t, \boldsymbol{q}, \boldsymbol{Q}\right) - q^a p_a + Q^a P_a}, \tag{15.59}$$

其是 s 个旧广义动量 $\{\boldsymbol{p}\}$ 和 s 个新广义动量 $\{\boldsymbol{P}\}$ 的函数, 被称作 "第 4 型" 生成函数. 式 (15.59) 表明 F_4 即是通过勒让德变换, 将 F_1 中的新、旧广义坐标 $\{\boldsymbol{q}, \boldsymbol{Q}\}$ 同时换成新、旧广义动量 $\{\boldsymbol{p}, \boldsymbol{P}\}$ 的结果. 微分式 (15.58) 也直接给出偏导数关系, 即正则变换

$$\boxed{q^a = -\frac{\partial F_4\left(t, \boldsymbol{p}, \boldsymbol{P}\right)}{\partial p_a}, \quad Q^a = \frac{\partial F_4\left(t, \boldsymbol{p}, \boldsymbol{P}\right)}{\partial P_a}}, \quad a = 1, \cdots, s, \tag{15.60}$$

以及新、旧哈密顿量之间的关系

$$K\left(t, \boldsymbol{Q}, \boldsymbol{P}\right) = H\left(t, \boldsymbol{q}, \boldsymbol{p}\right) + \frac{\partial F_4\left(t, \boldsymbol{p}, \boldsymbol{P}\right)}{\partial t}. \tag{15.61}$$

正则变换式 (15.60) 可逆要求 $\det\left(\dfrac{\partial^2 F_4}{\partial p_a \partial P_b}\right) \neq 0$.

需要特别强调的是, 以上只是生成函数的 4 种基本类型, 其都是选取 "全部" s 个旧变量和 "全部" s 个新变量为广义坐标或广义动量[①]. 实际中当然可以有 "混

[①] 生成函数的这 4 种基本类型与热力学的 4 种态函数: 内能 U、焓 H、亥姆霍兹自由能 F 和吉布斯自由能 G 有异曲同工之妙. 这 4 种态函数正好是对 2 类变量分别做勒让德变换所得到的.

合" 类型, 即 s 个旧或新变量中同时存在广义坐标和广义动量. 例如, 对于 2 自由度系统, $F = F(t, q^1, p_2, P_1, Q^2)$ 也是可行的生成函数. 对于第 1 组共轭变量 $\{q^1, p_1, Q^1, P_1\}$, 选取 $\{q^1, P_1\}$ 作为独立变量, 因此按照第 2 型生成函数变换; 对于第 2 组共轭变量 $\{q^2, p_2, Q^2, P_2\}$, 选取 $\{p_2, Q^2\}$ 作为独立变量, 因此按照第 3 型生成函数变换. 因此正则变换关系为

$$\underbrace{p_1 = \frac{\partial F}{\partial q^1}, \quad Q^1 = \frac{\partial F}{\partial P_1}}_{\text{第 2 型}}, \quad \underbrace{q^2 = -\frac{\partial F}{\partial p_2}, \quad P_2 = -\frac{\partial F}{\partial Q^2}}_{\text{第 3 型}}.$$

总之, 给定 s 个旧变量和 s 个新变量的生成函数, 即在 "新、旧" 变量之间建立联系, 即给出了正则变换[①].

例 15.4 恒等变换

考虑第 2 型生成函数

$$F_2 = q^a P_a, \tag{15.62}$$

由式 (15.52) 得

$$p_a = \frac{\partial F_2}{\partial q^a} = P_a, \quad Q^a = \frac{\partial F_2}{\partial P_a} = q^a, \quad a = 1, \cdots, s,$$

即新、旧相空间坐标全等. 因为生成函数不显含时间, 因此 $K(t, \boldsymbol{Q}, \boldsymbol{P}) = H(t, \boldsymbol{q}, \boldsymbol{p})$. 所以生成函数式 (15.62) 生成 "恒等变换" (identity transformation). 还可以考虑第 3 型生成函数

$$F_3 = p_a Q^a, \tag{15.63}$$

由式 (15.56) 得

$$q^a = -\frac{\partial F_3}{\partial p_a} = -Q^a, \quad P_a = -\frac{\partial F_3}{\partial Q^a} = -p_a, \quad a = 1, \cdots, s,$$

同样也有 $K(t, \boldsymbol{Q}, \boldsymbol{P}) = H(t, \boldsymbol{q}, \boldsymbol{p})$. 因此生成函数式 (15.63) 对应反号的恒等变换. 对于恒等变换, 因为新、旧广义坐标和广义动量全等 (或反号), 不能选择 $\{q, Q\}$ 或 $\{p, P\}$ 作为独立变量, 因此恒等变换也就不存在第 1 型或第 4 型的生成函数.

例 15.5 平移变换

在式 (15.62) 的基础上, 考虑第 2 型生成函数,

$$F_2 = q^a P_a + \lambda^a P_a + \mu_a q^a,$$

[①] 但是所得到的正则变换是否可以使特定的物理系统 (例如哈密顿量) 的求解得到化简, 却很难事先得知.

其中 λ^a 和 μ_a 是 $2s$ 个常数. 由式 (15.52) 得

$$p_a = \frac{\partial F_2}{\partial q^a} = P_a + \mu_a, \quad Q^a = \frac{\partial F_2}{\partial P_a} = q^a + \lambda^a, \quad a = 1, \cdots, s,$$

以及 $K(t, \boldsymbol{Q}, \boldsymbol{P}) = H(t, \boldsymbol{q}, \boldsymbol{p})$. 可见, 这个变换对应坐标的和动量的整体平移.

例 15.6 点变换

考虑第 2 型生成函数

$$F_2 = f^a(t, \boldsymbol{q}) P_a, \tag{15.64}$$

这里 $f^a(t, \boldsymbol{q})$ 是 $\{\boldsymbol{q}\}$ 的任意 s 个独立且可逆的函数. 由式 (15.52) 得

$$p_a = \frac{\partial F_2}{\partial q^a} = \frac{\partial f^b(t, \boldsymbol{q})}{\partial q^a} P_b, \quad Q^a = \frac{\partial F_2}{\partial P_a} = f^a(t, \boldsymbol{q}), \quad a = 1, \cdots, s, \tag{15.65}$$

以及 $K(t, \boldsymbol{Q}, \boldsymbol{P}) = H(t, \boldsymbol{q}, \boldsymbol{p}) + \dfrac{\partial f^a(t, \boldsymbol{q})}{\partial t} P_a$. 对比式 (15.34), 式 (15.65) 的第二式只与广义坐标有关, 即是广义坐标的点变换; 而第一式则正是点变换所 "诱导" 的广义动量的变换. 这个例子再次印证, 位形空间的点变换 (所诱导的相空间坐标变换) 是正则变换的特例. 式 (15.64) 则是点变换的生成函数.

例 15.7 坐标-动量的互换

考虑第 1 型生成函数

$$F_1 = q^a Q_a, \tag{15.66}$$

由式 (15.48) 得

$$p_a = \frac{\partial F_1}{\partial q^a} = Q_a, \quad P_a = -\frac{\partial F_1}{\partial Q^a} = -q^a, \quad a = 1, \cdots, s.$$

可见变换式 (15.66) 的作用是将广义坐标和广义动量的角色互换. 注意第 4 型生成函数 $F_4 = \delta^{ab} p_a P_b$ 也能起到同样的效果. 这个例子再次说明, 相空间中广义坐标和广义动量是独立且平等的. 它们应该作为一个整体理解成相空间的坐标, 描述系统状态的演化, 一同做正则变换. 至于哪一部分应该被视为 "坐标", 哪一部分应该被视为 "动量", 完全只是称呼问题.

例 15.8 一维谐振子正则变换的生成函数

在例 15.3 中, 对于一维谐振子的正则变换式 (15.22), 我们用正则变换保泊松括号的定义确定了 $f(P)$ 的形式. 现在我们用生成函数的方法来确定正则变换的形式. 考虑第 1 型生成函数 $F_1(q, Q)$, 正则变换为式 (15.48) 和 (15.49). 根据式 (15.22), 即有

$p = m\omega q \cot Q$. 对比式 (15.48) 的第一式, 对 q 积分, 即可定出生成函数的形式

$$F_1(q, Q) = \int \mathrm{d}q m\omega q \cot Q = \frac{m\omega}{2} q^2 \cot Q, \qquad (15.67)$$

这里略去了积分常数. 代入式 (15.48), 得到正则变换

$$p = \frac{\partial F_1}{\partial q} = m\omega q \cot Q, \quad P = -\frac{\partial F_1}{\partial Q} = \frac{m\omega}{2} \frac{q^2}{\sin^2 Q},$$

从第二式解出 $q = \sqrt{\frac{2P}{m\omega}} \sin Q$, 再代入第一式, 即有 $p = m\omega \sqrt{\frac{2P}{m\omega}} \sin Q \cot Q = \sqrt{2Pm\omega} \cos Q$, 正是例 15.3 中得到的式 (15.25).

15.4　单参数正则变换

在 2.2.1 节和 11.1.3 节讨论过坐标变换的主动与被动观点. 既然正则变换无非是相空间的坐标变换, 自然也有相应的主动与被动观点. 到目前为止, 我们对正则变换的理解是——变换所联系的旧坐标 $\{\boldsymbol{\xi}\}$ 和新坐标 $\{\boldsymbol{\Xi}\}$, 都对应系统的“同一状态”, 即以不同的坐标来描述系统状态空间中的同一点. 这相当于对象 (状态) 不变, 坐标在变. 这种看待正则变换的观点即被动观点, 如图 15.4(a) 所示. 而按照主动观点, 即坐标不变, 对象 (状态) 在变. 正则变换将旧坐标 $\{\boldsymbol{\xi}\}$ 变成新坐标 $\{\boldsymbol{\Xi}\}$, 我们可以将新坐标 $\{\boldsymbol{\Xi}\}$ 的数值对应到状态空间中的另外一点, 如图 15.4(b) 所示. 换句话说, 主动观点认为正则变换将系统的一个状态变到另外一个状态.

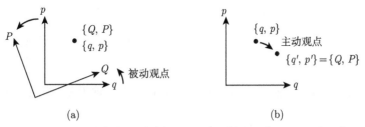

图 15.4　正则变换的两种等价观点: (a) 被动观点; (b) 主动观点

15.4.1　无穷小正则变换

正如连续转动两次转动等效于单个转动, 连续做两次正则变换, 同样等效于单个正则变换 (见习题 15.5). 按照主动观点, 从相空间中某点出发, 假设每次都只把一点变换到“相邻”的另一点. 这样连续不断地做正则变换——所谓“积跬步以至千里”的结

果, 就是在相空间中划出一条条连续的曲线——相空间的"流线", 由连续单调变化的参数 λ 描述, 如图 15.5 所示①. 同一条曲线上的点, 之间相差正则变换, 由参数 λ 确定. 现在的问题是, 这样的单参数正则变换具有什么形式? 其"流线"是怎样一点一点划出来的?

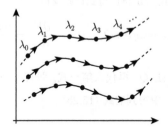

图 15.5   单参数正则变换与"流线"

为此, 仿照在 11.1.4 节关于无穷小转动的讨论, 将线性化的思想应用到正则变换上. 考虑相空间坐标的无穷小变换

$$\xi^\alpha \to \xi^\alpha + \epsilon X^\alpha (\boldsymbol{\xi}), \quad \alpha = 1, \cdots, 2s, \tag{15.68}$$

这里 ϵ 为无穷小参数 (与相空间坐标无关), $X^\alpha = X^\alpha(\boldsymbol{\xi})$ 是 $2s$ 个相空间坐标的函数, 可以视为相空间中的矢量场. 如图 15.6 所示, 无穷小变换式 (15.68) 沿着矢量 X^α 的方向, 将 ξ^α 变到"邻近"的另一点 $\xi^\alpha + \epsilon X^\alpha$. 问题就归结为, X^α 满足什么条件时, 式 (15.68) 是正则变换? 变换式 (15.68) 是正则变换即要求, 变换前的 ξ^α 以及变换后的 $\xi^\alpha + \epsilon X^\alpha$ 都满足基本泊松括号. 保留到 ϵ 的线性阶,

$$\left[\xi^\alpha + \epsilon X^\alpha, \xi^\beta + \epsilon X^\beta\right] = \left[\xi^\alpha, \xi^\beta\right] + \epsilon \left[\xi^\alpha, X^\beta\right] + \epsilon \left[X^\alpha, \xi^\beta\right]$$
$$= \omega^{\alpha\beta} + \epsilon \left(\omega^{\alpha\rho} \frac{\partial X^\beta}{\partial \xi^\rho} - \omega^{\beta\rho} \frac{\partial X^\alpha}{\partial \xi^\rho}\right). \tag{15.69}$$

因此, 变换式 (15.68) 是正则变换当且仅当上式最后一项为零, 即 $X^\alpha(\boldsymbol{\xi})$ 满足

$$\boxed{\omega^{\alpha\rho} \frac{\partial X^\beta}{\partial \xi^\rho} = \omega^{\beta\rho} \frac{\partial X^\alpha}{\partial \xi^\rho},} \tag{15.70}$$

其是关于 $2s$ 个函数 $X^\alpha(\boldsymbol{\xi})$ 的偏微分方程组. 若将广义坐标和广义动量分别写出, 记式 (15.68) 为 $q^a \to q^a + \epsilon u^a$ 和 $p_a \to p_a + \epsilon v_a$, 利用同样的方法可以给出 u^a 和 v_a 所满足的条件 (见习题 15.15),

---

① 这也是正则变换作为相空间"流动"的直观展示.

$$\frac{\partial u^b}{\partial p_a} = \frac{\partial u^a}{\partial p_b}, \quad \frac{\partial v_b}{\partial q^a} = \frac{\partial v_a}{\partial q^b}, \quad \frac{\partial u^a}{\partial q^b} = -\frac{\partial v_b}{\partial p_a}, \tag{15.71}$$

其与判断方程为哈密顿正则方程的条件式 (13.29) 形式完全一致, 下面很快就会看到原因.

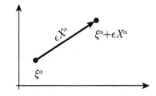

图 15.6   相空间的无穷小坐标变换

虽然条件式 (15.70) 看上去复杂, 但是可以验证, 当 X^α 由相空间上函数 $G(t, \boldsymbol{\xi})$ 的梯度给出且具有

$$X^\alpha \equiv \omega^{\alpha\beta} \frac{\partial G}{\partial \xi^\beta} \tag{15.72}$$

的形式时,

$$\omega^{\alpha\rho} \frac{\partial X^\beta}{\partial \xi^\rho} - \omega^{\beta\rho} \frac{\partial X^\alpha}{\partial \xi^\rho} = \left(\omega^{\alpha\rho}\omega^{\beta\sigma} - \omega^{\beta\rho}\omega^{\alpha\sigma} \right) \frac{\partial^2 G}{\partial \xi^\rho \partial \xi^\sigma} \equiv 0,$$

即满足式 (15.70). 由式 (14.34) 知, 式 (15.72) 可以用泊松括号写成

$$\boxed{X_G^\alpha := \omega^{\alpha\beta} \frac{\partial G}{\partial \xi^\beta} = [\xi^\alpha, G]}, \tag{15.73}$$

其是相空间中的矢量场, 被称作 G 的 "哈密顿矢量场" (见 14.1.2 节). 反之, 如果相空间中的矢量场不满足条件式 (15.70), 则其不是哈密顿矢量场, 也就不对应任何正则变换.

总之, 给定相空间上函数 $G(t, \boldsymbol{\xi})$, 便得到一个**无穷小正则变换** (infinitesimal canonical transformation),

$$\boxed{\xi^\alpha \to \xi^\alpha + \delta\xi^\alpha}, \tag{15.74}$$

其中

$$\boxed{\delta\xi^\alpha = \epsilon \left[\xi^\alpha, G \right] \equiv \epsilon X_G^\alpha}, \tag{15.75}$$

ϵ 为无穷小参数. 将式 (15.75) 中广义坐标和广义动量具体写出, 即 $q^a \to q^a + \delta q^a$, $p_a \to p_a + \delta p_a$, 则有 (见习题 15.16)

$$\delta q^a = \epsilon [q^a, G] = \epsilon \frac{\partial G}{\partial p_a}, \quad \delta p_a = \epsilon [p_a, G] = -\epsilon \frac{\partial G}{\partial q^a}. \tag{15.76}$$

因为无穷小正则变换由函数 $G(t, \boldsymbol{\xi})$ 所 "生成", G 即被称作无穷小正则变换的生成元.

取变换的连续参数为 λ, 无穷小参数即 $\mathrm{d}\lambda$, 无穷小正则变换将点 $\xi^\alpha (\lambda)$ 变换至 "临近" 的另一点 $\xi^\alpha (\lambda + \mathrm{d}\lambda)$, 如图 15.7 所示. 因此, 无穷小正则变换 $\delta\xi^\alpha$ 即对应坐标的微分 $\mathrm{d}\xi^\alpha$,

$$\xi^\alpha (\lambda) \to \xi^\alpha (\lambda) + \delta\xi^\alpha = \xi^\alpha (\lambda) + \underbrace{\mathrm{d}\lambda [\xi^\alpha, G]}_{=\mathrm{d}\xi^\alpha} \equiv \xi^\alpha (\lambda + \mathrm{d}\lambda). \tag{15.77}$$

上式意味着 $\mathrm{d}\xi^\alpha = \mathrm{d}\lambda [\xi^\alpha, G]$, 即

$$\frac{\mathrm{d}\xi^\alpha (\lambda)}{\mathrm{d}\lambda} = [\xi^\alpha, G] \equiv X_G^\alpha. \tag{15.78}$$

式 (15.78) 具有非常直观的几何意义. 无穷小正则变换的 "累积", 即函数 G 所生成的单参数正则变换. 变换轨迹即相空间中的一条条光滑曲线, 即正则变换的 "相流". 式 (15.78) 意味着相空间坐标随着参数 λ 的变化率 $\dfrac{\mathrm{d}\xi^\alpha}{\mathrm{d}\lambda}$——相流的 "流速", 正是哈密顿矢量场, 如图 15.7 所示.

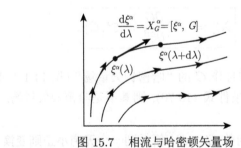

图 15.7　相流与哈密顿矢量场

无穷小正则变换的 "生成元" 与 15.3 节讨论的 "生成函数" 是得到正则变换的两种不同方法. 同为相空间上的函数, 生成元 G 以式 (15.75) 的形式生成无穷小正则变换; 而生成函数 F 满足全微分条件式 (15.40), 并以 15.3 节给出的偏导数关系生成正则变换 (可以是有限也可以是无穷小的). 从量纲上, 任何相空间坐

标的函数 G 都可以作为"生成元", 而生成函数 F 的量纲则一定是作用量的量纲. 对于无穷小正则变换, 通常采用的都是生成元方法. 一个自然的问题是, 无穷小正则变换的生成函数是什么? 在例 15.4 中知道, 恒等变换的第 2 型生成函数为 $F_2 = q^a P_a$, 因此无穷小正则变换的第 2 型生成函数具有形式

$$F_2 = q^a P_a + \epsilon W (t, \boldsymbol{q}, \boldsymbol{P}), \tag{15.79}$$

其中 ϵ 为无穷小参数. 由式 (15.52) 知, 无穷小正则变换即

$$p_a = \frac{\partial F_2}{\partial q^a} = P_a + \epsilon \frac{\partial W (t, \boldsymbol{q}, \boldsymbol{P})}{\partial q^a}, \quad Q^a = \frac{\partial F_2}{\partial P_a} = q^a + \epsilon \frac{\partial W (t, \boldsymbol{q}, \boldsymbol{P})}{\partial P_a}. \tag{15.80}$$

保留至 ϵ 的线性阶, 此时 W 及其导数都可以在 $\{\boldsymbol{q}, \boldsymbol{p}\}$ 处取值, 因此上式可以写成

$$\delta q^a \equiv Q^a - q^a = \epsilon \frac{\partial G (t, \boldsymbol{q}, \boldsymbol{p})}{\partial p_a}, \quad \delta p_a \equiv P_a - p_a = -\epsilon \frac{\partial G (t, \boldsymbol{q}, \boldsymbol{p})}{\partial q^a}, \tag{15.81}$$

其中 $G (t, \boldsymbol{q}, \boldsymbol{p}) = \lim_{\epsilon \to 0} W (t, \boldsymbol{q}, \boldsymbol{P})$. 对比式 (15.81) 和 (15.76), 这里的 G 正是无穷小正则变换的生成元.

15.4.2 演化即是正则变换

对比式 (15.78) 和哈密顿正则方程 (14.8) (或者泊松括号表示的式 (14.41)),

$$\frac{\mathrm{d} \xi^\alpha (t)}{\mathrm{d} t} = \omega^{\alpha\beta} \frac{\partial H}{\partial \xi^\beta} = [\xi^\alpha, H] \equiv X_H^\alpha, \tag{15.82}$$

两者的形式全同, 只是其中无穷小正则变换的生成元为 $G \to H$, 连续参数为 $\lambda \to t$. 哈密顿正则方程描述的是相空间坐标——系统的状态随时间的演化. 于是我们得到重要结论: 时间演化即是一种正则变换. 系统在任意两个时刻之间的状态, 都是以时间 t 为参数的正则变换联系起来的. 其生成元为哈密顿量 H, 连续参数为时间 t, 相流的"流速"即哈密顿矢量场 X_H^α, 如图 15.8 所示 (与图 15.7 完全类似). 对于力学量 $f = f (t, \boldsymbol{\xi})$, 无穷小时间演化即

$$\frac{\mathrm{d} f}{\mathrm{d} t} = \frac{\partial f}{\partial t} + \frac{\partial f}{\partial \xi^\alpha} \frac{\mathrm{d} \xi^\alpha}{\mathrm{d} t} = \frac{\partial f}{\partial t} + \frac{\partial f}{\partial \xi^\alpha} [\xi^\alpha, H] = \frac{\partial f}{\partial t} + [f, H], \tag{15.83}$$

这正是 14.3 节所给出的任意力学量的演化方程 (14.40). 从正则变换的角度, 现在对式 (15.83) 有了新的理解: 哈密顿量生成无穷小正则变换, 将力学量在 t 时刻的值 $f (t)$, 变换为 $t + \mathrm{d} t$ 时刻的值 $f (t + \mathrm{d} t)$.

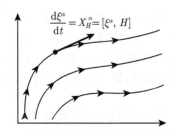

图 15.8　时间演化即哈密顿量生成的正则变换

　　哈密顿力学再次揭示了哈密顿量和时间的深刻联系. 由此也可以理解, 为什么相空间坐标 $\xi^{\alpha}(t)$ 都是时间的函数, 但是基本泊松括号 $\left[\xi^{\alpha}(t), \xi^{\beta}(t)\right] = \omega^{\alpha\beta}$ 却可以一直保持; 也可以理解为什么无穷小正则变换条件式 (15.71) 与判断方程是否为哈密顿正则方程的条件式 (13.29) 完全一致. 因为时间演化就是正则变换, 而哈密顿正则方程实际就是无穷小正则变换的具体形式. 这与 14.5.1 节的讨论也完全自洽, 只是那里只提到哈密顿量生成了时间演化, 而现在则明确知道, 时间演化就是正则变换. 时间演化本是物理系统的动力学行为, 现在却成了一个叫做哈密顿量的函数所生成的相空间坐标变换. 在这里, 物理与数学的界限似乎变得模糊. 而这也正印证了我们在第 14 章开头所声称的: 哈密顿力学就是相空间中的几何学.

15.4.3　对称性与生成元

　　由式 (15.75) 知, 在函数 G 所生成的无穷小正则变换下, 力学量 f 的变换为

$$\delta f \equiv f(\lambda + \epsilon) - f(\lambda) = \frac{\partial f}{\partial \xi^{\alpha}} \delta \xi^{\alpha} = \epsilon \frac{\partial f}{\partial \xi^{\alpha}} [\xi^{\alpha}, G], \tag{15.84}$$

其中 $f(\lambda) \equiv f(\boldsymbol{\xi}(\lambda))$. 由式 (14.36) 知, 上式可以写成

$$\boxed{\delta f = \epsilon [f, G]}. \tag{15.85}$$

式 (15.85) 可以说统一了到目前为止哈密顿力学的主要结论. 一方面, 式 (15.85) 意味着在 G 所生成的无穷小正则变换下, 力学量 f 的无穷小变换即由其与 G 的泊松括号给出. 反过来, 式 (15.85) 也对泊松括号的物理意义做出了新的诠释——与任意函数 G 做泊松括号, 即相当于在 G 生成的无穷小正则变换下做变换. 对比 14.5 节所讨论的时空变换算符, 可见无论是时间演化式 (14.81)、空间平移式 (14.90) 还是空间转动式 (14.98), 都是一般形式无穷小正则变换式 (15.75) 的特例.

　　与 14.5 节的讨论类似, 定义算符

$$\hat{G} \bullet := [\bullet, G], \tag{15.86}$$

则力学量 f 的有限正则变换 (对应相空间坐标 $\xi^\alpha(0) \to \xi^\alpha(\lambda)$) 由指数算符给出 (见习题 15.18):

$$\boxed{f(\lambda) = \mathrm{e}^{\lambda\hat{G}}f(0)},\tag{15.87}$$

如图 15.9 所示. 我们再次看到, 所谓 "见微知著" ——有限变换即生成元的指数映射.

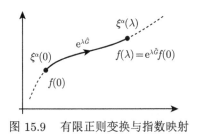

图 15.9 有限正则变换与指数映射

考虑相空间上的函数 G, 假设其不显含时间, 并且与哈密顿量对易, 即

$$[G, H] = 0.\tag{15.88}$$

按照式 (15.85), 这个式子可以从两个角度解读:

(1) $\delta_H G = 0$, 即视为 G 在 H 所生成的无穷小正则变换下不变. 因为哈密顿量 H 生成时间演化, 这无非是说力学量 G 在时间演化下不变, 即是运动常数.

(2) $\delta_G H = 0$, 即视为 H 在 G 所生成的无穷小正则变换下不变. 因为哈密顿量包含了系统的全部动力学信息, 因此哈密顿量 H 不变, 则意味着 G 生成的无穷小正则变换是系统的对称性.

因此我们得到重要结论, 对于不显含时间的力学量 G,

$$\boxed{G\text{是运动常数} \quad\Leftrightarrow\quad G\text{是对称变换的生成元}}\tag{15.89}$$

在 5.6 节, 我们曾在拉格朗日力学框架下, 讨论了对称性与守恒律的关系, 其结论即是著名的诺特定理. 式 (15.89) 则可视为诺特定理在哈密顿力学中的表述. 时间平移、空间平移与转动的不变性与能量、动量和角动量的联系, 则是诺特定理的特例 (见 14.5 节最后的总结). 在哈密顿力学框架下, 式 (15.89) 不仅再次表明了对称性与守恒律之间的深刻关系, 而且还直接给出了用运动常数来得到对称性的方式——运动常数即是对称变换 (作为无穷小正则变换) 的生成元. 此外, 式 (15.89) 也将变换从位形空间拓展到了相空间, 从而为研究系统的对称性提供了更多的角度.

15.5　刘维尔定理

　　坐标是人为引入的, 真正有物理意义的是不依赖于具体坐标的量. 在哈密顿力学框架下, 有意义且重要的则是在正则变换下不变的量, 即正则不变量. 正则不变量不依赖于具体相空间坐标的选取. 在这个意义上, 我们已经知道了两个重要的正则不变量, 哈密顿正则方程和泊松括号.

15.5.1　相空间体元与刘维尔定理

　　相空间的**体元** (volume element) 也是正则不变量. 首先来看单自由度的情形. 此时相空间的体元即面元 $\mathrm{d}A = \mathrm{d}q\mathrm{d}p$. 坐标变换下面元变换为

$$\mathrm{d}A \to \widetilde{\mathrm{d}A} \equiv \mathrm{d}Q\mathrm{d}P = \left| \det\left(\frac{\partial(Q,P)}{\partial(q,p)} \right) \right| \mathrm{d}A, \tag{15.90}$$

这里 $\det\left(\dfrac{\partial(Q,P)}{\partial(q,p)} \right)$ 即坐标变换的雅可比行列式. 而因为变换是正则变换, 雅可比行列式为

$$\det\begin{pmatrix} \dfrac{\partial Q}{\partial q} & \dfrac{\partial Q}{\partial p} \\ \dfrac{\partial P}{\partial q} & \dfrac{\partial P}{\partial p} \end{pmatrix} = \frac{\partial Q}{\partial q}\frac{\partial P}{\partial p} - \frac{\partial Q}{\partial p}\frac{\partial P}{\partial q} = [Q,P]_{\{q,p\}} \xlongequal{\text{正则变换}} 1. \tag{15.91}$$

可见面元变换的雅可比行列式不是别的, 正是新坐标 Q, P 的基本泊松括号, 在正则变换下自然为 1. 因此 $\widetilde{\mathrm{d}A} = \mathrm{d}A$, 即正则变换下 2 维相空间的面元不变.

　　对于多自由度的一般情形, $\{\boldsymbol{\xi}\}$ 坐标的体元与 $\{\boldsymbol{\varXi}\}$ 坐标的体元同样相差坐标变换的雅可比行列式,

$$\mathrm{d}V \equiv \mathrm{d}\xi^1 \cdots \mathrm{d}\xi^{2s} \to \widetilde{\mathrm{d}V} \equiv \mathrm{d}\varXi^1 \cdots \mathrm{d}\varXi^{2s} = |\det \boldsymbol{M}| \mathrm{d}V, \tag{15.92}$$

其中 $\boldsymbol{M}$ 即 $M^{\alpha}{}_{\beta} \equiv \dfrac{\partial \varXi^{\alpha}}{\partial \xi^{\beta}}$ 为坐标变换的雅可比矩阵式 (15.15). 而由式 (15.17) (以第二个式子为例) 知, 两边取行列式, 得到

$$\det\left(\boldsymbol{M}^{\mathrm{T}} \boldsymbol{\omega} \boldsymbol{M} \right) \equiv \det \boldsymbol{M}^{\mathrm{T}} \det \boldsymbol{\omega} \det \boldsymbol{M} = \det \boldsymbol{\omega} \quad \Rightarrow \quad |\det \boldsymbol{M}| = 1, \tag{15.93}$$

即雅可比行列式的绝对值恒为 1. 所以必然有

$$\boxed{\widetilde{\mathrm{d}V} = \mathrm{d}V}, \tag{15.94}$$

即在正则变换下, 相空间的体元不变. 由推导可知, 这是正则变换"保辛"——即变换的雅可比矩阵满足辛矩阵条件式 (15.17) 的必然结论.

由于相空间中的演化即是一种正则变换, 于是相空间中的任意区域, 随着时间演化, 虽然形状可能发生拉伸和扭曲, 但是体积保持不变, 如图 15.10 所示. 这就是著名的**刘维尔定理** (Liouville's theorem)[1]. 刘维尔定理只在"坐标-动量"构成的相空间中才成立. 在位形空间或"坐标-速度"构成的速度相空间中, 都没有类似的结论. 这正是相空间特有的"辛几何"的反映. 值得强调的是, 刘维尔定理与系统的哈密顿量是否显含时间没有关系. 实际上, 对于任意力学量 $G(t, \xi)$ 所生成的正则变换, 刘维尔定理都成立.

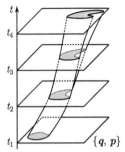

图 15.10 刘维尔定理——相空间体元不变

例 15.9 刘维尔定理

考虑哈密顿量 $H = qp$, 其运动方程为 $\dot{q} = [q, H] = q$ 和 $\dot{p} = [p, H] = -p$. 这意味着随着时间的演化, 坐标 q 指数增长, 而动量 p 指数衰减 (以同样的速率). 给定能量 E, 系统的相流 (等 E 线) $qp = E$ 为双曲线, 如图 15.11 所示. 图中展示了"等 E 线"与

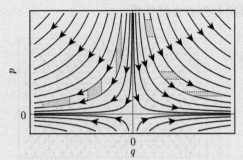

图 15.11 哈密顿量 $H = qp$ 的相流与相空间区域随时间的演化

---

[1] 刘维尔定理虽然通常以刘维尔的名字命名, 但其实是吉布斯在 1903 年首次提出的, 因此也被称作吉布斯-刘维尔定理.

"等 p 线" (右半阴影区域) 以及 "等 E 线" 与 "等 q 线" (左半阴影区域) 所围成的区域随时间的演化. 可见, 区域的形状在 q 方向被拉长, 而在 p 方向被压缩. 这样 "一增一减" 互相抵消的结果, 正好保证了区域的面积始终不变.

15.5.2　相空间密度

相空间的体元更多的是数学概念, 可以考虑更物理一点的对象. 给定相空间上函数 G, 即沿着哈密顿矢量场 $\boldsymbol{X}_G$ 生成正则变换的 "相流". 相空间中处处分布着大量的相点, 这些相点就沿着相流从一点 "流到" 另一点, "流速" 则是 $\boldsymbol{X}_G$. 如图 15.12 所示 (可以与图 13.6 对照), 图中每一个小箭头代表该处的哈密顿矢量场 $\boldsymbol{X}_G$. 对于相空间中任意固定区域 (如图 15.12 中阴影区域), 如果单位时间内 "流入" 的点多于 "流出" 的点, 则区域内相点的密度在增加; 反之, 如果 "流入" 的点少于 "流出" 的点, 则相点的密度在减少. 数学上, 对这种 "或聚或散" 的定量描述即矢量场的 "散度". 例如, 3 维空间矢量场 $\boldsymbol{v} = \{v^1, v^2, v^3\}$ 的散度即 $\nabla \cdot \boldsymbol{v} \equiv \dfrac{\partial v^i}{\partial x^i} = \dfrac{\partial v^1}{\partial x^1} + \dfrac{\partial v^2}{\partial x^2} + \dfrac{\partial v^3}{\partial x^3}$. 对于哈密顿矢量场 $\boldsymbol{X}_G$, 由式 (15.73) 知, 其在相空间中的散度为

$$\nabla \cdot \boldsymbol{X}_G \equiv \frac{\partial X_G^\alpha}{\partial \xi^\alpha} = \frac{\partial}{\partial \xi^\alpha}\left(\omega^{\alpha\beta}\frac{\partial G}{\partial \xi^\beta}\right) = \underbrace{\omega^{\alpha\beta}}_{\text{反对称}}\underbrace{\frac{\partial^2 G}{\partial \xi^\alpha \partial \xi^\beta}}_{\text{对称}} \equiv 0, \tag{15.95}$$

即哈密顿矢量场的散度恒为零. 这意味着, 相空间任意给定区域内的相点, 既不会越聚越多, 也不会越散越少, 而是一直保持不变. 哈密顿矢量场源自函数 G 的梯度 (一般散度非零), 但是经过辛矩阵的作用, 成了散度为零的矢量场. 这也再次反映了相空间中辛矩阵所起到的关键作用.

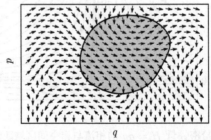

图 15.12　刘维尔定理——相流像是不可压缩的流体

形象地说, 相空间的相点在哈密顿矢量场——对应单参数正则变换的作用下

形成"相流". 而相流像是不可压缩的流体——密度均匀, 且始终不变. 这也是刘维尔定理的另一等价表述. 如果"追踪"相空间中大量相点的"流动", 相点所占据的区域形状可能改变, 但因为相流的密度不变, 因此总体积保持不变. 如图 15.13 所示[1], 初始时刻相点均匀分布于矩形区域内, 随着时间演化, 相点所占的区域发生了拉伸和扭曲, 但是所占的体积 (平面上即面积) 却保持不变. 图 15.13 也非常直观地展示了正则变换的"流动"性质.

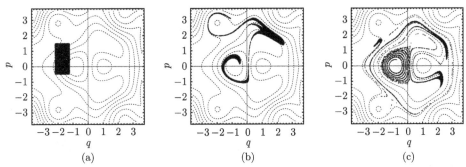

图 15.13   相空间中相点的演化：(a) $t = 0$ 时刻相点均匀分布于矩形局域; (b) $t = 1$ 时刻; (c) $t = 8$ 时刻

有时候无法确知系统处于某个相点 (某个确定状态), 而只知道系统处于某相点附近的概率 $dP = \rho(t, \boldsymbol{\xi}) dV$, 其中 dV 即相空间体元, $\rho(t, \boldsymbol{\xi})$ 即相点 $\{\boldsymbol{\xi}\}$ 处的概率密度. 如图 15.14 所示, 在演化过程中, $\{\boldsymbol{\xi}\}$ 附近的体元 dV 变成 $\{\tilde{\boldsymbol{\xi}}\}$ 附近的体元 $\widetilde{dV}$, 区域内相点数目不变, 因此系统处于该区域的概率也是不变的, 即 $\widetilde{dP} = \rho(\tilde{t}, \tilde{\boldsymbol{\xi}}) \widetilde{dV} = dP = \rho(t, \boldsymbol{\xi}) dV$. 而因为体元本身不变 $\widetilde{dV} = dV$, 这意味着概率密度在演化过程中也是不变的, $\rho(\tilde{t}, \tilde{\boldsymbol{\xi}}) = \rho(t, \boldsymbol{\xi})$, 即有

$$\boxed{\frac{d\rho}{dt} = \frac{\partial \rho}{\partial t} + [\rho, H] = 0}. \qquad (15.96)$$

上式称为**刘维尔方程** (Liouville equation). 这实际上就是"相流像是不可压缩流体", 或者说刘维尔定理的又一种等价表述. 相空间中每一个相点代表系统某个可能的状态, 大量相点的集合被称作"系综"[2]. 对于系综和相空间概率密度的研究将带领我们进入统计力学的广阔天地. 作为统计力学的基本定理, 刘维尔定理只在相空间才成立, 这也是统计力学以相空间和哈密顿力学为出发点的原因之一.

---

① 这里的哈密顿量为 $H(q, p) = \frac{1}{2}p^2 + \frac{1}{2}q^2 + \sin(q + 2p) + \sin(q - 2p) + \sin(2q + p) + \sin(2q - p)$.

② "系综" (ensemble) 的概念是吉布斯于 1878 年引入的.

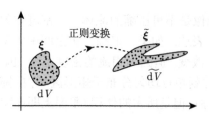

图 15.14　刘维尔定理——相空间概率密度不变

15.6　三种空间：对比与总结

作为哈密顿力学到目前为止的一个小结, 将欧氏、闵氏和相空间中的相关概念及结论做一对比与总结, 如表 15.1 所示.

表 15.1　欧氏空间、闵氏时空和相空间的对比与总结

	欧氏空间	闵氏时空	相空间
基本结构	δ_{ij} 欧氏度规	$\eta_{\mu\nu}$ 闵氏度规	$\omega_{\alpha\beta}$ 辛矩阵
标准坐标	$\{x^i\}$ 直角坐标	$\{x^\mu\} = \{ct, x^i\}$ 直角坐标	$\{\xi^\alpha\} = \{q^a, p_a\}$ 正则变量
内积括号	$\langle f, g \rangle = \delta^{ij} \dfrac{\partial f}{\partial x^i} \dfrac{\partial g}{\partial x^j}$	$\langle f, g \rangle = \eta^{\mu\nu} \dfrac{\partial f}{\partial x^\mu} \dfrac{\partial g}{\partial x^\nu}$	$[f, g] = \omega^{\alpha\beta} \dfrac{\partial f}{\partial \xi^\alpha} \dfrac{\partial g}{\partial \xi^\beta}$ 泊松括号
坐标变换	$x^i \to X^i(t, \boldsymbol{x})$	$x^\mu \to X^\mu(x)$	$\xi^\alpha \to \Xi^\alpha(t, \boldsymbol{\xi})$
变换矩阵	$R^i{}_j = \dfrac{\partial X^i}{\partial x^j}$	$\Lambda^\mu{}_\nu = \dfrac{\partial X^\mu}{\partial x^\nu}$	$M^\alpha{}_\beta = \dfrac{\partial \Xi^\alpha}{\partial \xi^\beta}$
不变结构	保欧氏度规	保闵氏度规	保辛矩阵
变换条件	$\delta_{kl} R^k{}_i R^l{}_j = \delta_{ij}$ 转动变换	$\eta_{\rho\sigma} \Lambda^\rho{}_\mu \Lambda^\sigma{}_\nu = \eta_{\mu\nu}$ 洛伦兹变换	$\omega_{\rho\sigma} M^\rho{}_\alpha M^\sigma{}_\beta = \omega_{\alpha\beta}$ 正则变换
矩阵形式	$\boldsymbol{R}^{\mathrm{T}} \boldsymbol{1} \boldsymbol{R} = \boldsymbol{1}$ 正交矩阵	$\boldsymbol{\Lambda}^{\mathrm{T}} \boldsymbol{\eta} \boldsymbol{\Lambda} = \boldsymbol{\eta}$ 不定正交矩阵	$\boldsymbol{M}^{\mathrm{T}} \boldsymbol{\omega} \boldsymbol{M} = \boldsymbol{\omega}$ 辛矩阵
括号形式	$\langle X^i, X^j \rangle = \delta^{ij}$	$\langle X^\mu, X^\nu \rangle = \eta^{\mu\nu}$	$[\Xi^\alpha, \Xi^\beta] = \omega^{\alpha\beta}$ 基本泊松括号
不变体元	$|\det \boldsymbol{R}| = 1$ $\widetilde{\mathrm{d}V} = \mathrm{d}V$	$|\det \boldsymbol{\Lambda}| = 1$ $\widetilde{\mathrm{d}V} = \mathrm{d}V$	$|\det \boldsymbol{M}| = 1$ $\widetilde{\mathrm{d}V} = \mathrm{d}V$ 刘维尔定理

习　题

15.1　一维谐振子的哈密顿量为 $H = \dfrac{p^2}{2m} + \dfrac{1}{2} m\omega^2 q^2$, 考虑相空间坐标变换 $q = aQ + bP$, $p = cQ + dP$, 其中 a, b, c, d 都是常数.

(1) 求 Q 和 P 满足的运动方程;

(2) 根据式 (13.29), 证明 Q 和 P 的方程一般不是哈密顿正则方程;

(3) 若要求 Q 和 P 的方程为哈密顿正则方程 (即变换是正则变换), 求 a, b, c, d 满足的条件.

15.2 接习题 15.1,

(1) 若变换是正则变换, 求其第 1 型生成函数;

(2) 求 a, b, c, d 进一步满足什么条件时, 变换后的哈密顿量具有 $K = \lambda QP$ 的形式, 并求常数 λ;

(3) 根据 (2) 的结果求解 Q, P, 并根据逆变换求 q, p 的解, 以验证其正是谐振动.

15.3 证明 $\omega^{\rho\sigma} \dfrac{\partial \xi^{\alpha}}{\partial \Xi^{\rho}} \dfrac{\partial \xi^{\beta}}{\partial \Xi^{\sigma}} = \omega^{\alpha\beta}$ (式 (15.14) 第二式) 等价于 $\omega_{\rho\sigma} \dfrac{\partial \Xi^{\rho}}{\partial \xi^{\alpha}} \dfrac{\partial \Xi^{\sigma}}{\partial \xi^{\beta}} = \omega_{\alpha\beta}$. $\Bigg($ 提

示: 证明矩阵 $\varLambda_{\alpha\beta} = \omega_{\rho\sigma} \dfrac{\partial \Xi^{\rho}}{\partial \xi^{\alpha}} \dfrac{\partial \Xi^{\sigma}}{\partial \xi^{\beta}}$ 是矩阵 $\varPi^{\alpha\beta} = \omega^{\rho\sigma} \dfrac{\partial \xi^{\alpha}}{\partial \Xi^{\rho}} \dfrac{\partial \xi^{\beta}}{\partial \Xi^{\sigma}}$ 的逆 $\Bigg)$

15.4 考虑变换 $q = f(P) \sin Q$ 和 $p = m\omega f(P) \cos Q$, 利用隐函数关系, 求 $[Q, P]_{\{q, p\}}$, 并验证变换是正则变换的条件式 (15.24).

15.5 利用正则变换保泊松括号的定义, 证明若 $\{q, p\} \to \{Q, P\}$ 是正则变换, $\{Q, P\} \to \{Q', P'\}$ 是正则变换, 则 $\{q, p\} \to \{Q', P'\}$ 也是正则变换.

15.6 若矩阵 $\boldsymbol{M}_1$ 和 $\boldsymbol{M}_2$ 都是辛矩阵 (即满足式 (15.17)), 证明其乘积 $\boldsymbol{M}_1 \boldsymbol{M}_2$ 也是辛矩阵.

15.7 定义 $\{f, g\}_{\xi} = \omega_{\rho\sigma} \dfrac{\partial \xi^{\rho}}{\partial f} \dfrac{\partial \xi^{\sigma}}{\partial g}$, 称作 f 和 g 的拉格朗日括号. 证明拉格朗日括号在正则变换下也是不变的.

15.8 (1) 对于单自由度系统, 证明变换 $Q = \arctan \dfrac{\lambda q}{p}$ 和 $P = \dfrac{\lambda q^2}{2} \left(1 + \dfrac{p^2}{\lambda^2 q^2}\right)$ 是正则变换, 其中 λ 是任意常数;

(2) 对于 2 自由度系统, 证明变换 $Q^1 = q^1 q^2$, $Q^2 = q^1 + q^2$, $P_1 = \dfrac{p_1 - p_2}{q^2 - q^1} + 1$ 和 $P_2 = \dfrac{q^2 p_2 - q^1 p_1}{q^2 - q^1} - q^1 - q^2$ 是正则变换.

15.9 给定函数 $F_1 = F_1(t, \boldsymbol{q}, \boldsymbol{Q})$, 根据隐函数求导, 证明按照第 1 型生成函数的偏导数关系式 (15.48) 是正则变换, 即新坐标满足基本泊松括号 $[Q^a, Q^b] = 0$, $[P_a, P_b] = 0$ 和 $[Q^a, P_b] = \delta^a_b$.

15.10 对于 s 自由度的系统, 考虑第 2 型生成函数 $F_2 = q^a P_a + f(t, \boldsymbol{q})$ 和 $F_2 = q^a P_a + g(t, \boldsymbol{P})$, 分别求其正则变换关系, 并指出其物理意义.

15.11 对于单自由度系统的变换 (已证其为正则变换) $Q = \ln\left(\dfrac{\sin p}{q}\right)$, $P = q \cot p$, 求其第 3 型生成函数 $F_3(p, Q)$.

15.12 对于单自由度系统, 考虑第 1 型生成函数 $F_1(t, q, Q) = \dfrac{m(q - Q)^2}{2t}$.

(1) 求正则变换的具体形式;

(2) 求自由粒子哈密顿量 $H = \dfrac{p^2}{2m}$ 在此变换后的形式 $K(t, Q, P)$;

(3) 根据 (2) 的结果, 求解 Q, P;

(4) 根据 (3) 的解及逆变换, 求 q, p 的解, 并验证其正是匀速直线运动.

15.13　考虑 2 自由度系统, 已知 Q^1 和 Q^2 的变换为 $Q^1 = \left(q^1\right)^2$ 和 $Q^2 = q^1 + q^2$.

(1) 为了使整个变换是正则变换, 求 P_1 和 P_2 变换的一般形式;

(2) 若系统的哈密顿量为 $H = \left(\dfrac{p_1 - p_2}{2q^1}\right)^2 + p_2 + \left(q^1 + q^2\right)^2$, 利用 (1) 的结果, 选择合适
的 P_1 和 P_2 的变换形式, 使得变换后的哈密顿量具有 $K = \left(P_1\right)^2 + P_2$ 的简单形式;

(3) 利用 (2) 的结果, 求解 Q^1, Q^2, P_1, P_2 的演化, 并最终给出 q^1, q^2, p_1, p_2 的通解.

15.14　对于 2 自由度系统, 考虑变换 $Q^1 = \left(q^1\right)^2$, $Q^2 = q^2 \sec p_2$, $P_1 = \dfrac{p_1}{2q^1} - \dfrac{q^2}{q^1}\sec p_2$
和 $P_2 = \sin p_2 - 2q^1$.

(1) 证明其是正则变换;

(2) 证明其可由生成函数 $F = \left(q^1\right)^2 P_1 + 2q^1 Q^2 - Q^2 \sin p_2$ 生成. (提示: 此生成函数为混
合型.)

15.15　考虑无穷小变换 $q^a \to q^a + \epsilon u^a$ 和 $p_a \to p_a + \epsilon v_a$, 利用正则变换保泊松括号不变
的定义, 证明这一变换在无穷小参数 ϵ 的线性阶是正则变换的条件是式 (15.71).

15.16　证明变换式 (15.76) 在 ϵ 的线性阶是正则变换.

15.17　利用无穷小正则变换, 可以给出泊松括号的雅可比恒等式的简洁证明.

(1) 证明泊松括号的变换满足莱布尼茨规则, 即 $\delta[f, g] = [\delta f, g] + [f, \delta g]$.

(2) 若无穷小变换由函数 h 生成, 利用式 (15.85) 和 (1) 的结果, 证明泊松括号的雅可比恒
等式.

15.18　利用泰勒展开, 证明式 (15.87). $\left(\text{提示: 证明 } \dfrac{\mathrm{d}f}{\mathrm{d}\lambda} \text{ 与 } [f, G] \text{ 的等价性.}\right)$

15.19　已知平面上点粒子的角动量为 $J = xp_y - yp_x$.

(1) 求 J 所生成的无穷小正则变换 δx 和 δy;

(2) 证明角动量 J 所生成的无穷小正则变换即平面上的无穷小转动.

15.20　考虑单自由度系统, 哈密顿量为 $H = \dfrac{1}{2}\left(\dfrac{1}{q^2} + p^2 q^4\right)$,

(1) 求 q, p 的运动方程;

(2) 猜想并确定合适的正则变换, 使得变换后的哈密顿量具有一维简谐振子的形式, 即
$K = \dfrac{1}{2}\left(Q^2 + P^2\right)$;

(3) 求 (2) 中正则变换的第 1 型生成函数 $F_1(q, Q)$;

(4) 验证变换后 Q, P 的运动方程等价于变换前 q, p 的运动方程, 即可以互相导出.

15.21　考虑 2 维相空间上的函数 $G(q, p) = qp$.

(1) 求其哈密顿矢量场;

(2) 求其生成的无穷小正则变换;

(3) 求该正则变换对应的第 2 型生成函数.

15.22　考虑自由粒子, 对于 $t = 0$ 时刻相平面上矩形区域,

(1) 求演化至 t 时刻的区域形状, 并定性在相图上画出来;

(2) 证明任意时刻区域面积不变.

15.23　考虑哈密顿量 $H = qp$, 对于 $t = 0$ 时刻相平面上的矩形区域,

(1) 求演化至 t 时刻的区域形状, 并定性在相图上画出来;

(2) 证明任意时刻区域面积不变.

15.24 证明刘维尔方程 (15.96) 可以写成 "连续性方程" $\dfrac{\partial \rho}{\partial t} + \nabla \cdot \boldsymbol{J} = 0$ 的形式, 其中 $\boldsymbol{J} = \rho \boldsymbol{X}_H$ 为概率流密度矢量, $\boldsymbol{X}_H$ 为哈密顿矢量场, $\nabla \cdot \boldsymbol{J} \equiv \dfrac{\partial J^\alpha}{\partial \xi^\alpha}$ 为相空间散度.

15.25 在 14.6 节中讨论过南部力学, 其中力学量 f 的无穷小变换由 2 个函数 g, h 生成 $\delta f = \epsilon [f, g, h]$, 其中 $[f, g, h]$ 为南部括号. 仿照习题 15.17的推导, 证明南部括号的雅可比恒等式 (14.102).

15.26 考虑一组 3 个变量的变换 $\{q, p, r\} \to \{Q, P, R\}$, 雅可比矩阵满足 $\left| \dfrac{\partial (Q, P, R)}{\partial (q, p, r)} \right| = 1$. 证明南部括号在这个变换下不变, 即 $[f, g, h]_{\{q,p,r\}} = [f, g, h]_{\{Q,P,R\}}$.

第 16 章　哈密顿–雅可比理论

"时间演化即是正则变换"这一事实, 为具体求解系统的演化提供了全新的思路. 一方面, 给定系统的初始状态 (相空间坐标), 经过正则变换即可得到其在任意时刻的状态. 反过来, 系统在任意时刻的状态, 必定可以通过正则变换 (逆变换) 变回到其初始状态, 即一组常数. 因此, 求解演化即归结为寻找一个正则变换, 将系统的状态和一组常数联系起来. 如何得到这个正则变换的具体形式? 特别是, 时间演化作为正则变换的 "生成函数" 是什么? 这正是哈密顿–雅可比理论所要回答的问题.

16.1　哈密顿–雅可比方程

16.1.1　把哈密顿量变为零

从运动方程的角度, 拉格朗日方程是位形空间中 s 个二阶微分方程, 哈密顿正则方程是相空间中 $2s$ 个一阶微分方程. 对于前者, 并没有通用的求解方法. 对于后者, 因为相空间中存在正则变换这一强大工具, 使得系统且通用的求解方法成为可能. 哈密顿–雅可比理论最初正是为了求解哈密顿正则方程而提出的.

我们说 "求解方程" 是什么意思? 首先, 有 $2s$ 个初始条件, 即 s 个初始广义坐标和 s 个初始广义动量 $\{\bar{\boldsymbol{q}}, \bar{\boldsymbol{p}}\} \equiv \{\bar{q}^1, \bar{q}^2, \cdots, \bar{q}^s, \bar{p}_1, \bar{p}_2, \cdots, \bar{p}_s\}$, 这里 $\bar{\boldsymbol{q}}, \bar{\boldsymbol{p}}$ 上的一横代表初始时刻的值, 都是常数. 当我们说方程被完全解出时, 即是说用这 $2s$ 个初始条件, 即 $2s$ 个常数表达出了任意时刻的 $2s$ 个广义坐标和广义动量, 即

$$q^a(t) = q^a(t, \bar{\boldsymbol{q}}, \bar{\boldsymbol{p}}), \quad p_a(t) = p_a(t, \bar{\boldsymbol{q}}, \bar{\boldsymbol{p}}), \quad a = 1, \cdots, s. \tag{16.1}$$

而既然演化就是一种正则变换, 那么这组 "解" 所给出的其实就是 $2s$ 个常数 $\{\bar{\boldsymbol{q}}, \bar{\boldsymbol{p}}\}$, 即初始时刻的相空间坐标, 到 $\{\boldsymbol{q}(t), \boldsymbol{p}(t)\}$, 即任意 t 时刻相空间坐标的正则变换:

$$\{\bar{\boldsymbol{q}}, \bar{\boldsymbol{p}}\} \xrightarrow{\text{正则变换}} \{\boldsymbol{q}(t), \boldsymbol{p}(t)\}. \tag{16.2}$$

反过来, 既然正则变换是可逆的, 就可以通过逆变换, 把任意时刻的 $\{\boldsymbol{q}(t), \boldsymbol{p}(t)\}$ 变回到初始值 $\{\bar{\boldsymbol{q}}, \bar{\boldsymbol{p}}\}$, 而后者是 $2s$ 个常数, 即

$$\{\boldsymbol{q}(t), \boldsymbol{p}(t)\} \xrightarrow{\text{正则变换}} \{\bar{\boldsymbol{q}}, \bar{\boldsymbol{p}}\}. \tag{16.3}$$

于是, 求解哈密顿正则方程就归结为寻找一个正则变换, 把全部的相空间坐标变成常数.

怎么才能把全部的相空间坐标变成常数? 正则变换把 $\{q, p\}$ 变到 $\{Q, P\}$, 新的哈密顿量 K 满足

$$K = H + \frac{\partial F}{\partial t}, \tag{16.4}$$

其中 F 为正则变换的生成函数. 如果变换后 $2s$ 个相空间坐标 $\{Q, P\}$ 都是常数, 即意味着新相空间坐标的哈密顿正则方程为

$$\dot{Q}^a = \frac{\partial K}{\partial P_a} \equiv 0, \quad \dot{P}_a = -\frac{\partial K}{\partial Q^a} \equiv 0, \quad a = 1, \cdots, s \quad \Rightarrow \quad K = K(t), \tag{16.5}$$

即变换后的哈密顿量与新的相空间坐标无关. 因为 $K(t)$ 可以任意选取, 最简单的当然就是令 $K(t) = 0$, 于是式 (16.4) 成为

$$H + \frac{\partial F}{\partial t} = 0, \tag{16.6}$$

这就是正则变换的生成函数 F 满足的微分方程. 到这里, 问题已经完全清楚: 求解哈密顿正则方程, 相当于寻找一个正则变换, 把哈密顿量变为零. 这就是哈密顿–雅可比理论的核心思想. 看上去一个恒为零的哈密顿量丢掉了所有信息, 但是不要忘了, 这个 "空无一物" 的哈密顿量 K 是由一个 "有内涵" 的哈密顿量 H 通过正则变换变化而来. 所以并没有任何信息的丢失, 所有演化的信息都包含在正则变换中了.

哈密顿–雅可比理论具有非常直观的几何图像. 如图 16.1(a) 所示, 相空间中每一条流线代表系统的某个可能的演化轨迹. 而因为相空间中的流线是永不相交的, 因此每一条流线其实都可以用其上任意一点来代表. 哈密顿–雅可比理论所要寻找的正则变换, 所给出的正是每条流线的 "代表点", 即将每一条流线在新的相空间中变换成或者说对应为一个点, 如图 16.1(b) 所示. 在新的相空间中, 新的哈密顿量为零, 相点都是 "静止" 不动的[①].

如果加上时间轴, 将 $2s$ 维相空间和 1 维时间轴合在一起构成 $2s + 1$ 维的空间, 相空间演化的 "时间轨迹" 可以视为这个 $2s + 1$ 维空间中的曲线, 如图 16.2 所示. 哈密顿–雅可比理论即相当于找一个正则变换, 使得变换后的 "时间轨迹" 被拉成直线. 这个 "拉直" 的操作即对应哈密顿–雅可比理论的正则变换[②]. 需要

[①] 这意味着在变换后的相空间中, 某自由度可以有非零的广义动量 (常数), 但是广义坐标却不变——保持 "静止". 有动量却 "不动", 乍一看很奇怪. 但这其实正反映了, 在相空间中 "广义动量" 已经丧失了衡量运动快慢的直观意义. 特别是, 其与广义坐标的变化率——广义速度, 并没有直接的联系.

[②] 形象点说, 就像用梳子把一头卷发梳成直发. 这个 "梳子" 就是正则变换的生成函数 (哈密顿主函数).

强调的是, 这种"拉直"一般无法整体做到, 而是不同时刻需要作不同的"拉伸"和"扭曲", 所以相应的正则变换必然是含时的.

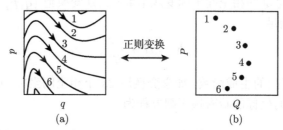

图 16.1   哈密顿–雅可比理论的几何图像: 把相流变成点

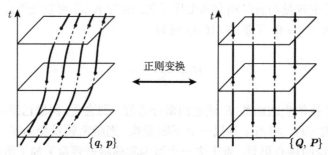

图 16.2   哈密顿–雅可比理论的几何图像: 将时间轨迹拉直

16.1.2   哈密顿–雅可比方程的导出

到这里, 我们还没有规定生成函数 F 是谁的函数, 或者说是第几种基本类型. 因为演化作为正则变换必然包括恒等变换, 而由例 15.4知, 恒等变换对应第 2 型生成函数, 因此通常取第 2 型生成函数 $F \to F_2\,(t, \boldsymbol{q}, \boldsymbol{P})$[①]. 根据我们的目的, 做正则变换后, 新的广义坐标和广义动量都是常数, 即要求

$$\boxed{\{\boldsymbol{Q}, \boldsymbol{P}\} \equiv \{\boldsymbol{\beta}, \boldsymbol{\alpha}\} = \left\{\beta^1, \cdots, \beta^s, \alpha_1, \cdots, \alpha_s\right\} = \text{常数}}. \tag{16.7}$$

注意, 这里的 $2s$ 个常数 $\{\boldsymbol{\beta}, \boldsymbol{\alpha}\}$ 不一定就是 $2s$ 个初始条件 $\{\bar{\boldsymbol{q}}, \bar{\boldsymbol{p}}\}$ 本身, 而可以是其 $2s$ 个独立组合 (这种组合当然必然是正则变换). 于是生成函数可以写成

$$\boxed{F_2\,(t, \boldsymbol{q}, \boldsymbol{P}) = S\,(t, \boldsymbol{q}, \boldsymbol{\alpha})}. \tag{16.8}$$

---

① 当然, 实际上取第 1 型生成函数 $F \to F_1\,(t, \boldsymbol{q}, \boldsymbol{Q})$ 也是可以的. 取第 3、4 型生成函数也可以得到类似的方程.

这里 $S(t, \boldsymbol{q}, \boldsymbol{\alpha})$ 被称作**哈密顿主函数** (Hamilton's principal function), 其是 t 和广义坐标 $\{\boldsymbol{q}\}$ 的函数, 同时包含着 s 个常数 $\{\boldsymbol{\alpha}\}$ 作为参数. 因为哈密顿主函数就是正则变换的生成函数, 所以哈密顿主函数的量纲就是作用量的量纲. 简洁起见, 有时也省略哈密顿主函数中的参数 $\{\boldsymbol{\alpha}\}$, 记为 $S(t, \boldsymbol{q})$.

由第 2 型生成函数的正则变换关系式 (15.52), 得到

$$p_a = \frac{\partial S(t, \boldsymbol{q}, \boldsymbol{\alpha})}{\partial q^a}, \quad a = 1, \cdots, s, \tag{16.9}$$

又因 $Q^a \equiv \beta^a$, 因此

$$\beta^a = \frac{\partial S(t, \boldsymbol{q}, \boldsymbol{\alpha})}{\partial \alpha_a} \equiv \text{常数}, \quad a = 1, \cdots, s, \tag{16.10}$$

变换后的哈密顿量为

$$K = H(t, \boldsymbol{q}, \boldsymbol{p}) + \frac{\partial S(t, \boldsymbol{q}, \boldsymbol{\alpha})}{\partial t} \equiv 0. \tag{16.11}$$

利用式 (16.9), 将式 (16.11) 的哈密顿量 H 中广义动量 p_a 换成 $\dfrac{\partial S}{\partial q^a}$, 即得到

$$\boxed{H\left(t, q^1, \cdots, q^s, \frac{\partial S}{\partial q^1}, \cdots, \frac{\partial S}{\partial q^s}\right) + \frac{\partial S}{\partial t} = 0}. \tag{16.12}$$

这就是著名的**哈密顿–雅可比方程** (Hamilton‐Jacobi equation)[①], 其是关于哈密顿主函数 $S(t, \boldsymbol{q})$ 的一阶非线性偏微分方程.

在哈密顿–雅可比理论的框架下, 核心任务就是求解哈密顿–雅可比方程 (16.12). 哈密顿主函数有 $s+1$ 个变量, 即时间参数 t 和广义坐标 $\{\boldsymbol{q}\}$. 相应地, 哈密顿–雅可比方程 (16.12) 的通解包含 $s+1$ 个积分常数. 注意到哈密顿主函数 S 本身没有出现在哈密顿–雅可比方程中, 只有其偏导数出现. 因此, 若 S 是式 (16.12) 的一个解, 则其加上任意常数也必然是一个解, 所以哈密顿主函数的通解必然包括一个任意可加常数 S_0, 即 $S = S(t, \boldsymbol{q}, \boldsymbol{\alpha}) + S_0$. 除了这个任意可加常数之外, 另外有 s 个不可加的积分常数 $\{\boldsymbol{\alpha}\}$. 注意, 哈密顿–雅可比方程本身没有规定 S 对变换后的广义动量 $\{\boldsymbol{P}\}$ 的依赖关系, 因此通常即取这 s 个不可加常数 $\{\boldsymbol{\alpha}\}$ 为变换后的广义动量 $P_a \equiv \alpha_a$. 可加常数 S_0 对正则变换没有贡献, 所以以下默认忽略.

哈密顿–雅可比方程是 $S(t, \boldsymbol{q})$ 的非线性方程, 通解往往难以求得. 但实际上并不需要求哈密顿–雅可比方程的"通解", 而只需要求出其"特解". 假设已经

---

① 哈密顿–雅可比理论是哈密顿和雅可比在 1834—1837 年间发展起来的.

求得满足式 (16.12) 包含 s 个常数 $\{\boldsymbol{\alpha}\}$ 的某个特解 $S(t, \boldsymbol{q}, \boldsymbol{\alpha})$. 由隐函数定理, 能从式 (16.10) 中反解出全部 s 个广义坐标

$$q^a = q^a(t, \boldsymbol{\beta}, \boldsymbol{\alpha}), \quad a = 1, \cdots, s \tag{16.13}$$

的前提是式 (16.10) 对于 $\{\boldsymbol{q}\}$ 是 s 个独立的方程, 这即要求

$$\boxed{\det\left(\frac{\partial^2 S(t, \boldsymbol{q}, \boldsymbol{\alpha})}{\partial q^a \partial \alpha_b}\right) \neq 0}. \tag{16.14}$$

这实际就是 15.3 节讨论的要求正则变换可逆, 生成函数的黑塞矩阵非退化条件. 满足这一条件的特解 $S(t, \boldsymbol{q}, \boldsymbol{\alpha})$ 也被称为哈密顿–雅可比方程的**完全积分** (complete integral). 此时式 (16.13) 即给出了旧广义坐标 $\{\boldsymbol{q}\}$ 随时间的演化. 再将式 (16.13) 代入式 (16.9), 得到

$$p_a = p_a(t, \boldsymbol{\beta}, \boldsymbol{\alpha}) = \left.\frac{\partial S(t, \boldsymbol{q}, \boldsymbol{\alpha})}{\partial q^a}\right|_{q^a = q^a(t, \boldsymbol{\beta}, \boldsymbol{\alpha})}, \quad a = 1, \cdots, s, \tag{16.15}$$

即给出旧广义动量 $\{\boldsymbol{p}\}$ 随时间的演化. 可见, 只要找到满足非退化条件式 (16.14) 的哈密顿–雅可比方程的 "某个" 完全积分 $S(t, \boldsymbol{q}, \boldsymbol{\alpha})$, 则因为式 (16.13) 和 (16.15) 含有 $2s$ 个独立常数 $\{\boldsymbol{\beta}, \boldsymbol{\alpha}\}$, 原则上即包含了所有可能的初始条件, 即可以给出哈密顿正则方程的 "通解". 到这里, 从求解演化的角度, 问题就已经完全解决.

可以总结一下利用哈密顿–雅可比方程求解问题的具体步骤:

(1) 根据系统的哈密顿量, 将其中的广义动量 p_a 替换为 $\dfrac{\partial S}{\partial q^a}$, 按照式 (16.12) 写出哈密顿–雅可比方程;

(2) 求哈密顿–雅可比方程的完全积分 $S(t, \boldsymbol{q}, \boldsymbol{\alpha})$, 其中包含 s 个非可加的常数 $\{\boldsymbol{\alpha}\}$, 并满足非退化条件式 (16.14);

(3) 将常数 $\{\boldsymbol{\alpha}\}$ 作为变换后的广义动量, 根据正则变换关系式 (16.10), 求得 s 个广义坐标式 (16.13);

(4) 根据正则变换关系式 (16.9), 并代入式 (16.13), 求得 s 个广义动量式 (16.15).

16.2　分离变量

哈密顿–雅可比理论的强大之处在于, 我们并不需要求哈密顿–雅可比方程的通解, 而只需要求其特解——完全积分. 任何一个哈密顿–雅可比方程的完全积分, 都足以给出系统运动的 "通解". 这就为实际求解哈密顿–雅可比方程提供了

很多简化的思路. 对于偏微分方程, 最常用的求特解方法即**分离变量** (separation of variables) 法. 典型的可分离变量系统包括含有循环坐标和哈密顿量不含时的系统.

若 s 自由度系统的哈密顿量含有一个循环坐标, 记为 q^s, 则其共轭动量为运动常数, 由式 (16.10) 得

$$p_s = \frac{\partial S}{\partial q^s} = \text{常数} \equiv \alpha_s. \tag{16.16}$$

对 q^s 积分, 即得到具有分离变量形式的哈密顿主函数

$$S(t, \boldsymbol{q}) = \bar{S}(t, q^1, \cdots, q^{s-1}) + \alpha_s q^s, \tag{16.17}$$

其中 $\bar{S}$ 是 $s-1$ 个非循环坐标以及时间 t 的函数. 代入式 (16.12), 得到

$$H\left(t, q^1, \cdots, q^{s-1}, \frac{\partial \bar{S}}{\partial q^1}, \cdots, \frac{\partial \bar{S}}{\partial q^{s-1}}, \alpha_s\right) + \frac{\partial \bar{S}}{\partial t} = 0, \tag{16.18}$$

其中常数 α_s 作为参数出现. 于是问题就简化为求解关于 s 个变量 $\{t, q^1, \cdots, q^{s-1}\}$ 的函数 $\bar{S}(t, q^1, \cdots, q^{s-1})$ 所满足的哈密顿–雅可比方程. 式 (16.17) 的形式并不完全是数学技巧. 实际上, 哈密顿–雅可比理论的思想即通过正则变换将广义坐标、广义动量都变为常数, 而既然 p_s 已经是运动常数, 那么对于共轭变量对 $\{q^s, p_s\}$, 我们首先只需要做恒等变换即可. 恒等变换的第 2 型生成函数为 $F_2 = q^s P_s = q^s p_s = q^s \alpha_s$ (见例 15.4), 正是式 (16.17) 中的最后一项[①]. 推广到 $s-k$ 个循环坐标情形, 记循环坐标为 $\{q^{k+1}, \cdots, q^s\}$, 共轭动量为 $\{p_{k+1}, \cdots, p_s\} \equiv \{\alpha_{k+1}, \cdots, \alpha_s\}$, 则式 (16.17) 推广为

$$S(t, \boldsymbol{q}) = \underbrace{\bar{S}(t, q^1, \cdots, q^k)}_{\text{非循环坐标}} + \underbrace{\alpha_{k+1}q^{k+1} + \cdots + \alpha_s q^s}_{\text{循环坐标}}, \tag{16.19}$$

其中 $\bar{S}(t, q^1, \cdots, q^k)$ 满足约化的哈密顿–雅可比方程

$$H\Big(t, \underbrace{q^1, \cdots, q^k}_{\text{非循环坐标}}, \frac{\partial \bar{S}}{\partial q^1}, \cdots, \frac{\partial \bar{S}}{\partial q^k}, \underbrace{\alpha_{k+1}, \cdots, \alpha_s}_{s-k\text{个常数}}\Big) + \frac{\partial \bar{S}}{\partial t} = 0. \tag{16.20}$$

对于哈密顿量不显含时间的情形, 假设哈密顿主函数具有分离变量形式

$$S(t, \boldsymbol{q}) \equiv W(\boldsymbol{q}) + V(t), \tag{16.21}$$

[①] 加上 $\bar{S}(t, q^1, \cdots, q^{s-1})$ 后, 仍然有 $p_s = P_s = \alpha_s$. 但因为 $\bar{S}$ 依赖参数 α_s, 因此新广义坐标 Q^s 发生变化 (从而也被变为常数).

代入式 (16.12), 利用 $\dfrac{\partial S}{\partial q^a} = \dfrac{\partial W}{\partial q^a}$, 得到

$$H\left(\boldsymbol{q}, \frac{\partial W(\boldsymbol{q})}{\partial \boldsymbol{q}}\right) = -V'(t). \tag{16.22}$$

上式左边只和广义坐标 $\{\boldsymbol{q}\}$ 有关, 右边只和 t 有关, 要等式成立, 唯一的可能是两边等于共同的常数, 即

$$H\left(\boldsymbol{q}, \frac{\partial W(\boldsymbol{q})}{\partial \boldsymbol{q}}\right) = -V'(t) = 常数 \equiv E. \tag{16.23}$$

这个结果是显然的, 因为我们已经知道哈密顿量不含时间, 则哈密顿量是运动常数, 因此自然把这个常数记为 E. 对 $V'(t) = -E$ 积分得到 $V = -Et$, 这里省略了可加常数. 因此哈密顿主函数成为

$$\boxed{S(t, \boldsymbol{q}) \equiv W(\boldsymbol{q}) - Et}, \tag{16.24}$$

这里的 $W = W(\boldsymbol{q})$ 也被称为**哈密顿特征函数** (Hamilton's characteristic function), 满足不含时的哈密顿–雅可比方程

$$\boxed{H\left(q^1, \cdots, q^s, \frac{\partial W}{\partial q^1}, \cdots, \frac{\partial W}{\partial q^s}\right) = E}. \tag{16.25}$$

与哈密顿–雅可比方程的情形一样, 哈密顿特征函数只需要是式 (16.25) 的完全积分. 哈密顿特征函数 $W(\boldsymbol{q})$ 含有 s 个变量 $\{q^1, \cdots, q^s\}$, 且 W 本身不出现在方程中, 因此给定常数 E, 其特解包含 s 个积分常数, 其中一个为可加常数, 另外 $s-1$ 个为不可加的常数, 记为 $\{\alpha_2, \cdots, \alpha_s\}$. 再加上 E (可视为 $\alpha_1 \equiv E$), 哈密顿特征函数总共含有 s 个不可加积分常数, 即 $W = W(\boldsymbol{q}, E, \alpha_2, \cdots, \alpha_s)$. 虽然完整的哈密顿主函数由式 (16.24) 给出, 但是因为哈密顿特征函数 W 已经包含了 s 个不可加常数, 因此本身也可以作为正则变换的第 2 型生成函数, 并给出系统运动的通解. 此时变换后的哈密顿量 (注意 W 不含时间) 即

$$K = H = \alpha_1 \equiv E, \tag{16.26}$$

换句话说, 变换后的新哈密顿量本身即第一个不可加常数.

值得一提的是, 哈密顿–雅可比方程的完全积分必须满足非退化条件式 (16.14). 而通过分离变量所求得的解 $S(t, \boldsymbol{q}, \boldsymbol{\alpha})$ 并不能自动保证这一点.

例 16.1 哈密顿–雅可比方程求解非相对论性自由粒子

非相对论性自由粒子的哈密顿量为 $H = \dfrac{p^2}{2m}$. 哈密顿量不含时, 可以直接利用式 (16.25), 即有

$$\frac{(W'(q))^2}{2m} = E, \tag{16.27}$$

从中解出 $W'(q) = \sqrt{2mE}$ (这里正负号无关紧要, 因为我们只需要求哈密顿–雅可比方程的 "特解"), 积分得到 $W(q) = \sqrt{2mE}q$, 这里省略了可加的积分常数. 由式 (16.24) 知, 哈密顿主函数为

$$S(t, q, E) = \sqrt{2mE}q - Et. \tag{16.28}$$

现在的问题是, 式 (16.28) 中什么对应变换后的新广义动量 $P \equiv \alpha$? 根据哈密顿–雅可比理论, 新广义动量 P 是哈密顿主函数中的积分常数. 式 (16.28) 除了 t 和 q, 还包含常数 E. 实际上, E 的任意函数 (当然是常数) 都可作为新广义动量. 最简单的选择是直接取 E 本身作为新广义动量 $\alpha = E$, 于是根据式 (16.10), 新广义坐标为

$$\beta = \frac{\partial S}{\partial E} = \sqrt{\frac{m}{2E}}q - t. \tag{16.29}$$

β 具有 "时间" 的量纲, 所以不妨记为 $\beta \equiv -t_0$ (负号只是约定), 于是得到

$$q(t) = \sqrt{\frac{2E}{m}}(t - t_0), \tag{16.30}$$

对应 t_0 时刻的初始条件 $q(t_0) = 0$. 式 (16.9) 则给出

$$p(t) = \frac{\partial S(t, q, E)}{\partial q} = \sqrt{2mE} \equiv p_0, \tag{16.31}$$

这里 p_0 具有动量的量纲, 正对应初始动量. 解式 (16.30) 和 (16.31) 本身令人乏味, 其无非是表明自由粒子在做匀速直线运动. 但是, 在哈密顿–雅可比理论中, 解式 (16.30) 和 (16.31) 的形式被赋予了新的意义——即常数 $\{\beta, \alpha\} \equiv \{-t_0, E\}$ 和 $\{q(t), p(t)\}$ 之间的单参数正则变换, 其中变换参数即时间 t. 可以验证,

$$[q(t), p(t)]_{\{-t_0, E\}} = \left[\sqrt{\frac{2E}{m}}(t - t_0), \sqrt{2mE}\right] = 2\sqrt{E}\frac{\partial\sqrt{E}}{\partial E}\underbrace{[-t_0, E]}_{=1} = 1,$$

即若 $[-t_0, E] = 1$, 则 $[q(t), p(t)] = 1$, 也满足基本泊松括号, 可见式 (16.30) 和 (16.31) 确实是正则变换. 反过来, 由式 (16.30) 和 (16.31) 解得 $-t_0 = \sqrt{\dfrac{m}{2E}}q - t \equiv m\dfrac{q}{p} - t$ 和 $E = \dfrac{p^2}{2m}$, 于是

$$[-t_0, E]_{\{q, p\}} = \left[m\frac{q}{p} - t, \frac{p^2}{2m}\right] = \frac{1}{2p}\underbrace{[q, p^2]}_{=1} = [q, p] = 1.$$

可见若 $[q,p]=1$, 则 $[-t_0,E]=1$, 也满足基本泊松括号. 通过这个例子, 也再次印证了 "时间" 与 "能量" 互为共轭正则变量. 从量纲角度, 也可以选择新广义动量为 $\alpha=\sqrt{2mE}\equiv p_0$, 于是式 (16.28) 可写成

$$S(t,q,p_0)=p_0 q-\frac{p_0^2}{2m}t.$$

根据式 (16.10), 新广义坐标即为

$$\beta=\frac{\partial S(t,q,p_0)}{\partial p_0}=q-\frac{p_0}{m}t.$$

这里常数 β 具有 "坐标" 的量纲, 于是不妨取为 $\beta\equiv q_0$. 于是得到

$$q(t)=q_0+\frac{p_0}{m}t. \tag{16.32}$$

而式 (16.9) 则给出

$$p(t)=\frac{\partial S(t,q,p_0)}{\partial q}=p_0. \tag{16.33}$$

同样, 在哈密顿–雅可比理论中, 解式 (16.32) 和 (16.33) 的意义是常数 $\{\beta,\alpha\}\equiv\{q_0,p_0\}$ 和 $\{q(t),p(t)\}$ 之间的正则变换. 可以验证 (过程略),

$$[q(t),p(t)]_{\{q_0,p_0\}}=1 \quad\Leftrightarrow\quad [q_0,p_0]_{\{q,p\}}=1.$$

例 16.2 哈密顿–雅可比方程求解一维谐振子

一维谐振子的哈密顿量为 $H=\dfrac{p^2}{2m}+\dfrac{1}{2}m\omega^2 q^2$, 哈密顿量不含时, 利用式 (16.25), 得到

$$\frac{1}{2m}\left(W'(q)\right)^2+\frac{1}{2}m\omega^2 q^2=E. \tag{16.34}$$

从中解得 $(W'(q))^2=2m\left(E-\dfrac{1}{2}m\omega^2 q^2\right)$, 于是一维谐振子的哈密顿主函数即

$$S(t,q,E)=\int \mathrm{d}q\sqrt{2mE-m^2\omega^2 q^2}-Et, \tag{16.35}$$

其中包含常数 E. 直接取常数 E 为新广义动量 $\alpha=E$, 由式 (16.10) 知, 对应的新广义坐标即

$$\beta=\frac{\partial S(t,q,E)}{\partial E}=\int \mathrm{d}q\frac{m}{\sqrt{2mE-m^2\omega^2 q^2}}-t=\frac{1}{\omega}\arcsin\left(\sqrt{\frac{m}{2E}}\omega q\right)-t.$$

常数 β 具有时间的量纲, 不妨记作 $\beta=-t_0$ (负号只是约定). 从中解得 q 为

$$q(t)=\sqrt{\frac{2E}{m\omega^2}}\sin\left(\omega(t-t_0)\right), \tag{16.36}$$

对应初始条件为 $q(t_0) = 0$. 另一方面, 式 (16.9) 则给出

$$p = \frac{\partial S(t, q, E)}{\partial q} = \sqrt{2mE - m^2\omega^2 q^2},$$

将式 (16.36) 代入, 化简得到

$$p(t) = \sqrt{2mE}\cos(\omega(t - t_0)). \tag{16.37}$$

到这里, 问题就完全解决. 解式 (16.36) 和 (16.37) 正是熟知的谐振动. 在哈密顿-雅可比理论下, 解式 (16.36) 和 (16.37) 的意义是常数 $\{\beta, \alpha\} \equiv \{-t_0, E\}$ 和 $\{q(t), p(t)\}$ 之间的正则变换, 变换参数即时间 t. 可以验证,

$$[q(t), p(t)]_{\{-t_0, E\}} = \frac{\partial q(t)}{\partial(-t_0)}\frac{\partial p(t)}{\partial E} - \frac{\partial q(t)}{\partial E}\frac{\partial p(t)}{\partial(-t_0)}$$

$$= \sqrt{\frac{2E}{m}}\cos(\omega(t - t_0)) \cdot \sqrt{\frac{m}{2E}}\cos(\omega(t - t_0))$$

$$+ \frac{\sin(\omega(t - t_0))}{\omega\sqrt{2mE}} \cdot \omega\sqrt{2mE}\sin(\omega(t - t_0)) = 1,$$

即满足基本泊松括号. 反过来, 从式 (16.36) 和 (16.37) 中反解出 $-t_0$ 和 E 作为 q, p 的函数,

$$-t_0 = \frac{1}{\omega}\arcsin\left(\frac{m\omega q}{\sqrt{p^2 + m^2\omega^2 q^2}}\right) - t, \quad E = \frac{p^2}{2m} + \frac{1}{2}m\omega^2 q^2,$$

同样有

$$[-t_0, E]_{\{q,p\}} = \frac{\partial(-t_0)}{\partial q}\frac{\partial E}{\partial p} - \frac{\partial(-t_0)}{\partial p}\frac{\partial E}{\partial q} = \frac{mp}{p^2 + m^2q^2\omega^2} \cdot \frac{p}{m} + \frac{mq}{p^2 + m^2q^2\omega^2} \cdot mq\omega^2 = 1.$$

和例 16.1 一样, 也可以取 $\alpha = \sqrt{2mE} = p_0$ 为新广义动量, 则哈密顿主函数式 (16.35) 可以写成

$$S(t, q, p_0) = \int \mathrm{d}q\sqrt{p_0^2 - m^2\omega^2 q^2} - \frac{p_0^2}{2m}t.$$

由式 (16.10), 对应新广义坐标即

$$\beta = \frac{\partial S(t, q, p_0)}{\partial p_0} = \int \mathrm{d}q\frac{p_0}{\sqrt{p_0^2 - m^2\omega^2 q^2}} - \frac{p_0}{m}t = \frac{p_0}{m\omega}\arcsin\left(\frac{m\omega}{p_0}q\right) - \frac{p_0}{m}t.$$

常数 β 有坐标的量纲, 于是不妨令 $\beta = q_0$, 从中解出 q 为

$$q(t) = \frac{p_0}{m\omega}\sin\left(\omega t + m\omega\frac{q_0}{p_0}\right). \tag{16.38}$$

式 (16.9) 则给出

$$p(t) = \frac{\partial S(t, q, p_0)}{\partial q} = \sqrt{p_0^2 - m^2\omega^2 q^2},$$

将式 (16.38) 代入, 化简得到

$$p(t) = p_0 \cos\left(\omega t + m\omega \frac{q_0}{p_0}\right). \tag{16.39}$$

同样, 在哈密顿–雅可比理论框架下, 解式 (16.38) 和 (16.39) 的意义是常数 $\{\beta, \alpha\} \equiv \{q_0, p_0\}$ 和 $\{q(t), p(t)\}$ 之间的正则变换. 可以验证 (过程略)

$$[q, p]_{\{q_0, p_0\}} = 1 \quad \Leftrightarrow \quad [q_0, p_0]_{\{q, p\}} = 1.$$

例 16.3 哈密顿–雅可比方程求解单摆

单摆的哈密顿量为 $H(\theta, p_\theta) = \dfrac{p_\theta^2}{2ml^2} - mgl\cos\theta$. 哈密顿量不含时, 利用式 (16.25) 得到

$$\frac{1}{2ml^2}\left(W'(\theta)\right)^2 - mgl\cos\theta = E. \tag{16.40}$$

即 $W'(\theta) = \sqrt{2ml^2(E + mgl\cos\theta)}$, 从中解出 $W(\theta) = \int d\theta \sqrt{2ml^2(E + mgl\cos\theta)}$, 所以单摆的哈密顿主函数即

$$S(t, \theta, E) = \int d\theta \sqrt{2ml^2(E + mgl\cos\theta)} - Et. \tag{16.41}$$

取新广义动量为 $P \equiv \alpha = E$, 其对应的广义坐标为

$$\beta = \frac{\partial S(t, \theta, E)}{\partial E} = \int d\theta \sqrt{\frac{ml^2}{2}} \frac{1}{\sqrt{E + mgl\cos\theta}} - t. \tag{16.42}$$

积分原则上即给出 $\theta = \theta(t)$. 另一方面, 由式 (16.9) 得

$$p_\theta = \frac{\partial S(t, \theta, E)}{\partial \theta} = \sqrt{2ml^2(E + mgl\cos\theta)}. \tag{16.43}$$

代入 $\theta = \theta(t)$ 的解, 即得到 $p_\theta = p_\theta(t)$. 在哈密顿–雅可比理论中, 这个解的意义是常数 $\{\beta, \alpha\}$ 和 $\{\theta, p_\theta\}$ 之间的正则变换.

例 16.4 哈密顿–雅可比方程求解中心势场问题

在球坐标下, 中心势场中非相对论性粒子的哈密顿量为 (见式 (13.27)) $H = \dfrac{1}{2m}\left(p_r^2 + \dfrac{p_\theta^2}{r^2} + \dfrac{p_\phi^2}{r^2\sin^2\theta}\right) + V(r)$. 因为哈密顿量不显含时间, 且 ϕ 为循环坐标, 因此 p_ϕ 为常数, 哈密顿主函数具有分离变量形式 $S = W(r, \theta) + p_\phi\phi - Et$. 进一步假设 $W(r, \theta)$ 也可以分离变量

$$W(r, \theta) = W_r(r) + W_\theta(\theta),$$

代入式 (16.25) 得到

$$\frac{1}{2m}\left[\left(W_r'(r)\right)^2+\frac{1}{r^2}\left(W_\theta'(\theta)\right)^2+\frac{p_\phi^2}{r^2\sin^2\theta}\right]+V(r)=E.$$

上式两边同乘以 r^2, 并将含有 r 和含有 θ 的项分列等式两边 (注意 p_ϕ 是常数), 得到

$$r^2\left[E-V(r)-\frac{1}{2m}\left(W_r'(r)\right)^2\right]=\frac{1}{2m}\left[\left(W_\theta'(\theta)\right)^2+\frac{p_\phi^2}{\sin^2\theta}\right],$$

上式等号左边只与 r 有关, 右边只与 θ 有关, 因此上式成立的唯一可能是两边等于共同的常数, 根据量纲可记为 $\frac{J^2}{2m}$, 其中 J 具有角动量量纲. 这意味着 $W_r(r)$ 和 $W_\theta(\theta)$ 分别满足方程

$$W_r'(r)=\sqrt{2m(E-V(r))-\frac{J^2}{r^2}},\tag{16.44}$$

$$W_\theta'(\theta)=\sqrt{J^2-\frac{p_\phi^2}{\sin^2\theta}}.\tag{16.45}$$

于是哈密顿主函数可写成积分形式

$$S(t,r,\theta,\phi,E,J,p_\phi)=\int dr\sqrt{2m(E-V(r))-\frac{J^2}{r^2}}+\int d\theta\sqrt{J^2-\frac{p_\phi^2}{\sin^2\theta}}+p_\phi\phi-Et,\tag{16.46}$$

其中含有 3 个积分常数 $\{\alpha_1,\alpha_2,\alpha_3\}\equiv\{E,J,p_\phi\}$, 可以作为变换后的广义动量. 由正则变换关系式 (16.10), 变换后的广义坐标 (常数) 为

$$\beta_E=\frac{\partial S}{\partial E}=\int dr\frac{m}{\sqrt{2m(E-V(r))-\frac{J^2}{r^2}}}-t,\tag{16.47}$$

$$\beta_J=\frac{\partial S}{\partial J}=-\int dr\frac{J}{r^2\sqrt{2m(E-V(r))-\frac{J^2}{r^2}}}+\int d\theta\frac{J}{\sqrt{J^2-\frac{p_\phi^2}{\sin^2\theta}}},\tag{16.48}$$

$$\beta_\phi=\frac{\partial S}{\partial p_\phi}=-\int d\theta\frac{p_\phi}{\sin^2\theta\sqrt{J^2-\frac{p_\phi^2}{\sin^2\theta}}}+\phi.\tag{16.49}$$

应用哈密顿–雅可比方程, 中心势场运动方程的求解转化为求式 (16.47)~(16.49) 的积分问题. 从式 (16.47) 中原则上可以解出 $r=r(t)$, 代入式 (16.48) 即给出 $\theta(t)$, 再代入式 (16.49) 即给出 $\phi(t)$. 如果只关心轨道的形状, 则可由式 (16.48) 和 (16.49) 给出参数方程 $r=r(\theta),\phi=\phi(\theta)$ 或 $\theta=\theta(\phi),r=r(\phi)$. 另一半的正则变换关系由式 (16.9) 给出

$$p_r=\frac{\partial S}{\partial r}=\sqrt{2m(E-V(r))-\frac{J^2}{r^2}},\quad p_\theta=\frac{\partial S}{\partial\theta}=\sqrt{J^2-\frac{p_\phi^2}{\sin^2\theta}},\quad p_\phi=\frac{\partial S}{\partial\phi}=p_\phi,$$

这无非就是再次得到了式 (16.44) 和 (16.45)，以及 p_ϕ 为常数的事实. 原则上，给定势函数 $V(r)$ 的具体形式，上述积分可以具体积出. 值得再次强调，在哈密顿-雅可比理论中，上面的解被视为 6 个常数 $\{\beta_E, \beta_J, \beta_\phi, E, J, p_\phi\}$ 和 $\{r, \theta, \phi, p_r, p_\theta, p_\phi\}$ 之间的正则变换，变换参数为时间 t.

16.3　经典作用量

哈密顿-雅可比理论的核心即"时间演化是正则变换"这一事实. 哈密顿主函数则是正则变换的生成函数，其将任意时刻的系统状态，变回其初值. 实际上，还有一个量同样可以做到这一点. 对于无穷小时间演化，$q^a \to q^a + \mathrm{d}q^a = q^a + \dfrac{\partial H}{\partial p_a}\mathrm{d}t$，$p_a \to p_a + \mathrm{d}p_a = p_a - \dfrac{\partial H}{\partial q^a}\mathrm{d}t$，可以验证 (见习题 16.10)

$$p_a \delta q^a - (p_a + \mathrm{d}p_a)\,\delta\,(q^a + \mathrm{d}q^a) = \delta\,(-L\mathrm{d}t), \tag{16.50}$$

对比式 (15.41)，这意味着"无穷小"时间演化的生成函数是 $-L\mathrm{d}t$ (无穷小的函数)，其中 L 为拉格朗日量. 因此"有限"时间演化的生成函数就应该是对参数 $\mathrm{d}t$ 的累积，即积分 $-S = -\int L\mathrm{d}t$，其中的 S 是作用量. 这个结论意味着，$-S$ 作为生成函数，所生成的正则变换将系统由初始 t_0 时刻演化至任意 t 时刻. 反过来，作用量 S 作为生成函数，生成逆变换——逆时间演化，将系统在任意时刻的状态变回其初值. 可见，同为正则变换的生成函数，作用量与哈密顿主函数起到了相同的效果. 两者到底是什么关系? 特别是，作为路径泛函的作用量，又是什么的函数? 为此，我们需要先仔细考察作为"逆"时间演化生成函数的作用量 S 具体指的是什么.

16.3.1　作为经典路径端点函数的作用量

回顾最小作用量原理，如果系统在 t_0 时刻的位形为 $\{q(t_0)\}$，在 t_1 时刻的位形为 $\{q(t_1)\}$，原则上系统可以沿着各种不同的路径，从 $\{t_0, q(t_0)\}$ 演化到 $\{t_1, q(t_1)\}$. 对于每一条路径，都可以计算泛函即作用量 $S[q] = \displaystyle\int_{t_0}^{t_1} \mathrm{d}t L\,(t, q, \dot{q})$ 的数值. 而系统的真实演化是沿着使泛函 S 取极值的那条路径发生的. 这条使得作用量取极值的路径又被称作**经典路径** (classical path)，记为 $q_{\mathrm{cl}}(t)$，如图 16.3 中实线所示. 这里的"经典"是说这是系统做经典演化所发生的真实路径，即满足欧拉-拉格朗日方程 $\dfrac{\mathrm{d}}{\mathrm{d}t}\dfrac{\partial L}{\partial \dot{q}_{\mathrm{cl}}^a} - \dfrac{\partial L}{\partial q_{\mathrm{cl}}^a} = 0, a = 1, \cdots, s$[①].

---

① 当考虑量子力学时，所有路径 (如图 16.3 中的虚线) 都可能发生.

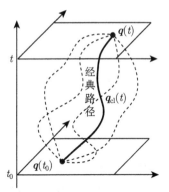

图 16.3 最小作用量原理与经典路径

给定初始 t_0 时刻的位形 $\{\boldsymbol{q}(t_0)\}$ 和之后 t 时刻的位形 $\{\boldsymbol{q}(t)\}$, 假定两者之间有唯一的一条经典路径, 如图 16.4 所示 (可以对比图 4.1).

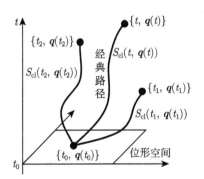

图 16.4 经典作用量作为路径端点的函数

这条唯一的经典路径所对应的作用量, 即被称作**经典作用量** (classical action)[①]:

$$S_{\mathrm{cl}} := \int_{t_0}^{t} \mathrm{d}t' L\left(t', \boldsymbol{q}_{\mathrm{cl}}\left(t'\right), \dot{\boldsymbol{q}}_{\mathrm{cl}}\left(t'\right)\right). \tag{16.51}$$

这里 S_{cl} 的下标 "cl" 表示积分沿着经典路径, 即真实演化的路径. 唯一性意味着, 经典作用量的数值 S_{cl} 必然由终点时刻 t 及其位形 $\{\boldsymbol{q}(t)\}$ 所唯一决定. 路径端点 $\{t, \boldsymbol{q}(t)\}$ 不同, 经典作用量的数值也不同. 这就意味着, 经典作用量 S_{cl} 是终点时

---

① 严格来说, 这里 "唯一" 性只在两个端点时间间隔很短, 即 $|t - t_0|$ 足够小的情况下才成立. 当时间间隔很大时, 两个端点之间可能存在多条经典路径连接. 这意味着, 经典作用量只能 "局域" 地, 即在某点附近定义. 等价地, 哈密顿–雅可比方程的完全积分只能局域地求解. 只有对一类所谓 "可积系统" 才能对任意有限时间间隔 "整体" 地构造经典作用量.

刻 t 及位形 $\{\boldsymbol{q}(t)\}$ 的函数,

$$S_{\mathrm{cl}} = S_{\mathrm{cl}}(t, \boldsymbol{q}(t)) \equiv S(t_0, \boldsymbol{q}_0; t, \boldsymbol{q}(t)), \tag{16.52}$$

其中隐含着初始时刻 t_0 及位形 $\{\boldsymbol{q}_0\}$ 作为参数. 这是个有趣的结论, 即端点固定、路径可变的作用量 $S[\boldsymbol{q}]$ 是路径的泛函, 而路径唯一、端点可变的 "经典作用量" $S_{\mathrm{cl}}(t, \boldsymbol{q})$ 是端点的函数. 可以将位形空间与时间轴合在一起视为 $s+1$ 维的空间, 经典作用量便是这个 $s+1$ 维空间中的函数. 起点固定, 给定这个 $s+1$ 维空间中的一点 (终点), 便给定经典作用量的值[①].

　　以上讨论都假定起点固定, 终点变化. 当然也可以假设起点也变化, 即路径的两个端点都可变. 这时, 经典作用量就是两个端点的函数

$$S_{\mathrm{cl}} = S_{\mathrm{cl}}(t_1, \boldsymbol{q}(t_1); t_2, \boldsymbol{q}(t_2)), \tag{16.53}$$

这里 t_1 和 t_2 分别代表起点和终点时刻.

16.3.2　哈密顿主函数即经典作用量

　　现在的问题是, 作为端点函数的经典作用量 $S_{\mathrm{cl}}(t, \boldsymbol{q})$ 对端点的函数关系是什么? 由 $S = \int L \mathrm{d}t$ 的形式启发, 有 $\mathrm{d}S = L \mathrm{d}t = (p_a \dot{q}^a - H)\,\mathrm{d}t = p_a \mathrm{d}q^a - H \mathrm{d}t$. 但是这一 "启发式" 的推导需要严格证明. 为此, 考察函数的 "输出" 随着 "输入" 的变化, 即固定起点 $\{t_0, \boldsymbol{q}_0\}$, 考察终点的变化 $\{t, \boldsymbol{q}\} \to \{t+\mathrm{d}t, \boldsymbol{q}+\mathrm{d}\boldsymbol{q}\}$ 所带来 S_{cl} 的变化, 如图 16.5 所示. 终点 $\{t, \boldsymbol{q}\}$ 对应的经典路径为 $\boldsymbol{q}_{\mathrm{cl}}(t)$, 终点 $\{t+\mathrm{d}t, \boldsymbol{q}+\mathrm{d}\boldsymbol{q}\}$ 对应的经典路径 $\tilde{\boldsymbol{q}}_{\mathrm{cl}}(t)$ 自然与 $\boldsymbol{q}_{\mathrm{cl}}(t)$ 不同, 记为 $\tilde{\boldsymbol{q}}_{\mathrm{cl}}(t) = \boldsymbol{q}_{\mathrm{cl}}(t) + \delta \boldsymbol{q}(t)$. 注意, $\mathrm{d}\boldsymbol{q}$ 是端点的变化, $\delta \boldsymbol{q}(t)$ 是路径的变化.

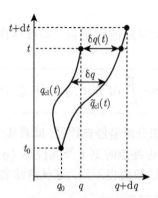

图 16.5　经典作用量对端点的函数关系

---

① 读者应该刚学过热力学, 对此是否有一种 "态函数" 的感觉?

类似 5.5 节中作用量的对称变换, 经典作用量的变化 (微分) 为

$$
\begin{aligned}
\mathrm{d}S_{\mathrm{cl}}\left(t, \boldsymbol{q}\right) &= S_{\mathrm{cl}}\left(t+\mathrm{d}t, \boldsymbol{q}+\mathrm{d}\boldsymbol{q}\right) - S_{\mathrm{cl}}\left(t, \boldsymbol{q}\right) \\
&= \int_{t_0}^{t+\mathrm{d}t} \mathrm{d}t' L\left(t', \tilde{\boldsymbol{q}}_{\mathrm{cl}}\left(t'\right), \dot{\tilde{\boldsymbol{q}}}_{\mathrm{cl}}\left(t'\right)\right) - \int_{t_0}^{t} \mathrm{d}t' L\left(t', \boldsymbol{q}_{\mathrm{cl}}\left(t'\right), \dot{\boldsymbol{q}}_{\mathrm{cl}}\left(t'\right)\right) \\
&= \int_{t_0}^{t+\mathrm{d}t} \mathrm{d}t' L\left(t', \boldsymbol{q}_{\mathrm{cl}}\left(t'\right)+\delta \boldsymbol{q}\left(t'\right), \dot{\boldsymbol{q}}_{\mathrm{cl}}\left(t'\right)+\delta \dot{\boldsymbol{q}}\left(t'\right)\right) \\
&\quad - \int_{t_0}^{t} \mathrm{d}t' L\left(t', \boldsymbol{q}_{\mathrm{cl}}\left(t'\right), \dot{\boldsymbol{q}}_{\mathrm{cl}}\left(t'\right)\right),
\end{aligned}
$$

将上式展开并保留到一阶小量, 得到

$$
\begin{aligned}
\mathrm{d}S_{\mathrm{cl}} &= L\mathrm{d}t + \int_{t_0}^{t} \mathrm{d}t' \left(\frac{\partial L}{\partial q_{\mathrm{cl}}^a} \delta q^a + \frac{\partial L}{\partial \dot{q}_{\mathrm{cl}}^a} \delta \dot{q}^a\right) \\
&= L\mathrm{d}t + \left.\left(\frac{\partial L}{\partial \dot{q}_{\mathrm{cl}}^a} \delta q^a\right)\right|_{t_0}^{t} + \int_{t_0}^{t} \mathrm{d}t' \underbrace{\left(\frac{\partial L}{\partial q_{\mathrm{cl}}^a} - \frac{\mathrm{d}}{\mathrm{d}t} \frac{\partial L}{\partial \dot{q}_{\mathrm{cl}}^a}\right)}_{=0} \delta q^a.
\end{aligned}
$$

因为经典路径满足欧拉-拉格朗日方程, 因此上式最后一项恒为零. 同时因为起点固定, $\delta q^a\left(t_0\right) \equiv 0$. 又因为

$$
\mathrm{d}q^a \equiv \tilde{q}_{\mathrm{cl}}^a\left(t+\mathrm{d}t\right) - q_{\mathrm{cl}}^a\left(t\right) = \tilde{q}_{\mathrm{cl}}^a\left(t\right) + \dot{\tilde{q}}_{\mathrm{cl}}^a \mathrm{d}t - q_{\mathrm{cl}}^a\left(t\right) \approx \dot{q}_{\mathrm{cl}}^a \mathrm{d}t + \delta q^a\left(t\right), \quad (16.54)
$$

即 $\delta q^a = \mathrm{d}q^a - \dot{q}_{\mathrm{cl}}^a \mathrm{d}t$. 于是得到 (略去 q^a, p_a 的下标 "cl")

$$
\mathrm{d}S_{\mathrm{cl}} = L\mathrm{d}t + \underbrace{\frac{\partial L}{\partial \dot{q}^a}}_{=p_a} \delta q^a = L\mathrm{d}t + p_a\left(\mathrm{d}q^a - \dot{q}^a \mathrm{d}t\right) = p_a \mathrm{d}q^a - \underbrace{\left(p_a \dot{q}^a - L\right)}_{=H} \mathrm{d}t, \quad (16.55)
$$

最终得到[①]

$$
\boxed{\mathrm{d}S_{\mathrm{cl}} = p_a \mathrm{d}q^a - H\mathrm{d}t \equiv L\mathrm{d}t}. \quad (16.56)
$$

式 (16.56) 正表明经典作用量 S_{cl} 是终点时刻 t 和位形 $\{\boldsymbol{q}\left(t\right)\}$ 的函数.

式 (16.56) 也给出偏导数关系:

$$
\frac{\partial S_{\mathrm{cl}}\left(t, \boldsymbol{q}\right)}{\partial t} = -H, \quad \frac{\partial S_{\mathrm{cl}}\left(t, \boldsymbol{q}\right)}{\partial q^a} = p_a, \quad a = 1, \cdots, s. \quad (16.57)
$$

[①] 这里式 (16.54) 和 (16.56) 可以与 5.5 节中相关结果比较. 在 $\Delta q^a \rightarrow \mathrm{d}q^a$, $\delta_{\mathrm{s}}q^a \rightarrow \delta q^a$, $\delta_{\mathrm{s}}t \rightarrow \mathrm{d}t$ 和 $h \rightarrow H$ 的替换下, 式 (5.59) 即是式 (16.54). 类似地, 式 (5.65) 可以写成 $\Delta S = \int_{t_1}^{t_2} \mathrm{d}t \left[\frac{\delta S}{\delta q^a} \delta_{\mathrm{s}}q^a + \frac{\mathrm{d}}{\mathrm{d}t}\left(p_a \Delta q^a - h\delta_{\mathrm{s}}t\right)\right]$, 当运动方程满足时 $\frac{\delta S}{\delta q^a} = 0$, 即有 $\Delta S = p_a \Delta q^a - h\delta_{\mathrm{s}}t$, 与式 (16.56) 形式一致.

式 (16.57) 的第一式和哈密顿–雅可比方程 (16.12) 的形式完全一致. 式 (16.57) 的第二式与正则变换关系式 (16.9) 也相同. 利用其将 H 中的 p_a 换成 $\dfrac{\partial S_{\mathrm{cl}}}{\partial q^a}$, 则式 (16.57) 的第一式就完全成为哈密顿–雅可比方程. 这意味着经典作用量 $S_{\mathrm{cl}}\left(t, \boldsymbol{q}\right)$ 也满足哈密顿–雅可比方程[①], 其与哈密顿主函数 $S\left(t, \boldsymbol{q}\right)$ 只差一个无关紧要的可加常数. 从这个意义上, 哈密顿主函数就是经典作用量, 我们也不再区分这两个概念. 这同时也解释了为什么从一开始我们就用字母 S 来表示哈密顿主函数.

　　回到本节开头对 $L\mathrm{d}t$ 的积分所得到的作用量 $S = \int L\mathrm{d}t$, 现在知道, 其并不是最小作用量原理中作为任意路径泛函的作用量 $S\left[\boldsymbol{q}\right]$, 而是沿着真实路径作为端点函数的经典作用量 $S_{\mathrm{cl}}\left(t, \boldsymbol{q}\right)$. 系统从某一时刻出发, 沿着经典路径演化到另一状态, 得到经典作用量的某个值. 而经典作用量的作用, 就是通过正则变换把这一时刻的状态变回其初值.

例 16.5 非相对论性自由粒子的经典作用量

　　一维非相对论性自由粒子的拉格朗日量为 $L = \dfrac{1}{2}m\dot{q}^2$, 其经典路径——即欧拉-拉格朗日方程的解为匀速直线运动, 满足起点 $\{t_0, q_0\}$ 和终点 $\{t, q\}$ 的解为

$$q_{\mathrm{cl}}\left(\tau\right) = \frac{q - q_0}{t - t_0}\tau + \frac{q_0 t - q t_0}{t - t_0}, \tag{16.58}$$

这里 τ 为时间参数 (可以验证 $q_{\mathrm{cl}}\left(t_0\right) = q_0$, $q_{\mathrm{cl}}\left(t\right) = q$). 于是经典作用量为

$$S_{\mathrm{cl}}\left(t, q\right) = \int_{t_0}^{t} \mathrm{d}\tau \frac{1}{2} m \left(q_{\mathrm{cl}}'\left(\tau\right)\right)^2 = \frac{1}{2} m \frac{\left(q - q_0\right)^2}{t - t_0}. \tag{16.59}$$

自由粒子的经典作用量式 (16.59) 只和初、末时间差 $t - t_0$ 和位置差 $q - q_0$ 有关, 这反映了时间、空间的均匀性. 既然说哈密顿主函数就是经典作用量, 便可以比较求解哈密顿–雅可比方程得到的哈密顿主函数, 和沿着经典路径积分得到的经典作用量. 乍一看, 经典作用量式 (16.59) 与例 16.1 中求得的自由粒子哈密顿主函数式 (16.28) 形式很不一样. 但是, 利用 $E = \dfrac{m}{2}\left(\dfrac{q - q_0}{t - t_0}\right)^2$, 得到两者的差 (假设 $q > q_0, t > t_0$)

$$S\left(t, q\right) - S_{\mathrm{cl}}\left(t, q\right) = \sqrt{2mE}\,q - Et - \frac{1}{2}m\frac{\left(q - q_0\right)^2}{t - t_0} = \sqrt{2mE}\,q_0 - Et_0 = \text{常数}.$$

可见经典作用量式 (16.59) 与哈密顿主函数式 (16.28) 只是形式不同, 两者的 "数值" 相差常数. 也可以直接验证, 经典作用量式 (16.59) 确实满足一维非相对论性自由粒子的哈密顿–雅可比方程 $\dfrac{1}{2m}\left(\dfrac{\partial S_{\mathrm{cl}}}{\partial q}\right)^2 + \dfrac{\partial S_{\mathrm{cl}}}{\partial t} = 0$.

---

　　① 这一事实是哈密顿第一个注意到的. 不过哈密顿随后陷入了循环论证, 即为了求出哈密顿主函数, 需要先求解系统的运动. 后来是雅可比首次指出, 任何哈密顿–雅可比方程的完全积分, 都可以给出哈密顿正则方程的通解.

例 16.6 一维谐振子的经典作用量

一维谐振子的拉格朗日量为 $L = \frac{1}{2}m\dot{q}^2 - \frac{1}{2}m\omega^2 q^2$, 其满足起点 $\{t_0, q_0\}$ 和终点 $\{t, q\}$ 的解为

$$q_{\text{cl}}(\tau) = \frac{1}{\sin(\omega(t-t_0))}\left[q\sin(\omega(\tau-t_0)) - q_0\sin(\omega(\tau-t))\right], \qquad (16.60)$$

这里 τ 为时间参数 (可以验证 $q_{\text{cl}}(t_0) = q_0$, $q_{\text{cl}}(t) = q$). 于是一维谐振子的经典作用量为

$$\begin{aligned}
S_{\text{cl}}(t, q) &= \int_{t_0}^{t} \mathrm{d}\tau \left[\frac{1}{2}m\left(q'_{\text{cl}}(\tau)\right)^2 - \frac{1}{2}m\omega^2\left(q_{\text{cl}}(\tau)\right)^2\right] \\
&= \frac{m\omega}{2\sin(\omega(t-t_0))}\left[(q^2 + q_0^2)\cos(\omega(t-t_0)) - 2qq_0\right]. \qquad (16.61)
\end{aligned}$$

经典作用量式 (16.61) 只和初、末时间差 $t - t_0$ 有关, 这反映了时间的均匀性. 另外, 经典作用量对于初、末位形 q_0 和 q 是对称的. 可以验证, 式 (16.61) 给出的经典作用量 $S_{\text{cl}}(t, q)$ 满足一维谐振子的哈密顿–雅可比方程 $\frac{1}{2m}\left(\frac{\partial S_{\text{cl}}}{\partial q}\right)^2 + \frac{1}{2}m\omega^2 q^2 + \frac{\partial S_{\text{cl}}}{\partial t} = 0$.

由式 (16.56) 得, 经典作用量可以分为两部分之和:

$$S_{\text{cl}} = \int_{t_0}^{t} p_a \mathrm{d}q^a - \int_{t_0}^{t} H \mathrm{d}t'. \qquad (16.62)$$

对于不含时哈密顿量, 真实路径满足 $H = E$ 为常数, 因此经典作用量成为 $S_{\text{cl}} = \int_{t_0}^{t} p_a \mathrm{d}q^a - E(t - t_0)$. 对比不含时系统分离变量形式的哈密顿主函数式 (16.24), 两者具有相同的形式, 特别是第一项的积分 $\int_{t_0}^{t} p_a \mathrm{d}q^a$ 正对应哈密顿特征函数. 记起点和终点时刻分别为 t_1 和 t_2, 定义

$$\boxed{W = \int_{t_1}^{t_2} p_a \mathrm{d}q^a = \int_{t_1}^{t_2} p_a \dot{q}^a \mathrm{d}t,} \qquad (16.63)$$

称为**简约作用量** (abbreviated action), 并用与哈密顿特征函数相同的字母 W 表示. 可见, 对于哈密顿量不含时的系统, 沿着经典路径积分, 从而作为端点函数的简约作用量就是哈密顿特征函数.

基于简约作用量, 可以得到另一形式的变分原理. 我们仅限于比较具有相同哈密顿量的那些路径, 即沿着每条路径哈密顿量始终保持常数, 且所有路径哈密顿量都相等. 可以证明, 在所有初、末位形固定 (初、末时刻任意) 且哈密顿量为

共同常数 $H = E$ 的路径中, 真实路径使得简约作用量取极值 (见习题 16.12). 这也被称为**莫佩尔蒂原理** (principle of Maupertuis)[①], 如图 16.6 所示.

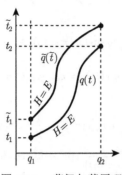

图 16.6　莫佩尔蒂原理

16.4　从经典力学到量子力学

哈密顿力学框架下, 对于演化有三种等价的描述: 哈密顿正则方程、泊松括号和哈密顿–雅可比方程. 哈密顿力学之所以如此重要, 一个原因是其 (特别是后两种表述) 在量子力学的发展中起到了重要作用.

16.4.1　泊松括号与正则量子化

在量子力学中, 系统的状态称为**希尔伯特空间** (Hilbert space)——定义了内积的、完备的、无穷维线性空间中的矢量 $|\psi\rangle$, 力学量则变成了希尔伯特空间中的厄米算符 (即线性映射), 例如 $q \to \hat{q}$, $p \to \hat{p}$, $H \to \hat{H}$, $f \to \hat{f}$, 等等. 希尔伯特空间的 "基" 又被称作**表象** (representation). 在所谓**位置表象** (position representation) 中, 算符的具体形式为

$$\hat{q} = q, \quad \hat{p} = -\mathrm{i}\hbar\frac{\partial}{\partial q}, \quad \hat{H} = \mathrm{i}\hbar\frac{\partial}{\partial t}. \tag{16.64}$$

经过这种 "简单" 的替换, 哈密顿力学和量子力学便建立起直接的对应. 例如, 14.5.1 节中的无穷小的时间演化算符 $\hat{H}_{\mathrm{cl}}$ 式 (14.79)、无穷小空间平移算符 $\hat{p}_{\mathrm{cl}}$ 式 (14.89), 以及式 (16.64) 中的 $\hat{H}$ 和 $\hat{p}$ 有异曲同工之妙.

---

① 莫佩尔蒂原理是法国数学家、天文学家和哲学家莫佩尔蒂 (Pierre-Louis Maupertuis, 1698—1759) 于 1744 年提出的, 也是历史上的第一个力学变分原理. 其来自对光学中费马的最小时间原理 (principle of least time) 的模仿. 最小时间原理可以简单写成 $\int \mathrm{d}s n$, 其中 n 是光线轨迹中某点的折射率, 对这一泛函的变分可以导出斯涅尔定律. 今天 "最小作用量原理" 几乎总是指哈密顿原理, 因此莫佩尔蒂原理中的作用量便被称为 "简约作用量" 了.

对于任何两个力学量, 都可以定义量子力学的对易子

$$\left[\hat{f}, \hat{g}\right]_{\mathrm{QM}} := \hat{f}\hat{g} - \hat{g}\hat{f}, \tag{16.65}$$

这里下标 "QM" 表示量子力学的对易子, 以区别于经典的泊松括号. 对易子满足泊松括号的所有性质 (反对称、双线性、莱布尼茨规则、雅可比恒等式等). 实际上, 哈密顿力学中所有用泊松括号表示的式子, 在量子力学中都有完全一样的对应, 唯一的区别是泊松括号被换成了对易子[①]:

$$\boxed{[\bullet, \bullet] \quad \Rightarrow \quad -\frac{\mathrm{i}}{\hbar}\left[\hat{\bullet}, \hat{\bullet}\right]_{\mathrm{QM}}}. \tag{16.66}$$

这种操作被称作**正则量子化** (canonical quantization). 基本泊松括号 $[q, p] = 1$ 的量子力学对应即所谓作**正则对易关系** (canonical commutation relation)

$$\boxed{[\hat{q}, \hat{p}]_{\mathrm{QM}} := \hat{q}\hat{p} - \hat{p}\hat{q} = \mathrm{i}\hbar}, \tag{16.67}$$

也称作**正则对易子** (canonical commutator). 这里 i 是虚数单位, $\hbar \equiv \dfrac{h}{2\pi}$ 是约化普朗克常量. 式 (16.67) 是个算符等式, 只能在算符的意义上理解, 即从其作用在 "态" $|\psi\rangle$ 所产生的效果上理解. 式 (16.67) 作用于 $|\psi\rangle$ 即有 $[\hat{q}, \hat{p}]|\psi\rangle = \mathrm{i}\hbar|\psi\rangle$. 同样, 角动量的泊松括号式 (14.59) 则对应量子力学中角动量的对易子[②]

$$\left[\hat{J}_i, \hat{J}_j\right]_{\mathrm{QM}} = \mathrm{i}\hbar\,\epsilon_{ij}{}^{k}\hat{J}_k. \tag{16.68}$$

经典力学中时间演化的 "主动/被动" 观点在量子力学中也得到继承. 主动观点对应所谓 "薛定谔绘景" (Schrödinger picture), 即认为态 $|\psi(t)\rangle$ 随时间变化, 而力学量 $\hat{O}$ 不变. 被动观点对应所谓 "海森伯绘景" (Heisenberg picture), 即认为力学量 $\hat{O}(t)$ 随时间演化, 而态 $|\psi\rangle$ 不变[③]. 经典力学中用泊松括号表达的式 (15.83) 在量子力学中对应力学量 $\hat{O}(t)$ 的演化方程

$$\frac{\mathrm{d}\hat{O}}{\mathrm{d}t} = \frac{\partial\hat{O}}{\partial t} - \frac{\mathrm{i}}{\hbar}\left[\hat{O}, \hat{H}\right]_{\mathrm{QM}}, \tag{16.69}$$

[①] 量子力学中的力学量之间的对易关系与经典力学中的泊松括号之间的相似性是狄拉克 (Paul Dirac, 1902—1984, 英国物理学家) 首先提出的.

[②] 量子力学中认为力学量都是 "厄米" (Hermitian) 的. 对于矩阵而言, 厄米性即要求 $\boldsymbol{M}^{\dagger} \equiv (\boldsymbol{M}^{\mathrm{T}})^{*} = \boldsymbol{M}$. 11.3 节所讨论的生成元满足 $(\boldsymbol{J}_a)^{\dagger} = -\boldsymbol{J}_a$, 被称为反厄米的. 将一个反厄米矩阵变成厄米矩阵只需要将其乘以一个纯虚数. 例如定义 $\hat{\boldsymbol{J}}_a = \mathrm{i}\boldsymbol{J}_a$, 则式 (11.38) 变成 $\left[\hat{\boldsymbol{J}}_i, \hat{\boldsymbol{J}}_j\right] = \sum_{k=1}^{3}\mathrm{i}\epsilon^{k}{}_{ij}\hat{\boldsymbol{J}}_k$, 就和量子力学中角动量对易关系完全一样了.

[③] 薛定谔 (Erwin Schrödinger, 1887—1961) 是奥地利物理学家, 与量子力学的另一创始人狄拉克共享了 1933 年诺贝尔物理学奖. 海森伯 (Werner Heisenberg, 1901—1976) 是德国物理学家, 量子力学的主要创始人之一, 并因此获得 1932 年诺贝尔物理学奖.

因此对应海森伯绘景. 不同的绘景当然是等价的, 会给出同样的观测结果 (例如力学量的期望值). 仿照 14.5.1 节的推导, 对于不显含时间的力学量, 式 (16.69) 的解也可以写成级数形式 (见习题 16.14)

$$\hat{O}(t) = \hat{O}(t_0) - \frac{\mathrm{i}}{\hbar}\Delta t\left[\hat{O},\hat{H}\right]_{\mathrm{QM}}(t_0) + \frac{1}{2!}\frac{(-\mathrm{i})^2}{\hbar^2}(\Delta t)^2\left[\left[\hat{O},\hat{H}\right]_{\mathrm{QM}},\hat{H}\right]_{\mathrm{QM}}(t_0) + \cdots$$

$$= \mathrm{e}^{\frac{\mathrm{i}}{\hbar}\Delta t\hat{H}}\hat{O}(t_0)\,\mathrm{e}^{-\frac{\mathrm{i}}{\hbar}\Delta t\hat{H}}, \tag{16.70}$$

其中 $\Delta t = t - t_0$. 上式中 $\hat{U}(\Delta t) \equiv \mathrm{e}^{-\frac{\mathrm{i}}{\hbar}\Delta t\hat{H}}$ 即量子力学的时间演化算符, 其正是将经典时间演化算符式 (14.83) 中 $\hat{H}_{\mathrm{cl}} \to -\frac{\mathrm{i}}{\hbar}\hat{H}$ 所得.

正则对易子式 (16.67) 表明在量子力学中无法同时精确测量坐标和动量. 这一结论即著名的**海森伯不确定原理** (Heisenberg's uncertainty principle). 具体而言, 如果坐标的不确定度 Δq 很小, 则动量的不确定度 Δp 就很大, 反之亦然, 而两者不确定度的 "乘积" $\Delta q\Delta p \geqslant \dfrac{\hbar}{2}$ 却有个下限. 形象地说, 在量子力学中, 相空间的面元也被 "量子化" 了, 其中最小的面元面积即为 $\dfrac{\hbar}{2}$. 和经典力学中粒子可以 "精确地" 处于相空间中某个 "相点" 不同, 量子力学中粒子在相空间中的位置只能精确到某个最小面元 (高维即最小体元). 最小面元的存在, 以及不确定关系中坐标和动量不确定度 "此消彼长" 的关系, 与经典力学中刘维尔定理, 即相流的不可压缩性有异曲同工之妙.

例 16.7　一维谐振子的量子描述

一维简谐振子的哈密顿量为 $H = \dfrac{p^2}{2m} + \dfrac{1}{2}m\omega^2 q^2$, 引入新变量

$$a \equiv \sqrt{\frac{m\omega}{2c}}q + \mathrm{i}\frac{1}{\sqrt{2cm\omega}}p, \quad a^* = \sqrt{\frac{m\omega}{2c}}q - \mathrm{i}\frac{1}{\sqrt{2cm\omega}}p.$$

其中 c 为常数, a^* 为 a 的复共轭. 从中解得 $q = (a + a^*)\sqrt{\dfrac{c}{2m\omega}}$ 和 $p = -\mathrm{i}(a - a^*)\sqrt{\dfrac{cm\omega}{2}}$. 代入哈密顿量中, 得到

$$H = c\omega a^* a. \tag{16.71}$$

可以验证泊松括号

$$[a, a^*] = \left[\sqrt{\frac{m\omega}{2c}}q + \mathrm{i}\frac{1}{\sqrt{2cm\omega}}p, \sqrt{\frac{m\omega}{2c}}q - \mathrm{i}\frac{1}{\sqrt{2cm\omega}}p\right] = -\frac{\mathrm{i}}{c}[q, p] = -\frac{\mathrm{i}}{c}.$$

在量子力学中, 取 $c \to \hbar$, 并做替换 $q, p, a, a^* \to \hat{q}, \hat{p}, \hat{a}, \hat{a}^\dagger$, 利用式 (16.66), 泊松括号

$[a, a^*] = -\dfrac{\mathrm{i}}{\hbar}$ 对应

$$\left[a, a^\dagger\right]_{\mathrm{QM}} \equiv aa^\dagger - a^\dagger a = 1, \tag{16.72}$$

这即是著名的量子力学中"产生"和"湮灭"算符 $a, a^\dagger$ 的正则对易子. 此时, 量子化的哈密顿量成为

$$\hat{H} = \frac{\hat{p}^2}{2m} + \frac{1}{2}m\omega^2\hat{q}^2 = \frac{1}{2m}\left(-\mathrm{i}\left(a - a^\dagger\right)\right)^2 \frac{\hbar m\omega}{2} + \frac{1}{2}m\omega^2\left(a + a^\dagger\right)^2 \frac{\hbar}{2m\omega}$$
$$= \frac{1}{2}\hbar\omega\left(aa^\dagger + a^\dagger a\right) = \hbar\omega\left(a^\dagger a + \frac{1}{2}\right).$$

相对于经典的式 (16.71), 形式上多了一项 $\frac{1}{2}\hbar\omega$, 此即所谓量子谐振子的零点能.

16.4.2 哈密顿–雅可比方程与薛定谔方程

哈密顿–雅可比方程在薛定谔建立其波动力学的过程中起到了重要作用, 而这又可以追溯至哈密顿所发现的经典力学与几何光学之间的相似性[1]. 简单起见, 考虑单个非相对论性粒子在势场 $V = V(\boldsymbol{x})$ 中的运动. 在直角坐标下, 由正则变换关系式 (16.9), 粒子的空间动量 p_i 与经典作用量 (即哈密顿主函数) S 的关系为 $p_i = \dfrac{\partial S}{\partial x^i}$. 这里的关键在于, 若将经典作用量 $S(t, \boldsymbol{x})$ 视为随空间分布的某种"场", 那么偏导数 $\dfrac{\partial S}{\partial x^i}$ 即经典作用量的空间梯度 ∇S. 因此动量与经典作用量的关系即

$$\boldsymbol{p} = \nabla S. \tag{16.73}$$

对于非相对论性点粒子, 空间动量即 $\boldsymbol{p} = m\boldsymbol{v}$, 因此粒子沿着经典作用量的梯度方向运动. 这意味着粒子的"空间"轨迹垂直于空间中"$S = C = $ 常数"的曲面, 如图 16.7 所示.

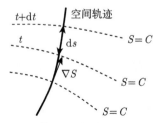

图 16.7   等 S 面与粒子的空间轨迹

---

[1] 实际上, 哈密顿正是在对光学的研究中发现哈密顿–雅可比方程的, 其发表于 1828 年的论文的名字也是《射线系统的理论》.

　　给定常数 C, 不同时刻的 "等 S 面" 处于空间中的不同位置. 随着时间演化, 粒子就被 "等 S 面" 携带着在空间中运动, 且轨迹始终保持垂直于 "等 S 面". 这与几何光学中光线垂直于等相位面, 即 "波前" 传播非常类似. 这里经典作用量 S 就扮演了光学中相位的角色, "等 S 面" 则相当于光学中的 "波前". 如图 16.7 所示, t 和 $t + \mathrm{d}t$ 时刻两个等相位面之间的线元 $\mathrm{d}s$ 即粒子所经过的空间轨迹. 粒子的经典作用量具有分离变量形式 $S(t, \boldsymbol{x}) = W(\boldsymbol{x}) - Et$, 其中哈密顿特征函数满足 $(\nabla W)^2 = 2m(E - V)$. 在运动的过程中, 始终有 $S = C = $ 常数, 因此

$$0 = \mathrm{d}S = \mathrm{d}W - E\mathrm{d}t = |\nabla W|\,\mathrm{d}s - E\mathrm{d}t = \sqrt{2m(E - V)}\,\mathrm{d}s - E\mathrm{d}t, \quad (16.74)$$

因此粒子的速度, 即 S 作为相位的相速度即

$$u = \frac{\mathrm{d}s}{\mathrm{d}t} = \frac{E}{\sqrt{2m(E - V)}}. \quad (16.75)$$

　　正如几何光学是波动光学在短波下的近似, 经典力学与几何光学的这一相似性暗示着经典力学可能也是某种 "波动力学" 的近似. 受此启发, 薛定谔假设存在某种**波函数** (wave function) $\Psi(t, \boldsymbol{x})$, 而经典作用量 S 则是波函数的相位:

$$\Psi(t, \boldsymbol{x}) = \mathrm{e}^{\frac{\mathrm{i}}{\hbar}S(t, \boldsymbol{x})} = \mathrm{e}^{\frac{\mathrm{i}}{\hbar}[W(\boldsymbol{x}) - Et]}. \quad (16.76)$$

Ψ 满足波动方程

$$\frac{\partial^2 \Psi}{\partial t^2} - u^2 \nabla^2 \Psi = 0, \quad (16.77)$$

其中 u 即相速度式 (16.75). 代入式 (16.75), 并利用 $\dfrac{\partial \Psi}{\partial t} = \mathrm{e}^{\frac{\mathrm{i}}{\hbar}S}\dfrac{\mathrm{i}}{\hbar}\dfrac{\partial S}{\partial t} = -\dfrac{\mathrm{i}}{\hbar}\mathrm{e}^{\frac{\mathrm{i}}{\hbar}S}E = -\dfrac{\mathrm{i}}{\hbar}E\Psi$, $\dfrac{\partial^2 \Psi}{\partial t^2} = -\dfrac{1}{\hbar^2}E^2\Psi$, 整理得到

$$-\frac{\hbar^2}{2m}\nabla^2 \Psi + V\Psi = E\Psi.$$

再将 $E\Psi$ 换成 $\mathrm{i}\hbar\dfrac{\partial \Psi}{\partial t}$, 便得到

$$-\frac{\hbar^2}{2m}\nabla^2 \Psi + V\Psi = \mathrm{i}\hbar\frac{\partial \Psi}{\partial t}. \quad (16.78)$$

这便是著名的**薛定谔方程** (Schrödinger equation)[①]. 有趣的是, 薛定谔方程 (16.78) 也可以将 $H\Psi = \left(\dfrac{p^2}{2m} + V\right)\Psi$ 中的 H 和 p 换成式 (16.64) 中的算符 $\hat{H}$ 和 $\hat{p}$ 得到.

---

① 薛定谔在 1926 年题为《本征值问题的量子化》的论文中正式提出了薛定谔方程, 创立了波动力学.

需要强调的是, 上面的推导并不是薛定谔方程的 "证明". 实际上, 薛定谔方程式 (16.78) 本身是量子力学的基本假设. 从薛定谔方程式 (16.78) 出发, 利用 $\Psi = \mathrm{e}^{\frac{\mathrm{i}}{\hbar}S}$, 可以证明相位 S 满足方程 (见习题 16.15)

$$\frac{1}{2m}\left(\nabla S\right)^2 + V + \frac{\partial S}{\partial t} - \frac{\mathrm{i}\hbar}{2m}\nabla^2 S = 0. \tag{16.79}$$

上式中除了最后一项, 与 S 所满足的非相对性粒子的哈密顿–雅可比方程完全一致. 式 (16.79) 中最后一项正比于约化普朗克常量 $\hbar$, 因此在 $\hbar \to 0$ 即**经典极限** (classical limit) 下[①], 式 (16.79) 就成为 S 所满足的哈密顿–雅可比方程. 从这个意义上, 在经典极限下, 波函数的相位就成为经典作用量. 正如几何光学中的 "光线" 是波动光学在波长很短时的近似描述, 经典力学可视为波动力学在经典极限下的近似, 即 "波" 变成了 "粒子", 可以由 "轨迹" 来描述.

　　总之, 海森伯绘景下的量子力学 (矩阵力学), 在经典极限下即泊松括号形式的经典力学. 薛定谔绘景下的量子力学 (波动力学), 在经典极限下即哈密顿–雅可比理论.

习　　题

　　16.1　若 $S\left(t, \boldsymbol{q}, \boldsymbol{\alpha}\right)$ 是哈密顿–雅可比方程的完全积分, 利用隐函数求导, 证明式 (16.9) 和 (16.10) 所给出的 $\{\boldsymbol{q}, \boldsymbol{p}\}$ 满足哈密顿正则方程.

　　16.2　考虑不含时哈密顿量 $H\left(\boldsymbol{q}, \boldsymbol{p}\right)$, $W\left(\boldsymbol{q}, E, \alpha_2, \cdots, \alpha_s\right)$ 为其哈密顿特征函数. 将 W 作为正则变换的第 2 型生成函数, 常数 $\{E, \alpha_2, \cdots, \alpha_s\}$ 作为变换后的广义动量.

　　(1) 求变换后的哈密顿量 K 及其哈密顿正则方程;

　　(2) 利用隐函数求导, 证明正则变换所给出的 $\{\boldsymbol{q}, \boldsymbol{p}\}$ 满足原哈密顿量 H 的哈密顿正则方程, 并且是其含有 $2s$ 个积分常数的通解.

　　16.3　设粒子的势能在球坐标 $\{r, \theta, \phi\}$ 下为 $V\left(r, \theta\right) = a\left(r\right) + \dfrac{b\left(\theta\right)}{r^2}$, 其中 $a\left(r\right)$ 和 $b\left(\theta\right)$ 是任意函数.

　　(1) 用分离变量法求解哈密顿–雅可比方程;

　　(2) 给出 $r, \theta, \phi, p_r, p_\theta, p_\phi$ 的通解, 用积分表达.

　　16.4　某单自由度系统的势能是时间 t 和广义坐标 q 的线性函数, 哈密顿量为 $H = \dfrac{p^2}{2m} - matq$, 其中 m, a 是常数. 用哈密顿–雅可比方程求解该系统的运动.

　　16.5　某 2 自由度系统哈密顿量为 $H = p_1 p_2 \cos\left(\omega t\right) + \dfrac{1}{2}\left(p_1^2 - p_2^2\right)\sin\left(\omega t\right)$, 其中 ω 是常数. 用哈密顿–雅可比方程求解该系统的运动.

---

　　① 对于式 (16.79), 经典极限可视为 $\hbar\left|\nabla^2 S\right| \ll \left(\nabla S\right)^2$, 也被称作 WKB (Wenzel-Kramers-Brillouin) 近似条件.

16.6　质量为 m、带电荷 e 的粒子在 z 方向均匀磁场中运动. 已知粒子的哈密顿量为 $H = \dfrac{1}{2m}\left(\boldsymbol{p} - \dfrac{e}{c}\boldsymbol{A}\right)^2$, 其中 c 为光速, 取直角坐标 $\{x, y, z\}$, 矢势可以取为 $\boldsymbol{A} = \{0, Bx, 0\}$.

(1) 验证 $\boldsymbol{B} \equiv \nabla \times \boldsymbol{A} = B\boldsymbol{e}_z$;

(2) 写出粒子的哈密顿量;

(3) 用分离变量法求解哈密顿–雅可比方程;

(4) 给出粒子运动的通解, 并讨论其意义.

16.7　同习题 16.6, 矢势依赖于规范, 因此也可取 $\tilde{\boldsymbol{A}} = \boldsymbol{A} - \dfrac{B}{2}\nabla(xy)$.

(1) 求矢势 $\tilde{\boldsymbol{A}}$, 并验证同样有 $\boldsymbol{B} \equiv \nabla \times \tilde{\boldsymbol{A}} = B\boldsymbol{e}_z$;

(2) 写出粒子的哈密顿量在柱坐标 $\{r, \phi, z\}$ 中的形式;

(3) 用分离变量法求解哈密顿–雅可比方程.

16.8　一维阻尼谐振子的有效拉格朗日量可以取为 $L = \mathrm{e}^{2\lambda t}\left(\dfrac{1}{2}m\dot{q}^2 - \dfrac{1}{2}m\omega^2 q^2\right)$, 其中 λ, m, ω 都是正的常数, 假设 $\lambda < \omega$.

(1) 求系统的哈密顿量 H;

(2) 考虑第 2 型生成函数 $F_2(t, q, P) = \mathrm{e}^{\lambda t}qP$, 求变换后的哈密顿量 $K(t, Q, P)$;

(3) 利用分离变量法求解 $K(t, Q, P)$ 的哈密顿–雅可比方程;

(4) 求 q, p 的通解.

16.9　某质量为 m 的非相对论性粒子处于两个大质量天体的引力场中, 假设粒子初始动量处于三者的共同平面内, 因此一直在此平面内运动. 如图 16.8 所示, 设两个天体的直角坐标分别为 $\{\pm a, 0\}$, 粒子的拉格朗日量为 $L = \dfrac{1}{2m}\left(\dot{x}^2 + \dot{y}^2\right) + \dfrac{\alpha_1}{r_1} + \dfrac{\alpha_2}{r_2}$, 其中 r_1 和 r_2 分别是粒子到两个天体的距离. 处理这类问题更方便的是选取椭圆坐标 $\{u, v\}$, 与直角坐标关系为 $x = a\cosh u\cos v$, $y = a\sinh u\sin v$.

(1) 求哈密顿量在 $\{u, v\}$ 坐标中的形式;

(2) 用分离变量法求解哈密顿–雅可比方程, 表达为积分形式.

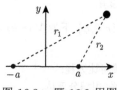

图 16.8　题 16.9 用图

16.10　已知函数 G 作为生成元所生成的无穷小正则变换由式 (15.76) 给出.

(1) 证明在无穷小参数的线性阶, $p_a\mathrm{d}q^a - (p_a + \delta p_a)\mathrm{d}(q^a + \delta q^a) = \mathrm{d}F$, 即是全微分形式, 并求 F 的表达式;

(2) 若取 $G = H$ 为哈密顿量, 无穷小参数为 $\mathrm{d}t$, 证明 $F = -L\mathrm{d}t$, 其中 L 为拉格朗日量.

16.11　质量为 m 的粒子在重力场中运动, 取直角坐标为 $\{x, y, z\}$.

(1) 用分离变量法求解哈密顿–雅可比方程;

(2) 求粒子的经典作用量 $S_{\mathrm{cl}}(t, x, y, z)$, 并验证其是哈密顿–雅可比方程的解;

(3) 证明哈密顿主函数与经典作用量相差常数.

16.12　若哈密顿量不含时间, 考虑所有端点相同、哈密顿量为共同常数 $H = E$ 的路径.

(1) 证明简约作用量 $W = \int_{t_1}^{t_2} p_a \dot{q}^a \mathrm{d}t$ 可以写成 $W = \int_{t_1}^{t_2} L\mathrm{d}t + E\left(t_2 - t_1\right)$;

(2) 利用 (1) 的形式, 证明真实路径使得简约作用量 W 取极值.

16.13　对于非相对论性定常系统, 拉格朗日量具有形式 $L = T - V$, 其中 $T = \dfrac{1}{2} G_{ab}\left(\boldsymbol{q}\right)\dot{q}^a \dot{q}^b$, $V = V\left(\boldsymbol{q}\right)$. 证明莫佩尔蒂原理可以写成如下等价形式:

(1) 积分 $\int_{t_0}^{t} T\mathrm{d}t$ 取极值;

(2) 积分 $\int_{t_0}^{t} \sqrt{E - V\left(\boldsymbol{q}\right)}\mathrm{d}s$ 取极值, 其中 $\mathrm{d}s \equiv \sqrt{G_{ab}\left(\boldsymbol{q}\right)\mathrm{d}q^a\mathrm{d}q^b}$ 为位形空间中以 $G_{ab}\left(\boldsymbol{q}\right)$ 为有效度规的线元长度, 这一结论也称作"雅可比原理" (Jacobi's principle).

16.14　由量子力学中力学量的演化方程 (16.69),

(1) 将 $\hat{\mathcal{O}}\left(t\right)$ 的泰勒展开 $\hat{\mathcal{O}}\left(t\right) = \hat{\mathcal{O}}\left(t_0\right) + \Delta t \hat{\mathcal{O}}'\left(t_0\right) + \dfrac{1}{2}\left(\Delta t\right)^2 \hat{\mathcal{O}}''\left(t_0\right) + \cdots$ 写成量子对易子形式;

(2) 将 $\mathrm{e}^{\frac{i}{\hbar}\hat{H}\Delta t}\hat{\mathcal{O}}\left(t_0\right)\mathrm{e}^{-\frac{i}{\hbar}\hat{H}\Delta t}$ 展开至 Δt 的 3 阶, 验证其正是 (1) 中用对易子表示的级数的前 3 阶;

(3) 对 $\hat{\mathcal{O}}\left(t\right) = \mathrm{e}^{\frac{i}{\hbar}\hat{H}\Delta t}\hat{\mathcal{O}}\left(t_0\right)\mathrm{e}^{-\frac{i}{\hbar}\hat{H}\Delta t}$ 求时间导数, 证明其满足方程 (16.69).

16.15　若波函数 $\varPsi = \mathrm{e}^{\frac{i}{\hbar}S}$ 满足薛定谔方程 (16.78), 证明相位 S 满足方程 (16.79).

16.16　非相对论性粒子的哈密顿量为 $H = \dfrac{p^2}{2m} + V\left(\boldsymbol{x}\right)$, 若波函数 $\varPsi = \mathrm{e}^{\frac{i}{\hbar}S}$ 的相位 S 满足其哈密顿–雅可比方程,

(1) 证明 $\varPsi$ 满足方程 $\dfrac{\hbar^2}{2m}\left(\nabla\varPsi\right)^2 + \left(V - E\right)\varPsi^2 = 0$, 其中 E 为粒子的能量;

(2) 若将 (1) 中方程的左边作为拉格朗日密度, 对作用量 $S = \iiint \mathrm{d}x\mathrm{d}y\mathrm{d}z\left[\dfrac{\hbar^2}{2m}\left(\nabla\varPsi\right)^2 + \left(V - E\right)\varPsi^2\right]$ 变分并保持积分边界处不变, 证明 $\varPsi$ 的运动方程为 $-\dfrac{\hbar^2}{2m}\nabla^2\varPsi + V\varPsi = E\varPsi$, 这即不含时系统的定态薛定谔方程.

第 17 章 可 积 系 统

17.1 寻找最简单的正则变量

17.1.1 将相流"拉直"

从正则变换和哈密顿–雅可比理论的讨论, 我们已经看到选择合适的正则变量 (即相空间坐标) 的重要性. 哈密顿–雅可比理论的核心思想是寻找一个正则变换, 将哈密顿量变成零. 几何上, 其将相空间和时间轴构成的 $2s+1$ 维空间中演化轨迹拉直 (如图 16.2), 或者说将 $2s$ 维相空间中的相流"压缩"成一点 (对应初始条件). 不足之处是演化信息全部体现在生成函数 (哈密顿主函数) 中, 而新正则变量本身全部保持静止. 那么能否找到既能体现演化, 又足够简单的正则变量? 这个问题相当于问: 最简单的运动是什么? 当然就是匀速直线运动. 因此问题就是, 能否找一个正则变换, 把相流变成"匀速流动的直线"? 具体而言, 如图 17.1 所示, 是否可以找到一组新的正则变量, 使得在这组新相空间坐标中, 相流被"拉直", 成为平行于"广义坐标"的直线?

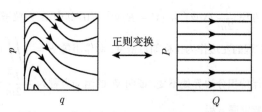

图 17.1 作用–角变量——将相流"拉直"

我们只考虑哈密顿量不含时的系统. 以单自由度为例, 先来看如果"将相流拉直"是可能的, 则意味着新坐标 $\{Q, P\}$ 需要满足什么性质. 首先, 在新坐标下相流变成直线, 每条直线对应不同的 P, 即新的广义动量 P 是常数. 其次, 每条相流对应不同的能量 $H =$ 常数, 从而有 $H = H(P)$, 即在新坐标下哈密顿量只是广义动量 P 的函数. 换句话说, 新的广义坐标 Q 是循环坐标. 而这与新的广义动量 P 是常数也是自洽的. 最后, 由哈密顿正则方程知 $\dot{Q} = \dfrac{\partial H(P)}{\partial P} =$ 常数, 因此新的广义坐标 Q 随时间匀速变化.

采用具有上述性质的新的正则变量 $\{Q, P\}$ 后，系统的演化变得异常简单. 这样的一对正则变量即被称作**作用–角变量** (action-angle variables)，通常记作 $\{\phi, J\}$. 具体而言，新广义动量 J 被称作**作用变量** (action variable)，新广义坐标 ϕ 被称作**角变量** (angle variable). 可见作用–角变量的核心思想是选择合适的正则变量，使得变换后"广义坐标"成为循环坐标，相应的"共轭动量"也就成为运动常数. 其几何意义更是非常直观，即"将相流拉直". 从这个意义上，作用–角变量可以说是最简单的正则变量，因为其将系统的演化变成了"匀速直线运动".

例 17.1 一维谐振子的作用–角变量

我们在例 15.3 讨论过一维谐振子的正则变换式 (15.25). 将其中 $Q \to \phi$, $P \to J$, 即有

$$q = \sqrt{\frac{2J}{m\omega}} \sin\phi, \quad p = \sqrt{2Jm\omega} \cos\phi, \tag{17.1}$$

这里 $\{\phi, J\}$ 即新的正则变量. 哈密顿量 $H = \dfrac{p^2}{2m} + \dfrac{1}{2}m\omega^2 q^2$ 变换为 (即式 (15.26))

$$H \equiv E = \omega J \quad \to \quad J(E) = \frac{E}{\omega}. \tag{17.2}$$

可见在新的正则变量 $\{\phi, J\}$ 下，ϕ 成了循环坐标，因此 ϕ 即角变量. 相应的广义动量 J 为运动常数，即作用变量. 由 $\dot{\phi} = \dfrac{\partial H}{\partial J} = \omega$, 即 $\phi = \omega t + \phi_0$, 这里 ω 正是谐振子的角频率. 原始 $\{q, p\}$ 平面上的相流如图 17.2(a) 所示，为椭圆. 变换到 $\{\phi, J\}$ 平面上，相流如图 17.2(b) 所示，为平行于 ϕ 轴的直线. 因为 ϕ 具有 2π 的周期性，因此可将 $\phi = 0$ 和 $\phi = 2\pi$ 的两条竖线"等价"起来，这样就形成一个半无限长 (因为 $J \geqslant 0$) 的圆柱面，如图 17.2(c) 所示，对于给定能量 (给定 J)，其相流即一维圆周.

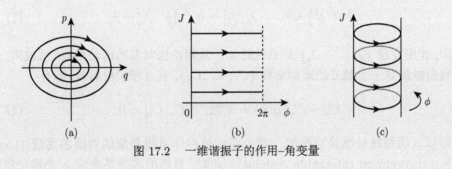

图 17.2 一维谐振子的作用–角变量

17.1.2 可积系统

作用–角变量的想法——将相流拉直，直观且简单，在上面一维谐振子的例子中，也确实很容易做到这一点. 问题是，对于任意系统是否都可以做到? 很不幸，答案是否定的. 实际上，能够通过选择合适的新变量，将相流拉直的系统是很少见

的. 只有对一类被称作**可积系统** (integrable systems) 的系统, 才可以做到. 这也是为什么谐振子模型如此重要——可以说是 20 世纪物理学的核心模型, 因为谐振子是少有的几个完全可积系统之一①.

　　"可积" 这一概念最初就是指可以得到运动方程解的具体形式, 包括积分形式的解. 考虑自由度 s 的不含时哈密顿系统, 我们希望选择新变量 $\{q, p\} \to \{\phi, J\}$, 使得新的哈密顿量具有形式

$$K = K(J_1, \cdots, J_s) \equiv K(J), \tag{17.3}$$

即只是新广义动量 $\{J\}$ 的函数, 而新广义坐标 $\{\phi\} \equiv \{\phi^1, \cdots, \phi^s\}$ 都成为循环坐标. 循环坐标的共轭动量是运动常数, 因此必然有

$$J_a = 常数, \quad a = 1, \cdots, s. \tag{17.4}$$

而新广义坐标满足

$$\dot{\phi}^a = \frac{\partial K(J)}{\partial J_a} = 常数 \equiv \omega^a \quad \Rightarrow \quad \phi^a = \omega^a t + \phi^a(0), \quad a = 1, \cdots, s, \tag{17.5}$$

其中 $\phi^a(0)$ 是常数. 当能够找到这样一种正则变换时, 系统即被称作**可积** (integrable) 系统, 相应的变量 $\{\phi, J\}$ 即作用–角变量.

　　作用–角变量 $\{\phi, J\}$ 作为正则变量意味着其满足基本泊松括号:

$$\left[\phi^a, \phi^b\right] = 0, \quad [J_a, J_b] = 0, \quad \left[\phi^a, J_b\right] = \delta_b^a. \tag{17.6}$$

亦即, 作用变量 $\{J_1, \cdots, J_s\}$ 是系统的 s 个互相泊松对易的运动常数. 反过来, 如果我们能找到 s 个独立的运动常数 $\{C_1, \cdots, C_s\}$, 且互相泊松对易, 即有

$$C_a = C_a(q, p) = 常数, \quad [C_a, C_b] = 0, \tag{17.7}$$

则可以证明系统必然是可积的. 这个结论被称作**可积系统的刘维尔定理** (Liouville's theorem on integrable systems). 此时, 自然的选择是令这 s 个运动常数为新广义动量 $J_a \equiv C_a$. 进一步可以证明, 在相应的正则变换下, 新哈密顿量只是广义动量的函数 $K = K(J)$, 即新广义坐标 $\{\phi\}$ 成为循环坐标. 因此, 新变量 $\{\phi, J\}$ 正是作用–角变量.

---

　　① 教材上的例子或习题往往可以精确求解, 这给人一种错觉, 似乎 "可积" 的系统很常见. 但是事实上可积系统是非常罕见的, 一般的物理系统既不可积, 也不满足遍历假设.

例 17.2 可积系统

中心势场中的粒子有 3 个自由度, 我们已经知道其运动常数包括哈密顿量 H、角动量矢量 $\boldsymbol{J}$ 以及 LRL 矢量 $\boldsymbol{A}$ (有 5 个是独立的). 由 14.4 节的讨论, 角动量和 LRL 矢量的分量 J^i 和 A^i 互相之间都不是泊松对易的. 但是因为 $[J_3, J^2] = 0$, 因此 $\{H, J_3, J^2\}$ 是 3 个互相独立且泊松对易的运动常数. 这也说明中心势场中粒子的运动是可积系统. 又例如, 对称刚体的定点转动有 3 个自由度, 由 12.6 节的讨论, $\{H, p_\phi, p_\psi\}$ 是 3 个互相独立且泊松对易的运动常数, 因此也是可积系统.

一般说来, 哈密顿–雅可比方程能否通过分离变量求解, 取决于具体的物理问题以及所选择的坐标. 对于可积系统, 总能选择合适的坐标使得哈密顿–雅可比方程分离变量. 反之, 更多的物理系统原则上也是无法分离变量的, 被称作不可积系统. 著名的 "三体问题" 即是不可积系统的典型代表. 不幸的是, 时至今日我们仍然没有判断一个系统是否可积 (可分离变量) 的完整判据. 需要强调的是, 作用–角变量的存在——系统是否可积是对相空间 "整体" 而言的, 即在于能否做正则变换, 将相空间所有的轨迹都拉直. 如果只关心相空间的 "局域" 部分, 则总是可以选择合适的坐标将轨迹拉直.

在作用–角变量描述的相空间中, 完全可积系统的轨迹是其中 "$J_a(\boldsymbol{q}, \boldsymbol{p}) = $ 常数" 的超曲面. 在例 17.1 中看到, 一维谐振子的相流是一维圆周 $\mathbb{S}^1$. 由拓扑学的知识, 对于自由度为 s 的完全可积系统, 如果运动是 "有界" 的, 这个超曲面的形状必然是 $\mathbb{S}^1 \times \mathbb{S}^1 \times \cdots \times \mathbb{S}^1$, 即 s 维环面, 被称作**不变环面** (invariant torus).

17.1.3 周期运动

作用–角变量是处理周期运动的一种有效方法. 从单摆的摆动、刚体的转动, 到天体的运行、晶体的振荡, **周期运动** (periodic motion) 在物理系统中无处不在, 是一类非常重要的运动形式. 对于周期运动, 往往更关心的是运动的周期或者频率. 当然, 如果能完全求解系统的运动方程, 周期也自然可以得知. 但严格求解往往十分困难, 能否有更简洁方法, 直接得到系统的频率? 作用–角变量正是基于哈密顿–雅可比理论, 可以在不需要具体求解系统的运动方程 (包括哈密顿–雅可比方程本身) 的情况下, 得到系统运动的关键信息, 特别是做周期运动的频率.

周期运动可以分为两类. 以单自由度为例, 经过一个周期, 广义坐标 q 和广义动量 p 都回到初值, 即系统回到初始状态. 表现在相图上, 相流为闭合的曲线, 如图 17.3(a) 所示. 此时 q 在有限的区间 $[q_{min}, q_{max}]$ 内做往复运动. 这类周期运动被称作**摆动** (libration)[1]. 例如, 谐振子的振动即摆动. 若 q 本身不做往复运动, 而

[1] 术语 "libration" 借用自天文学, 也被称作 "天平动" 或 "秤动", 原指观测到的月球非常轻微而缓慢的振荡行为. 英文 "libration" 一词源自拉丁文 "libra", 意为 "尺度". 实际上, 利用作用–角变量方法计算系统振动周期最初即应用在天文学中.

是随时间单调变化, 但 p 是 q 的周期函数, 如图 17.3(b) 所示. 这类周期运动被称作**转动** (rotation). 此时广义坐标 q 通常即角坐标. 例如, 刚体的定轴转动即转动.

摆动和转动可以出现在同一系统中. 在例 13.10 中曾讨论过单摆的相图, 由图 13.10 所示, 若能量较低, 则表现为往复运动的振动, 即摆动. 如果能量较高足以越过圆周的最高点, 则表现为绕圆周一圈一圈的转动.

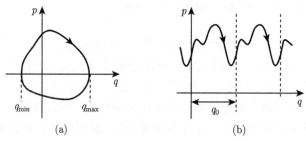

图 17.3　周期运动的相图: (a) 摆动; (b) 转动

对于多自由度系统, 情况则较为复杂. 对于不含时哈密顿系统, 若存在一组广义坐标 $\{q^1, \cdots, q^s\}$, 使得哈密顿特征函数具有分离变量形式的完全积分:

$$W\left(q^1, \cdots, q^s, \boldsymbol{\alpha}\right) = W_1\left(q^1, \boldsymbol{\alpha}\right) + \cdots + W_s\left(q^s, \boldsymbol{\alpha}\right), \tag{17.8}$$

其中 $\{\boldsymbol{\alpha}\} \equiv \{\alpha_1, \cdots, \alpha_s\}$ 为 s 个不可加常数, 即每个广义坐标 q^a 有其自身的哈密顿特征函数 W_a, 其中只包含 q^a, 则称系统为**可分离** (separable) 系统. 此时,

$$p_a = \frac{\partial S}{\partial q^a} = \frac{W_a\left(q^a, \boldsymbol{\alpha}\right)}{\partial q^a}, \quad a = 1, \cdots, s, \tag{17.9}$$

注意其中指标 a 不求和. 式 (17.9) 是 s 个方程 $p_a = p_a\left(q^a, \boldsymbol{\alpha}\right)$, 其中每一个方程都只涉及一对共轭变量 $\{q^a, p_a\}$, 这相当于给出在 $\{q^a, p_a\}$ 的 2 维平面上的一条轨迹. 这实际上是 $2s$ 维相空间中的相流在 $\{q^a, p_a\}$ 的 2 维子空间中的投影. 例如, 图 17.3 所示即在一对共轭变量所构成的 2 维子空间中, 系统做周期运动的轨迹.

对于可分离变量系统, 若每个自由度——即每一对共轭变量 $\{q^a, p_a\}$ 都做周期运动, 则称系统做**多周期** (multiply periodic) 运动. 但是, 每个自由度都做周期运动, 系统整体未必做周期运动. 当且仅当所有自由度做周期运动的周期或频率之比都是有理数时——也被称作**公度** (commensurate), 系统整体才做周期运动. 例如, 对于 2 自由度情形, 若频率之比 $\frac{\omega_1}{\omega_2} = \frac{m}{n}$, 则系统在 $\{q^1, p_1\}$ 自由度完成 m 个周期、$\{q^2, p_2\}$ 自由度完成 n 个周期后, 回到原始状态, 即整体完成一个周期.

例 17.3 2 维谐振子的周期运动

考虑 2 维谐振子, 哈密顿量为 $H = \frac{1}{2m}\left(p_1^2 + p_2^2\right) + \frac{1}{2}m\omega_1^2\left(q^1\right)^2 + \frac{1}{2}m\omega_2^2\left(q^2\right)^2$, 其哈密顿特征函数可以完全分离变量, $W\left(q^1, q^2\right) = W_1\left(q^1\right) + W_2\left(q^2\right)$, 满足

$$\frac{1}{2m}\left(W_1'\left(q^1\right)\right)^2 + \frac{1}{2}m\omega_1^2\left(q^1\right)^2 = \alpha_1, \qquad \frac{1}{2m}\left(W_2'\left(q^2\right)\right)^2 + \frac{1}{2}m\omega_2^2\left(q^2\right)^2 = \alpha_2. \quad (17.10)$$

有 $p_1 = W_1'\left(q^1\right)$, $p_2 = W_2'\left(q^2\right)$, 因此式 (17.10) 分别对应 $\{q^1, p_1\}$ 和 $\{q^2, p_2\}$ 平面上的椭圆. 这意味着这 2 个自由度分别在做周期运动 (转动), 各自的频率分别为 ω_1 和 ω_2. 只有当 ω_1/ω_2 为有理数时, 2 维谐振子整体才做周期运动, 如图 17.4(a) 和 (b) 所示. 图 17.4(c) 则对应非公度的情形.

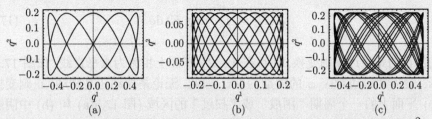

图 17.4　2 维谐振子在 $\{q^1, q^2\}$ 平面上的相图. 其中频率比值 $\dfrac{\omega_1}{\omega_2}$ 分别为: (a) $\dfrac{2}{5}$;
(b) $\dfrac{5}{12}$; (c) $\dfrac{1}{\sqrt{5}}$

17.2　作用–角变量

17.2.1　单自由度

以上我们引入了作用–角变量的概念. 现在的问题是, 如何具体求得作用–角变量? 这个问题相当于问, 如何寻找正则变换, 使得变换后的相流是 "水平直线"? 首先考虑单自由度情形, 并假设系统做周期运动, 如图 17.5 所示.

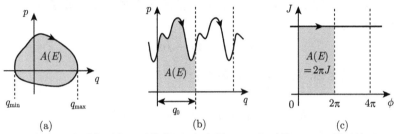

图 17.5　单自由度系统周期运动的作用–角变量: (a) 摆动情形; (b) 转动情形; (c) 作用–角变量

为了得到 $\{q,p\}$ 和作用–角变量 $\{\phi,J\}$ 的关系, 我们利用正则变换保相空间体积不变的性质. 在单自由度情形, 即保相平面上的面积不变. 在 $\{q,p\}$ 坐标下, 给定能量 $H(q,p)=E$, 相流为 $p=p(q,E)$. 如果周期运动是摆动, 如图 17.5(a) 所示, 相流为闭合曲线, 经过一个周期, 相流所围成的面积即图中阴影部分

$$A(E)=\oint p(q,E)\,\mathrm{d}q. \tag{17.11}$$

如果周期运动是转动, 如图 17.5(b) 所示, 经过一个周期, 相流与 q 轴包围的面积 (或者说相流扫过的面积) 为

$$A(E)=\int_0^{q_0} p(q,E)\,\mathrm{d}q. \tag{17.12}$$

我们的目的是经过正则变换, 使得在 $\{\phi,J\}$ 平面上相流为水平直线, 如图 17.5(c) 所示. 设周期运动对应 ϕ 的周期为 2π. 因此, 无论是摆动还是转动, 正则变换把 $\{q,p\}$ 平面上的一个周期 "围成" 或 "扫过" 的区域 (图 17.5(a) 和 (b) 中阴影区域) 变成 $\{\phi,J\}$ 平面上的矩形区域 (图 17.5(c) 中阴影区域). 矩形区域宽为 2π, 高为 J, 因此面积为 $A=2\pi J$. 因为正则变换保面积不变, 因此必然有

$$\boxed{J=J(E):=\frac{A(E)}{2\pi}=\frac{1}{2\pi}\oint p\mathrm{d}q}. \tag{17.13}$$

这里简单起见, 我们不区分摆动或转动, 统一用符号 "$\oint$" 代表对一个周期做积分. 式 (17.13) 即给出作用变量 J 与能量 $H=E$ 的关系, 也可视为其定义. 可见作用变量有着非常直观的几何意义, 正是一个周期中相流所围成 (对于摆动) 或者扫过 (对于转动) 的相平面面积. 给定系统的相流是固定的, 因此这个面积是常数, 所以作用变量也必然是运动常数. 这也符合我们构造的初衷.

式 (17.13) 还可以如下得到. 取正则变换的第 1 型生成函数 $F_1(q,\phi)$, 定义为 (见式 (15.40))

$$\mathrm{d}F_1=p\mathrm{d}q-J\mathrm{d}\phi, \tag{17.14}$$

其中 ϕ 为新广义坐标. 对一个周期做积分[①],

$$0\equiv\oint \mathrm{d}F_1=\oint p\mathrm{d}q-\oint J\mathrm{d}\phi=\oint p\mathrm{d}q-2\pi J, \tag{17.15}$$

---

① 可见生成函数类似热力学中态函数, 在一个循环后回到原点.

正是式 (17.13). 作用变量的定义式 (17.13) 与具体的系统无关, 是通用的. 由式 (17.13) 的形式, 作用变量 J 的量纲为 $[J] = [q] \cdot [p] = [S]$, 即作用量的量纲. 这也是将其称为作用变量的原因之一.

作用变量的共轭变量, 即角变量 ϕ 是无量纲的. 由式 (17.13) 得到 $J(E)$, 原则上可从中反解出能量 E (即 H) 作为作用变量 J 的函数, 通常记作 $H(J)$. 于是由哈密顿正则方程

$$\boxed{\dot{\phi} = \frac{\partial H(J)}{\partial J} = 常数 \equiv \omega(J)}, \tag{17.16}$$

即角变量 ϕ 以 "匀速" ω 做周期运动. 因为 ϕ 以 2π 为周期, 这里的 ω 即系统做周期运动的角频率, 也被称作**基本频率** (fundamental frequency).

对于哈密顿量为 $H = \dfrac{p^2}{2m} + V(q)$ 的非相对论性粒子, 假设势能 $V(q)$ 有底, 当能量 E 给定时, 粒子被限制在 $q_{\min} \leqslant q \leqslant q_{\max}$ 中做往复的摆动, 其中 $q_{\min}$ 和 $q_{\max}$ 满足

$$V(q_{\min}) = V(q_{\max}) = E. \tag{17.17}$$

由 $H = \dfrac{p^2}{2m} + V(q) = E$ 可解出 $p = \pm\sqrt{2m(E - V(q))}$, 其中正号对应由 $q_{\min}$ 到 $q_{\max}$, 负号对应由 $q_{\max}$ 回到 $q_{\min}$. 因此根据式 (17.13)

$$J(E) = \frac{1}{2\pi} \oint \mathrm{d}q \sqrt{2m(E - V(q))} = \frac{1}{\pi} \int_{q_{\min}}^{q_{\max}} \mathrm{d}q \sqrt{2m(E - V(q))}. \tag{17.18}$$

例 17.4 一维势阱中粒子的作用–角变量

考虑在势场 $V(q) = V_0 \tan^2\left(\dfrac{\pi}{2}\dfrac{q}{q_0}\right)$ 中做一维运动的非相对论性粒子, 其中 V_0 和 q_0 都是正的常数. 如图 17.6(a) 上图所示, 势能 $V(q)$ 有左右对称的两条渐进线 $q = \pm q_0$. 给定能量 $E \geqslant 0$, 粒子被束缚在 $-q_*$ 和 q_* 之间做往复的摆动, 其中 q_* 满足 $V_0 \tan^2\left(\dfrac{\pi}{2}\dfrac{q_*}{q_0}\right) = E$, 相流如图 17.6(a) 下图所示. 由式 (17.18), 作用变量为

$$J(E) = \frac{1}{\pi} \int_{-q_*}^{q_*} \mathrm{d}q \sqrt{2m\left(E - V_0 \tan^2\left(\frac{\pi}{2}\frac{q}{q_0}\right)\right)} = \frac{2}{\pi} q_0 \sqrt{2m}\left(\sqrt{E + V_0} - \sqrt{V_0}\right). \tag{17.19}$$

从中反解出 E 作为 J 的函数, 即有

$$E = \frac{\pi^2 J^2}{8 m q_0^2} + \frac{\pi J \sqrt{V_0}}{\sqrt{2m} q_0} \equiv H(J),$$

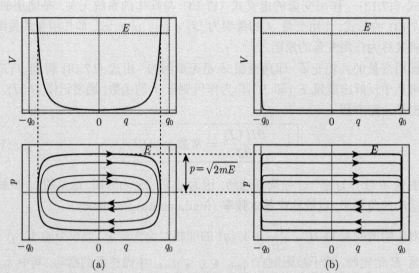

图 17.6   一维势阱中粒子的作用–角变量: (a) 势能 $V(q)$ 及相流; (b) $V_0 \ll E$ 时的
          $V(q)$ 及相流

于是粒子做周期运动的角频率为

$$\omega \equiv \dot{\phi} = \frac{\partial H(J)}{\partial J} = \frac{\pi^2 J}{4mq_0^2} + \frac{\pi\sqrt{V_0}}{\sqrt{2m}q_0} = \frac{\pi\sqrt{E+V_0}}{\sqrt{2m}q_0}. \tag{17.20}$$

考虑两个极限情形. 若 $V_0 \gg E$, 即粒子能量很低. 这时式 (17.19) 可展开为

$$J(E) = \frac{2}{\pi}q_0\sqrt{2mV_0}\left(\sqrt{1+\frac{E}{V_0}}-1\right) = \frac{1}{\pi}q_0\sqrt{\frac{2m}{V_0}}E + \cdots,$$

即在最低阶近似下, 作用变量 J 与能量 E 成正比, 正具有一维谐振子的作用变量
式 (17.2) 的形式. 这也意味着, 粒子近似在势能底部附近作一维谐振动, 角频率为
$\omega \approx \frac{\pi}{q_0}\sqrt{\frac{V_0}{2m}}$. 这当然与将势能在最低点展开 $V = V_0\frac{\pi^2}{4q_0^2}q^2 + \cdots$ 得到的振动频率一
致. 若 $V_0 \ll E$, 即粒子能量很高. 此时在粒子看来势能变得陡峭, 或者说成了 "无限深方
势阱", 如图 17.6(b) 所示. 此时式 (17.19) 可展开为

$$J(E) = \frac{2}{\pi}q_0\sqrt{2mE}\left(\sqrt{1+\frac{V_0}{E}}-\sqrt{\frac{V_0}{E}}\right) = \frac{2}{\pi}q_0\sqrt{2mE} + \cdots.$$

此时除了在边界 $q = \pm q_0$ 处, 粒子几乎感受不到势能的存在. 由 $E = \frac{1}{2}mv^2$ 得,
粒子像以匀速 $v = \sqrt{\frac{2E}{m}}$ 在两个相距 $2q_0$ 的完全弹性壁之间来回反弹. 角频率为
$\omega = 2\pi \cdot \frac{v}{4q_0} = \frac{\pi}{q_0}\sqrt{\frac{E}{2m}}$, 正是式 (17.20) 在 $V_0 \ll E$ 时的极限.

作用变量由式 (17.13) 给出, 接下来的问题是, 如何求其共轭的角变量? 为此, 需要求由 $\{q, p\}$ 变换至作用–角变量 $\{\phi, J\}$ 的正则变换生成函数. 我们再次利用正则变换保面积不变的性质.

如图 17.7 所示, 考虑两条相近相流之间的面积. 在 $\{q, p\}$ 平面上, 给定能量 $E = E(q, p)$, 即得到 $p = p(q, E)$, 因此

$$\delta A = \int_0^q (p + \delta p)\, \mathrm{d}q - \int_0^q p \mathrm{d}q = \int_0^q \delta p \mathrm{d}q. \tag{17.21}$$

因为能量 E 只是作用变量 J 的函数 $E = E(J)$, 于是

$$\delta p = \delta p(q, E(J)) \equiv \delta p(q, J) = \frac{\partial p(q, J)}{\partial J} \delta J, \tag{17.22}$$

代入式 (17.21) 得到

$$\delta A = \int_0^q \frac{\partial p(q', J)}{\partial J} \delta J \mathrm{d}q' = \delta J \frac{\partial}{\partial J} \int_0^q p(q', J)\, \mathrm{d}q'. \tag{17.23}$$

另一方面, 在 $\{\phi, J\}$ 平面上, 因为 J 是常数, 于是两条相流之间的面积为

$$\delta A = \int_0^\phi \delta J \mathrm{d}\phi = \phi \delta J. \tag{17.24}$$

比较式 (17.23) 和 (17.24) 得到

$$\phi = \phi(q, J) = \frac{\partial}{\partial J} \int_0^q p(q', J)\, \mathrm{d}q'. \tag{17.25}$$

与此同时,

$$\frac{\partial}{\partial q} \int_0^q p(q', J)\, \mathrm{d}q' \equiv p. \tag{17.26}$$

式 (17.25) 和 (17.26) 正是第 2 型生成函数的正则变换关系 (见式 (15.52)). 因此, 正则变换 $\{q, p\} \to \{\phi, J\}$ 的第 2 型生成函数即

$$\boxed{F_2(q, J) := \int_0^q p(q', J)\, \mathrm{d}q' \equiv W(q, J)}, \tag{17.27}$$

正是沿经典路径 (即沿给定相流) 的简约作用量. 由式 (17.27), 利用勒让德变换 (见式 (15.51)), 还可以得到第 1 型生成函数

$$\boxed{F_1(q, \phi) = W(q, J) - \phi J = \int_0^q p(q', J)\, \mathrm{d}q' - \phi J}. \tag{17.28}$$

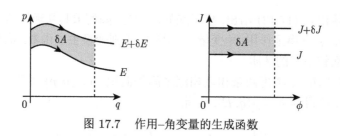

图 17.7   作用–角变量的生成函数

经过一个周期, 由式 (17.27) 知, 第 2 型生成函数 $F_2 \equiv W$ 的变化不是别的, 正是作用变量

$$\Delta F_2 = \Delta W = \oint p\,(q', J)\,\mathrm{d}q' \equiv 2\pi J. \tag{17.29}$$

由式 (17.28) 知, 对于第 1 型生成函数, 经过一个周期 ϕ 增加 2π, 而 J 是常数, 于是

$$\Delta F_1 = 2\pi J - 2\pi J = 0. \tag{17.30}$$

这意味着作用–角变量的第 1 型生成函数 F_1 经过一个周期回到初值, 因此是 ϕ 以 2π 为周期的周期函数, 即满足 $F_1(q, \phi) = F_1(q, \phi + 2\pi)$.

根据以上讨论, 可以对哈密顿–雅可比理论和作用–角变量方法做一总结与对比[1], 如表 17.1 所示.

表 17.1   哈密顿–雅可比理论和作用–角变量方法的总结与对比

	哈密顿–雅可比理论	作用–角变量方法
正则变换的效果	将相流缩成一点	将相流拉直
生成函数	经典作用量	简约作用量
变换后的哈密顿量	$K = 0$	$H = H(J)$

从技术上来说, 哈密顿–雅可比理论中哈密顿主函数的求解涉及不定积分的计算, 而作用–角变量则涉及定积分的计算. 经常的情况是, 一个不定积分难以求得, 但是定积分却可以通过各种方法得到. 这也是作用–角变量方法的优势之一.

例 17.5 一维谐振子作用–角变量的生成函数

一维谐振子势能为 $V(q) = \dfrac{1}{2}m\omega^2 q^2$, 根据式 (17.18), 作用变量为

$$J = \frac{1}{\pi}\int_{-q_*}^{q_*}\mathrm{d}q\sqrt{2mE - m^2\omega^2 q^2},$$

---

[1] 类似哈密顿–雅可比理论中, 形象地说在相空间中将相流缩成一点, 或者将相点的时间轨迹拉直的 "梳子" 是经典作用量, 那么对于作用–角变量, 在相空间上将相流 "拉直" 的 "梳子" 则是简约作用量.

这里 q_* 满足 $\frac{1}{2}m\omega^2 q_*^2 = E$, 即 $q_* = \sqrt{\frac{2E}{m\omega^2}}$. 这个积分可以解析积出 (做变量代换 $q = \sqrt{\frac{2E}{m\omega^2}}\sin\theta$ 或利用围道积分) 得到

$$J(E) = \frac{E}{\omega} \quad \Rightarrow \quad E \equiv H(J) = \omega J, \tag{17.31}$$

这无非是再次得到例 17.1 中式 (17.2). 对于谐振子的简单情形, 也可根据作用变量 J 的几何意义, 由相流所围成椭圆 $\frac{p^2}{2m} + \frac{1}{2}m\omega^2 q^2 = E$ 的面积 $2\pi J \equiv A = \pi \cdot \sqrt{2mE} \cdot \sqrt{\frac{2E}{m\omega^2}} = 2\pi\frac{E}{\omega}$ 直接得到式 (17.31). 系统周期运动的角频率即 $\frac{\partial H}{\partial J} = \omega$. 为了得到一维谐振子作用–角变量的正则变换生成函数, 首先由哈密顿量 $H = \frac{p^2}{2m} + \frac{1}{2}m\omega^2 q^2 = \omega J$ 解出

$$p(q,J) = \pm\sqrt{2m\omega J - m^2\omega^2 q^2}.$$

根据式 (17.27), 正则变换的第 2 型生成函数即为 (p 取正号)

$$\begin{aligned} F_2(q,J) \equiv W(q,J) &= \int_0^q \mathrm{d}q'\sqrt{2m\omega J - m^2\omega^2 q'^2} \\ &= \frac{1}{2}q\sqrt{2m\omega J - m^2\omega^2 q^2} + J\arcsin\left(q\sqrt{\frac{m\omega}{2J}}\right). \end{aligned} \tag{17.32}$$

根据第 2 型生成函数的变换关系, 角变量即为

$$\phi = \frac{\partial W(q,J)}{\partial J} = \arcsin\left(q\sqrt{\frac{m\omega}{2J}}\right) \quad \Rightarrow \quad q = \sqrt{\frac{2J}{m\omega}}\sin\phi. \tag{17.33}$$

代入广义动量的表达式, 得到

$$p = \frac{\partial W(q,J)}{\partial q} = \sqrt{2m\omega J - m^2\omega^2 q^2} = \sqrt{2m\omega J}\cos\phi. \tag{17.34}$$

式 (17.33) 和 (17.34) 正是例 17.1 中的正则变换式 (17.1) ($Q \to \phi$). 还可以验证, 第 1 型生成函数为

$$F_1(q,\phi) = W(q,J) - \phi J = \frac{1}{2}q\sqrt{2m\omega J - m^2\omega^2 q^2} = \frac{1}{2}m\omega q^2\cot\phi, \tag{17.35}$$

正是例 15.8 中得到的式 (15.67) ($Q \to \phi$).

例 17.6 单摆的作用–角变量

单摆的哈密顿量为 $H = \frac{p_\theta^2}{2ml^2} - mgl\cos\theta$. 给定能量 E, 有 $p_\theta = 2ml^2(E + mgl\cos\theta)$. 根据能量的高低, 单摆可以做摆动和转动两种周期运动. 对于摆动情形

$(-mgl < E < mgl)$, 由式 (17.13) 知, 单摆的作用变量为

$$J(E) = \frac{1}{\pi} \int_{-\theta_*}^{\theta_*} d\theta \sqrt{2ml^2 (E + mgl \cos\theta)},$$

其中 θ_* 满足 $E + mgl \cos\theta_* = 0$. 上述积分可以表达为第二类椭圆积分 $\boldsymbol{E}(\varphi|m)$,

$$J(E) = \frac{4}{\pi} l \sqrt{2m (E + mgl)} \boldsymbol{E}\left(\frac{1}{2} \arccos\left(-\frac{E}{mgl}\right) \Big| \frac{2mgl}{E + mgl}\right). \tag{17.36}$$

对于转动情形 $(E > mgl)$,

$$J(E) = \frac{1}{2\pi} \int_{0}^{2\pi} d\theta \sqrt{2ml^2 (E + mgl \cos\theta)},$$

该积分同样可以用椭圆积分 $\boldsymbol{E}(m)$ 表达

$$J(E) = \frac{2}{\pi} l \sqrt{2m (E + mgl)} \boldsymbol{E}\left(\frac{2mgl}{E + mgl}\right). \tag{17.37}$$

单摆周期运动的角频率为 $\omega = \dfrac{\partial E}{\partial J} = \left(\dfrac{\partial J}{\partial E}\right)^{-1} = \omega(E)$, 其随能量的变化如图 17.8 所示.

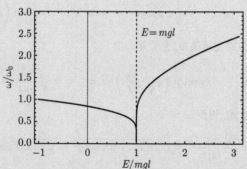

图 17.8 单摆的角频率随能量的变化, 其中 $\omega_0 \equiv \sqrt{\dfrac{g}{l}}$

若摆角很小, 对应 $\dfrac{E}{mgl} \to -1$ 的极限. 此时式 (17.36) 成为 $J(E) \to \sqrt{\dfrac{l}{g}} (E + mgl)$. 于是 $\omega = \dfrac{\partial E}{\partial J} = \left(\dfrac{\partial J}{\partial E}\right)^{-1} = \sqrt{\dfrac{g}{l}}$, 正是熟知的单摆作小振动的角频率. 反过来, 若单摆做高速转动, 对应 $\dfrac{E}{mgl} \to \infty$ 的极限. 此时式 (17.37) 成为 $J(E) \to l\sqrt{2mE}$, 于是 $\omega = \dfrac{\partial E}{\partial J} = \left(\dfrac{\partial J}{\partial E}\right)^{-1} = \dfrac{1}{l}\sqrt{\dfrac{2E}{m}}$. 因为此时 $E \approx \dfrac{p_\theta^2}{2ml^2}$, 所以 $\omega \approx \dfrac{1}{l}\dfrac{p_\theta}{ml}$, 正是以速度 $\dfrac{p_\theta}{ml}$ 沿着圆周转一圈的角频率. 式 (17.36) 或 (17.37) 确定隐函

数 $E = E(J)$, 从而给出 $p_\theta(\theta, J) = \sqrt{2ml^2(E(J) + mgl\cos\theta)}$, 于是正则变换的第 2 型生成函数为

$$W(\theta, J) = \int_0^\theta \mathrm{d}\theta' p_\theta(\theta', J) = \int_0^\theta \mathrm{d}\theta' \sqrt{2ml^2(E(J) + mgl\cos\theta')}.$$

角变量为

$$\phi = \frac{\partial W(\theta, J)}{\partial J} = \frac{\partial}{\partial J} \int_0^\theta \mathrm{d}\theta' \sqrt{2ml^2(E(J) + mgl\cos\theta')}.$$

17.2.2 多自由度

对于多自由度系统, 一般情况下并不可积, 也不存在作用–角变量. 因此, 我们仅限于讨论"多周期系统", 即哈密顿–雅可比方程可以被完全分离变量, 且每个自由度都做周期运动. 对于多周期系统, 每个自由度都可以定义如式 (17.13) 的作用变量,

$$\boxed{J_a := \frac{1}{2\pi} \oint p_a \mathrm{d}q^a}, \quad a = 1, \cdots, s, \tag{17.38}$$

注意, 其中 "a" 指标不求和 (下同). 代入式 (17.9), 即有

$$J_a \equiv \frac{1}{2\pi} \oint \frac{\partial W_a(q^a, \boldsymbol{\alpha})}{\partial q^a} \mathrm{d}q^a. \tag{17.39}$$

其中生成函数 $W(\boldsymbol{q}, \boldsymbol{\alpha}) = \sum_{a=1}^s W_a(q^a, \boldsymbol{\alpha})$ 即哈密顿特征函数, 即沿着经典路径的简约作用量. 和单自由度情形一样, 对于每一个自由度, J_a 的几何意义即 $\{q^a, p_a\}$ 平面上相流所围成或扫过的面积, 其数值依赖于 s 个常数 $\{\boldsymbol{\alpha}\}$, 即有 $J_a = J_a(\boldsymbol{\alpha})$. 从中原则上可以将 α_a 反解为 $\{\boldsymbol{J}\}$ 的函数, 即 $\alpha_a = \alpha_a(\boldsymbol{J})$. 因此, 哈密顿特征函数 $W(\boldsymbol{q}, \boldsymbol{\alpha})$ 可视为 $\{\boldsymbol{q}, \boldsymbol{J}\}$ 的函数 $W = W(\boldsymbol{q}, \boldsymbol{J})$. 因此, 作为第 2 型生成函数, 这里作用变量 $\{\boldsymbol{J}\}$ 就成为变换后的新广义动量. 变换后的哈密顿量即

$$K = H = \alpha_1 \equiv H(\boldsymbol{J}) = 常数, \tag{17.40}$$

即只是 s 个作用变量 $\{\boldsymbol{J}\}$——作为新广义动量的函数.

由第 2 型生成函数的正则变换关系知, 角坐标——作用变量的共轭坐标为

$$\phi^a = \frac{\partial W(\boldsymbol{q}, \boldsymbol{J})}{\partial J_a} = \phi^a(\boldsymbol{q}, \boldsymbol{J}), \quad a = 1, \cdots, s, \tag{17.41}$$

都是循环坐标, 且满足运动方程

$$\dot{\phi}^a = \frac{\partial K}{\partial J_a} = \frac{\partial H}{\partial J_a} = 常数 \equiv \omega^a \quad \Rightarrow \quad \phi^a(t) = \omega^a t + \phi^a(0). \tag{17.42}$$

这里 $\omega^a = \omega^a(\boldsymbol{J})$ 只依赖于作用变量, 因此都是常数.

为了进一步理解常数 ω^a 的意义, 假设系统整体做周期运动, 设周期为 τ. 这意味着, 在经过周期 τ 后, 每个自由度自身也都经历了 "整数" 个循环. 设第 a 个自由度 (即共轭变量对 $\{q^a, p_a\}$) 在周期 τ 内经历了 n_a 个循环, 即自身的周期为 $\tau_a = \frac{\tau}{n_a}$. 对于第 a 个自由度, 因为 $\phi^a = \phi^a(\boldsymbol{q}, \boldsymbol{J})$, 而 J_a 是常数, 因此经过周期 τ, 角变量 ϕ^a 的变化为 (明确起见, 这里写出了对 q^b 的求和号)

$$\Delta\phi^a = \oint \sum_{b=1}^{s} \frac{\partial \phi^a}{\partial q^b} dq^b = \oint \sum_{b=1}^{s} \frac{\partial^2 W}{\partial J_a \partial q^b} dq^b = \frac{\partial}{\partial J_a} \oint \sum_{b=1}^{s} \frac{\partial W}{\partial q^b} dq^b. \tag{17.43}$$

由式 (17.9) 知, $p_a = \frac{\partial W}{\partial q^a} = \frac{\partial W_a}{\partial q^a}$, 因此

$$\Delta\phi^a = \frac{\partial}{\partial J_a} \oint \sum_{b=1}^{s} \underbrace{\frac{\partial W_b}{\partial q^b}}_{=p_b} dq^b = \frac{\partial}{\partial J_a} \sum_{b=1}^{s} \oint p_b dq^b. \tag{17.44}$$

因为第 a 个自由度在周期 τ 经历了 n_a 个循环, 由作用变量的定义式 (17.38), 即有 (指标 b 不求和)

$$\oint p_b dq^b = n_b \cdot 2\pi J_b, \quad b = 1, \cdots, s. \tag{17.45}$$

因此

$$\Delta\phi^a = \frac{\partial}{\partial J_a} \sum_{b=1}^{s} (n_b 2\pi J_b) = 2\pi n_a, \tag{17.46}$$

即角变量 ϕ^a 增加了 2π 的 n_a 倍, 这与其经历 n_a 个循环的假设也自洽. 由式 (17.42) 和 (17.46), 经过一个周期 $\tau = n_a \tau_a$,

$$\Delta\phi^a = \omega^a n_a \tau_a = 2\pi n_a \quad \Rightarrow \quad \omega^a = \frac{2\pi}{\tau_a}, \tag{17.47}$$

可见常数 ω^a 正是第 a 个自由度周期运动的角频率. 这一组常数 $\{\omega^1, \cdots, \omega^s\}$ 也被称作系统的基本频率.

例 17.7 二维谐振子的作用–角变量

考虑例 17.3 中的二维谐振子. 以 $\{q^1, p_1\}$ 为例, 由式 (17.10) 解出

$$p_1 = W_1'(q^1) = \pm\sqrt{2m\alpha_1 - m^2\omega_1^2(q^1)^2},$$

这里 p_1 的符号取决于运动方向. $p_1(q^1) = 0$ 有两个零点 $q_\pm^1 = \pm\sqrt{\dfrac{2\alpha_1}{m\omega_1^2}}$, 对应 q^1 运动的端点. 在一个周期运动中, q^1 从 q_-^1 到 q_+^1, 因为 q^1 的值增加, 因此 p_1 取正号; 再从 q_+^1 回到 q_-^1, p_1 取负号. 因此和一维谐振子情形一样,

$$J_1 = \frac{1}{2\pi}\oint p_1 \mathrm{d}q^1 = \frac{1}{\pi}\int_{q_-^1}^{q_+^1}\sqrt{2m\alpha_1 - m^2\omega_1^2(q^1)^2}\mathrm{d}q^1 = \frac{\alpha_1}{\omega_1}.$$

类似地, 有 $J_2 = \dfrac{\alpha_2}{\omega_2}$. 因此哈密顿量为

$$K = H = \alpha_1 + \alpha_2 = \omega_1 J_1 + \omega_2 J_2. \tag{17.48}$$

根据基本频率的定义, $\omega_1 = \dfrac{\partial H}{\partial J_1}$ 和 $\omega_2 = \dfrac{\partial H}{\partial J_2}$ 正是二维谐振子两个自由度做周期运动的角频率.

例 17.8 开普勒问题的作用–角变量

开普勒问题是最简单的 3 维可积系统之一. 库仑势中带电粒子的作用–角变量问题在量子力学的发展过程中曾起了重要作用. 虽然我们已经知道中心势场中的运动可以约化为 2 维问题, 但是为了更完整地理解运动的性质 (包括可以约化为 2 维平面运动这件事本身), 我们从 3 维的哈密顿量 (见式 (13.27)) $H = \dfrac{p_r^2}{2m} + \dfrac{p_\theta^2}{2mr^2} + \dfrac{p_\phi^2}{2mr^2\sin^2\theta} - \dfrac{\alpha}{r}$ 出发, 这里 $\alpha > 0$. 在例 16.4 中已经知道, 开普勒问题是可以完全分离变量, 且是多周期的. 开普勒问题作用–角变量的正则变换生成函数——即哈密顿特征函数 $W(r, \theta, \phi)$ 由式 (16.46) 给出. 于是作用变量分别为

$$J_r = \frac{1}{2\pi}\oint p_r \mathrm{d}r = \frac{1}{2\pi}\oint\frac{\partial W}{\partial r}\mathrm{d}r = \frac{1}{2\pi}\oint \mathrm{d}r\sqrt{2mE + 2m\frac{\alpha}{r} - \frac{J^2}{r^2}}, \tag{17.49}$$

$$J_\theta = \frac{1}{2\pi}\oint p_\theta \mathrm{d}\theta = \frac{1}{2\pi}\oint\frac{\partial W}{\partial \theta}\mathrm{d}\theta = \frac{1}{2\pi}\oint \mathrm{d}\theta\sqrt{J^2 - \frac{p_\phi^2}{\sin^2\theta}}, \tag{17.50}$$

$$J_\phi = \frac{1}{2\pi}\oint p_\phi \mathrm{d}\phi = \frac{1}{2\pi}\oint\frac{\partial W}{\partial \phi}\mathrm{d}\phi = p_\phi\frac{1}{2\pi}\int_0^{2\pi}\mathrm{d}\phi \equiv p_\phi. \tag{17.51}$$

我们考虑给定能量 $H = E < 0$ 的情形, 此时系统做有界运动. 在作用变量的计算中, 经常会遇到类似式 (17.49) 和 (17.50) 的积分回路在被积函数零点 (经常是支点) 之间往返的积分. 相较于定积分方法, 更为简洁的方法是利用留数定理. 对于 J_r, 注意 $p_r(r) = \sqrt{2mE + 2m\dfrac{\alpha}{r} - \dfrac{J^2}{r^2}}$ 可以写成 $p_r(r) = \sqrt{2m|E|}\dfrac{1}{r}\sqrt{(r_+ - r)(r - r_-)}$, 其中

设 $r_+ > r_-$, 满足 $r_+ + r_- = \dfrac{\alpha}{|E|}$, $r_+ r_- = \dfrac{J^2}{2m\,|E|}$. 因此, 径向运动的两个端点对应 $p_r(r)$ 的零点即 $r = r_\pm$, 为此构造积分围道如图 17.9 所示.

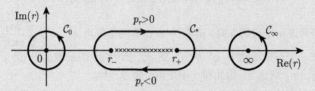

图 17.9   开普勒问题作用变量 J_r 的积分围道

积分 $\oint p_r \mathrm{d}r$ 中从 $r_- \to r_+$, p_r 取正号; 从 $r_+ \to r_-$, p_r 取负号 (运动反向). 而这在复平面上也体现得更加自然, 只需要注意到 $r_- \sim r_+$ 为割线并规定在其上方 $p_r > 0$ 即可. 因此, $\oint p_r \mathrm{d}r$ 即对应图 17.9 中沿围道 $\mathcal{C}_*$ 的积分, 即有 $J_r = \dfrac{1}{2\pi} \oint_{\mathcal{C}_*}$. 这里围道 $\mathcal{C}_*$ 的具体形状无关紧要, 只要其包括两个零点 $r_\pm$ 即可, 其只在 $r_- \to r_+$ 和 $r_+ \to r_-$ 两段有贡献, 其他部分全部抵消, 因此自动给出一个循环的积分. 这也是围道积分特别适合计算作用变量的原因. 除了 $r = 0, \infty$ 以及割线, 函数 $p_r(r)$ 在复平面 (即图 17.9 中 3 个围道的外部区域) 解析, 因此 $\oint_{\mathcal{C}_*} - \oint_{\mathcal{C}_0} - \oint_{\mathcal{C}_\infty} = 0$, 即 $\oint_{\mathcal{C}_*} = \oint_{\mathcal{C}_0} + \oint_{\mathcal{C}_\infty}$. 由于 $r_- \sim r_+$ 割线的存在, 选择在割线上方 $p_r(r)$ 取正值, 即辐角为 0. 当 $r \to 0$ 时, 相当于绕 r_- 逆时针转 π 角, 因此 $p_r(r \to 0)$ 辐角为 $\mathrm{e}^{\mathrm{i}\frac{\pi}{2}}$; 当 $r \to \infty$ 时, 相当于绕 r_+ 顺时针转 π 角, 因此 $p_r(r \to \infty)$ 辐角为 $\mathrm{e}^{-\mathrm{i}\frac{\pi}{2}}$. 由留数定理得

$$\oint_{\mathcal{C}_0} = 2\pi\mathrm{i}\,\mathrm{Res}\,[p_r\,(r=0)] = 2\pi\mathrm{i}\cdot\sqrt{2m\,|E|}\mathrm{e}^{\mathrm{i}\frac{\pi}{2}}\sqrt{r_+ r_-} = -2\pi J.$$

对于积分 $\oint_{\mathcal{C}_\infty}$, 令 $r = \dfrac{1}{z}$, 有 $\oint_{\mathcal{C}_\infty} = \oint_{\mathcal{C}_{z=0}} \mathrm{d}z\, f(z)$, 这里

$$f(z) = -\mathrm{e}^{-\mathrm{i}\frac{\pi}{2}}\sqrt{2m\,|E|}\,\frac{1}{z^2}\sqrt{(1-r_- z)(1-r_+ z)}.$$

于是

$$\oint_{\mathcal{C}_\infty} = \oint_{\mathcal{C}_{z=0}} = 2\pi\mathrm{i}\,\mathrm{Res}\,[f(z=0)] = 2\pi\mathrm{i}\cdot\sqrt{2m\,|E|}\mathrm{e}^{-\mathrm{i}\frac{\pi}{2}}\frac{r_+ + r_-}{2} = 2\pi\alpha\sqrt{\frac{m}{2\,|E|}}.$$

最终得到

$$J_r = \frac{1}{2\pi}\oint_{\mathcal{C}_*} = \frac{1}{2\pi}\left(\oint_{\mathcal{C}_0} + \oint_{\mathcal{C}_\infty}\right) = \alpha\sqrt{\frac{m}{2\,|E|}} - J. \tag{17.52}$$

对于积分式 (17.50), 由于 $J^2 - \dfrac{p_\phi^2}{\sin^2\theta} \geqslant 0$, 因此 $\theta_0 \leqslant \theta \leqslant \pi - \theta_0$, 其中 $\sin\theta_0 = \dfrac{p_\phi}{J} \equiv a$. 积分中 θ 从 $\theta_0 \to \pi - \theta_0$, p_θ 取正号; 从 $\pi - \theta_0 \to \theta_0$, p_θ 取负号. 令 $x = \sin\theta$, 积分

式 (17.50) 相当于 x 从 $a \sim 1$ 和 $-1 \sim -a$ 之间往返积分, 因此也可以转化为复平面上的围道积分,

$$J_\theta = \frac{1}{2\pi} \left(\oint_{\mathcal{C}_*} \mathrm{d}x\, g(x) + \oint_{\mathcal{C}_*'} \mathrm{d}x\, g(x) \right), \quad g(x) = \frac{1}{x} J \sqrt{\frac{x^2 - a^2}{1 - x^2}},$$

围道如图 17.10 所示. 其中 $a \sim 1$ 和 $-1 \sim -a$ 为割线, 并规定在 $a \sim 1$ 割线的上方 $g(x) > 0$.

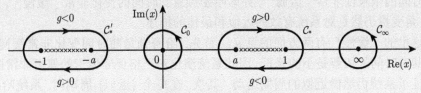

图 17.10　开普勒问题作用变量 J_θ 的积分围道

除了奇点 $x = 0, \pm 1, \infty$ 以及割线, $g(x)$ 在复平面 (即图 17.10 中 4 个围道外部区域) 处处解析, 因此 $\oint_{\mathcal{C}_*} + \oint_{\mathcal{C}_*'} - \oint_{\mathcal{C}_0} - \oint_{\mathcal{C}_\infty} = 0$, 即 $\oint_{\mathcal{C}_*} + \oint_{\mathcal{C}_*'} = \oint_{\mathcal{C}_0} + \oint_{\mathcal{C}_\infty}$. 当 $x \to 0$ 时, $g(x)$ 辐角为 $\mathrm{e}^{\mathrm{i}\frac{\pi}{2}}$ (相当于绕 $x = a$ 逆时针转 π 角), 由留数定理得

$$\oint_{\mathcal{C}_0} = 2\pi\mathrm{i}\, \mathrm{Res}\, [g(x = 0)] = 2\pi\mathrm{i}\, \mathrm{e}^{\mathrm{i}\frac{\pi}{2}} J a = -2\pi p_\phi.$$

另一方面, 令 $x = \frac{1}{u}$, $\oint_{\mathcal{C}_\infty} = \oint_{\mathcal{C}_{u=0}} \mathrm{d}u\, h(u)$, 其中 $h(u) = -\frac{J}{u} \sqrt{\frac{1 - a^2 u^2}{u^2 - 1}}$. 当 $x \to \infty$ 即 $u \to 0$ 时, $g(x)$ 辐角为 $\mathrm{e}^{-\mathrm{i}\frac{\pi}{2}}$ (相当于绕 $x = 1$ 顺时针转 π 角), 因此

$$\oint_{\mathcal{C}_\infty} = \oint_{\mathcal{C}_{u=0}} = 2\pi\mathrm{i}\, \mathrm{Res}\, [h(u = 0)] = 2\pi\mathrm{i}\, \left(\mathrm{e}^{-\mathrm{i}\frac{\pi}{2}} J \right) = 2\pi J.$$

最终得到

$$J_\theta = \frac{1}{2\pi} \left(\oint_{\mathcal{C}_*} + \oint_{\mathcal{C}_*'} \right) = \frac{1}{2\pi} \left(\oint_{\mathcal{C}_0} + \oint_{\mathcal{C}_\infty} \right) = J - p_\phi. \tag{17.53}$$

从式 (17.52) 和 (17.53) 中解出能量 (注意到 $p_\phi = J_\phi$)

$$E = -\frac{m\alpha^2}{2 (J_r + J_\theta + J_\phi)^2}. \tag{17.54}$$

由之可见能量 E 只依赖于 3 个作用变量的组合 $J_r + J_\theta + J_\phi$. 同时, 角频率

$$\omega_r = \omega_\theta = \omega_\phi = \frac{\partial E}{\partial J_r} = \frac{m\alpha^2}{(J_r + J_\theta + J_\phi)^3} \equiv \frac{(2|E|)^{3/2}}{\alpha \sqrt{m}}. \tag{17.55}$$

即 3 个自由度的角频率相等, 自然是公度的. 因此, 当 $E < 0$ 时, 开普勒问题具有整体的周期性, 轨道也是闭合的. 这种情况也被称作 "完全简并".

17.3 绝热不变量

17.3.1 绝热变化中的近似不变量

对于不含时系统的周期运动, 作用–角变量方法可以在不具体求解运动方程的情况下, 直接得到周期运动的频率及其与能量的关系. 但当系统受外界影响, 导致其哈密顿量显含时间, 这时一般来说, 并不存在严格的作用–角变量. 但是如果这种对时间的依赖性非常 "微弱", 亦即哈密顿量随时间的变化非常 "缓慢", 此时作用–角变量仍然是对系统有效的近似和最佳的描述.

这里的 "缓慢" 有两方面的意义. 首先, 哈密顿量随时间变化非常缓慢, 意味着其对时间的依赖是小的修正, 因此系统演化对严格保守情形的偏离非常微小, 这保证了系统仍然做近似的周期运动. 其次, 在每个 (近似) 周期内, 系统哈密顿量的变化非常微小, 或者说近似不变. 换句话说, 在每一个周期内, 系统几乎感受不到哈密顿量的变化. 这种缓慢的变化被称作**绝热** (adiabatic)①. 绝热变化在自然界十分常见. 例如, 频率缓慢变化的谐振子 (见例 17.9), 臂长缓慢变化的单摆 (见例 17.10), 电子表中石英晶体的振荡, 带电粒子在缓变磁场中的运动, 以及恒星质量变化下的行星运动, 等等.

具体而言, 考虑系统依赖于某个参数 $\lambda(t)$, 其数值因外部原因 "缓慢" 变化. 此时, 系统有 "一快一慢" 两个特征运动, 因此有两个特征的时间尺度. 一个是系统做高速周期运动的周期 T, 另一个是在外界影响下系统参数缓慢变化的特征时间 τ, 定义为 $\dfrac{1}{\tau} := \left|\dfrac{\dot\lambda}{\lambda}\right|$. 特征时间所衡量的即 λ 发生单位变化所需的时间, 即 $\mathrm{d}t = \left|\dfrac{\mathrm{d}\lambda}{\lambda}\right| \tau$. **绝热条件** (adiabatic condition) 在定量上即要求经过一个周期 T, λ 相对于自身的变化非常微小, 即 $T|\dot\lambda| \ll |\lambda|$, 等价地

$$\boxed{T\left|\frac{\dot\lambda}{\lambda}\right| \ll 1}. \tag{17.56}$$

这意味着 $\tau \gg T$, 即参数 "缓慢" 变化的特征时间远远长于系统 "快速" 周期运动的周期. 反过来说, 若要参数 λ 产生明显的变化, 系统需要经历非常多个周期. 若 λ 为常数, 则对应特征时间 $\tau \to \infty$, 系统即回到不含时情形. 对于绝热变化的

---

① 在热力学中也有 "绝热" 一词, 通常指的热传导相对于外界影响非常缓慢, 因此热量来不及传递. 另一方面, 其也指的是外界影响相对于系统趋于平衡态的弛豫过程非常缓慢, 因此系统可认为每时每刻都处于近似平衡态. 在这一点上, 其与力学中绝热的含义近似, 都强调外界变化非常缓慢. 力学系统中 "绝热" 一词是由埃伦菲斯特引入的. 绝热不变量的一般理论也是埃伦菲斯特等发展起来的.

系统, 精确 "追踪" 系统在每时每刻的演化不仅十分困难, 而且并不必要. 更值得关注的是系统在高频周期运动下的 "平均" 行为.

例 17.9 频率缓变的谐振子

一维谐振子的哈密顿量为 $H = \dfrac{p^2}{2m} + \dfrac{1}{2}m\omega^2 q^2$, 现在假设角频率 $\omega(t)$ 不再是常数, 而是在外界的影响下随时间缓慢变化. 在例 17.5 中已经讨论了 ω 为常数时一维谐振子的作用–角变量及其生成函数, 其中第 1 型生成函数由式 (17.35) 给出. 我们将其在 "形式上" 推广至含时的情形,

$$F_1(t, q, \phi) = \frac{1}{2}m\omega(t) q^2 \cot\phi. \tag{17.57}$$

由正则变换关系, H 本身仍然变为 ωJ, 因此利用式 (17.33), 变换后的哈密顿量为

$$K(t, \phi, J) = H + \frac{\partial F_1}{\partial t} = \omega(t) J + \frac{1}{2}m\dot\omega(t) q^2 \cot\phi = \omega(t) J + \frac{\dot\omega(t)}{2\omega(t)} J \sin(2\phi), \tag{17.58}$$

由于 $\dot\omega \neq 0$, 新哈密顿量 K 显含 ϕ, 角变量 ϕ 不再是循环坐标. 角变量 ϕ 和作用变量 J 的运动方程为

$$\dot\phi = \frac{\partial K}{\partial J} = \omega(t) + \frac{\dot\omega(t)}{2\omega(t)}\sin(2\phi), \quad \dot J = -\frac{\partial K}{\partial\phi} = -\frac{\dot\omega(t)}{\omega(t)} J \cos(2\phi). \tag{17.59}$$

同样, 由于 $\dot\omega \neq 0$, 因此作用变量 J 也不再是严格的常数. 若角频率 $\omega(t) = \bar\omega$ 是常数, 方程式 (17.59) 将变得极为简单, 这也是作用–角变量之所以被称作最简单的正则变量的原因. 但是现在角频率 $\omega(t)$ 是时间的函数, 方程 (17.59) 一般无法解析求解. 虽然如此, 只要 $\omega(t)$ 随时间缓慢——即绝热变化, 作用–角变量仍然是对这样系统的最佳描述. 在定量分析前, 我们先通过数值方法对谐振子的行为做定性描述. 简单起见, 假设频率的变化是线性的, 即 $\omega(t) = \bar\omega + \epsilon t$, 这里 $\bar\omega$ 为常数, $\epsilon > 0$ 为小参数, 当 $\epsilon = 0$ 就回到 ω 为常数的情形. 绝热条件式 (17.56) 意味着 $T\left|\dfrac{\dot\omega}{\omega}\right| \simeq \dfrac{2\pi}{\omega}\left|\dfrac{\dot\omega}{\omega}\right| \ll 1$, 即 $|\epsilon| \ll \bar\omega^2$. 变量 $\{q, p\}$ 随时间的演化如图 17.11(a) 和 (b) 所示. 可见, 当 $\omega(t)$ 缓慢增加时, 谐振子的振幅随时间缓慢减少, 动量的振幅则缓慢增加, 且振动频率也随时间缓慢增加. 如图 17.11(c) 所示, 相流不再是闭合的椭圆, 而是在 "缓慢形变"（p 方向压缩, q 方向拉伸）. 每一个近似周期, 相流仍然近似为椭圆（虽然不闭合）. 关键在于, 每一个近似周期, 相流围成的面积近似不变. 图 17.11(d) 展示了 3 个典型的近似周期的相流, 这 3 段相流所围成的面积近似相等.

谐振子的角频率 ω 和能量 $E \equiv \dfrac{p^2}{2m} + \dfrac{1}{2}m\omega^2 q^2$ 的演化见图 17.12(a) 和 (b). 可见谐振子的能量随时间增加, 且增加的趋势 "整体" 上和角频率 ω 保持一致, 这就导致两者的比值 E/ω 近似不变. 换句话说, 当谐振子的频率做绝热变化时, 其能量和频率近似成正比 $E \propto \omega$. 再进一步, 由图 17.12(b), 能量明显可视为两种 "成分" 的叠加 $E = \langle E\rangle + \delta E$, 其中 $\langle E\rangle$ 对应整体平滑的部分, 即随时间增加的 "背景"（虚线）, δE 为围绕 $\langle E\rangle$ 快速振荡的微小振荡. 这里 "背景" $\langle E\rangle$ 实际指的就是对时间或者说对周期的

"平均". 由图 17.12(c) 知, 能量和频率的比值 $\dfrac{E}{\omega}$ 也可分为两种成分的叠加: 随时间近似不变的 $\dfrac{\langle E \rangle}{\omega}$ (水平虚线), 及其上叠加的快速振荡. 关键在于, 快速振荡成分的平均值 $\langle \delta E \rangle = 0$, 因此 E 随时间的整体变化——平均能量 $\langle E \rangle$, 与角频率 ω 随时间的变化完全一致. 换句话说 $\langle E \rangle \propto \omega$, 即 $\dfrac{\langle E \rangle}{\omega}$ 为常数.

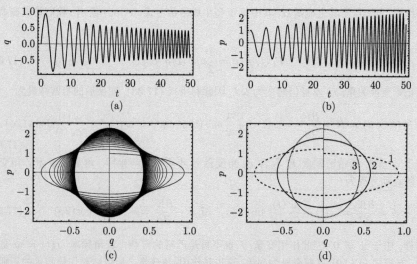

图 17.11   频率缓变谐振子 $\{q, p\}$ 的演化 (参数取 $m = \bar{\omega} = 1$, $\epsilon = 0.1$, 下同)

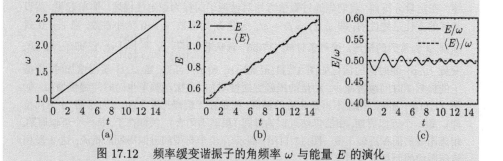

图 17.12   频率缓变谐振子的角频率 ω 与能量 E 的演化

作用-角变量 $\{\phi, J\}$ 的演化如图 17.13 所示. 同样, 由图 17.13(b) 和 (c) 知, 作用变量 "整体" 随时间 "近似" 不变. 或者说, 其也可分为两部分, 随时间近似不变的 $\langle J \rangle$ (水平虚线), 及其上叠加的快速振荡. 由作用变量的几何意义知, 其近似不变正是图 17.11(c) 和 (d) 中, 每个近似周期相流所围面积近似不变的反映.

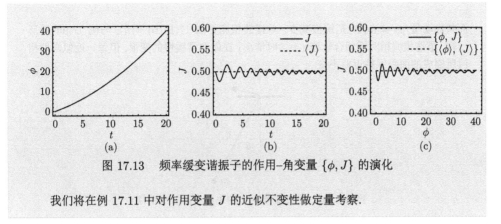

图 17.13　频率缓变谐振子的作用-角变量 $\{\phi, J\}$ 的演化

我们将在例 17.11 中对作用变量 J 的近似不变性做定量考察.

在绝热变化过程中近似不变的量被称作**绝热不变量** (adiabatic invariant). 在上面的例子中, 我们看到, 若系统的变化是绝热的, 则周期运动的振幅、频率、能量等都可能发生可观的变化, 相流也会发生形变. 但关键在于, 相流在一个周期所围成的面积近似不变. 而这个面积正对应作用变量. 因此, 周期运动的系统做绝热变化时, 作用变量 J 是绝热不变量.

在例 17.9 中, 我们直接将不含时系统的生成函数式 (17.35) "形式上" 推广至含时的情形式 (17.57). 从正则变换本身来说, 这样做当然没有问题 (式 (17.57) 总是一个合法的生成函数). 微妙之处在于, 由于系统含时, 这样得到的角变量 ϕ 不再是循环坐标, 作用变量 J 也不再是严格的运动常数[①]. 与此同时, 严格的周期性也被打破, 所以所得到的作用变量 J 只能是经过一个 "近似" 的周期, 相流所围成/扫过的面积. 但是绝热不变量的精髓就在于, 只要系统变化得足够缓慢, 这个近似就足够精确. 这也是作用-角变量仍然是绝热演化的最佳描述的原因.

> **例 17.10 摆长缓慢变化的单摆**
>
> 在 1911 年的第一届索尔维会议上, 洛伦兹问了一个经典的问题: 如果单摆的摆长缓慢变化, 其动能将如何变化? 这就是著名的 "索尔维单摆" 问题. 如图 17.14 所示, 假设单摆上穿过小孔, 在外界牵引下缓慢拉升. 单摆的哈密顿量为 $H = \dfrac{p_\theta^2}{2ml^2(t)} - mgl(t)\cos\theta$. 不同于摆长固定的情形, 现在摆长 $l(t)$ 随时间变化, 单摆的运动方程为
>
> $$\dot\theta = \frac{p_\theta}{ml^2(t)}, \qquad \dot p_\theta = -mgl(t)\sin\theta, \tag{17.60}$$
>
> $l(t)$ 的函数形式由外部条件决定. 我们先对单摆的行为做定性考察, 假设摆长随时间线性变化 $l = l_0 - vt$, 其中 l_0, v 为常数. 如图 17.15(a) 所示, 若摆长的变化非常缓慢, 单摆仍然近似做周期运动, 此时单摆做绝热变化. 此时振幅 θ 和频率都随时间缓慢增加,

---

[①] 所以严格来说, 这样得到的变量 ϕ 和 J 并不是最初意义上——即分别作为循环坐标和运动常数的作用-角变量. 实际上, 一般的含时系统并不存在严格的作用-角变量.

而共轭动量 $p_\theta = ml^2\dot\theta$ 则缓慢减少. 单摆的相流如图 17.15(b) 所示, 与例 17.9的情形一样, 虽然相流相对于闭合轨迹 (不含时情形) 在做非常缓慢的变形, 但每一近似周期相流所围成的面积保持近似不变.

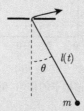

图 17.14　摆长缓慢变化的单摆 (索尔维单摆)

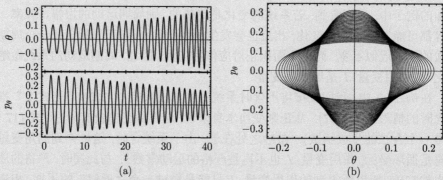

图 17.15　索尔维单摆的演化. 参数取 $m = 1$, $g = 10$, $l_0 = 1$, $v = 0.016$, 初始条件为
$$\theta(0) = 0.1,\ p_\theta(0) = 0$$

现在的问题是, 单摆的频率和能量在摆长缓慢变换下, 如何变化? 注意由于我们选取单摆顶端为势能零点, 因此单摆的能量中包含 $-mgl$ 的重力势能, "纯摆动" (周期运动) 的能量则为 $E + mgl \equiv \tilde{E}$, 其随时间的变化率为 (注意哈密顿量中只有 $l(t)$ 显含时间)

$$\frac{\mathrm{d}\tilde{E}}{\mathrm{d}t} = \frac{\partial E}{\partial t} + mg\dot{l} = -\frac{\dot{l}}{l}\left(\frac{p_\theta^2}{ml^2} - mgl(1-\cos\theta)\right) \equiv -\frac{\dot{l}}{l}\left(2T - \tilde{V}\right), \qquad (17.61)$$

其中 $\tilde{V} \equiv -mgl(1-\cos\theta)$ 为纯摆动对应的势能. 因为 $\dot{\tilde{E}} \propto \dot{l}$, 因此若摆长不变 $\dot{l} = 0$, 就回到能量守恒的情形. 若摆角很小, 单摆的行为近似为一维谐振子, 频率为 $\omega = \sqrt{\dfrac{g}{l}}$, 因此

$$\frac{\mathrm{d}\omega}{\mathrm{d}t} = -\frac{1}{2}\sqrt{\frac{g}{l}}\frac{\dot{l}}{l} = -\frac{\dot{l}}{2l}\omega. \qquad (17.62)$$

在摆角很小时, 利用谐振子 $\langle T \rangle = \langle \tilde{V} \rangle = \frac{1}{2}\langle \tilde{E} \rangle$, 式 (17.61) 意味着 $\dfrac{\mathrm{d}\langle \tilde{E} \rangle}{\mathrm{d}t} \equiv$

$\left\langle \dfrac{\mathrm{d}\tilde{E}}{\mathrm{d}t} \right\rangle = -\dfrac{i}{l}\left(2\langle T \rangle - \langle \tilde{V} \rangle \right) = -\dfrac{i}{2l}\langle \tilde{E} \rangle$, 可见平均能量 $\langle \tilde{E} \rangle$ 随时间的变化方程

和角频率 ω 随时间的变化方程 (17.62) 形式上完全一样. 这就导致 $\langle \tilde{E} \rangle \propto \omega$, 或者说

两者的比值 $\dfrac{\langle \tilde{E} \rangle}{\omega}$ 近似为常数. 在摆角很小时, 单摆近似为谐振子, 这就意味着作用变

量 $J = \dfrac{\tilde{E}}{\omega}$ 近似是常数. 当摆角很大时, 单摆不再作谐振动, 相图如图 17.16(a) 所示. 由

图 17.16(b) 知, 此时 $\dfrac{\tilde{E}}{\omega}$ $\left(\text{其中 } \omega = \dfrac{1}{J'(E)}\right)$ 很明显不再是近似不变的. 但是只要

摆长变化足够缓慢, 单摆的作用变量 J (由式 (17.36) 给出) 仍然是绝热不变量, 如图
17.16(c) 所示.

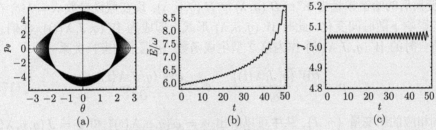

图 17.16　索尔维单摆在摆角很大时的演化. 参数取 $m = 1$, $g = 10$, $l_0 = 1$, $v = 0.01$,
初始条件为 $\theta(0) = 2$, $p_\theta(0) = 0$

　　绝热不变量在量子力学的早期发展中起到了重要作用. 对于"索尔维单摆", 从量
子化的角度, 洛伦兹的问题相当于问如果能量是量子化的, 即是某个基本能量的
整数倍, 那么当谐振子频率缓变变化时, 量子化的能量看上去和连续变化的频率
相矛盾. 爱因斯坦对此的回答是, 只要频率 ω 的变化足够缓慢, 能量和频率之比
E/ω 就是不变的. 换句话说, 量子化的其实是绝热不变量 J, 即[①]

$$J_a = \frac{1}{2\pi}\oint p_a \mathrm{d}q^a = n_a \hbar, \quad n_a = 1, 2, 3, \cdots. \tag{17.63}$$

"不变量"在物理学中具有更重要的地位, 因此是绝热不变量 J 而不是可变的能量
E 被量子化也是这一观念的体现. 这从量纲上也是匹配的, 因为作用变量 J 和约
化普朗克常量 $\hbar$ 具有相同的量纲. 对于谐振子, 有 $E = J\omega$, 因此即得到 $E = n\hbar\omega$,
即量子化的能量. 对于氢原子, 量子化条件即 $J_r = n_r\hbar$, $J_\theta = n_\theta\hbar$ 和 $J_\phi = n_\phi\hbar$,

---

① 式 (17.63) 被称为 Wilson-Sommerfeld 或 Bohr-Sommerfeld 量子化规则.

代入式 (17.54), 并令 $\alpha = e^2$, 得到

$$E_n = -\frac{me^4}{2\hbar^2 n^2}, \quad n = 1, 2, 3, \cdots, \tag{17.64}$$

这里 $n = n_r + n_\theta + n_\phi$, 这正是玻尔在 1913 年所得到的氢原子能级公式[①].

17.3.2 绝热不变量的一般证明

17.3.1 节的例子表明, 只要系统在做高频的周期运动, 同时系统参数随时间的变化非常缓慢, 那么作用变量 J 就近似是常数. 这一结果并不是偶然的.

我们限于讨论单自由度系统, 哈密顿量为 $H = H(q, p, \lambda)$, 其中参数 λ 由外界条件决定. 如果 λ 是常数, 系统不含时, 假设系统此时做周期运动. 对于每个给定的 λ 值, 都有相应的作用–角变量 $\{\phi, J\}$. 相应的正则变换第 2 型生成函数为 $W(q, J, \lambda)$ (或者第 1 型生成函数 $F_1(q, \phi, \lambda) = W(q, J, \lambda) - \phi J$), 也依赖于参数 λ. 变换后的哈密顿量为 $K \equiv H(J, \lambda) \equiv H(q, p, \lambda)$. 现在假设参数 $\lambda = \lambda(t)$ 在外界的影响下随时间变化. 此时 $W(q, J, \lambda)$ 形式上即成为 $W(q, J, \lambda(t))$, 我们总可以将含时的 $W(q, J, \lambda(t))$ 作为第 2 型生成函数, 根据正则变换关系

$$p = \frac{\partial W(q, J, \lambda(t))}{\partial q}, \quad \phi = \frac{\partial W(q, J, \lambda(t))}{\partial J}, \tag{17.65}$$

得到相应的新变量 $\{\phi, J\}$, 从中可以解出 $\phi = \phi(q, p, \lambda(t))$ 和 $J = J(q, p, \lambda(t))$. 变换后的新哈密顿量为

$$K(\phi, J, t) = H(J, \lambda(t)) + \frac{\partial W(q, J, \lambda(t))}{\partial t} = H(J, \lambda(t)) + \frac{\partial W(q, J, \lambda(t))}{\partial \lambda(t)} \dot{\lambda}(t)$$

$$\equiv H(J, \lambda(t)) + \Lambda(\phi, J, \lambda(t)) \dot{\lambda}(t). \tag{17.66}$$

注意式 (17.66) 中第一项 $H(J, \lambda(t))$ 与 λ 为常数时的 $H(J, \lambda)$ 形式完全一致, 因此也与 ϕ 无关. 含有 ϕ 的是第二项, 方便起见定义

$$\Lambda(\phi, J, \lambda) := \left.\frac{\partial W(q, J, \lambda)}{\partial \lambda}\right|_{q = q(\phi, J, \lambda)} \equiv \left.\frac{\partial F_1(q, \phi, \lambda)}{\partial \lambda}\right|_{q = q(\phi, J, \lambda)}, \tag{17.67}$$

注意在式 (17.67) 中是先将生成函数对 λ 求偏导数, 之后再将 q 换成 $q(\phi, J, \lambda)$. 于是作用变量 J 的运动方程为

$$\dot{J} = -\frac{\partial K(\phi, J, t)}{\partial \phi} = -\dot{\lambda} \frac{\partial \Lambda(\phi, J, \lambda)}{\partial \phi}. \tag{17.68}$$

---

① 玻尔 (Niels Bohr, 1885—1962) 是丹麦物理学家, 提出了原子结构的玻尔模型, 并引入量子化条件来解释氢原子光谱, 因此获得 1922 年诺贝尔物理学奖. 玻尔是哥本哈根学派的创始人, 对 20 世纪物理学的发展有着深远的影响.

由式 (17.68) 再次看出, 若参数 λ 是常数, 即 $\dot{\lambda} = 0$, 则 $\dot{J} = 0$, 即 J 是运动常数. 若 $\dot{\lambda} \neq 0$, 则 $\dot{J} \neq 0$, 此时作用变量 J 不再是严格的运动常数.

绝热不变性的关键在于, 虽然 J 本身不是运动常数, 但是只要参数 λ 做绝热变化, 则 J 的平均值 $\langle J \rangle$ 近似不变. 定义物理量 Q 在一个周期 T 内的平均值为

$$\langle Q \rangle := \frac{1}{T} \int_0^T \mathrm{d}t Q = \frac{1}{2\pi} \int_0^{2\pi} \mathrm{d}\phi Q. \tag{17.69}$$

而绝热条件式 (17.56) 意味着在一个周期内, λ 近似不变, 因此 $\dot{\lambda}$ 也近似为常数, 于是式 (17.68) 意味着

$$\langle \dot{J} \rangle = -\left\langle \dot{\lambda} \frac{\partial \Lambda(\phi, J, \lambda)}{\partial \phi} \right\rangle \approx -\dot{\lambda} \left\langle \frac{\partial \Lambda(\phi, J, \lambda)}{\partial \phi} \right\rangle. \tag{17.70}$$

从而有

$$\langle \dot{J} \rangle \approx -\frac{\dot{\lambda}}{2\pi} \int_0^{2\pi} \mathrm{d}\phi \frac{\partial \Lambda(\phi, J, \lambda)}{\partial \phi} = -\frac{\dot{\lambda}}{2\pi} \left(\Lambda|_{\phi=2\pi} - \Lambda|_{\phi=0} \right) = 0, \tag{17.71}$$

这里我们用到了式 (17.30), 即作用–角变量的第 1 型生成函数是 ϕ 的以 2π 为周期的周期函数, 因此 $\Lambda = \dfrac{\partial F_1}{\partial \lambda}$ 也是 ϕ 的以 2π 为周期的周期函数, 这一点在绝热条件下也是近似成立的. 可见在一个周期内, 作用变量 J 的平均变化率为 0, 即在一个周期内 J 是近似不变的.

由以上的证明可知, 作用变量 J 的近似不变性指的并不是 $\dot{J} \approx 0$, 而是 $\langle \dot{J} \rangle \approx 0$, 即 "整体" 或者说随时间 "平均" 的不变性. 此外, 由式 (17.71) 知, 作用变量的绝热不变性并不仅仅是因为 $|\dot{\lambda}|$ 本身很小 (否则可以直接由式 (17.68) 得到 $\dot{J} \approx 0$), 而是 λ 做 "缓慢" 的绝热变化 (从而 $\dot{\lambda}$ 近似常数) 和系统做 "快速" 的周期运动 $\left(\text{从而在一个周期内} \left\langle \dfrac{\partial \Lambda}{\partial \phi} \right\rangle = 0 \right)$ 共同作用的结果. 最后, 和对称性导致的不变性不同, 绝热不变性并不是严格的, 而只是一种 "近似" 的不变性. 关键在于, 只要系统变化足够缓慢, 这种近似性就足够好.

例 17.11 谐振子作用变量的绝热不变性

在例 17.9 中给出了频率缓变谐振子作用–角变量的运动方程 (17.59). 在 $\omega = \bar{\omega} + \epsilon t$ 情形,

$$\dot{\phi} = \bar{\omega} + \epsilon t + \frac{\epsilon}{2(\bar{\omega} + \epsilon t)} \sin(2\phi) \approx \bar{\omega} + \epsilon t + \frac{\epsilon}{2\bar{\omega}} \sin(2\phi),$$

$$\dot{J} = -\frac{\epsilon}{\bar{\omega} + \epsilon t} J \cos(2\phi) \approx -\frac{\epsilon}{\bar{\omega}} J \cos(2\phi).$$

这里的关键在于, $\dot{J} \propto \cos(2\phi)$. 经过一个周期, 无论是 $\sin(2\phi)$ 还是 $\cos(2\phi)$, 平均值都是 0. 因此, 必然有 $\langle \dot{J} \rangle \approx 0$, 即 $\langle J \rangle$ 为绝热不变量. 谐振子的能量为 $E = \omega(t)J = (\bar{\omega} + \epsilon t)J$, 于是在一个周期内,

$$\langle E \rangle = \langle (\bar{\omega} + \epsilon t)J \rangle \approx (\bar{\omega} + \epsilon t)\langle J \rangle,$$

可见平均能量随时间增加, 且趋势与频率相同. 更一般地, 谐振子能量的变化率为 $\dfrac{dE}{dt} \equiv \dfrac{dH}{dt} = \dfrac{\partial H}{\partial t} = m\omega\dot{\omega}q^2$, 因为 $\omega(t)$ 缓慢变化, 在一个周期内的 "平均" 为 $\left\langle \dfrac{p^2}{2m} \right\rangle = \left\langle \dfrac{1}{2}m\omega^2 q^2 \right\rangle = \dfrac{1}{2}\langle E \rangle$, 因此

$$\frac{d\langle E \rangle}{dt} = \left\langle \frac{dE}{dt} \right\rangle = \langle m\omega\dot{\omega}q^2 \rangle \approx m\omega\dot{\omega}\langle q^2 \rangle \approx m\omega\dot{\omega}\frac{\langle E \rangle}{m\omega^2} = \frac{d\omega}{dt}\frac{\langle E \rangle}{\omega},$$

即 $\dfrac{d\langle E \rangle}{\langle E \rangle} \approx \dfrac{d\omega}{\omega}$, 从而作用变量 $\langle J \rangle \equiv \dfrac{\langle E \rangle}{\omega}$ 为近似常数, 即为绝热不变量.

以上的讨论限于单自由度系统. 绝热不变量对于多自由度系统的推广并不是那么简单. 例如, 此时可能存在参数共振, 使得某些自由度的作用变量不再是近似不变的. 本书就不再展开了.

17.3.3   哈内角

到目前为止, 我们关注的重点是作用变量在绝热变化下的不变性. 一个自然的问题是, 角变量在绝热变化下如何变化[①]?

由式 (17.66) 知, 角变量的运动方程为

$$\dot{\phi} = \frac{\partial K}{\partial J} = \omega(J, \lambda) + \frac{\partial \Lambda(\phi, J, \lambda)}{\partial J}\dot{\lambda}, \tag{17.72}$$

其中 $\omega(J, \lambda) \equiv \dfrac{\partial H(J, \lambda)}{\partial J}$. 如果 Λ 与 ϕ 无关, 即 $\Lambda = \Lambda(J, \lambda)$, 则方程 (17.72) 可以直接积分 (例如例 17.12). 但一般情况下, $\Lambda(\phi, J, \lambda)$ 与 ϕ 有关, 因此式 (17.72) 的右边也出现了 ϕ, 这使得方程难以直接求解. 与作用变量一样, 解决的方法同样是考虑角变量的 "平均" 变化. 对系统的周期运动做平均, 定义

$$A(J, \lambda) = \left\langle \frac{\partial \Lambda(\phi, J, \lambda)}{\partial J} \right\rangle \equiv \frac{1}{2\pi}\int_0^{2\pi} \frac{\partial \Lambda(\phi, J, \lambda)}{\partial J} d\phi, \tag{17.73}$$

---

① 这个问题看上去如此自然而直接, 但是实际上直到 1984 年贝里 (Michael Berry) 发现量子力学中的几何相位 (也被称作贝里相位) 后, 才由哈内 (John Hannay) 认真考虑.

又因为作用变量 J 是绝热不变量, 在一个周期内可视为常数, 于是角变量的平均变化率即

$$\langle \dot{\phi} \rangle = \omega(J, \lambda) + A(J, \lambda) \dot{\lambda}, \tag{17.74}$$

此时方程的右边自然不再含有 ϕ.

现在考虑参数 λ 的变化经历某个 "循环", 即经过某段时间 τ, 参数回到初值 $\lambda(\tau) = \lambda(0)$. 经过参数 λ 的这一循环, 角变量的平均变化为

$$\langle \Delta \phi \rangle = \int_0^\tau \omega(J, \lambda) \, \mathrm{d}t + \oint_{\mathcal{C}_\lambda} A(J, \lambda) \, \mathrm{d}\lambda. \tag{17.75}$$

其中 $\mathcal{C}_\lambda$ 表示参数 λ 的循环. 可见 $\langle \Delta \phi \rangle$ 来自两方面的贡献. 式 (17.75) 中第一项来自直接的时间演化, 其在参数 λ 为常数时也存在, 被称作动力学变化. 第二项

$$\boxed{\Delta_{\mathrm{H}} \phi = \oint_{\mathcal{C}_\lambda} A(J, \lambda) \, \mathrm{d}\lambda}, \tag{17.76}$$

来自参数 λ 本身的变化, 即所谓**哈内角** (Hannay angle). 因为哈内角只直接依赖于参数本身的变化, 而与参数具体如何随时间变化没有直接关系, 是一种纯几何的效应, 因此也被称作**几何相位** (geometric phase). 哈内角作为量子力学中几何相位的经典对应, 可谓是量子力学 "反哺" 经典力学的案例.

在 $\Lambda(\phi, J, \lambda)$ 的定义式 (17.67) 中, 是先对参数 λ 求偏导数, 然后再将变量换成 $\{\phi, J\}$. 另一方面, 如果从一开始就将生成函数 W 的变量换成 $\{\phi, J\}$, 定义 $\tilde{W}(\phi, J, \lambda) \equiv W(q(\phi, J, \lambda), J, \lambda)$, 则有

$$\frac{\partial \tilde{W}(\phi, J, \lambda)}{\partial \lambda} = \underbrace{\frac{\partial W(q, J, \lambda)}{\partial q}}_{\equiv p} \frac{\partial q(\phi, J, \lambda)}{\partial \lambda} + \underbrace{\frac{\partial W(q, J, \lambda)}{\partial \lambda}}_{\equiv \Lambda}, \tag{17.77}$$

于是 $\Lambda = \dfrac{\partial \tilde{W}}{\partial \lambda} - p \dfrac{\partial q}{\partial \lambda}$. 代入式 (17.76), 并利用式 (17.73),

$$\Delta_{\mathrm{H}} \phi = \oint_{\mathcal{C}_\lambda} \left\langle \frac{\partial \Lambda}{\partial J} \right\rangle \mathrm{d}\lambda = \frac{\partial}{\partial J} \oint_{\mathcal{C}_\lambda} \langle \Lambda \rangle \, \mathrm{d}\lambda = \frac{\partial}{\partial J} \left\langle \oint_{\mathcal{C}_\lambda} \frac{\partial \tilde{W}}{\partial \lambda} \mathrm{d}\lambda - \oint_{\mathcal{C}_\lambda} p \frac{\partial q}{\partial \lambda} \mathrm{d}\lambda \right\rangle, \tag{17.78}$$

沿着积分路径 $\mathcal{C}_\lambda$ 有 $\dfrac{\partial \tilde{W}}{\partial \lambda} \mathrm{d}\lambda = \mathrm{d}\tilde{W}$, 因此经历一个循环为 0. 又因为 $\dfrac{\partial q}{\partial \lambda} \mathrm{d}\lambda = \mathrm{d}q$, 于是哈内角还可以表示为

$$\boxed{\Delta_{\mathrm{H}} \phi = -\frac{\partial}{\partial J} \oint_{\mathcal{C}_\lambda} \langle p \, \mathrm{d}q(\phi, J, \lambda) \rangle}. \tag{17.79}$$

角变量 ϕ 与 $\{q,p\}$ 的关系 $\phi = \phi(q,p,\lambda)$ 从形式上总可以视为相空间 $\{q,p\}$ 中的函数, 并依赖于参数 λ, 因此

$$\dot{\phi} = [\phi,H]_{\{q,p\}} + \frac{\partial \phi(q,p,\lambda)}{\partial t} \equiv [\phi,H]_{\{q,p\}} + \frac{\partial \phi(q,p,\lambda)}{\partial \lambda}\dot{\lambda}. \tag{17.80}$$

泊松括号 $[\phi,H]_{\{q,p\}}$ 与 λ 是否是常数无关, 因此形式上与 λ 为常数时的结果一致, 即有 $[\phi,H]_{\{q,p\}} = \omega(J,\lambda) \equiv \dfrac{\partial H(J,\lambda)}{\partial J}$. 比较上式与式 (17.72), 即有 $\dfrac{\partial \Lambda(\phi,J,\lambda)}{\partial J} = \dfrac{\partial \phi(q,p,\lambda)}{\partial \lambda}$, 代入式 (17.76), 哈内角还可以表示为

$$\Delta_{\mathrm{H}}\phi = \oint_{\mathcal{C}_\lambda} \left\langle \frac{\partial \phi(q,p,\lambda)}{\partial \lambda} \right\rangle \mathrm{d}\lambda. \tag{17.81}$$

以上的推导可以推广至多个参数 $\{\boldsymbol{\lambda}\} \equiv \{\lambda^1, \cdots, \lambda^N\}$ 的情形, 若这些参数经历整体的循环, 定义

$$A_i(J,\boldsymbol{\lambda}) = \left\langle \frac{\partial \phi(q,p,\boldsymbol{\lambda})}{\partial \lambda^i} \right\rangle, \quad i = 1, \cdots, N, \tag{17.82}$$

可视为参数空间 $\{\boldsymbol{\lambda}\}$ 中的矢量场. 哈内角即为

$$\Delta_{\mathrm{H}}\phi = \oint_{\mathcal{C}_\lambda} A_i(J,\boldsymbol{\lambda})\,\mathrm{d}\lambda^i \equiv \oint_{\mathcal{C}_\lambda} \boldsymbol{A}(J,\boldsymbol{\lambda}) \cdot \mathrm{d}\boldsymbol{\lambda}, \tag{17.83}$$

即矢量场 $\boldsymbol{A}$ 沿着参数空间中闭合曲线 $\mathcal{C}_{\boldsymbol{\lambda}}$ 的积分.

例 17.12 傅科摆与哈内角

哈内角的经典例子之一即傅科摆摆面的附加转动. 简单起见, 考虑摆角很小的情形, 此时傅科摆可以近似为水平面上的 2 维谐振子, 且两个自由度角频率相等 $\omega_x = \omega_y = \omega$, 因此问题也就成为转动参考系中 2 维各向同性谐振子的运动. 设转动参考系相对于惯性系的角速度为 Ω, 且有 $\Omega \ll \omega$, 即满足绝热条件. 在转动参考系中取极坐标 $\{r,\phi\}$, 系统的拉格朗日量为 (惯性系中角速度为 $\dot{\phi} - \Omega$)

$$\begin{aligned}
L &= \frac{1}{2}m\left(\dot{r}^2 + r^2\left(\dot{\phi} - \Omega\right)^2\right) - \frac{1}{2}m\omega^2 r^2 \\
&= \frac{1}{2}m\dot{r}^2 + \frac{1}{2}mr^2\dot{\phi}^2 - mr^2\Omega\dot{\phi} - \frac{1}{2}m\left(\omega^2 - \Omega^2\right)r^2.
\end{aligned} \tag{17.84}$$

有趣的是, 虽然系统经历绝热变化, 但若转动角速度 Ω 为常数, 则系统的拉格朗日量并不显含时间. 以下假设 Ω 为常数. 共轭动量为 $p_r = \dfrac{\partial L}{\partial \dot{r}} = m\dot{r}$, $p_\phi = \dfrac{\partial L}{\partial \dot{\phi}} =$

$mr^2 \left(\dot{\phi} - \Omega \right)$, 于是哈密顿量为

$$H = \frac{p_r^2}{2m} + \frac{p_\phi^2}{2mr^2} + \Omega p_\phi + \frac{1}{2} m\omega^2 r^2. \tag{17.85}$$

因为 ϕ 是循环坐标, p_ϕ 是常数, 记为 J, 于是 ϕ 对应的作用变量为 $J_\phi = \frac{1}{2\pi} \oint p_\phi \mathrm{d}\phi \equiv J$. 给定能量 $H = E$, 由式 (17.85) 解出 p_r, 于是 r 对应的作用变量为

$$J_r = \frac{1}{2\pi} \oint p_r \mathrm{d}r = \frac{1}{2\pi} \oint \frac{\mathrm{d}r}{r} \sqrt{-m^2\omega^2 r^4 + 2m\left(E - \Omega J\right)r^2 - J^2}. \tag{17.86}$$

与例 17.8 中积分式 (17.49) 和 (17.50) 的计算一样, 积分式 (17.86) 可以方便地利用留数定理求出, 围道如图 17.17 所示.

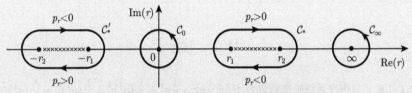

图 17.17　傅科摆作用变量 J_r 的积分围道

$p_r(r) = 0$ 有 4 个实根 $\pm r_{1,2}$, 设 $r_2 > r_1 > 0$. 一个周期对应由 $r_1 \to r_2$, p_r 取正值; 然后由 $r_2 \to r_1$, p_r 取负值. 于是 $\oint p_r \mathrm{d}r$ 对应图 17.17 中沿围道 $\mathcal{C}_*$ 的积分. 除了 $r = 0, \infty$ 以及连接 $r_1 \sim r_2$ 和 $-r_1 \sim -r_2$ 的割线, p_r 在整个复平面 (即图中 4 个围道外部区域) 解析, 因此有 $\oint_{\mathcal{C}_*} + \oint_{\mathcal{C}_*'} - \oint_{\mathcal{C}_0} - \oint_{\mathcal{C}_\infty} = 0$. 注意到 $\oint_{\mathcal{C}_*} = \oint_{\mathcal{C}_*'}$, 即有 $\oint_{\mathcal{C}_*} = \frac{1}{2} \left(\oint_{\mathcal{C}_0} + \oint_{\mathcal{C}_\infty} \right)$. 取割线 $r_1 \sim r_2$ 上方 $p_r > 0$, 由留数定理 (和例 17.8 一样, $p_r(r \to 0)$ 的辐角为 $\mathrm{e}^{\mathrm{i}\frac{\pi}{2}}$) 得

$$\oint_{\mathcal{C}_0} = 2\pi\mathrm{i}\,\mathrm{Res}\left[p_r(r = 0)\right] = 2\pi\mathrm{i}\left(\mathrm{e}^{\mathrm{i}\frac{\pi}{2}} |J|\right) = -2\pi |J|.$$

令 $r = 1/z$, 则 $\oint_{\mathcal{C}_\infty} = \oint_{\mathcal{C}_{z=0}} \mathrm{d}z f(z)$, 其中

$$f(z) = -\frac{1}{z^3} \sqrt{-m^2\omega^2 + 2m\left(E - \Omega J\right)z^2 - J^2 z^4}.$$

因此 ($p_r(r \to \infty)$ 即 $f(z \to 0)$ 的辐角为 $\mathrm{e}^{-\mathrm{i}\frac{\pi}{2}}$)

$$\oint_{\mathcal{C}_\infty} = \oint_{\mathcal{C}_{z=0}} = 2\pi\mathrm{i}\,\mathrm{Res}\left[f(z = 0)\right] = 2\pi\mathrm{i}\left(\mathrm{e}^{-\mathrm{i}\frac{\pi}{2}} \frac{E - \Omega J}{\omega}\right) = 2\pi \frac{E - \Omega J}{\omega}.$$

最终得到

$$J_r = \frac{1}{2\pi} \oint_{\mathcal{C}_*} = \frac{1}{4\pi} \left(\oint_{\mathcal{C}_0} + \oint_{\mathcal{C}_\infty} \right) = \frac{1}{2} \left(\frac{E - \Omega J}{\omega} - |J| \right). \tag{17.87}$$

从中解出 $H = E$ 作为作用变量的函数 (注意 $J_\phi \equiv J$)

$$K \equiv H = \omega \left(2J_r + |J| \right) + \Omega J. \tag{17.88}$$

因为哈密顿量不含时, 因此上式即正则变换后完整的哈密顿量. 于是角变量满足运动方程

$$\dot{\phi}_r = \frac{\partial H}{\partial J_r} = 2\omega, \quad \dot{\phi}_\phi = \frac{\partial H}{\partial J} = \pm \omega + \Omega.$$

这里 $\dot{\phi}_\phi$ 的第一项符号取决于 $J_\phi \equiv J$ 的正负, 第二项在完成一个转动周期后, 贡献 $\Delta \phi_\phi = \Omega T$, 正是哈内角.

习　题

17.1　某 2 自由度系统哈密顿量为 $H = \frac{1}{2}p_1^2 + \frac{1}{2}p_2^2 + \frac{1}{4}\left(q^1\right)^4 + \frac{1}{4}\left(q^2\right)^4 + \frac{\lambda}{2}\left(q^1\right)^2\left(q^2\right)^2$. 验证 λ 取下列常数时, 存在运动常数 f, 从而系统是可积的.

(1) $\lambda = 0$, $f = \frac{1}{2}p_1^2 - \frac{1}{2}p_2^2 + \frac{1}{4}\left(q^1\right)^4 - \frac{1}{4}\left(q^2\right)^4$;

(2) $\lambda = 1$, $f = p_1 q^2 - p_2 q^1$;

(3) $\lambda = 3$, $f = p_1 p_2 + \left(q^1\right)^3 q^2 + q^1 \left(q^2\right)^3$.

17.2　质量为 m 的粒子在势场 $V = \lambda |x|$ 中做一维运动, 其中 λ 为正的常数.

(1) 求粒子的作用–角变量;

(2) 求粒子做周期运动的角频率.

17.3　质量为 m 的粒子在势能场 $V = -\lambda / |x|$ 中做一维运动, 其中 λ 为正的常数, 粒子能量为负.

(1) 求粒子的作用–角变量;

(2) 求粒子做周期运动的频率.

17.4　粒子在中心势场 $V(r) = -\dfrac{\alpha}{r} - \dfrac{\beta}{r^2}$ 中运动, 其中 α, β 是正的常数. 取平面极坐标 $\{r, \phi\}$.

(1) 若粒子径向做周期运动, 则能量 E 和角动量大小 J 需满足什么条件?

(2) 求粒子的作用–角变量;

(3) 分别求粒子径向和角向周期运动的角频率;

(4) 若 β 很小, 粒子轨道近似为椭圆, 求近心点的进动速率, 近似到 β 的一阶.

17.5　一小球在两块平行板之间来回反弹, 设左板固定, 右板以匀速 v 缓慢向右移动. 小球初始速度远大于 v, 小球与板的碰撞是完全弹性的且瞬间完成.

(1) 在相图上定性画出小球的相流;

(2) 求每次碰撞前后的动量和往返距离的变化, 并证明经过每个反弹周期, 相流所围成的面积近似不变.

17.6　某质量为 m 的粒子在势场 $V = -\dfrac{V_0}{\cosh^2(\lambda x)}$ 中做一维运动, 其中 λ 为正的常数, $V_0 > 0$, 粒子能量为负. 若 $V_0(t)$ 随时间缓慢变化, 证明 $\sqrt{V_0} - \sqrt{-E}$ 是绝热不变量.

17.7　考虑例 17.10 中摆长缓慢变化的单摆. 在摆角很小的近似下, 求角频率和振幅与摆长的关系.

17.8　考虑习题 16.7 中处于均匀磁场中的带电粒子.

(1) 求粒子的作用–角变量;

(2) 求粒子做周期运动的角频率;

(3) 若磁感应强度 $B(t)$ 缓慢变化, 讨论粒子运动的变化.

17.9　若恒星的质量缓慢减少, 分析行星运动的变化.

附录 A 数 学 附 录

A.1 ϵ-符号

A.1.1 ϵ-符号的定义

所谓 "ϵ-符号", 也称作**列维-奇维塔符号** (Levi-Civita symbol), 定义为

$$\epsilon_{ijk} = \begin{cases} +1, & \{i,j,k\} = \{1,2,3\}, \{2,3,1\}, \{3,1,2\}, \\ -1, & \{i,j,k\} = \{1,3,2\}, \{2,1,3\}, \{3,2,1\}, \\ 0, & \text{其他情况}. \end{cases} \tag{A.1}$$

ϵ_{ijk} 的取值规律如图 A.1 所示, 顺时针顺序转一圈为 $+1$, 逆时针顺序转一圈为 -1, 其他情况为 0.

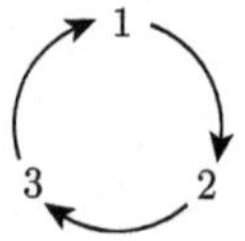

图 A.1 ϵ-符号的取值

根据式 (A.1), ϵ_{ijk} 的一个重要性质是, 其任意两个指标是反对称的, 即任意两个指标对换, 相差一个负号. 例如

$$\epsilon_{ijk} = -\epsilon_{jik} = -\epsilon_{ikj}, \tag{A.2}$$

等等. 这种性质又被称作对所有指标**全反对称** (completely antisymmetric). 实际上, 全反对称这一性质也可以作为 ϵ_{ijk} 的定义.

涉及 ϵ_{ijk} 的计算中, 一个有用的关系是 (默认指标用欧氏度规升降)

$$\epsilon_{ijm}\epsilon^{kln} = \delta_i^k\delta_j^l\delta_m^n + \delta_i^l\delta_j^n\delta_m^k + \delta_i^n\delta_j^k\delta_m^l - \delta_i^k\delta_j^n\delta_m^l - \delta_i^l\delta_j^k\delta_m^n - \delta_i^n\delta_j^l\delta_m^k, \tag{A.3}$$

其中 δ_j^i 是**克罗内克符号** (Kronecker symbol), 取值为

$$\delta_j^i = \begin{cases} 1, & i = j, \\ 0, & i \neq j. \end{cases} \tag{A.4}$$

式 (A.3) 可以直接代入具体指标验证. 将式 (A.3) 中一对指标求和, 得到另一个重要等式

$$\epsilon_{ijm}\epsilon^{klm} = \delta_i^k\delta_j^l - \delta_i^l\delta_j^k \equiv \delta_i^k\delta_j^l - \delta_j^k\delta_i^l. \tag{A.5}$$

将式 (A.3) 中两对指标求和, 又可得到

$$\epsilon_{ikl}\epsilon^{jkl} = 2\delta_i^j. \tag{A.6}$$

A.1.2 叉乘

3 维空间中矢量的**叉乘** (cross product) 是一种 "二元运算", 即由两个矢量得到另一个矢量的操作. 对于正交归一基矢 $\{e_1, e_2, e_3\}$, 叉乘满足反对称和 "右手规则", 可以统一用 ε-符号写成

$$e_i \times e_j = \epsilon^k{}_{ij}e_k, \quad i,j = 1,2,3. \tag{A.7}$$

这里默认指标由欧氏度规升降, 即 $\epsilon^k{}_{ij} \equiv \delta^{kl}\epsilon_{lij}$.

由基矢的叉乘可以得到任意两个矢量的叉乘,

$$\boldsymbol{A} \times \boldsymbol{B} = \left(A^j e_j\right) \times \left(B^k e_k\right) = A^j B^k e_j \times e_k = A^j B^k \epsilon^i{}_{jk}e_i,$$

因此即有

$$(\boldsymbol{A} \times \boldsymbol{B})^i = \epsilon^i{}_{jk}A^j B^k, \quad i = 1,2,3. \tag{A.8}$$

由式 (A.8) 可以看出, 矢量叉乘是 3 维空间中才有的操作.

利用 ε-符号可以方便进行涉及叉乘的运算. 例如, 3 个矢量的 "混合积"

$$\boldsymbol{A} \cdot (\boldsymbol{B} \times \boldsymbol{C}) = \delta_{ij}A^i (\boldsymbol{B} \times \boldsymbol{C})^j = \delta_{ij}A^i \epsilon^j{}_{kl}B^k C^l,$$

因此

$$\boldsymbol{A} \cdot (\boldsymbol{B} \times \boldsymbol{C}) = \epsilon_{ijk}A^i B^j C^k. \tag{A.9}$$

4 个矢量有

$$(\boldsymbol{A} \times \boldsymbol{B}) \cdot (\boldsymbol{C} \times \boldsymbol{D}) = \delta_{ij}(\boldsymbol{A} \times \boldsymbol{B})^i (\boldsymbol{C} \times \boldsymbol{D})^j = \delta_{ij}\epsilon^i{}_{kl}A^k B^l \epsilon^j{}_{mn}C^m D^n$$
$$= (\delta_{km}\delta_{ln} - \delta_{kn}\delta_{lm})A^k B^l C^m D^n,$$

因此

$$(\boldsymbol{A} \times \boldsymbol{B}) \cdot (\boldsymbol{C} \times \boldsymbol{D}) = (\boldsymbol{A} \cdot \boldsymbol{C})(\boldsymbol{B} \cdot \boldsymbol{D}) - (\boldsymbol{A} \cdot \boldsymbol{D})(\boldsymbol{B} \cdot \boldsymbol{C}). \tag{A.10}$$

作为特例, 有

$$(\boldsymbol{A} \times \boldsymbol{B})^2 = \boldsymbol{A}^2 \boldsymbol{B}^2 - (\boldsymbol{A} \cdot \boldsymbol{B})^2. \tag{A.11}$$

此外,

$$
\begin{aligned}
\boldsymbol{A} \times (\boldsymbol{B} \times \boldsymbol{C}) &= [\boldsymbol{A} \times (\boldsymbol{B} \times \boldsymbol{C})]^i\, \boldsymbol{e}_i = \epsilon^i{}_{jk} A^j\, (\boldsymbol{B} \times \boldsymbol{C})^k\, \boldsymbol{e}_i \\
&= \epsilon^i{}_{jk} A^j \epsilon^k{}_{mn} B^m C^n \boldsymbol{e}_i = \left(\delta^i_m \delta_{jn} - \delta^i_n \delta_{jm} \right) A^j B^m C^n \boldsymbol{e}_i \\
&= A^j B^i C_j \boldsymbol{e}_i - A^j B_j C^i \boldsymbol{e}_i,
\end{aligned}
$$

因此

$$
\boldsymbol{A} \times (\boldsymbol{B} \times \boldsymbol{C}) = \boldsymbol{B}\,(\boldsymbol{A} \cdot \boldsymbol{C}) - (\boldsymbol{A} \cdot \boldsymbol{B})\,\boldsymbol{C}. \tag{A.12}
$$

A.1.3　对偶

在 3 维, ϵ-符号的一个重要的作用是在 3×3 的 "反对称" 矩阵与 3 维矢量之间建立起一一对应, 也被称作 "对偶". 一个 3×3 的反对称矩阵 $\boldsymbol{X}$ 可以写成

$$
\boldsymbol{X} \equiv \begin{pmatrix} X_{11} & X_{12} & X_{13} \\ X_{21} & X_{22} & X_{23} \\ X_{31} & X_{32} & X_{33} \end{pmatrix} = \begin{pmatrix} 0 & -x^3 & x^2 \\ x^3 & 0 & -x^1 \\ -x^2 & x^1 & 0 \end{pmatrix}, \tag{A.13}
$$

具有 3 个独立参数 x^1, x^2, x^3, 于是可以将这个 3 个参数对偶到一个 3 维矢量上, 记作 $\boldsymbol{x} = \{x^1, x^2, x^3\}$. 这样得到的矢量被称作 "赝矢量". 以 x^1 为例, 矩阵 $\boldsymbol{X}$ 中与 x^1 有关的两个矩阵元为 $X_{23} = -x^1$ 和 $X_{32} = x^1$, 可以用 ϵ-符号统一写成

$$
X_{ij} = -\epsilon_{ijk} x^k. \tag{A.14}
$$

另一方面, $x^1 = -\dfrac{1}{2}\left(X_{23} - X_{32} \right)$, 也可以用 ϵ-符号写成

$$
x^i = -\frac{1}{2} \epsilon^{ijk} X_{jk}. \tag{A.15}
$$

可以验证式 (A.14) 和 (A.15) 也是自洽的, 例如将式 (A.14) 代入式 (A.15), 利用式 (A.6), 即得到 $x^i = -\dfrac{1}{2} \epsilon^{ijk} \left(-\epsilon_{jkl} x^l \right) = \delta^i_l x^l \equiv x^i$.

利用这种对应关系, 还可以把矢量的叉乘改写成对偶的反对称矩阵表达式. 根据式 (A.8), 设矢量 $\boldsymbol{x}$ 和 $\boldsymbol{y}$ 对偶的反对称矩阵分别为 $\boldsymbol{X}$ 和 $\boldsymbol{Y}$, 于是叉乘 $\boldsymbol{x} \times \boldsymbol{y}$ 的对偶反对称矩阵为 (利用式 (A.5))

$$
-\epsilon_{ijk} \left(\boldsymbol{x} \times \boldsymbol{y} \right)^k = -\epsilon_{ijk} \epsilon^k{}_{lm} x^l y^m = -\left(\delta_{il} \delta_{jm} - \delta_{im} \delta_{jl} \right) x^l y^m = -x_i y_j + x_j y_i. \tag{A.16}
$$

另一方面, 矩阵对易子的分量为

$$
[\boldsymbol{X}, \boldsymbol{Y}]_{ij} = X_{ik} Y^k{}_j - Y_{ik} X^k{}_j = \epsilon_{ikm} \epsilon^k{}_{jn} \left(x^m y^n - y^m x^n \right)
$$

$$= - \left(\delta_{ij}\delta_{mn} - \delta_{in}\delta_{mj} \right) \left(x^m y^n - y^m x^n \right) = -x_i y_j + x_j y_i,$$

与式 (A.16) 完全一致. 可见矢量的叉乘 $\boldsymbol{x} \times \boldsymbol{y}$ 与对偶反对称矩阵的对易子 $[\boldsymbol{X}, \boldsymbol{Y}]$ 之间也有对偶

$$-\epsilon_{ijk} \left(\boldsymbol{x} \times \boldsymbol{y} \right)^k = [\boldsymbol{X}, \boldsymbol{Y}]_{ij}. \tag{A.17}$$

这些关系总结如表 A.1 所示.

表 **A.1**   反对称矩阵与赝矢量的对偶

反对称矩阵	$\boldsymbol{X}$	$\boldsymbol{Y}$	$[\boldsymbol{X}, \boldsymbol{Y}]$
赝矢量	$\boldsymbol{x}$	$\boldsymbol{y}$	$\boldsymbol{x} \times \boldsymbol{y}$

A.2   矢量与矩阵的求导

记 δ_{ij} 为欧氏度规, $\boldsymbol{A} = A^i \boldsymbol{e}_i$ 为矢量, 则

$$\frac{\partial A^i}{\partial A^j} = \delta^i_j. \tag{A.18}$$

上式意味着 $\dfrac{\partial A^1}{\partial A^1} = \dfrac{\partial A^2}{\partial A^2} = \cdots = 1$, 而 $\dfrac{\partial A^1}{\partial A^2} = \dfrac{\partial A^1}{\partial A^3} = \cdots = 0$. 定义 $\boldsymbol{A}^2 = \delta_{ij} A^i A^j$, 则

$$\frac{\partial \boldsymbol{A}^2}{\partial A^i} = \frac{\partial \left(\delta_{kl} A^k A^l \right)}{\partial A^i} = \delta_{kl} \frac{\partial A^k}{\partial A^i} A^l + \delta_{kl} A^k \frac{\partial A^l}{\partial A^i} = \delta_{kl} \delta^k_i A^l + \delta_{kl} A^k \delta^l_i = 2A_i. \tag{A.19}$$

欧氏空间中的梯度算符定义为 $\nabla = \boldsymbol{e}^i \dfrac{\partial}{\partial x^i}$, 因此若记 $\boldsymbol{x}^2 \equiv \delta_{ij} x^i x^j$, 即有

$$\nabla \boldsymbol{x}^2 = 2\boldsymbol{e}^i x_i \equiv 2\boldsymbol{x}. \tag{A.20}$$

假设指标由欧氏度规升降, 两个同阶矩阵 $\boldsymbol{A}$ 和 $\boldsymbol{B}$ 的乘积的指标形式为 $(\boldsymbol{AB})_{ij} = A_{ik} B^k_{\ j} \equiv A_i^{\ k} B_{kj}$. 由矩阵的 "迹" 的定义 $\mathrm{tr}\boldsymbol{A} = \delta^{ij} A_{ij}$ 知, 两个矩阵乘积的迹为

$$\mathrm{tr} \left(\boldsymbol{AB} \right) = \delta^{ij} \left(\boldsymbol{AB} \right)_{ij} = \delta^{ij} A_{ik} B^k_{\ j} = A_{ij} B^{ji}, \tag{A.21}$$

从而 $A_{ij} B^{ij} = A_{ij} \left(\boldsymbol{B}^{\mathrm{T}} \right)^{ji} = \mathrm{tr} \left(\boldsymbol{AB}^{\mathrm{T}} \right)$, 依此类推. 对于方阵 $\boldsymbol{A}$ 的函数 $f(\boldsymbol{A})$, 有 $\delta f = \dfrac{\partial f}{\partial A_{ij}} \delta A_{ij}$, 利用上面的关系, 可以写成

$$\delta f = \frac{\partial f}{\partial A_{ij}} \delta A_{ij} = \mathrm{tr} \left(\frac{\partial f}{\partial \boldsymbol{A}} \delta \boldsymbol{A}^{\mathrm{T}} \right) = \mathrm{tr} \left(\frac{\partial f}{\partial \boldsymbol{A}^{\mathrm{T}}} \delta \boldsymbol{A} \right). \tag{A.22}$$

将式 (A.21) 对矩阵 $\boldsymbol{A}$ 变分, 得到 $\delta\mathrm{tr}\,(\boldsymbol{AB}) = \delta A_{ij}B^{ji}$, 即 $\dfrac{\partial\mathrm{tr}\,(\boldsymbol{AB})}{\partial A_{ij}} = B^{ji}$,
注意 B^{ji} 的指标与 A_{ij} 指标顺序相反. 写成矩阵形式即有

$$\frac{\partial\mathrm{tr}\,(\boldsymbol{AB})}{\partial \boldsymbol{A}} = \boldsymbol{B}^{\mathrm{T}}. \tag{A.23}$$

如果 $\boldsymbol{A}$ 或 $\boldsymbol{B}$ 有 (反) 对称性, 例如, $\boldsymbol{A}$ 是对称矩阵, 则

$$\mathrm{tr}\,(\boldsymbol{AB}) \equiv \frac{1}{2}\mathrm{tr}\,\big(\boldsymbol{A}\,(\boldsymbol{B} + \boldsymbol{B}^{\mathrm{T}})\big) \quad \Rightarrow \quad \frac{\partial\mathrm{tr}\,(\boldsymbol{AB})}{\partial \boldsymbol{A}} = \boldsymbol{B} + \boldsymbol{B}^{\mathrm{T}}, \tag{A.24}$$

因此导数也是对称矩阵. 反之若 $\boldsymbol{A}$ 是反对称矩阵, 则

$$\mathrm{tr}\,(\boldsymbol{AB}) \equiv \frac{1}{2}\mathrm{tr}\,\big(\boldsymbol{A}\,(\boldsymbol{B} - \boldsymbol{B}^{\mathrm{T}})\big) \quad \Rightarrow \quad \frac{\partial\mathrm{tr}\,(\boldsymbol{AB})}{\partial \boldsymbol{A}} = \boldsymbol{B}^{\mathrm{T}} - \boldsymbol{B}, \tag{A.25}$$

也是反对称矩阵.

A.3   δ-函数作为泛函

给定一个函数 $f(t)$, 便知道了其在某一点 t_0 的值 $f(t_0)$. 也就是说, 输入一个函数, 输出一个数. 根据泛函的定义, 这当然应该是一个泛函. 于是, 将函数在某一点的值视为这个函数自身的泛函, 记作 $f(t_0) \equiv \delta(t - t_0)[f]$. 本来这个泛函并不需要什么积分, 但是可以形式地定义所谓 **δ-函数** (δ-function), 将其写成如式 (1.3) 一样积分的形式,

$$f(t_0) = \int_{t_1}^{t_2} \mathrm{d}t\,\delta(t - t_0)\,f(t), \quad t_0 \in (t_1, t_2), \tag{A.26}$$

这里明确起见写出了积分上下限. 可见 δ-函数其实不是普通的函数, 而是泛函. 因为有线性关系

$$\delta(t - t_0)[af + bg] = a\delta(t - t_0)[f] + b\delta(t - t_0)[g], \tag{A.27}$$

δ-函数还是一种**线性泛函** (linear functional 或 linear form), 也被称作 "分布". δ-函数在变分法及微分方程求解中都有重要应用. 例如, 对式 (A.26) 变分得到

$$\delta f(t_0) = \int_{t_1}^{t_2} \mathrm{d}x\,\delta[\delta(t - t_0)\,f(t)] = \int_{t_1}^{t_2} \mathrm{d}t\,\delta(t - t_0)\,\delta f(x),$$

于是根据一阶泛函导数的定义, 即有 $\dfrac{\delta f(t_0)}{\delta f(t)} = \delta(t - t_0)$, 即函数对自身的泛函导数可以表示为 δ-函数.

δ-函数的用处之一是表示低维对象在高维的密度分布. 例如在 3 维空间, 点粒子的质量密度可以表示为 $\rho(x, y, z) = m\delta(x)\delta(y)\delta(z)$, 质量为 m、长 l 的细杆的质量密度可以表示为 $\rho(x, y, z) = \dfrac{m}{l}\delta(x)\delta(y)$ $(0 \leqslant z \leqslant l)$.

A.4　空间与流形

数学上, 位形空间——系统全部可能位形的集合, 对应的数学对象是光滑流形, 广义坐标则是位形流形的参数化. 流形一般不是线性空间, 所以广义坐标 q^a 虽然带有指标 a, 但本身并不是矢量. 但是广义速度 $v^a \equiv \dot{q}^a$ 却是个矢量. 这是因为广义坐标的微分 $\mathrm{d}q^a$ (从而其导数) 定义在某点的邻域, 确切地说, 是流形在某点附近的 "线性化"——即所谓**切空间** (tangent space), 是个线性空间. 广义速度则是位形流形上每一点的切空间中的矢量——即所谓**切矢量** (tangent vector). 以圆周上运动的粒子为例, 粒子的位形空间就是 1 维圆周. 如图 A.2(a) 所示, 随着时间演化, 粒子从圆周上一点 p 光滑地移动到另外一点 p'. 所谓 p 点的速度, 可以用沿着圆周的切线方向的箭头代表, 长度代表速度的大小. 位置相同, 可以有不同的速度. 于是, 给定 p 点所有速度的集合——速度空间, 就对应 p 点的切线, 也就是这一点的 "切空间".

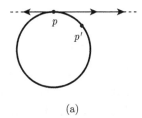 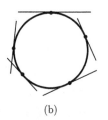 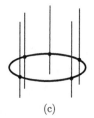

(a)　　　　　　　　(b)　　　　　　　　(c)

图 A.2　圆周上运动粒子的切空间与切丛

这里我们已经意识到一个关键问题, 即粒子的位形空间对应圆周, 但是粒子的速度空间却对应这一点的切线. 把很多个点的速度空间——即每一点的切线都画出来, 即如图 A.2(b) 所示. 但是这样画并不好, 因为切线可以无限延长, 这些切线 "看起来" 就会交叉在一起. 但是, 这种 "看起来" 交叉的问题, 仅仅是因为我们将圆周和切线画在同一张平面上. 而圆周和每一点的切线, 以及不同的切线互相之间本来就是不同的空间 (几何对象), 所以, 将它们画在同一个平面上并无道理. 为了让不同点的切线互相不干扰, 可以把切线 "竖起来", 如图 A.2(c) 所示.

这时, 圆周就像每一点长了一根"纤维", 每一根纤维就代表这一点的切线. 这种几何结构形象地被称作**纤维丛** (fiber bundle). 具体到位形空间和每一点的速度空间 (切空间) 的结合——速度相空间, 即被称为**切丛** (tangent bundle). 对于这个具体的例子, 可以想象 1 维圆周上粒子的切丛 (速度相空间) 的形状就是无限长的圆柱面.

和广义速度关系紧密的另一概念是广义动量. 广义速度 $\dot{q}^a$ 和广义动量 p_a 的指标一上一下, 一个是逆变矢量, 一个是协变矢量. 两者正好可以"收缩"得到 $\dot{q}^a p_a$, 即一个数 (标量). 这种关系即被形象地称为"对偶". 因此, 数学上将广义动量称为对偶矢量, 或者**余切矢量** (cotangent vector). 所有广义动量的集合即动量空间, 也被称作**余切空间** (cotangent space). 广义坐标与广义动量所构成的相空间即所谓**余切丛** (cotangent bundle). 表 A.2 是这些概念的小结.

表 A.2　经典力学中的"空间": 物理概念与数学对象

物理概念	数学对象	符号
位形	点	q^a
位形空间	光滑流形	$\{q^a\}$
广义速度	切矢量 (逆变矢量)	$v^a \equiv \dot{q}^a$
速度空间	切空间	$\{v^a\}$
速度相空间	切丛	$\{q^a, v^a\}$
广义动量	余切矢量 (协变矢量)	p_a
动量空间	余切空间	$\{p_a\}$
相空间	余切丛	$\{q^a, p_a\}$

分析力学有两大形式, 拉格朗日力学和哈密顿力学. 其中拉格朗日力学是描述位形空间中的演化. 在位形空间中, 一种重要的几何结构即度规 g_{ab}, 为 2 阶对称的张量场. 数学上将配备有度规的流形称为**黎曼流形** (Riemannian manifild), 因此位形空间是黎曼流形. 哈密顿力学描述系统在相空间中的演化. 相空间也是一种流形, 但是我们没有在相空间中定义度规. 相反, 相空间中最重要的几何结构是反对称的辛矩阵 $\omega_{\alpha\beta}$. 数学上将反对称的张量场称为所谓"形式" (form), 因此也将 $\omega_{\alpha\beta}$ 称作**辛形式** (symplectic form). 配备了辛形式的流形称为**辛流形** (symplectic manifold), 因此, 相空间是辛流形. 对于一般的黎曼流形, 度规是坐标的函数. 只有对于欧氏空间、闵氏时空等特殊情形, 才存在直角坐标使得度规具有 δ_{ab} 或 $\eta_{\mu\nu}$ 的简单形式. 但是对于辛流形, 数学上可以证明 (Darboux 定理), 总存在合适的坐标 $\{\xi^\alpha\}$, 使得作为 2 阶反对称张量场的辛形式 $\omega_{\alpha\beta}$ 具有式 (14.9) 的标准或者说"正则"形式, 相应的坐标 $\{\xi^\alpha\}$ 也自然被称作"正则变量". 相关概念可以对比总结如表 A.3 所示.

表 A.3 拉格朗日力学与哈密顿力学的对比与总结

	拉格朗日力学	哈密顿力学
物理空间	位形空间	相空间
数学对象	位形流形	位形流形的余切丛
流形类型	黎曼流形	辛流形
几何结构	度规 (对称)	辛形式 (反对称)
标准坐标	直角坐标	正则变量

A.5 角速度矩阵与联络

正如流形在每一点附近都可以用线性化的切空间近似, 时空中每一点都存在 "局部" 的惯性系. 在数学上, 这意味着时空中每一点都可以建立正交归一基 $\{e_a\} = \{e_0, e_1, e_2, \cdots\} \equiv \{e_0, e_i\}$, 其中 $e_0 \equiv e_t$ 代表时间方向, $\{e_i\}$ 代表空间方向. 正交归一意味着 $\langle e_a, e_a \rangle = \eta_{ab}$, 这里 η_{ab} 即洛伦兹度规. 在微分几何中, 这套正交归一基被形象地称为 "标架" (vielbein). 时空每一点的基矢可能不同, 基矢随时空点移动的变化率, 即对时空坐标的**协变导数** (covariant derivative) 定义为

$$\nabla_\mu e_a = \omega^b{}_{a\mu} e_b, \tag{A.28}$$

这里 $\omega^b{}_{a\mu}$ 即所谓**联络** (connection), 其作用正是将不同时空点的基 "联系" 起来. 对比式 (11.64), 可见角速度与联络有异曲同工之妙. 具体来说, 空间基矢 e_i 的时间导数 ∇_t 为

$$\nabla_t e_i = \omega^b{}_{it} e_b = \omega^j{}_{it} e_j + \omega^t{}_{it} e_t. \tag{A.29}$$

在非相对论极限下, 时空发生绝对的分离, 因此时空混合部分为零, $\omega^t{}_{it} \to 0$, 而纯空间部分 $\omega^j{}_{it} \to \Omega^j{}_i$, 正对应角速度矩阵.

角速度矩阵的很多性质, 联络都有非常相似的对应. 例如, 联络和正交归一基的关系为 $\omega^a{}_{b\mu} \equiv e^a{}_\nu \nabla_\mu e_b{}^\nu$, 这个式子可以与角速度矩阵与转动矩阵的关系式 (11.67) 类比. 此外, 式 (11.70) 中的第二项是所谓张量变换关系, 但是由于第一项的存在, 导致角速度矩阵其实不是基变换下的张量 (这也是为什么称其为角速度矩阵而非角速度张量的原因). 同样联络也不是正交归一基变换, 即局域洛伦兹变换下的张量.

A.6 雅可比恒等式的代数意义

泊松括号 $[\bullet, \bullet]$ 有两个输入, 一个输出. 从这个意义上, 泊松括号可以被视为一种二元运算 (binary operation). 熟悉的加法和乘法都是二元运算, 且对于普通的数 $a, b \in \mathbf{C}$, 加法和乘法都是满足结合律 (associative) 的, 即 $a + (b + c) =$

$(a+b)+c$ 和 $a(bc)=(ab)c$. 在二元运算的意义上, 不妨将泊松括号视为一种乘法, 例如写成

$$f \times g \equiv [f,g] = -[g,f] = -g \times f.$$

但是, 这个乘法是不满足结合律的. 例如, 雅可比恒等式 (14.31) 用乘法符号即 $f \times (g \times h) + g \times (h \times f) + h \times (f \times g) = 0$, 即意味着

$$f \times (g \times h) = -g \times (h \times f) - h \times (f \times g) \neq (f \times g) \times h.$$

　　泊松括号并不是唯一一种不满足结合律的二元运算. 可以证明, 3 维矢量的叉乘 $\boldsymbol{x} \times \boldsymbol{y}$, 以及两个同阶方阵的对易子 $[\boldsymbol{A},\boldsymbol{B}] = \boldsymbol{AB} - \boldsymbol{BA}$ 同样满足雅可比恒等式, 因此它们作为二元运算都不满足结合律. 泊松括号、3 维矢量的叉乘、矩阵对易子之间的这种相似性是因为它们都构成 "李代数" (见 11.3 节). 所谓李代数即定义了双线性 "乘法" (二元运算) 的线性空间, 且这种乘法满足反对称性和雅可比恒等式.